JN412728

Win-Q

기계가공조립
기능사 필기

시대에듀

편·저·자·약·력

박병욱

現 전남공업고등학교 교사
前 (주)화천기공 근무
전북기계공업고등학교 졸업
금오공과대학교 생산기계공업과 졸업

끝까지 책임진다! 시대에듀!
QR코드를 통해 도서 출간 이후 발견된 오류나 개정법령, 변경된 시험 정보, 최신기출문제, 도서 업데이트 자료 등이 있는지 확인해
보세요! 시대에듀 합격 스마트 앱을 통해서도 알려 드리고 있으니 구글 플레이나 앱 스토어에서 다운받아 사용하세요.
또한, 파본 도서인 경우에는 구입하신 곳에서 교환해 드립니다.

편집진행 윤진영 · 천명근 | **표지디자인** 권은경 · 길전홍선 | **본문디자인** 정경일

기계가공조립 분야의 전문가를 향한 첫 발걸음!

기계가공조립기능사는 기계 및 장비의 조립조건 및 기준을 파악, 조립 순서를 확인하여 이에 적합한 조립계획을 수립하고, 해당 기계장비를 분석하여 필요한 자재 및 부품 준비, 각종 기계장비 및 손다듬질 공구를 사용하여 각종 금속 등을 요구하는 형태로 가공하는 직무를 수행하는 데 필요한 자격증 종목이다.

이 교재는 기계가공조립기능사를 취득하고자 하는 수험생들이 관련 서적을 참고하지 않고도 필기시험에 합격할 수 있도록 구성되었다.

기계가공조립기능사 필기시험의 출제영역은 크게 도면 해독, 기계가공, 측정 및 조립으로 구성된다. 한국산업인력공단의 출제기준과 기출문제를 철저히 분석하여 핵심이론을 구성하였고, 기출문제도 상세히 해설하였다.

문제은행방식으로 출제되는 국가기술자격 필기시험은 기출문제가 반복적으로 출제되기 때문에 기출문제를 분석해서 풀어보고, 이와 관련된 이론들을 학습하는 것이 효과적인 학습방법이다.

이 교재는 기계가공조립기능사라는 분야를 처음 접하는 수험생들이 쉽게 이해할 수 있도록 풀어서 설명하였고, 자주 출제되는 이론들만을 엄선하여 핵심이론을 수록했다. 기계가공조립기능사 필기시험에 합격하고자 한다면 다음과 같이 교재를 활용하기 바란다.

첫 번째, 자주 출제되는 핵심이론 부분을 반드시 암기한다.

      국가기술자격 필기시험은 60문제 중에서 최소 36문제를 맞히면 합격되므로 자주 출제되는 핵심이론을 반드시 암기한다.

두 번째, 1년간의 기출문제를 1시간 안에 빠른 속도로 여러 번 반복 학습한다.

      형광펜으로 정답에 밑줄을 쳐서 빠른 시간에 정답과 문제를 학습한다.

세 번째, 최근 기출복원문제는 시험 보기 전 반드시 암기한다.

위와 같은 방법으로 이 교재를 활용한다면 분명 단기간에 기계가공조립기능사 필기시험에 합격할 수 있을 것이라고 자신한다. 이 교재가 수험생 여러분의 자격증 취득으로 가는 길에 길잡이가 되길 희망한다. 또한 기계가공조립기능사는 NCS 관련 기업 및 공기업 채용 시 요구되는 자격증이므로 필기시험에 합격하여 수험생이 원하는 기업에 취업하길 희망한다.

마지막으로 본 교재를 출간할 수 있도록 도움을 준 아내와 가족에게 깊은 감사를 전하며, 용산철도고등학교 신 원장 선생님, 인천기계공업고등학교 홍순규 선생님과 시대에듀에도 감사의 마음을 전한다.

편저자 씀

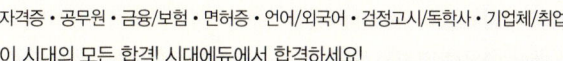
자격증 · 공무원 · 금융/보험 · 면허증 · 언어/외국어 · 검정고시/독학사 · 기업체/취업
이 시대의 모든 합격! 시대에듀에서 합격하세요!

www.youtube.com → 시대에듀 → 구독

시험안내

개요

기계 및 장비의 조립조건 및 기준을 파악, 조립순서를 확인하고, 이에 적합한 조립계획을 수립하여 해당 기계장비의 조립 부품의 수량과 종류를 분석 후 필요 자재 및 부품을 준비하고 각종 기계장비 및 손다듬질 공구를 사용하여 각종 금속 등을 요구하는 형태로 손다듬질 및 기계가공작업 등에 의해 기계부품을 가공하고 기계요소 조립기구 등을 사용하여 조립작업한 후 제품의 조립 상태를 검사하는 직무수행을 평가한다. 또한 도면을 보고 부품 또는 완제품을 가지고 기계를 조립, 설치, 검사하는 주작업과 범용 공작기계와 수공구를 사용하여 기계부품, 금형 등을 제작하는 업무를 수행한다.

진로 및 전망

공작기계, 산업기계, 일반기계, 섬유기계, 인쇄기계 등 각종 기계를 제작, 생산하는 업체와 금속제품 제조업체 등으로 진출할 수 있다.

시험일정

구 분	필기원서접수 (인터넷)	필기시험	필기합격 (예정자)발표	실기원서접수	실기시험	최종 합격자 발표일
제1회	1월 초순	1월 하순	2월 초순	2월 초순	3월 중순	4월 중순
제2회	3월 중순	4월 초순	4월 중순	4월 하순	5월 하순	6월 하순
제4회	8월 하순	9월 중순	10월 중순	10월 중순	11월 하순	12월 중순

※ 상기 시험일정은 시행처의 사정에 따라 변경될 수 있으니, www.q-net.or.kr에서 확인하시기 바랍니다.

시험요강

❶ 시행처 : 한국산업인력공단
❷ 시험과목
　㉠ 필기 : 1. 도면 해독 2. 기계가공 3. 측정 및 조립
　㉡ 실기 : 기계가공 · 조립 실무
❸ 검정방법
　㉠ 필기 : 객관식 4지 택일형 60문항(60분)
　㉡ 실기 : 작업형(4시간 정도)
❹ 합격기준
　㉠ 필기 : 100점을 만점으로 하여 60점 이상
　㉡ 실기 : 100점을 만점으로 하여 60점 이상

검정현황

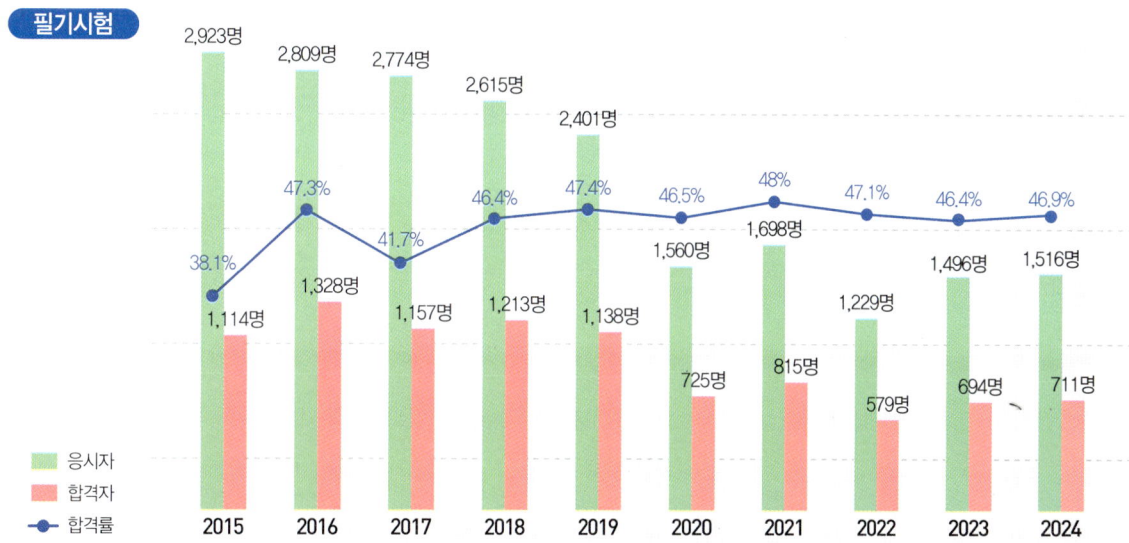

필기시험

연도	2015	2016	2017	2018	2019	2020	2021	2022	2023	2024
응시자	2,923명	2,809명	2,774명	2,615명	2,401명	1,560명	1,698명	1,229명	1,496명	1,516명
합격자	1,114명	1,328명	1,157명	1,213명	1,138명	725명	815명	579명	694명	711명
합격률	38.1%	47.3%	41.7%	46.4%	47.4%	46.5%	48%	47.1%	46.4%	46.9%

응시자
합격자
합격률

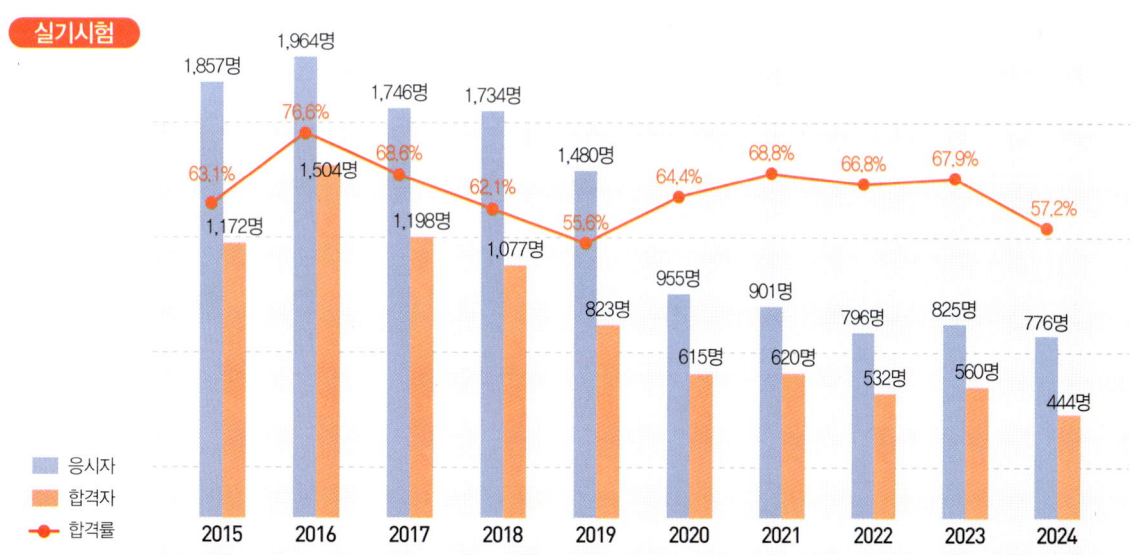

실기시험

연도	2015	2016	2017	2018	2019	2020	2021	2022	2023	2024
응시자	1,857명	1,964명	1,746명	1,734명	1,480명	955명	901명	796명	825명	776명
합격자	1,172명	1,504명	1,198명	1,077명	823명	615명	620명	532명	560명	444명
합격률	63.1%	76.6%	68.6%	62.1%	55.6%	64.4%	68.8%	66.8%	67.9%	57.2%

응시자
합격자
합격률

출제기준

필기과목명	주요항목	세부항목	세세항목
도면 해독, 기계가공, 측정 및 조립	기계제도	도면 파악	• KS, ISO 표준 • 도면의 구성요소 • 체결용 기계요소(나사, 키, 핀 등) • 제어용 기계요소(스프링, 클러치 등) • 공작물 재질 • 가공기호 • 운동용 기계요소(베어링, 기어 등)
		제도통칙 등	• 일반사항(양식, 척도, 선, 문자 등) • 치수 기입 • 치수공차 • 끼워맞춤 • 기타 제도통칙에 관한 사항 • 투상법 및 도형 표시법 • 누적치수 계산 • 기하공차 • 표면거칠기
		기계요소	• 기계설계 기초 • 재료의 강도와 변형(응력과 안전율, 재료의 강도, 변형 등) • 결합용 요소(나사, 키, 핀, 리벳 등) • 전달용 기계요소(축, 기어, 베어링, 벨트, 체인 등) • 제어용 기계요소(스프링, 브레이크)
		도면 해독	• 투상도면 해독 • 비절삭가공도면 • 재료기호 및 중량 산출 • 기계가공도면 • 기계조립도면
	측정	작업계획 파악	• 기본측정기 종류 • 도면에 따른 측정방법 • 기본측정기 사용법
		측정기 선정	• 측정기 선정 • 측정기 보조기구
		기본측정기 사용	• 기본측정기 사용법 • 교정성적서 확인 • 측정기 유지관리 • 기본측정기 0점 조정 • 측정오차
		측정 개요 및 기타 측정 등	• 측정 기초 • 길이 측정(버니어캘리퍼스, 하이트게이지, 마이크로미터, 한계게이지 등) • 각도 측정(사인바, 수준기 등) • 나사 및 기어 측정 • 측정단위 및 오차 • 표면거칠기 및 윤곽 측정 • 3차원 측정기
	선반가공	선반의 개요 및 구조	• 선반가공의 종류 • 선반의 주요 부분 및 각부 명칭 등 • 선반의 분류 및 크기 표시방법
		선반용 절삭공구, 부속품 및 부속장치	• 바이트와 칩 브레이커 • 부속품 및 부속장치(센터, 센터드릴, 면판, 돌림판, 방진구, 척 등) • 가공면의 표면거칠기 등
		선반가공	• 선반의 절삭조건(절삭속도, 절삭깊이, 이송, 절삭동력 등) • 원통가공 • 홈가공 • 널링가공 및 테이퍼가공 • 가공시간 및 기타 가공 • 단면가공 • 내경가공 • 편심 및 나사가공

검정현황

필기시험

- 응시자
- 합격자
- 합격률

연도	2015	2016	2017	2018	2019	2020	2021	2022	2023	2024
응시자	2,923명	2,809명	2,774명	2,615명	2,401명	1,560명	1,698명	1,229명	1,496명	1,516명
합격자	1,114명	1,328명	1,157명	1,213명	1,138명	725명	815명	579명	694명	711명
합격률	38.1%	47.3%	41.7%	46.4%	47.4%	46.5%	48%	47.1%	46.4%	46.9%

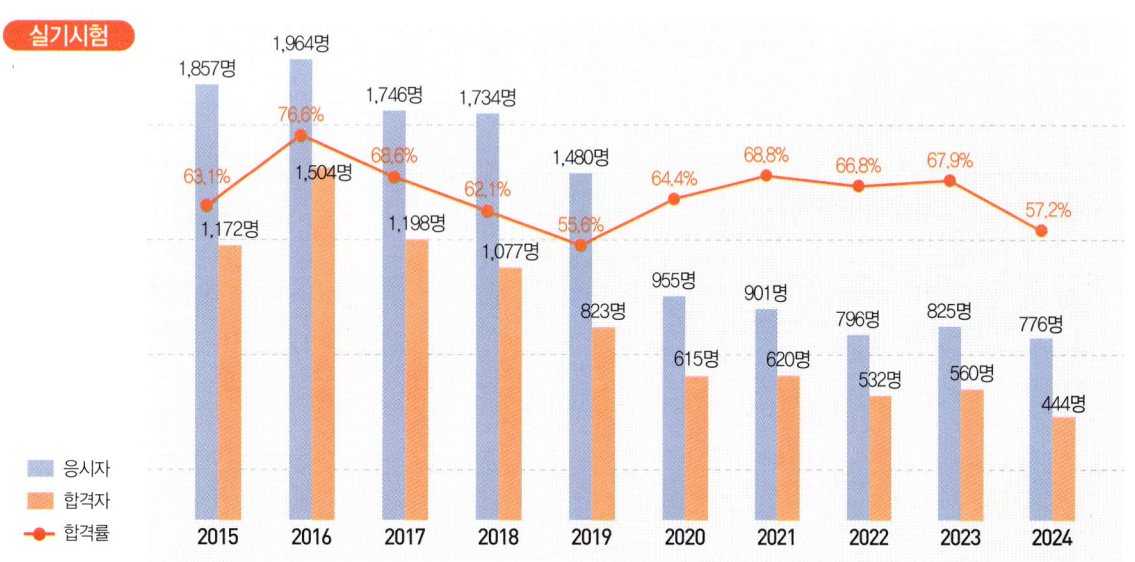

실기시험

- 응시자
- 합격자
- 합격률

연도	2015	2016	2017	2018	2019	2020	2021	2022	2023	2024
응시자	1,857명	1,964명	1,746명	1,734명	1,480명	955명	901명	796명	825명	776명
합격자	1,172명	1,504명	1,198명	1,077명	823명	615명	620명	532명	560명	444명
합격률	63.1%	76.6%	68.6%	62.1%	55.6%	64.4%	68.8%	66.8%	67.9%	57.2%

출제기준

필기과목명	주요항목	세부항목	세세항목
도면 해독, 기계가공, 측정 및 조립	기계제도	도면 파악	• KS, ISO 표준 • 도면의 구성요소 • 체결용 기계요소(나사, 키, 핀 등) • 제어용 기계요소(스프링, 클러치 등) • 공작물 재질 • 가공기호 • 운동용 기계요소(베어링, 기어 등)
		제도통칙 등	• 일반사항(양식, 척도, 선, 문자 등) • 치수 기입 • 치수공차 • 끼워맞춤 • 기타 제도통칙에 관한 사항 • 투상법 및 도형 표시법 • 누적치수 계산 • 기하공차 • 표면거칠기
		기계요소	• 기계설계 기초 • 재료의 강도와 변형(응력과 안전율, 재료의 강도, 변형 등) • 결합용 요소(나사, 키, 핀, 리벳 등) • 전달용 기계요소(축, 기어, 베어링, 벨트, 체인 등) • 제어용 기계요소(스프링, 브레이크)
		도면 해독	• 투상도면 해독 • 비절삭가공도면 • 재료기호 및 중량 산출 • 기계가공도면 • 기계조립도면
	측정	작업계획 파악	• 기본측정기 종류 • 도면에 따른 측정방법 • 기본측정기 사용법
		측정기 선정	• 측정기 선정 • 측정기 보조기구
		기본측정기 사용	• 기본측정기 사용법 • 교정성적서 확인 • 측정기 유지관리 • 기본측정기 0점 조정 • 측정오차
		측정 개요 및 기타 측정 등	• 측정 기초 • 길이 측정(버니어캘리퍼스, 하이트게이지, 마이크로미터, 한계게이지 등) • 각도 측정(사인바, 수준기 등) • 나사 및 기어 측정 • 측정단위 및 오차 • 표면거칠기 및 윤곽 측정 • 3차원 측정기
	선반가공	선반의 개요 및 구조	• 선반가공의 종류 • 선반의 주요 부분 및 각부 명칭 등 • 선반의 분류 및 크기 표시방법
		선반용 절삭공구, 부속품 및 부속장치	• 바이트와 칩 브레이커 • 부속품 및 부속장치(센터, 센터드릴, 면판, 돌림판, 방진구, 척 등) • 가공면의 표면거칠기 등
		선반가공	• 선반의 절삭조건(절삭속도, 절삭깊이, 이송, 절삭동력 등) • 원통가공 • 홈가공 • 널링가공 및 테이퍼가공 • 가공시간 및 기타 가공 • 단면가공 • 내경가공 • 편심 및 나사가공

필기과목명	주요항목	세부항목	세세항목	
도면 해독, 기계가공, 측정 및 조립	밀링가공	밀링의 종류 및 부속품	• 밀링의 종류 및 구조 • 부속품 및 부속장치(밀링바이스, 분할대, 원형테이블, 슬로팅장치, 래크 절삭장치 등)	
		밀링 절삭공구 및 절삭이론	• 밀링 커터의 분류와 공구각 • 밀링 절삭이론(절삭속도, 이송, 절삭저항, 절삭동력 등)	
		밀링 절삭가공	• 상향절삭 및 하향절삭 • 분할법	• 표면거칠기 • 밀링에 의한 가공방법
	기계부품 조립	기계부품 조립 준비	• 기계부품 조립계획 • 기계부품 조립 공구	• 기계요소(표준품) 조립
		기계부품 조립	• 기계부품(가공품) 조립	• 끼워맞춤
		기계부품 조립 기능 확인	• 조립품 수정	• 검사데이터 관리
		육안검사	• 작업계획 파악(작업지시서, 작업표준서, 검사표준서) • 외관 형상 검사 및 끼워맞춤 검사 • 표면상태 검사(표면거칠기, 표면 상태 등)	
		조립 안전관리	• 안전기준 확인	• 안전수칙 준수
	기타 기계가공	공작기계 일반	• 기계공작과 공작기계 • 절삭공구 및 공구수명	• 칩의 생성과 구성인선 • 절삭온도 및 절삭유제
		연삭기	• 연삭기의 개요 및 구조 • 연삭숫돌의 모양과 표시 • 연삭숫돌의 수정과 검사 • 연삭기의 종류(외경, 내경, 평면, 공구, 센터리스 연삭기 등)	• 연삭숫돌의 구성요소 • 연삭조건 및 연삭가공
		기타 기계가공	• 드릴링 머신 • 기어가공기 • 고속가공기	• 보링머신 • 브로칭 머신 • 셰이퍼 및 플레이너 등
		정밀입자가공 및 특수가공	• 래핑 • 슈퍼피니싱 • 레이저 가공 • 화학적 가공 등	• 호닝 • 방전가공 • 초음파 가공
		손다듬질 가공	• 줄작업 • 드릴, 탭, 다이스 작업 등	• 리머작업
		기계재료	• 철강재료 • 비금속재료 • 일반 열처리	• 비철금속재료 • 신소재

출제비율

기계제도	측정	선반가공, 밀링가공	기계부품 조립	기타 기계가공
25%	15%	25%	20%	15%

기능사 종목 전면 CBT 시행에 따른
CBT 완전 정복!

"CBT 가상 체험 서비스 제공"
한국산업인력공단
(http://www.q-net.or.kr) 참고

수험자 정보 확인

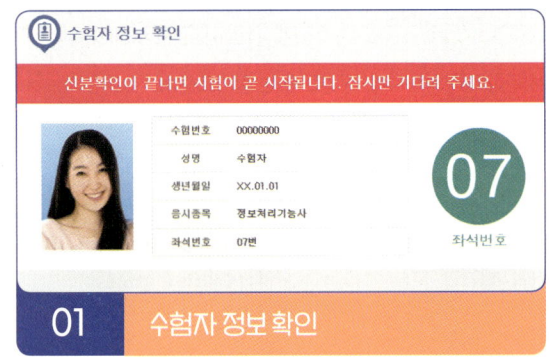

01 수험자 정보 확인

시험장 감독위원이 컴퓨터에 나온 수험자 정보와 신분증이 일치하는지를 확인하는 단계입니다. 수험번호, 성명, 생년월일, 응시종목, 좌석번호를 확인합니다.

안내사항

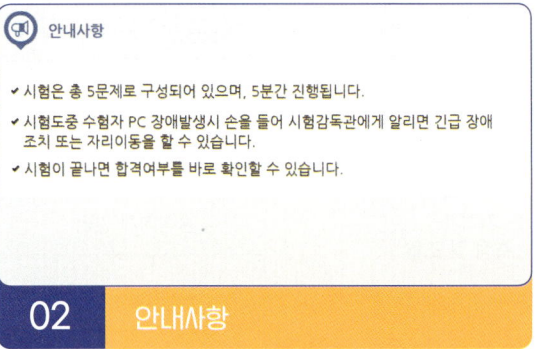

02 안내사항

시험에 관한 안내사항을 확인합니다.

유의사항 - [1/4]

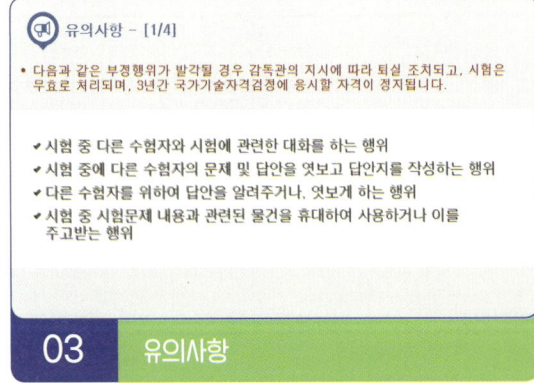

03 유의사항

부정행위에 관한 유의사항이므로 꼼꼼히 확인합니다.

문제풀이 메뉴 설명

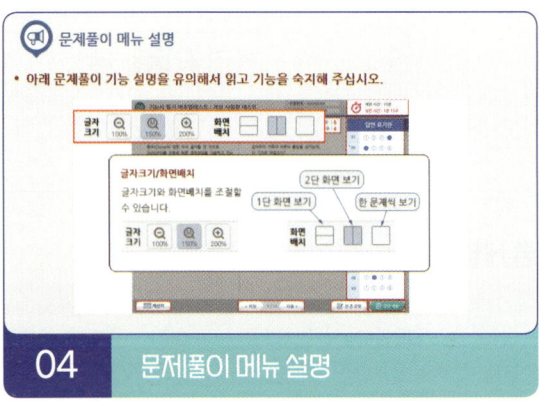

04 문제풀이 메뉴 설명

문제풀이 메뉴의 기능에 관한 설명을 유의해서 읽고 기능을 숙지해 주세요.

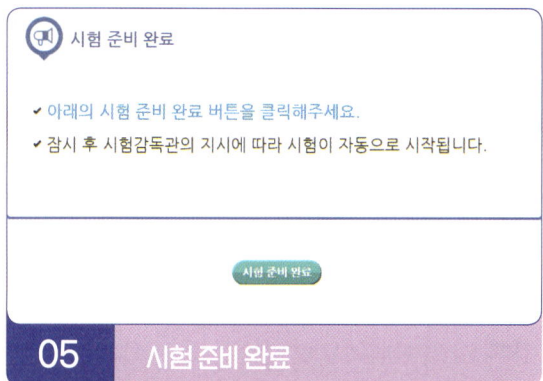

05 시험 준비 완료

시험 안내사항 및 문제풀이 연습까지 모두 마친 수험자는 시험 준비 완료 버튼을 클릭한 후 잠시 대기합니다.

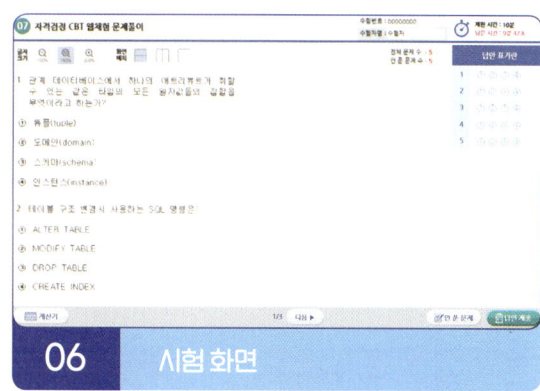

06 시험 화면

시험 화면이 뜨면 수험번호와 수험자명을 확인하고, 글자크기 및 화면배치를 조절한 후 시험을 시작합니다.

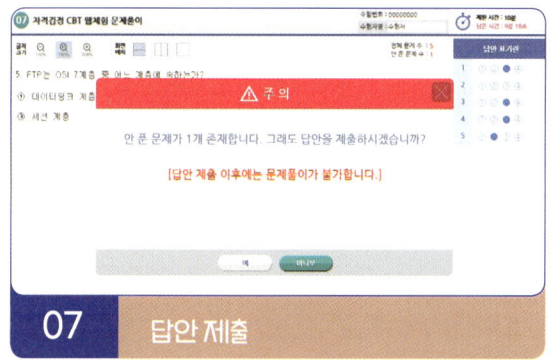

07 답안 제출

[답안 제출] 버튼을 클릭하면 답안 제출 승인 알림창이 나옵니다. 시험을 마치려면 [예] 버튼을 클릭하고 시험을 계속 진행하려면 [아니오] 버튼을 클릭하면 됩니다. 답안 제출은 실수 방지를 위해 두 번의 확인 과정을 거칩니다. [예] 버튼을 누르면 답안 제출이 완료되며 득점 및 합격여부 등을 확인할 수 있습니다.

CBT 완전 정복 Tip

내 시험에만 집중할 것
CBT 시험은 같은 고사장이라도 각기 다른 시험이 진행되고 있으니 자신의 시험에만 집중하면 됩니다.

이상이 있을 경우 조용히 손을 들 것
컴퓨터로 진행되는 시험이기 때문에 프로그램상의 문제가 있을 수 있습니다. 이때 조용히 손을 들어 감독관에게 문제점을 알리며, 큰 소리를 내는 등 다른 사람에게 피해를 주는 일이 없도록 합니다.

연습 용지를 요청할 것
응시자의 요청에 한해 연습 용지를 제공하고 있습니다. 필요시 연습 용지를 요청하며 미리 시험에 관련된 내용을 적어놓지 않도록 합니다. 연습 용지는 시험이 종료되면 회수되므로 들고 나가지 않도록 유의합니다.

답안 제출은 신중하게 할 것
답안은 제한 시간 내에 언제든 제출할 수 있지만 한 번 제출하게 되면 더 이상의 문제풀이가 불가합니다. 안 푼 문제가 있는지 또는 맞게 표기하였는지 다시 한 번 확인합니다.

[*기계가공조립기능사*] 필기

구성 및 특징

핵심이론

필수적으로 학습해야 하는 중요한 이론들을 각 과목별로 분류하여 수록하였습니다. 시험과 관계없는 두꺼운 기본서의 복잡한 이론은 이제 그만! 시험에 꼭 나오는 이론을 중심으로 효과적으로 공부하십시오.

(책 미리보기 1)

CHAPTER 01 기계가공

핵심이론 01 가공능률에 따른 공작기계 분류

① 범용 공작기계(General Purpose Machine)
가공할 수 있는 기능이 다양하고, 절삭 및 이송 속도의 범위도 크기 때문에 제품에 맞추어 절삭조건을 선정하여 가공할 수 있다. 부속장치를 사용하면 가공범위를 더욱 넓게 사용할 수 있다.
※ 종류 : 선반, 드릴링머신, 밀링머신, 셰이퍼, 플레이너, 슬로터, 연삭기

② 전용 공작기계(Special Purpose Machine)
특정한 제품을 대량생산할 때 적합한 공작기계로서, 소량생산에는 적합하지 않고 사용범위가 한정되고 기계의 크기도 가공물에 적합한 크기로 되어 있으며, 구조가 간단하고 조작이 편리하다.
※ 종류 : 트랜스퍼머신, 차륜 선반, 크랭크축 선반

③ 단능 공작기계(Single Purpose Machine)
단순한 기능의 공작기계로서 한 가지 공정만 가능하여, 생산성과 능률은 매우 높으나 융통성이 작다.
※ 종류 : 공구연삭기, 센터링머신

④ 만능 공작기계(Universal Purpose Machine)
여러 가지 종류의 공작기계에서 할 수 있는 가공을 한 대의 공작기계에서 가능하도록 제작한 공작기계이다. 예를 들면 선반, 밀링, 드릴링머신의 기능을 한 대의 공작기계로 가능하도록 하였으나 대량생산이나 높은 정밀도의 제품을 가공하는 데는 적합하지 않다. 공작기계를 설치할 공간이 좁거나 여러 가지 기능이 필요하나 가공이 많지 않은 선박의 정비실 등에서 사용하면 매우 편리하다.
※ 종류 : 선반, 드릴링, 밀링머신 등의 공작기계를 하나의 기계로 조합

2 ■ PART 01 핵심이론

10년간 자주 출제된 문제

1-1. 공작기계 중 가공할 수 있는 기능이 다양하고 절삭 및 이송속도의 범위도 커서 일감의 크기나 재질에 따라 알맞은 절삭조건으로 가공할 수 있는 수동형 공작기계는?
① 전용 공작기계
② 범용 공작기계
③ 자동화 공작기계
④ 단능 공작기계

1-2. 공작기계를 가공능률에 따라 범용과 전용으로 구분할 때 다음 중 전용 공작기계에 속하는 것은?
① 밀 링
② 드 릴
③ 차륜 선반
④ 연삭기

|해설|
1-1
범용 공작기계
속도의 범위도 …
가공할 수 있 …

1-2
전용 공작기계 …

(책 미리보기 2)

핵심이론 07 주철의 종류

① 고급주철
㉠ 인장강도 245MPa 이상인 주철이다.
㉡ 강력하고 내마멸성이 요구되는 곳에 이용된다.
㉢ 조직은 흑연이 미세하고 균일하게 할 모양으로 구부러져 분포되어 있다.
㉣ 바탕은 펄라이트 조직(펄라이트주철)이다.
㉤ 대표적인 주철은 미하나이트주철이다.
㉥ 미하나이트주철은 약 3% C, 1.5% Si의 쇳물에 칼슘 실리케이트(Ca-Si)나 페로실리콘(Fe-Si)을 접종시켜 미세한 흑연을 균일하게 분포시킨 펄라이트주철이다.
㉦ 미하나이트주철의 특징
• 담금질이 가능하다.
• 흑연의 형상을 미세화한다.
• 연성과 인성이 아주 크다.
• 두께의 차에 의한 성질의 변화가 아주 작다.

② 구상흑연주철
강도와 연성 등을 개선하기 위하여 용융상태의 주철 중에 마그네슘(Mg), 세륨(Ce) 또는 칼슘(Ca) 등을 첨가하여 편상흑연을 구상화한 것으로 노듈러주철, 덕타일주철 등으로 불린다. 열처리에 의하여 조직을 개선하거나 니켈, 크롬, 몰리브덴, 구리 등을 넣어 합금으로 만들어 재질을 개선하며, 강도, 내마멸성, 내열성, 내식성 등이 우수하여 자동차용 주물이나 주조용 재료로 널리 사용된다.

③ 칠드주철
보통주철보다 규소(Si) 함유량을 적게 하고 적당량의 망간(Mn)을 첨가한 쇳물을 금형 또는 칠 메탈이 붙어 있는 모래형에 주입하여 필요한 부분만 급랭시켜 표면만이 단단하게 되고 내부는 회주철이 되므로 강인한 성질을 가지는 주철이다.

10년간 자주 출제된 문제

7-1. 고급주철의 한 종류로 저 C, 저 Si의 주철을 용해하여 주입하기 전에 Fe-Si 또는 Ca-Si 분말을 첨가하여 흑연의 핵형성을 촉진시켜 만든 것은?
① 에멜주철
② 피워키주철
③ 미하나이트주철
④ 칸츠주철

7-2. 니켈, 크롬, 몰리브덴, 구리 등을 첨가하여 재질을 개선한 것으로 노듈러주철, 덕타일주철 등으로 불리는 이 주철은 내마멸성, 내열성, 내식성 등이 대단히 우수하여 자동차용 주물이나 주조용 재료로 가장 많이 쓰이는 것은?
① 칠드주철
② 구상흑연주철
③ 보통주철
④ 펄라이트 가단주철

|해설|
7-1
약 3% C, 1.5% Si의 쇳물에 칼슘 실리케이트(Ca-Si)나 페로실리콘(Fe-Si)을 접종시켜 미세한 흑연을 균일하게 분포시킨 펄라이트주철을 미하나이트주철이라 한다.

7-2
구상흑연주철은 강도와 연성 등을 개선하기 위하여 용융상태의 주철 중에 마그네슘(Mg), 세륨(Ce) 또는 칼슘(Ca) 등을 첨가하여 편상흑연을 구상화한 것으로 노듈러주철, 덕타일주철 등으로 불린다. 열처리에 의하여 조직을 개선하거나 니켈, 크롬, 몰리브덴, 구리 등을 넣어 합금으로 만들어 재질을 개선하며, 강도, 내마멸성, 내열성, 내식성 등이 우수하여 자동차용 주물이나 주조용 재료로 널리 사용된다.

정답 7-1 ③ 7-2 ②

CHAPTER 02 측정 및 조립, 기계재료 ■ 55

10년간 자주 출제된 문제

출제기준을 중심으로 출제 빈도가 높은 기출문제와 필수적으로 풀어보아야 할 문제를 핵심이론당 1~2문제씩 선정했습니다. 각 문제마다 핵심을 찌르는 명쾌한 해설이 수록되어 있습니다.

2012년 제 4 회 과년도 기출문제

01 다음 방전가공의 특징 중 맞는 것은?

① 숙련을 필요로 한다.
② 무인가공이 가능하다.
③ 전극이 필요 없다.
④ 가공부 변질층이 없다.

해설
방전가공의 특징
• 가공물의 경도와 관계없이 가공이 가능하다.
• 무인가공이 가능하다.
• 숙련을 요하지 않는다.
• 전극의 형상대로 정밀하게 가공할 수 있다.
• 전극 및 가공물에 큰 힘이 가해지지 않는다.
• 전극은 구리나 흑연 등의 연한 재료를 사용하므로 가공이 쉽다.
• 전극이 필요하고 가공 부분에 변질층이 남는다.
• 공작물은 양극, 공구는 음극으로 한다.

02 밀링머신으로 가공을 할 수 있는 작업은?

① 편심가공
② 구면가공
③ 내경 테이퍼가공
④ 드릴의 비틀림 홈가공

해설
밀링가공 : 드릴의 비틀림 홈가공
선반 · 밀링가공 종류

선반가공 종류	밀링가공 종류
외경, 단면, 홈, 테이퍼, 드릴링, 보링, 수나사, 암나사, 정밀 홈, 곡면, 총형, 널링 작업	평면가공, 단가공, 홈가공, 드릴 밀가공, T홈가공, 더브테일 가공(각도가공), 곡면절삭, 보링 등

03 선반에서 지름 60mm의 공작물을 절삭속도 100m/min 로 가공하려 할 때 회전수는 약 몇 rpm인가?

① 5
② 530
③ 1,667
④ 5,305

해설
회전수를 구하는 공식

$$회전수(n) = \frac{1,000v}{\pi d} = \frac{1,000 \times 100m/min}{\pi \times 60mm} ≒ 530\,r/\text{pm}$$

∴ 회전수$(n) ≒ 530$rpm
여기서, v : 절삭속도(m/min)
　　　 d : 공작물 지름(mm)
　　　 n : 회전수(rpm)

04 센터리...

① 대형...
② 연속...
③ 긴 ...
④ 속이...

해설
센터리스
표면을 조...
대(가늘고...
센터리스...
• 센터가...
• 중공의 ...
• 연삭 여...
• 가늘고...
• 긴 홈이...
• 대형이...
• 연속가...
• 자생작...

과년도 기출문제

지금까지 출제된 과년도 기출문제를 수록하였습니다. 각 문제에는 자세한 해설이 추가되어 핵심이론만으로는 아쉬운 내용을 보충 학습하고 출제경향의 변화를 확인할 수 있습니다.

2025년 제 1 회 최근 기출복원문제

01 다음 중 정밀 보링머신의 특성에 대한 설명으로 옳지 않은 것은?

① 고속회전 및 정밀한 이송기구를 갖추고 있다.
② 다이아몬드 또는 초경합금의 절삭공구로 가공한다.
③ 진직도는 높지만, 진원도는 높지 않다.
④ 실린더나 베어링면 등을 가공한다.

해설
정밀 보링머신의 특징
• 고속회전 및 정밀한 이송기구를 갖추고 있다.
• 다이아몬드 또는 초경합금의 절삭공구로 가공한다.
• 정밀도가 높고 표면 거칠기가 우수한 실린더나 커넥팅 로드, 베어링면 등을 가공한다.
• 진원도 및 진직도가 높은 제품을 가공할 수 있다.

02 연삭숫돌은 연삭할 때 입자가 둔화되어 절삭저항이 증가하고, 이로 인해 입자가 탈락되고 새로 예리한 입자가 생성되어 절인가공 없이 절삭을 계속할 수 있는 현상은?

① 재생가공
② 절삭가공
③ 생성가공
④ 자생작용

해설
자생작용 : 연삭 중에 숫돌 입자가 둔화되어 절삭저항이 증가하여 결합제의 강도 이상이 되면, 입자가 탈락되고 새로운 예리한 입자가 생성되어 연삭이 지속되는 현상이다.

03 연삭작업 시 연삭깊이를 선정할 때 고려해야 할 사항으로 옳지 않은 것은?

① 공작물의 크기
② 공작물의 재질
③ 연삭방법
④ 연삭정밀도

해설
연삭할 때 연삭깊이는 가공물의 재질, 연삭방법, 연삭정밀도 등에 따라서 선정한다.

04 다음은 연삭숫돌의 표시법이다. 의미에 따른 순서를 올바르게 나열한 것은?

WA - 46 - H - 8 - V

① 숫돌입자 – 입도 – 결합도 – 조직 – 결합제
② 숫돌입자 – 입도 – 결합도 – 결합제 – 조직
③ 숫돌입자 – 입도 – 결합제 – 조직 – 결합도
④ 숫돌입자 – 결합제 – 조직 – 결합도 – 입도

해설
일반적인 연삭숫돌 표시방법

WA · 46 · H · 8 · V

→ 연삭숫돌입자 · 입도 · 결합도 · 조직 · 결합제

• 연삭숫돌입자(WA : 백색 알루미나)
• 입도(46 : 중간 눈)
• 결합도(H : 연한 것)
• 조직(8 : 거친 조직)
• 결합제(V : 비트리파이드)

최근 기출복원문제

최근에 출제된 기출문제를 복원하여 가장 최신의 출제경향을 파악하고 새롭게 출제된 문제의 유형을 익혀 처음 보는 문제들도 모두 맞힐 수 있도록 하였습니다.

- 코일 스프링의 제도방법
- 투상도의 종류
- 주철의 탄소량
- 호빙머신 기어절삭
- 합성수지의 특징
- 드릴가공의 종류
- 척의 종류 및 용도
- 선반가공법과 밀링가공법 비교
- 드릴링머신의 종류
- 마이크로미터의 원리
- 래핑작업의 특징
- 선반의 종류 및 특징

- 선반 심압대 편위량 계산
- 밀링 테이블 이송속도 계산
- 연삭숫돌 드레싱(Dressing)
- 방전가공 전극재료의 조건
- 공구마멸의 종류
- 표면경화법 금속침투법
- 키의 종류
- 핀의 호칭방법

2018년	2019년	2020년	2021년
4회	1회	3회	3회

- 공작기계의 기본운동
- 선반의 부속장치(방진구, 맨드릴)
- 사인바의 특징(공식)
- 선반의 크기 표시
- 마이크로미터의 구조(명칭) 및 스핀들 이동량(M)
- 심압대 편위량
- 핀의 용도 및 호칭방법
- 용도에 따른 선의 종류
- 단면도 표시방법
- 드릴가공의 종류

- 가공능률에 따른 공작기계의 분류
- 절삭유제의 사용목적
- 주조경질합금의 특징
- 드릴링 머신의 종류
- 황동의 종류 및 특징
- 철–탄소 평형상태도에서 일어나는 조직의 변화
- Y합금의 조성
- 윤활제의 급유방법
- 단면도의 종류
- 기하공차의 종류와 기호
- 볼트, 너트의 풀림 방지

- 재료의 표시기호
- 치수 기입방법
- 선의 우선순위
- 국부 투상도
- 측정오차
- 버니어 캘리퍼스 측정범위
- 정반의 크기 표시
- 선반의 종류 및 부속장치(맨드릴)
- 밀링머신의 크기
- 공구수명의 판정법
- 연삭숫돌의 수정요인

- 절삭온도 측정
- 슈퍼피니싱
- 전해연삭
- 공작기계의 기본 운동
- 래핑(Lapping)
- 브로칭(Broaching)
- 마이크로미터 구조
- 선반가공과 밀링가공의 종류
- 선반에서 공작물 중심 맞추는 방법
- 상향절삭과 하향절삭의 차이점
- Y합금
- 평면의 표시법
- V벨트의 인장강도

| 2022년 3회 | 2023년 3회 | 2024년 4회 | 2025년 1회 |

- 나사의 종류와 용도
- 줄무늬 방향기호
- 분할핀의 호칭지름 표시
- 직접 측정의 장점
- 반지름법(반경법)
- 맨드릴의 종류
- 밀링머신의 부속장치 및 절삭량
- 밀링머신 작업 시 안전 및 유의사항
- 전해연마
- 브로칭 머신의 방식
- 윤활제의 구비조건
- V벨트의 인장강도

- 정밀보링머신의 특성
- 연삭숫돌 자생작용
- 연삭숫돌 표시방법
- 생산능률에 따른 공작기계 분류
- 황동의 기계적 성질
- 축의 상대적 위치에 따른 기어의 분류
- 캡 너트
- 버니어 캘리퍼스 측정방법
- 나사의 유효지름 측정방법
- 볼트, 너트의 풀림방지
- 니들롤러 베어링
- 크랭크축 선반
- 파이프 센터
- 선반에서 테이퍼를 가공하는 방법
- 밀링머신의 호칭방법
- 플레이너형 밀링머신
- 다이스
- V벨트의 단면 비교

D-20 스터디 플래너

20일 완성!

D-20	D-19	D-18	D-17
✓ CHAPTER 01 기계가공 핵심이론 01~ 핵심이론 05	✓ CHAPTER 01 기계가공 핵심이론 06~ 핵심이론 11	✓ CHAPTER 01 기계가공 핵심이론 12~ 핵심이론 18	✓ CHAPTER 01 기계가공 핵심이론 19~ 핵심이론 25

D-16	D-15	D-14	D-13
✓ CHAPTER 01 기계가공 핵심이론 26~ 핵심이론 32	✓ CHAPTER 01 기계가공 핵심이론 33~ 핵심이론 38	✓ CHAPTER 01 기계가공 핵심이론 39~ 핵심이론 42	✓ CHAPTER 02 측정 및 조립, 기계재료 핵심이론 01~ 핵심이론 05

D-12	D-11	D-10	D-9
✓ CHAPTER 02 측정 및 조립, 기계재료 핵심이론 06~ 핵심이론 11	✓ CHAPTER 02 측정 및 조립, 기계재료 핵심이론 12~ 핵심이론 18	✓ CHAPTER 02 측정 및 조립, 기계재료 핵심이론 19~ 핵심이론 25	✓ CHAPTER 02 측정 및 조립, 기계재료 핵심이론 26~ 핵심이론 33

D-8	D-7	D-6	D-5
✓ CHAPTER 03 기계제도 핵심이론 01~ 핵심이론 06	✓ CHAPTER 03 기계제도 핵심이론 07~ 핵심이론 11	이론 복습 및 빨간키	2012~2014년 과년도 기출문제 풀이

D-4	D-3	D-2	D-1
2015~2016년 과년도 기출문제 풀이	2017~2020년 과년도 기출복원문제 풀이	2021~2024년 과년도 기출복원문제 풀이	2025년 최근 기출복원문제 풀이

합격 수기

기출 해설 꼭 외우시구요. 그럼 모두 파이팅하세요!

안녕하세요. 이번에 기계가공조립기능사 자격증을 딴 직장인입니다. 이 시험이 필기과목은 특히나 기본 지식 없이 시작하면 엄청 어렵습니다... 처음부터 점수 높게 받을 생각 안하고 그냥 65점만 넘기자 했어요. 근데 그것도 높더라구요... 진짜 난해하고...

다행히 시대고시 책에서 기출문제랑 해설이 잘 나와있어서 우선 막 풀었습니다. 그리고 자주 나오는 부분이 한정되어 있어서 그거 달달달 외웠어요. 전공자이신 분들은 조금만 인내하면 금방 합격할 수 있는 것 같아요. 아 그리고 특히 1, 2과목이 제일 어려웠어요.. 무조건 외우세요! 기출 해설 꼭 외우시구요. 그럼 모두 파이팅하세요!

2022년 기 계가공조립기능사 합격자

3주 안에 합격했습니다.

3주 안에 합격했습니다!!! 이 책이 진짜 좋은 게 D-day로 스터디 플랜이 짜여있어요. 근데 다른 책도 여러 가지 살짝 봤는데 플랜이 너무 빡빡해서 무리인거죠. 그래서 공부하면서도 짜증났는데, 다행히 여기 플랜은 무난하게 따라갈 수 있더라구요.

덕분에 20일 안에 자격증 마스터했습니다. 20일도 너무 길다고 느끼시는 분들은 윙크 책에 있는 플랜이 20일이니까 이거 조금 빠르게 진행하셔서 주말에는 복습하시는 형태도 좋을 것 같아요!

아 합격하니까 마음도 편하고! 또 단기로 붙으니까 자존감 올라가네요. 얼른 집에 가서 발 닦고 자야겠어요!

모두들 힘내세요!

2023년 기계가공조립기능사 합격자

빨리보는 간단한 키워드

빨간키

──────────

빨리보는 간단한 키워드

──────────

▌ 줄눈의 모양

모 양	사용목적
단 목	납, 주석, 알루미늄 등의 연한 금속이나 판금의 가장자리를 다듬질작업할 때 사용한다.
복 목	일반적인 다듬질용이며 먼저 낸 줄눈을 하목(아랫날), 그 위에 교차시켜 낸 줄눈을 상목(윗날)이라 한다.
귀 목	펀치나 정으로 날눈을 하나씩 파서 일으킨 것으로 보통 나무나 가죽, 베이클라이트 등의 비금속 또는 연한 금속의 거친 절삭에 사용된다.
파 목	물결 모양으로 날눈을 세운 것이며, 날눈의 홈 사이에 칩이 끼지 않으므로 납, 알루미늄, 플라스틱, 목재 등에 사용되나 다듬질면은 좋지 않다.

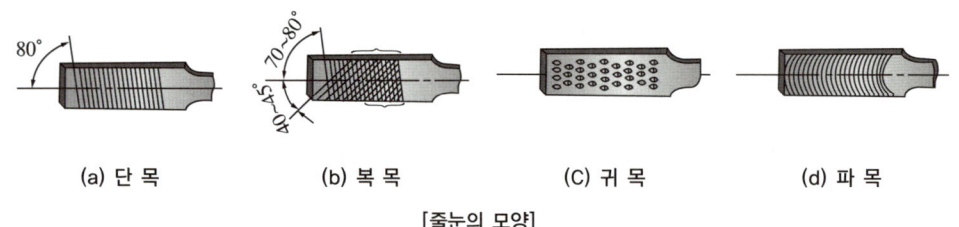

(a) 단 목   (b) 복 목   (C) 귀 목   (d) 파 목

[줄눈의 모양]

▌ 줄의 작업 및 용도

- 직진법 : 황삭 및 다듬질작업
- 사진법 : 황삭 및 볼록한 면의 수정작업
- 병진법 : 폭이 좁고 길이가 긴 가공물의 줄작업

※ 보통 줄의 사용 순서 : 황목 → 중목 → 세목 → 유목

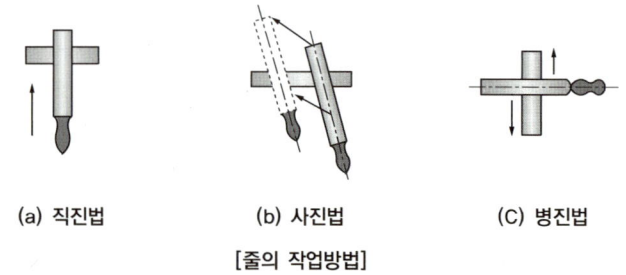

(a) 직진법   (b) 사진법   (C) 병진법

[줄의 작업방법]

▌ 금긋기 공구

- 금긋기용 정반 : 재질에 따라서 주철제정반과 석정반으로 나눈다.
- 금긋기용 바늘 : 직선자나 형판에 따라 가공물에 선을 긋는 공구로서 바늘의 끝은 담금질하거나 초경합금을 붙여서 사용한다.
- 서피스게이지 : 가공물의 중심을 잡거나 정반 위에서 가공물을 이동시켜 평행선을 그을 때 또는 평행면의 검사용 등으로 사용된다.

- 펀치 : 금긋기 선이나 원의 중심 등의 위치를 확실하게 표시하기 위해서 펀치 마크를 한다.
- 컴퍼스 : 원을 그릴 때 원과 선을 분할하는 데 사용한다.
- 편퍼스 : 원통의 중심이나 어떤 기준면에 대하여 평행선을 금긋기할 때 사용한다.
- V 블록 : 원통형이나 육면체의 금긋기에 사용되고 90°의 V홈을 가지고 있다.
※ 금긋기 공구 : 금긋기용 바늘, 서피스게이지, 펀치, 컴퍼스와 편퍼스, V블록 등

▌ 일반열처리의 분류

일반열처리	담금질(Quenching), 뜨임(Tempering), 풀림(Annealing), 불림(Normalizing)
항온열처리	마켄칭, 마템퍼링, 오스템퍼링, 오스포밍, 항온풀림, 항온뜨임
표면경화열처리	침탄법, 질화법, 화염경화법, 고주파경화법, 청화법

▌ 일반열처리 목적 및 냉각방법

열처리	목 적	냉각방법
담금질	경도와 강도를 증가	급랭(유랭)
풀 림	재질의 연화	노 랭
불 림	결정 조직의 균일화(표준화)	공 랭

▌ 표면경화열처리방법

- 침탄법 : 연한 강철의 표면에 탄소를 침투시켜 담금질을 하면 표면은 경강이 되고 내부는 연강으로 남아 있게 된다. 이와 같이 재료의 표면에 탄소를 침투시키는 방법을 침탄법이라 하며 고체 침탄법과 가스 침탄법이 있다.
- 질화법 : 강철을 암모니아 가스와 같이 질소를 포함하고 있는 물질 속에서 500℃ 정도로 50~100시간 가열하여 질소 화합물을 만들어 표면을 경화하는 방법이다.
- 청화법 : 침탄과 질화를 동시에 하는 방법이다.

▌ 침탄법과 질화법

침탄법	질화법
• 경도가 질화법보다 낮다.	• 경도가 침탄법보다 높다.
• 침탄 후의 열처리가 필요하다.	• 질화 후의 열처리가 필요 없다.
• 경화에 의한 변형이 생긴다.	• 경화에 의한 변형이 적다.
• 침탄층은 질화층보다 여리지 않다.	• 질화층은 여리다.
• 침탄 후 수정이 가능하다.	• 질화 후 수정이 불가능하다.
• 고온 가열 시 뜨임되고 경도는 낮아진다.	• 고온 가열해도 경도는 낮아지지 않는다.

▌ 알루미늄 합금

- Y합금
  - Al+Cu+Ni+Mg의 합금으로 내연기관 실린더에 사용(암기법 : 알-구-니-마)
  - 내열성이 좋으므로 자동차, 항공기용 엔진의 공랭 실린더 헤드와 피스톤에 사용
- 두랄루민(고강도 Al합금)
  - 단조용 알루미늄 합금으로 Al+Cu+Mg+Mn의 합금(암기법 : 알-구-마-망)
  - 가벼워서 항공기나 자동차 등에 사용되는 고강도 Al합금

🔔 두랄루민의 표준 조성은 반드시 암기(자주 출제)

▌ 황 동

- 7 : 3 황동(Zn 30% 함유)
  - 연신율이 최대(가공성이 목적)이다.
  - 열간가공이 곤란하다.
- 6 : 4 황동(Zn 40% 함유)
  - 인장강도가 최대(강도가 목적)이다.
  - 열간가공이 가능하다.
  - 문쯔메탈이라고도 한다.
- 주석 황동
  - 황동의 내식성 개선을 위해 1% Sn을 첨가한다.
  - 스프링용 및 선박용으로 사용한다.
  ※ 7 : 3 황동 + 1% Sn 첨가(애드미럴티 황동)
  　6 : 4 황동 + 1% Sn 첨가(네이벌 황동)

▌ 금속의 비중 및 용융온도

금 속	비 중	용융온도	비 고
마그네슘(Mg)	1.74	650℃	실용금속으로 가장 가벼움
구리(Cu)	8.96	1,083℃	
텅스텐(W)	19.3	3,410℃	높은 고융점, 전구 필라멘트
니켈(Ni)	8.90	1,453℃	
규소(Si)	2.33	3,280℃	
은(Ag)	10.497	960.5℃	열전도도, 전기전도도 양호
철(Fe)	7.87	1,530℃	
납(Pb)	11.34	327℃	
크롬(Cr)	7.19	1,800℃	

※ 비중 4.6을 기준으로 경금속과 중금속을 나눈다.
- 경금속 : 규소, 마그네슘 등(비중 4.6 이하)
- 중금속 : 구리, 니켈, 철 등(비중 4.6 이상)

▌ 스테인리스강

• 스테인리스강의 조직상 종류
  - 페라이트계 스테인리스강(고크롬계)
  - 오스테나이트계 스테인리스강(고크롬, 고니켈계)
  - 마텐자이트계 스테인리스강(고크롬, 고탄소계)
• 18-8형 스텐인리스강
  - 조성 : 크롬 18% - 니켈 8%
  - 오스테나이트계 스테인리스강(고크롬, 고니켈계)

▌ 합금원소의 효과 🔖 반드시 암기(자주 출제)

합금원소	효 과
니켈(Ni)	강인성, 내식성, 내마멸성 증가
크롬(Cr)	• 강도와 경도 증가, 내식성, 내열성 및 자경성 증가 • 탄화물의 생성을 용이하게 하여 내마멸성도 증가
망간(Mn)	강도, 경도, 내마멸성 증가, 청열취성 방지
몰리브덴(Mo)	내마멸성 증가, 적열취성 방지
규소(Si)	내식성·내마멸성 증가, 전자기적 성질 개선
텅스텐(W)	경도와 내마멸성 증가, 고온강도와 경도 증가
코발트(Co)	크롬과 함께 사용하며 고온강도, 고온경도 증가
바나듐(V)	경화성 증가
구리(Cu)	석출경화가 일어나기 쉽고, 내산화성을 증가
타이타늄(Ti)	• 규소나 바나듐과 비슷한 작용 • 탄화물생성 용이, 결정입자 사이의 부식에 대한 저항 증가

▌ 쾌삭강(특수 목적용 합금강)

절삭성능을 향상시켜 생산의 고능률화를 추구함에 따라 짧은 시간에 재료를 가공하기 위하여 피삭성이 좋은 재료가 필요하다.

• 황(S) 쾌삭강
  - 탄소강에 황(S)의 첨가량을 0.1~0.25% 정도 증가시켜 쾌삭성을 향상시킨다.
  - 경도는 그다지 문제되지 않는 정밀나사의 작은 부품용이다.
• 납(Pb) 쾌삭강
  - 탄소강에 납(Pb)의 첨가량을 0.10~0.30% 정도 증가시켜 쾌삭성을 향상시킨다.
  - 열처리하여 사용할 수 있다.
  - 자동차 등의 주요 부품에 사용한다.

▌불변강(특수 목적용 합금강)

주변 온도가 변화하더라도 재료가 가지고 있는 열팽창계수나 탄성계수 등의 특성이 변하지 않는 강이다.

- 인 바
  - 탄소 0.2%, 니켈 35~36%, 망간 0.4% 정도로 조성된 합금이다.
  - 200℃ 이하의 온도에서 열팽창계수가 작다.
  - 줄자, 표준자, 시계추 등에 사용한다.
- 엘린바
  - 니켈 36%, 크롬 12%, 나머지는 철로 조성된 합금이다.
  - 온도 변화에 따른 탄성률의 변화가 매우 작다.
  - 지진계 및 정밀 기계의 주요 재료에 사용한다.

▌금속의 재결정 온도 변화

재결정 온도가 낮아지는 조건	재결정 온도가 높아지는 조건
• 가공도가 클수록 • 가공 전의 결정 입자가 미세할수록 • 가열시간이 길수록 • 고순도일수록	• 가공도가 작을수록 • 가공 전의 결정 입자가 클수록 • 가열시간이 짧을수록

▌기계요소의 종류

기계요소는 사용 기능에 따라 다음과 같이 분류할 수 있다.

- 결합용 기계요소 : 나사, 볼트, 너트, 키, 핀, 코터, 스플라인, 리벳 등
- 축계 기계요소 : 축, 축이음, 베어링 등
- 간접전동 기계요소 : 벨트, 로프, 체인 등
- 직접전동 기계요소 : 마찰차, 기어 등
- 제동 및 완충용 기계요소 : 브레이크, 스프링, 플라이휠 등
- 관용 기계요소 : 관, 관 이음쇠, 밸브와 콕 등

▌응력(σ)

단 위	N/mm^2		
종 류	인장응력	압축응력	전단응력
식	$\sigma_t = \dfrac{P_t}{A}$	$\sigma_c = \dfrac{P_c}{A}$	$\tau = \dfrac{P_s}{A}$
조 건	P_t : 인장력(N)	P_c : 압축력(N)	P_s : 전단하중(N)
	A : 단면적(mm^2)		

▌결합용 나사

- 미터나사
  - 호칭지름과 피치를 mm 단위로 나타낸다.
  - 나사산 각은 60°인 미터계 삼각나사이다.
  - M호칭지름으로 표시한다(예 M8).
- 미터가는나사
  - M호칭지름×피치로 표시한다(예 M8×1).
  - 나사의 지름에 비해 피치가 작아 강도를 필요로 하는 곳, 공작기계의 이완 방지용 등에 사용된다.
- 유니파이나사(ABC나사)
  - 영국, 미국, 캐나다의 협정에 의해 만들어진 나사이다.
  - 나사산의 각이 60°인 인치계 나사이다.
  ※ 나사의 호칭지름은 수나사의 바깥지름을 기준으로 한다.

▌볼트·너트의 풀림 방지 🔺 반드시 암기(자주 출제)

- 로크너트에 의한 방법
- 자동 죔 너트에 의한 방법
- 분할 핀에 의한 방법
- 와셔에 의한 방법
- 멈춤나사에 의한 방법
- 플라스틱 플러그에 의한 방법
- 철사를 이용하는 방법

▌볼트의 설계

종 류	전단하중만을 받을 때	축하중만을 받을 때	축하중과 비틀림하중을 동시에 받을 때
식	$d = \sqrt{\dfrac{4P}{\pi\tau_a}} = \sqrt{\dfrac{1.273P}{\tau_a}}$	$d = \sqrt{\dfrac{2P}{\sigma_t}}$	$d = \sqrt{\dfrac{8P}{3\sigma_a}}$
조 건	d : 볼트지름	d : 호칭지름(바깥지름)	
	τ_a : 허용전단응력(N/mm^2)	σ_t : 인장응력(N/mm^2)	σ_a : 허용인장응력(N/mm^2)
	P : 인장하중(N)		

▌키(Key)

- 성크키(Sunk Key)
  - 가장 널리 사용하는 일반적인 키 또는 묻힘키라고도 한다.
  - 축과 보스의 양쪽에 모두 키 홈을 가공한다.
  - 종류 : 평행키(윗면이 평행), 경사키(윗면에 1/100 정도의 경사를 붙인다)
  - 호칭 : 폭(b) × 높이(h)

- 미끄럼키
  - 페더키(Feather Key) 또는 안내키라고도 한다.
  - 축 방향으로 보스를 미끄럼 운동시킬 필요가 있을 때 사용한다.
- 반달키(Woodruff Key)
  - 축에 반달모양의 홈을 만들어 반달모양으로 가공된 키를 끼운다.
  - 축의 강도가 약해진다.
  - 테이퍼 축에 회전체를 결합할 때 편리하며 키가 자동적으로 축과 보스에 조정된다.
  - 공작기계, 자동차 등에 많이 쓰인다.
- 안장키(Saddle Key)
  - 새들키라고도 한다.
  - 축에는 키 홈을 가공하지 않고 보스에만 키 홈을 가공한다.
  - 키에는 기울기가 없다.
  - 축의 강도 저하가 없다.

▌ 축 설계 시 고려되는 사항

강도, 응력집중, 변형(처짐변형, 비틀림변형), 진동, 열응력, 열팽창, 부식

▌ 이의 크기를 나타내는 기준(원주피치, 모듈, 지름피치) 🔔 반드시 암기(자주 출제)

재 료	기 호	P를 기준	m을 기준	P_d를 기준
원주피치	P	$\dfrac{\pi D}{Z}$	πm	$\dfrac{25.4\pi}{P_d}$
모 듈	m	$\dfrac{P}{\pi}$	$\dfrac{D}{Z}$	$\dfrac{25.4}{P_d}$
지름피치	P_d	$\dfrac{25.4\pi}{P}$	$\dfrac{25.4}{m}$	$\dfrac{D}{Z}$

※ 모듈을 구하는 문제는 많이 출제되므로 반드시 암기

▌ 표준기어의 중심거리

두 기어의 중심거리$(C) = \dfrac{D_1 + D_2}{2} = \dfrac{m(Z_1 + Z_2)}{2}$

여기서, D_1, D_2 : 피치원지름

  m : 모듈

  Z_1, Z_2 : 잇수

▌ 베어링 안지름번호 부여방법 🔺 반드시 암기(자주 출제)

안지름범위(mm)	안지름치수	안지름기호	예
10mm 미만	안지름이 정수인 경우	안지름	2mm이면 2
	안지름이 정수가 아닌 경우	/안지름	2.5mm이면 /2.5
10mm 이상 20mm 미만	10mm	00	
	12mm	01	
	15mm	02	
	17mm	03	
20mm 이상 500mm 미만	5의 배수인 경우	안지름을 5로 나눈 수	40mm이면 08
	5의 배수가 아닌 경우	/안지름	28mm이면 /28
500mm 이상		/안지름	560mm이면 /560

▌ 스프링 설계

- 스프링 상수$(K) = \dfrac{W}{\delta}$ (N/mm)

  여기서, W : 하중

  δ : 늘어난 길이

- 스프링 지수$(C) = \dfrac{D}{d}$: 소선의 지름에 대한 스프링의 평균 지름의 비

  여기서, D : 스프링 전체의 평균 지름

  d : 소선의 지름

직렬 연결	병렬 연결
$\dfrac{1}{K} = \dfrac{1}{K_1} + \dfrac{1}{K_2} \rightarrow K = \dfrac{K_1 \cdot K_2}{K_1 + K_2}$	$K = K_1 + K_2 + \cdots + K_n$

▌ 스프링 재질

- 금속 스프링 : 강 스프링, 비철 스프링
- 비금속 스프링 : 고무 스프링, 공기 스프링, 액체 스프링, FRP

■ 선의 종류에 의한 용도

용도에 의한 명칭	선의 종류		선의 용도
외형선	굵은 실선	———————	대상물의 보이는 부분의 모양을 표시하는 데 쓰인다.
치수선	가는 실선	—————	치수를 기입하기 위하여 쓰인다.
치수 보조선			치수를 기입하기 위하여 도형으로부터 끌어내는 데 쓰인다.
지시선			기술·기호 등을 표시하기 위하여 끌어내는 데 쓰인다.
회전 단면선			도형 내에 그 부분의 끊은 곳을 90° 회전하여 표시하는 데 쓰인다.
중심선			도형의 중심선을 간략하게 표시하는 데 쓰인다.
수준면선			수면, 유면 등의 위치를 표시하는 데 쓰인다.
숨은선	가는 파선 또는 굵은 파선	- - - - -	대상물의 보이지 않는 부분의 모양을 표시하는 데 쓰인다.
중심선	가는 1점 쇄선	—·—·—·—	• 도형의 중심을 표시하는 데 쓰인다. • 중심이 이동한 중심궤적을 표시하는 데 쓰인다.
기준선			특히 위치 결정의 근거가 된다는 것을 명시할 때 쓰인다.
피치선			되풀이하는 도형의 피치를 취하는 기준을 표시하는 데 쓰인다.
특수 지정선	굵은 1점 쇄선	—·—·—·—	특수한 가공을 하는 부분 등 요구사항을 적용할 수 있는 범위를 표시하는 데 사용한다(열처리 등).
가상선	가는 2점 쇄선	—··—··—	• 인접부분을 참고로 표시하는 데 사용한다. • 공구, 지그 등의 위치를 참고로 나타내는 데 사용한다. • 가공부분을 이동 중의 특정한 위치 또는 이동한계의 위치로 표시하는 데 사용한다. • 가공 전 또는 가공 후의 모양을 표시하는 데 사용한다. • 되풀이하는 것을 나타내는 데 사용한다. • 도시된 단면의 앞쪽에 있는 부분을 표시하는 데 사용한다.
무게중심선			단면의 무게중심을 연결한 선을 표시하는 데 사용한다.
파단선	불규칙한 파형의 가는 실선 또는 지그재그선	∿∿∿∿	대상물의 일부를 파단한 경계 또는 일부를 떼어낸 경계를 표시하는 데 사용한다.
절단선	가는 1점 쇄선으로 끝부분 및 방향이 변하는 부분을 굵게 한 것	▄_⌐_▄	단면도를 그리는 경우, 그 절단 위치를 대응하는 그림에 표시하는 데 사용한다.
해 칭	가는 실선으로 규칙적으로 줄을 늘어놓은 것	/////////	도형의 한정된 특정 부분을 다른 부분과 구별하는 데 사용한다. 예를 들어 단면도의 절단된 부분을 나타낸다.
특수한 용도의 선	가는 실선	———————	• 외형선 및 숨은선의 연장을 표시하는 데 사용한다. • 평면이란 것을 나타내는 데 사용한다. • 위치를 명시하는 데 사용한다.
	아주 굵은 실선	▬▬▬▬	얇은 부분의 단선 도시를 명시하는 데 사용한다.

※ 투상선의 우선순위 🔶 반드시 암기(자주 출제)

　숫자, 문자, 기호 및 화살표 → 외형선(굵은 실선) → 숨은선(파선) → 절단선 → 중심선 → 무게중심선 → 파단선 → 치수선 또는 치수 보조선 → 해칭선

※ 암기팁 : 외-숨-절-중-무-파-치-해(숫자, 문자, 기호는 제일 우선)

▍투상도의 표시 방법 반드시 암기(자주 출제)

※ 예제 그림과 투상도 명칭을 연결하여 암기

- 보조투상도 : 경사부가 있는 물체는 그 경사면의 실제 모양을 표시할 필요가 있는데, 이 경우에는 다음과 같이 보이는 부분의 전체 또는 일부분을 보조 투상도로 나타낸다.

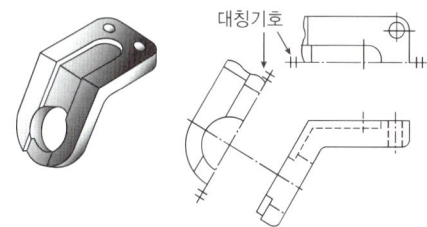

대칭기호

- 부분투상도 : 그림의 일부를 도시하는 것으로도 충분한 경우에는 필요한 부분만을 투상하여 도시한다. 이 경우에는 생략한 부분과의 경계를 다음 그림과 같이 파단선으로 나타내고, 명확한 경우에는 파단선을 생략해도 좋다.

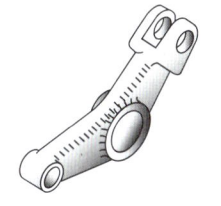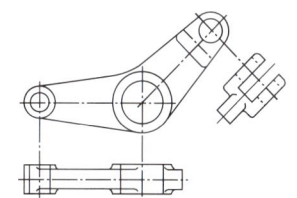

- 국부투상도 : 대상물의 구멍, 홈 등과 같이 한 부분의 모양을 도시하는 것으로 충분한 경우에는 그 필요한 부분만을 다음 그림과 같이 국부투상도로 도시한다. 또한 투상 관계를 나타내기 위하여 원칙적으로 주투상도에 중심선, 기준선, 치수 보조선 등으로 연결한다.

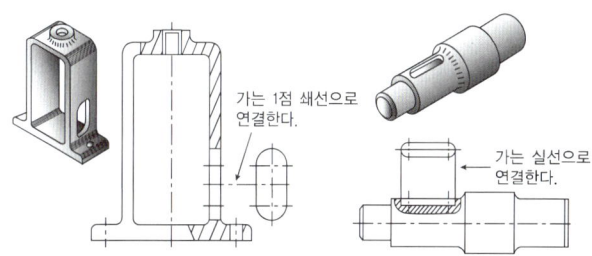

가는 1점 쇄선으로 연결한다.

가는 실선으로 연결한다.

- 회전투상도 : 대상물의 일부가 어느 각도를 가지고 있기 때문에 그 실제 모양을 나타내기 위해서는 그림과 같이 부분을 회전해서 실제 모양을 나타낸다. 또한 잘못 볼 우려가 있다고 판단될 경우에는 다음 그림과 같이 작도에 사용한 선을 남긴다.

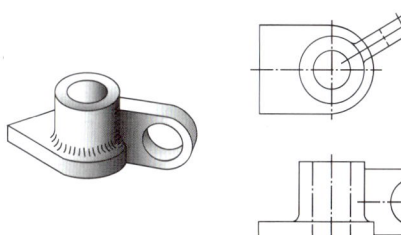

- 부분확대도 : 특정한 부분의 도형이 작아서 그 부분을 자세하게 나타낼 수 없거나 치수 기입을 할 수 없을 때에는 그 부분을 가는 실선으로 에워싸고 영자의 대문자로 표시함과 동시에 그 해당 부분의 가까운 곳에 확대도를 그림과 같이 나타내고, 확대를 표시하는 문자 기호와 척도를 기입한다.

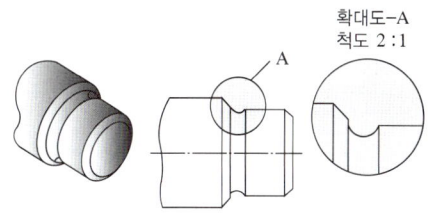

확대도-A
척도 2 : 1

A

▌ CNC의 제어방식

- 위치결정 제어 : 이동 중에 속도 제어 없이 최종 위치만을 찾아 제어하는 방식으로 주로 드릴링 머신, 스폿 용접기, 펀치 프레스 등에 적용한다.
- 직선절삭 제어 : 직선으로 이동하면서 절삭이 이루어지는 방식으로 주로 밀링머신, 보링머신, 선반 등에 적용한다.
- 윤곽절삭 제어 : 2개 이상의 서보모터를 연동시켜 위치와 속도를 제어하므로, 대각선 경로, S자형 경로, 원형 경로 등 어떠한 경로라도 자유자재로 공구를 이동시켜 연속절삭을 할 수 있는 방식이다. 최근의 CNC공작기계는 대부분 이 방식을 적용한다.

▌ 평면의 표시법

도형 내의 특정한 부분이 평면인 것을 표시할 필요가 있을 때는 다음과 같이 가는 실선을 대각선으로 긋는다.

- 반(한쪽) 단면을 한 경우

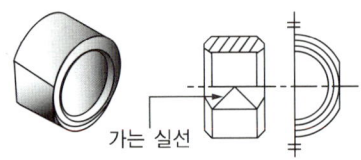

- 양쪽의 모양을 나타내는 경우

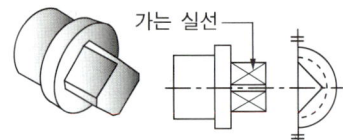

- 평면의 도시

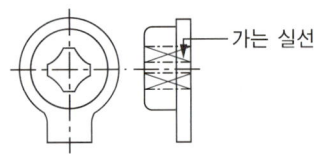

▌ 치수 보조 기호

구 분	기 호	읽 기	사용법
지 름	ϕ	파 이	지름 치수의 치수 수치 앞에 붙인다.
반지름	R	알	반지름 치수의 치수 수치 앞에 붙인다.
구의 지름	Sϕ	에스파이	구의 지름 치수의 치수 수치 앞에 붙인다.
구의 반지름	SR	에스알	구의 반지름 치수의 치수 수치 앞에 붙인다.
정사각형의 변	□	사 각	정사각형의 한 변 치수의 치수 수치 앞에 붙인다.
판의 두께	t	티	판 두께의 치수 수치 앞에 붙인다.
원호의 길이	⌒	원 호	원호 길이 치수의 치수 위에 붙인다.
45° 모따기	C	시	45° 모따기 치수의 치수 수치 앞에 붙인다.
이론적으로 정확한 치수	▭	테두리	이론적으로 정확한 치수의 치수 수치를 둘러싼다.
참고 치수	( )	괄 호	참고 치수의 치수 수치(치수 보조기호를 포함한다)를 둘러싼다.

▍제거가공의 지시방법

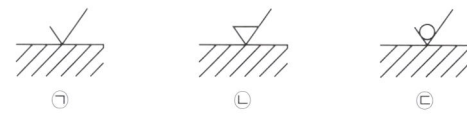

ⓐ 제거가공의 필요 여부를 문제 삼지 않는다.

ⓑ 제거가공을 필요로 한다.

ⓒ 제거가공을 해서는 안 된다.

▍가공방법의 기호

가공방법	약 호	가공방법	약 호
선반가공	L	호닝가공	GH
드릴가공	D	액체호닝가공	SPLH
보링머신가공	B	배럴연마가공	SPBR
밀링가공	M	버프다듬질	SPBF
평삭가공	P	블라스트다듬질	SB
형상가공	SH	랩다듬질	GL
브로칭가공	BR	줄다듬질	FF
리머가공	SR	스크레이퍼다듬질	FS
연삭가공	G	페이퍼다듬질	FCA
벨트연삭가공	GBL	정밀주조	CP

▍줄무늬 방향 기호

줄무늬 방향을 지시하여야 할 때에는 규정하는 기호를 가공면의 지시 기호 오른쪽에 기입한다.

기 호	커터의 줄무늬 방향	적 용	표면형상
=	투상면에 평행	셰이핑	
⊥	투상면에 직각	선삭, 원통연삭	
X	투상면에 경사지고 두 방향으로 교차	호 닝	

기 호	커터의 줄무늬 방향	적 용	표면형상
M	여러 방향으로 교차되거나 무방향이 나타남	래핑, 슈퍼피니싱, 밀링	⎓M
C	중심에 대하여 대략 동심원	끝면 절삭	⎓C
R	중심에 대하여 대략 레이디얼 모양	일반적인 가공	⎓R

각 지시 기호의 기입 위치

표면의 결에 과한 지시 기호는 면의 지시 기호에 대하여 표면 거칠기의 값, 컷오프값 또는 기준 길이, 가공방법, 줄무늬 방향의 기호, 표면 파상도 등을 나타내는 위치에 배치하여 나타낸다.

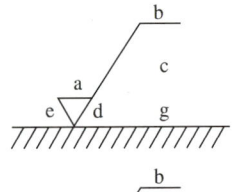

a : 산술 평균 거칠기의 값
b : 가공방법의 문자 또는 기호
c : 컷오프값
c′ : 기준길이
d : 줄무늬 방향의 기호
e : 다듬질 여유
f : 산술 평균 거칠기 이외의 표면 거칠기값
g : 표면 파상도

공차와 끼워맞춤

끼워맞춤 상태	구 분	구 멍	축	비 고
헐거운 끼워맞춤	최소틈새	최소허용치수	최대허용치수	틈새만
	최대틈새	최대허용치수	최소허용치수	
억지 끼워맞춤	최소죔새	최대허용치수	최소허용치수	죔새만
	최대죔새	최소허용치수	최대허용치수	

▌ 기하공차 및 기호의 종류 🔔 반드시 암기(자주 출제)

공차의 종류		기 호	공차의 종류		기 호
모양공차	진직도	⎯	자세공차	평행도	//
	평면도	▱		직각도	⊥
	진원도	○		경사도	∠
	원통도	⌀/	위치공차	위치도	⊕
	선의 윤곽도	⌒		동축도(동심도)	◎
	면의 윤곽도	◠	흔들림 공차	대칭도	═
				원주 흔들림	↗
				온 흔들림	↗↗

▌ 나사의 종류를 표시하는 기호 및 나사의 호칭에 대한 표시방법(KS B 0200)

구 분	나사의 종류		나사종류기호	나사의 호칭방법
ISO 규격에 있는 것	미터보통나사		M	M8
	미터가는나사			M8×1
	미니추어나사		S	S0.5
	유니파이보통나사		UNC	3/8-16UNC
	유니파이가는나사		UNF	No.8-36UNF
	미터사다리꼴나사		Tr	Tr10×2
	관용테이퍼나사	테이퍼수나사	R	R3/4
		테이퍼암나사	Rc	Rc3/4
		평행암나사	Rp	Rp3/4

▌ 구성인선(빌트 업 에지, Built-up Edge)의 방지대책 🔔 반드시 암기(자주 출제)

- 절삭깊이를 작게 할 것
- 경사각을 크게 할 것
- 절삭공구의 인선을 예리하게(날카롭게) 할 것
- 윤활성이 좋은 절삭유제를 사용할 것
- 절삭속도를 크게 할 것

▌ 공구의 수명판정 기준

- 가공면에 광택이 있는 색조 또는 반점이 생길 때
- 공구인선의 마모가 일정량에 달했을 때
- 절삭저항의 주분력에는 변화가 적어도 이송분력이나 배분력이 급격히 증가할 때
- 완성치수의 변화량이 일정량에 달했을 때
- 절삭저항의 주분력이 절삭을 시작했을 때와 비교하여 일정량이 증가할 경우 절삭공구의 수명이 종료된 것으로 판정

▌ 선반 주요 부분

주축대, 왕복대, 심압대, 베드

▌ 선반용 부속품 및 부속장치

- 면판 : 척에 고정할 수 없는 불규칙하거나 대형의 가공물 또는 복잡한 가공물을 고정할 때 사용한다.
- 돌림판과 돌리개 : 주축의 회전력을 가공물에 전달하기 위해 사용하는 부속품이다.
- 방진구 : 선반에서 가늘고 긴 가공물을 절삭할 때 사용하는 부속품이다.　🔺 반드시 암기(자주 출제)
- 맨드릴 : 기어, 벨트 풀리 등과 같이 구멍과 외경이 동심원이고, 직각이 필요한 경우에 구멍을 먼저 가공하고 구멍에 맨드릴을 끼워 양 센터로 지지하여, 외경과 측면을 가공하여 부품을 완성하는 선반의 부속품이다.
- 척 : 선반에서 가공물을 고정하는 역할을 한다(연동척, 단동척, 유압척, 콜릿척 등).

▌ 선반과 밀링의 부속품

선 반	센터, 센터드릴, 돌림판과 돌리개, 방진구, 맨드릴, 척, 테이퍼 절삭장치
밀 링	밀링바이스, 분할대, 회전테이블, 슬로팅장치, 수직밀링장치, 랙절삭장치

▌ 절삭속도(V)

$$V = \frac{\pi DN}{1,000}, \quad N = \frac{1,000\,V}{\pi D}$$

여기서, V : 절삭속도(m/min), N : 회전수(rpm), D : 공작물지름(mm)

※ 경제적 절삭속도 : 바이트의 수명이 60~120min 정도가 되는 절삭속도

▌ 선반에서 테이퍼 절삭방법

- 복식 공구대를 경사시키는 방법 : 테이퍼 각이 크고 길이가 짧은 가공물
- 심압대를 편위시키는 방법 : 테이퍼가 작고 길이가 길 경우에 사용하는 방법
- 테이퍼 절삭장치를 이용하는 방법 : 넓은 범위의 테이퍼를 가공
- 총형 바이트를 이용하는 방법
- 테이퍼 드릴 또는 테이퍼 리머를 이용하는 방법

▌ 밀링머신의 작업 종류

평면가공, 단가공, 홈가공, 드릴, T홈가공, 더브테일가공, 곡면절삭, 보링

▌ 선반과 밀링가공의 종류 비교

선반가공	외경절삭, 단면절삭, 절단(홈)작업, 테이퍼절삭, 드릴링, 보링, 수나사절삭, 암나사절삭, 정면절삭, 곡면절삭, 총형절삭, 널링
밀링가공	평면가공, 단가공, 홈가공, 드릴, T홈가공, 더브테일가공, 곡면절삭, 보링

▌ 분할대

테이블에 분할대와 심압대로 가공물을 지지하거나 분할대의 척에 가공물을 고정하여 사용하며, 필요한 등분이나 필요한 각도로 분할할 때 사용하는 밀링 부속품

▌ 슬로팅장치

주축의 회전운동을 직선 왕복운동으로 변화시키고, 바이트를 사용하여 가공물의 안지름에 키 홈, 스플라인, 세레이션 등을 가공할 수 있다.

▌ 밀링머신에서 절삭속도(V)와 회전수(N) 계산식

$$V = \frac{\pi DN}{1,000}$$

여기서, V : 절삭속도(m/min), D : 커터의 지름(mm), N : 커터 회전수(rpm)

▌ 밀링머신에서 테이블의 이송속도(f)

$$f = f_z \times z \times n$$

여기서, f_z : 1개의 날당 이송(mm), z : 커터의 날수, n : 커터의 회전수(rpm)

▌ 밀링절삭방법

- 상향절삭 : 커터의 회전 방향과 가공물의 이송이 반대인 가공방법
- 하향절삭 : 커터의 회전 방향과 가공물의 이송이 같은 가공방법

▋ 상향절삭과 하향절삭의 차이점 🔺 반드시 암기(자주 출제)

절삭방법 / 내 용	상향절삭	하향절삭
백래시	절삭에 별 지장이 없다.	백래시를 제거해야 한다.
기계의 강성	강성이 낮아도 무관하다.	가공할 때 충격이 있어 높은 강성이 필요하다.
가공물의 고정	절삭력이 상향으로 작용하여 고정이 불리하다.	절삭력이 하향으로 작용하여 가공물 고정이 유리하다.
인선의 수명	절입할 때 마찰열로 마모가 빠르고 공구 수명이 짧다.	상향절삭에 비하여 공구 수명이 길다.
마찰저항	마찰저항이 커서 절삭공구를 위로 들어 올리는 힘이 작용한다.	절입할 때 마찰력은 작으나 하향으로 충격력이 작용한다.
가공면의 표면 거칠기	광택은 있으나 상향에 의한 회전저항으로 전체적으로 하향절삭보다 나쁘다.	가공 표면에 광택은 작고 저속 이송에서는 회전저항이 발생하지 않아 표면 거칠기가 좋다.

▋ 분할 가공방법

- 직접 분할법 : 분할대 주축 앞면에 있는 직접 분할판을 이용하여 단순 분할할 경우
- 단식 분할법 : 직접 분할법으로 불가능하거나 분할이 정밀해야 할 경우
- 차동 분할법 : 직접, 단식 분할법으로 분할할 수 없을 경우

▋ 프로그램의 주소(Address)

기 능	주 소			의 미
프로그램 번호	O			프로그램 번호
전개 번호	N			전개 번호(작업순서)
준비기능	G			이동형태(직선, 원호 등)
좌표어	X	Y	Z	각 축의 이동 위치 지정(절대 방식)
	U	V	W	각 축의 이동 거리와 방향 지정(증분 방식)
	A	B	C	부가축의 이동 명령
	I	J	K	원호 중심의 각 축 성분, 모따기 양 등
	R			원호반지름, 코너 R
이송기능	F, E			이송속도, 나사리드
보조기능	M			기계 각 부위 지령
주축기능	S			주축속도, 주축 회전수
공구기능	T			공구 번호 및 공구 보정 번호
휴 지	X, P, U			휴지시간(Dwell)
프로그램번호 지정	P			보조프로그램 호출 번호
전개번호 지정	P, Q			복합 반복 사이클에서의 시작과 종료 번호
반복 횟수	L			보조프로그램 반복 횟수
매개 변수	D, I, K			주기에서의 파라미터(절입량, 횟수 등)

▌ CNC선반의 준비기능

G-코드	그 룹	기 능	G-코드	그 룹	기 능
★G00	01	위치결정(급속 이송)	★G50	00	공작물 좌표계 설정, 주축 최고 회전수 설정
★G01		직선보간(절삭 이송)	★G70	00	다듬 절삭 사이클
★G02		원호보간(CW : 시계방향)	★G71		안·바깥지름 거친 절삭 사이클
★G03		원호보간(CCW : 반시계방향)	G72		단면 거친 절삭 사이클
★G04	00	휴지(Dwell)	G73		형상 반복 사이클
G10		데이터(Data) 설정	G74		Z방향 홈 가공 사이클(팩 드릴링)
G20	06	Inch 입력	G75		X방향 홈 가공 사이클
G21		Metric 입력	G76		나사 절삭 사이클
G22	04	금지영역 설정	G90	01	내·외경 절삭 사이클
G23		금지영역 설정 취소	G92		나사 절삭 사이클
G25	08	주축속도 변동 검출 OFF	G94		단면 절삭 사이클
G26		주축속도 변동 검출 ON	★G96	02	절삭속도(m/min)일정 제어
★G27	00	원점복귀 확인	★G97		주축 회전수(rpm)일정 제어
★G28		자동 원점 복귀	★G98	03	분당 이송 지정(mm/min)
G29		원점으로부터 복귀	★G99		회전당 이송 지정(mm/rev)
G30		제2, 제3, 제4 원점 복귀			
G32	01	나사 절삭			
★G40	07	공구 인선 반지름 보정 취소			
★G41		공구 인선 반지름 보정 좌측			
★G42		공구 인선 반지름 보정 우측			

★ : CNC 선반에서 자주 나오는 G-코드

※ 참 고
- 00그룹은 지령된 블록에서만 유효(One Shot G-코드)하다.
- G-코드는 그룹이 서로 다르면 한 블록에 몇 개라도 지령할 수 있다.
- 동일 그룹의 G-코드를 같은 블록에 1개 이상 지령하면, 뒤에 지령한 G-코드만 유효하거나 알람이 발생한다.

▌M-코드 일람표

M-코드	기 능
M00	프로그램 정지(실행 중 프로그램을 정지시킨다)
M01	선택 프로그램 정지(조작판의 M01 스위치가 ON인 경우 정지)
M02	프로그램 끝
M03	주축 정회전
M04	주축 역회전
M05	주축 정지
M08	절삭유 ON
M09	절삭유 OFF
M30	프로그램 끝 & Rewind
M98	보조프로그램 호출
M99	보조프로그램 종료

▌머시닝센터의 G-코드 일람표

G-코드	그 룹	기 능	G-코드	그 룹	기 능
★G00	01	급속 위치결정	G73	09	고속 심공드릴 사이클
★G01		직선보간(절삭)	G74		왼나사 탭 사이클
★G02		원호보간(시계방향)	G76		정밀 보링 사이클
★G03		원호보간(반시계방향)	★G80		고정사이클 취소
★G04	00	휴지(Dwell)	G81		드릴 사이클
G17	02	X-Y평면	G82		카운터 보링 사이클
G18		Z-X평면	G83		심공드릴 사이클
G19		Y-Z평면	G84		탭 사이클
★G27	00	원점복귀 확인	★G90	03	절대 지령
★G28		자동원점복귀	★G91		증분 지령
★G30		제2, 3, 4 원점 복귀	★G92	00	공작물좌표계 설정
★G40	07	공구경 보정 취소	★G94	05	분당 이송(mm/min)
★G41		공구경 보정 좌측	★G95		회전당 이송(mm/rev)
★G42		공구경 보정 우측	★G96	13	주축 속도 일정제어
★G43	08	공구길이 보정 "+"	★G97		주축 회전수 일정제어
★G44		공구길이 보정 "-"	G98		고정사이클 초기점 복귀
★G49		공구길이 보정 취소	G99		고정사이클 R점 복귀

▌ 단면도의 종류

• 온단면도(전단면도)

물체 전체를 둘로 절단해서 그림 전체를 단면으로 나타낸 것이다.

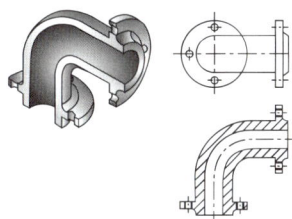

• 한쪽단면도

그림과 같이 대칭형의 대상물은 외형도의 절반과 온단면도의 절반을 조합하여 표시할 수 있다.

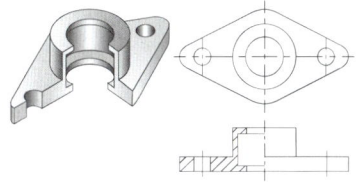

• 부분단면도

일부분을 잘라 내고 필요한 내부 모양을 그리기 위한 방법으로 그림과 같이 파단선을 그어서 단면 부분의 경계를 표시한다.

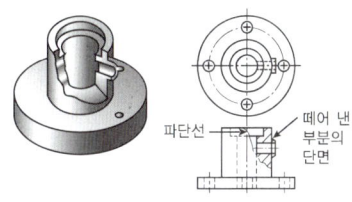

• 회전도시단면도

핸들, 벨트 풀리, 기어 등과 같은 바퀴의 암, 림, 리브, 훅, 축 구조물의 부재 등의 절단면은 회전시켜서 표시한다.

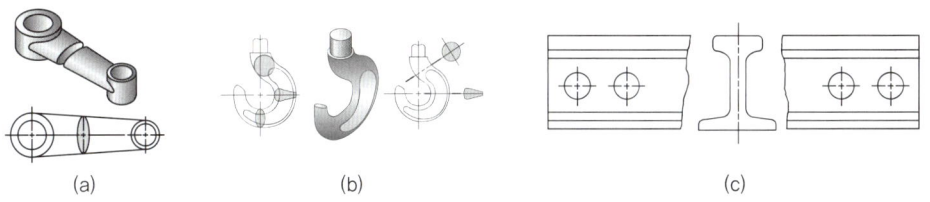

(a)   (b)   (c)

• 계단단면도

절단면이 투상면에 평행 또는 수직하게 계단 형태로 절단된 것을 계단단면도라 한다. 그림과 같이 수직 절단면의 선은 표시하지 않으며, 절단한 위치는 절단선으로 표시하고 처음과 끝, 방향이 변하는 부분에 굵은선, 기호를 붙여 단면도 쪽에 기입한다.

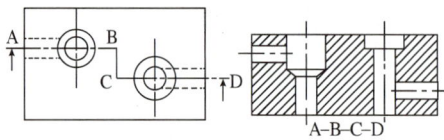

• 조합에 의한 단면도

2개 이상의 절단면에 의한 단면도를 조합하여 행하는 단면도시방법으로 그림과 같이 필요에 따라서 단면을 보는 방향을 나타내는 화살표와 글자 기호를 붙인다.

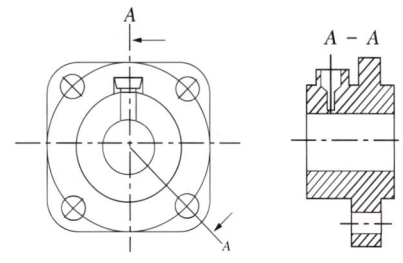

▌ 안전사항 반드시 암기(자주 출제)

안전사항은 반드시 출제된다(안전사항 중 틀린 것을 확인해 보자).

• 커터날 끝과 같은 높이에서 절삭상태를 관찰한다. → 커터날 끝과 같은 높이에서 절삭상태를 관찰하면 칩으로부터 위험하다.

• 절삭 중 가공 상태를 확인하기 위해 앞쪽에 있는 문을 열고 작업을 한다. → 절삭 중 안전문을 열고 작업하면 칩이 비산되어 매우 위험하다.

• 작업의 편의를 위해 장비조작은 여러 명이 협력하여 조작한다. → 안전을 위해 장비조작은 여러 명의 협력이 아닌 본인이 직접 한다.

• 엔드밀 작업 시 절삭유는 비산하므로 사용하여서는 안 된다. → 엔드밀 작업 시 절삭유를 사용한다. 절삭유를 사용하지 않으면 절삭저항이 커져 엔드밀이 파손된다.

• 충돌의 위험이 있을 때에는 전원 스위치를 눌러 기계를 정지시킨다. → 충돌의 위험이 있을 때에는 비상정지 스위치를 눌러 기계를 정지시킨다.

• 급속이송 운전은 항상 고속을 선택한 후 운전한다. → 급속이송 운전은 항상 저속을 선택한 후 운전한다.

• 공구는 공작물과 충분한 거리를 유지하도록 돌출거리를 크게 한다. → 공구는 가능한 한 돌출거리를 짧고 단단하게 고정한다.

• 공구는 기계나 재료 등의 위에 올려놓고 사용한다. → 기계 위에 공구나 측정기를 올려놓지 않는다.

- 절삭 중에는 면장갑을 착용하고, 측정할 때에는 착용하지 않는다. → 장갑을 착용하면 회전하는 일감에 장갑이 말릴 위험이 있으므로 절대로 착용해서는 안 된다.
- 바이트는 가능한 길게 물린다. → 바이트는 가능한 짧고 단단하게 고정한다.
- 손 보호를 위하여 면장갑을 착용한다. → 장갑은 착용하지 않는다.
- 선반을 멈추게 할 때는 역회전시켜 멈추게 한다. → 선반을 멈추게 할 때는 브레이크를 밟고 주축이 멈출 때까지 기다린다.

※ "안전사항"은 1~2문제가 반드시 출제된다. 해당 기출문제에서 안전사항 관련 잘못된 내용만 암기해도 2문제를 획득할 수 있다.

교육은 우리 자신의 무지를 점차 발견해 가는 과정이다.

- 윌 듀란트 -

핵심이론

핵심이론 01 가공능률에 따른 공작기계 분류

① 범용 공작기계(General Purpose Machine)

가공할 수 있는 기능이 다양하고, 절삭 및 이송 속도의 범위도 크기 때문에 제품에 맞추어 절삭조건을 선정하여 가공할 수 있다. 부속장치를 사용하면 가공범위를 더욱 넓게 사용할 수 있다.

※ 종류 : 선반, 드릴링머신, 밀링머신, 셰이퍼, 플레이너, 슬로터, 연삭기

② 전용 공작기계(Special Purpose Machine)

특정한 제품을 대량생산할 때 적합한 공작기계로서, 소량생산에는 적합하지 않고 사용범위가 한정되고 기계의 크기도 가공물에 적합한 크기로 되어 있으며, 구조가 간단하고 조작이 편리하다.

※ 종류 : 트랜스퍼머신, 차륜 선반, 크랭크축 선반

③ 단능 공작기계(Single Purpose Machine)

단순한 기능의 공작기계로서 한 가지 공정만 가능하여, 생산성과 능률은 매우 높으나 융통성이 작다.

※ 종류 : 공구연삭기, 센터링머신

④ 만능 공작기계(Universal Purpose Machine)

여러 가지 종류의 공작기계에서 할 수 있는 가공을 한 대의 공작기계에서 가능하도록 제작한 공작기계이다. 예를 들면 선반, 밀링, 드릴링머신의 기능을 한 대의 공작기계로 가능하도록 하였으나 대량생산이나 높은 정밀도의 제품을 가공하는 데는 적합하지 않다. 공작기계를 설치할 공간이 좁거나 여러 가지 기능은 필요하나 가공이 많지 않은 선박의 정비실 등에서 사용하면 매우 편리하다.

※ 종류 : 선반, 드릴링, 밀링머신 등의 공작기계를 하나의 기계로 조합

10년간 자주 출제된 문제

1-1. 공작기계 중 가공할 수 있는 기능이 다양하고 절삭 및 이송속도의 범위도 커서 일감의 크기나 재질에 따라 알맞은 절삭조건으로 가공할 수 있는 수동형 공작기계는?

① 전용 공작기계
② 범용 공작기계
③ 자동화 공작기계
④ 단능 공작기계

1-2. 공작기계를 가공능률에 따라 범용과 전용으로 구분할 때 다음 중 전용 공작기계에 속하는 것은?

① 밀 링
② 드 릴
③ 차륜 선반
④ 연삭기

|해설|

1-1

범용 공작기계 : 가공할 수 있는 기능이 다양하고, 절삭 및 이송 속도의 범위도 크기 때문에 제품에 맞추어 절삭조건을 선정하여 가공할 수 있다.

1-2

전용 공작기계 : 트랜스퍼머신, 차륜 선반, 크랭크축 선반

정답 1-1 ② 1-2 ③

핵심이론 02 공작기계

① 기계공작법 종류

<table>
<tr><th colspan="6">기계공작법</th></tr>
<tr><th colspan="4">비절삭가공</th><th colspan="2">절삭가공</th></tr>
<tr><td>주 조</td><td>소성가공</td><td>용 접</td><td>특수
비절삭
가공</td><td>절삭
공구
가공</td><td>연삭
공구
가공</td></tr>
<tr><td>목형,
주형,
주조,
특수주조,
플라스틱
몰딩,
분말야금</td><td>단조,
압연,
프레스
가공,
인발,
압출,
판금가공</td><td>납땜,
단접,
전기용접,
가스용접</td><td>전조,
전해연마,
방전가공,
초음파
가공,
버니싱</td><td>선삭,
평삭,
형삭,
브로칭,
줄작업,
밀링,
드릴링,
보링,
호빙</td><td>연삭,
호닝,
슈퍼
피니싱,
버핑,
래핑,
액체호닝,
배럴가공</td></tr>
</table>

② 공작기계의 구비조건

㉠ 높은 정밀도를 가져야 한다.

㉡ 가공능력이 커야 한다.

㉢ 내구력이 크며 사용이 간편해야 한다.

㉣ 고장이 적고, 기계효율이 좋아야 한다.

㉤ 가격이 싸고 운전비용이 저렴해야 한다.

③ 공작기계의 특성

㉠ 가공된 제품의 정밀도가 높아야 한다.

㉡ 가공능률이 좋아야 한다.

㉢ 융통성이 있어야 한다.

㉣ 안전성이 있어야 한다.

㉤ 강성이 있어야 한다.

④ 공구와 공작물의 상대운동 관계

<table>
<tr><th rowspan="2">종 류</th><th colspan="2">상대 절삭운동</th></tr>
<tr><th>공작물</th><th>공 구</th></tr>
<tr><td>밀링작업</td><td>고정하고 이송</td><td>회전운동</td></tr>
<tr><td>연삭작업</td><td>회전, 고정하고 이송</td><td>회전운동</td></tr>
<tr><td>선반작업</td><td>회전운동</td><td>직선운동</td></tr>
<tr><td>드릴작업</td><td>고 정</td><td>회전운동</td></tr>
</table>

가공방법 중 절삭가공에 속하는 것은?

① 인 발

② 압 연

③ 보 링

④ 단 조

[해설]

- 절삭가공기계 : 선반, 셰이퍼, 플레이너, 브로칭머신, 밀링머신, 보링머신, 호빙머신 등
- 비절삭가공기계 : 단조, 압연, 프레스, 인발, 압출, 판금가공 등

정답 ③

① 유동형 칩

　㉠ 칩이 경사면 위를 연속적으로 원활하게 흘러 나가
　　는 모양으로 연속형 칩이라고도 하며, 가장 이상
　　적인 칩의 형태이다. 칩은 절삭공구 선단부에서
　　전단응력을 받으며, 항상 미끄럼이 생기면서 절
　　삭작용이 이루어지며 진동이 작고, 가공표면이
　　매끄러운 면을 얻을 수 있다.

　㉡ 유동형 칩이 발생하는 조건
　　• 연성의 재료(연강, 구리, 알루미늄 등)를 가공할 때
　　• 절삭깊이가 작을 때
　　• 절삭속도가 빠를 때
　　• 경사각이 클 때
　　• 윤활성이 좋은 절삭유제를 사용할 때

② 전단형 칩

　칩이 유동형처럼 경사면 위를 원활하게 흐르지 못해
　절삭공구가 칩을 밀어내는 압축력이 커지면서 발생하
　여 칩이 연속적으로 가공되기는 하나 분자 사이에 절
　단이 일어나는 형태이다. 연성재료를 저속절삭으로
　절삭할 때, 절삭깊이가 클 때, 많이 발생한다.

③ 경작형(열단형) 칩

　점성이 큰 가공물을 경사각이 적은 절삭공구로 가공
　할 때, 절삭깊이가 클 때 발생하기 쉬운 칩의 형태이
　다. 가공물이 경사면에 점착되어 원활하게 흘러 나가
　지 못하고, 절삭공구의 전진에 따라 압축되어 가공재
　료 일부에 터짐이 일어나는 현상이 발생한다.

④ 균열형 칩

　주철과 같이 메진 재료를 저속으로 절삭할 때, 발생하
　는 칩의 형태로서 순간적인 균열이 발생하여 생기는
　칩이다. 균열이 발생하는 진동으로 인하여 절삭공구
　인선에 치핑이 발생하고 절삭공구의 수명이 단축되며
　가공된 면의 거칠기도 불량해진다.

[칩의 종류 정리]

칩의 종류	유동형 칩	전단형 칩	경작형 칩	균열형 칩
정 의	칩이 경사면 위를 연속적으로 원활하게 흘러 나가는 모양으로 연속형 칩	경사면 위를 원활하게 흐르지 못할 때 발생하는 칩	가공물이 경사면에 점착되어 원활하게 흘러 나가지 못하여 가공재료 일부에 터짐이 일어나는 현상 발생	균열이 발생하는 진동으로 인하여 절삭공구 인선에 치핑이 발생
재 료	연성재료 (연강, 구리, 알루미늄) 가공	연성재료 (연강, 구리, 알루미늄) 가공	점성이 큰 가공물	주철과 같이 메진 재료
절삭깊이	작을 때	클 때	클 때	–
절삭속도	빠를 때	작을 때	–	작을 때
경사각	클 때	작을 때	작을 때	–
비 고	가장 이상적인 칩	• 진동 발생 • 표면거칠기 나빠짐	–	순간적으로 공구날 끝에 균열 발생

유동형 칩 | 전단형 칩 | 경작형(열단형) 칩 | 균열형 칩

3-1. 공구의 경사면 위를 연속적으로 원활하게 흘러 나가는 형태로 연속 칩이라고도 불리는 가장 이상적인 칩의 형태는?

① 전단형
② 균열형
③ 유동형
④ 열단형

3-2. 절삭가공에서 발생되는 칩(Chip)의 기본 형상이 아닌 것은?

① 유동형(Flow Type)
② 전단형(Shear Type)
③ 경작형(Tear Type)
④ 절단형(Cutter Type)

【해설】

3-1

③ 유동형 칩 : 칩이 공구의 경사면 위를 유동하는 것과 같이 원활하게 연속적으로 흘러 나가는 형태로서 가공면이 깨끗하다.
① 전단형 칩 : 연한 재질의 공작물을 작은 경사각으로 저속가공할 때 생긴다.
② 균열형 칩 : 주철과 같은 메짐(취성) 재료를 저속가공할 때 생긴다.
④ 열단형 칩 : 점성이 큰 재질을 작은 경사각의 공구로 절삭할 때 생긴다.

3-2

칩의 종류 : 유동형 칩, 전단형 칩, 경작형 칩, 균열형 칩

정답 3-1 ③ 3-2 ④

핵심이론 04 구성인선

① **구성인선(Built-up Edge)의 발생**

연강, 스테인리스강, 알루미늄 등의 연성 가공물을 절삭할 때, 절삭공구에 절삭력과 절삭열에 의한 고온, 고압이 작용하여 절삭공구 인선에 대단히 경하고 미소한 입자가 압착 또는 융착되어 나타나는 현상이다. 이렇게 절삭공구 인선에 부착된 경한 물질이 절삭공구 인선을 대리하여 절삭하는 현상을 구성인선이라 한다.

② **구성인선의 방지대책** ⚠ 반드시 암기(자주 출제)

㉠ 절삭깊이를 작게 한다.
㉡ 경사각을 크게 한다.
㉢ 절삭공구의 인선을 예리하게(날카롭게) 한다.
㉣ 윤활성이 좋은 절삭유제를 사용한다.
㉤ 절삭속도를 크게 한다.

③ **구성인선의 발생과정**

발생 → 성장 → 최대성장 → 분열 → 탈락

발 생	성 장	최대성장
분 열		**탈 락**

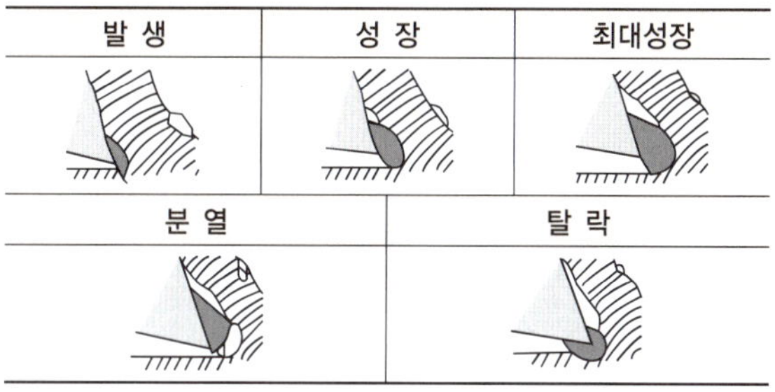

4-1. 구성인선(Built-up Edge)을 감소시키는 방법으로 옳은 것은?

① 절삭속도를 크게 한다.
② 윗면 경사각을 작게 한다.
③ 절삭깊이를 깊게 한다.
④ 마찰저항이 큰 공구를 사용한다.

4-2. 바이트로 재료를 절삭할 때 칩의 일부가 공구의 날 끝에 달라붙어 절삭날과 같은 작용을 하는 구성인선(Built-up Edge)의 방지법으로 틀린 것은?

① 재료의 절삭깊이를 크게 한다.
② 절삭속도를 크게 한다.
③ 공구의 윗면 경사각을 크게 한다.
④ 가공 중에 절삭유제를 사용한다.

해설

4-1, 4-2
구성인선 방지책
• 절삭깊이를 작게 한다.
• 윗면 경사각을 크게 한다.
• 절삭속도를 크게 한다.
• 윤활성이 있는 절삭유를 사용한다.

정답 4-1 ① 4-2 ①

핵심이론 05 공구수명

① 공구인선의 파손

ㄱ 크레이터 마모(경사면 마멸) : 칩이 처음으로 바이트 경사면에 접촉하는 접촉점은 절삭공구의 인선에서 약간 떨어져서 나타나며, 이 접촉점에서 마찰력이 작용하여 절삭공구의 상면 경사면이 오목하게 파이는 현상이다.

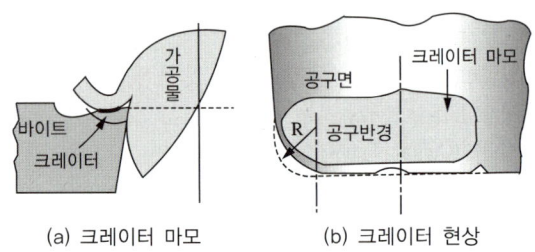

(a) 크레이터 마모   (b) 크레이터 현상

ㄴ 플랭크 마모(여유면 마멸) : 절삭공구의 절삭면에 평행하게 마모되는 것을 의미하며, 측면과 절삭면과의 마찰에 의하여 발생한다. 주철과 같이 메진 재료를 절삭할 때나 분말상 칩이 발생할 때는 다른 재료를 절삭하는 경우보다 뚜렷하게 나타난다.

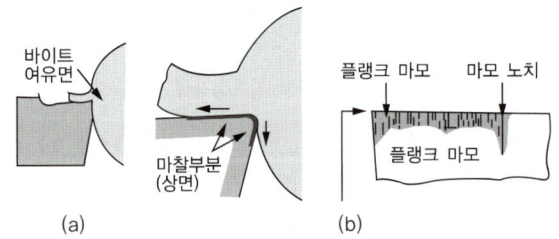

(a)   (b)

ㄷ 치핑 : 절삭공구인선의 일부가 미세하게 탈락되는 현상이다.

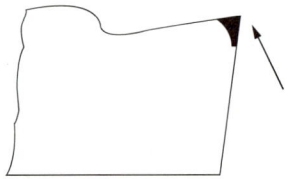

② 공구의 수명 판정기준

    ㉠ 가공면에 광택이 있는 색조 또는 반점이 생길 때

    ㉡ 공구인선의 마모가 일정량에 달했을 때

    ㉢ 절삭저항의 주분력에는 변화가 적어도 이송분력이나 배분력이 급격히 증가할 때

    ㉣ 완성치수의 변화량이 일정량에 달했을 때

    ㉤ 절삭저항의 주분력이 절삭을 시작했을 때와 비교하여 일정량이 증가할 경우 절삭공구의 수명이 종료된 것으로 판정

5-1. 공구의 마멸형태 중 플랭크 마멸이라고 하며 주철과 같이 메짐이 있는 재료를 절삭할 때 생기는 것은?

① 경사면 마멸   ② 여유면 마멸
③ 치핑(Chipping)   ④ 공구의 시효 변형

5-2. 공구의 수명 판정기준에서 수명이 종료된 상태에 해당하지 않는 것은?

① 가공면에 광택이 있는 색조 또는 반점이 생길 때
② 공구인선의 마모가 전혀 없을 때
③ 완성치수의 변화량이 일정량에 달했을 때
④ 절삭저항의 주분력에는 변화가 적어도 이송분력이나 배분력이 급격하게 증가할 때

【해설】

5-1

공구 마멸형태

- 경사면 마멸(Crater Wear) : 절삭공구의 윗면에서 절삭된 칩이 공구 경사면을 유동할 때 고온, 고압, 마찰 등으로 경사면이 오목하게 마모 작용이 일어나는 마멸
- 여유면 마멸(Flank Wear) : 가공면과 절삭공구면의 마찰에 의한 절삭공구 여유면 마멸
- 치핑(Chipping) : 절삭공구에서 절삭날의 일부분이 미세하게 탈락되는 것

5-2

공구의 수명 판정기준

- 가공 후 표면에 광택이 있는 색조, 무늬, 반점이 있을 때
- 공구인선의 마모가 일정량에 달했을 때
- 완성 가공된 치수의 변화량이 일정량에 달했을 때
- 주분력에는 변화가 없더라도 이송분력, 배분력이 급격히 증가할 때

정답 5-1 ② 5-2 ②

핵심이론 06 절삭유제

① 절삭유제(Cutting Fluids)의 사용목적

    ㉠ 구성인선의 발생을 방지한다.

    ㉡ 공구의 인선을 냉각시켜 공구의 경도저하를 방지한다.

    ㉢ 가공물을 냉각시켜 절삭열에 의한 정밀도 저하를 방지한다.

    ㉣ 공구의 마모를 줄이고 윤활 및 세척작용으로 가공표면을 양호하게 한다.

    ㉤ 칩을 씻어주고 절삭부를 깨끗이 닦아 절삭작용을 쉽게 한다.

② 절삭유의 작용

    ㉠ 냉각작용 : 절삭공구와 일감의 온도 상승을 방지한다.

    ㉡ 윤활작용 : 공구날의 윗면과 칩 사이의 마찰을 감소시킨다.

    ㉢ 세척작용 : 칩을 씻어 버린다.

③ 절삭유 구비조건

    ㉠ 냉각성, 방청성, 방식성이 우수해야 한다.

    ㉡ 감마성, 윤활성이 좋아야 한다.

    ㉢ 유동성이 좋고 적하가 쉬워야 한다.

    ㉣ 인화점, 발화점이 높아야 한다.

    ㉤ 인체에 무해하며 변질되지 않아야 한다.

④ 수용성 절삭유

    ㉠ 광물성유를 화학적으로 처리하여 원액과 물을 혼합하여 사용하며, 표면 활성제와 부식 방지제를 첨가하여 사용한다.

    ㉡ 점성이 낮고 비열이 커서 냉각 효과가 크다.

    ㉢ 고속절삭 및 연삭 가공액으로 많이 사용한다.

⑤ 주철의 절삭유

    ㉠ 주철은 절삭유를 사용하지 않는다.

    ㉡ 주철은 흑연의 윤활작용과 절삭칩이 쉽게 파괴되어 절삭성이 매우 우수하기 때문에 절삭유가 필요 없다.

6-1. 다음 중 절삭제를 사용하는 목적이 아닌 것은?

① 공구의 날 끝의 경도를 감소시킨다.
② 공구의 날 끝과 공작물을 냉각한다.
③ 공구날 끝의 마모 방지로 다듬면이 아름답다.
④ 칩 흐름(Chip Flow)을 도와서 절삭작용을 쉽게 한다.

6-2. 절삭유의 사용목적이 아닌 것은?

① 냉각작용
② 윤활작용
③ 마찰작용
④ 방청작용

6-3. 보통 주철재료의 드릴 가공 시 절삭유의 선정은?

① 수용성 절삭유
② 유화유
③ 광 유
④ 사용하지 않음

【해설】

6-1
절삭유는 공구의 인선을 냉각시켜 공구의 경도 저하를 방지한다.

6-2
절삭유의 작용
• 냉각작용 : 절삭공구와 일감의 온도 상승을 방지한다.
• 윤활작용 : 공구날의 윗면과 칩 사이의 마찰을 감소시킨다.
• 세척작용 : 칩을 씻어 버린다.
• 방청작용 : 부식을 방지한다.

6-3
주철은 흑연의 윤활작용과 절삭칩이 쉽게 파괴되어 절삭성이 매우 우수하기 때문에 절삭유가 필요 없다.

정답 6-1 ① 6-2 ③ 6-3 ④

핵심이론 07 윤활제

① 윤활제(Lubricant)의 구비조건
　㉠ 사용상태에서 충분한 점도를 유지해야 한다.
　㉡ 한계 윤활상태에서 견딜 수 있는 유성이 있어야 한다.
　㉢ 산화나 열에 대하여 안정성이 높아야 한다.
　㉣ 화학적으로 불활성이며 깨끗하고 균질해야 한다.

② 윤활의 목적
　윤활작용, 냉각작용, 밀폐작용, 청정작용, 방청작용 등

③ 윤활방법
　㉠ 유체윤활 : 완전윤활 또는 후막윤활이라고 하며, 유막에 의하여 슬라이딩 면이 유막에 의해 완전히 분리되어 균형을 이루게 되는 윤활의 상태를 유체윤활이라 한다.
　㉡ 경계윤활 : 불완전윤활이라고도 하며, 유체윤활 상태에서 하중이 증가하거나 윤활제의 온도가 상승하여 점도가 떨어지면서 유막으로는 하중을 지탱할 수 없는 상태를 뜻한다. 경계윤활은 고하중 저속 상태에서 많이 발생한다.
　㉢ 극압윤활 : 고체윤활이라고도 하며, 경계윤활에서 하중이 더욱 증가한다. 마찰온도가 높아지면 유막으로 하중을 지탱하지 못하고, 유막이 파괴되어 슬라이딩 면이 접촉된 상태의 윤활이다.

④ 윤활제의 종류
　㉠ 액체 윤활제 : 광물성유(내부식성 우수), 동물성유(점도, 유동성 우수)
　㉡ 고체 윤활제 : 흑연, 활석, 운모 등이 있으며, 그리스는 반고체 윤활제
　㉢ 특수 윤활제 : 극압 윤활제, 부동성 기계유, 실리콘유 등

⑤ 윤활제의 급유방법
　㉠ 핸드 급유법 : 작업자가 급유 위치에 급유하는 방법
　㉡ 적하 급유법 : 마찰면이 넓거나 시동되는 횟수가 많을 때 급유하는 방법

ⓒ 오일링 급유법 : 고속 주축에 급유를 균등하게 할 목적으로 사용

ⓔ 분무 급유법 : 액체 상태의 기름에 압축공기를 이용하여 분무시켜 공급하는 방법

ⓜ 강제 급유법 : 순환펌프를 이용하여 급유하는 방법으로 고속회전할 때, 베어링 냉각효과에 경제적인 방법

ⓗ 담금 급유법 : 마찰 부분 전체가 윤활유 속에 잠기도록 급유하는 방법

ⓢ 패드 급유법 : 무명이나 털 등을 섞어 만든 패드 일부를 오일통에 담가 저널의 아랫면에 모세관 현상으로 급유하는 방법

ⓞ 비말 급유법 : 커넥팅 로드 끝에 달려 있는 국자로 기름을 퍼 올려 비산시킴으로써 급유하는 방법

7-1. 윤활제의 구비조건으로 틀린 것은?

① 양호한 유성을 가진 것으로 카본 생성이 적어야 한다.
② 금속의 부식이 없어야 한다.
③ 온도변화에 따른 정도 변화가 커야 한다.
④ 열이나 산성에 강해야 한다.

7-2. 반고체 윤활제에 속하는 것은?

① 흑 연   ② 활 석
③ 그리스(Grease)   ④ 코크스

|해설|

7-1

윤활제의 구비조건
• 온도변화에 따른 정도 변화가 작아야 한다.
• 사용상태에서 충분한 점도를 유지해야 한다.
• 한계 윤활상태에서 견딜 수 있는 유성이 있어야 한다.

7-2

고체 윤활제로 흑연, 활석, 운모 등이 있으며 그리스(Grease)는 반고체 윤활제이다.

정답 7-1 ③ 7-2 ③

핵 심이론 08 절삭공구재료

① 탄소공구강

고온경도가 낮고 공구의 인선이 300℃가 되면 경도가 저하되고 사용이 곤란하게 된다. 절삭공구재료의 발달로 최근에는 사용이 적고, 저속이나 총형공구 등의 특수한 경우에 사용된다.

② 고속도강

W, Cr, V, Co 등의 원소를 함유하는 합금강을 뜻하며, 담금질 및 뜨임을 하여 사용하면 약 600℃까지는 고온경도를 유지한다. 특징은 고온경도가 높고 내마모성이 우수하며, 1,250℃에서 담금질을 하고, 약 550~600℃에서 뜨임을 하면 2차 경화가 발생한다.

※ 표준 고속도강   반드시 암기(자주 출제)

W(18%) − Cr(4%) − V(1%)를 함유하는 고속도강 (18 − 4 − 1고속도강)

③ 소결 초경합금

W, Ti, Ta, Mo, Zr 등의 경질합금 탄화물 분말을 Co, Ni을 결합제로 하여 1,400℃ 이상의 고온으로 가열하면서 프레스로 소결 성형한 절삭공구이다.

④ 주조 경질합금

㉠ 대표적인 것으로는 스텔라이트가 있으며, 주성분은 W, Cr, Co, Fe이며 주조합금이다. 스텔라이트는 상온에서 고속도강보다 경도가 낮으나 고온에서는 오히려 경도가 높아지기 때문에 고속도강보다 고속절삭용으로 사용된다.

㉡ 850℃까지 경도와 인성이 유지되며, 단조나 열처리가 되지 않는 특징이 있다.

⑤ 세라믹

    ㉠ 산화알루미늄(Al_2O_3) 분말을 주성분으로 Mg, Si 등의 산화물과 소량의 다른 원소를 첨가하여 소결한 절삭공구이다. 고온에서 경도가 높고, 내마모성이 좋아 초경합금보다 빠른 절삭속도로 절삭이 가능하며, 백색, 분홍색, 회색, 흑색 등의 색이 있으며, 초경합금보다 매우 가볍다.

    ㉡ 세라믹은 용접이 곤란하므로 고정용 홀더를 사용한다.

⑥ 서 멧

    ㉠ 세라믹과 메탈의 복합어로 세라믹의 취성을 보완하기 위하여 개발된 내화물과 금속 복합체의 총칭이다.

    ㉡ 고속절삭에서 저속절삭까지 사용범위가 넓고 크레이터 마모, 플랭크 마모 등이 적어 구성인선이 거의 발생하지 않아 공구 수명이 길다.

⑦ 입방정 질화붕소(CBN)

    ㉠ 자연계에는 존재하지 않는 인공합성재료로서 다이아몬드의 2/3배의 경도를 가지며, CBN 미소분말을 초고온(2,000℃), 초고압(5만 기압 이상)의 상태로 소결한 것이며, 현재 많이 사용되는 절삭공구재료이다.

    ㉡ 난삭재료, 고속도강, 담금질강, 내열강 등의 절삭에 많이 사용한다.

⑧ 다이아몬드

현재 알려져 있는 절삭공구 중에서 경도가 가장 크고 내마모성이 크며, 절삭속도가 빠르고 절삭가공이 능률적인 우수한 공구재료이다. 경질고무, 베이클라이트(Bakelite), 알루미늄, 황동 등의 절삭에 대단히 능률이 좋다. 그러나 다이아몬드는 취성이 커서 잘 깨지고 고가이다.

8-1. 절삭공구강의 일종인 표준 고속도강의 성분은?

① Cr(18%), W(4%), V(1%)
② V(18%), Cr(4%), W(1%)
③ W(18%), Cr(4%), V(1%)
④ W(18%), V(4%), Cr(1%)

8-2. 공구재료 중 경도가 가장 높고 내마모성이 크며 절삭속도가 빠르고 비철금속의 정밀절삭에 사용하는 것은?

① 세라믹
② 탄소공구강
③ 다이아몬드
④ 고속도강

8-3. 선반 바이트 재료 중 금속탄화물의 분말형의 금속원소를 프레스로 성형한 다음 소결하여 만든 합금으로 경도가 크고, 내열성, 내마멸성이 높은 것은?

① 세라믹
② 고속도강
③ 스텔라이트
④ 초경합금

【해설】

8-1

고속도강(High Speed Steel) : W, Cr, V, Co 등의 합금강으로서 담금질 및 뜨임 처리하면 약 600℃까지 경도를 유지하며 고온경도가 높고 내마모성이 우수하다. 절삭속도가 탄소공구강에 비해 2배 이상이다.

※ 표준 고속도강 조성 : W(18%) − Cr(4%) − V(1%)

8-2

다이아몬드는 경도가 가장 크고 내마모성이 크며, 절삭속도가 빠르고 알루미늄 등 비철금속의 정밀절삭에 사용된다.

8-3

초경합금 : W, Ti, Mo, Zr 등의 경질합금 탄화물 분말을 Co, Ni을 결합제로 하여, 1,400℃ 이상의 고온으로 가열하면서 프레스로 소결 성형한 절삭공구이다.

정답 8-1 ③ 8-2 ③ 8-3 ④

핵심이론 09 공작기계의 기본 운동

① 절삭운동

    ㉠ 절삭작용은 회전운동과 직선운동에 의하여 이루어지며, 칩이 흘러 나가는 반대방향으로 작용하는데, 이것을 주운동이라 한다.

    ㉡ 절삭공구를 일정한 위치에 고정하고 가공물을 운동시키는 절삭운동에는 밀링, 플레이너 등이 있다.

    ㉢ 가공물을 일정위치에 고정하고 공구를 운동시키는 절삭운동에는 셰이퍼, 드릴링, 선반, 브로칭 등이 있다.

② 이송운동

    선반에서 절삭작용을 살펴보면, 가공물이 회전할 때 왕복대 윗부분에 설치된 바이트가 가공물의 길이방향 또는 가공물의 지름방향으로 조금씩 이동된다. 이렇게 절삭운동과 함께 절삭위치를 바꾸고, 절삭공구나 가공물을 이송시키는 것을 이송운동이라 한다.

③ 위치조정운동

    가공물과 절삭공구를 선정한 절삭조건으로 가공할 위치(가로방향, 세로방향, 절삭깊이 등)의 조정을 의미한다.

10년간 자주 출제된 문제

공작기계에서 절삭을 위한 3가지 기본 운동이라고 볼 수 없는 것은?

① 절삭운동
② 이송운동
③ 위치조정운동
④ 진동운동

|해설|

공작기계 기본 운동 : 절삭운동, 이송운동, 위치조정운동

정답 ④

핵심이론 10 선반(1)

① 선반가공의 종류 🔊 밀링가공과 비교하여 반드시 암기(자주 출제)

외경절삭, 단면절삭, 절단(홈)작업, 테이퍼절삭, 드릴링, 보링, 수나사절삭, 암나사절삭, 정면절삭, 곡면절삭, 총형절삭, 널링작업

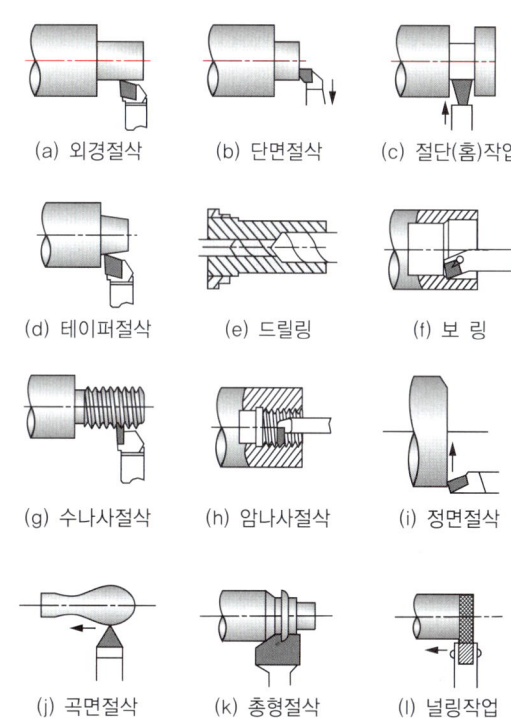

(a) 외경절삭   (b) 단면절삭   (c) 절단(홈)작업

(d) 테이퍼절삭   (e) 드릴링   (f) 보 링

(g) 수나사절삭   (h) 암나사절삭   (i) 정면절삭

(j) 곡면절삭   (k) 총형절삭   (l) 널링작업

[선반가공과 밀링가공의 종류]

선반가공 종류	밀링가공 종류
외경, 단면, 홈, 테이퍼, 드릴링, 보링, 수나사, 암나사, 정면, 곡면, 총형, 널링작업	평면가공, 단가공, 홈가공, 드릴가공, T홈가공, 더브테일가공(각도가공), 곡면절삭, 보링 등

② 선반의 종류

　　㉠ 보통 선반 : 각종 선반 중에서 기본이 되고, 가장
　　　　많이 사용한다.

　　㉡ 탁상 선반 : 작업대 위에 설치해야 할 만큼의 소형
　　　　선반으로 베드의 길이는 900mm 이하, 스윙은
　　　　200mm 이하로서 시계 부품, 재봉틀 부품 등의
　　　　소형 부품을 주로 가공한다.

　　㉢ 정면 선반 : 기차바퀴처럼 지름이 크고, 길이가
　　　　짧은 가공물을 절삭하기에 편리하다.

　　㉣ 수직 선반 : 척을 지면 위에 수직으로 설치하여
　　　　가공물의 장착 및 탈착이 편리하다.

　　㉤ 터릿 선반 : 보통 선반의 심압대 대신에 터릿으로
　　　　불리는 회전 공구대를 설치하여 여러 가지 절삭공
　　　　구를 공정에 맞게 설치하여 간단한 부품을 대량
　　　　생산한다.

　　㉥ 공구 선반 : 보통 선반과 같은 구조이나 정밀한
　　　　형식으로 되어 있어 주축은 기어 변속장치를 이용
　　　　하여 여러 가지의 회전수로 변환을 할 수 있으며,
　　　　릴리빙장치와 테이퍼절삭장치, 모방절삭장치 등
　　　　이 부속되어 있다.

　　㉦ 자동 선반 : 캠이나 유압 기구 등을 이용하여 부품
　　　　가공을 자동화한 대량생산용 선반이다.

　　㉧ 모방 선반 : 자동모방장치를 이용하여 모형이나
　　　　형판 외형에 트레이서가 설치되고 트레이서가 움
　　　　직이면, 바이트가 함께 움직여 모형이나 형판의
　　　　외형과 동일한 형상의 부품을 자동으로 가공한다.

　　㉨ 차축 선반 : 기차의 차축을 주로 가공한다.

　　㉩ 차륜 선반 : 기차의 바퀴를 주로 가공한다.

　　㉪ 크랭크축 선반 : 크랭크축의 저널과 크랭크핀을
　　　　가공한다.

③ 선반의 크기 표시방법

　　보통 선반에서는 스윙(가공할 수 있는 공작물의 최대
　　지름) × 양 센터 간의 최대거리(가공할 수 있는 공작
　　물의 최대길이)로 나타낸다.

10-1. 선반으로 가공하기에 어려운 것은?

① 외경절삭가공　　　　② 드릴링가공
③ 총형절삭가공　　　　④ 더브테일가공

10-2. 선반의 종류에 대한 설명으로 틀린 것은?

① 터릿 선반 : 보통 선반의 심압대 위치에 회전 공구대를 설치
　하여 부품을 능률적으로 가공할 때 쓰이는 선반이다.
② 크랭크축 선반 : 철도차량용 바퀴를 주로 가공하는 선반으로
　면판붙이 주축대 2개를 마주 세운 구조이다.
③ 자동 선반 : 캠이나 유압 기구를 이용하여 자동화한 것으로
　대량생산에 적합하다.
④ 모방 선반 : 모방장치를 이용하여 모형이나 형판을 따라 바이
　트를 안내하여 모방절삭하는 선반이다.

해설

10-1

선반가공과 밀링가공의 종류

선반가공	밀링가공
외경, 단면, 홈, 테이퍼, 드릴링, 보링, 수나사, 암나사, 정면, 곡면, 총형, 널링작업	평면가공, 단가공, 홈가공, 드릴가공, T홈가공, 더브테일가공(각도가공), 곡면절삭, 보링 등

10-2

• 크랭크축 선반 : 크랭크축의 저널과 크랭크핀을 가공하는 선반으
　로 베드 양쪽에 크랭크핀을 편심시켜 고정하는 주축대가 있다.
• 차륜 선반 : 기차의 바퀴를 주로 가공하는 선반으로 주축대
　2개를 마주 세운 구조이다.

정답 10-1 ④　10-2 ②

① 선반의 주요 부분

- ㉠ 주축대 : 공작물을 지지하여 회전을 주는 주축과 변속장치 및 왕복대의 이송 기구를 내장하고 있다.
- ㉡ 왕복대 : 주축대와 심압대 사이에서 베드의 윗면을 따라 좌우로 미끄러지면서 이동하는 부분으로 에이프런, 새들, 공구대로 구성되어 있다.
- ㉢ 심압대 : 베드 위의 주축 맞은편에 설치하여 공작물을 지지하거나 센터 대신 드릴과 리머 등의 공구를 고정하여 작업을 하며, 조정나사로 심압대를 편위시켜 테이퍼절삭을 하는 데 사용한다.
- ㉣ 베드 : 주축대, 왕복대, 심압대와 공작물 등의 하중과 절삭력의 외력에 쉽게 변형되지 않으며, 안내면은 왕복대와 심압대의 이동을 정확하고 원활하게 한다.

② 선반용 부속품 및 부속장치

- ㉠ 센터 : 가공물을 고정할 때 주축 또는 심압축에 설치한 센터에 의해 가공물을 지지하거나 고정할 때 사용하는 부속품이다.
- ㉡ 센터 드릴 : 센터를 지지할 수 있는 구멍을 가공하는 드릴이다.
- ㉢ 면판 : 척에 고정할 수 없는 불규칙하거나 대형의 가공물 또는 복잡한 가공물을 고정할 때 사용한다.
- ㉣ 돌림판과 돌리개 : 주축의 회전력을 가공물에 전달하기 위해 사용하는 부속품이다.
- ㉤ 방진구 : 선반에서 가늘고 긴 가공물을 절삭할 때 사용하는 부속품이다. 🔶 반드시 암기(자주 출제)
- ㉥ 맨드릴 : 기어, 벨트 풀리 등과 같이 구멍과 외경이 동심원이고 직각이 필요한 경우에 구멍을 먼저 가공하고 구멍에 맨드릴을 끼워 양 센터로 지지해서 외경과 측면을 가공하여 부품을 완성하는 선반의 부속품이다.
- ㉦ 척 : 선반에서 가공물을 고정하는 역할(연동척, 단동척, 유압척, 콜릿척 등)을 한다.

[선반과 밀링의 부속품]

선 반	밀 링
센터, 센터드릴, 돌림판과 돌리개, 방진구, 맨드릴, 척, 테이퍼절삭장치	밀링바이스, 분할대, 회전테이블, 슬로팅장치, 수직밀링장치, 랙절삭장치

③ 척(Chuck)의 종류

- ㉠ 연동척 : 3개의 조가 120° 간격으로 구성 배치되어 있으며 1개의 조를 돌리면 3개의 조가 함께 동일한 방향, 동일한 크기로 이동하기 때문에 원형이나 3의 배수가 되는 단면의 가공물을 쉽고 편하고 빠르게 고정할 수 있다. 편심가공을 할 수 없으며, 단동척에 비하여 고정력이 약하다.
- ㉡ 단동척 : 4개의 조가 90° 간격으로 구성 배치되어 있으며 4개의 조가 각각 단독으로 이동한다. 고정력이 크고, 불규칙한 가공물, 편심, 중량의 가공물 등을 정밀하게 고정하여 가공할 수 있으며, 소량생산에 적합하다.
- ㉢ 유압척 : 유압을 이용한 척으로 CNC 선반에 주로 사용된다. 조는 소프트 조와 하드 조가 있으며 소프트 조는 가공물의 형상이나 조의 마모에 따라 수시로 바이트로 가공하면서 사용하기 때문에 가공 정밀도를 높일 수 있다.
- ㉣ 콜릿척 : 지름이 작은 가공물이나 각 봉재를 가공할 때 편리하며 터릿 선반이나 자동 선반에 주로 사용한다.

11-1. 선반가공에서 긴 공작물을 절삭할 때 사용하는 이동형 방진구는 어느 부분에 설치하는가?

① 심압대
② 왕복대
③ 베 드
④ 주축대

11-2. 선반의 주요 구조에 해당되지 않는 것은?

① 주축대
② 심압대
③ 공구대
④ 베 드

11-3. 지름이 작고 일정한 환봉을 고정할 때 편리하며 원판 스프링 힘에 의하여 고정되는 것으로 터릿 선반이나 자동 선반에 주로 사용되는 척은?

① 단동척
② 연동척
③ 콜릿척
④ 마그네틱척

[해설]

11-1

방진구(Work Rest) : 선반에서 가늘고 긴 가공물의 휨이나 떨림을 방지하기 위해 선반 베드 위에 고정하여 사용하는 고정식 방진구와 왕복대의 새들에 고정하여 사용하는 이동식 방진구가 있다.

11-2

선반을 구성하고 있는 주요 구성 부분 : 주축대, 왕복대, 심압대, 베드

11-3

③ 콜릿척 : 지름이 작은 가공물이나 각 봉재를 가공할 때 사용하는 선반의 부속장치이다.
① 단동척 : 4개의 조가 90° 간격으로 구성 배치되어 있으며, 불규칙한 가공물을 고정한다.
② 연동척 : 3개의 조가 120° 간격으로 구성 배치되어 있으며, 규칙적인 모양을 고정한다.
④ 마그네틱척 : 전자석을 이용하여 얇은 판, 피스톤 링과 같은 가공물을 변형시키지 않고, 고정시켜 가공할 수 있는 자성체 척이다.

정답 11-1 ② **11-2** ③ **11-3** ③

핵심이론 **12** 선반(3)

① 선반의 절삭조건

㉠ 절삭속도 🔔 반드시 암기(자주 출제)

$$V = \frac{\pi D N}{1,000}, \quad N = \frac{1,000\,V}{\pi D}$$

여기서, V : 절삭속도(m/min)

N : 회전수(rpm)

D : 공작물지름(mm)

※ 경제적 절삭속도 : 바이트의 수명이 60~120min 정도가 되는 절삭속도

㉡ 절삭깊이 : 바이트로 공작물을 가공하는 깊이이다. 단위는 mm이며, 선반에서 원통면 절삭 시 절삭깊이의 2배로 지름이 작아진다.

㉢ 이송 : 선반에서 이송은 가공물이 1회전할 때마다 바이트의 이송거리를 나타낸다. 단위는 mm/rev 이다.

② 선반에서 테이퍼절삭방법

㉠ 복식 공구대를 경사시키는 방법 : 테이퍼 각이 크고 길이가 짧은 가공물

㉡ 심압대를 편위시키는 방법 : 테이퍼가 작고 길이가 긴 경우에 사용하는 방법

㉢ 테이퍼절삭장치를 이용하는 방법 : 넓은 범위의 테이퍼를 가공

㉣ 총형 바이트를 이용하는 방법

㉤ 테이퍼 드릴 또는 테이퍼 리머를 이용하는 방법

③ 복식 공구대 회전각

$$\tan\alpha = \frac{D-d}{2l}$$

여기서, α : 복식 공구대 선회각

D : 테이퍼에서 큰 지름(mm)

d : 테이퍼에서 작은 지름(mm)

l : 테이퍼의 길이(mm)

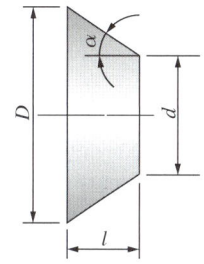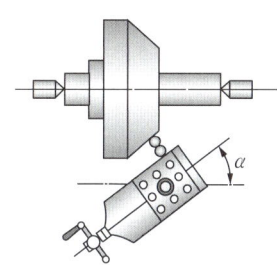

④ 심압대 편위량

$$e = \frac{L(D-d)}{2l}$$

여기서, e : 심압대 편위량

D : 테이퍼에서 큰 지름(mm)

d : 테이퍼에서 작은 지름(mm)

l : 테이퍼 부분의 길이(mm)

L : 공작물 전체의 길이(mm)

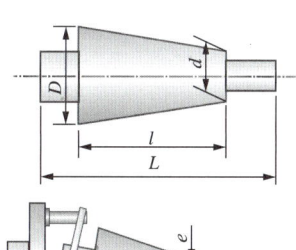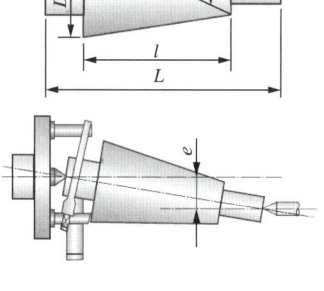

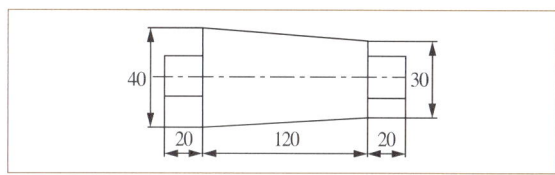
12-1. 선반에서 지름 60mm의 공작물을 절삭속도 100m/min로 가공하려 할 때 회전수는 약 몇 rpm인가?

① 5

② 530

③ 1,667

④ 5,305

12-2. 다음 그림과 같은 테이퍼를 심압대를 편위시켜 절삭하려 한다면 심압대의 편위량은 약 몇 mm로 하여야 하는가?

40		30
20	120	20

① 7.5mm

② 6.7mm

③ 11.3mm

④ 8.5mm

[해설]

12-1

$$n = \frac{1,000v}{\pi d} = \frac{1,000 \times 100\text{m/min}}{\pi \times 60\text{mm}} ≒ 530\,\text{rpm}$$

여기서, v : 절삭속도(m/min)

d : 공작물 지름(mm)

n : 회전수(rpm)

12-2

심압대를 편위시키는 방법(테이퍼가 작고 길이가 길 경우에 사용하는 방법)

$$e = \frac{(D-d) \times L}{2l} = \frac{(40-30) \times 160}{2 \times 120} ≒ 6.7\text{mm}$$

여기서, L : 가공물의 전체길이, e : 심압대의 편위량

D : 테이퍼의 큰 지름, d : 테이퍼의 작은 지름

l : 테이퍼의 길이

정답 12-1 ② 12-2 ②

① 선반의 가공시간

　㉠ 선반에서 제품을 가공하기 위해 소요되는 시간을 산출하는 것은 반드시 필요하다.

　㉡ $T = \dfrac{L}{ns} \times i$

　　여기서, T : 가공시간(min), L : 공작물 길이
　　　　　　n : 회전수, s : 이송(mm/rev)
　　　　　　i : 가공횟수

　㉢ 가공시간은 가공 준비시간, 여유시간, 바이트 준비, 교체시간 등을 제외한 오직 가공에만 소요되는 시간을 의미한다.

② 나사절삭의 원리

　㉠ 선반에서 나사를 절삭할 때 주축과 어미나사(Lead Screw)축을 변환기어에 연결하여 어미나사축과 주축의 회전비를 맞추면 필요한 나사의 피치로 가공할 수 있다. 즉, 어미나사가 1회전할 때 가공물이 몇 회전하는가를 변환기어로서 조정하는 원리가 나사를 절삭하는 원리이다.

　㉡ 에이프런의 하프너트(Half Nut or Split Nut)를 어미나사에 물리면 왕복대 공구대에 설치된 나사 바이트가 길이방향으로 이송하여 원하는 나사를 가공할 수 있다.

　㉢ 현대 선반에서는 변환기어를 계산하여 기어를 변환시키지 않으며, 선반에 부착된 표에 의해 레버를 조작하여 나사를 가공하는 방법을 사용한다.

[변환기어 잇수]

형 식	변환기어 잇수	참 고
영 식	20, 25, 30, 35, 40, 45, 50, 55, 60, 65, 70, 75, 80, 85, 90, 95, 100, 105, 110, 115, 120	잇수 5개 간격 20~120
미 식	20, 24, 28, 32, 36, 40, 44, 48, 52, 56, 60, 64, 72, 80, 127	20~64 잇수 4개 간격, 72, 80, 127 기어 1개

13-1. 보통 선반에서 주축과 리드 스크루(Lead Screw)를 일정비율 속도비로 유지하게 하고 에이프런의 하프너트(Half Nut)를 사용하여 가공하는 작업은?

① 나사작업　　　　　② 외경작업
③ 단면작업　　　　　④ 내경작업

13-2. 미식 선반에서 나사를 가공할 때 사용되는 변환기어 잇수로 맞는 것은?

① 25　　　　　　　　② 65
③ 100　　　　　　　④ 127

13-3. 재질이 연강이고, 지름 50mm, 길이 800mm인 환봉을 이송 0.4mm/rev, 절삭속도 50m/min으로 선반에서 1회 가공하는 데 소요되는 시간은?(단, 가공길이는 환봉의 길이인 800mm로 계산한다)

① 약 1분 18초　　　　② 약 3분 23초
③ 약 6분 17초　　　　④ 약 9분 49초

【해설】
13-1
보통 선반에서 주축과 어미나사(Lead Screw)축을 변환기어에 연결하여 어미나사축과 주축의 회전비를 맞추면 필요한 나사의 피치로 가공할 수 있다. 즉, 어미나사가 1회전할 때 가공물이 몇 회전하는가를 변환기어로서 조정하는 원리가 나사를 절삭하는 원리이다. 에이프런의 하프너트(Half Nut)를 어미나사에 물리면 왕복대 공구대에 설치된 나사 바이트가 길이방향으로 이송하여 원하는 나사를 가공할 수 있다.

13-3
• 회전수 $(n) = \dfrac{1{,}000v}{\pi d} = \dfrac{1{,}000 \times 50\text{m/min}}{\pi \times 50\text{mm}} ≒ 318\text{rpm}$

• 가공시간 $(T) = \dfrac{L}{ns} \times i = \dfrac{800\text{mm}}{318\text{rpm} \times 0.4\text{mm/rev}} \times 1\text{회}$

　　　　$≒ 6.28\text{min} = 6$분 17초

여기서, n : 회전수, s : 이송, i : 가공횟수, L : 공작물 길이

정답 **13-1** ①　**13-2** ④　**13-3** ③

① 작업 전에 지켜야 할 안전사항

　㉠ 가동 전에 주유부분에는 반드시 주유한다.

　㉡ 반드시 보안경을 착용한다.

　㉢ 장갑, 반지 등을 착용하지 않도록 한다.

　㉣ 복장은 청결해야 하며 간편하고 활동이 편해야 한다.

② 작업 중에 지켜야 할 안전사항

　㉠ 선반이 가동될 때는 자리를 이탈하지 않는다.

　㉡ 선반 주위에서는 뛰거나 장난을 하지 않는다.

　㉢ 척의 회전을 손이나 공구로 정지시키지 않는다.

　㉣ 항상 공구의 정리정돈, 주변정리를 깨끗이 한다.

　㉤ 칩은 손으로 제거하지 않는다.

③ 바이트를 사용할 때 주의사항

　㉠ 바이트를 교환할 때는 기계를 정지시킨다.

　㉡ 바이트는 가능한 한 짧고 단단하게 고정한다.

　㉢ 공구대를 회전시킬 때는 바이트에 유의한다.

④ 측정 및 공구를 사용할 때 주의사항

　㉠ 측정을 할 때는 반드시 기계를 정지한다.

　㉡ 회전하는 가공물을 손으로 만져서는 안 된다.

　㉢ 척 핸들은 사용 후에 반드시 제거한다.

　㉣ 공구는 항상 정리정돈하며 사용한다.

⑤ 작업 중 정전 시 취해야 할 사항

　㉠ 필요한 경우 동력을 공급하는 메인 스위치도 끈다.

　㉡ 절삭공구를 가공물에서 떼어 낸다.

　㉢ 기계의 스위치를 끄고 기계 주위를 정리한다.

　㉣ 기계 주위의 공구나 측정기 등을 정리한다.

　㉤ 기계 스위치를 끄고 전기가 들어올 때까지 기다린다.

　㉥ 부품을 교체하지 않는다.

14-1. 선반작업에서 지켜야 할 안전사항으로 틀린 것은?

① 가동 전에 각종 레버, 하프너트, 자동장치를 점검한다.

② 가동 전에 주유 부분에는 반드시 주유한다.

③ 전기배선의 절연상태는 양호한가 점검한다.

④ 장갑과 보호안경을 반드시 끼고 작업한다.

14-2. 선반의 안전작업에 대한 설명으로 옳지 않은 것은?

① 선반작업 중 보안경을 착용한다.

② 선반작업 중 칩은 손으로 제거하지 않는다.

③ 긴 공작물 가공 시 방진구를 사용한다.

④ 바이트는 가급적 길게 설치한다.

14-3. 작업 중 정전이 되었을 때 취해야 할 사항으로 가장 거리가 먼 것은?

① 메인 스위치를 끈다.

② 절삭공구를 가공물에서 떼어 낸다.

③ 기계의 스위치를 끄고 기계 주위를 정리한다.

④ 즉시 V-belt 등 소모된 동력전달장치 부품을 교체한다.

〖해설〗

14-1

장갑은 착용하지 않도록 하며, 보호안경은 반드시 착용한다.

14-2

바이트는 가능한 한 짧고 단단하게 설치한다.

정답 14-1 ④　14-2 ④　14-3 ④

① 밀링머신의 작업 종류

평면가공, 단가공, 홈가공, 드릴, T홈가공, 더브테일가공, 곡면절삭, 보링

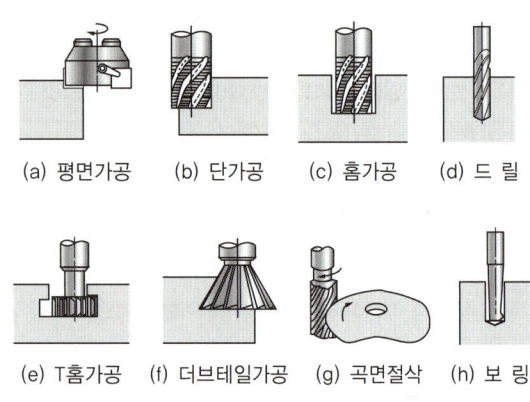

(a) 평면가공 (b) 단가공 (c) 홈가공 (d) 드 릴

(e) T홈가공 (f) 더브테일가공 (g) 곡면절삭 (h) 보 링

[선반가공과 밀링가공의 종류]

선반가공	밀링가공
외경절삭, 단면절삭, 절단(홈)작업, 테이퍼절삭, 드릴링, 보링, 수나사절삭, 암나사절삭, 정면절삭, 곡면절삭, 총형절삭, 널링	평면가공, 단가공, 홈가공, 드릴, T홈가공, 더브테일가공, 곡면절삭, 보링

② 밀링머신의 크기

ㄱ 일반적으로 가장 많이 사용되는 밀링머신은 니 칼럼형 밀링머신이며, 밀링머신을 구성하는 주요 부분으로는 기둥(Column) 새들(Saddle), 테이블(Table)과 니(Knee) 등이 있으며, 테이블이나 바이스에 가공물을 고정하고 좌우, 전후, 상하로 이송하여 3차원의 가공을 할 수 있다.

ㄴ 밀링머신의 크기는 여러 가지가 있으나 니형 밀링머신의 크기는 일반적으로 Y축을 기준으로 한 호칭번호로 표시한다.

[밀링머신의 크기]

호칭번호		0호	1호	2호	3호	4호	5호
테이블의 이송거리 (mm)	전 후	150	200	250	300	350	400
	좌 우	450	550	700	850	1,050	1,250
	상 하	300	400	450	450	450	500

③ 밀링머신의 종류

ㄱ 수평 밀링머신 : 주축을 기둥 상부에 수평으로 설치하고, 주축에 아버를 고정하고 회전시켜 가공물을 절삭한다. 오버 암(Over Arm)은 아버가 휘는 것을 방지하기 위하여 한쪽 끝은 칼럼면에 고정하고 반대 끝은 아버의 지지부에 고정한다.

ㄴ 수직 밀링머신 : 주축헤드가 테이블면에 수직으로 되어 있으며, 주로 정면 밀링커터와 엔드밀 등을 사용하여 평면가공이나 홈가공, T홈가공, 더브테일 등을 주로 가공한다.

ㄷ 만능 밀링머신 : 수평 밀링머신과 유사하나 차이점으로는 새들 위에 선회대가 있어 수평면 내에서 일정한 각도로 테이블을 회전시켜 각도를 변환시키는 것과 테이블을 상하로 경사시킬 수 있는 것이다.

ㄹ 생산형 밀링머신 : 대량생산을 하기 위한 목적으로 보통 밀링머신의 기능을 어느 정도 단순화시킨 밀링머신으로 주축 헤드가 1개인 단두형, 2개가 있는 쌍두형, 2개 이상 여러 개가 달려 있는 다두형으로 구분한다.

ㅁ 플레이너형 밀링머신 : 플레이너의 공구대 대신 밀링헤드가 장착된 형식이며 대형 공작물과 중량물의 공작물을 강력절삭하는 데 적합하다.

15-1. 대형 일감이나 중량물의 강력절삭에 적합하도록 플레이너의 공구대 대신 밀링헤드가 장착된 형식의 기계는?

① 나사 밀링머신
② 특수 밀링머신
③ 플레이너형 밀링머신
④ 만능 밀링머신

15-2. 범용 밀링머신으로 작업하기에 적합하지 않은 것은?

① 홈가공
② 평면가공
③ 원형 축가공
④ 더브테일가공

[해설]

15-1

플레이너형 밀링머신 : 플레이너의 공구대 대신 밀링헤드가 장착된 형식이며 대형 공작물과 중량물의 공작물을 강력절삭하는 데 적합하다.

15-2

원형 축가공은 선반에 적합하다.

선반과 밀링가공의 종류

선반가공	밀링가공
외경절삭, 단면절삭, 절단(홈)작업, 테이퍼절삭, 드릴링, 보링, 수나사절삭, 암나사절삭, 정면절삭, 곡면절삭, 총형절삭, 널링	평면가공, 단가공, 홈가공, 드릴, T홈가공, 더브테일가공, 곡면절삭, 보링

정답 15-1 ③ 15-2 ③

핵심이론 16 밀링(2)

① **선반과 밀링의 부속품 비교**

선 반	밀 링
센터, 센터드릴, 돌림판과 돌리개, 방진구, 맨드릴, 척, 테이퍼절삭장치	밀링바이스, 분할대, 회전테이블, 슬로팅장치, 수직 밀링장치, 랙절삭장치

② **밀링바이스**

㉠ 밀링테이블 면에 T볼트를 이용하여 고정하고 소형 가공물을 고정하는 데 사용한다.

㉡ 수평바이스 : 조의 방향이 테이블과 평형 또는 직각으로만 고정한다.

㉢ 회전바이스 : 테이블과 수평면에서 360° 회전시켜 필요한 각도로 고정한다.

㉣ 만능바이스 : 회전바이스의 기능과 상하로 경사시킬 수 있다.

㉤ 유압바이스 : 유압을 이용하여 가공물을 고정시킬 수 있다.

③ **분할대**

테이블에 분할대와 심압대로 가공물을 지지하거나 분할대의 척에 가공물을 고정하여 사용하며, 필요한 등분이나 필요한 각도로 분할할 때 사용하는 밀링 부속품이다.

④ **회전테이블**

테이블 위에 설치하며 수동 또는 자동으로 회전시킬 수 있어 밀링에서 바깥부분을 원형이나 윤곽가공, 간단한 등분을 할 때 사용하는 밀링머신의 부속품(각도 분할 가능)이다.

⑤ **슬로팅장치**

주축의 회전운동을 직선 왕복운동으로 변화시키고 바이트를 사용하여 가공물의 안지름에 키 홈, 스플라인, 세레이션 등을 가공할 수 있다.

⑥ 수직 밀링장치

수평 밀링머신이나 만능 밀링머신의 칼럼면에 설치하여 수직 밀링가공을 할 수 있도록 하는 장치이다.

⑦ 랙절삭장치

만능 밀링머신이 칼럼에 부착하여 사용하며 랙 기어를 절삭할 때 사용한다.

10년간 자주 출제된 문제

16-1. 밀링머신의 부속장치로 일감을 필요한 각도로 등분할 수 있는 장치는?

① 슬로팅창지　　　　② 아 버
③ 분할대　　　　　　④ 랙밀링장치

16-2. 수직 밀링에서 주로 일감에 회전운동을 주어 분할 및 윤곽 가공을 할 수 있는 밀링머신의 부속장치는?

① 면 판　　　　　　② 회전테이블
③ 머신바이스　　　　④ 슬로팅장치

[해설]

16-1

③ 분할대 : 원주 및 각도 분할 시 사용하며, 주축대와 심압대 한 쌍으로 테이블 위에 설치한다.
① 슬로팅장치 : 니형 밀링머신의 칼럼 앞면에 주축과 연결하여 사용하며 주축의 회전운동을 공구대 램의 직선 왕복운동으로 변화시켜 바이트로써 직선 절삭(키, 스플라인, 세레이션, 기어가공 등)이 가능하다.
② 아버 : 수평 밀링머신에서 밀링커터를 고정하는 곳이다.

16-2

② 회전테이블 : 테이블 위에 설치하며 수동 또는 자동으로 회전시킬 수 있어 밀링에서 바깥부분을 원형이나 윤곽가공, 간단한 등분을 할 때 사용하는 밀링머신의 부속품이다. 핸들에는 마이크로 칼라가 부착되어 간단한 각도 분할에도 사용한다.
④ 슬로팅장치 : 니형 밀링머신의 칼럼 앞면에 주축과 연결하여 사용하며 주축의 회전운동을 공구대 램의 직선 왕복운동으로 변화시켜 바이트로써 직선 절삭(키, 스플라인, 세레이션, 기어가공 등)이 가능하다.

정답 16-1 ③　16-2 ②

핵심이론 **17** 밀링(3)

① 밀링커터의 종류

ㄱ 엔드밀 : 원주면과 단면에 날이 있는 형태이며, 일반적으로 가공물의 홈과 좁은 평면, 윤곽가공, 구멍가공 등에 사용한다.

ㄴ 정면 밀링커터 : 외주와 정면에 절삭날이 있는 커터이며, 주로 수직 밀링에서 사용하는 커터로 평면 가공에 이용된다.

ㄷ T홈 밀링커터 : 주로 T홈을 가공할 때 사용하는 커터로 바닥면과 측면을 가공하여 밀링 테이블 T홈, 원형 테이블의 T홈 등을 가공하는 커터이다.

ㄹ 더브테일커터 : 선반의 가로 이송대 및 세로 이송대의 형상과 같은 더브테일 홈을 가공하는 커터로서 원추면에 60°의 각을 가지고 있으며, 엔드밀과 사이드커터로 홈을 가공하고 바닥면과 양쪽 측면을 가공한다.

[수직·수평 밀링머신 절삭공구]

구 분	수직 밀링머신	수평 밀링머신
절삭공구	엔드밀, 정면 밀링커터, T홈커터, 더브테일커터 등	메탈소, 측면커터, 양각커터, 편각커터, 총형커터, 슬래브밀 등

② 밀링절삭 이론

ㄱ 절삭속도와 회전수 계산식

$$V = \frac{\pi D N}{1,000}$$

여기서, V : 절삭속도(m/min)

D : 커터의 지름(mm)

N : 커터의 회전수(rpm)

ㄴ 밀링머신에서 테이블의 이송속도

$$f = f_z \times z \times n$$

여기서, f : 테이블의 이송속도(mm/min)

f_z : 1개의 날당 이송(mm)

z : 커터의 날수

n : 커터의 회전수(rpm)

17-1. 일반적으로 수직 밀링머신에서 사용하기 어려운 커터는?

① 엔드밀
② 더브테일커터
③ T홈커터
④ 메탈 슬리팅 소

17-2. 밀링커터의 하나로 60°의 각을 가진 원추 형상의 커터로서 엔드밀이나 사이드커터로 홈을 가공하고 바닥면과 양측 측면을 가공하는 커터는?

① 메탈소
② 양각커터
③ 플레인커터
④ 더브테일커터

17-3. 커터날의 수가 20개, 밀링커터의 지름이 60mm이며 커터 1개의 날당 이송량을 0.2mm로 하고 절삭속도를 30m/min로 하여 밀링가공할 때 테이블의 이송속도는 약 얼마인가?

① 127mm/min
② 159mm/min
③ 508mm/min
④ 637mm/min

|해설|

17-1

수직ㆍ수평 밀링머신 절삭공구 비교

구 분	수직 밀링머신	수평 밀링머신
절삭 공구	엔드밀, 정면 밀링커터, T홈커터, 더브테일커터 등	메탈소, 측면커터, 양각커터, 편각커터, 총형커터, 슬래브밀 등

17-2

더브테일커터 : 공작기계의 부품과 같이 직선 슬라이딩장치의 제작에 사용되는 공구로 측면과 바닥면이 60°가 되도록 동시에 가공한다.

17-3

• 테이블 이송속도를 구하기 위해서는 회전수(n)를 구해야 한다.

$$n = \frac{1,000v}{\pi d} = \frac{1,000 \times 30\text{m/min}}{\pi \times 60\text{mm}} ≒ 159.16\text{rpm}$$

여기서, v : 절삭속도(m/min)

d : 커터의 지름(mm)

• 밀링머신에서 테이블 이송속도

$f = f_z \times n \times z = 0.2 \times 159.16 \times 20 = 636.64\text{mm/min}$

∴ 테이블 이송속도＝637mm/min

여기서, f : 테이블 이송속도

f_z : 1날당 이송량

n : 회전수

z : 커터의 날수

정답 17-1 ④ 17-2 ④ 17-3 ④

핵 심이론 **18** 밀링(4)

① 밀링절삭방법

㉠ 상향절삭 : 커터의 회전방향과 가공물의 이송이 반대인 가공방법이다.

㉡ 하향절삭 : 커터의 회전방향과 가공물의 이송이 같은 가공방법이다.

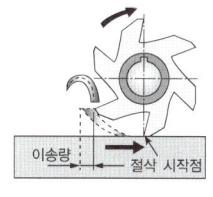 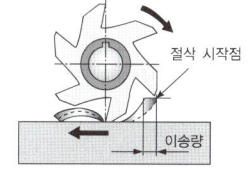

(a) 상향절삭　　　　(b) 하향절삭

② 상향절삭과 하향절삭의 차이점 **반드시 암기**(자주 출제)

절삭방법 내 용	상향절삭	하향절삭
백래시	절삭에 별 지장이 없다.	백래시를 제거해야 한다.
기계의 강성	강성이 낮아도 무관하다.	가공할 때 충격이 있어 높은 강성이 필요하다.
가공물의 고정	절삭력이 상향으로 작용하여 고정이 불리하다.	절삭력이 하향으로 작용하여 가공물 고정이 유리하다.
인선의 수명	절입할 때 마찰열로 마모가 빠르고 공구 수명이 짧다.	상향절삭에 비하여 공구 수명이 길다.
마찰저항	마찰저항이 커서 절삭공구를 위로 들어 올리는 힘이 작용한다.	절입할 때 마찰력은 작으나 하향으로 충격력이 작용한다.
가공면의 표면거칠기	광택은 있으나 상황에 의한 회전저항으로 전체적으로 하향절삭보다 나쁘다.	가공 표면에 광택은 적으나 저속 이송에서는 회전저항이 발생하지 않아 표면 거칠기가 좋다.

③ 분할가공방법

㉠ 직접 분할법 : 분할대 주축 앞면에 있는 직접 분할판을 이용하여 단순 분할(24의 약수, 즉 24, 12, 8, 6, 4, 3, 2등분 가능)

㉡ 단식 분할법 : 직접 분할법으로 불가능하거나 분할이 정밀해야 할 경우(2~60 사이의 모든 정수, 60~120 사이의 2와 5의 배수 등)

ⓒ 차동 분할법 : 직접, 단식 분할법으로 분할할 수 없는 분할(단식 분할법으로 분할할 수 없는 61 이상의 소수나 특수한 수의 분할을 2종 운동의 복합 운동으로 분할하는 방법이다. 127은 차동 분할법으로 분할 가능)

10년간 자주 출제된 문제

18-1. 밀링가공에서 상향절삭의 장점으로 맞는 것은?
① 하향절삭에 비해 공작물의 고정이 유리하다.
② 절삭 중의 진동이 작다.
③ 절삭날의 마멸이 적다.
④ 이송장치의 뒤틈이 작용하지 않는다.

18-2. 밀링가공에서 상향절삭의 특징에 대한 설명으로 틀린 것은?
① 백래시(Back Lash) 제거가 필요 없다.
② 하향절삭에 비해 가공면의 표면 거칠기가 좋다.
③ 절입 시 마찰로 플랭크 마모가 빨라 공구수명이 짧다.
④ 일감의 고정이 불안정할 수 있다.

18-3. 구멍수가 24개인 분할판에서 직접 분할법으로 12등분을 할 때, 직접 분할판의 회전 구멍수는?
① 2   ② 3
③ 4   ④ 5

［해설］

18-1
상향절삭은 커터 회전방향과 공작물 이송방향이 반대인 가공방법으로 백래시는 절삭에 별 지장이 없다.

18-2
상향절삭의 표면 거칠기는 광택은 있으나 상향에 의한 회전저항으로 전체적으로 하향절삭보다 나쁘다.

18-3
$x = \dfrac{24}{n}$ 에서 $x = \dfrac{24}{12} = 2$
따라서, 직접 분할판에서 2구멍씩 이동시키면서 가공하면 12등분이 된다.
여기서, x : 직접 분할판에서 이동할 구멍수, n : 등분수

정답 18-1 ④ 18-2 ② 18-3 ①

핵심이론 19 밀링작업 안전

① 작업 전에 지켜야 할 안전사항
　ⓐ 가동 전에 주유할 부분에는 주유를 한다.
　ⓑ 칩이 비산하므로 반드시 보안경을 착용한다.
　ⓒ 장갑이나 반지, 팔찌, 목걸이 등은 착용하지 않는다.
　ⓓ 칩 커버를 설치한다.

② 작업 중에 지켜야 할 안전사항
　ⓐ 기계가공 중에는 자리를 이탈하지 않는다.
　ⓑ 테이블 위에 공구나 측정기 등을 올려놓지 않는다.
　ⓒ 절삭공구나 가공물을 설치할 때는 전원을 반드시 끄고 작업한다.
　ⓓ 공작물의 거스러미는 매우 날카롭기 때문에 주의해서 제거한다.
　ⓔ 주축속도를 변속시킬 때는 반드시 주축이 정지한 후에 변환한다.
　ⓕ 더브테일같이 날 끝이 날카롭고 예리한 절삭공구는 주의하여 취급한다.

③ 작업 후에 지켜야 할 안전사항
　ⓐ 밀링으로 절삭한 칩은 날카로우므로 주의하여 청소한다.
　ⓑ 습동면이나 주유를 해야 하는 부분에는 주유를 한다.
　ⓒ 작업 중에 상처가 나지 않았는지 살펴본다.

19-1. 밀링작업을 할 때 안전사항으로 틀린 것은?

① 제품을 바이스에서 풀어낼 때나 측정할 때는 반드시 운전을 정지시킨다.
② 작업 중에는 절대로 장갑을 끼어서는 안 된다.
③ 공구는 작업 중인 기계의 테이블 위에 잘 나열해 놓고 작업한다.
④ 강력절삭을 할 때는 일감을 바이스에 깊게 물린다.

19-2. 밀링가공에서 지켜야 할 안전사항으로 틀린 것은?

① 복장은 간편하고, 청결하며 활동이 편한 작업복을 착용한다.
② 절삭상태는 커터의 날 끝과 같은 높이에서 관찰한다.
③ 공작물의 거스러미는 날카롭기 때문에 주의하여 제거한다.
④ 더브테일커터는 날 끝이 날카롭고 예리하므로 주의하여 사용한다.

해설

19-1
테이블 위에 공구나 측정기 등을 올려놓지 않는다.

19-2
커터날 끝과 같은 높이에서 절삭상태를 관찰하면 칩의 비산으로 위험하다.

정답 19-1 ③ 19-2 ②

핵심이론 20 연삭(1)

① 연삭가공의 특징
  ㉠ 경화된 강과 같은 단단한 재료를 가공할 수 있다.
  ㉡ 칩이 미세하여 정밀도가 높고, 표면 거칠기가 우수한 다듬질 면을 가공할 수 있다.
  ㉢ 연삭압력 및 연삭저항이 작아 전자석척으로 가공물을 고정할 수 있다.
  ㉣ 연삭점의 온도가 높다.
  ㉤ 절삭속도가 대단히 빠르다.
  ㉥ 자생작용이 있다.

② 센터리스 연삭기
  센터, 척, 자석척 등을 사용하지 않고 가공물의 표면을 조정하는 조정숫돌과 지지대를 이용하여 가공물을 연삭한다. 센터리스 연삭은 가늘고 긴 가공물의 연삭에 적합한 특징이 있다.

③ 센터리스 연삭의 장점
  ㉠ 센터가 필요하지 않아 센터 구멍을 가공할 필요가 없고 중공의 가공물을 연삭할 때 편리하다.
  ㉡ 센터리스 연삭은 숙련을 요구하지 않는다.
  ㉢ 연삭여유가 작아도 된다.
  ㉣ 가늘고 긴 가공물의 연삭에 적합하다.
  ㉤ 연삭숫돌의 폭이 크므로 연삭숫돌 지름의 마멸이 적고 수명이 길다.

④ 센터리스 연삭의 단점
  ㉠ 긴 홈이 있는 가공물의 연삭은 불가능하다.
  ㉡ 대형이나 중량물의 연삭은 불가능하다.
  ㉢ 연삭숫돌 폭보다 넓은 가공물을 플랜지 컷 방식으로 연삭할 수 없다.

⑤ 센터리스 연삭기의 이송방법
  ㉠ 통과 이송법
    • 지름이 동일한 가공물을 연삭숫돌과 조정숫돌 사이로 자동적으로 이송하여 통과시키면서 연삭하는 방법

• 가공물의 이송속도

$$F = \pi dn \cdot \sin\alpha$$

여기서, F : 이송속도(mm/min)

　　　　 d : 조정숫돌의 지름(mm)

　　　　 n : 조정숫돌의 회전수(rpm)

　　　　 α : 경사각(°)

ⓛ 전후 이송법 : 연삭숫돌의 폭보다 짧은 가공물의 연삭, 턱 붙이, 끝면 플랜지 붙이, 테이퍼, 곡선, 윤곽이 있는 형태의 가공물 등은 이송이 곤란하다.

10년간 자주 출제된 문제

20-1. 센터리스 연삭작업의 특징에 대한 설명으로 틀린 것은?

① 가늘고 긴 핀의 연삭에 적합하다.

② 대량생산에 적합하다.

③ 대형 중량물 연삭에 적합하다.

④ 연삭여유가 작아도 된다.

20-2. 일감의 바깥 면을 조정숫돌과 지지대를 이용하여 고정, 이송하여 가늘고 긴 공작물을 연삭할 수 있는 연삭기는?

① 평면 연삭기

② 직립형 평면 연삭기

③ 센터리스 연삭기

④ 수평형 평면 연삭기

|해설|

20-1

센터리스 연삭의 특징 　반드시 암기(자주 출제)

• 센터가 필요하지 않아 센터 구멍을 가공할 필요가 없다.

• 중공(中空, 속이 빈 축)의 가공물을 연삭할 때 편리하다.

• 연삭여유가 작아도 된다.

• 가늘고 긴 가공물의 연삭에 적합하다.

• 긴 홈이 있는 가공물의 연삭은 불가능하다.

• 대형이나 중량물의 연삭은 불가능하다.

• 연속가공이 가능하며 대량생산에 적합하다.

• 자생작용이 있다.

20-2

센터리스 연삭기 : 센터, 척, 자석척 등을 사용하지 않고 가공물의 표면을 조정하는 조정숫돌과 지지대를 이용하여 가늘고 긴 가공물을 연삭한다.

정답 20-1 ③ 20-2 ③

핵심이론 21 연삭(2)

① 숫돌바퀴의 구성 3요소

　㉠ 숫돌입자 : 절삭공구날 역할을 하는 입자

　㉡ 결합제 : 입자와 입자를 결합시키는 것

　㉢ 기공 : 입자와 결합제 사이의 빈 공간

② 연삭숫돌의 성능(5가지)

　㉠ 숫돌입자　　　　㉡ 입 도

　㉢ 조 직　　　　　㉣ 결합도

　㉤ 결합제

※ 일반적인 연삭숫돌 표시방법

W · 60 · K · m · V
연삭숫돌입자 · 입도 · 결합도 · 조직 · 결합제

③ 인조숫돌입자의 종류

종 류	기 호	적용범위
갈색 알루미나	A	보통 탄소강, 합금강, 스테인리스강 등
백색 알루미나	WA	인장강도가 큰 강 계통의 연삭에 적합하며 특히 접촉 면적이 큰 연삭이나 발열을 피해야 하는 연삭에 사용
탄화규소	C	알루미나보다 단단하나 취성이 커서 인장강도가 낮은 재료 연삭에 적합
녹색 탄화규소	GC	주철, 황동, 경합금, 초경합금 등을 연삭하는 데 적합

④ 연삭 조건에 따른 입도의 선정방법

거친 입도의 연삭숫돌	고운 입도의 연삭숫돌
• 거친 연삭, 절삭깊이와 이송량이 많을 때 • 숫돌과 가공물의 접촉 면적이 클 때 • 연하고 연성이 있는 재료의 연삭	• 다듬질 연삭, 공구 연삭을 할 때 • 숫돌과 가공물의 접촉 면적이 작을 때 • 경도가 크고 메진 가공물의 연삭

⑤ 결합도에 따른 경도의 선정 기준

결합도가 높은 숫돌 (단단한 숫돌)	결합도가 낮은 숫돌 (연한 숫돌)
• 연질 가공물의 연삭 • 숫돌 차의 원주 속도가 느릴 때 • 연삭깊이가 작을 때 • 접촉면이 작을 때 • 가공물의 표면이 거칠 때	• 경도가 큰 가공물의 연삭 • 숫돌 차의 원주 속도가 빠를 때 • 연삭깊이가 클 때 • 접촉면이 클 때 • 가공물의 표면이 치밀할 때

⑥ 연삭숫돌 표시법

　ㄱ 숫돌입자의 종류, 입도, 결합도, 조직, 결합제의
　　 순서

　ㄴ 모양 및 치수(외경 × 두께 × 안지름)

　ㄷ 원주 속도시험, 사용 원주 속도범위

　ㄹ 제조사명, 제조번호, 제조 연월일

21-1. 연삭숫돌입자의 종류 중 갈색 알루미나 기호로 맞는 것은?

① C　　　　　　　　② GC
③ WA　　　　　　　④ A

21-2. 연삭숫돌의 표시방법 "WA46KmV"에서 V는 무엇을 나타내는가?

① 입 도　　　　　　② 조 직
③ 결합도　　　　　　④ 결합제

21-3. 연삭숫돌 구성의 3요소에 포함되지 않는 것은?

① 결합도　　　　　　② 입 자
③ 기 공　　　　　　④ 결합제

해설

21-1
A(갈색 알루미나), WA(백색 알루미나), C(탄화규소), GC(녹색 탄화규소)

21-2
일반적인 연삭숫돌 표시방법

W · 60 · K · m · V
연삭숫돌입자 · 입도 · 결합도 · 조직 · 결합제

21-3
숫돌바퀴의 구성요소
• 숫돌입자 : 절삭공구날 역할을 하는 입자
• 결합제 : 입자와 입자를 결합시키는 것
• 기공 : 입자와 결합제 사이의 빈 공간

정답 21-1 ④　21-2 ④　21-3 ①

핵심이론 22　연삭(3)

① 무딤(Glazing)

　ㄱ 연삭숫돌의 결합도가 필요 이상으로 높으면 숫돌
　　 입자가 마모되어 예리하지 못할 때 탈락하지 않고
　　 둔화되는 현상이다.

　ㄴ 무딤의 발생원인
　　 • 연삭숫돌의 결합도가 필요 이상으로 높을 때
　　 • 연삭숫돌의 원주속도가 너무 빠를 때
　　 • 가공물의 재질과 연삭숫돌의 재질이 적합하지 않을 때

② 눈메움(Loading)

　ㄱ 결합도가 높은 숫돌에서 알루미늄이나 구리와 같
　　 이 연한 금속을 연삭하게 되면 연삭숫돌 표면에
　　 기공이 메워져서 칩을 처리하지 못하여 연삭성능
　　 이 떨어지는 현상이다.

　ㄴ 눈메움의 발생원인
　　 • 연삭숫돌 입도가 너무 작거나 연삭깊이가 클 경우
　　 • 조직이 너무 치밀한 경우
　　 • 숫돌의 원주속도가 느리거나 연한 금속을 연
　　 　 삭할 경우

③ 입자 탈락

　연삭숫돌의 결합도가 진행하는 연삭가공에 비하여 지
　나치게 낮으면 숫돌의 입자가 마모되기 전에 입자가
　탈락하는 현상이다.

④ 드레싱(Dressing)

　ㄱ 연삭숫돌에 눈메움이나 무딤현상이 발생하면 연
　　 삭성이 저하된다. 이때 숫돌 표면에 무디어진 입
　　 자나 기공을 메우고 있는 칩을 제거하여 본래의
　　 형태로 숫돌을 수정하는 방법이다.

　ㄴ 드레서의 종류 : 성형 드레서, 정밀 강철 드레서,
　　 다이아몬드 드레서, 각도 드레서 등

⑤ 트루잉(Truing)

연삭하려는 부품의 형상으로 연삭숫돌을 성형하거나 성형연삭으로 인하여 숫돌 형상이 변화된 것을 부품의 형상으로 바르게 고치는 가공을 트루잉이라 한다.

※ 트루잉을 하면 동시에 드레싱도 된다.

10년간 자주 출제된 문제

22-1. 연삭숫돌에 눈메움이나 무딤현상이 발생되었을 때 이를 해결하는 방법으로 옳은 것은?

① 황 삭
② 몰 딩
③ 버 핑
④ 드레싱

22-2. 연삭숫돌 표면의 기공에 칩이 메워지는 현상을 무엇이라 하는가?

① 트루잉
② 자생작용
③ 눈메움
④ 입자 탈락

[해설]

22-1

눈메움이나 무딤이 발생하여 절삭성이 나빠진 연삭숫돌 표면에 드레서를 사용하여 예리한 절삭날을 숫돌 표면에 생성하여 절삭성을 회복시키는 작업을 드레싱(Dressing)이라 한다.

22-2

③ 눈메움(Loading) : 결합도가 높은 숫돌에서 알루미늄이나 구리와 같이 연한 금속을 연삭하게 되면 연삭숫돌 표면에 기공이 메워져서 칩을 처리하지 못하여 연삭 성능이 떨어지는 현상

① 트루잉(Truing) : 연삭숫돌을 성형하거나 성형연삭으로 인하여 숫돌 형상이 변화된 것을 부품의 형상으로 바르게 고치는 가공

④ 입자 탈락 : 숫돌의 입자가 마모되기 전에 입자가 탈락하는 현상

정답 22-1 ④ 22-2 ③

---

① **연삭균열**

㉠ 연삭열에 의한 열팽창 또는 재질의 변화 등으로 인하여 연삭표면에 육안으로는 식별하기 힘든 미세한 균열이 발생하게 된다.

㉡ 연삭균열을 작게 하기 위한 방법

• 결합도가 연한 숫돌을 사용한다.

• 연삭깊이를 작게 한다.

• 이송을 빠르게 한다.

• 연삭액을 충분히 사용하여 연삭열을 적게 발생시키고 발생된 연삭열은 신속히 제거한다.

② **떨 림**

㉠ 연삭 중에 떨림이 발생하면 표면 거칠기가 나빠지고 정밀도가 저하된다.

㉡ 떨림의 원인

• 숫돌의 평형 상태가 불량할 때 발생한다.

• 숫돌의 결합도가 너무 클 때 발생한다.

• 연삭기 자체의 진동이 있을 때 발생한다.

• 숫돌축이 편심되어 있을 경우 떨림이 발생한다.

③ **연삭작업 시 안전사항**

㉠ 연삭숫돌은 사용 전에 확인하고 3분 이상 공회전시켜야 한다.

㉡ 연삭숫돌은 정확히 고정해야 한다.

㉢ 연삭숫돌은 덮개를 설치하여 사용해야 한다.

㉣ 무리하게 연삭을 하지 말아야 한다.

㉤ 연삭가공을 할 때에는 원주 정면에 서지 말아야 한다.

㉥ 연삭숫돌 측면에 연삭하지 말아야 한다.

㉦ 받침대와 숫돌은 3mm 이내로 조정해야 한다.

④ **연삭숫돌의 검사**

㉠ 음향검사 : 나무해머나 고무해머 등으로 연삭숫돌의 상태를 검사하는 방법이다.

• 정상상태 숫돌 : 음향이 맑고 울림이 있는 숫돌

• 균열상태 숫돌 : 음향이 둔탁하고 울림이 없으면 균열이나 결함이 발생한 숫돌
• 가장 쉽고 많이 사용하는 검사방법
ㄴ 회전검사 : 연삭숫돌을 제작하면 사용할 원주속도의 1.5~2배의 원주속도로 원심력에 의한 파손 여부를 검사하여야 하며, 사용자는 연삭 전에 3분 이상 공회전시켜서 연삭숫돌의 이상 여부를 검사한 후 연삭을 진행한다.
ㄷ 균형검사 : 연삭숫돌이 두께나 조직 형상의 불균일로 인하여 회전 중 떨림이 발생하는 경우가 있는데 작업자의 안전과 연삭한 부품의 정밀도와 우수한 표면 거칠기를 얻기 위해 균형검사를 한다.

10년간 자주 출제된 문제

23-1. 다음 연삭작업 시 안전사항으로 틀린 것은?

① 연삭숫돌의 측면에 연삭하지 말 것
② 연삭숫돌은 덮개를 설치하여 사용할 것
③ 연삭가공을 할 때 원주의 정면에서 작업할 것
④ 연삭숫돌은 사용 전에 확인하고 3분 이상 공회전시킬 것

23-2. 연삭숫돌을 나무 해머로 가볍게 때려 검사한 결과, 음향이 둔탁하고 울림이 없는 숫돌은?

① 정상상태인 숫돌
② 균열이 생긴 숫돌
③ 두께가 얇은 숫돌
④ 두께가 두꺼운 숫돌

|해설|

23-1
연삭작업 시 안전사항
• 연삭가공을 할 때에는 원주 정면에 서지 말 것
• 연삭숫돌은 정확히 고정할 것
• 받침대와 숫돌은 3mm 이내로 조정할 것

23-2
• 정상상태 숫돌 : 음향이 맑고 울림이 있는 숫돌
• 균열상태 숫돌 : 음향이 둔탁하고 울림이 없으면 균열이나 결함이 발생한 숫돌

정답 23-1 ③ 23-2 ②

핵심이론 24 드릴가공

① 드릴가공의 종류

ㄱ 드릴링 : 드릴에 회전을 주고 축 방향으로 이송하면서 구멍을 뚫는 절삭방법이다.
ㄴ 리밍 : 뚫어져 있는 구멍을 정밀도가 높고, 가공 표면의 표면 거칠기를 좋게 하기 위한 가공이다.
ㄷ 탭가공 : 드릴로 뚫은 구멍에 탭을 이용하여 암나사를 가공하는 방법이다.
ㄹ 보링 : 이미 뚫어져 있는 구멍을 필요한 크기로 넓히거나 정밀도를 높이기 위한 가공이다.
ㅁ 카운터 보링 : 볼트 또는 너트의 머리 부분이 가공물 안으로 묻히도록 드릴과 동심원의 2단 구멍을 절삭하는 방법이다.
ㅂ 카운터 싱킹 : 나사머리의 모양이 접시모양일 때 테이퍼 원통형으로 절삭하는 가공이다.
ㅅ 스폿 페이싱 : 볼트나 너트가 닿는 구멍 주위에 부분만을 평탄하게 가공하여 체결이 잘되도록 하는 가공이다.

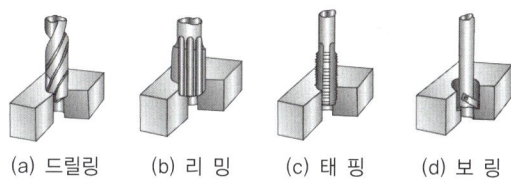

(a) 드릴링   (b) 리밍   (c) 태핑   (d) 보링

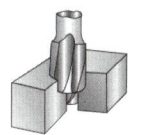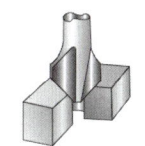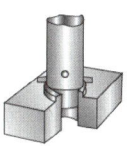

(e) 카운터 보링   (f) 카운터 싱킹   (g) 스폿 페이싱

② 드릴링머신의 종류

　　㉠ 탁상 드릴링머신 : 소형 부품 가공에 적합하다.

　　　※ 드릴회전수 변환은 V벨트와 단차를 이용한 유한속도의 변속기구가 가장 많이 사용된다.

　　㉡ 직립 드릴링머신 : 비교적 대형 가공물의 구멍 뚫기 가공에 사용된다.

　　㉢ 레이디얼 드릴링머신 : 대형제품이나 무거운 제품에 구멍가공을 하기 위해서 가공물은 고정시키고, 드릴이 가공 위치로 이동할 수 있도록 제작된 드릴링머신이다. 수직의 기둥을 중심으로 암을 회전시킬 수 있고, 주축 헤드는 암을 따라 수평으로 이동하여 드릴을 필요한 위치로 이동시킬 수 있도록 제작한 드릴머신이다.

　　㉣ 다축 드릴링머신 : 1대의 드릴링머신에 다수의 스핀들을 설치하고 1개의 구동축으로 유니버설 조인트를 이용하여 여러 개의 드릴을 동시에 구동시킨다.

　　㉤ 다두 드릴링머신 : 직립 드릴링머신의 상부기구를 한 대의 드릴머신 베드 위에 여러 개를 설치한 형태의 드릴링머신이다.

　　㉥ 심공 드릴링머신 : 깊은 구멍가공에 적합한 드릴링 머신이다.

③ 드릴의 표준 각도 : 118°

④ 드릴의 파손 원인

　　㉠ 절삭날이 규정된 각도와 형상으로 연삭되지 않아 한쪽 부분으로 과대한 절삭력이 작용할 때

　　㉡ 드릴가공 중에 드릴이 외력에 의해 구부러진 상태로 계속 가공할 때

　　㉢ 시닝이 너무 커서 드릴이 약해졌을 때

　　㉣ 구멍에 절삭칩이 배출되지 못하고 가득 차 있을 때

　　㉤ 이송이 너무 커서 절삭저항이 증가할 때

　　㉥ 드릴이 필요 이상으로 너무 길게 고정되어 이송 중에 드릴이 휘어질 때

24-1. 다음 작업 중 드릴로 가공한 구멍을 매끄럽고 정밀도가 높은 구멍으로 다듬는 작업으로 가장 적당한 것은?

① 스크레이퍼작업　　　② 줄작업
③ 리머작업　　　　　　④ 정작업

24-2. 드릴작업 시 드릴의 파손원인이 될 수 없는 것은?

① 이송량이 너무 작아 절삭저항이 감소할 때
② 시닝(Thinning)이 너무 커서 드릴이 약해졌을 때
③ 드릴이 필요 이상으로 너무 길게 고정되어 있을 때
④ 구멍에서 절삭칩이 배출되지 못하고 가득 차 있을 때

24-3. 나사의 머리가 접시 모양일 때 가공물에 필요한 작업은?

① 카운터 싱킹　　　　　② 카운터 보링
③ 스폿 페이싱　　　　　④ 탭가공

해설

24-1

③ 리머작업 : 구멍을 정밀하게 다듬는 작업
① 스크레이퍼작업 : 정밀하게 다듬질하는 작업

24-2

드릴의 파손원인

• 이송이 너무 커서 절삭저항이 증가할 때
• 절삭날이 규정된 각도와 형상으로 연삭되지 않아 한쪽 부분으로 과대한 절삭력이 작용할 때
• 드릴가공 중에 드릴이 외력에 의해 구부러진 상태로 계속 가공할 때
• 시닝(Thinning)이 너무 커서 드릴이 약해졌을 때
• 구멍에 절삭칩이 배출되지 못하고 가득 차 있을 때
• 드릴이 필요 이상으로 너무 길게 고정되어 이송 중에 드릴이 휘어질 때

24-3

① 카운터 싱킹 : 나사머리의 모양이 접시 모양일 때 테이퍼 원통형으로 절삭하는 가공이다.
② 카운터 보링 : 볼트의 머리 부분이 돌출되면 곤란한 부분이 있다. 이러한 경우에 볼트 또는 너트의 머리 부분이 가공물 안으로 묻히도록 드릴과 동심원의 2단 구멍을 절삭하는 방법이다.
③ 스폿 페이싱 : 볼트나 너트를 체결하기 곤란한 경우에 볼트나 너트가 닿는 구멍 주위에 부분만을 평탄하게 가공하여 체결이 잘되도록 하는 가공방법이다.
④ 탭가공 : 공작물 내부에 암나사를 가공하는 방법이다. 태핑을 위한 드릴가공은 나사의 외경-피치로 한다.

정답 24-1 ③　24-2 ①　24-3 ①

① 보링머신의 개요

ㄱ 보링이란 드릴가공, 단조가공, 주조가공 등에 의하여 이미 뚫어져 있는 구멍을 좀 더 크게 확대하거나 표면 거칠기와 정밀도를 높은 제품으로 가공하는 것이다.

ㄴ 보링머신에서는 보링, 드릴링, 리밍, 태핑, 밀링가공의 일부분까지도 가능하다.

ㄷ 보링머신은 가공물을 고정시키고 절삭공구를 회전 및 이송시키는 방법과 가공물을 회전시키고 공구를 이송시키는 방법으로 분류한다.

② 보링머신의 종류

ㄱ 보통 보링머신 : 수평식 보링머신을 의미하며 상하로 이송되는 수평인 주축을 가지고 있다. 2개의 기둥 사이에 가로 및 세로 방향으로 이송되는 테이블, 보링 바를 지지하는 칼럼으로 구성된다.

ㄴ 수직 보링머신 : 스핀들이 수직으로 이루어진 구조로 주축의 스핀들은 안내면을 따라 이송되며 절삭공구의 위치는 크로스 레일의 공구대에 의하여 조절된다.

ㄷ 정밀 보링머신 : 고속회전 및 정밀한 이송기구를 갖추고 있으며 다이아몬드 또는 초경합금의 절삭공구로 가공한다.

ㄹ 지그 보링머신 : 높은 정밀도를 요구하는 가공물, 각종 지그, 정밀기계의 구멍가공 등에 사용하는 보링머신이다. 가공물의 오차가 $\pm 2\sim5\mu m$ 정도이며 온도 변화에 따른 영향을 받지 않도록 항온·항습실에 설치하여야 한다.

ㅁ 코어 보링머신 : 가공할 구멍이 매우 클 때 구멍 전체를 절삭하지 않고 내부에는 심재가 남도록 환형의 홈으로 가공하여, 시간을 절약하고 심재(Core)로 남은 부분을 다른 용도의 재료로 사용할 수 있는 보링머신이다.

※ 정밀 보링머신의 특징

• 고속회전 및 정밀한 이송기구를 갖추고 있다.

• 다이아몬드 또는 초경합금의 절삭공구로 가공한다.

• 정밀도가 높고 표면 거칠기가 우수한 실린더나 커넥팅 로드, 베어링면 등을 가공한다.

• 진원도 및 진직도가 높은 제품을 가공할 수 있다.

───────────────
10년간 자주 출제된 문제
───────────────

25-1. 정밀 보링머신의 특성에 대한 설명으로 맞지 않는 것은?

① 고속회전 및 정밀한 이송기구를 갖추고 있다.
② 다이아몬드 또는 초경합금 절삭공구로 가공한다.
③ 진직도는 높으나 진원도는 높지 않다.
④ 실린더나 베어링면 등을 가공한다.

25-2. 높은 정밀도를 요구하는 가공물, 정밀기계의 구멍가공 등에 사용하는 것으로 온도변화에 따른 영향을 받지 않도록 항온·항습실에 설치하여야 하는 보링머신은?

① 수평형 보링머신
② 수직형 보링머신
③ 지그(Jig) 보링머신
④ 코어(Core) 보링머신

해설

25-2

③ 지그 보링머신 : 높은 정밀도를 요구하는 가공물, 각종 지그, 정밀기계의 구멍가공 등에 사용하는 보링머신이다. 가공물의 오차가 $\pm 2\sim5\mu m$ 정도이며, 온도 변화에 따른 영향을 받지 않도록 항온·항습실에 설치하여야 한다.

④ 코어 보링머신 : 가공할 구멍이 매우 클 때 구멍 전체를 절삭하지 않고 내부에는 심재가 남도록 환형의 홈으로 가공하여, 시간을 절약하고 심재(코어, Core)로 남은 부분을 다른 용도의 재료로 사용할 수 있는 보링머신이다. 판재의 큰 구멍을 가공하거나 포신 등의 가공에 적합하다.

정답 25-1 ③ **25-2** ③

① 브로칭의 개요

브로칭(Broaching)은 가늘고 긴 일정한 단면 모양을 가진 공구에 많은 날을 가진 브로치(Broach)라는 절삭공구를 사용하여 가공물의 내면이나 외경에 필요한 형상의 부품을 가공하는 절삭방법이다.

② 브로칭머신가공 부품

㉠ 내면 브로칭머신 : 키 홈, 스플라인 홈, 원형이나 다각형의 구멍 등의 내면의 형상가공

㉡ 외경 브로칭머신 : 세그먼트기어 홈, 특수한 외면의 형상가공

③ 브로칭가공의 특징

㉠ 브로칭은 가공물의 재질과 치수가 같을 경우에만 사용이 가능하다.

㉡ 제품의 형상과 모양, 크기, 재질에 따라 각각의 브로치가 필요하므로 브로치의 설계나 제작에 시간이 많이 걸리고 비용이 많아 일정 수량 이상의 대량생산에만 적용할 수 있다.

㉢ 내면 브로칭머신에는 브로치를 가공물에 압입하여 가공하는 압입식과 브로치를 잡아당겨 가공하는 인발식이 있다.

㉣ 브로치를 인발 또는 압입하는 방법 : 나사식, 기어식, 유압식

④ 브로치의 종류

㉠ 일체형 브로치

㉡ 인서트형 브로치(날을 끼워 넣는 방법)

㉢ 조립형 브로치

⑤ 브로치의 구조

㉠ 브로치는 자루부, 안내부, 절삭부, 평행부로 구성된다.

㉡ 자루부 : 브로치를 기계에 고정하기 위한 부분이다.

㉢ 안내부 : 절삭위치로 유도하기 위한 부분이다.

㉣ 절삭부 : 절삭을 하는 부분으로 거친날, 중간날, 다듬질날로 구분한다.

㉤ 안내부에 가까운 날은 가공물의 치수와 거의 동일하며 다듬날 쪽이 제품의 형상과 치수가 같은 크기로 되는 테이퍼(Taper) 형식으로 구성되어 브로치가 통과하면 필요한 제품이나 부품이 완성된다.

10년간 자주 출제된 문제

26-1. 브로칭머신으로 작업하기에 부적당한 것은?

① 스플라인　　　　② 세그먼트 기어
③ 키 홈　　　　　　④ 볼 스크루

26-2. 많은 날을 가진 절삭공구인 브로치의 주요 부분에 해당하지 않는 것은?

① 자루부　　　　　② 안내부
③ 절삭부　　　　　④ 고정부

26-3. 브로칭머신에서 브로치를 인발 또는 압입하는 방식에 속하지 않는 것은?

① 나사식　　　　　② 기어식
③ 유압식　　　　　④ 벨트식

[해설]

26-1
• 내면 브로칭머신 : 키 홈, 스플라인 홈, 원형이나 다각형의 구멍 등의 내면의 형상가공
• 외경 브로칭머신 : 세그먼트기어 홈, 특수한 외면의 형상가공

26-2
브로치 구조 : 자루부, 안내부, 절삭부, 평행부로 구성
• 자루부 : 브로치를 기계에 고정하기 위한 부분
• 안내부 : 절삭위치로 유도하기 위한 부분
• 절삭부 : 절삭을 하는 부분으로 거친날, 중간날, 다듬질날로 구분

26-3
브로치를 인발 또는 압입하는 방법에는 나사식, 기어식, 유압식 등이 있으며 근래에는 유압식을 가장 많이 사용한다.

정답 **26-1** ④　**26-2** ④　**26-3** ④

핵심이론 27 기어(Gear)가공

① 기어의 치형(Tooth Form)

  ㉠ 기어의 치형 : 인벌류트 곡선, 사이클로이드 곡선

  ㉡ 인벌류트 곡선을 이용해서 호브나 피니언커터, 랙커터 등을 이용한 기어 절삭법을 창성기어절삭이라고 한다.

② 기어설삭법

  ㉠ 형판에 의한 법

  ㉡ 총형공구에 의한 절삭법

  ㉢ 창성에 의한 절삭법 : 인벌류트 치형을 정확히 가공할 수 있는 방법

③ 기어절삭기계의 종류

  ㉠ 호빙머신 : 호브(Hob)라고 하는 공구를 사용하여 기어를 절삭하는 방법으로 스퍼기어, 헬리컬기어, 웜기어를 절삭할 수 있다.

  ㉡ 기어 셰이퍼 : 피니언 공구 또는 랙형 공구를 사용하여 기어를 절삭하는 방법으로 펠로스 기어 셰이퍼, 마그기어 셰이퍼가 있다.

  ※ 기어 전용 절삭기 : 호빙머신, 기어 셰이퍼, 베벨기어 절삭기, 밀링 등

27-1. 일반적으로 기어 전용 절삭기의 종류가 아닌 것은?

① 플레이너
② 호빙머신
③ 기어 셰이퍼
④ 베벨기어 절삭기

27-2. 호빙머신에서 절삭할 수 있는 기어로 거리가 먼 것은?

① 스퍼기어
② 헬리컬기어
③ 웜기어
④ 랙기어

27-3. 기어의 치형을 깎는 방법이 아닌 것은?

① 창성에 의한 방법
② 형판에 의한 방법
③ 엔드밀에 의한 방법
④ 총형커터에 의한 방법

|해설|

27-1

기어 전용 절삭기 : 호빙머신, 기어 셰이퍼, 베벨기어 절삭기, 밀링 등

※ 플레이너 : 테이블 수평 길이 방향 왕복운동과 공구는 테이블의 가로 방향으로 이송하며, 주로 평면을 가공하는 공작기계이다.

27-2

호빙머신 : 호브(Hob)라고 하는 공구를 사용하여 기어를 절삭하는 방법으로 스퍼기어, 헬리컬거어, 웜기어를 절삭할 수 있다.

27-3

기어 절삭법

• 형판에 의한 방법
• 총형커터에 의한 방법
• 창성법에 의한 방법(랙커터, 피니언커터, 호브 사용)

정답 27-1 ① **27-2** ④ **27-3** ③

① 래핑의 장점

㉠ 가공면이 매끈한 거울면을 얻을 수 있다.

㉡ 정밀도가 높은 제품을 가공할 수 있다.

㉢ 가공면은 윤활성 및 내마모성이 좋다.

㉣ 가공이 간단하고 대량생산이 가능하다.

㉤ 평면도, 진원도, 직선도 등의 이상적인 기하학적 형상을 얻을 수 있다.

② 래핑의 단점

㉠ 가공면에 랩제가 잔류하기 쉽고, 제품을 사용할 때 잔류한 랩제가 마모를 촉진시킨다.

㉡ 고도의 정밀가공은 숙련이 필요하다.

㉢ 작업이 지저분하고 먼지가 많다.

㉣ 비산하는 랩제는 다른 기계나 가공물을 마모시킨다.

③ 호닝(Honing)

㉠ 호닝은 원통의 내면을 보링, 리밍, 연삭 등의 가공을 한 후에 진원도, 진직도, 표면 거칠기 등을 더욱 향상시키기 위한 가공방법이다.

㉡ 호닝의 특징

• 발열이 적고 경제적인 정밀가공이 가능하다.

• 전 가공에 발생한 진직도, 진원도, 테이퍼 등에 발생한 오차를 수정할 수 있다.

• 표면 거칠기를 좋게 할 수 있다.

• 정밀한 치수로 가공할 수 있다.

④ 액체호닝

㉠ 연마재를 가공액과 혼합하여 가공물 표면에 압축공기를 이용하여 고압과 고속으로 분사시켜 가공물 표면과 충돌시켜 표면을 가공하는 방법(피닝효과가 있다)이다.

㉡ 액체호닝의 장점

• 가공시간이 짧다.

• 가공물의 피로강도를 10% 정도 향상시킨다.

• 형상이 복잡한 것도 쉽게 가공한다.

• 가공물 표면에 산화막이나 거스러미를 제거하기 쉽다.

⑤ 슈퍼피니싱

입도가 작고 연한 숫돌에 작은 압력으로 가압하면서 가공물에 이송을 주고 동시에 숫돌에 진동을 주어 표면 거칠기를 좋게 하는 가공방법이다. 다듬질된 면은 평활하고 방향성이 없으며 가공에 의한 표면 변질층이 극히 미세하다.

⑥ 배럴가공

회전하는 통속에 가공물, 숫돌입자, 가공액, 컴파운드 등을 함께 넣고 회전시켜 서로 부딪치며 가공되어 매끈한 가공면을 얻는 가공방법이다.

⑦ 쇼트피닝

쇼트(Shot)를 압축공기나 원심력을 이용하여 가공물의 표면에 분사시켜 가공물의 표면을 다듬질하고, 동시에 피로강도 및 기계적인 성질을 개선하는 방법이다.

⑧ 버니싱

1차로 가공된 가공물의 안지름보다 다소 큰 강철 볼을 압입하여 통과시켜서 가공물의 표면을 소성 변형시켜 가공하는 방법이다.

28-1. 정밀입자가공에 해당되지 않는 것은?

① 래 핑   ② 호 닝
③ 슬로팅   ④ 슈퍼피니싱

28-2. 래핑작업에 대한 설명으로 틀린 것은?

① 가공면이 매끈한 거울면을 얻을 수 있다.
② 정밀도가 높은 제품을 가공할 수 있다.
③ 가공면은 윤활성 및 내마모성이 좋다.
④ 작업이 깨끗하고 먼지가 적다.

28-3. 쇼트피닝에서 중요 가공 조건으로 거리가 먼 것은?

① 분사각도   ② 분사면적
③ 분사속도   ④ 분사시기

[해설]

28-1

정밀입자가공 : 래핑, 호닝, 슈퍼피니싱, 배럴가공, 쇼트피닝, 버니싱, 폴리싱과 버핑 등

28-2

래핑작업은 작업이 지저분하고 먼지가 많다.

28-3

쇼트피닝의 중요 가공 조건은 분사속도, 분사각도, 분사면적이다. 그중 분사각도는 90°의 경우가 가장 크고 분사각도가 더욱 커지면 피닝 효과는 감소한다.

쇼트피닝 : 표면을 타격하는 일종의 냉간가공으로 철강의 작은 볼(Shot)을 공작물 표면에 분사하여 강재의 화학조성을 변화시키지 않고 표면을 매끈하게 하여 피로강도 및 기계적 성질을 향상시킨다.

정답 28-1 ③   28-2 ④   28-3 ④

핵심이론 29 특수가공

① 전해가공

㉠ 전극을 음극(−)에 가공물을 양극(+)으로 연결한다. 전극과 가공물의 간격을 0.02~0.7mm 정도 유지하면서 전해액을 분출하여 전기를 통전하면 가공물이 전극의 형상으로 용해되어 제거되며 필요한 형상으로 가공하는 방법이다.

㉡ 전해연마의 특징

• 가공변질층이 없고 평활한 가공면을 얻을 수 있다.
• 복잡한 형상의 제품도 전해연마가 가능하다.
• 가공면에 방향성이 없다.
• 내마모성, 내부식성이 향상된다.
• 연질의 알루미늄, 구리 등도 쉽게 광택면을 가공할 수 있다.

② 초음파가공

㉠ 공구와 가공물 사이에 연삭입자와 가공액을 주입하고서 작은 압력으로 공구에 초음파 진동을 주어 유리, 세라믹, 다이아몬드, 수정 등 소성 변형되지 않고 취성이 큰 재료를 가공할 수 있는 가공방법으로 금속, 비금속 등의 재료에 관계없이 정밀가공을 하는 방법이다.

㉡ 초음파가공의 장점

• 구멍을 가공하기 쉽다.
• 복잡한 형상도 쉽게 가공할 수 있다.
• 부도체도 가공할 수 있다.
• 가공재료의 제한이 매우 적다.

③ 방전가공

전극과 가공물 사이에 전기를 통전시켜 방전현상의 열에너지를 이용하여 가공물을 용융 증발시켜 가공을 진행하는 비접촉식 가공방법이다.

④ 방전가공의 특징

㉠ 가공물의 경도와 관계없이 가공이 가능하다.
㉡ 무인가공이 가능하다.
㉢ 숙련을 요하지 않는다.

ㄹ 전극의 형상대로 정밀하게 가공할 수 있다.

ㅁ 전극 및 가공물에 큰 힘이 가해지지 않는다.

ㅂ 전극은 구리나 흑연 등의 연한 재료를 사용하므로 가공이 쉽다.

ㅅ 전극이 필요하다.

ㅇ 가공 부분에 변질층이 남는다.

⑤ 방전가공용 전극 재료의 조건

ㄱ 방전이 안전하고 가공 속도가 커야 한다.

ㄴ 가공 정밀도가 높아야 한다.

ㄷ 기계가공이 쉬워야 한다.

ㄹ 가공전극의 소모가 작아야 한다.

ㅁ 구하기 쉽고 값이 저렴해야 한다.

10년간 자주 출제된 문제

29-1. 열에 민감한 가공물, 연질 가공물, 두께가 얇은 판 등을 변형 없이 가공하는 데 적합한 가공법은?

① 전주가공
② 전해연삭
③ 전해연마
④ 초음파가공

29-2. 가공물과 금속 와이어 전극에 전압을 걸어 발생되는 스파크 열에 의하여 가공물을 필요한 형상으로 절단하는 가공방법은?

① 와이어 컷 방전가공
② 레이저가공
③ 초음파가공
④ 전해연마

|해설|

29-1

전해연삭 : 전해연삭은 연삭숫돌에 의한 접촉방식으로 전해작용과 기계적인 연삭가공을 복합시킨 가공방법으로 열에 민감한 가공물, 연질 가공물, 두께가 얇은 판 등을 변형 없이 가공하는데 적합하다.

29-2

① 와이어 컷 방전가공 : 지름 0.02~0.3mm 정도의 금속선의 전극(Wire)을 이용하여 필요한 형상을 가공하는 방법
② 레이저가공 : 가공물에 빛을 쏘이면 순간적으로 일부분이 가열되어 용해되거나 증발되는 원리를 이용하여 대기 중에서 비접촉으로 필요한 형상으로 가공하는 방법
③ 초음파가공 : 기계적 에너지로 진동을 하는 공구와 공작물 사이에 연삭입자와 가공액을 주입하고서 작은 압력으로 공구에 초음파 진동을 주어 유리, 세라믹, 다이아몬드, 수정 등 소성 변형되지 않고 취성이 큰 재료를 가공할 수 있는 가공방법

정답 29-1 ② 29-2 ①

핵심이론 30 CNC 공작기계 제어방식

① NC의 제어방식

ㄱ 위치결정 제어방식 : 이동 중에 속도 제어 없이 최종 위치만을 찾아 제어하는 방식으로 주로 드릴링 머신, 스폿 용접기, 펀치 프레스 등에 적용한다.

ㄴ 직선절삭 제어방식 : 직선으로 이동하면서 절삭이 이루어지는 방식으로 주로 밀링머신, 보링머신, 선반 등에 적용한다.

ㄷ 윤곽절삭 제어방식 : 2개 이상의 서보모터를 연동시켜 위치와 속도를 제어하므로 대각선 경로, S자형 경로, 원형 경로 등 어떠한 경로라도 자유자재로 공구를 이동시켜 연속절삭을 할 수 있는 방식이다. 최근 CNC 공작기계는 대부분 이 방식을 적용한다.

② 개방회로방식(Open Loop System)

개방회로방식은 피드백 장치 없이 스태핑 모터를 사용한 방식으로 실용화되었으나 피드백 장치가 없기 때문에 가공 정밀도에 문제가 있어 현재는 거의 사용되지 않는다.

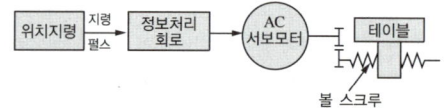

③ 반폐쇄회로방식(Semi-closed Loop System)

반폐쇄회로방식은 모터에 내장된 태코제너레이터(펄스제너레이터)에서 속도를 검출하고 엔코더에서 위치를 검출하여 피드백하는 제어방식이다.

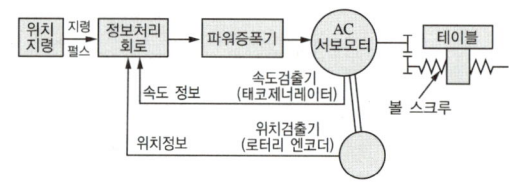

④ 폐쇄회로방식(Closed Loop System)

폐쇄회로방식은 모터에 내장된 태코제너레이터에서 속도를 검출하고 기계의 테이블에 부착한 스케일에서 위치를 검출하여 피드백시키는 방식이다.

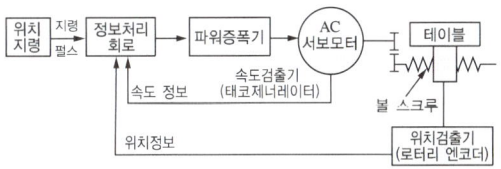

⑤ 복합회로방식(Hybrid Servo System)

복합회로서보방식은 반폐쇄회로방식과 폐쇄회로방식을 결합하여 고정밀도로 제어하는 방식으로, 가격이 고가이므로 고정밀도를 요구하는 기계에 사용된다.

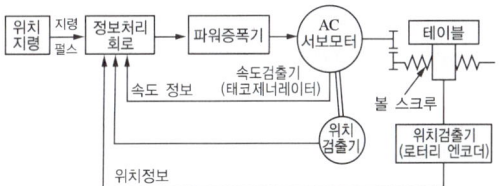

10년간 자주 출제된 문제

30-1. CNC 공작기계에서 피드백 장치 없이 스테핑 모터를 사용한 서보기구의 형식은?

① 반폐쇄회로
② 개방회로
③ 폐쇄회로
④ 혼합회로

30-2. 위치와 속도를 서보모터의 축이나 볼나사의 회전각도로 검출하여 피드백(Feedback)시키는 서보기구로 일반 CNC 공작기계에서 주로 사용되는 그림과 같은 제어방식은?

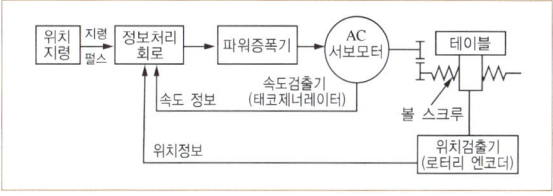

① 개방회로방식
② 폐쇄회로방식
③ 반폐쇄회로방식
④ 반개방회로방식

|해설|

30-1

개방회로방식 : 피드백 장치 없이 스테핑 모터를 사용한 방식으로 실용화되었으나 피드백 장치가 없기 때문에 가공 정밀도에 문제가 있어 현재는 거의 사용되지 않는다.

30-2

CNC 공작기계 제어방식

• 개방회로방식 : 피드백 장치 없이 스테핑 모터를 사용한 방식으로 실용화되었으나 피드백 장치가 없기 때문에 가공 정밀도에 문제가 있어 현재는 거의 사용되지 않는다.
• 폐쇄회로방식 : 모터에 내장된 태코제너레이터에서 속도를 검출하고 기계의 테이블에 부착한 스케일에서 위치를 검출(로터리 엔코더)하여 피드백시키는 방식이다.
• 반폐쇄회로방식 : 모터에 내장된 태코제너레이터(펄스제너레이터)에서 속도를 검출하고 엔코더에서 위치를 검출하여 피드백하는 제어방식이다.
• 복합회로방식 : 반폐쇄회로방식과 폐쇄회로방식을 결합하여 고정밀도로 제어하는 방식으로, 가격이 고가이므로 고정밀도를 요구하는 기계에 사용된다.

정답 30-1 ② 30-2 ②

① 기계 좌표계

기계 제작사가 일정한 위치에 정한 기계의 기준점이다. 즉, 기계원점을 기준으로 하는 좌표계이다.

② 공작물 좌표계

공작물의 가공을 위하여 설정하는 좌표계이다. 즉, 프로그램을 할 때에는 도면상의 한 점을 원점으로 정하여 프로그램하고, 공작물이 도면과 같이 가공되도록 이 프로그램 원점과 공작물의 한 점을 일치시킨 좌표계이다.

③ 구역 좌표계

공작물 좌표계로 프로그램되어 있을 때 특정 영역의 프로그램을 쉽게 하기 위하여 특정한 영역에만 적용되는 좌표계를 만들 수 있는 좌표계이다.

④ 프로그램 원점

프로그램을 편리하게 하기 위하여 도면상의 임의의 점을 프로그램상의 절대좌표의 기준점으로 정한 점을 프로그램 원점이라고 한다. 프로그램은 공구가 도면을 따라 움직인다고 가정하여 프로그래밍한다.

⑤ 지령방법

ㄱ 절대지령방식 : 프로그램 원점을 기준으로 직교좌표계의 좌표값을 입력하는 방식

예 CNC 선반 : G00 X20.0 Z40.0;

머시닝센터 : G00 G90 X10.0 Y10.0 Z20.0;

ㄴ 증분지령방식 : 현재의 공구위치를 기준으로 끝점까지의 X, Y, Z의 증분값을 입력하는 방식

예 CNC 선반 : G00 U20.0 W40.0;

머시닝센터 : G00 G91 X10.0 Y10.0 Z20.0;

ㄷ 혼합지령방식 : 위의 절대지령방식과 증분지령방식을 한 블록 내에 혼합하여 지령하는 방식

예 CNC 선반 : G00 X20.0 W40.0;

31-1. CNC 공작기계 좌표계의 이동위치를 지령하는 방식에 해당하지 않는 것은?

① 절대지령방식
② 증분지령방식
③ 잔여지령방식
④ 혼합지령방식

31-2. 일반적으로 프로그램 작성자가 프로그램을 쉽게 작성하기 위하여 공작물 좌표계 원점과 일치시키는 것은?

① 기계 원점
② 제2원점
③ 제3원점
④ 프로그램 원점

해설

31-1

좌표치의 지령방법

• 절대지령방식 : 프로그램 원점을 기준으로 움직일 방향과 좌표값을 입력하는 방식
• 증분지령방식 : 현재의 공구위치를 기준으로 끝점까지의 X, Y, Z의 증분값을 입력하는 방식
• 혼합지령방식 : 절대지령방식과 증분지령방식을 한 블록 내에 혼합하여 지령하는 방식

31-2

프로그램 원점 : 일반적으로 프로그램 작성자가 프로그램을 쉽게 작성하기 위하여 공작물 좌표계의 원점과 일치시킨다.

정답 31-1 ③ 31-2 ④

① 주소(Address)

기 능	주 소		의 미
프로그램 번호	O		프로그램 번호
전개 번호	N		전개번호(작업순서)
준비 기능	G		이동형태(직선, 원호 등)
좌표어	X Y Z		각 축의 이동 위치 지정(절대 방식)
	U V W		각 축의 이동 거리와 방향 지정(증분 방식)
	A B C		부가축의 이동 명령
	I J K		원호 중심의 각 축 성분, 모따기 양 등
	R		원호 반지름, 코너 R
이송 기능	F, E		이송 속도, 나사리드
보조 기능	M		기계 각 부위 지령
주축 기능	S		주축 속도, 주축 회전수
공구 기능	T		공구 번호 및 공구 보정 번호
휴 지	X, P, U		휴지시간(Dwell)
프로그램 번호 지정	P		보조프로그램 호출 번호
전개번호 지정	P, Q		복합반복사이클에서의 시작과 종료 번호
반복 횟수	L		보조프로그램 반복 횟수
매개 변수	D, I, K		주기에서의 파라미터(절입량, 횟수 등)

② 수치의 소수점의 사용

소수점은 거리와 시간 속도의 단위를 갖는 것에 사용되는 주소(X, Y, Z, A, B, C, I, J, K, R, F)의 수치에만 가능하다. 단, 파라미터 설정에 따라 소수점 없이 사용할 수도 있다.

예 X100.=100mm, X10.05=10.05mm

X100=0.1mm, X1005=1.005mm(최소지령 단위가 0.001mm이므로 소수점이 없으면 뒤쪽에서 3번째에 소수점이 있는 것으로 간주한다)

S2000. : 알람 발생(소수점 입력 에러) – 길이를 나타내는 수치가 아니다.

③ 단어(Word)

단어는 NC프로그램의 기본 단위이며 주소와 수치로 구성된다. 주소는 알파벳(A~Z) 중 1개를 사용하고 주소 다음에 수치를 지령한다.

예 X 200. → 주소(X) + 수치(200.) = 단어(Word)

④ 지령절(Block)

몇 개의 단어가 모여 구성된 한 개의 지령단위를 지령절이라고 하며, 지령절과 지령절은 EOB(End Of Block)으로 구분된다. 제작회사에 따라 ";" 또는 "#"과 같은 부호로 간단히 표시한다. 한 지령절에 사용되는 단어의 수에는 제한이 없다.

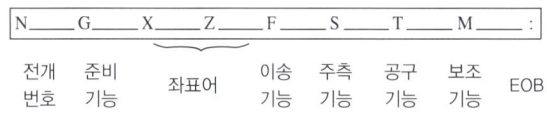

[지령절의 구성]

CNC 공작기계 프로그래밍의 명령 제어기능 설명이 잘못된 것은?

① S ⇒ 이송기능
② T ⇒ 공구기능
③ G ⇒ 준비기능
④ M ⇒ 보조기능

해설

CNC 공작기계 프로그래밍의 기능과 주소

• 보조기능(M) : 스핀들 모터를 비롯한 기계의 각종 기능을 수행하는 데 필요한 보조장치의 ON/OFF를 수행하는 기능(M08 : 절삭유 ON/ M09 : 절삭유 OFF)
• 준비기능(G) : 제어장치의 기능을 동작하기 위한 준비를 하는 기능
• 주축기능(S) : 주축의 회전속도를 지령하는 기능
• 공구기능(T) : 공구를 선택하는 기능
• 이송기능(F) : 이송속도를 지령하는 기능

정답 ①

① 준비기능(G)

㉠ 제어장치의 기능을 동작하기 위한 준비를 하는 기능으로 영문자 "G"와 두 자리의 숫자로 구성되어 있다.

㉡ 준비기능의 구분

구 분	의 미	G-code	구 별
1회 유효 G코드 (One Shot G-code)	지령된 블록에서만 유효한 기능	G04, G28 G50, G70 등	00그룹
연속 유효 G코드 (Modal G-code)	동일 그룹의 다른 G코드가 지령될 때까지의 유효한 기능	G00, G01, G02, G03 등	00 이외의 그룹

② 주축기능(S)

주축의 회전속도를 지령하는 기능으로 영문자 "S"를 사용하며, G96(절삭속도 일정제어) 또는 G97(주축 회전수 일정제어)과 함께 지령하여야 한다.

G코드	의 미	예	해 석
G96	주축 속도 일정제어 (m/min)	G96 S100 M03	주축속도 100m/min으로 일정하게 시계방향 회전
G97	주축 회전수 일정제어 (rpm)	G97 S1000 M03	주축 1,000rpm으로 시계방향 회전

③ 이송기능(F)

이송속도를 지령하는 기능으로 영문자 "F"를 사용하며, 준비기능의 회전당 이송 또는 분당 이송지령과 함께 사용하여야 한다.

[CNC 선반과 머시닝센터의 회전당 이송과 분당 이송]

구 분	CNC 선반	구 분	머시닝센터
G98	분당 이송(mm/min)	★G94	분당 이송(mm/min)
★G99	회전당 이송 (mm/rev)	G95	회전당 이송 (mm/rev)

(★ : 전원공급 시 자동으로 설정)

④ 공구기능(T)

㉠ 공구를 선택하는 기능으로 영문자 "T"와 2자리의 숫자를 사용한다.

㉡ CNC 선반의 경우

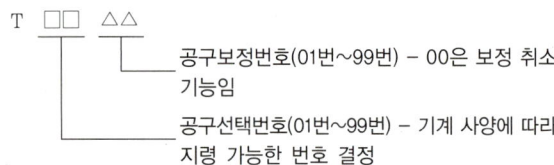

공구보정번호(01번~99번) – 00은 보정 취소 기능임

공구선택번호(01번~99번) – 기계 사양에 따라 지령 가능한 번호 결정

㉢ 머시닝센터의 경우

T □□ M06 → □□번 공구 선택하여 교환

10년간 자주 출제된 문제

CNC 선반에서 사용하는 워드의 설명이 옳은 것은?

① T0305에서 05는 공구 번호이다.

② G50은 내·외경 황삭 사이클이다.

③ G03는 원호보간으로 공구의 진행방향은 반시계방향이다.

④ G04 P200은 Dwell Time으로 공구 이송이 2초 동안 정지한다.

|해설|

• CNC 선반의 경우
T □□ △△ → T : 공구기능, □□ : 공구선택번호, △△ : 공구보정번호

• G50 : 공작물 좌표계 설정, 주축 최고 회전수 설정

• G02 : 원호보간(시계방향), G03 : 원호보간(반시계방향)

• G04 P200은 휴지기능으로 0.2초 동안 이송이 정지되는 기능
예 1.5초 동안 정지시키려면 G04 X1.5; , G04 U1.5; , G04 P1500;

정답 ③

① CNC 선반의 준비기능

G코드	그 룹	기 능
★G00	01	위치결정(급속 이송)
★G01		직선보간(절삭 이송)
★G02		원호보간(CW : 시계방향)
★G03		원호보간(CCW : 반시계방향)
★G04	00	휴지(Dwell)
G10		데이터(Data) 설정
G20	06	Inch 입력
G21		Metric 입력
G22	04	금지영역 설정
G23		금지영역 설정 취소
G25	08	주축 속도 변동 검출 OFF
G26		주축 속도 변동 검출 ON
★G27	00	원점 복귀 확인
★G28		자동 원점 복귀
G29		원점으로부터 복귀
G30		제2, 제3, 제4 원점 복귀
G32	01	나사절삭
★G40	07	공구 인선 반지름 보정 취소
★G41		공구 인선 반지름 보정 좌측
★G42		공구 인선 반지름 보정 우측
★G50	00	공작물 좌표계 설정, 주축 최고 회전수 설정
★G70	00	다듬절삭 사이클
★G71		안·바깥지름 거친절삭 사이클
G72		단면 거친절삭 사이클
G73		형상 반복 사이클
G74		Z방향 홈 가공 사이클(팩 드릴링)
G75		X방향 홈 가공 사이클
G76		나사 절삭 사이클
G90	01	내·외경 절삭 사이클
G92		나사 절삭 사이클
G94		단면 절삭 사이클
★G96	02	절삭 속도(m/min) 일정 제어
★G97		주축 회전수(rpm) 일정 제어
★G98	03	분당 이송 지정(mm/min)
★G99		회전당 이송 지정(mm/rev)

(★ : 꼭 암기해야 할 G-코드)

※ 참 고
- 00그룹은 지령된 블록에서만 유효(One Shot G코드)
- G코드는 그룹이 서로 다르면 한 블록에 몇 개라도 지령할 수 있다.
- 동일 그룹의 G코드를 같은 블록에 1개 이상 지령하면 뒤에 지령한 G코드만 유효하거나 알람이 발생한다.

② M코드 일람표

M코드	기 능
M00	프로그램 정지(실행 중 프로그램을 정지시킨다)
M01	선택 프로그램 정지(조작판의 M01 스위치가 ON인 경우 정지)
M02	프로그램 끝
M03	주축 정회전
M04	주축 역회전
M05	주축 정지
M08	절삭유 ON
M09	절삭유 OFF
M30	프로그램 끝 & Rewind
M98	보조프로그램 호출
M99	보조프로그램 종료

34-1. CNC 선반에서 사용하는 G코드 중 휴지기능을 나타내는 것은?

① G01
② G02
③ G03
④ G04

34-2. CNC 선반의 보조기능인 M코드에서 주축 정회전을 나타내는 것은?

① M00
② M01
③ M02
④ M03

[해설]

34-1

④ G04 : 휴지기능(Dwell)
① G01 : 직선보간(절삭 이송)
② G02 : 원호보간(CW : 시계방향)
③ G03 : 원호보간(CCW : 반시계방향)

휴지(Dwell) : 지령한 시간 동안 이송이 정지되는 기능이다. 이 기능은 홈 가공이나 드릴작업 등에서 간헐 이송으로 칩을 절단하거나 목표점에 도달한 후 즉시 후퇴할 때 생기는 이송량 만큼의 단차를 제거함으로써 진원도의 향상 및 깨끗한 표면을 얻기 위하여 사용한다.

34-2

M코드 일람표

M코드	기 능	M코드	기 능
M00	프로그램 정지	M08	절삭유 ON
M01	프로그램 선택 정지	M09	절삭유 OFF
M02	프로그램 끝	M30	프로그램 끝 & 리셋
M03	주축 정회전	M98	보조프로그램 호출
M04	주축 역회전	M99	보조프로그램 종료
M05	주축 정지		

정답 34-1 ④ 34-2 ④

핵심이론 35 머시닝센터 G-코드

① 머시닝센터의 G코드 일람표

G코드	그 룹	기 능
★G00		급속 위치결정
★G01	01	직선보간(절삭)
★G02		원호보간(시계방향)
★G03		원호보간(반시계방향)
★G04	00	휴지(Dwell)
G17		X-Y평면
G18	02	Z-X평면
G19		Y-Z평면
★G27		원점 복귀 확인
★G28	00	자동 원점 복귀
★G30		제2, 3, 4 원점 복귀
★G40		공구경 보정 취소
★G41	07	공구경 보정 좌측
★G42		공구경 보정 우측
★G43		공구 길이 보정 "+"
★G44	08	공구 길이 보정 "-"
★G49		공구 길이 보정 취소
G73		고속 심공드릴 사이클
G74		왼나사 탭 사이클
G76		정밀 보링 사이클
★G80		고정 사이클 취소
G81	09	드릴 사이클
G82		카운터 보링 사이클
G83		심공드릴 사이클
G84		탭 사이클
★G90	03	절대 지령
★G91		증분 지령
★G92	00	공작물좌표계 설정
★G94	05	분당 이송(mm/min)
★G95		회전당 이송(mm/rev)
★G96	13	주축 속도 일정제어
★G97		주축 회전수 일정제어
G98		고정 사이클 초기점 복귀
G99		고정 사이클 R점 복귀

(★ : 꼭 암기해야 할 G-코드)

35-1. CNC 공작기계인 머시닝센터의 G코드에 대한 설명 중 맞는 것은?

① G96 : 주축 속도 일정제어
② G98 : 주축 최고회전수 지정
③ G60 : 주축 속도 일정제어 취소
④ G97 : 주축 최저회전수 제어

35-2. 머시닝센터가공에서 공구경 보정 취소 시 사용되는 G코드(Code)는?

① G40
② G30
③ G20
④ G10

∥해설∥

35-1
• G96 : 주축 속도 일정제어
• G97 : 주축 회전수 일정제어
• G98 : 고정 사이클 초기점 복귀(CNC 선반 G98 : 분당 이송 지정)
• G99 : 고정 사이클 R점 복귀(CNC 선반 G99 : 회전당 이송 지정)

35-2
• G40 : 공구 지름 보정 취소
• G41 : 공구 지름 좌측 보정
• G42 : 공구 지름 우측 보정

정답 35-1 ① 35-2 ①

핵심이론 36 측 정

① 측정의 개요

기계로 가공되는 가공물은 도면에 표시된 가공방법, 치수, 기하학적 형상, 표면 거칠기, 각도, 열처리, 기타 여러 가지 요구조건을 만족시켜야 한다. 이 중에서 치수, 형상, 각도, 표면 거칠기 등을 가공 중 또는 가공 후에 가공된 양이 사용히는 단위 안에 얼마나 포함되어 있는가를 확인하는 것을 측정이라 한다.

② 측정오차

㉠ 측정기의 오차(계기오차) : 측정기의 구조, 측정 압력, 측정온도, 측정기의 마모 등에 따른 오차

㉡ 시차 : 측정자의 눈의 위치에 따라 눈금의 읽음값에 오차가 생기는 경우

㉢ 우연오차 : 기계에서 발생하는 소음이나 진동 등과 같은 주위 환경에서 오는 오차 또는 자연 현상의 급변 등으로 생기는 오차

㉣ 개인오차 : 측정하는 사람에 따라 발생되는 오차

③ 버니어캘리퍼스(Vernier Calipers) : 어미자(Calipers)에 아들자(Vernier)를 부착한 것으로 외경, 내경, 깊이, 축 단의 길이 등을 측정하는 데 사용된다.

㉠ 버니어캘리퍼스 종류 : M1형, M2형, CB형 등

㉡ 버니어캘리퍼스 측정 : 길이 측정

※ 참고
• 길이 측정 : 버니어캘리퍼스, 하이트게이지, 마이크로미터, 다이얼게이지, 블록게이지 등
• 각도 측정 : 각도게이지, 사인바, 수준기 등

36-1. 측정오차에 대한 설명으로 틀린 것은?

① 측정기오차 : 측정기 자체의 오차
② 우연오차 : 외부적 환경요인에 따른 오차
③ 개인오차 : 측정하는 사람에 따라 발생되는 오차
④ 시차(Parallax) : 시간의 경과에 따라 발생되는 오차

36-2. 길이 측정에 적합하지 않은 것은?

① 수준기   ② 마이크로미터
③ 하이트게이지   ④ 버니어캘리퍼스

[해설]

36-1
측정오차의 종류
• 시차 : 측정자의 눈의 위치에 따라 눈금의 읽음값에 오차가 생기는 경우
• 측정기오차(계기오차) : 측정기의 구조, 측정압력, 측정온도, 측정기의 마모 등에 따른 오차
• 우연오차 : 기계에서 발생하는 소음이나 진동 등과 같은 주위 환경에서 오는 오차 또는 자연 현상의 급변 등으로 생기는 오차
• 개인오차 : 측정하는 사람에 따라 발생되는 오차

36-2
• 길이 측정 : 버니어캘리퍼스, 하이트게이지, 마이크로미터, 다이얼게이지, 블록게이지 등
• 각도 측정 : 각도게이지, 사인바, 수준기 등

정답 36-1 ④ 36-2 ①

핵심이론 37 길이의 측정

① **각도 측정기**

각도게이지, N.P.L식 각도게이지, 사인바, 수준기, 콤비네이션 세트, 베벨 각도기, 광학식 클리노미터, 광학식 각도기, 오토콜리메이터

② **사인바**

㉠ 길이를 측정하여 직각 삼각형의 삼각 함수를 이용한 계산에 의하여 임의각의 측정 또는 임의각을 만드는 기구이다.

㉡ $\sin\phi = \dfrac{H-h}{L}$

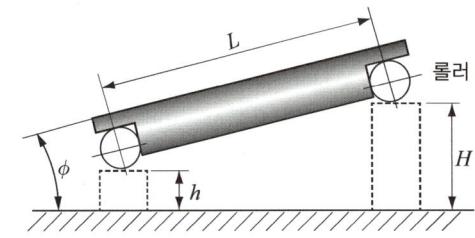

③ **측정방법**

㉠ 비교측정 : 블록게이지와 다이얼게이지 등을 사용하여 측정물의 치수를 비교하여 측정하는 방법이다.

㉡ 직접측정 : 버니어캘리퍼스, 마이크로미터와 같이 측정기에 표시된 눈금에 의해 직접 측정물의 치수를 읽는 방법이다.

㉢ 간접측정 : 나사, 기어 등과 같이 기하학적 관계를 이용하여 측정한다.

④ **나사의 유효지름 측정방법**

㉠ 삼침법에 의한 유효지름 측정방법

㉡ 나사 마이크로미터에 의한 유효지름 측정방법

㉢ 광학적인 방법(공구현미경, 투영기 사용)

⑤ **아베의 원리**

㉠ 측정하려는 길이를 표준자로 사용되는 눈금의 연장선상에 놓는다. 피측정물과 표준자와는 측정방향에 있어서 동일 직선상에 배치하여야 한다.

㉡ 만족 : 외측 마이크로미터, 측장기 등

© 불만족 : 버니어캘리퍼스

⑥ 다이얼게이지의 특징

    ㉠ 소형, 경량으로 취급이 용이하다.

    ㉡ 측정 범위가 넓다.

    ㉢ 눈금과 지침에 의해서 읽기 때문에 오차가 작다.

    ㉣ 연속된 변위량의 측정이 가능하다.

    ㉤ 많은 개소의 측정을 동시에 할 수 있다.

    ㉥ 부속품의 사용에 따라 광범위하게 측정할 수 있다.

10년간 자주 출제된 문제

37-1. 다이얼게이지의 특징으로 틀린 것은?

① 읽음 오차가 적다.
② 측정 범위가 좁다.
③ 연속된 변위량의 측정이 가능하다.
④ 소형이고 가벼워서 취급이 용이하다.

37-2. 직접 측정값을 얻을 수 없는 경우 수학적인 계산을 통하여 측정값을 얻어내는 측정방법은?

① 형상측정   ② 비교측정
③ 간접측정   ④ 절대측정

『해설』

37-1

다이얼게이지의 특징
• 소형, 경량으로 취급이 용이하다.
• 측정 범위가 넓다.
• 눈금과 지침에 의해서 읽기 때문에 오차가 작다.
• 연속된 변위량의 측정이 가능하다.
• 많은 개소의 측정을 동시에 할 수 있다.
• 부속품의 사용에 따라 광범위하게 측정할 수 있다.

37-2

• 비교측정 : 측정값과 기준 게이지값과의 차이를 비교하여 치수를 계산하는 측정방법으로 블록게이지, 다이얼테스트 인디케이터, 한계게이지, 측장기 등이 있다.
• 직접측정 : 측정기에 표시된 눈금에 의해 직접 측정물의 치수를 읽는 방법으로 버니어캘리퍼스, 마이크로미터 등이 있다.
• 간접측정 : 나사, 기어 등과 같이 기하학적 관계를 이용하여 측정 하는 것으로 사인바에 의한 각도 측정, 테이퍼 측정, 나사의 유효지름 측정 등이 있다.

정답 37-1 ② **37-2** ②

핵 심이론 38 금긋기 가공 및 공구

① 금긋기용 정반

    ㉠ 용도에 따라 금긋기정반과 끼워맞춤정반으로 나눌 수 있다.

    ㉡ 재질에 따라서는 주철제정반과 석정반으로 나눈다.

    ㉢ 사용한 후에는 윤활유나 방청유 등을 칠해서 보관해야 한다.

② 금긋기용 바늘

    ㉠ 직선자나 형판에 따라서 가공물에 선을 긋는 공구로서 바늘의 끝은 담금질하거나 초경합금을 붙여서 사용한다.

    ㉡ 보통 가공물의 면과 바늘의 각도가 60° 되게 하여 선을 그으며 바늘 끝이 스케일(Scale)면에 닿지 않도록 한다.

③ 서피스게이지

가공물의 중심을 잡거나 정반 위에서 가공물을 이동시켜 평행선을 그을 때 또는 평행면의 검사용 등으로 사용된다.

④ 펀 치

    ㉠ 금긋기 선이나 원의 중심 등의 위치를 확실하게 표시하기 위해서 펀치 마크를 한다.

    ㉡ 펀치의 종류 : 도팅(Dotting) 펀치, 센터(Center) 펀치, 자동 펀치

⑤ 컴퍼스와 편퍼스

    ㉠ 컴퍼스는 원을 그릴 때 원과 선을 분할하는 데 사용한다.

    ㉡ 편퍼스는 원통의 중심이나 어떤 기준면에 대하여 평행선을 금긋기 할 때 사용한다.

⑥ V 블록

    ㉠ 원통형이나 육면체의 금긋기에 사용되고 90°의 V 홈을 가지고 있다.

    ㉡ 2개가 한 조로 되어 사용할 때도 있다.

⑦ 금긋기 시 유의사항

  ㉠ 기준면과 기준선을 설정하고 금긋기 순서를 결정하여야 한다.

  ㉡ 같은 치수의 금긋기 선을 전후, 좌우를 구분하지 말고 한 번에 긋는다.

  ㉢ 금긋기 선을 불필요하게 깊게 그어 혼동이 일어나는 일이 없도록 한다.

  ㉣ 선은 가늘고 선명하게 한 번에 그어야 한다.

  ㉤ 금긋기가 끝나면 도면의 지시대로 되었는지 확인 후 다음 작업 공정으로 들어간다.

10년간 자주 출제된 문제

38-1. 금긋기에 사용되지 않는 공구는?

① 금긋기 바늘
② 서피스게이지
③ 톱
④ 컴퍼스

38-2. 안지름을 측정할 때 사용되는 측정기기가 아닌 것은?

① 내경 마이크로미터
② 서피스게이지
③ 버니어캘리퍼스
④ 구멍용 한계게이지

[해설]

38-1

금긋기 가공 및 공구 : 금긋기용 바늘, 서피스게이지, 펀치, 컴퍼스와 편퍼스, V 블록 등

38-2

• 금긋기 공구 : 서피스게이지
• 안지름 측정기 : 내경 마이크로미터, 버니어캘리퍼스, 구멍용 한계게이지(실린더게이지, 스몰홀게이지, 텔레스코핑게이지 등)

정답 38-1 ③ **38-2** ②

핵심이론 39 절단 및 줄작업

① 쇠톱과 톱날

  ㉠ 금속재료를 절단하는 수공구이다.

  ㉡ 연강과 황동 등을 절단하는 것은 날이 거칠고 잇수는 적지만, 강이나 박강판의 절단용 톱날은 잇수가 많은 것을 주로 사용한다.

② 쇠톱의 절단가공

  절단작업은 밀 때에는 힘을 주고, 당길 때에는 몸의 상체를 일으키는 기분으로 톱날에 힘을 주지 않는다.

③ 줄의 각 부 명칭과 종류

  ㉠ 일정한 단면을 가진 소재에 줄날을 세운 절삭공구이다.

  ㉡ 줄날이 있는 본체와 줄자루를 꽂을 수 있는 탱(Tang)으로 되어 있다.

  ㉢ 줄의 크기 표시 : 탱을 제외한 줄날의 길이로 호칭

  ㉣ 줄의 종류는 용도에 따라 분류하기도 하나 주로 단면의 형상, 길이, 날눈의 거칠기, 날눈 방식, 윤곽 등으로도 분류한다.

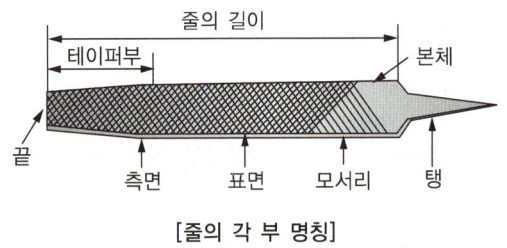

[줄의 각 부 명칭]

  ㉤ 줄눈의 거친 순서에 따라 황목, 중목, 세목, 유목으로 나누어지는데 황목과 중목은 날눈이 거칠기 때문에 한 번에 많은 양을 절삭할 때 사용한다.

④ 줄눈의 모양

  ㉠ 단목 : 납, 주석, 알루미늄 등의 연한 금속이나 판금의 가장자리를 다듬질작업을 할 때 사용한다.

  ㉡ 복목 : 일반적인 다듬질용이며, 먼저 낸 줄눈을 하목(아랫날), 그 위에 교차시켜 낸 줄눈을 상목(윗날)이라 한다.

ⓒ 귀목 : 펀치나 정으로 날눈을 하나씩 파서 일으킨 것으로 보통 나무나 가죽 베이클라이트 등의 비금속 또는 연한 금속의 거친 절삭에 사용된다.

② 파목 : 물결 모양으로 날눈을 세운 것이며, 날눈의 홈 사이에 칩이 끼지 않으므로 납, 알루미늄, 플라스틱, 목재 등에 사용되나 다듬질면은 좋지 않다.

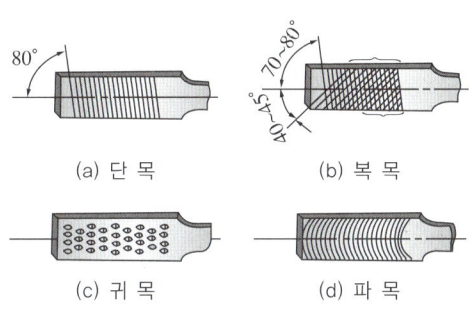

[줄눈의 모양]

⑤ 줄의 작업 및 용도

ⓐ 보통 줄의 사용 순서 : 황목 → 중목 → 세목 → 유목

ⓑ 직진법 : 황삭 및 다듬질작업

ⓒ 사진법 : 황삭 및 볼록한 면의 수정작업

ⓓ 병진법 : 폭이 좁고 길이가 긴 가공물의 줄작업

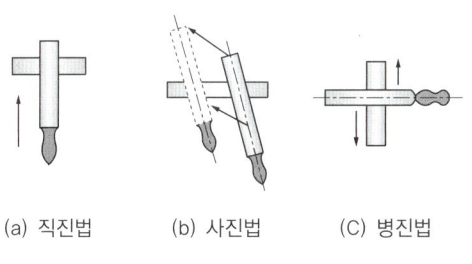

[줄작업방법]

39-1. 납, 주석, 알루미늄 등의 연한 금속이나 얇은 판금의 가장자리를 다듬질할 때 가장 적합한 것은?

① 단 목   ② 귀 목

③ 복 목   ④ 파 목

39-2. 일반적인 줄작업방법의 종류로 틀린 것은?

① 병진법   ② 사진법

③ 직진법   ④ 하진법

《해설》

39-1

① 단목 : 납, 주석, 알루미늄 등의 연한 금속이나 판금의 가장자리를 다듬질할 때 사용한다.

② 귀목 : 펀치나 정으로 날 눈을 하나씩 파서 일으킨 것으로 보통 나무나 가죽, 베이클라이트 등의 비금속 또는 연한 금속의 거친 절삭에 사용된다.

③ 복목 : 일반적인 다듬질용이며 먼저 낸 줄눈을 하목(아랫날), 그 위에 교차시켜 낸 줄눈을 상목(윗날)이라 한다.

④ 파목 : 물결 모양으로 날 눈을 세운 것이며, 날 눈의 홈 사이에 칩이 끼지 않으므로 납, 알루미늄, 플라스틱, 목재 등에 사용되나 다듬질 면은 좋지 않다.

39-2

줄작업 종류 및 용도

• 직진법 : 황삭 및 다듬질작업

• 사진법 : 황삭 및 볼록한 면의 수정작업

• 병진법 : 폭이 좁고 길이가 긴 가공물의 줄작업

정답 39-1 ①　39-2 ④

① 각도 분할

도면에서 각도로 분할이 표시되어 있을 때는, 등분수를 별도로 계산할 필요가 없이 다음 식으로 각도를 분할하여 가공하면 편리하다.

㉠ 도면에 도(°)로 표시되어 있을 때

$$\frac{h}{H} = \frac{D°}{9}$$

㉡ 도면에서 도(°) 및 분으로 표시되어 있을 때

$$\frac{h}{H} = \frac{D'}{540}$$

㉢ 도면에 도(°) 및 분, 초로 표시되어 있을 때

$$\frac{h}{H} = \frac{D''}{32,400}$$

10년간 자주 출제된 문제

밀링작업의 각도 분할법에서 분할 크랭크가 1회전하면 스핀들은 몇 도(°) 회전하는가?

① 9°

② 7°

③ 5°

④ 3°

[해설]

• 각도 분할법에서 분할 크랭크가 1회전하면 스핀들은 9° 회전한다.

• $\frac{h}{H} = \frac{D°}{9}$ (도면에 도(°)로 표시되어 있을 때)

• 분할법의 종류 : 직접 분할법, 단식 분할법, 차동 분할법, 각도 분할법

정답 ①

---

① 정가공의 안전

㉠ 항상 날 끝에 주의하고 따내기가공 및 칩이 튀는 가공에는 보호안경을 착용하도록 한다.

㉡ 정을 잡은 손은 힘을 빼고 처음에는 가볍게 때리다가 점차 힘을 가하도록 한다.

㉢ 가공물의 절단된 끝이 튕길 경우가 있으므로 특히 주의를 하도록 한다.

② 줄작업의 안전

㉠ 줄은 작업 전에 자루 부분을 점검하고, 줄의 균열 여부를 확인한다.

㉡ 줄이 파손되었을 때에는 땜작업을 하여 사용해서는 안 된다.

㉢ 줄작업은 되도록 마주 보고 작업을 하지 않으며, 절삭된 칩은 브러시로 제거한다. 칩을 입으로 불어서 제거하지 않는다.

㉣ 줄은 다른 용도에 사용하지 않도록 한다. 사용 중에 바이스가 풀어지는 경우가 간혹 발생하므로 자주 확인하면서 작업을 한다.

③ 쇠톱작업의 안전

㉠ 톱날은 틀에 끼워 두세 번 사용한 후 다시 조정을 하고 절단한다.

㉡ 쇠톱의 손잡이와 틀의 선단을 손으로 확실하게 잡고서 좌우로 흔들리지 않게 작업을 하도록 한다.

㉢ 모가 난 재료를 절단할 때는 톱날을 기울이고 모서리부터 절단하기 시작한다.

㉣ 둥근 강이나 파이프는 삼각 줄로 안내 홈을 가공한 다음 그 위를 절단한다.

㉤ 절단을 시작할 때와 끝날 무렵에는 알맞게 힘을 줄이고 절단하도록 한다.

정가공(Chipping)할 때의 안전작업에 대한 설명으로 맞는 것은?

① 정을 잡은 손은 움직이지 않도록 단단히 잡는다.
② 정작업 시 시선은 정의 머리 부분에 둔다.
③ 장갑은 해머가 손에서 미끄러지지 않도록 반드시 착용한다.
④ 처음에는 가볍게 때리고 점차 힘을 가하면서 작업한다.

[해설]

정가공 시 안전사항
• 정을 잡은 손은 힘을 빼고, 처음에는 가볍게 때리다가 점차 힘을 가하도록 한다.
• 정작업 시 시선은 항상 날 끝에 주의하고, 따내기가공 및 칩이 튀는 가공에는 보호안경을 착용한다.
• 정작업 시 장갑은 착용하지 않는다.
• 가공물의 절단된 끝이 튕길 경우가 있으므로 특히 주의하도록 한다.

정답 ④

핵심이론 42 CNC 공작기계, 머시닝센터의 안전

① CNC 공작기계 안전

  ㉠ 칩이 비산하므로 보안경을 착용한다.
  ㉡ 기계 위에 공구를 올려놓지 않는다.
  ㉢ 절삭공구는 가능한 한 짧게 설치하는 것이 좋다.
  ㉣ CNC 선반작업 중에는 문을 닫는다.
  ㉤ 칩이 비산하는 재료는 칩 커버를 설치하거나 보안경을 착용한다.
  ㉥ 칩의 제거는 브러시를 사용한다.

② 머시닝센터 안전

  ㉠ 작업 전에 일상점검을 하고 부족한 오일을 보충한다.
  ㉡ 절삭공구 및 가공물은 정확하고 견고하게 고정한다.
  ㉢ 절삭공구는 가능한 한 짧게 설치하는 것이 좋다.
  ㉣ 절삭 중에 칩이나 절삭유가 튀어나오지 않도록 문을 닫고 작업한다.
  ㉤ 칩이 비산하는 재료는 칩 커버를 설치하거나 보안경을 착용한다.
  ㉥ 칩의 제거는 브러시를 사용한다.

CNC 기계가공 중에 지켜야 할 안전 및 유의사항으로 틀린 것은?

① CNC 선반작업 중에는 문을 닫는다.
② 머시닝센터에서 공작물은 가능한 한 깊게 고정한다.
③ 머시닝센터에서 엔드밀은 되도록 길게 나오도록 고정한다.
④ 항상 비상 정지 버튼은 위치를 확인한다.

[해설]

머시닝센터에서 엔드밀은 되도록 짧게 나오도록 고정해야 안전하다.

정답 ③

핵심이론 01 금속재료의 성질

① 기계적 성질

　㉠ 강도 : 재료에 작용하는 힘에 대하여 파괴되지 않고 어느 정도 견디어 낼 수 있는 정도를 나타내는 수치

　㉡ 경도 : 재료의 표면이 외력에 저항하는 성질(재료의 단단한 정도)

　㉢ 인성 : 충격이 작용하였을 때 파괴되지 않고 견디는 성질(재료의 질긴 성질) ↔ 취성

　㉣ 취성(메짐) : 잘 부서지고 깨지는 성질 ↔ 인성

　㉤ 연성 : 가늘게 늘어나는 성질(금 > 은 > 백금 > 철 > 니켈 > 구리 > 알루미늄)

　㉥ 전성 : 넓게 퍼지는 성질(금 > 은 > 구리 > 알루미늄 > 주석 > 백금 > 철)

　㉦ 가공경화 : 경도, 인장강도, 항복강도 등이 커지는 반면 연신율과 단면 수축률이 감소되는 현상

② 물리적 성질

　㉠ 비중 : 질량과 같은 부피를 가지는 표준 물질에 대한 질량의 비율

　㉡ 용융점 : 고체에서 액체로 상태변화가 일어날 때의 온도(용융 온도)

　㉢ 전기전도율(전기전도도) : 전기가 흐르는 전기적 성질

　㉣ 자성 : 물질이 나타내는 자기적 성질

　　• 강자성체 : 서로 강하게 잡아당기는 물질 → 철(Fe), 코발트(Co), 니켈(Ni)

　　• 상자성체 : 약간 잡아당기는 물질 → 알루미늄(Al), 주석(Sn)

　　• 반자성체 : 서로 잡아당기지 않는 금속 → 안티몬(Sb)

③ 화학적 성질

　㉠ 부식 : 주위 환경에 따라 화학적 또는 전기 화학적인 작용에 의하여 비금속 화합물을 만들어 점차 재료가 소실되는 현상

　㉡ 내식성 : 금속 부식에 대한 저항력

　※ 이온화 경향이 큰 금속일수록 화합물이 되기 쉬워 부식이 잘된다.

④ 재료의 가공성

　㉠ 주조성 : 금속이나 합금을 녹여 주물을 만들 수 있는 성질

　㉡ 소성가공성 : 재료를 소성가공하는 데 용이한 성질(단조성, 압연성, 프레스 성형성)

　　• 탄성 : 가해진 외력을 제거하면 변형 없이 원상태로 돌아오는 성질

　　• 소성 : 변형되어 원래의 형상으로 되돌아오지 않는 성질

　㉢ 절삭성

　㉣ 접합성

1-1. 금속에 탄성한계를 초과한 힘을 받고도 파괴되지 않고 늘어나서 소성변형이 되는 성질은?

① 연 성　　　　　　② 취 성
③ 경 도　　　　　　④ 강 도

1-2. 응력 변형률 선도에서 응력을 서서히 제거할 때 변형이 서서히 없어지는 성질은?

① 점 성　　　　　　② 탄 성
③ 소 성　　　　　　④ 관 성

〔해설〕

1-1

① 연성 : 잡아당기면 외력에 의해서 파괴됨이 없이 가늘게 늘어나는 성질
② 취성 : 잘 부서지고 깨지는 성질 ↔ 인성
③ 경도 : 재료의 표면이 외력에 저항하는 성질
④ 강도 : 작용힘에 대하여 파괴되지 않고 어느 정도 견디어 낼 수 있는 정도

1-2

② 탄성 : 응력을 서서히 제거할 때 변형이 없어지는 성질
③ 소성 : 응력이 증가하면 응력을 제거하여도 변형이 완전히 없어지지 않고 남는 성질

정답 1-1 ①　1-2 ②

핵심이론 02　철강재료

① 철강의 분류와 성질

구 분	탄소량	성 질
순 철	0.02% C 이하	• 기계적 성질이 낮다. • 용접, 단접성이 우수하다.
강	0.02~2.11% C	• 강도 및 인성이 우수하다. • 가공성이 좋다.
주 철	2.11~6.67% C	• 인성이 낮아 단조가 곤란하다. • 용융점이 낮고 유동성이 좋다.

② 철강재료

㉠ 용광로에서 생산된 철은 선철이다.

㉡ 탄소강은 탄소함유량이 0.02~2.11%이다.

㉢ 합금강은 탄소강에 필요한 합금 원소를 첨가한 것이다.

㉣ 탄소강의 기계적 성질에 가장 큰 영향을 끼치는 원소는 탄소(C)이다.

③ 탄소강

㉠ 탄소강은 철(Fe)과 탄소(C)의 합금으로 가단성을 가지고 있는 2원 합금이다.

㉡ 공석강, 아공석강, 과공석강으로 분류된다.

㉢ 모든 강의 기본이 되는 것으로 보통 탄소강으로 부른다.

④ 탄소강 성질

구 분	물리적 성질	기계적 성질
탄소량 증가	비열, 전기저항, 보자력 증가	강도, 경도 증가
	비중, 선팽창계수, 내식성 감소	인성, 충격값 감소

⑤ 탄소강 변태

㉠ 아공석강

• 0.02~0.77%의 탄소강을 함유한 강이다.

• 페라이트와 펄라이트의 혼합 조직이다.

• 탄소량이 많아질수록 펄라이트의 양이 증가하여 강도와 인장강도가 증가한다.

ⓛ 공석강

- 0.77%의 탄소를 함유한 강으로 723℃ 이하로 냉각할 때 오스테나이트가 페라이트와 시멘타이트로 동시에 석출되는 공석반응을 일으키는 펄라이트 변태이다.
- 100% 펄라이트 조직이다.
- 인장강도가 가장 큰 탄소강이다.

ⓒ 과공석강

- 0.77~2.11%의 탄소를 함유한 강이다.
- 시멘타이트와 펄라이트의 혼합 조직이다.
- 탄소량이 증가할수록 경도가 증가한다. 그러나 인장 강도가 감소하고 메짐 성질이 증가하여 깨지기 쉽다.

⑥ 강괴(Steel Ingot)

ⓐ 탈산 정도에 따른 분류

- 킬드강 : 용강 중에 Fe-Si 또는 Al분말 등의 강한 탈산제를 첨가하여 완전히 탈산한 강이다.
- 림드강 : 탈산 및 기타 가스 처리가 불충분한 상태의 용강을 그대로 주형에 주입하여 응고한 것이다.
- 세미킬드강 : 탈산 정도가 킬드강과 림드강의 중간 정도의 것이다.

10년간 자주 출제된 문제

Fe-C 상태도에 의한 강의 분류에서 탄소함유량이 0.0218~0.77%에 해당하는 강은?

① 아공석강　　　　② 공석강
③ 과공석강　　　　④ 정공석강

해설

① 아공석강 : 0.02~0.77%의 탄소를 함유한 강으로 탄소량이 많을수록 경도와 인장강도가 증가한다.
② 공석강 : 0.77%의 탄소를 함유한 강으로 100% 펄라이트 조직이며 인장강도가 가장 크다.
③ 과공석강 : 0.77~2.11%의 탄소를 함유한 강으로 탄소량이 많을수록 경도는 증가하지만 인장강도는 감소한다.

정답 ①

---

① 기계적 시험방법(파괴시험)

ⓐ 인장시험

- 가장 기본이 되는 시험이다.
- 인장강도, 연신율, 단면 수축률, 항복점, 비례한도, 탄성한도, 응력-변형률 곡선을 알 수 있다.
- 인장강도 : 인장시험을 하는 도중 시험편이 견디는 최대의 하중이다.

최대인장강도($\sigma_{\max}$)

$$= \frac{\text{최대인장하중}(P_{\max})}{\text{원단면적}(A_0)} (\text{N}/\text{mm}^2)$$

- 연신율 : 인장시험 후 시험편이 파괴되기 직전의 표점거리(L_1)와 시험 전 원표점거리(L_0)와의 차를 변형량이라 한다. 연신율은 이 변형량을 원표점거리로 나누어 백분율(%)로 표시한 것(연성을 나타내는 척도)이다.

$$연신율(\varepsilon) = \frac{L_1 - L_0}{L_0} \times 100(\%)$$

ⓑ 압축시험

- 재료에 압력을 가하여 파괴에 견디는 힘을 구하는 시험이다.
- 주철이나 콘크리트와 같이 내압에 사용되는 재료의 압축강도를 알아보는 시험이다.

ⓒ 굽힘시험

- 시험편에 길이방향의 직각방향에서 하중을 가한다.
- 재료의 연성, 전성 및 균열의 발생 유무를 판정하는 시험이다.

ⓓ 경도시험

- 재료의 경도를 알아보는 시험으로 압입에 대한 저항을 나타낸다.

- 경도시험 종류
  - 브리넬 경도시험(HB)

    브리넬 경도(HB) $= \dfrac{P}{A} = \dfrac{P}{\pi Dh}$

    $\qquad\qquad = \dfrac{2P}{\pi D\left(D - \sqrt{D^2 - d^2}\right)}$

    여기서, P : 하중(kN)

    $\qquad\quad D$: 강구의 지름(mm)

    $\qquad\quad d$: 압입 자국의 지름(mm)

    $\qquad\quad h$: 압입 자국의 깊이(mm)

    $\qquad\quad A$: 압입 자국의 표면적(mm)

  - 로크웰 경도시험(HR) : B 스케일, C 스케일
  - 비커스 경도시험(HV) : 꼭지각이 136°인 다이아몬드로 된 피라미드 압입자
  - 쇼어 경도시험(HS)

    쇼어 경도(HS) $= \dfrac{10{,}000}{65} \times \dfrac{h}{h_0}$

    여기서, h : 반발하여 올라간 높이

    $\qquad\quad h_0$: 낙하 높이

  - ㉢ 충격시험
    - 충격에 대한 재료의 저항력을 알아보는 시험이다.
    - 충격시험 종류
      - 샤르피 충격시험
      - 아이조드 충격시험
  - ㉣ 피로시험
- ② 비파괴시험방법
  - ㉠ 방사선 투과시험(RT)
  - ㉡ 초음파 탐상시험(UT)
  - ㉢ 자기 탐상시험(MT)
    - ※ 자속을 발생시키는 방법 : 코일법, 극간법, 프로드법, 축 통전법, 전류 관통법, 자속 관통법
  - ㉣ 와전류 탐상시험(ET)
  - ㉤ 침투 탐상시험(PT)
    - ※ 침투 탐상시험의 과정

      예비세척 → 침투처리 → 세척처리 → 현상처리

- ③ 금속의 조직시험
  - ㉠ 매크로 조직시험
    - 파단면 검사방법
    - 매크로 조직시험방법
    - 설퍼 프린트방법
    - 매크로 부식방법
  - ㉡ 현미경 조직시험
- ④ 그 밖의 시험방법
  - ㉠ 불꽃시험방법
    - 강재에서 발생하는 불꽃의 색깔과 모양에 의하여 강의 종류를 판별한다.
    - 그라인더 불꽃시험방법, 분말 불꽃시험방법
    - 탄소강의 불꽃은 탄소함유량에 따라 그 특징이 다르다.
  - ㉡ 표면 경화층시험
    - 침탄 또는 질화 처리한 후 담금질한 경우의 경화층을 측정하는 방법이다.
    - 경화층 깊이 측정방법
      - 경도시험
      - 매크로 조직시험
      - 화학 분석시험
      - 현미경 조직시험

10년간 자주 출제된 문제

시편의 표점거리가 40mm이고, 지름이 15mm일 때 최대하중이 6kN에서 파단되었다면 연신율은 몇 %인가?(단, 연신된 길이는 10mm이다)

① 10   ② 12.5

③ 25   ④ 30

【해설】

연신율(ε) $= \dfrac{\text{변형량}}{\text{원표점거리}} \times 100\% = \dfrac{10\text{mm}}{40\text{mm}} \times 100\% = 25\%$

$\therefore$ 연신율(ε) $= 25\%$

정답 ③

① 합금원소의 효과　반드시 암기(자주 출제)

합금 원소	효 과
니켈(Ni)	강인성, 내식성, 내마멸성 증가
크롬(Cr)	• 강도와 경도 증가, 내식성, 내열성 및 자경성 증가 • 탄화물의 생성을 용이하게 하여 내마멸성도 증가
망간(Mn)	강도, 경도, 내마멸성 증가, 청열취성 방지
몰리브덴(Mo)	내마멸성 증가, 적열취성 방지
규소(Si)	내식성과 내마멸성 증가, 전자기적 성질 개선
텅스텐(W)	경도와 내마멸성 증가, 고온강도와 경도 증가
코발트(Co)	크롬과 함께 사용하며 고온강도, 고온경도 증가
바나듐(V)	경화성 증가
구리(Cu)	석출경화가 일어나기 쉽고 내산화성 증가
타이타늄(Ti)	• 규소나 바나듐과 비슷한 작용 • 탄화물생성 용이, 결정입자 사이의 부식에 대한 저항 증가

10년간 자주 출제된 문제

특수강에 첨가되는 합금원소의 특성을 나타낸 것 중 틀린 것은?

① Ni : 내식성 및 내산성을 증가

② Co : 보통 Cu와 함께 사용되며 고온강도 및 고온경도를 저하

③ Ti : Si나 V과 비슷하고 부식에 대한 저항이 매우 크다.

④ Mo : 담금질 깊이를 깊게 하고 내식성 증가

[해설]

코발트(Co)는 크롬과 함께 사용하며 고온강도와 고온경도를 증가시킨다.

정답 ②

① 금속 복합재료

어떤 목적을 위해 2종 이상의 다른 재료들을 서로 합하여 하나의 재료로 만든 것이다.

② 형상기억합금

㉠ 다시 열을 가하면 변형 전의 형상으로 되돌아간다.

㉡ 마텐자이트 변태를 이용한 초탄성 재료이다.

㉢ 형상기억합금의 종류 : 니켈-타이타늄계합금, 구리-알루미늄-니켈계 합금, 니켈-타이타늄-구리계 합금, 니켈-타이타늄-철계 합금 등

③ 제진재료

㉠ 공진, 진폭, 진동속도를 감소시키는 재료이다.

㉡ 방진재료 : 진동음을 방지해 주는 재료이다.

㉢ 흡음재료 : 소음의 대책으로 공기압의 진동을 열에너지로 변환시켜 흡수하는 재료이다.

㉣ 차음재료 : 공기압 진동의 전파를 차단시키는 재료이다.

④ 비정질합금

㉠ 원자들의 배열이 불규칙한 상태이다.

㉡ 비정질합금의 제조방법

　• 기체 급랭(진공증착법, 이온도금법, 화학증착법)

　• 액체 급랭(단롤법, 쌍롤법, 원심법 등)

　• 금속 이온(전해코팅법, 무전해코팅법)

⑤ 초전도합금

초전도현상이란 어떤 금속의 전기저항이 일정 온도에서 갑자기 "0"이 되는 현상이다.

⑥ 자성재료

㉠ 자성재료 : 자기적 성질을 가지고 있는 재료이다.

㉡ 자성재료의 종류

　• 경질자성재료 : 보자력 및 잔류 자속 밀도가 크다.

• 연질자성재료 : 보자력 및 이력손실이 작다.

분류	재료명
경질자성재료 (영구자석재료)	희토류-코발트계 자석, 페라이트 자석, 자기기록재료, 반경질 자석, 알니코 자석
연질자성재료 (고투자율재료)	연질 페라이트, 전극연철, 규소강, 45퍼멀로이, 73퍼멀로이

5-1. 재료를 상온에서 다른 형상으로 변형시킨 후 원래 모양으로 회복되는 온도로 가열하면 원래 모양으로 돌아오는 합금은?

① 제진합금
② 형상기억합금
③ 비정질합금
④ 초전도합금

5-2. 금속은 전류를 흘리면 전류가 소모되는데 어떤 금속에서는 어느 일정 온도에서 갑자기 전기저항이 0이 된다. 이러한 현상은?

① 초전도현상
② 임계현상
③ 전기장현상
④ 자기장현상

해설

5-1
② 형상기억합금 : 다시 열을 가하면 변형 전의 형상으로 되돌아가는 합금
① 제진합금 : 공진, 진폭, 진동속도를 감소시키는 재료
③ 비정질합금 : 원자배열이 불규칙한 상태
④ 초전도합금 : 어떤 금속의 전기저항이 일정 온도에서 갑자기 "0"이 되는 현상

5-2
초전도현상 : 전기가 매우 잘 통하는 상태로 전기저항이 일정 온도에서 갑자기 "0"이 되는 현상이다.

정답 5-1 ② 5-2 ①

핵 심이론 06 특수 목적용 합금강

① 쾌삭강

㉠ 개요 : 절삭성능을 향상시켜 생산의 고능률화를 추구함에 따라 짧은 시간에 재료를 가공하기 위하여 피삭성이 좋은 재료가 필요하다.

㉡ 쾌삭강의 특징

• 가공재료의 피삭성을 높인다.
• 절삭공구의 수명을 길게 한다.
• 절삭 중 나오는 칩(Cip)처리 능률을 높인다.
• 가공면의 정밀도와 표면 거칠기 등을 향상시킨다.
• 강에 황(S), 납(Pb), 흑연을 첨가하여 절삭성을 향상시킨다.

㉢ 황(S) 쾌삭강

• 탄소강에 황(S)의 첨가량을 0.1~0.25% 정도 증가시켜 쾌삭성을 향상시킨다.
• 경도는 크게 문제되지 않는 정밀나사의 작은 부품용이다.

㉣ 납(Pb) 쾌삭강

• 탄소강에 납(Pb)의 첨가량을 0.10~0.30% 정도 증가시켜 쾌삭성을 향상시킨다.
• 열처리하여 사용할 수 있다.
• 자동차 등의 주요 부품에 사용한다.

② 스프링강

스프링을 만드는 데 사용되는 재료로 탄성한도와 항복점이 높고 충격이나 반복응력에 대해 잘 견디어 낼 수 있는 성질이 필요하다.

③ 베어링강

㉠ 내마멸성이 크고, 강성이 커야 한다.
㉡ 고탄소-크롬강의 표준 조성 : 1% 탄소, 1.5% 크롬
㉢ 베어링합금 구비조건

• 하중에 견딜 수 있는 경도와 인성, 내압력을 가져야 한다.
• 마찰계수가 작아야 한다.

- 비열 및 열전도율이 커야 한다.
- 주조성과 내식성이 우수해야 한다.
- 소착에 대한 저항력이 커야 한다.

④ 철심재료

  ㉠ 투자율과 전기저항이 크고 보자력, 이력현상 등이 작아 전동기, 발전기, 변압기 등의 철심재료로 사용된다.

  ㉡ 대표적인 철심재료 : 규소강

⑤ 불변강

  ㉠ 개요 : 주변 온도가 변화하더라도 재료가 가지고 있는 열팽창계수나 탄성계수 등의 특성이 변하지 않는 강이다.

  ㉡ 불변강의 종류

  - 인 바
    - 탄소 0.2%, 니켈 35~36%, 망간 0.4% 정도로 조성된 합금이다.
    - 200℃ 이하의 온도에서 열팽창계수가 작다.
    - 줄자, 표준자, 시계추 등에 사용된다.
  - 엘린바
    - 니켈 36%, 크롬 12%, 나머지는 철로 조성된 합금이다.
    - 온도 변화에 따른 탄성률의 변화가 매우 작다.
    - 지진계 및 정밀 기계의 주요 재료에 사용된다.

6-1. 수기가공에서 사용하는 줄, 쇠톱날, 정 등의 절삭가공용 공구에 가장 적합한 금속재료는?

① 주 강　　　　　　② 스프링강
③ 탄소공구강　　　　④ 쾌삭강

6-2. 강을 절삭할 때 쇳밥(Chip)을 잘게 하고 피삭성을 좋게 하기 위해 황, 납 등의 특수원소를 첨가하는 강은?

① 레일강　　　　　　② 쾌삭강
③ 다이스강　　　　　④ 스테인리스강

6-3. 불변강의 종류에 해당되지 않는 것은?

① 인 바　　　　　　② 엘린바
③ 코엘린바　　　　　④ 베어링강

해설

6-1

③ 탄소공구강 : 줄, 쇠톱날, 정 등의 절삭공구, 저속 절삭공구, 총형공구나 특수목적용

④ 쾌삭강 : 가공재료의 피삭성을 높이고, 절삭공구의 수명을 길게 하기 위하여 요구되는 성질을 개선한 구조용 강

6-2

쾌삭강은 가공재료의 피삭성을 높이고, 절삭공구의 수명을 길게 하기 위하여 요구되는 성질을 강에 인(P), 황(S), 납(Pb) 등을 합금하여 만든 것이다.

6-3

온도변화에 따라 열팽창계수, 탄성계수 등이 변하지 않는 강을 불변강이라 한다. 불변강에는 인바, 슈퍼인바, 엘린바, 코엘린바, 퍼멀로이 등이 있다. 베어링강은 베어링 재료에 사용되는 내마멸성을 중요시하는 합금강이다.

정답 6-1 ③　6-2 ②　6-3 ④

핵심이론 07 주철의 종류

① 고급주철

　　㉠ 인장강도 245MPa 이상인 주철이다.

　　㉡ 강력하고 내마멸성이 요구되는 곳에 이용된다.

　　㉢ 조직은 흑연이 미세하고 균일하게 활 모양으로 구부러져 분포되어 있다.

　　㉣ 바탕은 펄라이트 조직(펄라이트주철)이다.

　　㉤ 대표적인 주철은 미하나이트주철이다.

　　㉥ 미하나이트주철은 약 3% C, 1.5% Si의 쇳물에 칼슘 실리케이트(Ca-Si)나 페로실리콘(Fe-Si)을 접종시켜 미세한 흑연을 균일하게 분포시킨 펄라이트주철이다.

　　㉦ 미하나이트주철의 특징

　　　• 담금질이 가능하다.

　　　• 흑연의 형상을 미세화한다.

　　　• 연성과 인성이 아주 크다.

　　　• 두께의 차에 의한 성질의 변화가 아주 작다.

② 구상흑연주철

　　강도와 연성 등을 개선하기 위하여 용융상태의 주철 중에 마그네슘(Mg), 세륨(Ce) 또는 칼슘(Ca) 등을 첨가하여 편상흑연을 구상화한 것으로 노듈러주철, 덕타일주철 등으로 불린다. 열처리에 의하여 조직을 개선하거나 니켈, 크롬, 몰리브덴, 구리 등을 넣어 합금으로 만들어 재질을 개선하며, 강도, 내마멸성, 내열성, 내식성 등이 우수하여 자동차용 주물이나 주조용 재료로 널리 사용된다.

③ 칠드주철

　　보통주철보다 규소(Si) 함유량을 적게 하고 적당량의 망간을 첨가한 쇳물을 금형 또는 칠 메탈이 붙어 있는 모래형에 주입하여 필요한 부분만 급랭시켜 표면만이 단단하게 되고 내부는 회주철이 되므로 강인한 성질을 가지는 주철이다.

10년간 자주 출제된 문제

7-1. 고급주철의 한 종류로 저 C, 저 Si의 주철을 용해하여 주입하기 전에 Fe-Si 또는 Ca-Si 분말을 첨가하여 흑연의 핵형성을 촉진시켜 만든 것은?

① 에멜주철
② 피워키주철
③ 미하나이트주철
④ 란츠주철

7-2. 니켈, 크롬, 몰리브덴, 구리 등을 첨가하여 재질을 개선한 것으로 노듈러주철, 덕타일주철 등으로 불리는 이 주철은 내마멸성, 내열성, 내식성 등이 대단히 우수하여 자동차용 주물이나 주조용 재료로 가장 많이 쓰이는 것은?

① 칠드주철
② 구상흑연주철
③ 보통주철
④ 펄라이트 가단주철

해설

7-1

약 3% C, 1.5% Si의 쇳물에 칼슘 실리케이트(Ca-Si)나 페로실리콘(Fe-Si)을 접종시켜 미세한 흑연을 균일하게 분포시킨 펄라이트주철을 미하나이트주철이라 한다.

7-2

구상흑연주철은 강도와 연성 등을 개선하기 위하여 용융상태의 주철 중에 마그네슘(Mg), 세륨(Ce) 또는 칼슘(Ca) 등을 첨가하여 편상흑연을 구상화한 것으로 노듈러주철, 덕타일주철 등으로 불린다. 열처리에 의하여 조직을 개선하거나 니켈, 크롬, 몰리브덴, 구리 등을 넣어 합금으로 만들어 재질을 개선하며, 강도, 내마멸성, 내열성, 내식성 등이 우수하여 자동차용 주물이나 주조용 재료로 널리 사용된다.

정답 7-1 ③　7-2 ②

① 알루미늄(Al)의 성질

    ㉠ 비중 : 2.7

    ㉡ 주조가 용이하다(복잡한 형상의 제품을 쉽게 만들 수 있다).

    ㉢ 다른 금속과 잘 합금되어 상온 및 고온가공이 쉽다.

    ㉣ 전연성이 우수한 전기, 열의 양도체이며 내식성이 강하다.

    ㉤ 전기전도율은 구리의 60% 이상이다.

② 알루미늄합금의 종류

    ㉠ 합금의 종류

      • 주물용(주조용) Al합금 : Al-Cu계, Al-Si계(실루민), Al-Cu-Si계(라우탈), Y합금, 로엑스합금 등

      • 가공용 Al합금 : 고강도 Al합금(두랄루민, 초두랄루민, 초강두랄루민), 내식성 Al합금(하이드로날륨, 알민, 알드리, 알클래드)

    ㉡ 실루민(Al-Si계)

      • Al+Si의 합금으로 주조성은 좋으나 절삭성은 나쁘다.

      ※ 개량처리(Modification)

        실루민 공정점 부근의 주조 조직은 육각판 모양으로 크고 거칠며 메짐성이 있어 기계적 성질이 좋지 못하다. 그래서 이 합금에 극소량의 Na이나 플루오르화 알칼리, 금속 나트륨, 수산화 나트륨 알칼리염 등을 첨가하면 조직이 미세화되어 강력하게 된다. 이 처리를 개량처리라고 한다.

    ㉢ 라우탈(Al-Cu-Si계) : 주조 균열이 작고 금형 주조에도 적합하므로 자동차 및 선박용 피스톤, 분배관밸브 등에 사용된다.

    ㉣ Y합금

      • Al+Cu+Ni+Mg(알-구-니-마)의 합금으로 내연기관 실린더에 사용한다.

      • 내열성이 좋으므로 자동차, 항공기용 엔진의 공랭 실린더 헤드와 피스톤에 사용한다.

    ㉤ 두랄루민(고강도Al합금)

      • 단조용 알루미늄 합금으로 Al+Cu+Mg+Mn(알-구-마-망)의 합금

      • 가벼워서 항공기나 자동차 등에 사용되는 고강도 Al합금

🌈 두랄루민의 표준 조성은 반드시 암기(자주 출제)

10년간 자주 출제된 문제

8-1. 순수 비중이 2.7인 이 금속은 주조가 쉽고 가벼울 뿐만 아니라 대기 중에서 내식성이 강하고 전기와 열의 양도체로 다른 금속과 합금하여 쓰이는 것은?

① 구리(Cu)
② 알루미늄(Al)
③ 마그네슘(Mg)
④ 텅스텐(W)

8-2. 단조용 알루미늄합금으로 Al-Cu-Mg-Mn계 합금이며 기계적 성질이 우수하여 항공기, 차량부품 등에 많이 쓰이는 재료는?

① Y합금
② 실루민
③ 두랄루민
④ 켈밋합금

|해설|

8-1
알루미늄은 비중이 2.7이고 주조가 용이하며 다른 금속과 잘 합금되어 상온 및 고온가공이 쉽다. 전연성이 우수한 전기, 열의 양도체이며 내식성이 강하다.

8-2
③ 두랄루민 : Al+Cu+Mg+Mn의 합금으로 가벼워서 항공기나 자동차 등에 사용된다.
① Y합금 : Al+Cu+Ni+Mg의 합금으로 내연기관 실린더에 사용한다.
② 실루민 : Al+Si의 합금으로 주조성은 좋으나 절삭성은 나쁘다.

정답 8-1 ② 8-2 ③

① 구리(Cu)의 성질 　반드시 암기(자주 출제)

　㉠ 비중 : 8.96

　㉡ 용융점 : 1,083℃

　㉢ 비자성체, 내식성이 철강보다 우수하다.

　㉣ 전기 및 열의 양도체이다(전기전도율과 열전도율은 금속 중 Ag 다음으로 높다).

　㉤ 전연성이 좋아 가공이 용이하다.

　㉥ 결정격자 : 면심입방격자(FCC)

② 구리의 종류

　㉠ 전기 구리

　㉡ 전기 정련 구리

　㉢ 탈산 구리

10년간 자주 출제된 문제

구리의 일반적 특성에 관한 설명으로 틀린 것은?

① 전연성이 좋아 가공이 용이하다.

② 전기 및 열의 전도성이 우수하다.

③ 화학적 저항력이 작아 부식이 잘된다.

④ Zn, Sn, Ni, Ag 등과는 합금이 잘된다.

[해설]

구리는 화학적 저항력이 커서 철보다 내식성이 우수하다.

정답 ③

---

① 황동의 합금원소

　㉠ 황동 : 구리(Cu) + 아연(Zn) ※ 청동(Cu+Sn)

　㉡ 놋쇠라고도 한다.

　㉢ Cu에 비해 주조성, 가공성, 내식성이 좋고 색깔이 아름답다.

　㉣ 대표적인 황동 : 7·3 황동, 6·4 황동

② 7·3 황동(Zn 30%함유)

　㉠ 연신율이 최대(가공성이 목적)이다.

　㉡ 열간가공이 곤란하다.

③ 6·4 황동(Zn 40% 함유)

　㉠ 인장강도가 최대(강도가 목적)이다.

　㉡ 열간가공이 가능하다.

　㉢ 문쯔메탈이라고도 한다.

　㉣ $\alpha + \beta$ 조직

　㉤ 상온에서 7·3 황동에 비하여 전연성이 낮고 인장강도가 크다.

　㉥ 내식성이 다소 낮고 탈아연 부식을 일으키기 쉽다.

　㉦ 열교환기, 파이프, 대포의 탄피에 사용한다.

④ 황동의 화학적 성질

　㉠ 탈아연 부식 : 황동의 표면 또는 깊은 곳까지 탈아연되는 현상이다.

　㉡ 자연균열 : 잔류 응력에 의해 균열을 일으키는 현상이다.

　　※ 방지법

　　　• 도료나 아연 도금

　　　• 가공재 180~260℃로 저온풀림(응력제거풀림)

　㉢ 고온 탈아연 : 높은 온도에서 증발에 의해 황동 표면으로부터 Zn이 탈출되는 현상이다.

⑤ 톰백(Tombac)

　　㉠ 5~20% Zn의 황동이다.

　　㉡ 강도가 낮고 전연성이 좋아 색깔이 금색에 가까우
　　　므로 모조금에 사용한다.

　　㉢ 용도 : 동전, 메달

⑥ 납황동(연황동)

　　㉠ 황동에 Pb를 첨가하여 절삭성을 향상시킨다.

　　㉡ 쾌삭황동 또는 하드 브래스라 한다.

　　㉢ 용도 : 스크루, 시계용 기어 등 정밀 가공품

⑦ 주석황동

　　㉠ 황동의 내식성 개선을 위해 1%의 Sn을 첨가한다.

　　㉡ 용도 : 스프링용 및 선박용

　　　※ 7 · 3 황동 + 1% Sn 첨가 : 애드미럴티황동

　　　　6 · 4 황동 + 1% Sn 첨가 : 네이벌황동

⑧ 델타메탈(철황동)

　　㉠ 6 · 4 황동에 Fe을 1~2% 첨가하여 강도가 크고
　　　내식성이 좋다.

　　㉡ 용도 : 광산기계, 선박용 기계

⑨ 양은(양백)

　　㉠ 황동에 10~20% Ni을 넣은 것이다.

　　㉡ Ag와 색깔이 비슷해 Ag 대용품으로 사용한다.

　　㉢ 용도 : 장식, 식기, 악기 등

　　㉣ 조성 : 황동 + Ni(Cu + Zn + Ni)

10-1. Cu 60% − Zn 40% 합금으로 상온조직이 $\alpha + \beta$ 상으로 탈아연 부식을 일으키기 쉬우나 강력하기 때문에 기계부품용으로 널리 쓰이는 것은?

① 켈 밋　　　　　　　② 문쯔메탈
③ 톰 백　　　　　　　④ 하이드로날륨

10-2. 6 · 4 황동에 주석을 0.75%~1% 정도 첨가하여 판, 봉 등으로 가공되어 용접봉, 파이프, 선박용 기계에 주로 사용되는 것은?

① 애드미럴티황동　　　② 네이벌황동
③ 델타메탈　　　　　　④ 듀라나메탈

[해설]

10-1

6 · 4 황동은 Cu 60%와 Zn 40%의 합금으로 $\alpha + \beta$ 조직이며 내식성이 다소 낮고 탈아연 부식을 일으키기 쉬우나 상온에서 7 · 3황동에 비하여 전연성이 낮고 인장강도가 크다. 6 · 4 황동을 문쯔메탈이라고도 한다.

10-2

• 주석(Sn)황동 : 황동의 내식성 개선을 위해 1%의 Sn을 첨가
• 6 · 4 황동 + 1%(Sn) 첨가 : 네이벌황동
• 7 · 3 황동 + 1%(Sn) 첨가 : 애드미럴티황동

정답 **10-1** ②　**10-2** ②

① 청동의 합금 원소

　㉠ 청동 : 구리(Cu) + 주석(Sn)　※ 황동(Cu+Zn)

　㉡ 넓은 의미에서 황동이 아닌 Cu합금

　㉢ 좁은 의미에서 Cu−Sn합금

② 포 금

　㉠ 구리(Cu)에 8~12% Sn에 1~2% Zn을 넣은 것으로 포신재료이다.

　㉡ 강도, 연성이 높고 내식성, 내마멸성이 우수하다.

　㉢ 용도 : 프로펠러, 피스톤, 플랜지 등

　　※ 애드미럴티 포금

　　　• 88% Cu − 10% Sn − 2% Zn합금

　　　• 용도 : 선박(수압과 증기압에 잘 견딘다)

③ 인청동

　㉠ 청동에 1% 이하의 P를 첨가한 것이다.

　㉡ 탈산제로 0.05~0.5%의 P를 첨가하여 용탕의 유동성을 향상시킨다.

　㉢ 합금의 경도와 강도가 증가하고, 내마멸성과 탄성이 좋아진다.

④ 알루미늄청동

　㉠ 12% 이하의 Al을 첨가한 것이다.

　㉡ 다른 구리에 비해 강도, 경도, 인성, 내마멸성 등 기계적 성질이 우수하다.

　㉢ 자기풀림현상이 있다.

　㉣ 용도 : 선박용 추진기재료

⑤ 베릴륨청동

　㉠ 2~3%의 Be을 첨가한 Cu합금이다.

　㉡ 시효경화성이 있으며 Cu합금 중 경도와 강도가 가장 크다.

　㉢ Be은 값이 비싸고 산화가 쉬우며 경도가 커서 가공이 곤란하다.

　㉣ 베어링, 고급 스프링, 용접용 전극 등에 사용한다.

11-1. 베릴륨청동합금에 대한 설명으로 옳지 않은 것은?

① 구리에 2~3%의 Be을 첨가한 석출경화성 합금이다.

② 피로한도, 내열성, 내식성이 우수하다.

③ 베어링, 고급 스프링 재료에 이용된다.

④ 가공이 쉽게 되고 가격이 싸다.

11-2. 청동에 탈산제인 P을 0.05~0.5% 정도 첨가하여 용탕의 유동성을 좋게 하고 합금의 경도, 강도가 증가하며 또 내마멸성과 탄성을 개선시킨 것은?

① 연청동

② 인청동

③ 알루미늄청동

④ 주석청동

【해설】

11-1

베릴륨청동은 시효경화성이 있고 Cu합금 중 경도와 강도가 가장 크므로 가공이 곤란하다.

11-2

청동에 탈산제인 P을 0.05~0.5% 첨가하면 용탕의 유동성이 좋아지고 합금의 경도와 강도가 증가한다. 이러한 목적으로 청동에 1% 이하의 P를 첨가한 합금을 인청동이라 한다.

정답 11-1 ④　11-2 ②

① 스테인리스강의 개요

금속의 부식현상을 개선하기 위하여 부식에 대하여 잘 견디어 내거나 최초 부식에 의해 표면에 보호피막을 형성하여 부식이 내부로 진행하지 않도록 내식성을 부여한 강을 내식강이라 한다. 내식강 중에서 가장 일반적으로 사용되는 것으로 스테인리스강이 있다.

② 스테인리스강의 조직상 종류

ㄱ 페라이트계 스테인리스강(고크롬계)

ㄴ 오스테나이트계 스테인리스강(고크롬, 고니켈계)

ㄷ 마텐자이트계 스테인리스강(고크롬, 고탄소계)

③ 18-8형 스테인리스강

ㄱ 조성 : 크롬(18%) - 니켈(8%)

ㄴ 오스테나이트계 스테인리스강(고크롬, 고니켈계)

10년간 자주 출제된 문제

스테인리스강을 조직상으로 분류한 것 중 틀린 것은?

① 마텐자이트계
② 오스테나이트계
③ 시멘타이트계
④ 페라이트계

해설

스테인리스강의 조직상 분류는 페라이트계, 오스테나이트계, 마텐자이트계이며, 대표적인 스테인리스강은 오스테나이트계인 18-8스테인리스강이 있다.

정답 ③

---

① 합성수지(플라스틱)의 특징

ㄱ 전기 절연성이 좋다.

ㄴ 가볍고 튼튼하다(단단하다).

ㄷ 가공성이 크고 성형이 간단하다.

ㄹ 녹이 슬지 않는다.

ㅁ 장난감 및 생활용품 등 여러 가지 용도로 사용한다.

② 합성수지의 종류

ㄱ 열가소성 수지

• 가열하여 성형한 후에 냉각하면 경화한다.

• 재가열을 하면 녹아서 원상태로 되며, 새로운 모양으로 다시 성형할 수 있다.

• 가열과 냉각을 반복하여도 재료의 성질 변화는 거의 없다.

ㄴ 열경화성 수지

• 가열하면 경화하고, 재용융하여도 다른 모양으로는 다시 성형할 수 없다.

• 재생할 수 없다.

[합성수지 종류의 구분]

열가소성 수지	열경화성 수지
• 폴리에틸렌수지	• 페놀수지
• 아크릴수지	• 멜라민수지
• 염화비닐수지	• 에폭시수지
• 폴리스티렌수지	• 요소수지

13-1. 합성수지의 공통된 성질 중 틀린 것은?

① 가볍고 튼튼하다.
② 전기 절연성이 좋다.
③ 단단하며 열에 강하다.
④ 가공성이 크고 성형이 간단하다.

13-2. 열경화성 수지가 아닌 것은?

① 아크릴수지
② 멜라민수지
③ 페놀수지
④ 규소수지

해설

13-1
합성수지(플라스틱)는 열에 약하며 경량, 절연성 우수, 내식성 우수, 단열, 비자기성 등의 특징이 있다.

13-2
대표적인 열경화성 수지는 페놀수지, 멜라민수지, 에폭시수지, 요소수지가 있다. 아크릴 수지는 열가소성 수지이다.

정답 13-1 ③ 13-2 ①

핵심이론 14 일반열처리

① **열처리의 개요**

열처리는 금속재료에 필요한 성질을 부여하기 위하여 특정한 온도로 가열하여 냉각하는 조작을 말한다. 철강은 열처리 효과가 가장 큰 재료이며 열처리 조건을 달리 함으로써 다른 성질을 얻을 수 있다. 특히 탄소강이 기계재료로 널리 사용되는 이유는 열처리에 의해서 그 기계적 성질을 매우 다양하게 변화시킬 수 있기 때문이다.

② **열처리의 분류**

일반열처리	항온열처리	표면경화열처리
• 담금질(Quenching)	• 마퀜칭	• 침탄법
• 뜨임(Tempering)	• 마템퍼링	• 질화법
• 풀림(Annealing)	• 오스템퍼링	• 화염경화법
• 불림(Normalizing)	• 오스포밍	• 고주파경화법
	• 항온풀림	• 청화법
	• 항온뜨임	

③ **일반열처리**

일반열처리는 재질을 단단하게 하기 위한 담금질, 재질에 인성을 주기 위한 뜨임, 재료의 조직을 연화시키기 위한 풀림, 주조나 단조 후의 편석과 잔류응력 등의 제거와 균질화를 위한 불림으로 나뉜다.

㉠ 담금질(Quenching) : 재료를 단단하게 할 목적으로 강을 오스테나이트 조직으로 될 때까지 가열한 후 물이나 기름에 급랭하는 조작이다.

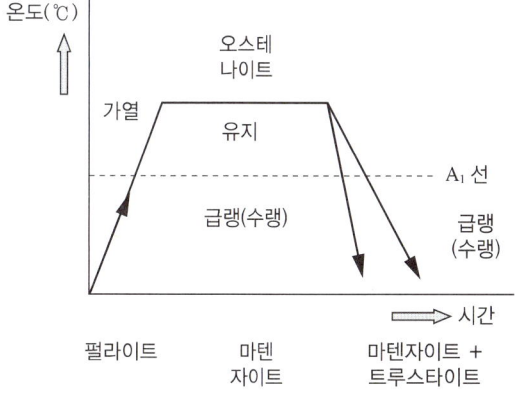

[담금질의 조작과 조직]

ⓛ 뜨임 : 재질에 적당한 인성을 부여하기 위해 담금
질 온도보다 낮은 온도에서 일정시간 유지 후 냉
각시키는 조작이다.

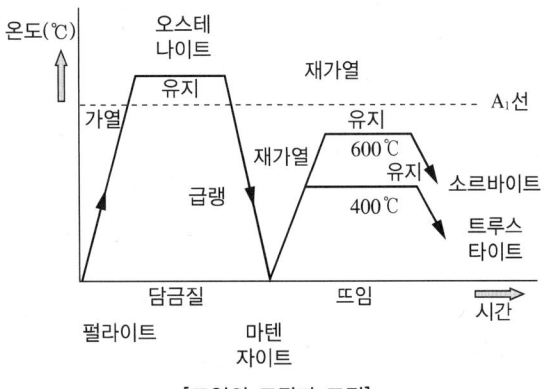

[뜨임의 조작과 조직]

ⓒ 풀림 : 재료를 연하게 하거나 내부응력을 제거할
목적으로 강을 오스테나이트 조직으로 될 때까지
가열한 후 노나 재 속에서 서서히 냉각시키는 조
작이다.

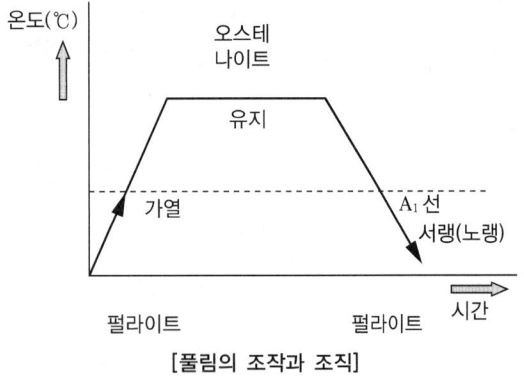

[풀림의 조작과 조직]

ⓔ 불림 : 재료의 내부응력 제거 및 균일한 결정조직
을 얻기 위해 높은 온도로 가열하여 균일한 오스
테나이트 조직으로 한 후 공기 중에서 냉각시키는
조작이다.

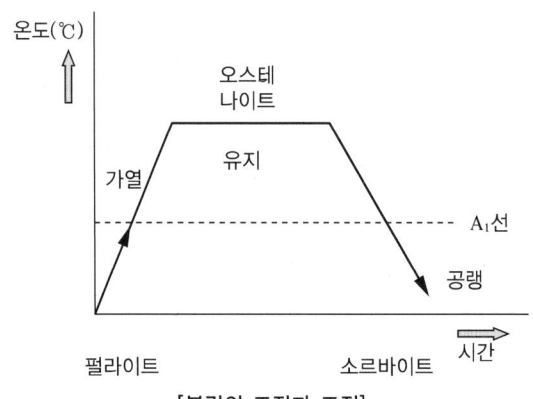

[불림의 조작과 조직]

④ 일반열처리의 목적 및 냉각방법

일반열처리	목 적	냉각방법
담금질	경도와 강도를 증가	급랭(유랭)
풀 림	결정 조직의 균일화(표준화)	노 랭
불 림	재질의 연화	공 랭

14-1. 다음 중 표면경화법의 종류가 아닌 것은?

① 침탄법
② 질화법
③ 고주파경화법
④ 침랭처리법

14-2. 담금질한 강의 내부응력을 제거하거나 인성을 부여하기 위한 열처리는?

① 담금질
② 뜨 임
③ 침 탄
④ 표면경화

【해설】

14-1

열처리의 분류

일반열처리	항온열처리	표면경화열처리
• 담금질(Quenching) • 뜨임(Tempering) • 풀림(Annealing) • 불림(Normalizing)	• 마퀜칭 • 마템퍼링 • 오스템퍼링 • 오스포밍 • 항온풀림 • 항온뜨임	• 침탄법 • 질화법 • 화염경화법 • 고주파경화법 • 청화법

14-2

② 뜨임 : 재질에 적당한 인성을 부여하기 위해 담금질 온도보다 낮은 온도에서 일정시간 유지 후 냉각시키는 조작
① 담금질 : 경도와 강도를 증가시키기 위한 열처리
④ 표면경화 : 표면을 경화시키는 열처리(침탄법, 질화법, 청화법, 고주파경화법, 화염경화법 등)

정답 14-1 ④ 14-2 ②

핵 심이론 15 기계설계 기초

① 짝과 짝의 요소

접촉 형태	짝의 종류	상대운동의 예
면접촉	미끄럼짝	실린더와 피스톤
	회전짝	축받침과 미끄럼 베어링
	나사짝	나선 운동하는 나사
점접촉	점 짝	내연기관의 캠과 태핏
선접촉	선 짝	평기어의 물림

② 기계요소의 사용 가능에 따른 분류

　㉠ 결합용 기계요소 : 나사, 볼트, 너트, 키, 핀, 코터, 스플라인, 리벳 등
　㉡ 축계 기계요소 : 축, 축이음, 베어링 등
　㉢ 간접전동 기계요소 : 벨트, 로프, 체인 등
　㉣ 직접전동 기계요소 : 마찰차, 기어 등
　㉤ 제동 및 완충용 기계요소 : 브레이크, 스프링, 플라이휠 등
　㉥ 관용 기계요소 : 관, 관 이음쇠, 밸브와 콕 등

15-1. 짝(Pair)을 선짝과 면짝으로 구분할 때 선짝의 예에 속하는 것은?

① 선반의 베드와 왕복대
② 축과 미끄럼 베어링
③ 암나사와 수나사
④ 한 쌍의 맞물리는 기어

15-2. 다음 중 전동용 기계요소에 해당하는 것은?

① 볼트와 너트
② 리 벳
③ 체 인
④ 핀

【해설】

15-1

선짝의 예로 한 쌍의 맞물리는 기어가 있다.

15-2

• 간접전동 기계요소 : 벨트, 로프, 체인 등
• 직접전동 기계요소 : 마찰차, 기어 등

정답 15-1 ④ 15-2 ③

① 하중의 작용상태에 따른 분류

ㄱ 인장하중 : 재료의 축선방향으로 늘어나게 하려는 하중

ㄴ 압축하중 : 재료의 축선방향으로 재료를 누르는 하중

ㄷ 전단하중 : 재료를 가위로 자르려는 것과 같은 형태의 하중

ㄹ 굽힘하중 : 재료를 구부려 휘어지게 하는 형태의 하중

ㅁ 비틀림하중 : 재료를 비트는 형태로 작용하는 하중

② 하중의 작용속도에 따른 분류

ㄱ 정하중 : 시간과 더불어 크기가 변화하지 않는 정지하중

ㄴ 동하중 : 하중의 크기가 시간과 더불어 변화하는 하중

• 변동하중 : 불규칙하게 작용하는 하중으로 진폭과 주기가 모두 변화하는 하중

• 교번하중 : 하중의 크기와 방향이 충격 없이 주기적으로 변화하는 하중

• 충격하중 : 비교적 단시간에 충격적으로 작용하는 하중

• 분포하중 : 재료의 어느 범위 내에 분포되어 작용하는 하중

③ 응력

ㄱ 정의 : 물체의 하중을 작용시키면 물체 내부에는 이에 대응하는 저항력이 발생하여 균형을 이루는데 이 저항력을 응력(Stress)이라 한다. 보통 단위 면적당 힘의 크기로 나타낸다.

ㄴ 응력의 종류

• 인장응력

$$\sigma_t = \frac{P_t}{A}(\text{N/mm}^2)$$

여기서, $P_t(\text{N})$: 인장력

$A(\text{mm}^2)$: 단면적

• 압축응력

$$\sigma_c = \frac{P_c}{A}(\text{N/mm}^2)$$

여기서, $P_c(\text{N})$: 압축력

$A(\text{mm}^2)$: 단면적

• 전단응력

$$\tau = \frac{P_s}{A}(\text{N/mm}^2)$$

여기서, $P_s(\text{N})$: 전단하중

$A(\text{mm}^2)$: 단면적

④ 안전율(Safety Ratio) : 기계 설계에서 허용응력은 재료의 인장강도, 항복점, 피로강도, 크리프강도 등의 기준강도를 바탕으로 정하며, 기준강도와 허용응력의 비를 안전율이라 한다.

※ 기계에 적용하는 재료의 설계상 허용응력을 정하기 위한 계수이다.

$$\text{안전율(S)} = \frac{\text{기준강도}}{\text{허용응력}} > 1$$

16-1. 순간적으로 짧은 시간에 작용하는 하중은?

① 정하중
② 교번하중
③ 충격하중
④ 분포하중

16-2. 한 변의 길이가 20mm인 정사각형 단면에 4kN의 압축하중이 작용할 때 내부에 발생하는 압축응력은 얼마인가?

① 10N/mm^2
② 20N/mm^2
③ 100N/mm^2
④ 200N/mm^2

16-3. 일반적으로 사용하는 안전율은 어느 것인가?

① 사용응력/허용응력
② 허용응력/기준강도
③ 기준강도/허용응력
④ 허용응력/사용응력

〔해설〕

16-1

충격하중 : 비교적 단시간에 충격적으로 작용하는 하중

16-2

압축응력$(\sigma_c) = \dfrac{P_c}{A} = \dfrac{4,000\text{N}}{20\text{mm} \times 20\text{mm}} = 10\text{N/mm}^2$

$\therefore \sigma_c = 10\text{N/mm}^2$

여기서, σ_c : 압축응력(N/mm^2), P_c : 압축하중(N),

$\quad\quad A$: 단면적(mm^2)

(4kN = 4,000N, 정답의 단위가 N/mm^2이므로 4kN→4,000N
으로 변환하여 계산)

16-3

안전율 $= \dfrac{\text{인장강도(기준강도)}}{\text{허용응력}}$

정답 16-1 ③ **16-2** ① **16-3** ③

핵심이론 17 결합용 나사

① 호칭지름

나사의 호칭지름은 수나사의 바깥지름을 기준으로 한다.

② 결합용 나사

㉠ 미터나사

• 호칭지름과 피치를 mm 단위로 나타낸다.

• 나사산 각은 60°인 미터계 삼각나사이다.

• M호칭지름으로 표시(예 M8)한다.

㉡ 미터가는나사로 표시

• M호칭지름 × 피치로 표시(예 M8 × 1)한다.

• 나사의 지름에 비해 피치가 작아 강도가 필요로
하는 곳, 공작기계의 이완 방지용 등에 사용된다.

㉢ 유니파이나사

• 영국, 미국, 캐나다의 협정에 의해 만들어진
나사이다.

• ABC나사라고도 한다.

• 나사산의 각이 60°인 인치계 나사이다.

㉣ 운동용 나사

• 힘을 전달하거나 물체를 움직이게 할 목적으로
사용하는 나사이다.

• 사각나사, 사다리꼴나사, 톱니나사, 볼나사 등
이다.

• 사다리꼴나사(미터계 : 30°, 인치계 : 29°)

• 톱니나사 : 힘을 한 방향으로만 받는 부품에 이
용되는 나사이다.

• 둥근나사 : 먼지, 모래 등의 이물질이 나사산을
통하여 들어갈 염려가 있을 때 사용한다.

• 볼나사 : 나사 홈에 강구를 넣을 수 있도록 원호
상으로 된 나선 홈이 가공된 나사이다.

17-1. 미터나사에 대한 설명으로 올바른 것은?

① 나사산의 각도는 60°이다.
② ABC 나사라고도 한다.
③ 운동용 나사이다.
④ 피치는 1인치당 나사산의 수로 나타낸다.

17-2. 나사에 관한 설명으로 옳은 것은?

① 1줄 나사와 2줄 나사의 리드(Lead)는 같다.
② 나사의 리드각과 비틀림각의 합은 90°이다.
③ 수나사의 바깥지름은 암나사의 안지름과 같다.
④ 나사의 크기는 수나사의 골지름으로 나타낸다.

[해설]

17-1

• ABC나사는 유니파이나사이고 미터나사는 결합용 나사이다.
• 운동용 나사 : 힘을 전달하거나 물체를 움직이게 할 목적으로 사용하는 나사(사각나사, 톱니나사 등)

17-2

② 나사의 리드각과 비틀림각의 합은 90°이다.
   $\alpha + \gamma = 90°$ 여기서, α : 리드각, γ : 비틀림각
① 리드＝줄수×피치이므로 1줄 나사와 2줄 나사의 리드는 2배 차이가 난다.
③ 수나사의 바깥지름은 암나사의 골지름과 같다.
④ 나사의 호칭은 수나사의 바깥지름으로 나타난다.

정답 **17-1** ① **17-2** ②

핵심이론 **18** 나사의 리드

① 나사의 리드

나사를 1회전시켰을 때 축방향으로 이동한 거리를 리드(Lead)라 한다.

② 공 식

$$L = n \times p$$

여기서, L : 리드
　　　　n : 나사줄수
　　　　p : 피치

㉠ 1회전 시 나사의 리드(L)＝$n \times p$

㉡ 1/10회전의 나사의 리드(L)＝$n \times p \times \dfrac{1}{10}$

③ 유니파이나사의 리드

$$L = \dfrac{25.4}{\text{나사산 수}} \times p$$

여기서, L : 리드
　　　　p : 피치

다음 중 나사의 리드(Lead)가 가장 큰 것은?

① 피치 1mm의 4줄 미터나사
② 8산 2줄의 유니파이 보통나사
③ 16산 3줄 유니파이 보통나사
④ 피치 1.5mm의 1줄 미터나사

[해설]

② $L = (25.4/8) \times 2 = 6.35\text{mm}$
① $L = 4 \times 1 = 4\text{mm}$
③ $L = (25.4/16) \times 3 = 4.76\text{mm}$
④ $L = 1 \times 1.5 = 1.5\text{mm}$

정답 ②

① 일반 볼트

ㄱ 관통 볼트 : 조이려는 부분을 관통하여 볼트 지름보다 약간 큰 구멍을 뚫고, 여기에 머리붙이 볼트를 끼워 넣은 후 너트로 결합하는 볼트(그림 a)이다.

ㄴ 탭 볼트 : 관통 볼트를 사용하기 어려울 때 결합하려는 상대 쪽에 암나사를 내고, 머리붙이 볼트를 조여 부품을 결합하는 볼트(그림 b)이다.

ㄷ 스터드 볼트 : 양쪽 끝 모두 수나사로 되어 있는 나사로서 관통하는 구멍을 뚫을 수 없는 경우에 사용한다(그림 c).

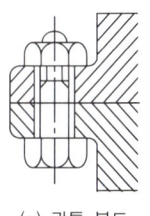 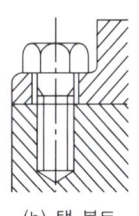 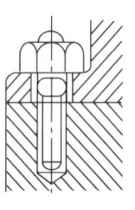

(a) 관통 볼트   (b) 탭 볼트   (c) 스터드 볼트

② 특수 볼트

ㄱ 아이 볼트 : 볼트의 머리부에 핀을 끼울 구멍이 있어 자주 탈착하는 뚜껑의 결합에 사용된다. 무거운 물체를 달아 올리기 위하여 훅(Hook)을 걸 수 있는 고리가 있는 볼트이다.

ㄴ 나비 볼트 : 스패너 없이 손으로 조이거나 풀 수 있다.

ㄷ 간격유지 볼트(스테이 볼트) : 스패너 없이 손으로 조이거나 풀 수 있다.

ㄹ 기초 볼트 : 기계, 구조물 등을 콘크리트 기초에 고정시키기 위하여 사용하는 볼트이다.

ㅁ T 볼트 : 공작기계 테이블의 T홈에 물체를 용이하게 고정시키는 것이다.

ㅂ 리머 볼트 : 볼트 구멍을 리머로 다듬질한 다음, 정밀가공된 리머 볼트를 끼워 결합한다.

③ 너트의 종류

ㄱ 육각 너트 : 육각 모양으로 되어 있으며, 가장 널리 사용된다.

ㄴ 사각 너트 : 주로 목재 결합에 많이 사용한다.

ㄷ 둥근 너트 : 회전체의 균형을 좋게 하거나 너트를 외부에 돌출시키지 않으려고 할 때 주로 사용하며, 너트를 죄는 데는 특수한 스패너가 필요하다.

ㄹ 와셔붙이 너트 : 볼트 구멍이 큰 경우 또는 접촉하는 물체와의 접촉면적을 크게 함으로써 접촉 압력을 작게 하려고 할 때 주로 사용하며, 너트 하나로 와셔의 역할을 겸한 너트이다.

ㅁ 캡 너트 : 증기나 기름 등이 누출되는 것을 방지한다.

10년간 자주 출제된 문제

볼트 머리부의 링(Ring)으로 물건을 달아 올리기 위하여 훅(Hook)을 걸 수 있는 고리가 있는 볼트는?

① 아이 볼트
② 나비 볼트
③ 리머 볼트
④ 스테이 볼트

해설

① 아이 볼트(Eye Bolt) : 볼트의 머리부에 핀을 끼울 구멍이 있어 자주 탈착하는 뚜껑의 결합에 사용된다. 무거운 물체를 달아 올리기 위하여 훅을 걸 수 있는 고리가 있는 볼트이다.
② 나비 볼트 : 스패너 없이 손으로 조이거나 풀 수 있다.
③ 리머 볼트 : 볼트 구멍을 리머로 다듬질 한 다음, 정밀가공된 리머 볼트를 끼워 결합한다.
④ 스테이 볼트 : 스패너 없이 손으로 조이거나 풀 수 있다.

정답 ①

① 볼트와 너트의 풀림방지

　㉠ 와셔에 의한 방법(a)

　㉡ 로크 너트에 의한 방법(b)

　㉢ 멈춤나사에 의한 방법(c)

　㉣ 분할 핀에 의한 방법(d)

　㉤ 철사를 이용하는 방법(e)

　㉥ 자동 죔 너트에 의한 방법

　㉦ 플라스틱 플러그에 의한 방법

 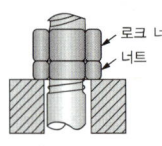 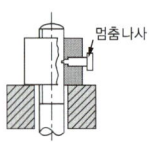

(a) 이붙이 와셔　　(b) 로크 너트　　(c) 멈춤나사

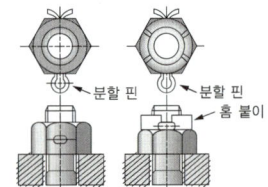 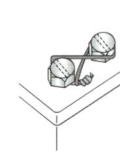 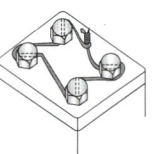

(d) 분할 핀　　　　(e) 철사 이용

② 볼트의 설계

　㉠ 전단하중만을 받을 때

$$d = \sqrt{\frac{4P}{\pi \tau_a}} = \sqrt{\frac{1.273P}{\tau_a}}$$

　　여기서, P : 인장하중(N)

　　　　　　τ_a : 허용전단응력(N/mm^2)

　　　　　　d : 볼트지름

　㉡ 축하중만을 받을 때

$$d = \sqrt{\frac{2P}{\sigma_t}}$$

　　여기서, P : 인장하중(N)

　　　　　　σ_t : 인장응력(N/mm^2)

　　　　　　d : 호칭지름(바깥지름)

　㉢ 축하중과 비틀림하중을 동시에 받을 때

$$d = \sqrt{\frac{8P}{3\sigma_a}}$$

　여기서, P : 인장하중(N)

　　　　　σ_a : 허용인장응력(N/mm^2)

　　　　　d : 호칭지름(바깥지름)

10년간 자주 출제된 문제

20-1. 나사 결합부에 진동하중이 작용하거나 심한 하중변화가 있으면 어느 순간 너트가 쉽게 풀린다. 너트의 풀림방지법으로 사용하지 않는 것은?

① 나비 너트
② 분할 핀
③ 로크 너트
④ 스프링 와셔

20-2. 3kN의 짐을 들어 올리는데 필요한 볼트의 바깥지름은 약 몇 mm 이상이어야 하는가?(단, 볼트재료의 허용인장응력은 4MPa이다)

① 32.24mm
② 38.73mm
③ 42.43mm
④ 48.45mm

해설

20-1

나비 너트는 풀림방지법에 사용되지 않으며 손으로 조이거나 풀수 있어 별도의 공구 없이 손으로 탈착이 가능하다.

20-2

볼트의 바깥지름$(d) = \sqrt{\frac{2W}{\sigma}} = \sqrt{\frac{2 \times 3,000}{4\text{N/mm}^2}} = 38.73\text{mm}$

정답 20-1 ① **20-2** ②

핵심이론 21 키(Key)

① 성크키(Sunk Key)

　㉠ 가장 널리 사용하는 일반적인 키이며 묻힘키라고도 한다.

　㉡ 축과 보스의 양쪽에 모두 키 홈을 가공한다.

　㉢ 종류 : 평행키(윗면이 평행), 경사키(윗면에 1/100 정도의 경사를 붙인다)

　㉣ 호칭 : 폭(b) × 높이(h)

② 미끄럼키

　㉠ 페더키(Feather Key) 또는 안내키라고도 한다.

　㉡ 축방향으로 보스를 미끄럼운동 시킬 필요가 있을 때에 사용한다.

　㉢ 키의 고정 방식 : 키를 축에 고정시키는 방식과 보스에 고정시키는 방식이다.

③ 반달키(Woodruff Key)

　㉠ 축에 반달모양의 홈을 만들어 반달모양으로 가공된 키를 끼운다.

　㉡ 축의 강도가 약하게 된다.

　㉢ 키가 자동적으로 축과 보스에 조정되는 장점이 있다.

　㉣ 테이퍼 축에 회전체를 결합할 때 편리하다.

　㉤ 공작기계, 자동차 등에 많이 쓰인다.

④ 평키(Flat Key)

　㉠ 납작키라고도 하며 키에는 기울기가 없다.

　㉡ 키의 너비만큼 축을 평평하게 깎고 보스에 기울기 1/100의 테이퍼진 키 홈을 만들어 때려 박는다.

　㉢ 축방향으로 이동할 수 없고, 안장키보다 약간 큰 토크 전달이 가능하다.

⑤ 안장키(Saddle Key)

　㉠ 새들키라고도 하며 키에는 기울기가 없다.

　㉡ 축에는 키 홈을 가공하지 않고 보스에만 키 홈을 가공한다.

　㉢ 축의 강도 저하가 없다.

⑥ 접선키

　㉠ 아주 큰 회전력을 전달하는 데 적합하다.

　㉡ 회전방향이 양쪽방향일 때는 중심각이 120°이다.

⑦ 둥근키

　축과 보스 사이에 구멍을 가공하여 원형 단면의 평행핀 또는 테이퍼핀을 때려 박은 키이다.

⑧ 원뿔키

　축과 보스와의 사이에 2~3곳을 축방향으로 쪼갠 원뿔을 때려 박아 축과 보스의 편심이 적다.

10년간 자주 출제된 문제

21-1. 축과 보스 사이에 2~3곳을 축방향으로 쪼갠 원뿔을 때려 박아 축과 보스를 헐거움 없이 고정할 수 있는 키는?

① 안장키
② 접선키
③ 둥근키
④ 원뿔키

21-2. 묻힘키(Sunk Key)에 관한 설명으로 틀린 것은?

① 기울기가 없는 평행 성크키도 있다.
② 머리 달린 경사키도 성크키의 일종이다.
③ 축과 보스의 양쪽에 모두 키 홈을 파서 토크를 전달시킨다.
④ 대개 윗면에 1/5 정도의 기울기를 가지고 있는 수가 많다.

│해설│

21-1

원뿔키 : 축과 보스와의 사이에 2~3곳을 축방향으로 쪼갠 원뿔을 때려 박아 축과 보스를 헐거움 없이 고정할 수 있고 축과 보스의 편심이 적다.

21-2

④은 1/5이 아니고 1/100이다.

묻힘키의 특징

• 성크키라고도 한다.
• 축과 보스의 양쪽에 모두 키 홈을 가공한다.
• 종류 : 평행키(윗면이 평행), 경사키(윗면에 1/100 정도의 경사를 붙인다), 머리 달린 경사키(때려 박기 위하여 머리를 만든다)

정답 **21-1** ④ **21-2** ④

핵심이론 22 핀(Pin)

① 핀의 용도

  ㉠ 2개 이상의 부품을 결합한다.

  ㉡ 나사 및 너트의 이완을 방지한다.

  ㉢ 핸들을 축에 고정하거나 힘이 적게 걸리는 부품을 설치한다.

  ㉣ 분해 조립할 부품의 위치를 결정한다.

  ㉤ 핀의 재질은 보통 강재이고 황동, 구리, 알루미늄 등으로 만든다.

② 평행 핀

  ㉠ 모양에 따라 A형(45° 모따기)과 B형(평형)으로 나뉜다.

  ㉡ 용도 : 위치결정이나 막대의 연결용이다.

③ 테이퍼 핀

  ㉠ 테이퍼 핀의 기울기는 1/50이다.

  ㉡ 끝이 갈라진 것과 갈라지지 않은 것이 있다.

  ㉢ 호칭은 작은 쪽 지름으로 한다.

④ 분할 핀

  ㉠ 한쪽 끝이 두 가닥으로 갈라진 핀이다.

  ㉡ 나사 및 너트의 이완을 방지한다.

  ㉢ 호칭은 작은 쪽 지름으로 한다.

⑤ 스프링 핀

  세로방향으로 갈라져 있으므로 바깥지름보다 작은 구멍에 끼워 넣고, 스프링 작용을 한다.

⑥ 너클 핀

  한쪽 포크(Fork)에 아이(Eye)부분을 연결하여 구멍에 수직으로 평행 핀을 끼워 두 부분이 상대적으로 각운동을 할 수 있도록 연결한 것이다.

⑦ 코 터

  한쪽 또는 양쪽에 기울기를 갖는 평판모양의 쐐기로서 인장력이나 압축력을 받는 2개의 축을 연결하는 결합용 기계요소이다.

10년간 자주 출제된 문제

핀에 대한 설명으로 잘못된 것은?

① 테이퍼 핀의 기울기는 1/50이다.

② 분할 핀은 너트의 풀림방지에 사용된다.

③ 테이퍼 핀은 굵은 쪽의 지름으로 크기를 표시한다.

④ 핀의 재질은 보통 강재이고 황동, 구리, 알루미늄 등으로 만든다.

|해설|

테이퍼 핀

• 테이퍼 핀의 기울기는 1/50이다.

• 끝이 갈라진 것과 갈라지지 않은 것이 있다.

• 호칭은 작은 쪽 지름으로 한다.

정답 ③

---

① 리벳의 정의

　강판 또는 형강 등을 영구적으로 결합하는 데 사용하는 기계요소로서 구조가 비교적 간단하고 잔류변형이 없기 때문에 응용 범위가 넓다.

② 리벳이음의 특징

　㉠ 잔류변형이 생기지 않으므로 취약 파괴가 일어나지 않는다.

　㉡ 구조물 등에서 조립할 때에는 용접이음보다 쉽다.

　㉢ 경합금과 같이 용접이 곤란한 재료에는 신뢰성이 있다.

③ 코킹 및 플러링

　㉠ 코킹 : 기밀을 필요로 할 때 리벳머리의 주위 또는 강판의 가장자리를 정으로 때려 그 부분을 밀착시켜서 틈을 없애는 작업이다.

　㉡ 플러링 : 기밀을 더욱 완전하게 하기 위하여 끝이 넓은 끌로 때려 리벳과 판재의 안쪽 면을 완전히 밀착시키는 작업이다.

④ 용도에 의한 리벳 분류

　㉠ 구조용 리벳 : 주로 강도만을 필요로 하는 리벳이음으로서 철교, 선박, 차량, 구조물 등에 사용한다.

　㉡ 보일러용 리벳 : 압력에 견딜 수 있는 동시에 강도와 기밀을 필요로 하는 리벳이음, 보일러, 고압탱크 등에 사용한다.

　㉢ 용기용 리벳 : 강도보다는 이음의 기밀을 필요로 하는 리벳, 물탱크, 저압탱크 등에 사용한다.

　※ 리벳구멍은 리벳지름보다 1~1.5mm 정도 크게 한다.

리베팅이 끝난 뒤에 리벳머리의 주위 또는 강판의 가장자리를 정으로 때려 그 부분을 밀착시켜 틈을 없애는 작업은?

① 시 밍
② 코 킹
③ 커플링
④ 해머링

해설

코킹 : 리베팅에서 기밀을 유지하기 위한 작업으로 리베팅이 끝난 뒤에 리벳머리의 주위 또는 강판의 가장자리를 정으로 때려 그 부분을 밀착시켜서 틈을 없애는 작업

정답 ②

핵심이론 24 축

① 작용 하중에 의한 분류
  ㉠ 차축 : 주로 굽힘모멘트를 받는 축으로 철도 차량의 차축(그 자체가 회전하는 회전축), 자동차의 바퀴축(바퀴는 회전하지만 축은 회전하지 않는 정지축)이 있다.
  ㉡ 전동축 : 회전에 의해 동력을 전달하는 축으로 비틀림과 굽힘모멘트를 동시에 받는다.
  ㉢ 스핀들 : 비틀림모멘트를 받으며 직접 일을 하는 회전축이다.
② 외부 형태에 의한 분류
  ㉠ 직선축 : 길이방향으로 일직선 형태의 축이며, 일반적인 동력전달용으로 사용한다.
  ㉡ 크랭크축 : 왕복운동기관 등에서 직선운동과 회전운동을 상호 변환시키는 축이다.
  ㉢ 플렉시블축(유연축) : 자유롭게 휠 수 있도록 강선을 2중, 3중으로 감은 나사모양의 축이며, 공간상의 제한으로 일직선 형태의 축을 사용할 수 없을 때 이용한다.
③ 축 설계 시 고려되는 사항
  강도, 응력집중, 변형(처짐변형, 비틀림변형), 진동, 열응력, 열팽창, 부식

10년간 자주 출제된 문제

강선을 나사모양으로 2중, 3중 감아 만든 축으로써 자유로이 휠 수 있는 축은?

① 직선축 ② 테이퍼축
③ 크랭크축 ④ 플렉시블축

정답 ④

핵심이론 25 축이음

① 축이음의 분류
  ㉠ 커플링 : 운전 중 두 축을 분리할 수 없는 기계요소이다.
  ㉡ 클러치 : 운전 중 떼어 놓을 수 있도록 하는 기계요소이다.
② 커플링의 종류
  ㉠ 고정 커플링
    • 두 축이 동일선상에 있도록 한 이음으로 축과 커플링은 볼트나 키를 사용하여 결합한다.
    • 원통 커플링 : 머프 커플링, 마찰 원통 커플링, 셀러 커플링, 클램프 커플링
    • 플랜지 커플링 : 단조 플랜지 커플링, 조립식 플랜지 커플링, 세레이션 커플링
  ㉡ 플렉시블 커플링 : 두 축 사이에 약간의 상호이동을 허용할 수 있는 축이음이다.
  ㉢ 올덤 커플링 : 두 축이 평행하고 축의 중심선이 약간 어긋났을 때 각 속도의 변동 없이 토크를 전달하는 데 사용하는 축이음이다.
  ㉣ 유니버설 커플링 : 두 축의 중심선이 어느 각도로 교차되고, 그 사이의 각도가 운전 중 다소 변하여도 자유로이 운동을 전달할 수 있는 축이음이다.

축이음 중 두 축이 평행하고 각 속도의 변동 없이 토크를 전달하는 데 가장 적합한 것은?

① 올덤 커플링
② 플렉시블 커플링
③ 유니버설 커플링
④ 플랜지 커플링

【해설】

① 올덤 커플링 : 두 축이 평행하고 축의 중심선이 약간 어긋났을 때 각 속도의 변동 없이 토크를 전달하는 데 사용하는 축이음
② 플렉시블 커플링 : 두 축 사이에 약간의 상호이동을 허용할 수 있는 축이음
③ 유니버설 커플링 : 두 축의 중심선이 어느 각도로 교차되고, 그 사이의 각도가 운전 중 다소 변하여도 자유로이 운동을 전달할 수 있는 축이음

정답 ①

핵심이론 26 기 어

① 기어의 종류

㉠ 스퍼기어 : 직선 치형을 가지며 잇줄이 축에 평행
㉡ 랙 : 피치원의 반지름이 무한대인 스퍼기어(회전운동 → 직선운동)
㉢ 헬리컬기어 : 이의 물림이 좋아져 조용한 운전을 하나 축방향 하중이 발생한다.
㉣ 내접기어 : 원통의 안쪽에 이가 만들어져 있다. 유성기어장치에 사용한다.
㉤ 베벨기어 : 교차하는 두 축의 운동을 전달하기 위하여 원추형으로 만든 기어이다.
 • 직선 베벨기어, 스파이럴 베벨기어, 제롤 베벨기어, 마이터기어 등
㉥ 두 축의 상대 위치에 따른 분류
 • 두 축이 서로 평행 : 스퍼기어, 랙, 내접기어, 헬리컬기어, 더블 헬리컬기어 등
 • 두 축이 교차 : 직선 베벨기어, 스파이럴 베벨기어, 마이터기어, 크라운기어 등
 • 두 축이 엇갈린 축 : 원통 웜기어, 장고형 기어, 나사기어, 하이포이드기어

② 이의 크기

㉠ 이의 크기를 나타내는 기준(원주피치, 모듈, 지름피치)
 • 원주피치 : 피치원의 둘레를 잇수로 나눈 값
 • 모듈 : 피치원의 지름을 잇수로 나눈 값
 • 지름피치 : 잇수를 피치원의 지름으로 나눈 값으로 모듈의 역수

재 료	기 호	P를 기준	m을 기준	P_d를 기준
원주 피치	P	$\dfrac{\pi D}{Z}$	πm	$\dfrac{25.4\pi}{P_d}$
모 듈	m	$\dfrac{P}{\pi}$	$\dfrac{D}{Z}$	$\dfrac{25.4}{P_d}$
지름 피치	P_d	$\dfrac{25.4\pi}{P}$	$\dfrac{25.4}{m}$	$\dfrac{D}{Z}$

🔔 모듈을 구하는 문제는 많이 출제되므로 반드시 암기 요망

③ 표준기어의 중심거리

두 기어의 중심거리$(C) = \dfrac{D_1 + D_2}{2}$

$$= \dfrac{m(Z_1 + Z_2)}{2}$$

여기서, D_1, D_2 : 피치원 지름

m : 모듈

Z_1, Z_2 : 잇수

④ 전위기어의 사용 목적

㉠ 중심거리를 자유로이 조절할 수 있다.

㉡ 언더컷을 방지할 수 있다.

㉢ 이의 강도를 증대시킨다.

⑤ 이의 간섭이 발생하지 않도록 방지하기 위한 방법

㉠ 피니언의 잇수를 최소치수 이상으로 한다.

㉡ 기어의 잇수를 한계치수 이하로 한다.

㉢ 압력각을 크게 한다.

㉣ 치형수정을 한다(기어의 이끝면을 깎아 내거나 피니언의 이뿌리면을 반경방향으로 파낸다).

㉤ 기어의 이높이를 줄인다. 즉, 낮은 이를 사용한다.

⑥ 웜기어의 특징

㉠ 치면에서의 미끄럼이 커서 전동 효율이 떨어진다.

㉡ 중심거리에 오차가 있을 때는 마멸이 심하다.

㉢ 작은 용량으로 큰 감속비(1/10~1/100)를 얻을 수 있다.

㉣ 역전을 방지할 수 있고, 소음이 작아 정숙한 회전이 가능하다.

㉤ 웜과 웜 휠에 스러스트하중이 생긴다.

26-1. 기어의 이 물림을 순조롭게 하기 위하여, 이(Teeth)를 축에 경사시켜 축방향으로 하중을 받는 기어는?

① 스퍼기어
② 헬리컬기어
③ 내접기어
④ 랙과 작은 기어

26-2. 평기어에서 피치원의 지름이 132mm, 잇수가 44개인 기어의 모듈은?

① 1
② 3
③ 4
④ 6

|해설|

26-1

헬리컬기어 : 잇줄이 축방향과 일치하지 않는 기어이다. 이의 물림이 좋아져 조용한 운전을 하나 축방향 하중이 발생하는 단점이 있다.

26-2

모듈 $m = \dfrac{D}{Z} = \dfrac{132\text{mm}}{44} = 3$　∴ $m = 3$

여기서, D : 피치원 지름, Z : 기어 잇수

정답 26-1 ② **26-2** ②

① 마찰차의 특징

㉠ 전달되어야 할 힘이 크지 않으며 정확한 속도비를 요구하지 않는 경우

㉡ 속도비가 매우 커서 보통의 기어로 전동하기 어려운 경우

㉢ 두 축 사이의 동력을 빈번히 단속시킬 필요가 있는 경우

㉣ 무단 변속이 필요한 경우

② 마찰차의 전달동력

$$전달동력(H) = \frac{\mu F(\text{N}) \cdot V(\text{m/s})}{1,000}(\text{kW})$$

$$= \frac{\mu F(\text{kgf}) \cdot V(\text{m/s})}{102}(\text{kW})$$

여기서, F : 접선력

V : 원주속도

③ 마찰차의 종류

㉠ 원통 마찰차

㉡ 홈 마찰차 : 홈의 각도는 $2\alpha = 30 \sim 40°$

㉢ 원추 마찰차

㉣ 무단변속 마찰차

10년간 자주 출제된 문제

다음 중 마찰차를 활용하기에 적합하지 않은 것은?

① 속도비가 중요하지 않을 때

② 전달할 힘이 클 때

③ 회전속도가 클 때

④ 두 축 사이를 단속할 필요가 있을 때

[해설]

마찰차는 일반적으로 전달되어야 할 힘이 크지 않으며, 정확한 속도 비를 요구하지 않는 경우, 속도비가 매우 커서 보통의 기어로 전동하기 어려운 경우에 사용한다. 두 축 사이의 동력을 빈번히 단속시킬 필요가 있는 경우, 무단 변속이 필요한 경우에도 사용한다.

정답 ②

---

① 미끄럼베어링과 구름베어링의 비교

구 분	미끄럼베어링	구름베어링
크 기	지름은 작으나 폭이 크게 된다.	폭은 작으나 지름이 크게 된다.
충격 흡수	유막에 의한 감쇠력이 우수하다.	감쇠력이 작아 충격 흡수력이 작다.
고속회전	저항은 일반적으로 크게 되나 고속회전에 유리하다.	윤활유가 비산하고, 전동체가 있어 고속회전에 불리하다.
소 음	특별한 고속 이외는 정숙하다.	일반적으로 소음이 크다.
하 중	추력하중은 받기 힘들다.	추력하중을 용이하게 받는다.
베어링 강성	정압 베어링에서는 축심의 변동 가능성이 있다.	축심의 변동은 작다.
규격화	자체 제작하는 경우가 많다.	표준형 양산품으로 호환성이 높다.

② 미끄럼베어링의 윤활방법

㉠ 적하급유법 : 오일컵을 사용하여 모세관현상이나 사이펀작용을 한다.

㉡ 오일링급유법 : 베어링 아랫부분에 기름을 채우고 축에 오일링을 걸쳐 놓는다.

㉢ 패드급유법 : 윤활유 통에 모세관작용을 하는 패드를 넣는다.

㉣ 비말급유법 : 국자가 오일을 퍼올려 뿌리는 구조이다.

㉤ 순환급유법 : 펌프의 압력을 이용한다.

③ 볼베어링의 구성요소

㉠ 내 륜

㉡ 외 륜

㉢ 리테이너 : 베어링의 볼의 간격을 일정하게 유지해 주는 요소이다.

④ 작용하중의 방향에 따른 베어링 분류

㉠ 레이디얼베어링 : 축선에 직각으로 작용하는 하중을 받쳐 준다.

㉡ 스러스트베어링 : 축선과 같은 방향으로 작용하는 하중을 받쳐 준다.

ⓒ 테이퍼베어링 : 레이디얼하중과 스러스트하중이
　　동시에 작용하는 하중을 받쳐 준다.
⑤ 니들롤러베어링
　ㄱ 지름 5mm 이하의 바늘모양의 롤러를 사용한 것이다.
　ㄴ 리테이너는 없다.
　ㄷ 내외륜이 있는 것과 내륜이 없고 축에 직접 접촉
　　하는 구조가 있다.
　ㄹ 축지름에 비하여 바깥지름이 작다.
　ㅁ 부하 용량이 크다.
　ㅂ 좁은 장소나 충격하중이 있는 곳에 사용할 수 있다.
⑥ 베어링 　🖊 반드시 암기(자주 출제)
　ㄱ 자동조심 롤러베어링 : 자동조심작용이 있어 축
　　심의 어긋남을 자동적으로 조절한다. 레이디얼
　　부하 용량이 크고, 구면을 이용하여 양방향의 스
　　러스트하중에도 견딜 수 있으므로 중하중 및 충
　　격하중에 적합하다.
　ㄴ 오일리스베어링 : 금속 분말을 가압·소결하여
　　성형한 뒤 윤활유를 입자 사이의 공간에 스며들
　　게 한 것으로 급유가 곤란한 베어링이나 급유를
　　하지 않는 베어링에 사용한다.
　ㄷ 피벗베어링(Pivot Bearing) : 절구베어링이라고
　　도 하며, 세워져 있는 축에 의하여 스러스트하중
　　을 받을 때 사용한다.
　ㄹ 칼라베어링 : 수평으로 된 축이 스러스트하중을
　　받을 때 사용한다.
　ㅁ 단일체베어링 : 경하중의 저속용으로 구조가 간단하다.
　ㅂ 분할베어링 : 중하중의 고속용이다.

28-1. 볼베어링에서 볼을 적당한 간격으로 유지시켜 주는 베어링 부품은?
① 리테이너
② 레이스
③ 하우징
④ 부 시

28-2. 니들롤러베어링의 설명으로 틀린 것은?
① 지름은 바늘모양의 롤러를 사용한다.
② 좁은 장소나 충격하중이 있는 곳에 사용할 수 없다.
③ 내륜붙이베어링과 내륜 없는 베어링이 있다.
④ 축지름에 비하여 바깥지름이 작다.

|해설|

28-1
리테이너 : 베어링의 볼의 간격을 일정하게 유지해 주는 요소

28-2
니들롤러베어링의 특징
• 지름 5mm 이하의 바늘모양의 롤러를 사용한 것이다.
• 리테이너는 없다.
• 내외륜이 있는 것과 내륜이 없고 축에 직접 접촉하는 구조가 있다.
• 축지름에 비하여 바깥지름이 작다.
• 부하 용량이 크다.
• 좁은 장소나 충격하중이 있는 곳에 사용할 수 있다.

정답 28-1 ① **28-2** ②

① 베어링재료의 구비조건

   ㉠ 충격하중 및 내식성이 강해야 한다.

   ㉡ 가공이 쉽고 내열성을 가져야 한다.

   ㉢ 부식 및 내식성이 강해야 한다.

   ㉣ 마모가 적고 피로강도가 커야 한다.

   ㉤ 융착성이 좋지 않아야 한다.

② 베어링 안지름번호 부여방법

안지름범위 (mm)	안지름치수	안지름기호	예
10mm 미만	안지름이 정수인 경우	안지름	2mm이면 2
	안지름이 정수가 아닌 경우	/안지름	2.5mm이면 /2.5
10mm 이상 20mm 미만	10mm	00	
	12mm	01	
	15mm	02	
	17mm	03	
20mm 이상 500mm 미만	5의 배수인 경우	안지름을 5로 나눈 수	40mm이면 08
	5의 배수가 아닌 경우	/안지름	28mm이면 /28
500mm 이상		/안지름	560mm이면 /560

10년간 자주 출제된 문제

구름베어링의 안지름이 140mm일 때, 구름베어링의 호칭번호에서 안지름번호로 가장 적합한 것은?

① 14   ② 28

③ 70   ④ 140

[해설]

안지름숫자에 5를 곱한 수가 안지름치수가 되므로 140을 5로 나누면 안지름번호가 된다. 140/5=28

• 6205 : 6-형식번호, 2-계열번호, 05-안지름 번호

• 안지름 20mm 이내 : 00-10mm, 01-12mm, 02-15mm, 03-17mm, 04-20mm

• 안지름 20mm 이상 : 안지름 숫자에 5를 곱한 수가 안지름 치수가 된다.

   예 05=25mm(5×5=25), 20=100mm(20×5=100)

정답 ②

① 벨트 전동장치의 특성

   ㉠ 회전비가 부정확하여 강력 고속전동이 곤란하다.

   ㉡ 전동효율이 양호하여 각종 기계장치의 운전에 널리 사용된다.

   ㉢ 종동축에 과대하중이 작용할 때에는 벨트와 풀리 부분이 미끄러져서 전동장치의 파손을 방지할 수 있다.

   ㉣ 전동장치가 조작이 간단하고 비용이 싸다.

② V벨트의 특징

   ㉠ 홈의 양면에 밀착되므로 마찰력이 평벨트보다 크고, 미끄럼이 적어 비교적 작은 장력으로 큰 회전력을 전달할 수 있다.

   ㉡ 평벨트와 같이 벗겨지는 일이 없다.

   ㉢ 이음매가 없어 운전이 정숙하고, 충격을 완화하는 작용을 한다.

   ㉣ 지름이 작은 풀리에도 사용할 수 있다.

   ㉤ 설치면적이 좁으므로 사용이 편리하다.

   ㉥ V벨트는 엇걸기를 할 수 없다.

③ V벨트 단면 형상

   ㉠ V벨트의 종류는 KS 규격에서 단면의 형상에 따라 6종류로 규정하고 있으며, M형을 제외한 5종류가 동력 전달용으로 사용된다.

   ㉡ 단면적 비교(M < A < B < C < D < E)

   ㉢ M에서 E쪽으로 갈수록 단면이 커지며 M형이 인장강도가 가장 작다.

   (인장강도 : M < A < B < C < D < E)

ⓔ V벨트의 사이즈 표

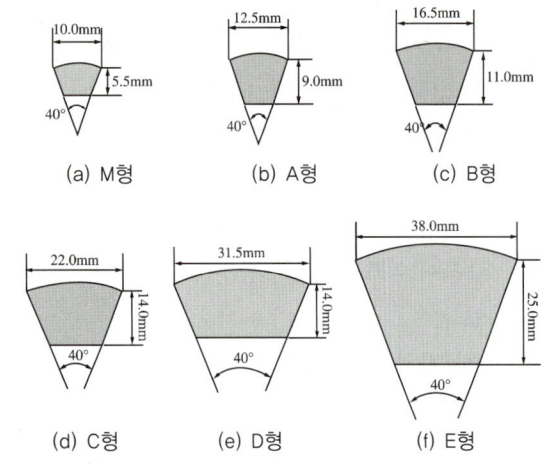

(a) M형 (b) A형 (c) B형

(d) C형 (e) D형 (f) E형

④ 유효장력

평벨트의 유효장력$(T_e) = T_t - T_s$

여기서, T_t : 긴장(이완)측 장력

T_s : 이완측 장력

⑤ 벨트풀리 설계

벨트풀리 설계 시 림의 중앙을 높게 한 이유는 벨트가 원추풀리의 큰 지름 쪽으로 이동하는 경향이 있어 벨트는 풀리의 중앙에 오게 되어 벗겨지지 않는다.

⑥ 벨트걸기

㉠ 평행걸기(Open Belting) : 벨트풀리 회전방향이 같다.

㉡ 십자걸기(Cross Belting) : 벨트풀리 회전방향이 반대이다.

30-1. 평벨트 전동과 비교한 V벨트 전동의 특징이 아닌 것은?

① 고속운전이 가능하다.

② 미끄럼이 적고 속도비가 크다.

③ 바로걸기와 엇걸기 모두 가능하다.

④ 접촉 면적이 넓으므로 큰 동력을 전달한다.

30-2. 동력전달용 V벨트의 규격(형)이 아닌 것은?

① B

② A

③ F

④ E

│해설│

30-1

V벨트 전동의 특징

• 홈의 양면에 밀착되므로 마찰력이 평벨트보다 크다.

• 미끄럼이 적어 비교적 작은 장력으로 큰 회전력을 전달할 수 있다.

• 고속운전이 가능하다.

• 접촉 면적이 넓으므로 큰 동력을 전달한다.

• 지름이 작은 풀리에도 사용할 수 있다.

• 엇걸기는 불가능하다(평벨트는 바로걸기와 엇걸기가 가능하다).

30-2

V벨트의 규격 : M, A, B, C, D, E형

정답 30-1 ③ **30-2** ③

① 스프링의 용도

  ㉠ 완충용(충격 에너지 흡수, 방진) : 차량용 현가장치, 승강기 완충 스프링

  ㉡ 에너지 축적 이용 : 계기용 스프링, 시계의 태엽 등

  ㉢ 무게 측정용 : 저울

  ㉣ 동력용 : 안전밸브, 조속기, 스프링 와셔

② 스프링의 모양에 따른 분류

  ㉠ 코일 스프링 : 압축 코일 스프링, 인장 코일 스프링, 원추형, 장고형, 드럼형 등

  ㉡ 겹판 스프링 : 주로 자동차의 현가장치

  ㉢ 토션바 : 비틀림 변형이 생기는 원리를 이용한 스프링이다.

  ㉣ 태엽 스프링 : 변형 에너지를 저장하였다가 변형이 회복되면서 일을 한다.

  ㉤ 벌류트 스프링 : 태엽 스프링을 축방향으로 감아 올려 사용하는 것으로 압축용으로 쓰인다. 오토바이 자체 완충용으로 쓰인다.

  ㉥ 와이어 스프링 : 탄성에 의한 복원력을 이용한 스프링이다.

③ 스프링 설계

  ㉠ 스프링 상수 $K = \dfrac{W}{\delta} = \dfrac{\text{하 중}}{\text{늘어난 길이}}$

  ※ 스프링 상수 단위 : N/mm

  ㉡ 직렬연결

  $$\frac{1}{K} = \frac{1}{K_1} + \frac{1}{K_2} \rightarrow K = \frac{K_1 \cdot K_2}{K_1 + K_2}$$

  ㉢ 병렬연결

  $$K = K_1 + K_2 + \cdots K_n$$

  ㉣ 스프링 지수(C) : 스프링 지수는 소선의 지름에 대한 스프링의 평균지름의 비이다.

  $$\text{스프링 지수}(C) = \frac{\text{스프링 전체의 평균지름}(D)}{\text{소선의 지름}(d)}$$

④ 스프링 재질

  ㉠ 금속 스프링 : 강 스프링, 비철 스프링

  ㉡ 비금속 스프링 : 고무 스프링, 공기 스프링, 액체 스프링, FRP

⑤ 철강재 스프링재료가 갖추어야 할 조건

  ㉠ 가공하기 쉬운 재료이어야 한다.

  ㉡ 높은 응력에 견딜 수 있고, 영구변형이 없어야 한다.

  ㉢ 피로강도와 파괴인성치가 높아야 한다.

  ㉣ 열처리가 쉬워야 한다.

  ㉤ 표면상태가 양호해야 한다.

  ㉥ 부식에 강해야 한다.

31-1. 그림과 같이 접속된 스프링에 100N의 하중이 작용할 때 처짐량은 약 몇 mm인가?(단, 스프링 상수 K_1은 10N/mm, K_2는 50N/mm이다)

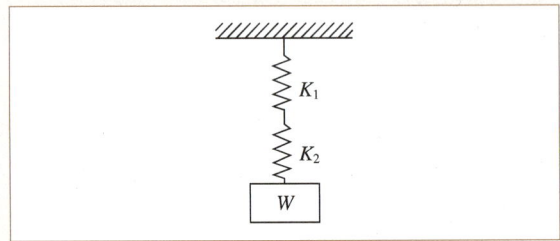

① 1.7   ② 12
③ 15   ④ 18

31-2. 코일 스프링의 전체의 평균지름이 20mm, 소선의 지름이 2mm라면 스프링 지수는?

① 0.1   ② 6
③ 8   ④ 10

|해설|

31-1
- 직렬로 스프링을 연결할 경우의 전체 스프링 상수

$$K = \frac{K_1 \cdot K_2}{K_1 + K_2} = \frac{10 \times 50}{10 + 50} = \frac{500}{60} = \frac{25}{3} \text{N/mm}$$

- 전체 스프링 상수 $K = \dfrac{W}{\delta} = \dfrac{\text{하 중}}{\text{늘어난 길이}}$

- 늘어난 길이 $\delta = \dfrac{W}{K} = \dfrac{100\text{N}}{\dfrac{25}{3}\text{N/mm}} = 12\text{mm}$

∴ 늘어난 길이 $=12\text{mm}$

31-2

스프링 지수$(C) = \dfrac{\text{스프링 전체의 평균지름}(D)}{\text{소선의 지름}(d)} = \dfrac{20}{2} = 10$

∴ 스프링 지수$(C) = 10$

정답 31-1 ②   31-2 ④

핵심이론 32 브레이크

① **개 요**

제동장치에서 가장 널리 사용되고 기계부분의 운동에너지를 열에너지나 전기에너지 등으로 바꾸어 흡수함으로써 운동속도를 감소시키거나 정지시키는 장치이다.

② **브레이크의 종류**

㉠ 블록브레이크 : 회전하는 브레이크드럼을 브레이크블록으로 누르게 한 것으로, 블록의 수에 따라 단식 블록브레이크와 복식 블록브레이크로 나눈다.

㉡ 드럼브레이크 : 회전운동을 하는 드럼이 바깥쪽에 있고, 두 개의 브레이크블록이 드럼의 안쪽에서 대칭으로 드럼에 접촉하여 제동한다.

㉢ 밴드브레이크 : 레버를 사용하여 브레이크드럼의 바깥에 감겨 있는 밴드에 장력을 주면 밴드와 브레이크드럼 사이에 마찰력이 발생한다. 이 마찰력에 의해 제동하는 것을 밴드브레이크라 한다.

㉣ 자동 하중브레이크 : 크레인 등으로 화물(荷物)을 올릴 때는 제동작용은 하지 않고 클러치작용을 하며, 화물을 아래로 내릴 때는 화물 자중에 의한 제동작용으로 화물의 속도를 조절하거나 정지시킨다. 이와 같은 역할에 사용되는 브레이크이다.
- 자동 하중브레이크의 종류 : 웜브레이크, 나사브레이크, 원심브레이크, 원판브레이크

③ **브레이크재료의 마찰계수**

㉠ 주철, 청동, 황동 : 0.1~0.2

㉡ 석면직물 : 0.35~0.6(마찰계수가 가장 크다)

④ **브레이크 용량 결정**

브레이크의 용량을 결정하는 인자는 브레이크압력, 마찰계수, 드럼의 원주속도 등이다.

브레이크드럼의 바깥 둘레에 강철 밴드를 감아 놓고, 레버로 밴드를 잡아 당겨 밴드와 드럼 사이에 마찰력을 발생시켜 제동하는 브레이크는?

① 블록 브레이크
② 밴드 브레이크
③ 전자 브레이크
④ 디스크 브레이크

﹝해설﹞

밴드 브레이크 : 레버를 사용하여 브레이크드럼의 바깥에 감겨 있는 밴드에 장력을 주면 밴드와 브레이크드럼 사이에 마찰력이 발생한다. 이 마찰력에 의해 제동하는 것을 밴드브레이크라 한다.

정답 ②

핵심이론 33 관계 기계요소

① 관이음의 종류

㉠ 나사식 관이음 : 관에 관용나사나 가는나사를 깎아서 파이프를 이음한 것이다.

㉡ 플랜지이음 : 지름이 크거나 유체의 압력이 큰 경우에 쓰인다.

㉢ 신축이음 : 배관이 받는 온도차로 생기는 신축의 흡수, 장시간 사용에 의한 배관축의 변위 조정, 진동원과 배관과의 완충을 목적으로 사용한다.

② 밸브의 종류

㉠ 스톱밸브 : 흐름의 방향이 입구와 출구가 같고, 밸브 내에서 밸브가 상하로 변하는 글로브밸브와 흐름이 직각으로 바뀌는 앵글밸브가 있다.

㉡ 슬루스밸브 : 흐름에 대한 밸브 중에서 가장 작다.

㉢ 체크밸브 : 유체를 한 방향으로만 흘러가게 하고, 역류하지 않도록 한다.

㉣ 감압밸브 : 고압 유체를 보다 낮은 압력으로 감압하고, 그대로 일정하게 유지하는 경우에 쓰이는 밸브이다.

역지밸브라고도 하며, 유체를 한 방향으로만 흘러가게 하고 역류하지 않도록 하게 하는 밸브는?

① 스톱밸브
② 슬루스밸브
③ 체크밸브
④ 안전밸브

﹝해설﹞

체크밸브 : 역지밸브라고도 하며 유체를 한 방향으로만 흘러가게 하고, 역류하지 않도록 한다. 밸브의 무게와 밸브의 양쪽에 걸리는 압력차에 의해 자동적으로 작동하도록 되어있다.

정답 ③

핵심이론 01 도면의 크기 및 양식

① 도면의 크기
- ㉠ 제도 용지의 세로와 가로의 비 : $1 : \sqrt{2}$
- ㉡ A0의 넓이 : 약 1m^2

② 도면에 반드시 설정해야 되는 양식
- ㉠ 윤곽선 : 도면으로 사용된 용지의 안쪽에 그려진 내용이 확실히 구분되도록 하고, 종이의 가장자리가 찢어져서 도면 내용이 훼손되지 않도록 하기 위해서 0.5mm 이상의 실선을 사용한다.
- ㉡ 표제란 : 표제란은 도면관리에 필요한 사항과 도면내용에 관한 중요한 사항을 정리하여 기입한다(도면번호, 도면명칭, 기업명, 책임자의 서명, 도면작성 연월일, 척도, 투상법 등).
- ㉢ 중심마크 : 완성된 도면은 영구적으로 보관하기 위하여 마이크로필름으로 촬영하거나 복사하고자 할 때 도면의 위치를 알기 쉽도록 하기 위해 0.5mm 굵기의 실선으로 표시한다.

③ 도면에 설정하는 것이 바람직한 양식
비교눈금, 도면의 구역, 재단마크

제도 용지에서 A0 용지의 가로 길이 : 세로 길이의 비와 그 면적으로 옳은 것은?

① $\sqrt{3} : 1$, 약 1m^2
② $\sqrt{2} : 1$, 약 1m^2
③ $\sqrt{3} : 1$, 약 2m^2
④ $\sqrt{2} : 1$, 약 2m^2

[해설]

제도 용지의 세로와 가로의 길이 비는 $1 : \sqrt{2}$ 이고 A0의 넓이는 약 1m^2이다.

정답 ②

① 도면의 척도

　도면은 실물과 같은 크기의 현척으로 그리는 것이 원칙이나 축척 또는 배척인 경우에는 척도값을 도면의 표제란에 기입한다.

② 척도의 종류

　㉠ 현척 : 도형을 실물과 같은 크기로 그리는 경우에 사용한다.

　㉡ 축척 : 도면에 도형을 실물보다 작게 제도하는 경우에 사용하며, 축척으로 그린 도면의 치수는 실물의 실제 치수를 기입한다.

　㉢ 배척 : 도면에 도형을 실물보다 크게 제도하는 경우에 사용하며, 치수 기입은 축척과 마찬가지로 실물의 치수를 기입한다.

③ 척도의 표시방법

　척도는 다음과 같이 A : B로 표시하여 현척의 경우에는 A와 B를 다같이 1, 축척의 경우에는 A를 1, 배척의 경우에는 B를 1로 하여 나타낸다.

```
       A : B
           └─ 대상물의 실제 길이
         └──── 도면에서의 길이
```

10년간 자주 출제된 문제

실제 길이가 120mm인 것을 척도가 1 : 2인 도면에 나타내었을 때 치수를 얼마로 기입해야 하는가?

① 30
② 60
③ 120
④ 240

[해설]

도면에 기입하는 치수는 척도에 관계없이 모두 실제 치수를 기입한다(실제 길이 120mm).

척도 : 물체의 실제 크기와 도면에서의 크기 비율

정답 ③

① 선의 종류에 의한 용도

용도에 의한 명칭	선의 종류		선의 용도
외형선	굵은 실선	———	대상물의 보이는 부분의 모양을 표시하는 데 쓰인다.
치수선	가는 실선	———	치수를 기입하기 위하여 쓰인다.
치수 보조선			치수를 기입하기 위하여 도형으로부터 끌어내는 데 쓰인다.
지시선			기술·기호 등을 표시하기 위하여 끌어내는 데 쓰인다.
회전 단면선			도형 내에 그 부분의 끊은 곳을 90° 회전하여 표시하는 데 쓰인다.
중심선			도형의 중심선을 간략하게 표시하는 데 쓰인다.
수준면선			수면, 유면 등의 위치를 표시하는 데 쓰인다.
숨은선	가는 파선 또는 굵은 파선	- - - -	대상물의 보이지 않는 부분의 모양을 표시하는 데 쓰인다.
중심선	가는 1점 쇄선	—·—·—	• 도형의 중심을 표시하는 데 쓰인다. • 중심이 이동한 중심궤적을 표시하는 데 쓰인다.
기준선			특히 위치 결정의 근거가 된다는 것을 명시할 때 쓰인다.
피치선			되풀이하는 도형의 피치를 취하는 기준을 표시하는 데 쓰인다.
특수 지정선	굵은 1점 쇄선	—·—·—	특수한 가공을 하는 부분 등 요구사항을 적용할 수 있는 범위를 표시하는 데 사용한다(열처리 등).

용도에 의한 명칭	선의 종류		선의 용도
가상선	가는 2점 쇄선	— ‥ — ‥ —	• 인접부분을 참고로 표시하는 데 사용한다. • 공구, 지그 등의 위치를 참고로 나타내는 데 사용한다. • 가공부분을 이동 중의 특정한 위치 또는 이동한계의 위치로 표시하는 데 사용한다. • 가공 전 또는 가공 후의 모양을 표시하는 데 사용한다. • 되풀이하는 것을 나타내는 데 사용한다. • 도시된 단면의 앞쪽에 있는 부분을 표시하는 데 사용한다.
무게 중심선			단면의 무게중심을 연결한 선을 표시하는 데 사용한다.
파단선	불규칙한 파형의 가는실선 또는 지그재그 선	∿∿∿	대상물의 일부를 파단한 경계 또는 일부를 떼어낸 경계를 표시하는 데 사용한다.
절단선	가는 1점쇄선으 로 끝부분 및 방향이 변하는 부분을 굵게 한 것	—·—⌐ ⌐	단면도를 그리는 경우, 그 절단 위치를 대응하는 그림에 표시하는 데 사용한다.
해 칭	가는 실선으로 규칙적으로 줄을 늘어 놓은 것	/////////	도형의 한정된 특정 부분을 다른 부분과 구별하는 데 사용한다. 보기를 들면 단면도의 절단된 부분을 나타낸다.
특수한 용도의 선	가는 실선	———	• 외형선 및 숨은선의 연장을 표시하는 데 사용한다. • 평면이란 것을 나타내는 데 사용한다. • 위치를 명시하는 데 사용한다.
	아주 굵은실선	▬▬▬	얇은 부분의 단선 도시를 명시하는 데 사용한다.

3-1. 부품의 면 일부분에 열처리 등 특수한 가공부분을 표시하는 데 사용하는 선은?

① 굵은 실선
② 굵은 1점 쇄선
③ 굵은 파선
④ 가는 2점 쇄선

3-2. 다음 중 가는 2점 쇄선을 사용하여 도시하는 경우는?

① 도시된 물체의 단면 앞쪽 형상을 표시
② 다듬질한 형상이 평면임을 표시
③ 수면, 유면 등의 위치를 표시
④ 중심이 이동한 중심 궤적을 표시

|해설|

3-1

특수 지정선 : 특수한 가공을 하는 부분 등 요구사항을 적용할 수 있는 범위를 표시하는 데 사용한다(열처리 등).

3-2

②, ③은 가는 실선, ④는 가는 1점 쇄선을 사용한다.

가는 2점 쇄선

• 가상선
 – 인접부분을 참고로 표시하는 데 사용한다.
 – 공구, 지그 등의 위치를 참고로 나타내는 데 사용한다.
 – 가공부분을 이동 중의 특정한 위치 또는 이동한계의 위치로 표시하는 데 사용한다.
 – 가공 전 또는 가공 후의 모양을 표시하는 데 사용한다.
 – 되풀이하는 것을 나타내는 데 사용한다.
 – 도시된 단면의 앞쪽에 있는 부분을 표시하는 데 사용한다.
• 무게중심선 : 단면의 무게중심을 연결한 선을 표시하는 데 사용한다.

정답 3-1 ② 3-2 ①

핵심이론 04   도형의 표시방법

① 제1각법과 제3각법의 각법을 표시하는 기호

도면의 제도에 사용된 각법의 표시는 '제1각법' 또는 '제3각법'의 문자 기호로 표제란에 기입하거나 한국산업규격(KS)과 국제표준규격(ISO)으로 각법 기호 표시를 표제란의 각법란 또는 표제란의 가까운 곳에 표시한다.

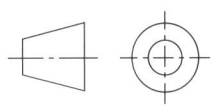 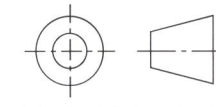

(a) 제1각법의 그림 기호   (b) 제3각법의 그림 기호

② 투상도의 표시방법

㉠ 보조투상도 : 경사부가 있는 물체는 그 경사면의 실제 모양을 표시할 필요가 있는데, 이 경우에는 다음과 같이 보이는 부분의 전체 또는 일부분을 보조 투상도로 나타낸다.

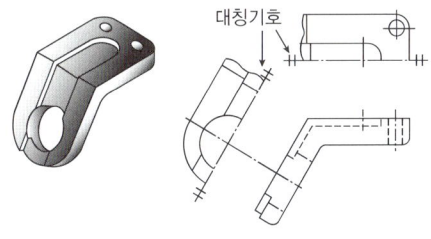

㉡ 부분투상도 : 그림의 일부를 도시하는 것으로도 충분한 경우에는 필요한 부분만을 투상하여 도시한다. 이 경우에는 생략한 부분과의 경계를 다음 그림과 같이 파단선으로 나타내고, 명확한 경우에는 파단선을 생략해도 좋다.

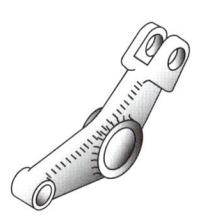 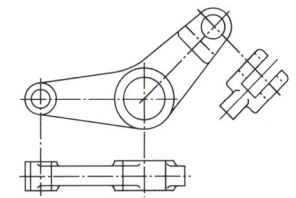

㉢ 국부투상도 : 대상물의 구멍, 홈 등과 같이 한 부분의 모양을 도시하는 것으로 충분한 경우에는 그 필요한 부분만을 다음 그림과 같이 국부투상도로 도시한다. 또한 투상 관계를 나타내기 위하여 원칙적으로 주투상도에 중심선, 기준선, 치수보조선 등으로 연결한다.

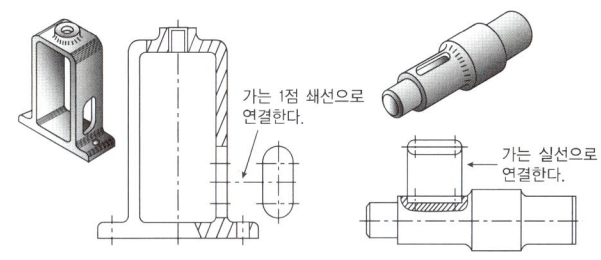

㉣ 회전투상도 : 대상물의 일부가 어느 각도를 가지고 있기 때문에 그 실제 모양을 나타내기 위해서는 그림과 같이 부분을 회전해서 실제 모양을 나타낸다. 또한 잘못 볼 우려가 있다고 판단될 경우에는 다음 그림과 같이 작도에 사용한 선을 남긴다.

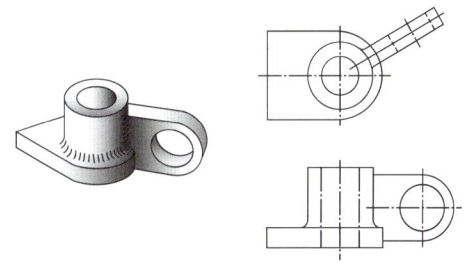

ⓜ 부분확대도 : 특정한 부분의 도형이 작아서 그 부분을 자세하게 나타낼 수 없거나 치수 기입을 할 수 없을 때에는 그 부분을 가는 실선으로 에 워싸고 영자의 대문자로 표시함과 동시에 그 해당 부분의 가까운 곳에 확대도를 그림과 같이 나타내고, 확대를 표시하는 문자 기호와 척도를 기입한다.

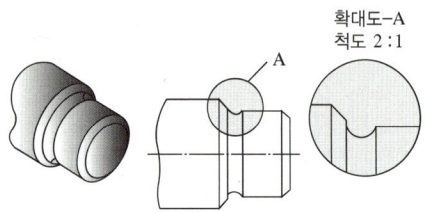

확대도-A
척도 2 : 1

10년간 자주 출제된 문제

다음과 같이 대상물의 구멍, 홈 등 일부분의 모양을 도시하는 것으로 충분한 경우 사용되는 투상도는?

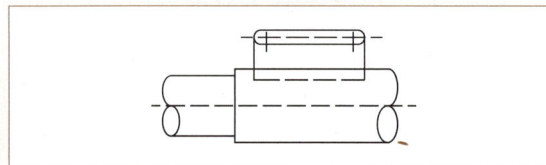

① 보조투상도   ② 국부투상도
③ 회전투상도   ④ 부분투상도

[해설]

② 국부투상도 : 대상물의 구멍, 홈 등 한 국부만의 모양을 도시하는 것으로 충분한 경우에는 그 필요한 부분만을 국부투상도로서 나타낸다.
① 보조투상도 : 경사면의 실제 모양을 표시할 필요가 있을 때 보이는 부분의 전체 또는 일부분을 나타낸다.
③ 회전투상도 : 대상물의 일부가 각도를 갖고 있을 때 실제 모양을 나타내기 위해 그 부분을 회전시켜 실제 모양을 나타낸다.
④ 부분투상도 : 그림의 일부만 도시하는 것으로 충분한 경우에는 그 필요 부분만을 투상하여 나타낸다.

정답 ②

핵심이론 **05** 단면도의 종류

① 온단면도

물체 전체를 둘로 절단해서 그림 전체를 단면으로 나타낸 것(전단면도)이다.

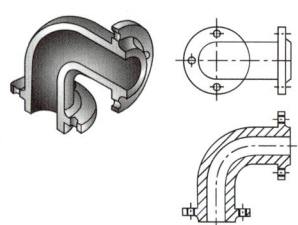

② 한쪽단면도

그림과 같이 대칭형의 대상물은 외형도의 절반과 온단면도의 절반을 조합하여 표시할 수 있다.

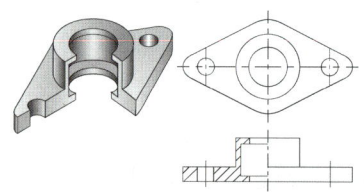

③ 부분단면도

일부분을 잘라 내고 필요한 내부모양을 그리기 위한 방법이다. 그림과 같이 파단선을 그어서 단면 부분의 경계를 표시한다.

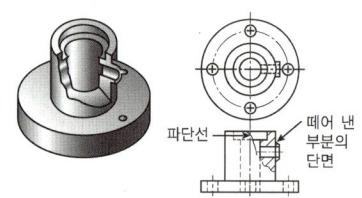

파단선   떼어 낸 부분의 단면

④ 회전도시단면도

핸들, 벨트 풀리, 기어 등과 같은 바퀴의 암, 림, 리브, 훅, 축 구조물의 부재 등의 절단면은 회전시켜서 표시한다.

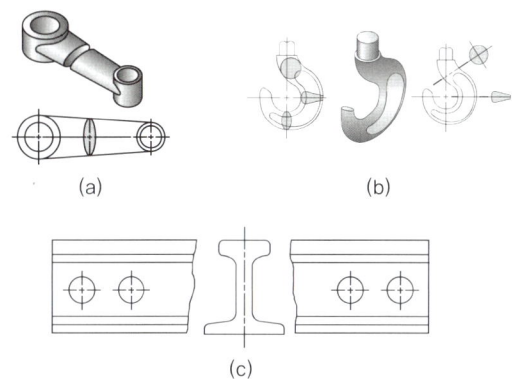

(a)   (b)

(c)

⑤ 계단단면도

절단면이 투상면에 평행 또는 수직하게 계단 형태로 절단된 것을 계단단면도라 한다. 그림과 같이 수직 절단면의 선은 표시하지 않으며, 절단한 위치는 절단선으로 표시하고 처음과 끝 그리고 방향이 변하는 부분에 굵은선, 기호를 붙여 단면도 쪽에 기입한다.

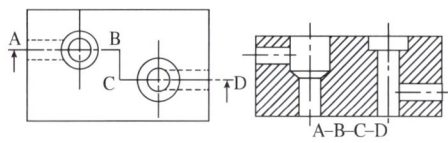

A-B-C-D

⑥ 조합에 의한 단면도

2개 이상의 절단면에 의한 단면도를 조합하여 행하는 단면도시방법으로 그림과 같이 필요에 따라서 단면을 보는 방향을 나타내는 화살표와 글자 기호를 붙인다.

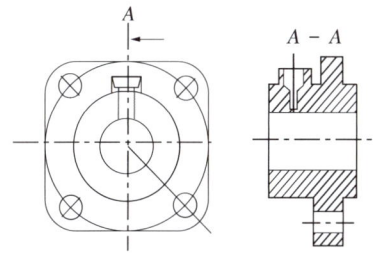

바퀴의 암, 리브 등을 단면할 때 가장 적합한 단면도로 그림과 같은 단면도의 명칭은?

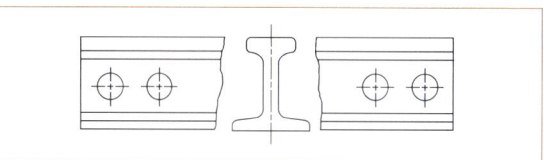

① 부분단면도   ② 한쪽단면도
③ 회전도시단면도   ④ 계단단면도

해설

③ 회전도시단면도 : 암, 림, 리브, 훅 등의 구조물을 90° 회전하여 표시한다.
① 부분단면도 : 필요한 일부분만을 파단선에 의해 그 경계를 표시한다.
② 한쪽단면도 : 상하 또는 좌우 대칭인 물체는 1/4을 떼어 낸 것으로 보고 기본 중심선을 경계로 1/2은 외형, 1/2은 단면으로 동시에 나타낸다.

정답 ③

① 평면의 표시법

도형 내의 특정한 부분이 평면인 것을 표시할 필요가 있을
때는 그림과 같이 가는 실선을 대각선으로 긋는다.

㉠ 반(한쪽)단면을 한 경우

㉡ 양쪽의 모양을 나타내는 경우

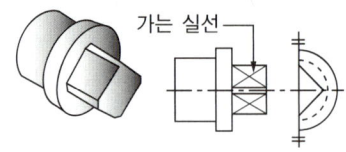

㉢ 평면의 도시

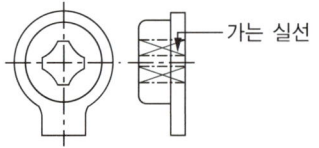

② 치수 보조 기호

구 분	기 호	읽 기	사용법
지 름	ϕ	파 이	지름 치수의 치수 수치 앞에 붙인다.
반지름	R	알	반지름 치수의 치수 앞에 붙인다.
구의 지름	Sϕ	에스파이	구의 지름 치수의 치수 수치 앞에 붙인다.
구의 반지름	SR	에스알	구의 반지름 치수의 치수 수치 앞에 붙인다.
정사각형의 변	□	사 각	정사각형의 한 변 치수의 치수 수치 앞에 붙인다.
판의 두께	t	티	판 두께의 치수 수치 앞에 붙인다.
원호의 길이	⌒	원 호	원호 길이 치수의 치수 위에 붙인다.
45° 모따기	C	시	45° 모따기 치수의 치수 수치 앞에 붙인다.
이론적으로 정확한 치수	▭	테두리	이론적으로 정확한 치수의 치수 수치를 둘러싼다.
참고 치수	( )	괄 호	참고 치수의 치수 수치(치수 보조기호를 포함한다)를 둘러싼다.

③ 치수의 표시방법

길이의 치수 수치는 원칙적으로 mm의 단위로 기입하
고 기호는 붙이지 않는다.

④ 길이 및 각도 치수

치수선은 그림과 같이 원칙적으로 지시하는 길이 또
는 각도를 측정하는 방향에 평행하게 긋는다.

변의 길이 치수	현의 길이 치수
호의 길이 치수	**각도 치수**

6-1. 구의 지름을 나타내는 치수 보조 기호는?

① C
② φ
③ Sφ
④ t

6-2. 그림과 같은 기계가공 도면에서 대각선 방향으로 가는 실선으로 교차하여 표시된 X 부분의 설명으로 맞는 것은?

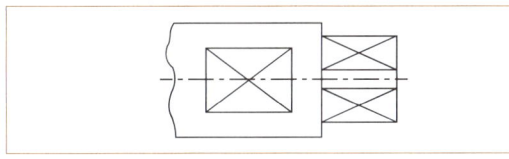

① 현장 끼워맞춤 표시한 곳
② 정밀하게 가공해야 할 곳
③ 평면으로 가공해야 할 곳
④ 사각구멍을 뚫어야 할 곳

[해설]

6-1

① 45° 모따기
② 지 름
③ 구의 지름
④ 판의 두께

6-2

도형 내의 특정한 부분이 평면인 것을 표시할 필요가 있을 때는 가는 실선을 대각선으로 긋는다.

정답 6-1 ③   6-2 ③

핵심이론 07 표면 거칠기의 지시와 다듬질 기호

① 제거가공의 지시방법

㉠ 제거가공의 필요 여부를 문제 삼지 않는다(a).

㉡ 제거가공을 필요로 한다(b).

㉢ 제거가공을 해서는 안 된다(c).

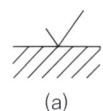   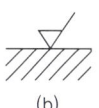   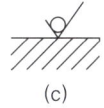

(a)   (b)   (c)

② 가공방법의 기호

가공방법	약 호	가공방법	약 호
선반가공	L	호닝가공	GH
드릴가공	D	액체호닝가공	SPLH
보링머신가공	B	배럴연마가공	SPBR
밀링가공	M	버프다듬질	SPBF
평삭가공	P	블라스트다듬질	SB
형상가공	SH	랩다듬질	GL
브로칭가공	BR	줄다듬질	FF
리머가공	SR	스크레이퍼다듬질	FS
연삭가공	G	페이퍼다듬질	FCA
벨트연삭가공	GBL	정밀주조	CP

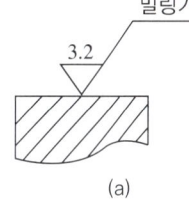   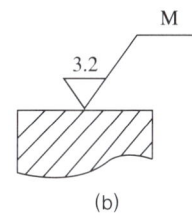

(a)   (b)

③ 줄무늬 방향 기호

줄무늬 방향을 지시하여야 할 때에는 규정하는 기호를 가공면의 지시 기호 오른쪽에 기입한다.

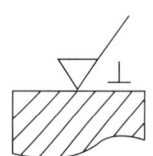

[줄무늬 방향의 기호]

기 호	커터의 줄무늬 방향	적 용	표면형상
=	투상면에 평행	셰이핑	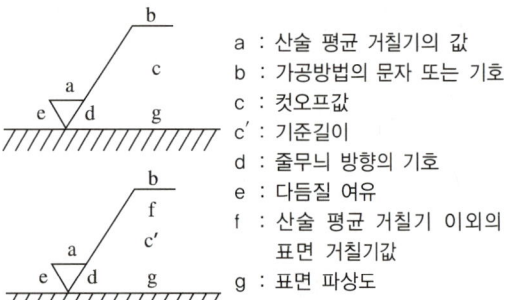
⊥	투상면에 직각	선삭, 원통연삭	
X	투상면에 경사지고 두 방향으로 교차	호 닝	
M	여러 방향으로 교차되거나 무방향이 나타난다.	래핑, 슈퍼피니싱, 밀링	
C	중심에 대하여 대략 동심원	끝면절삭	
R	중심에 대하여 대략 레이디얼 모양	일반적인 가공	

④ 각 지시 기호의 기입 위치

표면의 결에 관한 지시 기호는 면의 지시 기호에 대하여 표면 거칠기의 값, 컷오프값 또는 기준길이, 가공방법, 줄무늬 방향의 기호, 표면 파상도 등을 나타내는 위치에 배치하여 나타낸다.

a : 산술 평균 거칠기의 값
b : 가공방법의 문자 또는 기호
c : 컷오프값
c' : 기준길이
d : 줄무늬 방향의 기호
e : 다듬질 여유
f : 산술 평균 거칠기 이외의 표면 거칠기값
g : 표면 파상도

7-1. 그림과 같이 표면을 도시할 때의 지시기호 설명으로 가장 적합한 것은?

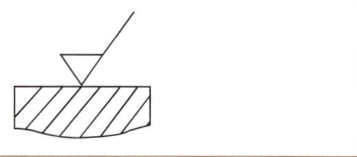

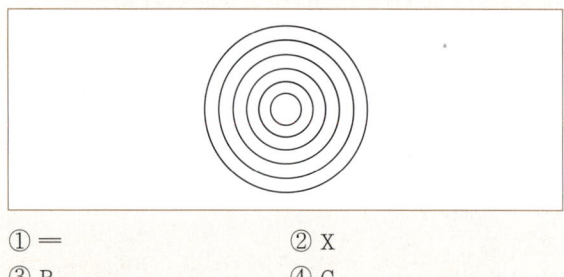

① 제거가공해서는 안 된다는 것을 지시하는 경우
② 제거가공을 필요로 한다는 것을 지시하는 경우
③ 제거가공의 필요 여부를 문제 삼지 않는 경우
④ 정밀연삭가공을 할 필요가 없다고 지시하는 경우

7-2. 가공에 의한 커터의 줄무늬 방향 모양이 보기와 같을 때 그 줄무늬 방향의 기호에 해당하는 것은?

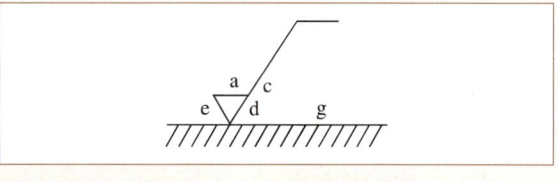

① =
② X
③ R
④ C

7-3. 그림에서 d의 위치는 무슨 지시 사항을 나타내는가?

① 가공방법
② 컷오프값
③ 기준길이
④ 줄무늬 방향 기호

【해설】

7-1
제거가공을 필요로 한다.

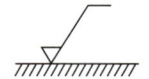

7-2
C : 가공에 의한 커터의 줄무늬가 기호를 기입한 면의 중심에 대하여 대략 동심원 모양

정답 7-1 ② 7-2 ④ 7-3 ④

① 용어 설명

ㄱ 치수공차 : 최대허용치수와 최소허용치수의 차, 즉 위 치수허용차와 아래 치수허용차의 차이다.

ㄴ 위 치수허용차 : 최대허용치수와 대응하는 기준치수와의 대수차[(최대허용치수)−(기준치수)]이다.

ㄷ 아래 치수허용차 : 최소 허용치수와 대응하는 기준치수의 대수차[(최소허용치수)−(기준치수)]이다.

ㄹ 허용한계치수 : 형체의 실제 치수가 그 사이에 들어가도록 정한, 허용할 수 있는 2개의 극한 치수, 최대허용치수 및 최소허용치수이다.

ㅁ 기준치수 : 위 치수허용차 및 아래 치수허용차를 적용하는 데에 따라 허용한계치수가 주어지는 기준이 되는 치수를 말하며, 도면에 정치수로 기입된 모든 치수는 기준치수이다.

ㅂ 공차역 : 치수공차를 도시하였을 때 치수공차의 크기와 기준선에 대한 그 위치에 따라 정해지는 최대허용치수와 최소허용치수를 나타내는 두 개의 직선 사이의 영역이다.

ㅅ 실치수 : 형체의 실측 치수이다.

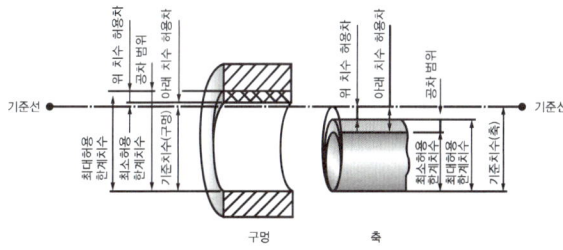

구멍   축

② 끼워맞춤

ㄱ 끼워맞춤 : 구멍·축의 조립 전 치수의 차이에서 생기는 관계이다.

ㄴ 틈새 : 구멍의 치수가 축의 치수보다 클 때 구멍과 축과의 치수의 차이다.

ㄷ 최소틈새 : 헐거운 끼워맞춤에서 구멍의 최소허용치수와 축의 최대허용치수의 차 또는 구멍의 아래 치수허용차와 축의 위 치수허용차의 차이다.

ㄹ 최대틈새 : 헐거운 끼워맞춤 또는 중간 끼워맞춤에서의 구멍의 최대허용치수와 축의 최소허용치수의 차 또는 구멍의 위 치수허용차와 축의 아래 치수허용차와의 차이다.

ㅁ 죔새 : 구멍의 치수가 축의 치수보다 작을 때의 조립 전의 구멍과 축과의 치수의 차이다.

ㅂ 최소죔새 : 억지 끼워맞춤에서 조립 전 구멍의 최대허용치수와 축의 최소허용치수의 차이다.

ㅅ 최대죔새 : 억지 끼워맞춤 또는 중간 끼워맞춤에서 조립하기 전 구멍의 최소허용치수와 축의 최대허용치수의 차 또는 구멍의 아래 치수허용차와 축의 위 치수허용차의 차이다.

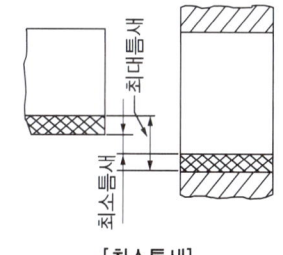

[최소틈새]

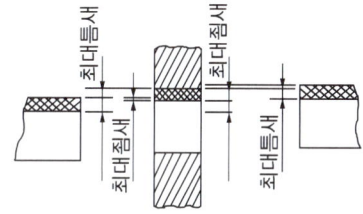

[최대틈새와 최대죔새]

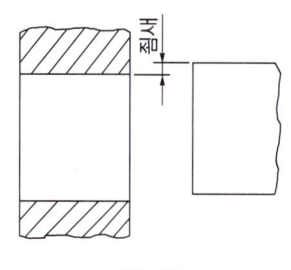

[죔 새]

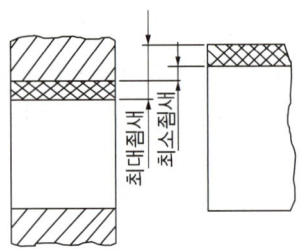

[최대 · 최소죔새]

ⓔ 헐거운 끼워맞춤 : 구멍의 최소 치수가 축의 최대치수보다 큰 경우로서 항상 틈새가 생기는 상태를 말하며, 미끄럼 운동이나 회전 운동이 필요한 부품에 적용한다.

ⓕ 억지 끼워맞춤 : 구멍의 최대 치수가 축의 최소치수보다 작은 경우로서 틈새가 없이 항상 죔새가 생기는 끼워맞춤을 말하며, 분해와 조립을 하지 않는 부품에 적용한다.

ⓖ 중간 끼워맞춤 : 부품의 기능과 역할에 따라 틈새 또는 죔새가 생기게 하는 끼워맞춤으로 헐거운 끼워맞춤이나 억지 끼워맞춤으로 얻을 수 없는 부품에 적용한다.

끼워맞춤 상태	구 분	구 멍	축	비 고
헐거운 끼워맞춤	최소틈새	최소허용치수	최대허용치수	틈새만
	최대틈새	최대허용치수	최소허용치수	
억지 끼워맞춤	최소죔새	최대허용치수	최소허용치수	죔새만
	최대죔새	최소허용치수	최대허용치수	

ⓐ 구멍 기준 끼워맞춤 : 구멍의 아래 치수허용차가 "0"인 끼워맞춤방식으로 H기호 구멍을 기준 구멍으로 하고, 이에 적당한 축을 선정하여 필요로 하는 죔새나 틈새를 얻는 끼워맞춤방식이다.

ⓑ 축 기준 끼워맞춤 : 축의 위 치수허용차가 "0"인 끼워맞춤방식으로 H기호 축을 기준으로 하고, 이에 적당한 구멍을 선정하여 필요한 죔새나 틈새를 얻는 끼워맞춤방식이다.

10년간 자주 출제된 문제

8-1. 다음 중 허용한계치수에서 기준치수를 뺀 값을 의미하는 용어로 가장 적합한 것은?

① 치수공차
② 공차역
③ 치수허용차
④ 실치수

8-2. 헐거운 끼워맞춤에서 구멍의 최소허용치수와 축의 최대허용치수의 차를 무엇이라 하는가?

① 최소틈새
② 최대틈새
③ 최소죔새
④ 최대죔새

|해설|

8-1

공차에 대한 용어 설명

• 치수공차 : 최대 허용한계치수와 최소 허용한계치수의 차
• 치수허용차 : 허용한계치수에서 기준치수를 뺀 값
• 허용한계치수 : 실치수가 그 사이에 들어가도록 정한 허용할 수 있는 최대, 최소의 치수
• 기준치수 : 치수허용한계의 기준이 되는 치수
• 공차역 : 기하학적으로 옳은 모양, 자세 또는 위치로부터 벗어나는 것이 허용된 영역
• 실치수 : mm를 단위로 두 점 사이의 거리를 실제로 측정한 치수

8-2

헐거운 끼워 맞춤 : 구멍과 축이 결합될 때 구멍 지름보다 축 지름이 작으면 틈새가 생겨서 헐겁게 끼워 맞추어진다. 제품의 기능상 구멍과 축이 결합된 상태에서 헐겁게 결합되는 것을 헐거운 끼워맞춤이라 하며, 어떤 경우이든 틈새가 있다.

정답 8-1 ③ 8-2 ①

① 기하공차 및 기호의 종류

공차의 종류		기 호
모양공차	진직도	———
	평면도	▱
	진원도	○
	원통도	⌭
	선의 윤곽도	⌒
	면의 윤곽도	⌓
자세공차	평행도	//
	직각도	⊥
	경사도	∠
위치공차	위치도	⊕
	동축도(동심도)	◎
	대칭도	=
흔들림공차	원주흔들림	↗
	온흔들림	↗↗

② 기하공차 및 기호의 종류

기하공차의 종류 기호, 공차값, 데이텀(기준) 기호를 기입하는 직사각형의 틀(공차 기입틀)은 필요에 따라 다음과 같이 구분한다. 규제하는 형체가 단독 형체인 경우에는 문자기호를 붙이지 않는다.

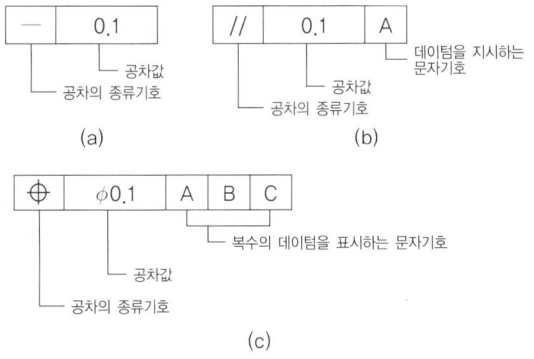

[공차 기입틀과 구획 나누기]

③ 공차값

㉠ 공차역이 원 또는 원통일 때는 공차값의 앞에 ϕ를 기입한다. 또한 구인 경우에는 기호 $S\phi$를 붙여서 나타낸다.

㉡ 공차값을 지정된 길이 또는 지정된 넓이에 대하여 지시할 때에는 그림과 같이 공차값 다음에 사선을 긋고, 지정 길이 또는 지정 넓이를 기입한다.

(a) | — | $\phi 0.1$ | : 진직도의 공차역이 원통일 때

(b) | // | 0.05/100 | : 평행도의 공차값이 지정 길이 100mm에 대해 0.05mm

(c) | ▱ | 0.1/100×100 | : 평면도의 공차값이 지정 넓이 100×100mm에 대해 0.01mm

[공차값의 도시법]

㉢ 공차값이 그 직선의 전체 길이 또는 평면의 전체 면에 대한 것과 지정 길이(지정 넓이)에 대한 것이 2개가 있을 경우에는 그림과 같이 전자를 위쪽에 후자를 아래쪽에 기입하고 가로선을 그어 구분한다.

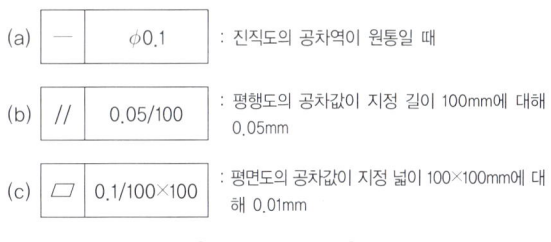

[공차값이 2개인 경우]

9-1. 기하공차의 종류별 표시 기호가 모두 올바르게 표시된 것은?

① 평면도 : ━, 진직도 : ⊥, 동심도 : ◎, 진원도 : ⊕
② 평면도 : ━, 진직도 : ∠, 동심도 : ○, 진원도 : ⊕
③ 평면도 : ▱, 진직도 : ⊥, 동심도 : ⊕, 진원도 : ○
④ 평면도 : ▱, 진직도 : ━, 동심도 : ◎, 진원도 : ○

9-2. 보기와 같은 기하공차에 대하여 올바르게 설명된 것은?

//	0.1
	0.05/200

① 구분 구간 200mm에 대하여 0.05mm, 전체 길이에 대하여는 0.1mm의 평행도
② 전체 길이 200mm에 대하여는 0.05mm, 구분 구간은 0.1mm의 평행도
③ 구분 구간 200mm에 대하여는 0.1mm, 전체 길이에 대하여는 0.05mm의 평행도
④ 전체 길이 200mm에 대하여는 0.05mm/0.1mm, 구분 구간에 대하여는 0.05mm의 평행도

|해설|

9-1
• 평면도 : ▱
• 진직도 : ━
• 동심도 : ◎
• 진원도 : ○

9-2
• // : 평행도 공차
• 0.1 : 전체 길이에 대한 평행도 공차 범위
• 0.05/200 : 200mm에 대한 평행도 공차 범위는 0.05mm

정답 9-1 ④ 9-2 ①

핵심이론 10 나사의 제도

① 나사의 종류를 표시하는 기호 및 나사의 호칭에 대한 표시 방법(KS B 0200)

구 분	나사의 종류		나사종류 기호	나사의 호칭방법
ISO 규격에 있는 것	미터보통나사		M	M8
	미터가는나사			M8×1
	미니추어나사		S	S0.5
	유니파이보통나사		UNC	3/8-16UNC
	유니파이가는나사		UNF	No.8-36UNF
	미터사다리꼴나사		Tr	Tr10×2
	관용테이퍼 나사	테이퍼수나사	R	R3/4
		테이퍼암나사	Rc	Rc3/4
		평행암나사	Rp	Rp3/4

② 나사의 표시방법

나사산의 감김 방향	나사산의 줄 수	나사의 호칭	나사의 등급

※ 나사의 호칭지름은 수나사의 바깥지름으로 한다.

③ 나사의 도시법

도시법	설 명
가는 실선으로 그린다. 굵은 실선으로 그린다.	• 수나사의 바깥지름과 암나사의 안지름은 굵은 실선으로 그린다. • 수나사의 골지름과 암나사의 골지름은 가는 실선으로 그린다.
불완전나사부 완전나사부 불완전 나사부의 끝 밑선 나사부의 경계선	• 완전나사부와 불완전나사부의 경계선은 굵은 실선으로 그린다. • 불완전 나사부의 끝 밑선은 60°의 가는 실선으로 그린다.
숨은선으로 그린다.	• 가려서 보이지 않는 나사부는 파선으로 그린다.
가는 실선으로 그린다. 수나사 암나사	• 수나사와 암나사의 측면 도시에서의 골지름은 가는 실선으로 그린다.

④ 핀의 호칭방법

명 칭	호칭방법	보 기
평행핀	규격번호 또는 명칭, 종류, 형식, 호칭지름, 공차 × 호칭길이, 재료	KS B ISO 2338 6m6×30-St
스플릿 테이퍼핀	규격번호 또는 규격 명칭, 호칭지름 × 호칭길이, 재료, 지정사항	스플릿 테이퍼핀 6×70-St
분할핀	규격번호 또는 규격 명칭, 호칭지름 × 길이, 재료	분할핀 5×50-St

※ 테이퍼핀과 분할핀의 호칭지름은 가장 가는 쪽의 지름을 사용한다.

10-1. 나사 표시 기호 중 ISO 규정에 있는 유니파이보통나사를 표시하는 기호는?

① M
② UNC
③ PT
④ E

10-2. 테이퍼핀의 호칭지름을 나타내는 부분은?

① 가장 가는 쪽의 지름
② 가장 굵은 쪽의 지름
③ 중간 부분의 지름
④ 핀 구멍 지름

[해설]

10-1

② UNC : 유니파이보통나사
① M : 미터나사
③ PT : 관용테이퍼나사(ISO 표준에 없는 것)
④ E : 전구나사

10-2

테이퍼핀과 분할핀의 호칭지름은 가장 가는 쪽의 지름을 사용한다.

정답 10-1 ② 10-2 ①

핵 심이론 11 기어 및 베어링

① 스퍼기어 요목표

스퍼기어		
기어 모양		표 준
공 구	치 형	보통이
	모 듈	3
	압력각	20°
잇 수		36
피치원 지름		108

② 스퍼기어의 제도

㉠ 이끝원 : 굵은 실선

㉡ 피치원 : 가는 1점 쇄선

㉢ 이뿌리원 : 가는 실선 또는 굵은 실선

③ 베어링 호칭번호의 배열

기본번호	베어링 계열기호
	안지름번호
	접촉각기호
보조기호	내부치수
	밀봉기호 또는 실드기호
	궤도륜 모양기호
	조합기호
	내부 틈새기호
	정밀도 등급기호

예 6308 Z NR

• 63 : 베어링 계열기호(단열 깊은 홈 볼 베어링 6, 지름 계열 03)

• 08 : 안지름번호(호칭 베어링 안지름 8×5=40mm)

• Z : 실드기호(한쪽 실드)

• NR : 궤도륜 모양기호(멈춤링 붙이)

④ 베어링 안지름번호 부여방법

안지름범위(mm)	안지름치수	안지름기호	예
10mm 미만	안지름이 정수인 경우	안지름	2mm이면 2
	안지름이 정수가 아닌 경우	/안지름	2.5mm이면 /2.5
10mm 이상 20mm 미만	10mm	00	
	12mm	01	
	15mm	02	
	17mm	03	
20mm 이상 500mm 미만	5의 배수인 경우	안지름을 5로 나눈 수	40mm이면 08
	5의 배수가 아닌 경우	/안지름	28mm이면 /28
500mm 이상		/안지름	560mm이면 /560

11-1. 스퍼 기어의 요목표가 보기와 같을 때, 비어 있는 모듈은 얼마인가?

스퍼기어		
기어 모양		표 준
공 구	치 형	보통이
	모 듈	
	압력각	20°
잇 수		36
피치원 지름		108

① 1.5
② 2
③ 3
④ 6

11-2. 레이디얼 볼 베어링의 안지름이 20mm인 것은?

① 6204
② 6201
③ 6200
④ 6310

|해설|

11-1

$$모듈(m) = \frac{D}{Z} = \frac{108}{36} = 3$$

11-2

6204
• 6 : 형식번호(단열 홈형)
• 2 : 치수번호(중간 하중형)
• 04 : 안지름번호(4×5=20mm)

정답 11-1 ③ 11-2 ①

01 다음 방전가공의 특징 중 맞는 것은?

① 숙련을 필요로 한다.

② 무인가공이 가능하다.

③ 전극이 필요 없다.

④ 가공부 변질층이 없다.

해설

방전가공의 특징
- 가공물의 경도와 관계없이 가공이 가능하다.
- 무인가공이 가능하다.
- 숙련을 요하지 않는다.
- 전극의 형상대로 정밀하게 가공할 수 있다.
- 전극 및 가공물에 큰 힘이 가해지지 않는다.
- 전극은 구리나 흑연 등의 연한 재료를 사용하므로 가공이 쉽다.
- 전극이 필요하고 가공 부분에 변질층이 남는다.
- 공작물은 양극, 공구는 음극으로 한다.

02 밀링머신으로 가공을 할 수 있는 작업은?

① 편심가공

② 구면가공

③ 내경 테이퍼가공

④ 드릴의 비틀림 홈가공

해설

밀링가공 : 드릴의 비틀림 홈가공

선반 · 밀링가공 종류

선반가공 종류	밀링가공 종류
외경, 단면, 홈, 테이퍼, 드릴, 보링, 수나사, 암나사, 정면, 곡면, 총형, 널링 작업	평면가공, 단가공, 홈가공, 드릴가공, T홈가공, 더브테일가공(각도가공), 곡면절삭, 보링 등

03 선반에서 지름 60mm의 공작물을 절삭속도 100m/min로 가공하려 할 때 회전수는 약 몇 rpm인가?

① 5

② 530

③ 1,667

④ 5,305

해설

회전수를 구하는 공식

$$회전수(n) = \frac{1,000v}{\pi d} = \frac{1,000 \times 100\text{m/min}}{\pi \times 60\text{mm}} \fallingdotseq 530\,\text{rpm}$$

$$\therefore \ 회전수(n) \fallingdotseq 530\text{rpm}$$

여기서, v : 절삭속도(m/min)

$\quad\quad\quad\ d$: 공작물 지름(mm)

$\quad\quad\quad\ n$: 회전수(rpm)

04 센터리스 연삭의 장점이 아닌 것은?

① 대형, 중량물의 연삭에 적합하다.

② 연속작업이 가능하므로 대량생산에 적합하다.

③ 긴 축 재료의 연삭이 가능하다.

④ 속이 빈 원통의 외면 연삭에 편리하다.

해설

센터리스 연삭기 : 센터, 척, 자석척 등을 사용하지 않고 가공물의 표면을 조정하는 조정숫돌과 지지대를 이용하여 가공물을 연삭한다(가늘고 긴 가공물 연삭).

센터리스 연삭의 특징
- 센터가 필요하지 않아 센터 구멍을 가공할 필요가 없다.
- 중공의 가공물을 연삭할 때 편리하다(※ 중공(中空) : 속이 빈 축).
- 연삭 여유가 작아도 된다.
- 가늘고 긴 가공물의 연삭에 적합하다.
- 긴 홈이 있는 가공물의 연삭은 불가능하다.
- 대형이나 중량물의 연삭은 불가능하다.
- 연속가공이 가능하며 대량생산에 적합하다.
- 자생작용이 있다.

05 기계가공 후 정밀 다듬질을 필요로 할 때 이용되는 작업은?

① 톱 작업　　　② 금 긋기 작업
③ 스크레이핑 작업　　　④ 용접 작업

해설
스크레이퍼 작업(Scraping)
스크레이퍼는 줄 작업 또는 기계 가공한 면을 더욱 정밀하게 다듬질 할 필요가 있을 때 소량의 금속을 국부적으로 깎아 내는 공구로서 스크레이퍼로 면을 다듬질하는 작업을 스크레이핑이라고 한다. 열처리된 강철에는 사용하기 어렵다.

06 수동으로 수나사를 가공할 때 사용하는 공구는?

① 탭　　　② 다이스
③ 리 머　　　④ 스크레이퍼

해설
② 다이스 : 수나사 가공
① 탭 : 암나사 가공
③ 리머작업 : 구멍을 정밀하게 다듬는 작업
④ 스크레이퍼작업 : 평면, 원통면을 정밀하게 다듬는 작업

07 고온 및 고속 절삭에서 높은 경도를 유지하고 우수한 절삭공구로 사용되고 있는 초경합금의 주요 성분이 아닌 것은?

① 코발트　　　② 황
③ 니 켈　　　④ 텅스텐

해설
초경합금 : W, Ti, Mo, Zr 등의 경질합금 탄화물 분말을 Co, Ni을 결합제로 하여, 1,400℃ 이상의 고온으로 가열하면서 프레스로 소결 성형한 절삭공구이다.

08 드릴작업의 안전사항으로 틀린 것은?

① 드릴이 회전 중에는 테이블을 조정하지 않는다.
② 얇은 판의 구멍 뚫기는 나무로 된 보조판을 사용한다.
③ 구멍 뚫기가 끝날 때는 드릴을 빠르게 이송시킨다.
④ 드릴작업을 시작할 때는 천천히 이송한다.

해설
드릴작업의 안전사항
• 구멍 뚫기가 끝날 무렵에는 이송을 천천히 한다.
• 장갑을 끼고 작업을 하지 않는다.
• 가공물을 손으로 잡고 드릴링 하지 않는다.
• 드릴을 고정하거나 풀 때는 주축이 완전히 정지된 후에 한다.

09 연속형 칩이 발생하는 재질의 가공에 가장 적합한 초경합금 종류는?

① P종　　　② M종
③ K종　　　④ S종

해설
초경합금의 분류 및 특징

분류	가공물	성분	특징
P종	비교적 연속형 칩이 발생하는 재질	WC, TiC TaC, Co	TiC, TaC 등을 함유하고 있어 열적 마모에 강하다.
M종	치핑이나 크레이터를 유발하는 재질	WC, TiC TaC, Co	TiC, TaC 함유량을 줄여 기계적 열적 마모에 적당한 강도 보유
K종	칩이 분말상태이거나 짧게 끊어지는 재료	WC, Co	열에는 강하고 기계적 마모에 약하다.

10 폭이 좁고 길이가 긴 가공물의 줄 작업 방법은?

① 직진법   ② 사진법

③ 병진법   ④ 횡진법

해설

줄 작업 방법용도

• 직진법 : 황삭 및 다듬질 작업

• 사진법 : 황삭 및 볼록한 면의 수정 작업

• 병진법 : 폭이 좁고 길이가 긴 가공물의 줄 작업

줄 작업 방법

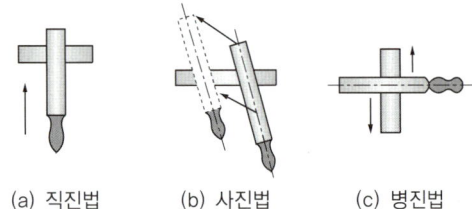

(a) 직진법   (b) 사진법   (c) 병진법

11 구멍수가 24개인 분할판에서 직접 분할법으로 12 등분을 할 때, 직접 분할판의 회전 구멍수는?

① 2   ② 3

③ 4   ④ 5

해설

$x = \dfrac{24}{n}$ 에서 $x = \dfrac{24}{12} = 2$

따라서, 직접 분할판에서 2구멍씩 이동시키면서 가공하면 12등분이 된다.

여기서, x : 직접 분할판에서 이동할 구멍수

           n : 등분 수

분할 가공 방법

• 직접 분할법 : 분할대 주축 앞면에 있는 직접 분할판을 이용하여 단순분할(24의 약수 즉 24, 12, 8, 6, 4, 3, 2등분 가능)

• 단식 분할법 : 직접 분할법으로 불가능하거나 또는 분할이 정밀해야 할 경우(2~60 사이의 모든 정수, 60~120 사이의 2와 5의 배수 등)

• 차동 분할법 : 직접, 단식 분할법으로 분할할 수 없는 분할(단식 분할법으로 분할할 수 없는 61 이상의 소수나 특수한 수의 분할을 2종 운동의 복합운동으로 분할하는 방법이다. 127은 차동분할법으로 분할 가능)

12 기어의 치형을 깎는 방법이 아닌 것은?

① 엔드밀에 의한 방법   ② 총형커터에 의한 방법

③ 창성에 의한 방법   ④ 형판에 의한 방법

해설

기어절삭법

• 형판에 의한 방법

• 총형커터에 의한 방법

• 창성법에 의한 방법(랙커터, 피니언커터, 호브 사용)

13 밀링절삭에서 하향절삭과 비교한 상향절삭의 특징을 설명한 것 중 틀린 것은?

① 절삭력이 일감을 들어 올리는 방향으로 작용하므로 가공물의 고정이 불리하다.

② 마찰저항이 커서 절삭공구를 위로 들어 올리는 힘이 작용한다.

③ 가공면의 표면 거칠기가 상향에 의한 회전저항으로 전체적으로 하향절삭보다 나쁘다.

④ 하향절삭에 비해 공구의 수명이 길다.

해설

상향절삭 시 인선의 수명 : 절입할 때 마찰열로 마모가 빠르고 공구 수명이 짧다.

상향절삭과 하향절삭의 차이점

구 분	상향절삭	하향절삭
방 향	커터 회전방향과 공작물 이송방향 반대	커터 회전방향과 공작물 이송방향 동일
백래시	절삭에 별 지장이 없다.	백래시를 제거해야 한다.
기계의 강성	강성이 낮아도 무관하다.	가공할 때 충격이 있어 높은 강성이 필요하다.
가공물의 고정	절삭력이 상향으로 작용하여 고정이 불리하다.	절삭력이 하향으로 작용하여 가공물 고정이 유리하다.
인선의 수명	절입할 때 마찰열로 마모가 빠르고 공구 수명이 짧다.	상향 절삭에 비하여 공구 수명이 길다.
마찰저항	마찰저항이 커서 절삭공구를 위로 들어 올리는 힘이 작용한다.	절입할 때 마찰력은 작으나 하향으로 충격력이 작용한다.
가공면의 표면 거칠기	광택은 있으나 상향에 의한 회전저항으로 전체적으로 하향절삭보다 나쁘다.	가공 표면에 광택은 작고 저속 이송에서는 회전저항이 발생하지 않아 표면 거칠기가 좋다.

14 래핑(Lapping)가공의 장점에 대한 설명으로 부적합한 것은?

① 고도의 정밀가공은 숙련이 필요 없다.
② 정밀도가 높은 제품을 만들 수 있다.
③ 다듬질면은 내식성 및 내마모성이 증가한다.
④ 가공면의 매끈한 거울면을 얻을 수 있다.

래핑가공의 장단점

장 점	• 가공면이 매끈한 거울면을 얻을 수 있다. • 정밀도가 높은 제품을 가공할 수 있다. • 가공면은 윤활성 및 내마모성이 좋다. • 가공이 간단하고 대량생산이 가능하다. • 평면도, 진원도, 직선도 등의 이상적인 기하학적 형상을 얻을 수 있다.
단 점	• 가공면에 랩제가 잔류하기 쉽고, 제품을 사용할 때 잔류한 랩제가 마모를 촉진시킨다. • 고도의 정밀가공은 숙련이 필요하다. • 작업이 지저분하고 먼지가 많다. • 비산하는 랩제는 다른 기계나 가공물을 마모시킨다.

15 뚫어져 있는 구멍의 정밀도를 높이고, 가공표면을 좋게 하기 위한 가공 방법은?

① 드릴링   ② 태 핑
③ 리 밍   ④ 카운터 싱킹

드릴가공의 종류
• 리밍 : 구멍의 정밀도를 높이기 위해 구멍을 다듬는 작업
• 탭핑 : 공작물 내부에 암나사 가공, 태핑을 위한 드릴가공은 나사의 외경-피치로 한다.
• 카운터 싱킹 : 나사 머리의 모양이 접시모양일 때 테이퍼 원통형으로 절삭하는 가공
• 카운터 보링 : 볼트의 머리 부분이 돌출되면 곤란한 부분이 있다. 이러한 경우에 볼트 또는 너트의 머리 부분이 가공물 안으로 묻히도록 드릴과 동심원의 2단 구멍을 절삭하는 방법
• 스폿 페이싱 : 볼트나 너트를 체결하기 곤란한 경우에 볼트나 너트가 닿는 구멍 주위에 부분만을 평탄하게 가공하여 체결이 잘되도록 하는 가공 방법

16 선반 바이트 재료 중 금속탄화물의 분말형의 금속원소를 프레스로 성형한 다음 소결하여 만든 합금으로, 경도가 크고, 내열성, 내마멸성이 높은 것은?

① 세라믹   ② 고속도강
③ 스텔라이트   ④ 초경합금

초경합금 : W, Ti, Mo, Zr 등의 경질합금 탄화물 분말을 Co, Ni을 결합제로 하여 1,400℃ 이상의 고온으로 가열하면서 프레스로 소결 성형한 절삭공구이다.

17 연삭숫돌에 눈메움이나 무딤현상이 발생되었을 때 이를 해결하는 방법으로 옳은 것은?

① 황 삭   ② 몰 딩
③ 버 핑   ④ 드레싱

눈메움이나 무딤이 발생하여 절삭성이 나빠진 연삭숫돌 표면에 드레서를 사용하여 예리한 절삭날을 숫돌 표면에 생성하여 절삭성을 회복시키는 작업을 드레싱(Dressing)이라 한다.

18 보통 주철재료의 드릴 가공 시 절삭유의 선정은?

① 수용성 절삭유
② 유화유
③ 광 유
④ 사용하지 않음

주철은 흑연의 윤활작용과 절삭 칩이 쉽게 파괴되어 절삭성이 매우 우수하기 때문에 절삭유가 필요 없다.

19 보통 선반용 부속공구에 속하지 않는 것은?

① 면 판   ② 분할대
③ 센 터   ④ 맨드릴

> **해설**
> **선반과 밀링의 부속품**

선반의 부속품	밀링의 부속품
방진구, 맨드릴, 센터, 면판, 돌림판과 돌리개, 척 등	바이스, 분할대, 회전 테이블, 슬로팅장치 등

20 가공물에 광택을 내기 위하여 모, 직물 등으로 만든 원판의 숫돌바퀴에 윤활제와 연삭 입자를 부착시켜 회전 가공하는 것은?

① 버니싱   ② 호 닝
③ 버 핑   ④ 롤 링

> **해설**
> ③ 버핑 : 모(毛), 직물 등으로 원반을 만들고 이것을 여러 장 붙이거나 재봉으로 누비거나 또는 나사못으로 겹쳐서 폴리싱 또는 버핑 바퀴를 만들고, 바퀴에 윤활제를 섞은 미세한 연삭 입자의 연삭작용으로 가공물 표면을 매끈하게 또는 광택을 내는 가공이다.
> ① 버니싱가공 : 원통형 내면에 강철 볼 형의 공구를 압입해 통과시켜 매끈하고 정도가 높은 면을 얻는 가공법

21 다음 중 버니어캘리퍼스의 종류가 아닌 것은?

① M1형   ② M2형
③ HT형   ④ CM형

> **해설**
> KS에 규정된 버니어캘리퍼스 종류 : M1형, M2형, CB형, CM형

22 기계가공 중에서 공구를 회전시키면서 작업을 하는 공작기계에 속하는 것은?

① 선 반   ② 플레이너
③ 브로칭머신   ④ 호빙머신

> **해설**
> • 공구 회전운동 공작기계 : 호빙머신, 밀링, 연삭, 드릴 등
> • 공구 직선운동 공작기계 : 선반, 플레이너, 브로칭머신 등

23 그림에서 $D = 40\,\text{mm}$, $d = 30\,\text{mm}$, $l = 100\,\text{mm}$일 때 복식 공구대에 의한 테이퍼를 가공할 때 공구대의 선회 각도(θ)는?

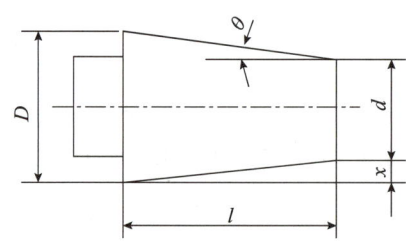

① 0° 51′   ② 2° 51′
③ 5° 42′   ④ 7° 42′

> **해설**
> **복식 공구대 회전각**
> $$\tan\alpha = \frac{D-d}{2l}$$
> 여기서, α : 복식 공구대 선회각
> D : 테이퍼의 큰 지름(mm)
> d : 테이퍼의 작은 지름(mm)
> l : 테이퍼의 길이(mm)
> $$\tan\alpha = \frac{D-d}{2l} = \frac{40-30}{2\times100} = 0.05$$
> ∴ 선회각(α) $= \tan^{-1}0.05 = 2.86 = 2°51′$

24 연삭숫돌 입자의 고정과 관련이 있고 입자 탈락과 가장 관련이 깊은 것은?

① 조 직　　　　② 가 공
③ 결합도　　　　④ 입 도

> **해설**
> ③ 결합도 : 연삭숫돌의 경도는 접착제의 접착력을 의미한다. 즉, 연삭 중에 연삭저항에 대하여 입자를 유지하는 힘이 크고 작음을 나타내는 것이다. 경도가 크다는 것은 동일한 연삭조건에서 연삭 중에 입자의 탈락이 적다는 것을 의미한다.
> ① 조직 : 입자의 조밀 정도
> ④ 입도 : 연삭 입자의 크기

25 다음 중 다듬질 면의 표면정도가 가장 높은 정밀 입자 가공법은?

① 쇼트피닝　　　② 래 핑
③ 밀 링　　　　④ 선 삭

> **해설**
> ② 래핑 : 매끈한 표면을 가공하는 가공법으로 보기 중에서 가장 높은 정밀 입자 가공법이다.

26 슈퍼피니싱 가공에 대한 설명으로 틀린 것은?

① 가공시간이 길다.
② 방향성이 없다.
③ 전 가공의 변질층을 제거한다.
④ 내마멸성이 높은 다듬질 면을 얻을 수 있다.

> **해설**
> **슈퍼피니싱**
> 입도가 작고, 연한 숫돌에 작은 압력으로 가압하면서, 가공물에 이송을 주고, 동시에 숫돌에 진동을 주어 표면 거칠기를 좋게 하는 가공 방법이다. 다듬질된 면은 평활하고, 방향성이 없으며, 가공에 의한 표면변질층이 극히 미세하다. 가공시간이 짧다(작은 압력+이송+진동).

27 많은 날을 가진 절삭공구인 브로치의 주요 부분에 해당하지 않는 것은?

① 자루부　　　　② 안내부
③ 절삭부　　　　④ 고정부

> **해설**
> • 브로치 구조 : 자루부, 안내부, 절삭부, 평행부로 구성
> • 자루부 : 브로치를 기계에 고정하기 위한 부분
> • 안내부 : 절삭 위치로 유도하기 위한 부분
> • 절삭부 : 절삭을 하는 부분으로 거친 날, 중간 날, 다듬질 날로 구분

28 일반적으로 정반의 크기는 무엇으로 표시하는가?

① 중 량　　　　② 폭×두께×중량
③ 폭　　　　　　④ 가로×세로×높이

> **해설**
> 정반의 크기 : 가로×세로×높이

29 선반가공에서 긴 공작물을 절삭할 때 사용하는 이동형 방진구는 어느 부분에 설치하는가?

① 심압대　　　　② 왕복대
③ 베 드　　　　④ 주축대

> **해설**
> 방진구(Work Rest) : 선반에서 가늘고 긴 가공물의 휨이나 떨림을 방지하기 위해 선반 베드 위에 고정하여 사용하는 고정식 방진구, 왕복대의 새들에 고정하여 사용하는 이동식 방진구가 있다.

30 CNC 선반에서 많은 절삭공구를 방사 방향으로 설치하여 회전시키며 공구를 사용할 수 있도록 한 공구대의 명칭은?

① 심압대(Tail Stock) ② 에어프런(Apron)
③ 터릿(Turret) ④ 새들(Sadle)

③ 터릿(Turret) : 여러 개의 공구를 방사 방향으로 설치하여 가공에 필요한 공구를 자동으로 교환하며 사용하는 공구대
① 심압대(Tail Stock) : 길이가 긴 가공물을 가공할 때에 가공물의 중심을 지지해 주는 역할을 하는 것

31 밀링커터의 하나로 60°의 각을 가진 원추 형상의 커터로서 엔드밀이나 사이드 커터로 홈을 가공하고 바닥면과 양측 측면을 가공하는 커터는?

① 메탈소 ② 양각커터
③ 플레인커터 ④ 더브테일커터

④ 더브테일커터 : 공작기계의 부품과 같이 직선 슬라이딩 장치의 제작에 사용되는 공구로 측면과 바닥면이 60°가 되도록 동시에 가공한다.

32 절삭유제의 사용 목적에서 틀린 것은?

① 구성인선의 발생을 촉진시킨다.
② 공구의 마모를 줄이고 윤활 및 세척작용으로 가공표면을 양호하게 한다.
③ 칩을 씻어주고 절삭 부분을 깨끗이 닦아 절삭작용을 돕는다.
④ 가공물을 냉각시켜, 절삭 열에 의한 정밀도 저하를 방지한다.

절삭유제의 사용목적
• 구성인선의 발생을 방지한다.
• 공구의 인선을 냉각시켜 공구의 경도저하를 방지한다.
• 가공물을 냉각시켜, 절삭열에 의한 정밀도 저하를 방지한다.
• 공구의 마모를 줄이고 윤활 및 세척작용으로 가공표면을 양호하게 한다.
• 칩을 씻어주고 절삭부를 깨끗이 닦아 절삭작용을 쉽게 한다.

33 원통 연삭방식에서 연삭숫돌을 일정한 위치에서 회전시키고, 회전하는 일감을 숫돌 폭방향으로 이송하여 연삭하는 것은?

① 트래버스 연삭 ② 플런저 연삭
③ 만능 연삭 ④ 공구 연삭

① 트래버스 연삭 : 연삭숫돌을 일정한 위치에서 회전시키고, 회전하는 일감을 숫돌 폭 방향으로 이송하여 연삭하는 방법

34 선반작업에서 지켜야 할 안전사항으로 틀린 것은?

① 가동 전에 각종 레버, 하프너트, 자동장치를 점검한다.
② 가동 전에 주유 부분에는 반드시 주유한다.
③ 전기배선의 절연상태는 양호한가 점검한다.
④ 장갑과 보호안경을 반드시 끼고 작업한다.

• 장갑 등을 착용하지 않도록 한다.
• 반드시 보호안경을 착용한다.

35 엔드밀로 홈 가공 시 절삭력에 의해 휘어지는 문제가 발생하는데 이 휨의 방지법으로 적합한 것은?

① 가능한 한 엔드밀을 짧게 고정한다.
② 절삭량을 많이 준다.
③ 이송속도를 빠르게 한다.
④ 주축회전수를 빠르게 한다.

해설
엔드밀을 이용하여 가공할 때는 홈이 센터와 직각 방향으로 다소 변위되어 절삭되는 문제점이 있다. 이러한 현상은 절삭이 시작될 때, 절삭력에 의하여 엔드밀이 휘어지기 때문이다. 따라서 가능한 한 엔드밀을 짧게 고정하고 절삭량을 적게 하여 가공하면 방지할 수 있다.

36 다음 비철 재료 중 비중이 가장 가벼운 것은?

① Cu
② Ni
③ Al
④ Mg

해설
• 마그네슘(Mg) : 비중(1.74)로 실용금속으로 가장 가볍다.
• Cu(8.96), Ni(8.90), Al(2.7)

37 보통 주철에 비하여 규소가 적은 용선에 적당량의 망간을 첨가하여 금형에 주입하면 금형에 접촉된 부분은 급랭되어 아주 가벼운 백주철로 되는데 이러한 주철을 무엇이라고 하는가?

① 가단주철
② 칠드주철
③ 고급주철
④ 합금주철

해설
② 칠드주철 : 보통 주철보다 규소(Si) 함유량을 적게 하고 적당량의 망간을 첨가한 쇳물을 금형 또는 칠 메탈이 붙어 있는 모래형에 주입하여 필요한 부분만 급랭시켜 표면만이 단단하게 되고 내부는 회주철이 되므로 강인한 성질을 가지는 주철
① 가단주철 : 주철의 결점인 여리고 약한 인성을 개선하기 위하여 열처리에 의하여 편상 흑연을 괴상화하여 강도와 연성을 향상시킨 것이다.

38 비금속재료에 속하지 않는 것은?

① 합성수지
② 네오프렌
③ 도 료
④ 고속도강

해설
• 고속도강은 금속재료로 합금강이다(39번 해설 참조).
• 금속재료
  – 철강재료 : 탄소강, 합금강, 주철 등
  – 비철금속재료 : 마그네슘, 알루미늄, 동, 니켈, 타이타늄 등
• 비금속재료
  – 무기재료 : 도자기, 세라믹, 시멘트, 유리 등
  – 유기재료 : 플라스틱, 접착재료, 도료 등

39 18-4-1형 고속도강에서 4가 의미하는 원소는? (단, 숫자는 함유량 %임)

① 바나듐
② 텅스텐
③ 크로뮴
④ 니 켈

해설
고속도강(High Speed Steel) : W, Cr, V, Co 등의 합금강으로서 담금질 및 뜨임 처리하면 600℃ 정도까지 경도를 유지하며 고온 경도가 높고 내마모성이 우수하다. 절삭속도가 탄소공구강에 비해 2배 이상이다.
※ 표준 고속도강 조성 : 18% W – 4% Cr – 1% V

40 탄소강에 있어서 탄소량의 증가에 따라 일어나지 않는 현상은?

① 경도가 높아진다.
② 충격값이 커진다.
③ 연신율이 감소한다.
④ 담금질 효과가 커진다.

해설
탄소강은 탄소량의 증가에 따라 경도가 높아지고, 충격값과 연신율이 감소하고, 담금질 효과가 커진다.

41 주석(Sn), 아연(Zn), 납(Pb), 안티몬(Sb)의 합금으로, 주석계 메탈을 베빗메탈이라 하며 내연기관을 비롯한 각종 기계의 베어링에 가장 널리 사용되는 것은?

① 켈 밋　　　　　② 합성수지
③ 트리메탈　　　　④ 화이트메탈

해설
베어링합금의 화이트메탈에는 Sn계와 Pb계가 있는데, Sn-Sb-Cu계의 배빗메탈이라고도 한다. Pb계 베어링합금은 경도가 낮아서 내마멸성과 내충격성이 떨어지고, 온도가 상승하면 축에 녹아 붙을 가능성이 있으나 값이 싸서 비교적 많이 사용된다.

42 탄소 함량 0.8%에서 페라이트와 시멘타이트의 공석점인 탄소강의 조직은?

① 오스테나이트　　② 페라이트
③ 펄라이트　　　　④ 레데부라이트

해설
③ 펄라이트 : 페라이트와 시멘타이트가 층상으로 되어 있는 조직으로 진주조개에 나타나는 무늬처럼 보인다.

43 나사의 종류와 용도가 서로 잘못 연결된 것은?

① 둥근나사 - 전구
② 사각나사 - 체결용
③ 삼각나사 - 일반 체결용
④ 사다리꼴나사 - 운동 전달용

해설
• 사각나사 : 축방향의 하중을 받아 운동을 전달하는 데 적합한 나사(나사 프레스 등 사용)
• 운동용 나사 : 사각나사, 사다리꼴 나사, 톱니 나사, 볼나사, 둥근나사 등
• 둥근나사 : 먼지, 모래, 등의 이물질이 나사산을 통하여 들어갈 염려가 있을 때 사용
• 삼각나사 : 부품의 결합 및 위치 조정 등의 일반 체결용

44 하중을 작용상태 및 작용속도 그리고 분포상태에 따라 분류할 때 작용상태에 의한 분류에 속하지 않는 것은?

① 인장하중　　　　② 굽힘하중
③ 충격하중　　　　④ 비틀림하중

해설
충격하중은 하중의 작용시간에 따라 분류한다(충격하중, 반복하중).
하중의 작용 상태에 따른 분류
• 인장하중 : 재료의 축선 방향으로 늘어나게 하려는 하중(a)
• 압축하중 : 재료의 축선 방향으로 재료를 누르는 하중(b)
• 전단하중 : 재료를 가위로 가로 방향으로 자르려는 것과 같은 형태의 하중(c)
• 굽힘하중 : 재료를 구부려 휘어지게 하는 형태의 하중(d)
• 비틀림하중 : 재료를 비트는 형태로 작용하는 하중(e)

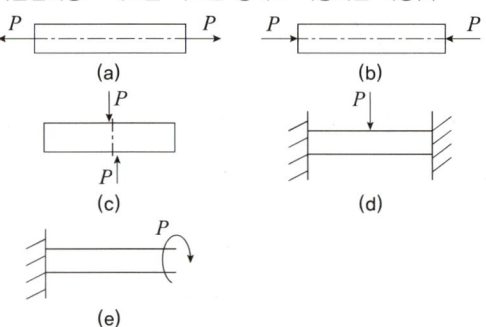

[하중의 작용상태에 따른 분류]

45 키의 폭이 4mm이고 높이가 5mm, 유효길이가 40mm인 성크키에서 축과 보스의 경계면에 작용하는 허용 접선력(kN)은?(단, 이 키의 허용전단응력은 200N/mm²이다)

① 25kN ② 32kN

③ 200kN ④ 250kN

키에 발생하는 전단응력

$\tau = \dfrac{P}{bl}$ → $P = \tau bl = 200\text{N/mm}^2 \times 4\text{mm} \times 40\text{mm}$

$\qquad\qquad = 32,000\text{N} = 32\text{kN}$

∴ 허용 접선력(kN)=32kN

여기서, τ : 허용전단응력(N/mm²)

$\qquad\quad b$: 폭(mm)

$\qquad\quad l$: 길이(mm)

$\qquad\quad P$: 허용접선력(N)

46 소선의 지름 8mm, 스프링의 지름 80mm인 압축코일 스프링에서 하중이 200N 작용하였을 때 처짐이 10mm가 되었다. 이때 스프링 상수는 몇 N/mm인가?

① 5 ② 10

③ 15 ④ 20

스프링 상수

$k = \dfrac{W(하중)}{\delta(처짐량)} = \dfrac{200\text{N}}{10\text{mm}} = 20\text{N/mm}$

∴ 스프링 상수=20N/mm

이 문제에서 소선의 지름과 스프링 지름은 스프링 상수를 구하는 데 필요 없다.

47 사다리꼴나사 중 미터계의 나사산의 각도는?

① 29° ② 30°

③ 55° ④ 60°

사다리꼴 나사산 각이 미터계(Tr)는 30°, 인치계(TW)는 29°

48 바깥지름이 126mm, 잇수 40인 표준 스퍼기어의 모듈은?

① 2.5 ② 3.0

③ 3.15 ④ 5.04

모듈$(m) = \dfrac{D}{Z} = \dfrac{126\text{mm}}{40} = 3.15$

∴ 모듈$(m) = 3.15$

여기서, D : 피치원지름(mm)

$\qquad\quad Z$: 기어의 잇수

49 축선과 같은 방향으로 주로 작용하는 하중을 받쳐 주는 베어링은?

① 레이디얼 베어링

② 테이퍼 베어링

③ 스러스트 베어링

④ 분할 베어링

③ 스러스트 베어링 : 축선과 같은 방향으로 작용하는 하중을 받쳐 준다.

① 레이디얼 베어링 : 축선에 직각으로 작용하는 하중을 받쳐 준다.

② 테이퍼 베어링 : 레이디얼 하중과 스러스트 하중이 동시에 작용하는 하중을 받쳐 준다.

50 축 방향에 인장 또는 압축을 받는 두 축을 연결하는 것으로서 분해할 필요가 있을 때 쓰이는 결합용 이음은?

① 키 이음

② 핀 이음

③ 코터 이음

④ 클러치 이음

해설
• 코터 : 한쪽 또는 양쪽에 기울기를 갖는 평판 모양의 쐐기로서 인장력이나 압축력을 받는 2개의 축을 연결하는 결합용 기계요소이다.
• 클러치 : 운전 중 두 축을 떼어 놓는 장치

51 KS 나사제도에서 관용 평행 나사를 나타내는 종류 기호는?

① A

② G

③ M

④ S

해설
나사의 종류를 표시하는 기호 및 나사의 호칭에 대한 표시 방법
(KS B 0200)

구 분	나사의 종류	나사종류 기호	나사의 호칭방법
ISO 규격에 있는 것	미터보통나사	M	M8
	미터가는나사		M8×1
	미니추어나사	S	S0.5
	유니파이보통나사	UNC	3/8−16UNC
	유니파이가는나사	UNF	No.8−36UNF
	미터사다리꼴나사	Tr	Tr10×2
ISO 규격에 없는 것	관용평행나사	G	G1/2

52 도면에서 기술, 기호 등을 따로 기입하기 위하여 도형으로부터 끌어내는 데 쓰이는 선은?

① 피치선

② 치수선

③ 중심선

④ 지시선

해설
용도에 따른 선의 종류

명 칭	선의 종류	선의 용도
외형선	굵은 실선	대상물이 보이는 부분의 모양을 표시하는 데 사용한다.
치수선	가는 실선	치수를 기입하기 위하여 사용한다.
치수 보조선		치수를 기입하기 위하여 도형으로부터 끌어내는 데 사용한다.
지시선		기술, 기호 등을 표시하기 위하여 끌어내는 데 사용한다.
숨은선	가는 파선	대상물의 보이지 않는 부분의 모양을 표시하는 데 사용한다.
중심선	가는 1점 쇄선	도형의 중심을 표시하는 데 사용한다. 중심이 이동한 중심 궤적을 표시하는 데 사용한다.
특수지정선	굵은 1점 쇄선	특수한 가공을 하는 부분 등 특별한 요구 사항을 적용할 수 있는 범위를 표시하는 데 사용한다(열처리).

53 그림의 표면의 결 도시 기호에서 각 항목이 설명하는 것으로 틀린 것은?

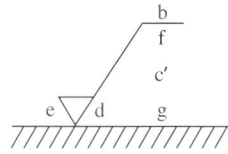

① d : 줄무늬 방향의 기호
② b : 컷 오프 값
③ c′ : 기준길이
④ g : 표면 파상도

해설

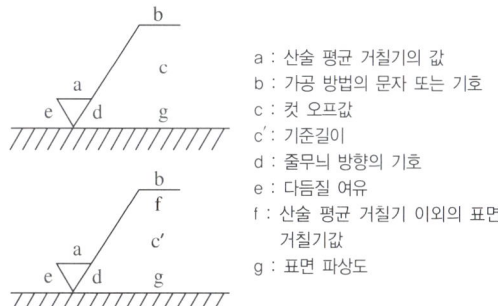

a : 산술 평균 거칠기의 값
b : 가공 방법의 문자 또는 기호
c : 컷 오프값
c′ : 기준길이
d : 줄무늬 방향의 기호
e : 다듬질 여유
f : 산술 평균 거칠기 이외의 표면 거칠기값
g : 표면 파상도

※ b : 가공 방법의 문자 또는 기호

54 그림의 조립도에서 부품 ㉠의 기능 및 조립과 가공 시를 고려할 때, 가장 적합하게 투상된 부품도는?

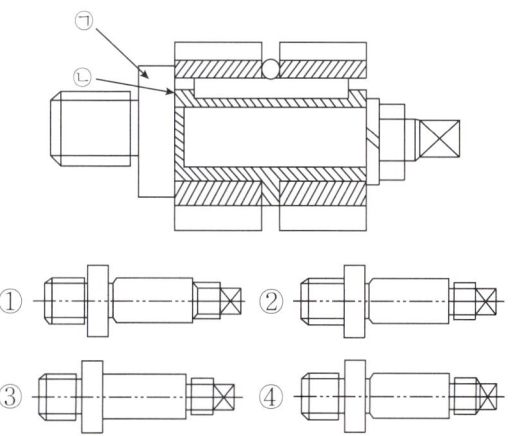

55 기하 공차의 종류별 표시 기호가 모두 올바르게 표시된 것은?

① 평면도 : ━, 진직도 : ⊥, 동심도 : ◎, 진원도 : ⊕

② 평면도 : ━, 진직도 : ∠, 동심도 : ○, 진원도 : ⊕

③ 평면도 : ▱, 진직도 : ⊥, 동심도 : ⊕, 진원도 : ○

④ 평면도 : ▱, 진직도 : ━, 동심도 : ◎, 진원도 : ○

해설

기하공차의 종류와 기호

적용하는 형체	공차의 종류		기 호
단독 형체	모양 공차	진직도 공차	━
		평면도 공차	▱
		진원도 공차	○
		원통도 공차	⌀
단독 형체 또는 관련 형체		선의 윤곽도 공차	⌒
		면의 윤곽도 공차	◠
관련 형체	자세 공차	평행도 공차	∥
		직각도 공차	⊥
		경사도 공차	∠
	위치 공차	위치도 공차	⊕
		동축도 공차 또는 동심도 공차	◎
		대칭도	═
	흔들림 공차	원주 흔들림 공차	↗
		온 흔들림 공차	↗↗

56 그림의 입체도를 제3각법으로 올바르게 제도한 것은?(단, 화살표 방향을 정면으로 한 투상도이다)

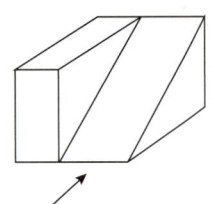

①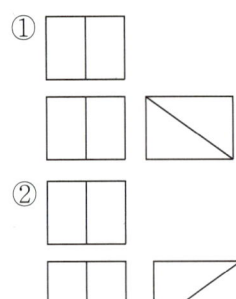

②

③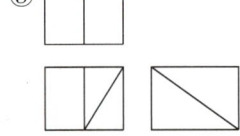

④

57 "7206 C DB" 베어링 호칭에서 "72"의 의미는?

① 베어링 계열 기호
② 궤도륜 모양 기호
③ 접촉각 기호
④ 안지름 번호

해설
72(베어링 계열번호/단열 앵귤러 볼 베어링), 06(안지름번호/30mm), C(보조기호/접촉각), DB(보조기호/베어링의 조합이 뒷면 조합)

58 KS 기계제도에서의 치수 배치에서 한 개의 연속된 치수선으로 간편하게 표시하는 것으로 치수의 기점의 위치를 기점 기호(0)로 나타내는 기입법은?

① 직렬 치수 기입법
② 좌표 치수 기입법
③ 병렬 치수 기입법
④ 누진 치수 기입법

해설
치수의 배치 방법
• 직렬 치수 기입(a) : 직렬로 연결된 치수에 주어진 일반 공차가 차례로 누적되어도 좋은 경우에 사용한다(치수를 기입할 때에는 치수 공차가 누적된다).
• 병렬 치수 기입(b) : 기준면을 설정하여 개개별로 기입되는 방법으로, 각 치수의 일반 공차는 다른 치수의 일반 공차에 영향을 주지 않는다.
• 누진 치수 기입(c) : 치수 공차에 관하여 병렬 치수 기입과 완전히 동등한 의미를 가지면서, 하나의 연속된 치수선으로 간편하게 표시한다.

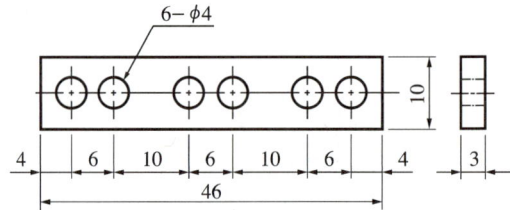

(a) 직렬 치수 기입

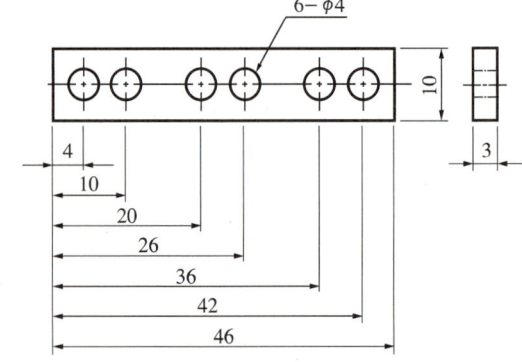

(b) 병렬 치수 기입

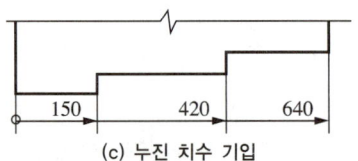

(c) 누진 치수 기입

59 그림과 같이 대상물의 구멍, 홈 등의 한 곳만의 모양을 도시하는 것으로 충분한 경우 그 필요 부분만을 도시하는 투상도는?

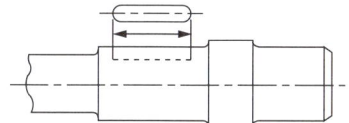

① 한쪽 투상도

② 회전 투상도

③ 국부 투상도

④ 보조 투상도

해설

③ 국부 투상도 : 대상물의 구멍, 홈 등과 같이 한 부분의 모양을 도시하는 것으로 충분한 경우에는 그 필요한 부분만을 국부 투상도로 도시한다. 또한, 투상 관계를 나타내기 위하여 원칙적으로 주 투상도에 중심선, 기준선, 치수 보조선 등으로 연결한다.

60 그림에서 기준 치수 $\phi 50$ 기둥의 최대실체치수(MMS)는 얼마인가?

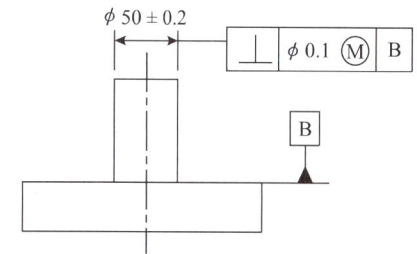

① $\phi 50.2$

② $\phi 50.3$

③ $\phi 49.8$

④ $\phi 49.7$

해설

축(외측 형체)은 최대실체치수(MMS)가 상한 치수로 $\phi 50.2$이다.

최대실체 공차방식

부품 형체	상한 치수	하한 치수	비 고
외측 형체	최대실체치수 (MMS)	최소실체치수 (LMS)	축, 핀
내측 형체	최소실체치수 (LMS)	최대실체치수 (MMS)	구멍, 홈

※ 축은 큰 것이 MMS이고, 구멍은 작은 것이 MMS이다.

※ 최대실체치수=최대실체조건=최대재료치수

최소실체치수=최소실체조건=최소재료치수

01 리밍(Reaming)을 할 때 가장 좋은 방법은?

① 드릴 작업과 같은 속도로 하는 것이 좋다.

② 드릴 작업보다 저속으로 절삭하고 이송을 크게 한다.

③ 드릴 작업보다 고속으로 절삭하고 이송을 크게 한다.

④ 드릴 작업보다 고속으로 절삭하고 이송을 작게 한다.

> **해설**
> 리밍 : 드릴 작업보다 저속으로 절삭하고 이송을 크게 한다.

02 연삭숫돌을 나무 해머로 가볍게 때려 검사한 결과, 음향이 둔탁하고 울림이 없는 숫돌은?

① 정상 상태인 숫돌

② 균열이 생긴 숫돌

③ 두께가 얇은 숫돌

④ 두께가 두꺼운 숫돌

> **해설**
> • 정상 상태 숫돌 : 음향이 맑고, 울림이 있는 숫돌
> • 균열 상태 숫돌 : 음향이 둔탁하고 울림이 없으면 균열이나 결함이 발생한 숫돌이다.

03 회전 절삭운동을 하지 않는 공작기계는?

① 연삭기   ② 셰이퍼

③ 밀링머신   ④ 드릴링머신

> **해설**
> • 직선적인 왕복운동(절삭행정과 귀환운동으로 구분) : 플레이너, 셰이퍼, 슬로터
> • 회전 절삭운동 : 드릴링머신, 밀링머신, 연삭기 등

04 쐐기형의 형상으로 게이지 블록처럼 조합하여 사용하는 각도로 게이지의 이름은?

① 요한슨식 각도 게이지

② NPL식 각도 게이지

③ 콤비네이션 세트

④ 베벨 각도기

> **해설**
> • NPL식 각도기 : 길이 약 90mm, 폭 약 15mm의 측정면을 가진 쐐기형의 열처리된 블록으로 각각 6초, 18초, 1분, 3분, 9분, 27분, 1°, 3°, 9°, 27°, 41°의 각도를 가진 12개의 게이지를 한조로 한다.
> • 콤비네이션 세트 : 각도를 측정하며 높이 측정에 사용하거나, 중심을 내는 금긋기 작업에도 사용된다.
> ※ 각도 측정 : 각도 게이지(요한슨식, NPL식), 사인바, 수준기, 콤비네이션 세트, 베벨 각도기, 광학식 클리노미터, 광학식 각도기, 오토 콜리메이터 등

05 창성법에 의한 기어가공 방법은?

① 형판에 의한 기어가공

② 총형 바이트에 의한 기어가공

③ 브로치에 의한 기어가공

④ 랙커터에 의한 기어가공

해설

창성에 의한 방법 : 인벌류트 곡선의 성질을 응용한 정확한 기어절삭 공구를 기어의 소재와 함께 회전운동을 주며, 축 방향으로 왕복운동을 시켜 절삭한다.

창성에 의한 가공 방법의 종류

• 랙커터에 의한 방법

• 피니언커터에 의한 방법

• 호브에 의한 절삭

06 숫돌바퀴의 결합도가 지나치게 낮을 경우 숫돌입자의 파쇄가 충분하게 일어나기 전에 결합체가 파쇄되어 숫돌입자가 떨어져 나가는 현상은?

① 눈메움   ② 입자탈락

③ 무 딤   ④ 드레싱

해설

② 입자탈락 : 숫돌의 입자가 마모되기 전에 입자가 탈락하는 현상

① 눈메움(Loading) : 결합도가 높은 숫돌에서 알루미늄이나 구리 같이 연한 금속을 연삭하게 되면 연삭숫돌 표면에 기공이 메워져서 칩을 처리하지 못하여 연삭 성능이 떨어지는 현상

③ 무딤(Glazing) : 숫돌 입자가 마모되어 예리하지 못할 때 탈락하지 않고 둔화되는 현상

④ 드레싱(Dressing) : 숫돌 표면에 무디어진 입자나 기공을 메우고 있는 칩을 제거하여 본래의 형태로 숫돌을 수정하는 방법

07 밀링가공에서 생산성을 향상시키기 위한 절삭속도의 선정방법으로 틀린 것은?

① 커터수명 연장을 위해 추천 절삭속도보다 약간 높게 설정하는 것이 좋다.

② 가공물의 경도, 강도, 인성 등의 기계적 성질을 고려하여 설정한다.

③ 거친 절삭에는 속도를 느리게, 이송은 빠르게 하고 절삭 깊이를 크게 선정한다.

④ 커터 날이 빠르게 마모되면 절삭속도를 좀 더 낮추어 선정한다.

해설

커터의 수명을 연장하기 위해서는 추천 절삭속도보다 절삭속도를 약간 낮게 설정하여 절삭하는 것이 좋다.

생산성을 향상시키기 위한 절삭속도 선정 방법

• 가공물의 경도, 강도, 인성 등의 기계적 성질을 고려한다.

• 커터의 날이 빠르게 마모되거나 손상되는 현상이 발생하면 절삭속도를 좀 더 낮추어 절삭한다.

구 분	절삭속도	이 송	절삭깊이
거친 절삭	느리게	빠르게	크 게
다듬질 절삭	빠르게	느리게	작 게

08 CNC 공작 기계인 머시닝 센터의 G-코드에 대한 설명 중 맞는 것은?

① G96 : 주축 속도 일정제어

② G98 : 주축 최고 회전수 지정

③ G60 : 주축 속도 일정제어 취소

④ G97 : 주축 최저 회전수 제어

해설

• G96 : 주축 속도 일정제어

• G97 : 주축 회전수 일정제어

• G98 : 고정사이클 초기점 복귀(CNC 선반 G98 : 분당 이송 지정)

• G99 : 고정사이클 R점 복귀(CNC 선반 G99 : 회전당 이송 지정)

09 선반의 심압대 대신 터릿을 설치하여 작은 일감을 대량으로 생산하거나 효율적으로 가공할 때 주로 사용하는 선반은?

① 모방 선반　　　② 터릿 선반
③ 자동 선반　　　④ 공구 선반

② 터릿 선반 : 보통선반 심압대 대신에 터릿으로 불리는 회전 공구대를 설치하여 여러 가지 절삭공구를 공정에 맞게 설치하여 가공하는 선반
③ 자동 선반 : 캠(Cam)이나, 유압기구 등을 이용하여 부품 가공을 자동화한 대량 생산용 선반
④ 공구 선반 : 보통선반과 같은 구조이나 정밀한 형식으로 되어 있다.

11 게이지 블록, 플러그 게이지, 기관용 연료분사 펌프 등의 최종 가공에 적합한 정밀입자 가공 방법으로 특히 게이지 블록의 최종 다듬질 공정은 숙련자의 손작업에 의해 완성하기도 하는 것은?

① 래 핑　　　② 슈퍼피니싱
③ 호 닝　　　④ 쇼트피닝

① 래핑 : 가공물과 랩(Lap)사이에 랩제를 넣고 가공물에 압력을 가하면서 표면 거칠기가 우수한 가공면을 얻는 가공 방법, 특히 게이지블록의 최종 다듬질 공정에 이용된다.
② 슈퍼피니싱 : 연한 숫돌에 작은 압력으로 가압하면서, 가공물에 이송을 주고 동시에 숫돌에 진동을 주어 표면 거칠기를 높이는 가공방법(작은 압력+이송+진동)
③ 호닝머신 : 혼(Hone)을 회전 및 직선 왕복운동 시켜 원통 내면의 진원도, 진직도, 표면거칠기 등을 더욱 향상시키기 위한 가공 방법
④ 쇼트피닝 : 표면을 타격하는 일종의 냉간가공으로 철강의 작은 볼(Shot)을 공작물 표면에 분사하여 강재의 화학조성을 변화시키지 않고 표면을 매끈하게 하여 피로강도 및 기계적 성질을 향상시킨다.

10 밀링머신에서 12개의 날을 가진 커터를 사용하여 1개의 날당 이송량이 0.2mm, 회전수를 400rpm으로 가공하려 할 때 테이블의 이동속도(mm/min)는?

① 80　　　② 96
③ 800　　　④ 960

$$f = f_z \times n \times z = 0.2\text{mm} \times 400\text{rpm} \times 12$$
$$= 960\text{mm/min}$$
$$\therefore f = 960\text{mm/min}$$
여기서, f : 테이블 이송속도
　　　　f_z : 1개의 날당 이송(mm)
　　　　n : 회전수
　　　　z : 커터의 날수

12 다음 중 수직 밀링머신에서 주로 쓰는 절삭 공구가 아닌 것은?

① 엔드밀
② 정면 밀링커터
③ 메탈소(Saw)
④ T홈커터

구 분	수직 밀링머신	수평 밀링머신
절삭 공구	엔드밀, 정면 밀링커터, T홈커터, 더브테일커터 등	메탈소, 측면커터, 양각커터, 편각커터, 총형커터, 슬래브밀 등

13 일반적인 보링머신에서 작업할 수 있는 것이 아닌 것은?

① 널링 작업　　　　② 리밍 작업

③ 태핑 작업　　　　④ 드릴링 작업

• 널링 작업 : 선반에서 작업
• 보링머신 : 가공물을 회전시키는 데 복잡한 형상이나 대형인 가공물, 중량이 커서 편심으로 가공될 우려가 있는 제품의 가공에 적합하다.
• 보링머신 가능 작업 : 보링, 드릴링, 리밍, 태핑, 밀링가공의 일부 분야까지도 가능

14 공구 재료 중 경도가 가장 높고 내마모성이 크며 절삭속도가 빠르고 비철금속의 정밀절삭에 사용하는 것은?

① 세라믹　　　　② 탄소공구강

③ 다이아몬드　　　　④ 고속도강

③ 다이아몬드 : 현재 알려져 있는 절삭공구 중에서 가장 경도가 크고 내마모성이 크며, 절삭속도가 빠르고 절삭가공이 능률적인 우수한 공구재료이다. 경질고무, 베이클라이트, 알루미늄, 황동 등의 절삭에 대단히 능률이 좋다. 그러나 다이아몬드는 취성이 커서 잘 깨지고 값이 고가이다.

15 1차로 가공된 가공물의 안지름보다 다소 큰 강철 볼을 압입하여 통과시켜서 가공물의 표면을 소성 변형시켜 가공하는 방법은?

① 버니싱　　　　② 쇼트피닝

③ 배럴가공　　　　④ 폴리싱

① 버니싱가공 : 원통형 내면에 강철 볼 형의 공구를 압입해 통과시켜 매끈하고 정도가 높은 면을 얻는 가공법
② 쇼트피닝가공 : 표면을 타격하는 일종의 냉간가공으로 철강의 작은 볼(Shot)을 공작물 표면에 분사하여 강재의 화학조성을 변화시키지 않고 표면을 매끈하게 하여 피로강도 및 기계적 성질을 향상시킨다.
③ 배럴가공 : 충돌가공(주물귀, 돌기 부분, 스케일 제거), 회전하는 상자 속에 공작물과 미디어, 콤파운드(유지+직물), 공작액 등을 넣고 회전과 진동을 주어 표면을 다듬질(회전형, 진동형)

16 방전가공에서 전극재료가 갖추어야 할 조건 중 올바르지 않은 것은?

① 방전이 안전하고 가공속도가 클 것

② 가공 정밀도가 높을 것

③ 기계가공이 쉬울 것

④ 가공전극의 소모량이 많을 것

전극 재료의 조건
• 가공전극의 소모가 적을 것
• 방전이 안전하고 가공속도가 클 것
• 가공 정밀도가 높을 것
• 기계가공이 쉬울 것
• 구하기 쉽고 값이 저렴할 것

17 측정 오차에 대한 설명으로 틀린 것은?

① 측정기 오차 : 측정기 자체의 오차

② 시차(視差, Parallax) : 시간의 경과에 따라 발생되는 오차

③ 우연 오차 : 외부적 환경요인에 따른 오차

④ 개인 오차 : 측정하는 사람에 따라 발생되는 오차

측정 오차 종류
• 시차 : 측정자의 눈의 위치에 따라 눈금의 읽음 값에 오차가 생기는 경우
• 측정기 오차(계기 오차) : 측정기의 구조, 측정 압력, 측정 온도, 측정기의 마모 등에 따른 오차
• 우연 오차 : 기계에서 발생하는 소음이나 진동 등과 같은 주위 환경에서 오는 오차 또는 자연 현상의 급변 등으로 생기는 오차
• 개인 오차 : 측정하는 사람에 따라 발생되는 오차

18 밀링 작업을 할 때 안전 사항으로 틀린 것은?

① 제품을 바이스에서 풀어낼 때나 측정할 때는 반드시 운전을 정지시킨다.

② 작업 중에는 절대로 장갑을 끼어서는 안 된다.

③ 공구는 작업 중인 기계의 테이블 위에 잘 나열해 놓고 작업한다.

④ 강력절삭을 할 때는 일감을 바이스에 깊게 물린다.

해설

테이블 위에 공구나 측정기 등을 올려놓지 않는다.

19 브로칭머신에서 브로치를 인발 또는 압입하는 방식에 속하지 않는 것은?

① 나사식　　　　　② 기어식

③ 유압식　　　　　④ 벨트식

해설

브로치를 인발 또는 압입하는 방법에는 나사식, 기어식, 유압식 등이 있으며 근래에는 유압식을 가장 많이 사용한다.

20 윤활제의 구비조건으로 틀린 것은?

① 양호한 유성을 가진 것으로 카본 생성이 적어야 한다.

② 금속의 부식이 없어야 한다.

③ 온도변화에 따른 정도 변화가 커야 한다.

④ 열이나 산성에 강해야 한다.

해설

윤활제의 구비조건

• 온도변화에 따른 정도 변화가 작아야 한다.

• 사용 상태에서 충분한 점도를 유지할 것

• 한계 윤활상태에서 견딜 수 있는 유성이 있을 것

• 산화나 열에 대하여 안정성이 높을 것

• 화학적으로 불활성이며 깨끗하고 균질한 것

※ 윤활의 목적 : 윤활작용, 냉각작용, 밀폐작용, 청정작용, 방청작용 등

21 선반의 주요 구조에 해당되지 않는 것은?

① 주축대　　　　　② 심압대

③ 공구대　　　　　④ 베 드

해설

선반을 구성하고 있는 주요 구성 부분 : 주축대, 왕복대, 심압대, 베드

22 선반가공에서 공작물의 직경이 80mm이고 절삭속도가 150m/min로 2분간 가공하였을 때 총회전수는?

① 598　　　　　② 1,194

③ 1,400　　　　　④ 2,195

해설

회전수를 구하는 공식

$$n = \frac{1,000v}{\pi d} = \frac{1,000 \times 150\text{m/min}}{\pi \times 80\text{mm}} ≒ 596.82\,\text{rpm}$$

2분 동안 → $596.82\text{rpm} \times 2 = 1,193.64\text{rpm}$

∴ 2분 동안 주축 총회전수(rpm) ≒ 1,194rpm

여기서,　v : 절삭속도(m/min)

　　　　　d : 공작물 지름(mm)

　　　　　n : 스핀들 회전수(rpm)

23 기계적 에너지로 진동하는 공구와 공작물 사이에 연삭입자와 가공액을 주입시켜 작은 압력으로 공구에 진동을 주어 표면을 다듬는 가공법은?

① 전자빔가공

② 초음파가공

③ 이온가공

④ 방전가공

해설
② 초음파가공 : 기계적 에너지로 진동을 하는 공구와 공작물 사이에 연삭 입자와 가공액을 주입하고서 작은 압력으로 공구에 초음파 진동을 주어 유리, 세라믹, 다이아몬드, 수정 등 소성변형되지 않고 취성이 큰 재료를 가공할 수 있는 가공 방법

① 전자빔가공 : 고열에 의한 재료의 용해 분출, 증발 현상을 이용하는 가공법

④ 방전가공 : 전극과 가공물 사이에 전기를 통전시켜, 방전현상의 열에너지를 이용하여, 가공물을 용융 증발시켜 가공을 진행하는 비접촉식 가공 방법으로 전극과 재료 모두 도체이어야 한다.

24 공작기계에서 절삭을 위한 3가지 기본운동이라고 볼 수 없는 것은?

① 절삭운동

② 이송운동

③ 위치조정운동

④ 진동운동

해설
공작기계 기본운동 : 절삭운동, 이송운동, 위치조정운동

25 다이얼 게이지의 특징으로 틀린 것은?

① 소형이고 가벼워서 취급이 용이하다.

② 측정 범위가 좁다.

③ 연속된 변위량의 측정이 가능하다.

④ 읽음 오차가 작다.

해설
다이얼 게이지 : 측정자의 직선 또는 원호운동을 기계적으로 확대하여 그 움직임을 지침의 회전 변위로 변환시켜 눈금으로 읽는 게이지

다이얼 게이지의 특징

• 소형, 경량으로 취급이 용이하다.

• 측정 범위가 넓다.

• 눈금과 지침에 의해서 읽기 때문에 오차가 작다.

• 연속된 변위량의 측정이 가능하다.

• 많은 개소의 측정을 동시에 할 수 있다.

• 부속품의 사용에 따라 광범위하게 측정할 수 있다.

26 높은 정밀도를 요구하는 가공물, 각종 지그, 정밀기계의 구멍가공 등에 사용하는 보링머신은?

① 보통 보링머신

② 수직 보링머신

③ 코어 보링머신

④ 지그 보링머신

해설
④ 지그 보링머신 : 높은 정밀도를 요구하는 가공물, 각종 지그, 정밀기계의 구멍가공 등에 사용하는 보링머신이다. 가공물의 오차가 ±2~5μm 정도이며, 온도변화에 따른 영향을 받지 않도록 항온 항습실에 설치하여야 한다.

27 일반적인 줄 작업 방법의 종류가 아닌 것은?

① 직진법   ② 하진법
③ 사진법   ④ 병진법

줄 작업 방법

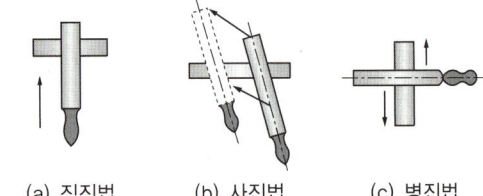

(a) 직진법   (b) 사진법   (c) 병진법

줄 작업 방법의 용도
• 직진법 : 황삭 및 다듬질 작업
• 사진법 : 황삭 및 볼록한 면의 수정 작업
• 병진법 : 폭이 좁고 길이가 긴 가공물의 줄 작업

28 미식 선반에서 나사를 가공할 때 사용되는 변환기어 잇수로 맞는 것은?

① 25   ② 65
③ 100   ④ 127

선반에서 나사를 가공하기 위해서는 먼저 어미나사가 미터(m)식 선반인지, 인치(inch)식 선반인지를 확인한다.
변환기어 잇수

형 식	영 식	미 식
변환 기어 잇수	20, 25, 30, 35, 40, 45, 50, 55, 60, 65, 70, 75, 80, 85, 90, 95, 100, 105, 110, 115, 120	20, 24, 28, 32, 36, 40, 44, 48, 52, 56, 60, 64, 72, 80, 127
참 고	잇수 5개 간격 20~120	20~64 잇수 4개 간격, 72, 80, 127 기어 1개

29 원통 외경연삭의 이송 방식에 해당하지 않는 것은?

① 플랜지 컷 방식
② 테이블 왕복식
③ 유성형 방식
④ 연삭숫돌대 방식

• 외경 연삭의 이송법 : 테이블 왕복식, 연삭숫돌대 방식, 플랜지 컷 방식
• 내면 연삭 방식 : 보통형, 유성형, 센터리스형

30 밀링머신에서 기어나 체인, 휠 등의 원주를 등분하여 분할하거나 비틀림 홈 등을 가공하는 데 사용하는 부속품은?

① 수직축 장치   ② 유압바이스
③ 분할대   ④ 슬로팅 장치

③ 분할대 : 원주 및 각도 분할 시 사용한다. 주축대와 심압대 한 쌍으로 테이블 위에 설치
④ 슬로팅 장치 : 니형 밀링머신의 칼럼 앞면에 주축과 연결하여 사용하며 주축의 회전운동을 공구대 램의 직선 왕복운동으로 변화시켜 바이트로써 직선 절삭 가능(키, 스플라인, 세레이션, 기어가공 등)

31 화학적 가공에 대한 설명 중 화학 절단에 대한 것은?

① 인선이 없는 메탈소(Saw)를 가공할 부위에 마찰시키면서 가공액을 공급하여 가공한다.

② 열에너지를 이용하여 가공물의 전면(全面)을 균일하게 용해, 두께를 얇게 가공한다.

③ 가공부분의 요철부분의 볼록부(凸部)를 가공할 때 기계적 마찰을 병행하여 보다 능률적으로 가공한다.

④ 가공물의 표면에서 가공이 필요하지 않은 부위는 내식성 피막을 하고 가공할 부분만을 가공한다.

> **해설**
> • 화학 절단 : 인선이 없는 메탈 소(Metal Saw)를 절단할 부분에 마찰을 시키면서 가공액을 공급하면 용식이 진행되어 절단이 되는 가공 방법이다.
> • 화학 밀링 : 일명 화학 절삭이라고 하며, 가공물 표면에서 가공이 필요하지 않은 부분은 내식성 피막을 하고, 가공할 부분만을 가공한다.
> • 화학 연삭 : 용식과 유사한 방법으로 가공물의 표면에 요철부분의 볼록부를 가공할 때 기계적 마찰로서 용식보다 더욱 능률적인 가공을 하는 방법이다.
> • 화학 연마 : 열에너지를 이용하여 가공물의 전면을 균일하게 용해하여, 두께를 얇게 하거나 가공 표면의 오목 부분은 가공하지 않고 볼록 부분만을 신속하게 가공하여 평활한 표면으로 가공하는 방법이다.

32 연삭숫돌에서 결합제가 갖추어야 할 조건으로 틀린 것은?

① 고속회전에서도 파손되지 않아야 한다.

② 입자 간에 기공이 생기지 않아야 한다.

③ 연삭열과 연삭액에 대하여 안정성이 있어야 한다.

④ 균일한 조직으로 필요한 형상과 크기로 가공할 수 있어야 한다.

> **해설**
> **결합제의 구비조건**
> • 입자 간에 기공이 생겨야 한다.
> • 균일한 조직으로 필요한 형상과 크기로 가공할 수 있어야 한다.
> • 고속회전에서도 파손되지 않아야 한다.
> • 연삭열과 연삭액에 대하여 안정성이 있어야 한다.
> • 결합 능력을 필요에 따라 조절할 수 있어야 한다.

33 니(Knee)형 밀링머신에서 새들의 위치는?

① 칼럼과 오버암 사이

② 베이스와 니(Knee) 사이

③ 테이블와 아버 사이

④ 니(Knee)와 테이블 사이

> **해설**
> 새들 : 니(Knee)와 테이블 사이

34 다음 연삭작업 시 안전사항으로 틀린 것은?

① 연삭숫돌의 측면에 연삭하지 말 것

② 연삭숫돌은 덮개를 설치하여 사용할 것

③ 연삭가공할 때 원주의 정면에서 작업할 것

④ 연삭숫돌은 사용 전에 확인하고 3분 이상 공회전시킬 것

> **해설**
> **연삭작업 시 안전사항**
> • 연삭가공할 때 원주 정면에 서지 말 것
> • 연삭숫돌은 정확히 고정할 것
> • 받침대와 숫돌은 3mm 이내로 조정할 것

35 다음 그림과 같은 테이퍼를 심압대를 편위시켜 절삭 하려 한다면 심압대의 편위량은 약 몇 mm로 하여야 하는가?

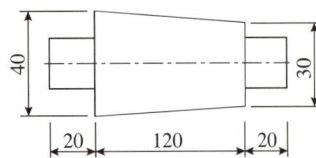

① 7.5mm ② 6.7mm
③ 11.3mm ④ 8.5mm

해설
심압대를 편위시키는 방법(테이퍼가 작고 길이가 길 경우에 사용하는 방법)
심압대 편위량 구하는 계산식
$$e = \frac{(D-d) \times L}{2l} = \frac{(40-30) \times 160}{2 \times 120} ≒ 6.67mm$$
$\therefore e = 6.7mm$
여기서, L : 가공물의 전체길이
e : 심압대의 편위량
D : 테이퍼의 큰 지름
d : 테이퍼의 작은 지름
l : 테이퍼의 길이
선반에서 테이퍼 가공방법
• 복식 공구대를 경사시키는 방법
• 심압대를 편위시키는 방법
• 테이퍼 절삭 장치를 이용하는 방법
• 총형 바이트를 이용하는 방법

36 금속 중에서 내산성이 강하고 화폐, 장식품 등에 사용되며 전기전도도가 가장 큰 것은?

① 금(Au)
② 은(Ag)
③ 동(Cu)
④ 알루미늄(Al)

해설
② 은(Ag) : 비중 10.497, 용융점 960.5℃의 은백색 금속으로, 전연성이 양호하므로 얇은 판, 가느다란 선으로 가공할 수 있다. 전기 전도율은 금속 중 가장 우수하다.

37 담금질한 강에 뜨임을 하는 주된 목적은?

① 재질을 더욱더 단단하게 하려고
② 강의 재질에 화학성분을 보충하여 주려고
③ 응력을 제거하고 강도와 인성을 증가하려고
④ 기계적 성질을 개선하여 경도를 증가시켜 균일화하려고

해설
뜨임 : 재질에 적당한 인성을 부여하기 위해 담금질 온도보다 낮은 온도에서 일정시간을 유지 후 냉각시키는 조작

38 고온강도가 크므로 내연기관의 실린더, 피스톤 등에 사용되며, 표준 성분은 구리 4%, 니켈 2%, 마그네슘 1.5%와 알루미늄 92.5%로 이루어진 합금은?

① Y합금
② 알 민
③ 알드리
④ 두랄루민

해설
① Y합금 : Al+Cu+Ni+Mg의 합금으로 내열성이 좋아 내연기관 실린더에 사용한다.
④ 두랄루민 : Al+Cu+Mg+Mn의 합금으로 가벼워서 항공기나 자동차 등에 사용된다.

39 주물의 표면을 급랭시켜 경도를 증가시킨 주철로서 내마모성을 필요로 하는 압연기의 롤러 및 철도 차륜 등에 사용되는 것은?

① 칠드 주철　　　② 가단 주철
③ CV 주철　　　　④ 니켈 주철

해설
① 칠드 주철 : 보통 주철보다 규소(Si) 함유량을 적게 하고 적당량의 망간을 첨가한 쇳물을 금형 또는 칠 메탈이 붙어 있는 모래형에 주입하여 필요한 부분만 급랭시켜 표면만 단단하게 되고 내부는 회주철이 되므로 강인한 성질을 가지는 주철
② 가단 주철 : 주철의 결점인 여리고 약한 인성을 개선하기 위하여 열처리에 의하여 편상 흑연을 괴상화하여 강도와 연성을 향상시킨 것이다.

40 섬유강화 플라스틱으로 불리며 항공기, 선박, 자동차 등에 쓰이는 복합재료는?

① 옵티컬 파이버　　② 세라믹
③ FRP　　　　　　④ 초전도체

해설
③ 섬유강화 플라스틱(FRP/Fiber Reinforced Plastic) : 유리섬유를 강화재로 하여, 불포화 폴리에스테르의 매트릭스를 강화시킨 복합재료를 말하며 동일 중량으로 기계적 강도가 강철보다 강력한 재질이다.

41 주철에 특수 원소를 첨가하여 기계적 성질을 향상시킨 합금 주철을 만들기 위해 첨가하는 원소는?

① 니 켈　　　　　② 황
③ 인　　　　　　④ 백 금

해설
주철에 니켈(Ni)을 첨가할 때의 장점
• 흑연화를 도움(촉진)
• 칠(Chill)을 방지
• 절삭성 향상
• 펄라이트와 흑연을 미세화
• 기계적 성질 향상
• 강도를 증가

42 탄소강의 표준조직이 아닌 것은?

① 페라이트　　　② 트루스타이트
③ 펄라이트　　　④ 시멘타이트

해설
탄소강의 표준조직 : 오스테나이트, 페라이트, 펄라이트, 시멘타이트
※ 탄소강에 나타나는 조직의 비율은 C의 양에 의해 달라진다.
　탄소강의 표준 조직이란 강종에 따라 AS점 또는 Acm보다 30~50℃ 높은 온도로 강을 가열하여 오스테나이트 단일상으로 한 후, 대기 중에서 냉각했을 때 나타나는 조직을 말한다.

43 볼트와 너트의 풀림방지, 핸들의 축에 고정할 때 등 큰 힘을 받지 않는 가벼운 부품을 설치하기 위한 결합용 기계요소로 사용되는 것은?

① 키　　　　　　② 핀
③ 코 터　　　　　④ 리 벳

해설
② 핀(Pin) : 2개 이상의 부품을 결합시키는 데 주로 사용하며, 나사 및 너트의 이완 방지, 핸들을 축에 고정하거나 힘이 적게 걸리는 부품을 설치할 때 분해 조립할 부품의 위치를 결정하는 데에 많이 사용한다.
① 키(Key) : 축에 기어, 풀리, 플라이 휠, 커플링, 클러치 등의 회전체를 고정시켜서 회전운동을 전달시키는 결합용 기계요소이다.

44 작은 스퍼 기어와 맞물리고 잇줄이 축방향과 일치하며 회전운동을 직선운동으로 바꾸는 데 사용하는 기어는?

① 내접 기어　　　　② 랙 기어

③ 헬리컬 기어　　　④ 크라운 기어

② 랙(Rack) 기어 : 잇줄이 축 방향과 일치하며 곧은 막대에 같은 간격으로 동일한 형태의 이를 만든 것이다. 피치원의 반지름이 무한대인 스퍼기어로 회전운동을 직선운동으로 바꾸는 데 사용한다.
① 내접 기어 : 유성기어 장치 또는 기어형 축이음에 사용한다.
③ 헬리컬 기어 : 잇줄이 축 방향과 일치하지 않고 조용한 운전을 하나 축 방향 하중이 발생하는 단점이 있다.

45 코일스프링에 하중을 36kgf 작용시킬 때 처짐량이 6mm였다면, 스프링 상수값은 몇 kgf/mm인가?

① 6　　　　　　　② 7

③ 8　　　　　　　④ 10

스프링 상수

$$k = \frac{W(\text{하중})}{\delta(\text{처짐량})} = \frac{36\text{kgf}}{6\text{mm}} = 6\text{kgf/mm}$$

∴ 스프링 상수 = 6kgf/mm

46 응력 변형률 선도에서 응력을 서서히 제거할 때 변형이 서서히 없어지는 성질은?

① 점 성　　　　　② 탄 성

③ 소 성　　　　　④ 관 성

② 탄성 : 응력을 서서히 제거할 때 변형이 없어지는 성질
③ 소성 : 응력이 증가하면 응력을 제거하여도 변형이 완전히 없어지지 않고 남는 성질

47 속도비가 1/3이고, 원동차의 잇수가 25개, 모듈이 4인 표준 스퍼기어의 외접 연결에서 중심거리는?

① 75mm　　　　　② 100mm

③ 150mm　　　　　④ 200mm

속도비$(i) = \frac{N_1}{N_2} = \frac{Z_2}{Z_1} = \frac{1}{3} = \frac{25}{Z_1} \rightarrow Z_1 = 75$

중심거리$(C) = \frac{D_1 + D_2}{2} = \frac{m(Z_1 + Z_2)}{2} = \frac{4(75 + 25)}{2}$

$\qquad\qquad = 200\text{mm}$

여기서, Z_1 : 종동차 잇수
　　　　Z_2 : 원동차 잇수

48 V벨트에서 인장강도가 가장 작은 것은?

① M형

② A형

③ B형

④ E형

V벨트 단면의 형상은 M, A, B, C, D, E형의 6종류가 있으며, M에서 E쪽으로 가면 단면이 커지며 M형이 인장강도가 가장 작다.
(인장강도 : M < A < B < C < D < E)

49 나사가 축을 중심으로 한 바퀴 회전할 때 축 방향으로 이동한 거리는 무엇인가?

① 피 치
② 리 드
③ 리드각
④ 백래시

나사의 리드 : 나사 1회전했을 때 나사가 축 방향으로 진행한 거리

50 끝면 모양에 따라 45° 모따기형과 평형이 있으며 위치 결정이나 막대의 연결용으로 사용하는 핀은?

① 스프링 핀
② 분할 핀
③ 테이퍼 핀
④ 평행 핀

④ 평행 핀(Parallel Pin) : 끝면의 모양에 따라 A형(45°모따기)과 B형(평형)이 있으며, 용도는 위치 결정이나 막대의 연결용으로 사용한다.
① 스프링 핀(Spring Pin) : 세로 방향으로 갈라져 있으므로 바깥 지름보다 작은 구멍에 끼워 넣고 스프링의 작용을 할 수 있도록 하여 기계 부품을 결합하는 데 사용한다.
③ 테이퍼 핀(Taper Pin) : 보통 1/50의 테이퍼를 가지는 것으로 끝이 갈라진 것과 갈라지지 않은 것이 있다.

51 그림에서 기준 치수 ϕ50 구멍의 최대실체치수 (MMS)는 얼마인가?

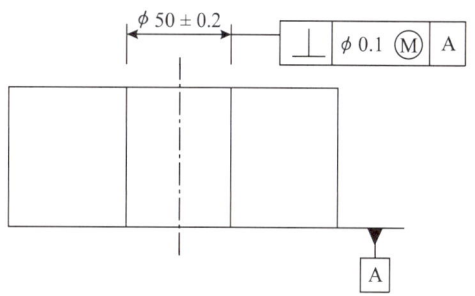

① ϕ49.8
② ϕ50
③ ϕ50.2
④ ϕ49.7

구멍(내측형체)은 최대실체치수(MMS)가 하한 치수로 ϕ49.8 이다.

최대실체 공차방식

부품 형체	상한 치수	하한 치수	비 고
외측형체	최대실체치수 (MMS)	최소실체치수 (LMS)	축, 핀
내측형체	최소실체치수 (LMS)	최대실체치수 (MMS)	구멍, 홈

※축은 큰 것이 MMS이고, 구멍은 작은 것이 MMS이다.
※최대실체치수=최대실체조건=최대재료치수
　최소실체치수=최소실체조건=최소재료치수

52 다음 선의 종류 중에서 물체의 보이지 않는 부분의 형상을 나타내는 것은?

① 굵은 1점 쇄선　　② 가는 1점 쇄선
③ 가는 2점 쇄선　　④ 가는 파선 또는 굵은 파선

숨은선 : 가는 파선 → 대상물의 보이지 않는 부분의 모양을 표시하는 데 사용
용도에 따른 선의 종류

명 칭	선의 종류	선의 용도
외형선	굵은 실선	대상물이 보이는 부분의 모양을 표시하는 데 사용한다.
치수선	가는 실선	치수를 기입하기 위하여 사용한다.
치수 보조선		치수를 기입하기 위하여 도형으로부터 끌어내는 데 사용한다.
지시선		기술, 기호 등을 표시하기 위하여 끌어내는 데 사용한다.
숨은선	가는 파선	대상물의 보이지 않는 부분의 모양을 표시하는 데 사용한다.
중심선	가는 1점 쇄선	도형의 중심을 표시하는 데 사용한다. 중심이 이동한 중심 궤적을 표시하는 데 사용한다.
특수 지정선	굵은 1점 쇄선	특수한 가공을 하는 부분 등 특별한 요구 사항을 적용할 수 있는 범위를 표시하는 데 사용한다(열처리).

53 그림과 같은 입체도의 화살표 방향이 정면도일 때, 우측면도로 가장 적합한 투상도는?

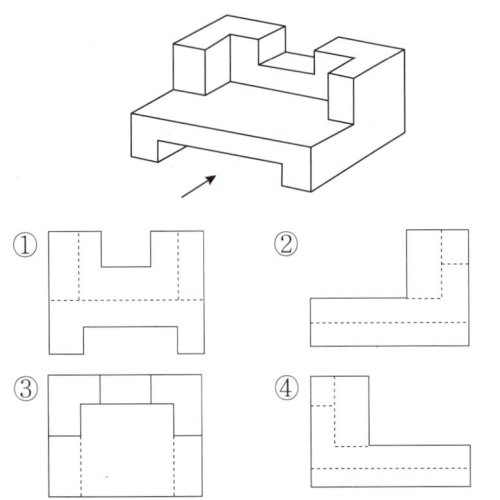

54 구멍의 최대치수가 축의 최소치수보다 작은 경우이며, 항상 죔새가 생기는 끼워맞춤으로 분해조립이 불필요한 영구 조립부품에 적용하는 끼워맞춤은?

① 억지 끼워맞춤
② 중간 끼워맞춤
③ 헐거운 끼워맞춤
④ 게이지 제작 끼워맞춤

① 억지 끼워맞춤 : 구멍의 최대치수가 축의 최소치수보다 작은 경우이며, 항상 죔새가 생긴다.
② 중간 끼워맞춤 : 틈새와 죔새가 생긴다.
③ 헐거운 끼워맞춤 : 구멍의 최소치수가 축의 최대치수보다 큰 경우이며, 항상 틈새가 생긴다.

끼워맞춤 상태	구 분	구 멍	축	비 고
헐거운 끼워맞춤	최소틈새	최소허용치수	최대허용치수	틈새 만
	최대틈새	최대허용치수	최소허용치수	
억지 끼워맞춤	최소죔새	최대허용치수	최소허용치수	죔새 만
	최대죔새	최소허용치수	최대허용치수	

55 그림의 도면에서 기준면으로 가장 적합한 면은?

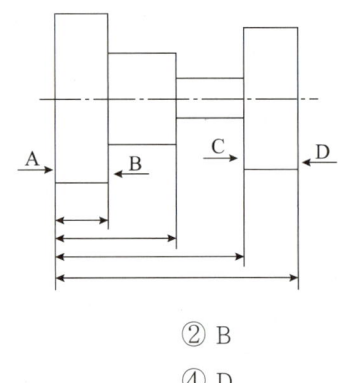

① A　　　　　　② B
③ C　　　　　　④ D

도면은 병렬 치수 기입방법으로 A면을 기준면으로 설정하여 개개별로 치수를 기입, 병렬 치수 기입의 각 치수의 일반 공차는 다른 치수의 일반 공차에 영향을 주지 않는다.

56 기계가공 도면에서 지시선으로 인출하여 표기한 치수가 "30-12드릴"일 때 올바른 해독은?

① 구멍의 지름이 30mm이며, 구멍의 수가 12개이다.
② 구멍의 지름이 12mm이며, 구멍의 수가 30개이다.
③ 구멍의 지름을 12mm로 하여, 30mm 깊이까지 드릴작업한다.
④ 구멍의 지름을 30mm로 하여, 12mm 깊이까지 드릴작업한다.

30-12드릴 : 구멍의 지름을 12mm로 하여, 30mm 깊이까지 드릴작업

57 호칭치수가 20mm이고 피치가 2mm인 미터가는 나사의 표시법으로 옳은 것은?

① M20 × 2　　　② M20-2
③ M20 P2　　　④ M20(2)

• M20 × 2 → M20(호칭지름) × 2mm(피치)
※ 미터나사 : 호칭 지름과 피치를(mm) 단위로 나타내고, 나사산 각은 60°인 미터계 삼각나사이다.
• 미터보통나사 : (M호칭지름)으로 표기, 부품의 결합 및 위치의 조정 등에 사용된다.
• 미터가는나사 : (M호칭지름×피치)으로 표기, 나사의 지름에 비해 피치가 작아 강도를 필요로 하는 곳, 살이 얇은 원통부, 공작기계의 이완 방지용, 세밀한 위치조정 등 사용한다.

58 표면의 줄무늬 방향기호에 대한 설명으로 맞는 것은?

① X : 가공에 의한 커터의 줄무늬 방향이 투상면에 직각
② M : 가공에 의한 커터의 줄무늬 방향이 투상면에 평행
③ C : 가공에 의한 커터의 줄무늬 방향이 중심에 동심원 모양
④ R : 가공에 의한 커터의 줄무늬 방향이 투상면에 교차 또는 경사

③ C : 가공에 의한 커터의 줄무늬가 기호를 기입한 면의 중심에 대하여 대략 동심원 모양

줄무늬 방향 기호

기호	기호의 뜻	설명 그림과 도면 기입 보기
=	가공에 의한 커터의 줄무늬 방향이 기호를 기입한 그림의 투상면에 평행 [보기] 셰이핑면	
⊥	가공에 의한 커터의 줄무늬 방향이 기호를 기입한 그림의 투상면에 직각 [보기] 셰이핑면(옆으로부터 보는 상태), 선삭, 원통 연삭면	
X	가공에 의한 커터의 줄무늬 방향이 기호를 기입한 그림의 투상면에 경사지고 두 방향으로 교차 [보기] 호닝 다듬질면	
M	가공에 의한 커터의 줄무늬 방향이 여러 방향으로 교차 또는 무방향 [보기] 래핑 다듬질면, 슈퍼피니싱면, 가로 이송을 한 정면 밀링 또는 엔드밀 절삭면	
C	가공에 의한 커터의 줄무늬가 기호를 기입한 면의 중심에 대하여 대략 동심원 모양 [보기] 끝면 절삭면	
R	가공에 의한 커터의 줄무늬가 기호를 기입한 면의 중심에 대하여 대략 레이디얼 모양	

59 **도면과 같이 위치도를 규제하기 위하여 B치수에 이론적으로 정확한 치수를 기입한 것은?**

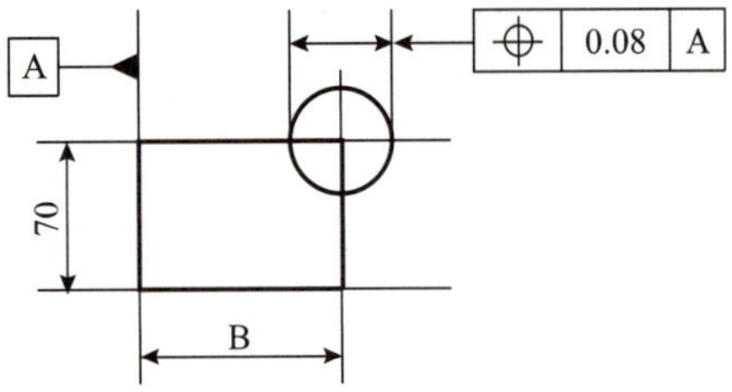

① (100)　② 100

③ ~~100~~　④ 100 (박스 표기)

해설

이론적으로 정확한 치수는 직사각형 안에 치수를 기입한다.

※ C : 45° 모따기, ( ) : 참고 치수, □ : 이론적으로 정확한 치수

60 **기계제도에서 도형의 생략에 관한 설명 중 틀린 것은?**

① 대칭도형을 생략할 경우 대칭중심선의 한쪽 도형만을 그리고, 그 대칭 중심선의 양끝 부분에 가는 선으로 동그라미(대칭기호)를 그린다.

② 대칭도형을 생략할 경우 대칭 중심선의 한쪽 도형을 대칭 중심선을 조금 넘은 부분까지 그릴 수 있다. 다만, 이 경우 대칭기호를 생략할 수 있다.

③ 같은 종류, 같은 모양의 것이 다수 줄지어 있는 반복도형을 생략하는 경우 실형 대신 그림기호를 피치선과 중심선과의 교점에 기입한다.

④ 중간 부분을 생략할 경우 생략된 중간부분을 파단선으로 나타내서 생략할 수 있으며, 요점만을 도시하는 경우, 혼동될 염려가 없을 때는 파단선을 생략하여도 된다.

해설

대칭도형의 생략 : 대칭중심선의 한쪽 도형만을 그리고 그 대칭 중심선의 양끝 부분에 짧은 두 개의 나란한 가는 선을 그린다.

59 ④ 60 ① 정답

01 선반의 안전작업에 대한 설명으로 옳지 않은 것은?

① 선반작업 중 보안경을 착용한다.
② 선반작업 중 칩은 손으로 제거하지 않는다.
③ 긴 공작물 가공 시 방진구를 사용한다.
④ 바이트는 가급적 길게 설치한다.

해설
바이트는 가능한 한 짧고 단단하게 설치한다.

02 도면과 같은 테이퍼를 가공할 때 심압대의 편위량은 약 몇 mm인가?

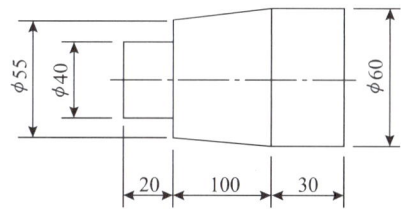

① 3.0
② 3.25
③ 3.75
④ 5.25

해설
심압대를 편위 시키는 방법(테이퍼가 작고 길이가 길 경우에 사용하는 방법)
심압대 편위량 구하는 계산식

$$e = \frac{(D-d) \times L}{2l} = \frac{(60-55) \times 150}{2 \times 100} = 3.75mm$$

$$\therefore\ e = 3.75mm$$

여기서, L : 가공물의 전체길이
e : 심압대의 편위량
D : 테이퍼의 큰 지름
d : 테이퍼의 작은 지름
l : 테이퍼의 길이

선반에서 테이퍼 가공방법
• 복식 공구대를 경사시키는 방법
• 심압대를 편위시키는 방법
• 테이퍼 절삭장치를 이용하는 방법
• 총형 바이트를 이용하는 방법

03 연삭가공할 때 전자석으로 된 척 위에 공작물을 고정하는 것은?

① 평면 연삭
② 외경 연삭
③ 센터리스 연삭
④ 공구 연삭

해설
• 수평축 평면 연삭기 : 평형숫돌의 원통면으로 연삭하며, 일반적으로 테이블이 전후, 좌우, 상하로 이송되는 것이 보통이다. 가공물의 고정은 일반적으로 전자석을 이용하는 마그네틱 척(Magnetic Chuck)을 사용한다.
• 센터리스 연삭기 : 센터, 척, 자석척 등을 사용하지 않고 가공물의 표면을 조정하는 조정숫돌과 지지대를 이용하여 가공물을 연삭한다(가늘고 긴 가공물 연삭).
• 만능 공구 연삭기는 여러 가지 부속장치를 이용하여 밀링커터, 엔드밀, 드릴, 바이트, 호브, 리머 등의 공구를 연삭할 수 있으며, 연삭 정밀도가 높다.

04 지름 100mm의 저탄소강재를 회전 수 300rpm, 이송 0.25mm/rev, 길이 50mm를 보통선반으로 1회 가공할 때의 소요 시간은?

① 40초
② 45초
③ 50초
④ 55초

해설

$$가공시간(T) = \frac{L}{ns} \times i = \frac{50mm}{300rpm \times 0.25mm/rev} \times 1회$$

$$\fallingdotseq 0.67min \fallingdotseq 40.2초$$

$$\therefore\ 가공시간(T) = 40초$$

여기서, n : 회전수 s : 이송
i : 가공횟수 L : 공작물길이

05 연삭가공에서 연삭비를 옳게 나타낸 것은?

① 연삭비 $= \dfrac{\text{피연삭재의 연삭된 면적}}{\text{숫돌바퀴의 소모된 면적}}$

② 연삭비 $= \dfrac{\text{피연삭재의 연삭된 중량}}{\text{숫돌바퀴의 소모된 중량}}$

③ 연삭비 $= \dfrac{\text{피연삭재의 연삭된 부피}}{\text{숫돌바퀴의 소모된 부피}}$

④ 연삭비 $= \dfrac{\text{피연삭재의 연삭된 질량}}{\text{숫돌바퀴의 소모된 질량}}$

해설

연삭비 $= \dfrac{\text{피연삭재의 연삭된 부피}}{\text{숫돌바퀴의 소모된 부피}}$

06 머시닝센터에 사용되는 준비 기능(G-코드) 중 틀린 것은?

① G90 : 절대좌표 명령
② G91 : 증분좌표 명령
③ G41 : 공구지름 왼쪽보정
④ G42 : 공구지름 보정취소

해설
- G40 : 공구지름 보정취소
- G41 : 공구지름 좌측보정
- G42 : 공구지름 우측보정

07 기어절삭법 중 랙을 절삭공구로, 피니언을 기어소재로 정하고 랙공구에 이상적으로 물리는 인벌류트 치형이 형성되도록 가공하는 것은?

① 형판에 의한 절삭
② 창성에 의한 절삭
③ 사이클로이드 커터에 의한 절삭
④ 기어호빙에 의한 절삭

해설

창성에 의한 방법 : 인벌류트 곡선의 성질을 응용한 정확한 기어절삭 공구를 기어의 소재와 함께 회전운동을 주며 축 방향으로 왕복운동을 시켜 절삭한다.

창성에 의한 가공방법의 종류
- 랙커터에 의한 방법
- 피니언커터에 의한 방법
- 호브에 의한 절삭

08 반고체 윤활제에 속하는 것은?

① 흑 연
② 활 석
③ 그리스(Grease)
④ 코크스

해설

고체 윤활제로 흑연, 활석, 운모 등이 있으며 그리스(Grease)는 반고체 윤활제이다.

윤활제의 종류
- 액체 윤활제 : 광물성유(내부식성 우수), 동물성유(점도, 유동성 우수)
- 고체 윤활제 : 흑연, 활석, 운모/그리스(반고체 윤활제)
- 특수 윤활제 : 극압 윤활제, 부동성 기계유, 실리콘유 등

09 연삭숫돌의 눈메움(Loading) 현상과 거리가 먼 것은?

① 연삭숫돌 입자가 작다.
② 연삭깊이가 크다.
③ 숫돌 원주속도가 빠르다.
④ 숫돌 결합도에 비해 소재재질이 연하다.

해설

눈메움(Loading)의 발생원인
• 연삭숫돌 입도가 너무 작거나 연삭 깊이가 클 경우
• 조직이 너무 치밀한 경우
• 숫돌의 원주 속도가 느리거나 연한 금속을 연삭할 경우에 발생한다.
※ 눈메움(Loading) : 결합도가 높은 숫돌에서 알루미늄이나 구리 같이 연한 금속을 연삭하게 되면 연삭숫돌 표면에 기공이 메워져서 칩을 처리하지 못하여, 연삭 성능이 떨어지는 현상

11 인선이 없는 메탈소(Metal Saw)를 절단할 부분에 마찰을 시키면서 가공액을 공급하면 용삭이 진행되어 절단이 되는 가공방법은?

① 화학밀링   ② 화학연삭
③ 화학연마   ④ 화학절단

해설

④ 화학절단 : 인선이 없는 메탈소(Metal Saw)를 절단할 부분에 마찰을 시키면서 가공액을 공급하면, 용삭이 진행되어 절단이 되는 가공 방법이다.
① 화학밀링 : 일명 화학절삭이라고 하며, 가공물 표면에서 가공이 필요하지 않은 부분은 내식성 피막을 하고, 가공할 부분만을 가공한다.
② 화학연삭 : 용삭과 유사한 방법으로 가공물의 표면에 요철부분의 볼록부를 가공할 때 기계적 마찰로서 용삭보다 더욱 능률적인 가공을 하는 방법이다.
③ 화학연마 : 열에너지를 이용하여 가공물의 전면을 균일하게 용해하여, 두께를 얇게 하거나, 가공 표면의 오목 부분은 가공하지 않고 볼록 부분만을 신속하게 가공하여 평활한 표면으로 가공하는 방법이다.

10 공작기계로 가공된 평면, 원통면을 더욱 정밀하게 다듬질하는 가공은?

① 탭가공   ② 리머가공
③ 다이스가공   ④ 스크레이퍼가공

해설

④ 스크레이퍼가공(Scraping) : 스크레이퍼는 줄작업 또는 기계 가공한 면을 더욱 정밀하게 다듬질 할 필요가 있을 때 소량의 금속을 국부적으로 깎아 내는 공구로서 스크레이퍼로 면을 다듬질하는 작업을 스크레이핑이라고 한다. 열처리된 강철에는 사용하기 어렵다.
① 탭가공 : 암나사가공
② 리머가공 : 구멍을 정밀하게 다듬는 작업
③ 다이스가공 : 수나사가공

12 공작물의 외경 또는 내면 등을 어떤 필요한 형상으로 가공할 때, 많은 절삭날을 갖고 있는 공구를 1회 통과시켜 가공하는 공작기계는?

① 브로칭머신   ② 밀링머신
③ 호빙머신   ④ 연삭기

해설

• 브로칭머신 : 다수의 절삭날을 일직선상에 배치한 공구를 사용해서 공작물 구멍의 내면이나 표면을 여러 가지 모양으로 절삭하는 공작기계
• 브로칭(Broaching) : 가늘고 긴 일정한 단면 모양을 가진 공구에 많은 날을 가진 브로치(Broach)라는 절삭 공구를 사용하여 가공물의 내면이나 외경에 필요한 형상의 부품을 가공하는 절삭법(가공방법에 따라 키 홈, 스플라인 홈, 원형이나 다각형의 구멍 등의 내면의 형상을 가공)

13 밀링작업에서 테이블 1분간 이송을 f, 커터 날 1개 이송을 f_z, 커터 회전수를 n이라고 하면 커터 날수(Z)를 구하는 식은?

① $Z = \dfrac{f_z \times n}{f}$ ② $Z = f_z \times n \times f$

③ $Z = \dfrac{f}{f_z \times n}$ ④ $Z = \dfrac{f \times n}{f_z}$

해설
- 밀링머신에서 테이블 이송속도 : $f = f_z \times Z \times n$
- 커터의 날수 : $Z = \dfrac{f}{f_z \times n}$

14 연삭숫돌을 제작할 때 사용하는 유기질 결합제로 기호를 "E"로 표기하는 것은?

① 점 토   ② 규산나트륨
③ 셸 락   ④ 산화마그네슘

해설
③ 셸락 : E
결합제의 종류
- 비트리파이드(V) : 주성분 점토와 장석, 무기질 결합제
- 실리케이트(S) : 대형숫돌 적합, 무기질 결합제
- **셸락(E) : 절단용, 유기질 결합제**
- 레지노이드(B) : 절단용, 유기질 결합제

15 사용범위가 한정되고 구조가 간단하고 조작이 쉬우며, 특정한 모양이나 치수의 제품을 대량생산하는 데에는 적합하지만 여러 종류의 제품을 조금씩 생산하는 데에는 부적합한 공작기계는?

① 전용 공작기계
② 범용 공작기계
③ 대형 공작기계
④ 만능 공작기계

해설
공작기계 가공능률에 따라 분류

가공 능률	내 용	공작 기계
범용 공작기계	가공할 수 있는 기능이 다양하고, 절삭 및 이송속도의 범위도 크기 때문에 제품에 맞추어 절삭조건을 선정하여 가공할 수 있다.	선반, 드릴링머신, 밀링머신, 셰이퍼, 플레이너, 슬로터, 연삭기 등
전용 공작기계	특정한 제품을 대량 생산할 때 적합한 공작기계로서, 소량 생산에는 적합하지 않고 사용범위가 한정되고 기계의 크기도 가공물에 적합한 크기로 되어 있으며, 구조가 간단하고 조작이 편리하다.	트랜스퍼머신, 차륜선반, 크랭크축선반 등
단능 공작기계	단순한 기능의 공작기계로서, 한 가지 공정만 가능하여 생산성과 능률은 매우 높으나 융통성이 작다.	공구연삭기, 센터링머신 등
만능 공작기계	여러 가지 종류의 공작기계에서 할 수 있는 가공을 1대의 공작기계에서 가능하도록 제작한 공작기계이다.	선반, 드릴링, 밀링머신 등의 공작기계를 하나의 기계로 조합한 기계

16 일반적으로 연한 재료를 저속으로 절삭하고, 절삭 깊이가 클 때 생기는 칩은?

① 유동형 칩 ② 전단형 칩
③ 경작형 칩 ④ 균열형 칩

해설
전단형 칩
연성재료를 가공 시 경사면 위를 원활하게 흐르지 못하고 절삭깊이가 클 때 발생하는 칩
칩의 종류

칩의 종류	유동형 칩	전단형 칩	경작형 칩	균열형 칩
정 의	칩이 경사면 위를 연속적으로 원활하게 흘러 나가는 모양으로 연속형 칩	경사면 위를 원활하게 흐르지 못할 때 발생하는 칩	가공물이 경사면에 점착되어 원활하게 흘러 나가지 못하여 가공재료 일부에 터짐이 일어나는 현상 발생	균열이 발생하는 진동으로 인하여 절삭공구 인선에 치핑 발생
재 료	연성재료 (연강, 구리, 알루미늄) 가공	연성재료 (연강, 구리, 알루미늄) 가공	점성이 큰 가공물	주철과 같이 메진 재료
절삭 깊이	작을 때	클 때	클 때	
절삭 속도	빠를 때	작을 때		작을 때
경사각	클 때	작을 때	작을 때	
비 고	가장 이상적인 칩	진동발생, 표면거칠기 나빠짐		순간적 공구날 끝에 균열 발생

17 측정방법 중에서 표준게이지와 피측정물의 차를 비교하여 피측정물 치수를 구하는 방법은?

① 직접측정 ② 간접측정
③ 비교측정 ④ 절대측정

해설
③ 비교측정 : 측정값과 기준 게이지 값과의 차이를 비교하여 치수를 계산하는 측정방법 – 블록게이지, 다이얼 테스트 인디케이터, 한계 게이지, 측장기 등
① 직접측정 : 측정기에 표시된 눈금에 의해 직접 측정물의 치수를 읽는 방법 – 버니어캘리퍼스, 마이크로미터 등
② 간접측정 : 나사, 기어 등과 같이 기하학적 관계를 이용하여 측정 – 사인바에 의한 각도 측정, 테이퍼측정, 나사의 유효지름 측정 등

18 전해연마에 관한 설명으로 틀린 것은?

① 가공변질층이 없다.
② 전기도금의 반대현상을 이용한 것이다.
③ 복잡한 형상의 제품도 연마가 가능하다.
④ 철 금속은 전해연마가 쉽지만 구리와 구리합금은 용이하지 않다.

해설
전해연마의 특징
• 가공변질층이 없고 평활한 가공면을 얻을 수 있다.
• 복잡한 형상의 제품도 전해 연마가 가능하다.
• 가공면에 방향성이 없다.
• 내마모성, 내부식성이 향상된다.
• 연질의 알루미늄, 구리 등도 쉽게 광택면을 가공할 수 있다.
• 전기도금의 반대현상을 이용

19 일반적으로 니형 밀링머신의 크기를 표시할 때 Y축은 무엇을 나타내는가?

① 호칭번호
② 테이블의 이송거리
③ 주축의 이송거리
④ 니(Knee)의 이송거리

해설
니형 밀링머신의 크기는 일반적으로 Y축을 기준으로 한 호칭번호로 표시한다.
밀링머신의 크기

호칭번호		0호	1호	2호	3호	4호	5호
테이블의 이송거리 (mm)	전 후	150	200	250	300	350	400
	좌 우	450	550	700	850	1,050	1,250
	상 하	300	400	450	450	450	500

20 드릴지그(Jig)부시 중 지그 몸체에 압입하고, 일단 고정 후 제거할 필요가 없을 때 사용하는 부시는?

① 삽입부시
② 고정부시
③ 안내부시
④ 라이너(Liner)부시

해설
드릴부시의 종류 : 삽입부시, 고정부시, 삽입 부시용 부시, 특수부시
• 고정부시 : 본체에 압입하여 고정하고, 고정한 후에는 제거하지 않을 때에 주로 사용한다.
• 삽입부시 : 고정부시 속에서 삽입되는 부시, 동일한 위치에서 여러 종류의 가공을 할 경우 또는 부시가 마모되었을 경우에 교환이 쉽도록 하기 위한 부시이다.
• 회전형 삽입부시 : 하나의 가공위치에서 여러 가지 가공이 이루어질 경우에 적합한 부시이다.
• 고정형 삽입부시 : 사용 목적이 고정부시와 같이 동일한 가공을 연속적으로 할 경우에 사용하며 부시가 마모되면 교환을 하기 편리하도록 하는 형태의 부시이다.

21 밀링절삭방법 중 하향절삭의 장점이 아닌 것은?

① 상향절삭에 비해 공구 수명이 길다.
② 힘이 아래로 작용하여 가공물 고정이 유리하다.
③ 절삭을 시작할 때 커터의 날에 절삭저항이 크게 작용한다.
④ 커터 날과 가공된 면의 마찰이 작아 표면 거칠기가 좋다.

해설
• 하향절삭은 절삭을 시작할 때 커터의 날에 절삭저항이 상향절삭에 비해 작게 작용한다.
• 하향절삭은 절입 시 마찰력은 적으나 하향으로 충격력이 작용한다.
상향절삭과 하향절삭의 차이점

구 분	상향절삭	하향절삭
방 향	커터 회전방향과 공작물 이송방향이 반대	커터 회전방향과 공작물 이송방향이 동일
백래시	절삭에 별 지장이 없다.	백래시를 제거해야 한다.
기계의 강성	강성이 낮아도 무관하다.	가공할 때 충격이 있어 높은 강성이 필요하다.
가공물의 고정	절삭력이 상향으로 작용하여 고정이 불리하다.	절삭력이 하향으로 작용하여 가공물 고정이 유리하다.
인선의 수명	절입할 때 마찰열로 마모가 빠르고 공구 수명이 짧다.	상향절삭에 비하여 공구 수명이 길다.
마찰저항	마찰저항이 커서 절삭공구를 위로 들어 올리는 힘이 작용한다.	절입할 때 마찰력은 작으나 하향으로 충격력이 작용한다.
가공면의 표면 거칠기	광택은 있으나 상향에 의한 회전저항으로 전체적으로 하향절삭보다 나쁘다.	가공 표면에 광택은 작고 저속 이송에서는 회전저항이 발생하지 않아 표면 거칠기가 좋다.

22 다음 중 방전가공에서 전극재질의 구비조건이 아닌 것은?

① 기계가공이 쉬워야 한다.

② 방전이 안정되고 가공속도가 커야 한다.

③ 가공전극의 소모가 빨라야 한다.

④ 황동이 비교적 좋은 재료이다.

해설
③ 가공전극의 소모가 적을 것
전극재료의 조건
• 방전이 안전하고 가공속도가 클 것
• 가공 정밀도가 높을 것
• 기계가공이 쉬울 것
• 가공전극의 소모가 적을 것
• 구하기 쉽고 값이 저렴할 것

23 전해연마의 전해액으로 사용하지 않는 것은?

① 황 산   ② 인 산

③ 질 산   ④ 석 유

해설
전해연마의 전해액 : 과염소산, 황산, 인산, 질산 등이 쓰인다.

24 드릴의 구조 중 드릴가공을 할 때 가공물과 접촉에 의한 마찰을 줄이기 위하여 절삭날 면에 주는 각은?

① 나선각

② 선단각

③ 경사각

④ 날 여유각

해설
• 날 여유각(Lip Clearance) : 드릴 가공할 때 가공물과 접촉에 의한 마찰을 줄이기 위하여 절삭날 면에 주는 여유각이다.
• 홈 나선각(Helix Angle) : 드릴의 중심축과 홈의 비틀림이 이루는 각이다.

25 절삭 공구재료의 구비조건이 아닌 것은?

① 고온에서도 경도가 감소되지 않아야 한다.

② 인성과 내마모성이 커야 한다.

③ 제작이 용이하여야 한다.

④ 마찰계수가 커야 한다.

해설
④ 마찰계수가 작아야 한다.
절삭 공구재료의 구비조건
• 피절삭재보다는 경도와 인성이 클 것
• 고온에서 경도가 감소되지 않을 것
• 내마멸성, 내충격성이 클 것
• 절삭저항을 받으므로 강도가 클 것
• 형상을 만들기 용이하고 가격이 쌀 것
• 마찰계수가 작을 것

26 칩을 적당한 길이로 잘라 주거나 칩이 흐르는 방향을 바꾸어 주기 위하여 바이트에 만들어 두는 것은?

① 윗면 경사각   ② 노즈 반지름

③ 칩 브레이커   ④ 앞면 여유각

해설
③ 칩 브레이커(Chip Breaker) : 칩을 적당한 길이로 원활하게 배출시키기 위해 짧게 끊어 주는 것

27 밀링가공에서 지켜야 할 안전사항으로 틀린 것은?

① 복장은 간편하고, 청결하며 활동이 편한 작업복을 착용한다.

② 절삭상태는 커터의 날 끝과 같은 높이에서 관찰한다.

③ 공작물의 거스러미는 날카롭기 때문에 주의하여 제거한다.

④ 더브테일 커터는 날 끝이 날카롭고 예리하므로 주의하여 사용한다.

해설
커터 날 끝과 같은 높이에서 절삭상태를 관찰하는 것은 칩으로부터 위험하다.

28 보링(Boring)머신에서 할 수 없는 작업은?

① 베벨기어가공
② 태 핑
③ 나사가공
④ 리 밍

해설
• 보링머신 : 가공물을 회전시키는 데 복잡한 형상이나 대형인 가공물, 중량이 커서 편심으로 가공될 우려가 있는 제품의 가공에 적합하다.
• 보링머신 가능작업 : 보링, 드릴링, 리밍, 태핑, 밀링 가공의 일부분까지도 가능

29 선반에서 40mm의 환봉을 120m/min의 절삭속도로 절삭가공을 하려고 할 경우 2분 동안 주축 총회전수는?

① 650rpm
② 960rpm
③ 1,720rpm
④ 1,910rpm

해설
회전수를 구하는 공식

$$n = \frac{1,000v}{\pi d} = \frac{1,000 \times 120\text{m/min}}{\pi \times 40\text{mm}} ≒ 954.93\,\text{rpm}$$

→ 2분 동안 → 954.93rpm × 2 = 1,909.86rpm

∴ 2분 동안 주축 총회전수(rpm) ≒ 1,910rpm

여기서, v : 절삭속도(m/min)

d : 공작물 지름(mm)

n : 스핀들 회전수(rpm)

30 정밀입자가공의 종류에 대한 설명으로 틀린 것은?

① 버핑은 광택 가공에 좋지만 치수를 더 정밀하게 할 수 없다.

② 배럴, 텀블링은 다량의 일감을 동시에 가공하지만 일감이 균일하게 다듬어지지 않는다.

③ 액체 호닝은 압축 공기로 연마제를 분사하므로 피닝효과도 있다.

④ 롤러 다듬질은 주로 선반가공 뒤에 쓰이며, 차축 저널을 다듬질할 수 있다.

해설
배럴(Barrel)가공은 일감이 균일하게 다듬어지는 정밀입자가공 방법이다.

31 KS에서 규정한 측정실의 표준온도는?

① 14℃   ② 16℃

③ 18℃   ④ 20℃

해설

측정기의 정도 결정은 KS에서는 온도 20℃, 기압 760mmHg, 습도 58%로 규정한다.

32 다음 그림은 무슨 줄작업방법인가?

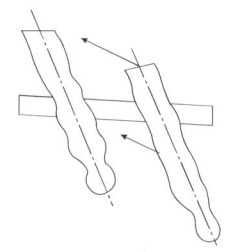

① 직진법   ② 중진법

③ 사진법   ④ 병진법

해설

줄작업방법

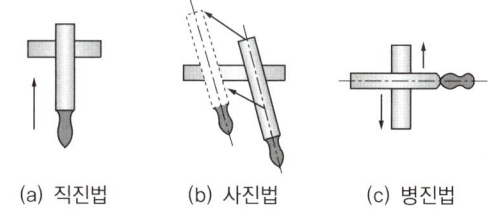

(a) 직진법   (b) 사진법   (c) 병진법

줄작업방법 용도
• 직진법 : 황삭 및 다듬질 작업
• 사진법 : 황삭 및 볼록한 면의 수정작업
• 병진법 : 폭이 좁고 길이가 긴 가공물의 줄작업

33 범용 선반으로 길이가 비교적 짧고 테이퍼의 각도가 큰 공작물을 깎을 때 가장 적합한 방법은?

① 복식 공구대를 선회시키는 방법

② 심압대를 편위시키는 방법

③ 총형 바이트를 사용하는 방법

④ 테이퍼 절삭장치를 이용하는 방법

해설

선반에서 테이퍼 가공방법
• 복식 공구대를 경사시키는 방법(테이퍼 각이 크고 길이가 짧은 가공물)
• 심압대를 편위시키는 방법(테이퍼가 작고 길이가 길 경우 사용)
• 테이퍼 절삭장치를 이용하는 방법(넓은 범위의 테이퍼를 가공)
• 총형 바이트를 이용하는 방법

34 보통밀링머신에 비하여 대량생산을 목적으로 보통밀링머신의 기능을 어느 정도 단순화시킨 밀링으로 주축 헤드의 수에 따라 단두형, 쌍두형, 다두형으로 구분하는 것은?

① 만능밀링머신

② 생산형 밀링머신

③ 모방밀링머신

④ 플레이너형 밀링머신

해설

② 생산형 밀링머신 : 보통밀링머신에 비하여 대량생산을 하기 위한 목적으로 보통밀링머신의 기능을 어느 정도 단순화시킨 밀링머신이라 한다. 주축헤드가 1개인 단두형, 2개가 있는 쌍두형, 2개 이상 여러 개가 달려 있는 다두형으로 구분한다.
① 만능밀링머신 : 수평밀링머신과 유사하나, 차이점으로는 새들 위에 선회대가 있어 수평면 내에서 일정한 각도로 테이블을 회전시켜 각도를 변환시키는 것과 테이블을 상하로 경사시킬 수 있는 것이다.
③ 모방밀링머신 : 모방 장치를 이용하여 단조, 프레스, 주조형 금형 등의 복잡한 형상을 능률적으로 가공할 수 있다.
④ 플레이너형 밀링머신 : 대형이며 중량의 가공물을 가공하기 위한 밀링머신으로 플레이너와 비슷한 구조로 되어 있다.

35 −5μm의 오차를 가지고 있는 마이크로미터로 측정한 값이 30.115mm라면 이 제품의 실측정값은?

① 30.110mm ② 30.115mm

③ 30.120mm ④ 30.125mm

해설
• 실측정값 = 측정값 − 오차
  $= 30.115mm − (−5μm)$
  $= 30.115mm + 0.005mm$
  $= 30.120mm$
※ $−5μm = −0.005mm$

36 열처리방법 중에서 표면경화법에 속하지 않는 것은?

① 침탄법 ② 질화법

③ 고주파 경화법 ④ 항온 열처리법

해설
④ 항온 열처리 : 변태점 이상으로 가열한 강을 보통의 열처리와 같이 연속적으로 냉각하지 않고 열욕 중에 담금질하여 그 온도에 일정한 시간 항온으로 유지하였다가 냉각하는 열처리

열처리의 분류

일반 열처리	항온 열처리	표면경화 열처리
• 담금질(Quenching) • 뜨임(Tempering) • 풀림(Annealing) • 불림(Normalizing)	• 마퀜칭 • 마템퍼링 • 오스템퍼링 • 오스포밍 • 항온 풀림 • 항온 뜨임	• 침탄법 • 질화법 • 화염 경화법 • 고주파 경화법 • 청화법

37 일반적으로 경금속과 중금속을 구분하는 비중의 경계는?

① 1.6 ② 2.6

③ 3.6 ④ 4.6

해설
경금속 < 비중 4.6 < 중금속

38 황동의 자연균열 방지책이 아닌 것은?

① 온도 180~250℃에서 응력제거 풀림처리

② 도료나 안료를 이용하여 표면처리

③ Zn도금으로 표면처리

④ 물에 침전처리

해설
• 자연균열 : 황동은 관, 봉 등의 잔류 응력에 의해 균열을 일으키는 현상
• 자연균열 방지법 : 도료 및 아연도금, 180~260℃에서 저온풀림 (응력제거풀림)

39 주철의 성장원인이 아닌 것은?

① 흡수한 가스에 의한 팽창

② Fe_3C의 흑연화에 의한 팽창

③ 고용 원소인 Sn의 산화에 의한 팽창

④ 불균일한 가열에 의해 생기는 파열 팽창

해설
주철의 성장원인
• 시멘타이트(Fe_3C)의 흑연화에 의한 팽창
• 페라이트 중에 고용되어 있는 규소(Si)의 산화에 의한 팽창
• A_1 변태점(723℃) 이상의 온도에서 부피 변화로 인한 팽창
• 불균일한 가열로 생기는 균열에 의한 팽창
• 흡수한 가스에 의한 팽창

40 알루미늄합금의 대한 설명 중 틀린 것은?

① 내식성이 좋다.

② 열전도성이 좋다.

③ 순도가 높을수록 강하다.

④ 가볍고 전연성이 우수하다.

해설

Al은 순도가 높을수록 연성을 가지며 강도, 경도는 저하된다.

41 열경화성 수지가 아닌 것은?

① 아크릴수지

② 멜라민수지

③ 페놀수지

④ 규소수지

해설

플라스틱(합성수지)의 종류

열가소성 수지	열경화성 수지
• 폴리에틸렌수지	• 페놀수지
• 아크릴수지	• 멜라민수지
• 염화비닐수지	• 에폭시수지
• 폴리스티렌수지	• 요소수지

42 강을 절삭할 때 쇳밥(Chip)을 잘게 하고 피삭성을 좋게 하기 위해 황, 납 등의 특수 원소를 첨가하는 강은?

① 레일강

② 쾌삭강

③ 다이스강

④ 스테인리스강

해설

② 쾌삭강 : 가공 재료의 피삭성을 높이고, 절삭 공구의 수명을 길게 하기 위하여 요구되는 성질을 개선한 구조용 강

쾌삭강

• 칩(Chip)처리 능률을 높인다.

• 가공면 정밀도, 표면 거칠기 향상

• 강에 황(S), 납(Pb) 첨가(황쾌삭강, 납쾌삭강)

43 스프링을 사용하는 목적이 아닌 것은?

① 힘 축적

② 진동 흡수

③ 동력 전달

④ 충격 완화

해설

스프링의 사용 목적 : 힘 축척, 진동 흡수, 충격 완화

44 시편의 표점거리가 40mm이고, 지름이 15mm일 때 최대하중이 6kN에서 시편이 파단되었다면 연신율은 몇 %인가?(단, 연신된 길이는 10mm이다)

① 10

② 12.5

③ 25

④ 30

해설

$$연신율(\varepsilon) = \frac{변형량}{원표점거리} \times 100(\%)$$

$$= \frac{10\text{mm}}{40\text{mm}} \times 100(\%) = 25\%$$

$$\therefore 연신율(\varepsilon) = 25\%$$

45 웜기어에서 웜이 3줄이고 웜휠의 잇수가 60개일 때의 속도비는?

① $\dfrac{1}{10}$ ② $\dfrac{1}{20}$

③ $\dfrac{1}{30}$ ④ $\dfrac{1}{60}$

해설

웜기어속도비$(i) = \dfrac{n_g}{n_w} = \dfrac{Z_w}{Z_g} = \dfrac{l}{\pi D_g} \rightarrow i = \dfrac{Z_w}{Z_g} = \dfrac{3}{60} = \dfrac{1}{20}$

$\therefore$ 속도비$(i) = \dfrac{1}{20}$

여기서, Z_w : 웜의 줄수

n_w : 웜의 회전수

Z_g : 웜 휠의 잇수

n_g : 웜 휠의 회전수

l : 웜의 리드

D_g : 웜 휠의 피치원 지름

46 저널 베어링에서 저널의 지름이 30mm, 길이가 40mm, 베어링의 하중이 2,400N일 때 베어링의 압력(N/mm²)은?

① 1 ② 2

③ 3 ④ 4

해설

베어링하중(P) = 베어링압력$(P_a) \times$ 지름$(d) \times$ 저널길이(l)

베어링압력$(P_a) = \dfrac{베어링하중(P)}{지름(d) \times 저널길이(l)}$

$= \dfrac{2,400\text{N}}{30\text{mm} \times 40\text{mm}} = 2$

$\therefore$ 베어링의 압력$(P) = 2\text{N/mm}^2$

47 부품의 위치결정 또는 고정 시에 사용되는 체결요소가 아닌 것은?

① 핀(Pin) ② 너트(Nut)

③ 볼트(Bolt) ④ 기어(Gear)

해설

기어는 결합용 기계요소가 아니고 직접전동요소이다.

48 비틀림 모멘트를 받는 회전축으로 치수가 정밀하고 변형량이 적어 주로 공작기계의 주축에 사용하는 축은?

① 차 축 ② 스핀들

③ 플렉시블축 ④ 크랭크축

해설

② 스핀들 : 주로 비틀림 모멘트를 받으며 직접 일을 하는 회전축으로 치수가 정밀하고 변형량이 작으며, 길이가 짧아 선반, 밀링머신 등 공작기계의 주축으로 사용한다.

① 차축 : 주로 굽힘 모멘트를 받는 축, 철도 차량의 차축

③ 플렉시블축 : 공간상 제한으로 일직선 형태의 축을 사용할 수 없을 때 이용

④ 크랭크축 : 직선운동과 회전운동을 상호 변환시키는 축

49 축에 키 홈을 파지 않고 축과 키 사이의 마찰력만으로 회전력을 전달하는 키는?

① 새들키 ② 성크키

③ 반달키 ④ 둥근키

해설

① 새들키 : 축에는 키 홈을 가공하지 않고 보스에만 키 홈을 만든다.

② 성크키 : 축과 보스의 양쪽에 모두 키 홈을 판다.

③ 반달키 : 축에 반달모양의 홈을 만들어 반달모양으로 가공된 키를 끼운다.

④ 둥근키 : 축과 보스 사이에 구멍을 가공

50 나사를 기능상으로 분류했을 때 운동용 나사에 속하지 않는 것은?

① 볼나사
② 관용나사
③ 둥근나사
④ 사다리꼴나사

해설
운동용 나사 : 사각나사, 사다리꼴나사, 톱니나사, 볼나사, 둥근나사 등

51 나사의 각 부분을 표시하는 선에 관한 설명으로 맞는 것은?

① 수나사의 골지름과 암나사의 골지름은 굵은 실선으로 표시한다.
② 완전 나사부와 불완전 나사부의 경계는 가는 실선으로 표시한다.
③ 나사의 골면에서 본 투상도에서는 나사의 골면은 굵은 실선으로 그린 원주의 3/4에 거의 같은 원의 일부로 표시한다.
④ 수나사의 바깥지름과 암나사의 안지름은 굵은 실선으로 표시한다.

해설
나사의 도시방법
• 수나사의 골지름과 암나사의 골지름은 가는 실선으로 표시한다.
• 완전 나사부와 불완전 나사부의 경계는 굵은 실선으로 표시한다.
• 수나사와 암나사의 측면 도시에서 각각의 골지름은 가는 실선으로 약 3/4원으로 그린다.
• 수나사의 바깥지름과 암나사의 안지름은 굵은 실선으로 표시한다.

52 그림과 같은 도면에서 데이텀 표적 도시기호의 의미로 옳은 것은?

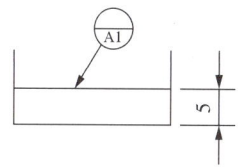

① 두 개의 X를 연결한 선의 데이텀 표적
② 두 개의 점 데이텀 표적
③ 두 개의 X를 연결한 선을 반지름으로 하는 원의 데이텀 표적
④ 10mm 높이의 직사각형 영역의 면 데이텀 표적

해설
도면에서 데이텀 표적 도시기호의 의미는 두 개의 X를 연결한 선의 데이텀 표적이다.

53 투상한 대상물의 일부를 파단한 경계 또는 일부를 떼어 낸 경계를 표시하는 데 사용하는 선은?

① 절단선
② 파단선
③ 가상선
④ 특수지정선

해설
② 파단선 : 대형물의 일부를 파단한 경계 또는 일부를 떼어낸 경계를 표시
① 절단선 : 단면도를 그리는 경우 그 절단 위치를 대응하는 도면에 표시하는 데 사용
④ 특수지정선 : 특수한 가공을 하는 부분 등 특별한 요구사항을 적용할 수 있는 범위를 표시하는 데 사용
③ 가상선 : 가동부분을 이동 중의 특정한 위치 또는 이동 한계의 위치를 표시

54 기계제도에서 치수 기입 원칙에 관한 설명 중 틀린 것은?

① 기능, 제작, 조립 등을 고려하여 필요한 치수를 명료하게 도면에 기입한다.

② 치수는 되도록 주 투상도에 집중한다.

③ 치수는 자릿수가 많은 경우 3자리마다 "," 표시를 하여 자릿수를 명료하게 한다.

④ 길이의 치수는 원칙으로 mm 단위로 하고 단위 기호는 붙이지 않는다.

해설
치수 수치의 자리수가 많은 경우 3자리마다 숫자의 사이를 적당히 띄우고 콤마는 찍지 않는다.

55 그림과 같은 도면은 무슨 기어의 맞물리는 기어 간 략도인가?

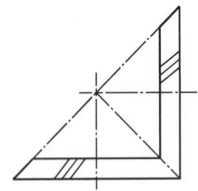

① 헬리컬기어

② 베벨기어

③ 웜기어

④ 스파이럴 베벨기어

해설
위 그림은 스파이럴 베벨기어의 간략도이다.

56 보기와 같은 맞춤핀에서 호칭지름은 몇 mm인가?

┌─ 보기 ─────────────────────────┐
│ 맞춤핀 KS B 1310-6×30-A-St │
└─────────────────────────────┘

① 13mm ② 6mm

③ 10mm ④ 30mm

해설
맞춤핀의 6×30에서 6(호칭지름), 30(맞춤핀 길이)이다.

57 치수공차 및 끼워맞춤에 관한 용어 설명 중 틀린 것은?

① 허용한계치수 : 형체의 실치수가 그 사이에 들어 가도록 정한 허용할 수 있는 대소 2개의 극한의 치수

② 기준치수 : 위치수허용차 및 아래치수허용차를 적용하는 데 따라 허용한계치수가 주어지는 기준 이 되는 치수

③ 공차 등급 : 치수공차 방식·끼워맞춤 방식으로 전체의 기준 치수에 대하여 동일 수준에 속하는 치수 공차의 한 그룹

④ 최대실체치수 : 형체의 실체가 최대가 되는 쪽의 허용한계치수로서 내측 형제에 대해서는 최대허 용치수, 외측 형체에 대해서는 최소허용치수를 의미

해설
④ 최대실체치수 : 형체의 실체가 최대가 되는 쪽의 허용한계치수. 즉 내측 형체에 대해서는 최소허용치수, 외측 형체에 대해서는 최대허용치수를 의미한다.

58 그림과 같은 입체도에서 화살표 방향 투상도로 가장 적합한 것은?

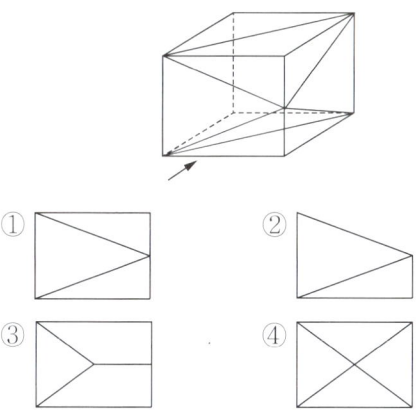

① ② ③ ④

59 그림과 같은 도면에서 대각선으로 교차한 가는 실선 부분은 무엇을 나타내는가?

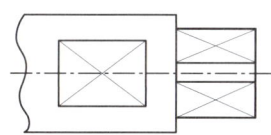

① 취급 시 주의 표시
② 다이아몬드 형상을 표시
③ 사각형 구멍 관통
④ 평면이란 것을 표시

해설
대각선이 교차한 가는 실선 : 평면임을 나타내는 표시

60 다음 그림과 같은 표면의 결 표시기호에서 가공방법은?

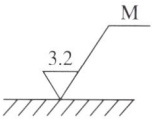

① 밀 링   ② 면 삭
③ 선 삭   ④ 줄다듬질

해설
선삭 : L, 연삭 : G, 밀링 : M, 줄다듬질 : FF

01 연삭숫돌 구성의 3요소에 포함되지 않는 것은?

① 결합도
② 입 자
③ 기 공
④ 결합제

해설
숫돌바퀴의 구성요소
• 숫돌입자 : 절삭공구 날 역할을 하는 입자
• 결합제 : 입자와 입자를 결합시키는 것
• 기공 : 입자와 결합제 사이의 빈 공간

02 선반부속 장치 중 기어, 벨트풀리 등의 소재와 같이 구멍이 뚫린 일감의 바깥 원통면 또는 옆면을 센터 작업으로 가공할 때 구멍에 끼워 사용하는 공구는?

① 면 판   ② 맨드릴
③ 방진구   ④ 콜릿척

해설
② 맨드릴(Mandrel) : 기어, 벨트 풀리 등과 같이 구멍과 외경이 동심원이고, 직각이 필요한 경우에 구멍을 먼저 가공하고 구멍에 맨드릴을 끼워 양 센터로 지지하여, 외경과 측면을 가공하여 부품을 완성하는 선반의 부속장치이다.
① 면판 : 척에 고정할 수 없는 불규칙하거나 대형의 가공물 또는 복잡한 가공물을 고정할 때 척을 떼어내고 면판을 주축에 고정하여 사용한다.
③ 방진구(Work Rest) : 선반에서 가늘고 긴 가공물의 휨이나 떨림을 방지하기 위해 선반 베드 위에 고정하여 사용하는 고정식 방진구, 왕복대의 새들에 고정하여 사용하는 이동식 방진구가 있다.
④ 콜릿척 : 지름이 작은 가공물이나, 각 봉재를 가공할 때 사용하는 선반의 부속장치이다.

03 정가공(Chipping)할 때의 안전작업에 대한 설명으로 맞는 것은?

① 정을 잡은 손은 움직이지 않도록 단단히 잡는다.
② 정작업 시 시선은 정의 머리 부분에 둔다.
③ 장갑은 해머가 손에서 미끄러지지 않도록 반드시 착용한다.
④ 처음에는 가볍게 때리고 점차 힘을 가하면서 작업한다.

해설
정가공의 안전
• 정을 잡은 손은 힘을 빼고, 처음에는 가볍게 때리고 점차 힘을 가하도록 한다.
• 정작업 시 시선은 항상 날 끝에 주의하고, 따내기 가공 및 칩이 튀는 가공에는 보호안경을 착용한다.
• 정작업 시 장갑은 착용하지 않는다.
• 가공물의 절단된 끝이 튕길 경우가 있으므로 특히 주의 하도록 한다.

04 일반적인 보링머신의 종류가 아닌 것은?

① 총형 보링머신
② 코어 보링머신
③ 정밀 보링머신
④ 지그 보링머신

해설
• 보링머신 : 이미 뚫어져 있는 구멍을 필요한 크기로 넓히거나 정밀도를 높이기 위한 공작기계
• 보링머신의 종류 : 보통 보링머신, 수직 보링머신, 정밀 보링머신, 지그 보링머신, 코어 보링머신(총형 보링머신은 없다)

05 드릴절삭공구의 형상에서 절삭날 사이의 간격을 나타내는 용어는?

① 에 지 ② 웨 브
③ 마 진 ④ 랜 드

해설
② 웨브 : 트위스트 드릴 홈 사이에 좁은 단면 부분이다. 절삭날 사이의 간격
③ 마진 : 드릴의 홈을 따라서 만들어진 좁은 날이며, 드릴을 안내하는 역할

06 다음 가공방법 중 전류의 화학적 성질을 이용한 것은?

① 방전가공 ② 전해연마
③ 초음파가공 ④ 와이어컷방전가공

해설
② 전해연마 : 가공물을 양극(+), 전기저항이 적은 구리, 아연을 음극(−)으로 연결하고, 전해액 속에서 $1A/cm^2$ 정도의 전기를 통하면 전기에 의한 화학적인 작용으로 가공물의 표면이 용출되어 필요한 형상으로 가공하는 방법
① 방전가공 : 전극과 가공물 사이에 전기를 통전시켜, 방전현상의 열에너지를 이용하여, 가공물을 용융 증발시켜 가공을 진행하는 비접촉식 가공 방법으로 전극과 재료 모두 도체이어야 한다.
③ 초음파가공 : 기계적 에너지로 진동을 하는 공구와 공작물 사이에 연삭 입자와 가공액을 주입하고서 작은 압력으로 공구에 초음파 진동을 주어 유리, 세라믹, 다이아몬드, 수정 등 소성변형이 되지 않고 취성이 큰 재료를 가공할 수 있는 가공방법

07 연삭숫돌에서 인조숫돌입자에 해당되는 것은?

① 알루미나(Alumina)
② 사암(Sand Stone)
③ 코런덤(Corundum)
④ 에머리(Emery)

해설
• 천연입자 : 사암이나 석영, 에머리, 코런덤, 다이아몬드 등
• 인조입자 : 탄화규소, 산화알루미나, 탄화붕소, 지르코늄 옥시드 등

08 선반 주축의 제작 조건으로 요구되지 않는 것은?

① 정밀도 ② 강 성
③ 취 성 ④ 안전성

해설
선반 주축의 구비조건
• 정밀도 : 항상 일정한 회전운동을 하고, 축의 중심이 잘 맞을 것
• 강성 : 절삭력, 구동력 등의 외력에 의해 변형이 없을 것
• 안전성 : 사용 회전수에 따라 정밀도 및 성능에 영향이 없을 것

09 연삭 균열에 대한 설명과 가장 거리가 먼 것은?

① 공석강에 가까운 탄소강에서 자주 발생한다.
② 연삭 균열을 작게 하기 위해서는 결합도가 경한 연삭숫돌을 사용한다.
③ 연삭깊이를 작게 한다.
④ 연삭액을 충분히 사용하여 연삭 열을 적게 발생시킨다.

해설
연삭 균열을 작게 하기 위한 방법
• 결합도가 연한 숫돌을 사용
• 연삭깊이를 작게 한다.
• 이송을 빠르게 한다.
• 연삭액을 충분히 사용하여 연삭열을 적게 발생시킨다.
연삭 균열에 관한 사항
• 탄소(C) 함유량이 0.6~0.7% 이하인 강재에서는 연삭 균열이 거의 발생하지 않는다.
• 공석각에 가까운 탄소강에서는 자주 발생한다.
• 담금질된 강에서는 경연삭에서도 자주 발생하나, 뜨임하면 자주 발생하지 않는다.

10 기어의 절삭방법이 아닌 것은?

① 형판에 의한 법
② 총형 공구에 의한 절삭법
③ 호브를 사용하는 방법
④ 마그네틱에 의한 절삭법

해설
기어 절삭법
• 형판에 의한 방법
• 총형 커터에 의한 방법
• 창성법에 의한 방법(랙커터, 피니언커터, 호브 사용)

11 습식 래핑에서 사용하는 래핑유(Lapping Oil)로 적합하지 않은 것은?

① 경유, 석유
② 알코올, 벤젠
③ 올리브유, 종유
④ 기계유

해설
래핑유는 경유나 석유 등의 광물유, 물, 점성이 작은 올리브유나 종유 등의 식물성유를 사용한다. 래핑유는 랩제와 섞어 사용하며, 가공물에 윤활을 주어 표면이 긁히는 것을 방지한다.
※ 알코올, 벤젠, 휘발유 : 래핑유로 적합하지 않다.

12 밀링의 상향절삭에 대한 설명으로 맞는 것은?

① 백래시를 제거하지 않아도 된다.
② 기계의 강성이 필요하다.
③ 공구의 수명이 길다.
④ 표면거칠기가 좋다.

해설
상향절삭은 백래시를 제거하지 않아도 된다.

상향절삭과 하향절삭의 차이점

구 분	상향절삭	하향절삭
방 향	커터 회전방향과 공작물 이송방향이 반대	커터 회전방향과 공작물 이송방향이 동일
백래시	절삭에 별 지장이 없다.	백래시를 제거해야 한다.
기계의 강성	강성이 낮아도 무관하다.	가공할 때 충격이 있어 높은 강성이 필요하다.
가공물의 고정	절삭력이 상향으로 작용하여 고정이 불리하다.	절삭력이 하향으로 작용하여 가공물 고정이 유리하다.
인선의 수명	절입할 때 마찰열로 마모가 빠르고 공구 수명이 짧다.	상향 절삭에 비하여 공구 수명이 길다.
마찰저항	마찰저항이 커서 절삭공구를 위로 들어 올리는 힘이 작용한다.	절입할 때 마찰력은 작으나 하향으로 충격력이 작용한다.
가공면의 표면 거칠기	광택은 있으나 상향에 의한 회전저항으로 전체적으로 하향절삭보다 나쁘다.	가공 표면에 광택은 작고 저속 이송에서는 회전저항이 발생하지 않아 표면 거칠기가 좋다.

13 더브테일 홈가공 시 일정한 각도를 가공하기 위한 커터는?

① 랙커터
② 피니언커터
③ 앵글커터
④ 호 브

해설
③ 앵글커터 : 일정한 각도를 가공하기 위한 커터

14 나사의 머리가 접시 모양일 때 가공물에 필요한 작업은?

① 카운터 싱킹

② 카운터 보링

③ 스폿 페이싱

④ 탭가공

드릴가공의 종류
- 카운터 싱킹 : 나사 머리의 모양이 접시모양일 때 테이퍼 원통형으로 절삭하는 가공
- 리밍 : 구멍의 정밀도를 높이기 위해 구멍을 다듬는 작업
- 탭핑 : 공작물 내부에 암나사 가공으로 태핑을 위한 드릴가공은 나사의 외경-피치로 한다.
- 스폿 페이싱 : 볼트나 너트를 체결하기 곤란한 경우에 볼트나 너트가 닿는 구멍 주위에 부분만을 평탄하게 가공하여 체결이 잘되도록 하는 가공 방법
- 카운터 보링 : 볼트의 머리 부분이 돌출되면 곤란한 부분이 있다. 이러한 경우에 볼트 또는 너트의 머리 부분이 가공물 안으로 묻히도록 드릴과 동심원의 2단 구멍을 절삭하는 방법
- 보링 : 뚫린 구멍을 다시 절삭하여 구멍을 넓히고 다듬질하는 것

15 드릴로 가공한 구멍을 넓히거나 정밀하게 절삭하는 공작기계는?

① 태핑머신   ② 보링머신

③ 셰이퍼   ④ 플레이너

② 보링머신 : 이미 뚫어져 있는 구멍을 필요한 크기로 넓히거나 정밀도를 높이기 위한 공작기계
③ 셰이퍼 : 평면을 가공하는 공작기계
④ 플레이너 : 테이블 수평 길이 방향의 왕복운동과 공구는 테이블의 가로 방향으로 이송하며, 주로 평면을 가공하는 공작기계이다.

16 다음 연삭가공 시 연삭액의 구비 조건이 아닌 것은?

① 냉각성이 좋아야 한다.

② 가공물 표면을 부식시키지 않아야 한다.

③ 변질되지 않고 장기간 사용할 수 있어야 한다.

④ 다른 기름과 화학적인 반응을 하여야 한다.

연삭액의 구비 조건
- 냉각성, 윤활성, 유동성, 침투성이 좋아야 한다.
- 가공물 표면을 부식시키지 않아야 한다.
- 변질되지 않고 장기간 사용할 수 있어야 한다.
- 다른 기름과 화학적인 반응을 하지 않아야 한다.

17 가공물을 화학 가공액에 담가 표면의 돌출부를 선택적으로 용해하여 매끈하고 광택이 있도록 가공하는 것은?

① 화학부식 가공   ② 화학 연마

③ 화학 각인   ④ 케미컬 블랭킹

② 화학 연마 : 열에너지를 이용하여 가공물의 전면을 균일하게 용해하여 두께를 얇게 하거나, 가공 표면의 오목 부분은 가공하지 않고 볼록 부분만을 신속하게 가공하여 평활한 표면으로 가공하는 방법

18 연삭작업에서 연삭숫돌을 선정할 때에 옳지 않은 설명은?

① 공작물 지름이 클수록 입도는 거친 것을 선택한다.
② 공작물 지름이 작을수록 결합도는 연한 것을 선택한다.
③ 숫돌 지름이 작을수록 결합도는 단단한 것을 선택한다.
④ 공작물 지름이 클수록 조직은 거친 것을 선택한다.

숫돌 지름이 작을수록 결합도는 연한 것을 선택한다.

연삭숫돌 선정 예

연삭숫돌의 요소	입 도	결합도	조 직
가공물 지름 (대 → 소)	고운 것 ↗ 거친 것	연한 것 ↗ 단단한 것	치 밀 ↗ 거 침
숫돌 지름 (대 → 소)	고운 것 ↗ 거친 것	연한 것 ↗ 단단한 것	치 밀 ↗ 거 침
가공물 경도 (연 → 경)	고운 것 ↗ 거친 것	연한 것 ↘ 단단한 것	치 밀 ↗ 거 침
표면 거칠기 (보통 → 정밀)	고운 것 ↗ 거친 것	–	치 밀 ↗ 거 침
연삭속도 (대 → 소)	–	연한 것 ↗ 단단한 것	–
가공물 속도 (대 → 소)	–	연한 것 ↘ 단단한 것	–

19 기어 전용 절삭기에 속하지 않는 것은?

① 호빙머신
② 베벨기어 절삭기
③ 기어셰이퍼
④ 핵소머신

기어 전용 절삭기 : 호빙머신, 기어셰이퍼, 베벨기어 절삭기 등

20 밀링커터의 주요 부분이 아닌 것은?

① 랜드(Land)
② 날 끝각
③ 입사각
④ 경사각

밀링커터 날 끝의 주요부는 랜드, 날끝각, 경사각, 여유각으로 구성된다.

21 선반가공에서 절삭 조건이 맞지 않을 때 나타나는 현상으로 옳지 않은 것은?

① 치수 정밀도가 저하된다.
② 공구의 수명이 단축된다.
③ 가공 표면이 나빠진다.
④ 절삭성이 좋고 바이트 수명이 길어진다.

선반가공에서 절삭 조건이 맞지 않을 때 절삭성이 나빠지고 바이트 수명이 짧아진다.

22 보통선반의 부속품에 해당하지 않는 것은?

① 돌림판과 돌리개   ② 센 터
③ 맨드릴   ④ 분할대

해설
④ 분할대 : 밀링의 부속품
선반과 밀링의 부속품

선반의 부속품	밀링의 부속품
방진구, 맨드릴, 센터, 면판, 돌림판과 돌리개, 척 등	바이스, 분할대, 회전 테이블, 슬로팅 장치 등

23 밀링머신에서 직접 분할법으로 원주를 6등분하려고 할 때 몇 구멍씩 회전하면서 절삭해야 하는가?

① 2구멍   ② 4구멍
③ 6구멍   ④ 8구멍

해설
$x = \dfrac{24}{n}$ 에서 $x = \dfrac{24}{6} = 4$

따라서, 직접 분할판에서 4구멍씩 이동시키면서 가공하면 6등분이 된다.
여기서, x : 직접 분할판에서 이동할 구멍수
       n : 등분수
분할가공방법
• 직접 분할법 : 분할대 주축 앞면에 있는 직접 분할판을 이용하여 단순분할(24의 약수 즉 24, 12, 8, 6, 4, 3, 2등분 가능)
• 단식 분할법 : 직접 분할법으로 불가능하거나 또는 분할이 정밀해야 할 경우(2~60 사이의 모든 정수, 60~120 사이의 2와 5의 배수 등)
• 차동 분할법 : 직접, 단식 분할법으로 분할할 수 없는 분할(단식 분할법으로 분할할 수 없는 61 이상의 소수나 특수한 수의 분할을 2종 운동의 복합운동으로 분할하는 방법이다. 127은 차동분할법으로 분할 가능)

24 단식 분할법에서 54구멍 판을 사용하여 원주를 18등분하려면?

① 2회전하고 12구멍 회전
② 2회전하고 14구멍 회전
③ 4회전하고 12구멍 회전
④ 4회전하고 14구멍 회전

해설
단식 분할법 : 분할 크랭크와 분할판을 사용하여 분할하는 방법으로 분할 크랭크를 40회전시키면 주축은 1회전하므로 주축을 회전시키려면 분할 크랭크를 40/N회전시키면 가능하다.
$$\dfrac{h}{H} = \dfrac{40}{N}$$
여기서, N : 가공물의 등분수
       H : 분할판의 구멍수
       h : 1회 분할에 필요한 분할판의 구멍수
문제에서 18등분이므로 N이 18이다.
$$\dfrac{40}{18} = \dfrac{h}{H} = \dfrac{40 \times 3}{18 \times 3} = \dfrac{120}{54} = 2\dfrac{12}{54}$$

$\dfrac{40 \times 3}{18 \times 3}$ → 브라운 샤프형의 54구멍 분할판을 사용하기 위해 분모, 분자에 3을 곱해 준다.
분자와 분모에 3을 곱하는 이유는 H, 즉 분할판의 구멍의 종류에 맞추기 위한 것(문제에서 54구멍 분할판 사용)이다.

$2\dfrac{12}{54}$ → 브라운 샤프형의 54구멍 열에서 분할 크랭크를 2회전시키고 12구멍씩 전진하면서 가공한다.

25 보통선반에서 할 수 없는 작업은?

① 널링가공   ② 암나사가공
③ 총형가공   ④ 더브테일가공

해설
④ 더브테일 가공 : 밀링가공
선반 · 밀링가공 종류

선반가공 종류	밀링가공 종류
외경, 단면, 홈, 테이퍼, 드릴링, 보링, 수나사, 암나사, 정면, 곡면, 총형, 널링작업	평면가공, 단가공, 홈가공, 드릴가공, T홈가공, 더브테일가공(각도가공), 곡면절삭, 보링 등

26 선반작업 시 바이트 인선의 끝이 공작물과 접촉되는 부분의 높이는?

① 일감의 중심과 같게 한다.
② 일감의 중심보다 약간 낮게 한다.
③ 일감의 중심보다 약간 높게 한다.
④ 일감의 호칭 치수보다 1/100mm 높게 한다.

해설
바이트의 중심과 공작물의 중심이 일치하게 한다.

27 선반가공에서 공작물이 크거나 중량(重量)일 때 사용하기에 적합한 센터 각도는?

① 30°　　　　　② 45°
③ 60°　　　　　④ 75°

해설
센터드릴의 각도는 일반적으로 60°가 가장 많이 사용되고 있으며, 대형 가공물 또는 중량물일 경우에는 75°와 90°의 센터드릴도 사용한다.

28 기어절삭법 중에서 창성에 의한 절삭법에 해당되는 것은?

① 형판에 의한 절삭
② 피니언커터에 의한 절삭
③ 총형커터에 의한 절삭
④ 베벨커터에 의한 절삭

해설
창성에 의한 방법 : 인벌류트 곡선의 성질을 응용한 정확한 기어절삭 공구를 기어의 소재와 함께 회전운동을 주며, 축 방향으로 왕복운동을 시켜 절삭한다.
창성에 의한 가공 방법의 종류
• 랙커터에 의한 방법
• 피니언커터에 의한 방법
• 호브에 의한 절삭

29 CNC공작기계에서 피드백 장치 없이 스태핑 모터를 사용한 서보기구의 형식은?

① 반폐쇄회로
② 개방회로
③ 폐쇄회로
④ 혼합회로

해설
• 개방회로 방식 : 피드백장치 없이 스태핑 모터를 사용한 방식으로 실용화 되었으나, 피드백장치가 없기 때문에 가공 정밀도에 문제가 있어 현재는 거의 사용되지 않는다.
• 폐쇄회로 방식 : 모터에 내장된 태코제너레이터에서 속도를 검출하고, 기계의 테이블에 부착한 스케일에서 위치를 검출(로터리 인코더)하여 피드백시키는 방식이다.
• 반폐쇄회로 방식 : 모터에 내장된 태코제너레이터(펄스제너레이터)에서 속도를 검출하고, 인코더에서 위치를 검출하여 피드백하는 제어방식이다.
• 복합회로(하이브리드) 방식 : 반폐쇄회로 방식과 폐쇄회로 방식을 결합하여 고정밀도로 제어하는 방식으로, 가격이 고가이므로 고정밀도를 요구하는 기계에 사용된다.

30 방전가공에 대한 설명으로 틀린 것은?

① 통전시간이 길면 가공속도가 빨라진다.
② 단발방전 에너지가 많으면 가공면이 거칠다.
③ 휴지시간이 길면 가공속도가 빨라진다.
④ 단발방전 에너지가 많으면 가공속도가 빨라진다.

해설
휴지시간이 길면 가공속도가 느려진다.
방전가공 : 전극과 가공물 사이에 전기를 통전시켜 방전현상의 열에너지를 이용하여 가공물을 용융 증발시켜 가공을 진행하는 비접촉식 가공 방법

31 연삭숫돌 입자의 종류에서 주철, 황동, 초경합금 등을 연삭하는 데 가장 적합한 숫돌입자는?

① 갈색 알루미나(A)
② 백색 알루미나(WA)
③ 탄화규소(C)
④ 녹색 탄화규소(GC)

해설
④ GC(녹색 탄화규소) : 경도가 최대이고 인성이 떨어진다. 주철, 황동, 경합금, 초경합금 등을 연삭하는 데 적합하다.

인조숫돌 입자의 종류

종 류	기 호	적용범위
갈색 알루미나	A	보통 탄소강, 합금강, 스테인리스강 등
백색 알루미나	WA	인장강도가 큰 강 계통의 연삭에 적합. 특히 접촉 면적이 큰 연삭이나 발열을 피해야 하는 연삭에 사용
탄화규소	C	알루미나보다 단단하나 취성이 커서 인장강도가 낮은 재료 연삭에 적합
녹색 탄화규소	GC	주철, 황동, 경합금, 초경합금 등을 연삭하는 데 적합

32 브로치를 인발 또는 압입할 때 가장 많이 사용하는 방법은?

① 기어식
② 유압식
③ 나사식
④ 해머식

해설
브로치를 인발 또는 압입하는 방법에는 나사식, 기어식, 유압식 등이 있으며 근래에는 유압식을 가장 많이 사용한다.

33 1차 가공된 안지름보다 큰 강철 볼을 압입하여 통과시켜 가공하는 것은?

① 롤러가공
② 쇼트피닝가공
③ 버니싱가공
④ 배럴가공

해설
③ 버니싱가공 : 원통형 내면에 강철 볼 형의 공구를 압입해 통과시켜 매끈하고 정도가 높은 면을 얻는 가공법
② 쇼트피닝가공 : 표면을 타격하는 일종의 냉간가공으로 철강의 작은 볼(Shot)을 공작물 표면에 분사하여 강재의 화학조성을 변화시키지 않고 표면을 매끈하게 하여 피로강도 및 기계적 성질을 향상시킨다.
④ 배럴가공 : 충돌가공(주물귀, 돌기 부분, 스케일 제거), 회전하는 상자 속에 공작물과 미디어, 콤파운드(유지+직물), 공작액 등을 넣고 회전과 진동을 주어 표면을 다듬질(회전형, 진동형)

34 20mm의 엔드밀을 가지고 밀링머신에서 공작물을 절삭할 때 주축 회전수가 1,000r/min(=rpm)이면 절삭속도(m/min)는?

① 6.28 ② 62.8

③ 628 ④ 6,280

해설

$$절삭속도(V) = \frac{\pi DN}{1,000} = \frac{\pi \times 20\text{mm} \times 1,000\text{rpm}}{1,000}$$
$$= 62.8\text{m/min}$$

∴ 절삭속도$(V) = 62.8\text{m/min}$

여기서, V : 엔드밀 절삭속도(m/min)

　　　　D : 엔드밀 지름(mm)

　　　　N : 엔드밀 회전수(rpm)

35 랩(Lap)제로 사용되지 않는 것은?

① 탄화규소 ② 흑 연

③ 알루미나 ④ 산화철

해설

랩제 : 탄화규소, 산화알루미나, 산화철, 산화크롬, 탄화붕소, 다이아몬드 분말 등을 사용

36 금속재료를 고온에서 오랜 시간 외력을 걸어 놓으면 시간의 경과에 따라 서서히 그 변형이 증가하는 현상은?

① 크리프 ② 스트레스

③ 스트레인 ④ 템퍼링

해설

① 크리프(Creep) : 재료에 높은 온도로 큰 하중을 일정하게 적용시키면 재료 내의 응력이 일정함에도 불구하고 시간의 경과에 따라 변형률이 점차 증가하는 현상

37 공구용 합금강을 담금질 및 뜨임처리하여 개선되는 재질의 특성이 아닌 것은?

① 조직의 균질화 ② 경도 조절

③ 가공성 향상 ④ 취성 증가

해설

뜨임은 담금질 후 인성을 증가하는 특성이 있어 취성이 감소된다. 합금강을 담금질 및 뜨임처리하면 조직의 균질화, 경도 조절, 가공성 향상 등의 개선되는 재질의 특성이 있다.

38 주철의 장점이 아닌 것은?

① 압축 강도가 작다.

② 절삭가공이 쉽다.

③ 주조성이 우수하다.

④ 마찰저항이 우수하다.

해설

주철은 압축 강도가 크다.

주철의 장단점

장 점	단 점
• 강보다 용융점이 낮아 유동성이 커 복잡한 형상의 부품도 제작이 쉽다.	• 충격에 약하다(취성이 크다).
• 주조성이 우수하다.	• 인장강도가 작다.
• 마찰저항이 우수하다.	• 굽힘강도가 작다.
• 절삭성이 우수하다.	• 소성(변형)가공이 어렵다.
• 압축 강도가 크다.	
• 고온에서 기계적 성질이 우수하다.	
• 주물표면은 단단하고, 녹이 잘 슬지 않는다.	

39 구상흑연주철을 조직에 따라 분류했을 때 이에 해당하지 않는 것은?

① 마텐자이트형　　② 페라이트형
③ 펄라이트형　　　④ 시멘타이트형

해설
구상흑연주철의 조직은 주조된 상태에서 시멘타이트형, 펄라이트형 및 페라이트형으로 분류된다.

40 합금의 종류 중 고용융점 합금에 해당하는 것은?

① 타이타늄합금
② 텅스텐합금
③ 마그네슘합금
④ 알루미늄합금

해설
텅스텐(W) : 용융온도 3,400℃, 고용융점 합금, 전구 필라멘트

41 절삭공구류에서 초경합금의 특성이 아닌 것은?

① 경도가 높다.
② 마모성이 좋다.
③ 압축강도가 높다.
④ 고온경도가 양호하다.

해설
② 내마모성이 좋다.
※ 초경합금 : W, Ti, Mo, Zr 등의 경질합금 탄화물 분말을 Co, Ni을 결합제로 하여, 1,400℃ 이상의 고온으로 가열하면서 프레스로 소결 성형한 절삭공구이다.
초경합금의 특성
• 고온경도 및 내마멸성이 우수하다(마모성이 낮다).
• 내마모성 및 압축강도가 높다.
• 고온에서 변형이 거의 없다.
• 상온의 경도가 고온에서 저하되지 않는다.

42 황동의 연신율이 가장 클 때 아연(Zn)의 함유량은 몇 % 정도인가?

① 30　　② 40
③ 50　　④ 60

해설
• 7 : 3황동 : 연신율이 가장 크다(Cu-70%, Zn-30%).
• 6 : 4황동 : 아연(Zn)이 많을수록 인장강도가 증가한다. 아연(Zn) 45%일 때 인장강도가 가장 크다.

43 자동차의 스티어링장치, 수치제어 공작기계의 공구대, 이송장치 등에 사용되는 나사는?

① 둥근나사　　　　② 볼나사
③ 유니파이나사　　④ 미터나사

해설
CNC 공작기계에서는 높은 정밀도가 필요하다. 일반적인 나사와 너트는 면 접촉이기 때문에 마찰열에 의한 열팽창으로 정밀도가 떨어진다. 이런 단점을 해소하기 위해 볼스크루(볼나사)를 사용한다. 볼스크루(볼나사)는 점 접촉이 이루어지므로 마찰이 작아 정밀하다. 너트를 조정하여 백래시를 거의 0에 가깝도록 할 수 있다.
① 둥근나사 : 먼지, 모래 등의 이물질이 나사산을 통하여 들어갈 염려가 있을 때 사용
③ 유니파이나사 : 영국, 미국, 캐나다의 협정에 의해 만들어진 나사이다. ABC나사라고도 하며 나사산의 각이 60°인 인치계 나사이다.

44 다음 중 구름 베어링의 특성이 아닌 것은?

① 감쇠력이 작아 충격 흡수력이 작다.

② 축심의 변동이 작다.

③ 표준형 양산품으로 호환성이 높다.

④ 일반적으로 소음이 작다.

해설

구름 베어링은 일반적으로 소음이 크다.

미끄럼 베어링과 구름 베어링의 비교

종류 / 항목	미끄럼 베어링	구름 베어링
크 기	지름은 작으나 폭이 크게 된다.	폭은 작으나 지름이 크게 된다.
구 조	일반적으로 간단하다.	전동체가 있어서 복잡하다.
충격흡수	유막에 의한 감쇠력이 우수하다.	감쇠력이 작아 충격 흡수력이 작다.
고속회전	저항은 일반적으로 크게 되나 고속회전에 유리하다.	윤활유가 비산하고, 전동체가 있어 고속회전에 불리하다.
저속회전	유막 구성력이 낮아 불리하다.	유막의 구성력이 불충분하더라도 유리하다.
소 음	특별한 고속 이외는 정숙하다.	일반적으로 소음이 크다.
하 중	추력하중은 받기 힘들다.	추력하중을 용이하게 받는다.
기동 토크	유막형성이 늦은 경우 크다.	작다.
베어링 강성	정압 베어링에서는 축심의 변동가능성이 있다.	축심의 변동은 작다.
규격화	자체 제작하는 경우가 많다.	표준형 양산품으로 호환성이 높다.

45 지름이 50mm인 축에 폭이 10mm인 성크키를 설치했을 때, 일반적으로 전단하중만을 받을 경우 키가 파손되지 않으려면 키의 길이는 몇 mm인가?

① 25mm

② 75mm

③ 150mm

④ 200mm

해설

일반적으로 키의 길이는 축지름의 1.5배 또는 보스의 너비와 같게 하여 사용한다.

$l = 1.5d = 1.5 \times 50\text{mm} = 75\text{mm}$

46 두 축이 평행하고 거리가 아주 가까울 때 각 속도의 변동 없이 토크를 전달할 경우 사용되는 커플링은?

① 고정 커플링(Fixed Coupling)

② 플렉시블 커플링(Flexible Coupling)

③ 올덤 커플링(Oldam's Coupling)

④ 유니버설 커플링(Universal Coupling)

해설

• 올덤 커플링 : 두 축이 평행하고 축의 중심선이 약간 어긋났을 때 각 속도의 변동 없이 토크를 전달하는 데 사용하는 축 이음

• 플렉시블 커플링 : 두 축이 동일선 상에 있으며, 두 축 사이에 약간의 상호 이동을 허용할 수 있는 축 이음

• 유니버설 커플링 : 두 축의 중심선이 어느 각도로 교차되는 축 이음

• 플랜지 커플링 : 고정 커플링으로 축과 커플링은 볼트나 키를 사용하여 결합

47 모듈 5, 잇수가 40인 표준 평기어의 이끝원지름은 몇 mm인가?

① 200mm

② 210mm

③ 220mm

④ 240mm

해설

$\text{모듈}(m) = \dfrac{D}{Z} \rightarrow D = m \cdot Z = 5 \times 40 = 200\text{mm}$

피치원지름$(D) = 200\text{mm}$

$\rightarrow$ 이끝원지름 = 피치원지름$(D) + (2 \times h_k) = D + 2 \cdot h_k$

$= 200 + (2 \times 5) = 210\text{mm}$

$\therefore$ 이끝원지름 = 210mm

여기서, m : 모듈

D : 피치원지름

Z : 잇수

h_k : 이끝높이($h_k = m$ 즉, $h_k = 5$)

※ 이끝높이(h_k) : 피치원에서 이끝원까지의 거리를 이끝높이라 하며, 이끝원은 이끝을 연결한 원이다.

48 인장응력을 구하는 식으로 옳은 것은?(단, A 는 단면적, W 는 인장하중이다)

① $A \times W$ ② $A + W$

③ $\dfrac{A}{W}$ ④ $\dfrac{W}{A}$

해설

인장응력$(\sigma) = \dfrac{\text{인장하중}(W)}{\text{단면적}(A)}$

49 기계재료의 단단한 정도를 측정하는 가장 적합한 시험법은?

① 경도시험   ② 수축시험

③ 파괴시험   ④ 굽힘시험

해설

① 경도시험 : 재료의 단단함을 측정
• 압축시험 : 압력을 가하여 파괴에 견디는 힘 측정
• 충격시험 : 충격적인 힘이 작용 시 파괴되기 쉬운 취성과 파괴되지 않는 인성을 측정

50 롤링 베어링의 내륜이 고정되는 곳은?

① 저 널   ② 하우징

③ 궤도면   ④ 리테이너

해설

① 저널 : 베어링 내륜 고정
④ 리테이너 : 일정한 간격을 유지하도록 되어 있어 마멸과 소음을 방지하게 된다.

51 최대실체공차방식의 적용을 올바르게 나타낸 것은?

① 공차 붙이 형체에 적용하는 경우 공차값 뒤에 기호 Ⓜ을 기입한다.

② 공차 붙이 형체에 적용하는 경우 공차값 앞에 기호 Ⓜ을 기입한다.

③ 공차 붙이 형체에 적용하는 경우 공차값 뒤에 기호 Ⓢ을 기입한다.

④ 공차 붙이 형체에 적용하는 경우 공차값 앞에 기호 Ⓢ을 기입한다.

해설

최대실체공차방식 : 공차가 허용된 형태에 대한 실질 조건이 표기되었다면, 기준이 되는 형태의 완전한 형태의 최대재료조건이 위배되지 말아야 한다는 허용공차의 원리이며, 최대실체공차를 적용하는 경우의 도시방법은 공차 기입란의 공차값 다음에 Ⓜ을 붙인다.

예

52 그림과 같은 제3각 정투상도에 가장 적합한 입체도는?

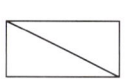

① 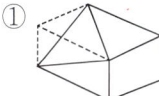   ②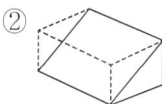

③ 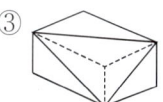   ④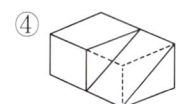

53 표면의 결 도시기호에서 가공에 의한 커터의 줄무늬가 여러 방향으로 교차 또는 무방향으로 도시된 기호는?

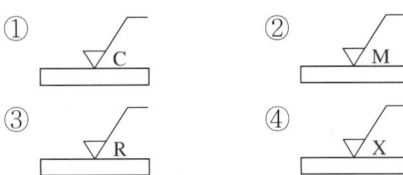

① √C   ② √M
③ √R   ④ √X

해설

줄무늬 방향 기호

기 호	기호의 뜻	설명 그림과 도면 기입 보기
=	가공에 의한 커터의 줄무늬 방향이 기호를 기입한 그림의 투상면에 평행 [보기] 셰이핑면	커터의 줄무늬 방향 √=
⊥	가공에 의한 커터의 줄무늬 방향이 기호를 기입한 그림의 투상면에 직각 [보기] 셰이핑면(옆으로부터 보는 상태), 선삭, 원통 연삭면	커터의 줄무늬 방향 √⊥
X	가공에 의한 커터의 줄무늬 방향이 기호를 기입한 그림의 투상면에 경사지고 두 방향으로 교차 [보기] 호닝 다듬질면	커터의 줄무늬 방향 √X
M	가공에 의한 커터의 줄무늬 방향이 여러 방향으로 교차 또는 무방향 [보기] 래핑 다듬질면, 슈퍼피니싱면, 가로 이송을 한 정면 밀링 또는 엔드밀 절삭면	√M
C	가공에 의한 커터의 줄무늬가 기호를 기입한 면의 중심에 대하여 대략 동심원 모양 [보기] 끝면 절삭면	√C
R	가공에 의한 커터의 줄무늬가 기호를 기입한 면의 중심에 대하여 대략 레이디얼 모양	√R

54 부품의 기능과 역할에 따라 틈새 또는 죔새가 생기는 끼워맞춤은?

① 헐거움 끼워맞춤
② 억지 끼워맞춤
③ 표준 끼워맞춤
④ 중간 끼워맞춤

해설

④ 중간 끼워맞춤 : 틈새와 죔새가 생긴다.
① 헐거운 끼워맞춤 : 구멍의 최소치수가 축의 최대치수보다 큰 경우이며, 항상 틈새가 생긴다.
② 억지 끼워맞춤 : 구멍의 최대치수가 축의 최소치수보다 작은 경우이며, 항상 죔새가 생긴다.

끼워맞춤 상태	구 분	구 멍	축	비 고
헐거운 끼워맞춤	최소틈새	최소허용치수	최대허용치수	틈새만
	최대틈새	최대허용치수	최소허용치수	
억지 끼워맞춤	최소죔새	최대허용치수	최소허용치수	죔새만
	최대죔새	최소허용치수	최대허용치수	

55 스프로킷 휠의 도시방법에 관한 내용으로 옳은 것은?

① 바깥지름은 굵은 실선으로 그린다.
② 이뿌리원은 가는 1점쇄선으로 그린다.
③ 피치원은 가는 파선으로 그린다.
④ 요목표는 작성하지 않는다.

해설

스프로킷 휠 도시법
• 바깥지름(이끝원)은 굵은 실선으로 그린다.
• 피치원은 가는 1점쇄선으로 그린다.
• 이뿌리원은 가는 실선으로 그린다.

56 도면에서 어떤 경우에 해칭(Hatching)하는가?

① 가상 부분을 표시할 경우

② 절단 단면을 표시할 경우

③ 회전 부분을 표시할 경우

④ 부품이 겹치는 부분을 표시할 경우

해설
- 절단된 단면을 표시 : 해칭(Hatching), 스머징
- 해칭선 : 절단된 단면을 가는 실선으로 규칙적으로 표시
- 스머징 : 연필 등을 사용하여 단면한 부분을 표시하기 위해 해칭을 대신하여 색칠하는 것이다.

57 다음 도면에 대한 설명으로 잘못된 것은?

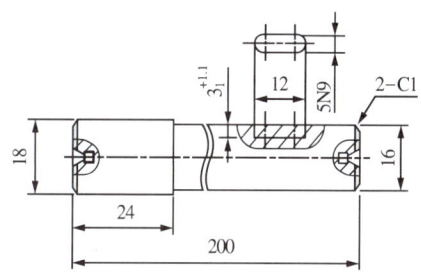

① 긴 축은 중간을 파단하여 짧게 그렸고, 치수는 실제치수를 기입하였다.

② 평행 키 홈의 깊이 부분을 회전도시 단면도로 나타내었다.

③ 평행 키 홈의 폭 부분을 국부투상도로 나타내었다.

④ 축의 양 끝을 1×45°로 모따기 하도록 지시하였다.

해설
② 평행키 홈의 깊이 부분을 부분단면도로 나타내었다.
- 부분단면도 : 필요한 일부분만을 파단선에 의해 그 경계를 표시하고 나타낸다.

58 원통이나 축 등의 투상도에서 대각선을 그어서 그 면이 평면임을 나타낼 때에 사용되는 선은?

① 굵은 실선   ② 가는 파선

③ 가는 실선   ④ 굵은 1점쇄선

해설
대각선으로 교차하는 가는 실선은 평면임을 나타낸다.

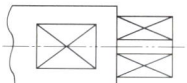

59 도면에서 치수 숫자와 함께 사용되는 기호를 올바르게 연결한 것은?

① 지름 : D   ② 정사각형의 변 : ◇

③ 반지름 : R   ④ 45° 모따기 : 45°

해설
치수에 사용되는 기호

기 호	구 분	기 호	구 분
ϕ	지 름	$S\phi$	구의 지름
R	반지름	SR	구의 반지름
C	45° 모따기	□	정사각형의 변
P	피 치	t	판의 두께

60 다음 중 나사의 표시를 옳게 나타낸 것은?

① 왼 M25×2-2줄

② 왼 M25-2-6줄

③ 2줄 왼 M25×2-2A

④ 왼 2줄 M25×2-6H

해설
나사의 표시방법 : 왼 2줄 M25×2-6H

나사산의 감김 방향	나사산의 줄 수	나사의 호칭	-	나사의 등급

- 나사산의 감김 방향 : 왼(왼나사)
- 나사산의 줄 수 : 2줄(2줄나사)
- 나사의 호칭 : M25×2 (미터가는나사/피치 2mm)
- 나사의 등급 : 6H(대문자로 암나사)

01 원주상에 방사상으로 있는 여러 개의 볼트를 사용하여 주물과 같이 표면형상이 불규칙한 공작물의 고정에 적합한 척은?

① 마그네틱척   ② 콜릿척

③ 유압척   ④ 벨 척

해설
④ 벨척(Bell Chuck) : 벨 형상의 동체(腕膀)에 4, 6, 8개 등 여러 개의 볼트를 방사상으로 박은 것을 말한다.
① 마그네틱척 : 전자석을 이용하여 얇은 판, 피스톤 링과 같은 가공물을 변형시키지 않고, 고정시켜 가공할 수 있는 자성체 척이다.
② 콜릿척 : 지름이 작은 가공물이나 각 봉재를 가공할 때 편리하다.
③ 유압척 : 조의 이동, 즉 유압을 이용하여 가공물의 고정 및 해체를 하는 척이다.

02 전기도금의 반대현상으로 가공물을 양극, 전기 저항이 작은 구리, 아연 등을 음극에 연결하여 전해액 속에서 1A/cm^2 정도의 전기를 통하면 전기에 의한 화학적 용해를 일으켜 매끈한 가공면을 얻을 수 있는 가공법은?

① 전해연마   ② 방전가공

③ 전주가공   ④ 초음파가공

해설
① 전해연마 : 가공물을 양극(+), 전기저항이 적은 구리, 아연을 음극(–)으로 연결하고, 전해액 속에서 1A/cm^2 정도의 전기를 통하면 전기에 의한 화학적인 작용으로 가공물의 표면이 용출되어 필요한 형상으로 가공하는 방법
② 방전가공 : 전극과 가공물 사이에 전기를 통전시켜, 방전현상의 열에너지를 이용하여, 가공물을 용융 증발시켜 가공을 진행하는 비접촉식 가공방법으로 전극과 재료 모두 도체이어야 한다.
④ 초음파가공 : 기계적 에너지로 진동을 하는 공구와 공작물 사이에 연삭 입자와 가공액을 주입하고서 작은 압력으로 공구에 초음파 진동을 주어 유리, 세라믹, 다이아몬드, 수정 등 소성변형이 되지 않고 취성이 큰 재료를 가공할 수 있는 가공방법

03 공구수명을 판정하는 기준에 해당하지 않는 것은?

① 가공면의 조도가 나빠질 때

② 절삭날의 마멸이 일정량에 도달했을 때

③ 칩의 색깔과 형상이 변화하거나 불꽃이 발생할 때

④ 절삭동력의 변화가 감소할 때

해설
④ 절삭동력의 변화가 증가할 때 공구 수명 종료
공구의 수명판정
• 가공면에 광택이 있는 색조 또는 반점이 생길 때
• 공구인선의 마모가 일정량에 달했을 때
• 절삭저항의 주분력에는 변화가 작아도 이송분력이나 배분력이 급격히 증가할 때
• 완성치수의 변화량이 일정량에 달했을 때
• 절삭저항의 주분력이 절삭을 시작했을 때와 비교하여 일정량이 증가할 경우 절삭공구의 수명이 종료된 것으로 판정한다.

04 드릴링머신에서 리밍작업을 할 때 가장 옳은 것은?

① 드릴작업과 같은 속도로 하는 것이 좋다.

② 드릴작업보다 저속으로 절삭하고 이송은 크게 한다.

③ 드릴작업과 같은 속도로 절삭하고 이송은 작게 한다.

④ 드릴작업보다 고속으로 절삭하고 이송을 작게 한다.

해설
리밍 : 구멍의 정밀도를 높이기 위해 구멍을 다듬는 작업
※ 리머작업방법 : 리머작업은 일반적으로 완성치수보다 0.4mm 정도 작게 드릴로 뚫고 리머로 다듬는다. 공작물을 고정하는 방법과 리머작업하는 방법은 드릴링과 같으나 절삭속도는 드릴작업을 할 때보다 느리게 이송은 2~3배 빠르게 한다.

05 밀링작업 중 지켜야 할 안전사항으로 틀린 것은?

① 장갑을 끼지 않는다.

② 복장을 단정히 하고 보안경을 써야 한다.

③ 사용 전에 테이블, 새들, 니(Knee)의 이상 유무를 확인한다.

④ 제작물의 정확한 측정을 위해 회전 중에 측정한다.

> **해설**
> 제작물의 정확한 측정 및 안전을 위하여 주축이 정지한 후 측정한다.

06 수평밀링 작업에서 하향절삭의 장점이 아닌 것은?

① 커터의 회전방향과 이송방향이 같아 가공면이 깨끗하다.

② 날의 마멸이 적고 수명이 길다.

③ 백래시가 자연히 제거된다.

④ 가공물의 고정이 유리하다.

> **해설**
> 백래시가 자연히 제거되는 것은 상향절삭이다.
> **상향절삭과 하향절삭의 차이점**
>
> | 구 분 | 상향절삭 | 하향절삭 |
> |---|---|---|
> | 방 향 | 커터 회전방향과 공작물 이송방향이 반대 | 커터 회전방향과 공작물 이송방향이 동일 |
> | 백래시 | 절삭에 별 지장이 없다. | 백래시를 제거해야 한다. |
> | 기계의 강성 | 강성이 낮아도 무관하다. | 가공할 때, 충격이 있어 높은 강성이 필요하다. |
> | 가공물의 고정 | 절삭력이 상향으로 작용하여 고정이 불리하다. | 절삭력이 하향으로 작용하여 가공물 고정이 유리하다. |
> | 인선의 수명 | 절입할 때, 마찰열로 마모가 빠르고 공구 수명이 짧다. | 상향절삭에 비하여 공구 수명이 길다. |
> | 마찰저항 | 마찰저항이 커서 절삭공구를 위로 들어 올리는 힘이 작용한다. | 절입할 때, 마찰력은 작으나 하향으로 충격력이 작용한다. |
> | 가공면의 표면 거칠기 | 광택은 있으나, 상향에 의한 회전저항으로 전체적으로 하향절삭보다 나쁘다. | 가공 표면에 광택은 작고 저속 이송에서는 회전저항이 발생하지 않아 표면 거칠기가 좋다. |

07 호닝머신에서 공작물을 가공하는 공구 명칭은 무엇인가?

① 혼   ② 커 터

③ 드 릴   ④ 사 포

> **해설**
> 호닝머신 : 혼(Hone)을 회전 및 직선 왕복운동시켜 원통 내면의 진원도, 진직도, 표면 거칠기 등을 더욱 향상시키기 위한 가공방법

08 삼각함수의 계산에 의하여 부품의 각을 측정하는 기기는 무엇인가?

① 높이 마이크로미터

② NPL식 각도 측정기

③ 블록 게이지

④ 사인바

> **해설**
> ④ 사인바 : 사인바는 블록 게이지와 같이 사용하며, 삼각함수의 사인을 이용하여 임의의 각도를 길이로 계산하여 간접적으로 각도를 구하는 방법으로 크기는 롤러와 롤러 중심 간의 거리로 표시한다.
> ※ 각도 측정 : 각도 게이지(요한슨식, NPL식), 사인바, 수준기, 콤비네이션 세트, 베벨각도기, 광학식 클리노미터, 광학식 각도기, 오토 콜리메이터 등
> ※ NPL식 각도기 : 길이 약 90mm, 폭 약 15mm의 측정면을 가진 쐐기형의 열처리된 블록으로 각각 6초, 18초, 1분, 3분, 9분, 27분, 1°, 3°, 9°, 27°, 41°의 각도를 가진 12개의 게이지를 한 조로 한다.

09 드릴링머신에서 작업할 수 없는 것은?

① 널링작업　　② 보링작업
③ 리밍작업　　④ 태핑작업

해설

① 널링작업 : 선반에서 작업

드릴가공의 종류

- 리밍 : 구멍의 정밀도를 높이기 위해 구멍을 다듬는 작업
- 태핑 : 공작물 내부에 암나사 가공, 태핑을 위한 드릴가공은 나사의 외경−피치로 한다.
- 스폿페이싱 : 볼트나 너트를 체결하기 곤란한 경우에 볼트나 너트가 닿는 구멍 주위에 부분만을 평탄하게 가공하여 체결이 잘되도록 하는 가공방법
- 카운터보링 : 볼트의 머리 부분이 돌출되면 곤란한 부분이 있다. 이러한 경우에 볼트 또는 너트의 머리 부분이 가공물 안으로 묻히도록 드릴과 동심원의 2단 구멍을 절삭하는 방법
- 카운터싱킹 : 나사 머리의 모양이 접시모양일 때 테이퍼 원통형으로 절삭하는 가공
- 보링 : 뚫린 구멍을 다시 절삭, 구멍을 넓히고 다듬질하는 것

10 밀링커터의 절삭속도는 32m/min, 회전수는 1,000rpm일 때 밀링커터의 지름은 얼마인가?

① 4.5mm

② 6.5mm

③ 8.2mm

④ 10.2mm

해설

절삭속도$(V) = \dfrac{\pi DN}{1,000}$

$\rightarrow$ 밀링커터 지름$(D) = \dfrac{1,000\,V}{\pi N}$

$\qquad = \dfrac{1,000 \times 32\text{m/min}}{\pi \times 1,000\text{rpm}} \fallingdotseq 10.2\text{mm}$

$\therefore$ 밀링커터 지름$(D) = 10.2\text{mm}$

여기서, V : 엔드밀 절삭속도(m/min)

$\qquad\quad D$: 엔드밀 지름(mm)

$\qquad\quad N$: 엔드밀 회전수(rpm)

11 공작물의 재질이 공구에 점착하기 쉽고 공구의 윗면 경사각이 작으며 절삭깊이가 클 때 발생하기 쉬운 칩의 형태는?

① 전단형 칩

② 균열형 칩

③ 경작형(열단형) 칩

④ 유동형 칩

해설

칩의 종류

칩의 종류	유동형 칩	전단형 칩	경작형 칩	균열형 칩
정 의	칩이 경사면 위를 연속적으로 원활하게 흘러 나가는 모양으로 연속형 칩	경사면 위를 원활하게 흐르지 못할 때 발생하는 칩	가공물이 경사면에 점착되어 원활하게 흘러 나가지 못하여 가공재료 일부에 터짐이 일어나는 현상 발생	균열이 발생하는 진동으로 인하여 절삭공구 인선에 치핑 발생
재 료	연성재료 (연강, 구리, 알루미늄) 가공	연성재료 (연강, 구리, 알루미늄) 가공	점성이 큰 가공물	주철과 같이 메진 재료
절삭 깊이	작을 때	클 때	클 때	
절삭 속도	빠를 때	작을 때		작을 때
경사각	클 때	작을 때	작을 때	
비 고	가장 이상적인 칩	진동발생 표면거칠기 나빠짐		순간적 공구날 끝에 균열 발생

12 선반가공에 사용되는 센터에 대한 설명으로 옳지 않은 것은?

① 스핀들에 꽂은 센터는 가공물과 함께 회전하므로 회전센터라 한다.

② 센터 자루는 모스 테이퍼이며 1/20이 많이 사용된다.

③ 센터의 각도는 보통 90°가 사용되며 대형 일감에는 60°의 것을 사용한다.

④ 심압축에 꽂는 센터는 정지센터와 베어링센터 등이 있다.

해설
센터의 각도는 보통 60°가 사용되며 대형 일감에는 75°, 90°의 것을 사용한다.

센터(Center)
• 양질의 탄소강, 고속도강, 특수 공구강 등으로 제작, 열처리하여 사용한다.
• 주축에 설치하여 사용하는 회전센터와 심압축에 설치하여 사용하는 정지센터가 있다.
• 일반적인 센터라 함은 정지센터를 의미하며 주축이나 심압축 구멍, 센터 자루 모두 모스 테이퍼(Morse Taper)로 되어 있다.
• 센터의 선단은 일반적으로 60°로 제작되어 정밀가공, 중소형의 부품가공에 사용된다.
• 가공물이 크거나 중량일 때는 75°, 90°의 센터를 사용한다.

13 보링가공 시 절삭할 구멍의 지름이 커서 직접 보링 바에 절삭공구를 고정할 수 없을 때 사용하는 것은?

① 보링 바이트 팁
② 보링 바
③ 보링 부시
④ 보링 툴 헤드

해설
• 보링 툴 헤드(보링 공구대) : 보링할 구멍이 커서 보링 바를 사용하기 곤란한 경우에 사용한다. 바이트는 일반적으로 2개를 사용하며, 경우에 따라서는 3개 이상을 사용하는 경우도 있다.
• 보링 바이트(Boring Bite) : 선반작업의 바이트와 같은 역할

14 기어를 절삭하는 방법이 아닌 것은?

① 지그보링머신을 이용한 분할방법
② 총형커터를 이용하는 방법
③ 형판을 이용한 방법
④ 창성법을 이용한 방법

해설
기어 절삭법
• 형판에 의한 방법
• 총형커터에 의한 방법
• 창성법에 의한 방법

15 숫돌바퀴를 표시할 때 사용하는 WA-60-K-m-V 에서 WA가 표시하는 것은?

① 숫돌입자 종류   ② 입 도
③ 결합도   ④ 결합제

해설
일반적인 연삭숫돌 표시방법

WA · 60 · K · m · V
→ 연삭숫돌입자 · 입도 · 결합도 · 조직 · 결합제

16 나사 마이크로미터는 나사의 무엇을 측정할 수 있는가?

① 나사의 유효지름   ② 나사의 바깥지름
③ 나사의 안지름   ④ 나사의 골지름

해설
나사 마이크로미터 : 나사의 유효지름 측정
나사의 유효지름 측정
• 나사 마이크로미터에 의한 방법
• 삼침법 → 가장 정밀한 나사 유효지름 측정 방법
• 광학적인 방법(공구 현미경, 투영기 등)

17 연삭 시 가공하고자 하는 부품의 형상으로 연삭숫돌을 성형하는 것은?

① 글레이징　　　　② 트루잉
③ 로 딩　　　　　　④ 엠보싱

해설
② 트루잉(Truing) : 연삭숫돌을 성형하거나, 성형연삭으로 인하여 숫돌 형상이 변화된 것을 부품의 형상으로 바르게 고치는 가공
• 무딤(Glazing) : 숫돌입자가 마모되어 예리하지 못할 때 탈락하지 않고 둔화되는 현상
• 입자탈락 : 숫돌의 입자가 마모되기 전에 탈락하는 현상
• 눈메움(Loading) : 결합도가 높은 숫돌에서 알루미늄이나 구리 같이 연한 금속을 연삭하게 되면 연삭숫돌 표면에 기공이 메워져서 칩을 처리하지 못하여, 연삭 성능이 떨어지는 현상

18 밀링에서 브라운 샤프형의 21구멍 분할판을 사용하여 7등분하고자 한다. 맞는 것은?

① 7회전하고 40구멍씩 돌린다.
② 5회전하고 15구멍씩 돌린다.
③ 7회전하고 21구멍씩 돌린다.
④ 15회전하고 5구멍씩 돌린다.

해설
단식분할법 : 분할 크랭크와 분할판을 사용하여 분할하는 방법으로 분할 크랭크를 40회전시키면 주축은 1회전하므로 주축을 회전시키려면 분할 크랭크를 40/N회전을 시키면 가능하게 된다.

$$\frac{h}{H} = \frac{40}{N}$$

(여기서, N : 가공물의 등분수
　　　　　H : 분할판의 구멍수
　　　　　h : 1회 분할에 필요한 분할판의 구멍수)
문제에서 7등분이므로 N이 7이다.

$$\frac{40}{7} = \frac{h}{H} = \frac{40 \times 3}{7 \times 3} = \frac{120}{21} = 5\frac{15}{21}$$

$\dfrac{40 \times 3}{7 \times 3}$ → 브라운 샤프형의 21구멍 분할판을 사용하기 위해 분모, 분자에 3을 곱해 준다.
분자와 분모에 3을 곱하는 이유는 H, 즉 분할판의 구멍의 종류에 맞추기 위한 것(문제에서 21구멍 분할판 사용)이다.

$5\dfrac{15}{21}$ → 브라운 샤프 21구멍 열에서 분할 크랭크를 5회전시키고, 15구멍씩 전진하면서 가공한다.

19 방전가공의 특징에 대한 설명으로 틀린 것은?

① 전극이 필요하다.
② 전극 및 가공물에 쥔 힘이 가해지지 않는다.
③ 얇은 판이나 가는 선의 가공이 어렵다.
④ 공구는 구리나 흑연 등의 연한 재료를 이용한다.

해설
방전가공은 얇은 판이나 가는 선의 가공이 용이하다.
방전가공
전극과 가공물 사이에 전기를 통전시켜, 방전현상의 열에너지를 이용하여, 가공물을 용융 증발시켜 가공을 진행하는 비접촉식 가공방법으로 전극과 재료 모두 도체이어야 한다.

방전가공의 특징
• 가공물의 경도와 관계없이 가공이 가능하다.
• 무인 가공이 가능하다.
• 숙련을 요하지 않는다.
• 전극의 형상대로 정밀하게 가공할 수 있다.
• 전극 및 가공물에 큰 힘이 가해지지 않는다.
• 전극은 구리나 흑연 등의 연한 재료를 사용하므로 가공이 쉽다.
• 전극이 필요하고 가공 부분에 변질층이 남는다.
• 공작물은 양극, 공구는 음극으로 한다.

20 밀링가공에서 직접분할이 가능한 수는?

① 3등분　　　　　② 7등분
③ 9등분　　　　　④ 10등분

해설
직접분할 가능한 수 : 24의 약수 즉 24, 12, 8, 6, 4, 3, 2등분 가능
※ 문제 18번 해설 참고

21 단동척과 연동척의 2가지 기능을 할 수 있는 척은?

① 복동척
② 마그네틱척
③ 콜릿척
④ 압축 공기척

해설
- 복동척(만능척) : 단동척과 연동척의 기능을 겸비한 척
- 단동척 : 4개의 조가 90° 간격으로 구성 배치되어 있으며, 불규칙한 가공물 고정
- 연동척 : 3개의 조가 120° 간격으로 구성 배치되어 있으며, 규칙적인 모양 고정
- 콜릿척 : 지름이 작은 가공물이나, 각 봉재를 가공할 때 편리하다.
- 마그네틱척 : 전자석을 이용하여 얇은 판, 피스톤 링과 같은 가공물을 변형시키지 않고, 고정시켜 가공할 수 있는 자성체 척

22 절삭공구 재료 중에서 초경합금의 성질에 대한 설명으로 틀린 것은?

① 고온에서 경도가 급격하게 떨어진다.
② 압축 강도는 강에 비하여 높고, 인장 강도는 낮다.
③ 내마멸성이 크다.
④ 진동이나 충격에 약하다.

해설
초경합금 : W, Ti, Mo, Zr 등의 경질합금 탄화물 분말을 Co, Ni을 결합제로 하여, 1,400℃ 이상의 고온으로 가열하면서 프레스로 소결 성형한 절삭공구이다.
초경합금의 특성
- 고온경도 및 내마멸성이 우수하다(마모성이 낮다).
- 내마모성 및 압축강도가 높다.
- 고온에서 변형이 거의 없다.
- 상온의 경도가 고온에서 저하되지 않는다.
- 진동이 충격에 약하다.

23 칩 브레이커를 사용하는 주된 목적은 무엇인가?

① 칩의 절단
② 가공시간 조정
③ 칩의 두께 감소
④ 가늘고 긴 재료의 가공

해설
칩 브레이커(Chip Breaker) : 칩을 적당한 길이로 원활하게 배출시키기 위해 짧게 끊어 주는 것

24 게이지블록의 모양에 따른 종류가 아닌 것은?

① 캐리형
② 요한슨형
③ 호크형
④ 웨이브형

해설
블록게이지의 구조
- 요한슨(Johanson)형 : 직사각형의 단면을 가진 요한슨형
- 호크(Hoke)형 : 중앙에 구멍이 뚫린 정사각형의 단면을 가진 호크형
- 캐리(Cary)형 : 원형으로 중앙에 구멍이 뚫린 캐리형
블록게이지의 형상

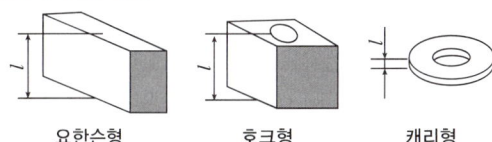

요한슨형   호크형   캐리형

25 측정기의 눈금과 눈의 위치가 수직이 되지 않을 때 생기는 측정오차는 무엇인가?

① 샘플링오차

② 계기오차

③ 우연오차

④ 시차(視差)에 의한 오차

해설

측정오차 종류 : 시차, 측정기의 오차(계기오차), 우연오차 등
- 시차 : 측정자의 눈의 위치에 따라 눈금의 읽음 값에 오차가 생기는 경우
- 계기오차 : 측정기의 구조, 측정 압력, 측정 온도, 측정기의 마모 등에 따른 오차
- 우연오차 : 기계에서 발생하는 소음이나 진동 등과 같은 주위 환경에서 오는 오차 또는 자연 현상의 급변 등으로 생기는 오차

26 브로칭머신으로 가공할 수 있는 것은?

① 나사를 절삭할 경우

② 각형의 구멍을 절삭할 경우

③ 헬리컬기어를 절삭할 경우

④ 베어링용 볼을 절삭할 경우

해설

브로칭(Broaching) : 가늘고 긴 일정한 단면 모양을 가진 공구에 많은 날을 가진 브로치(Broach)라는 절삭공구를 사용하여 가공물의 내면이나 외경에 필요한 형상의 부품을 가공하는 절삭방법
- 내면 브로칭머신 : 키 홈, 스플라인 홈, 원형이나 다각형의 구멍 등의 내면의 형상 가공
- 외경 브로칭머신 : 세그먼트기어 홈, 특수한 외면의 형상 가공
※ 헬리컬기어 절삭 : 펠로스기어 셰이퍼

27 밀링커터의 여유각을 가공하는 릴리빙장치가 있는 선반은?

① 차륜 선반　　　② 탁상 선반

③ 차축 선반　　　④ 공구 선반

해설

④ 공구 선반 : 보통 선반과 같은 구조이나 정밀한 형식으로 되어 있다. 주축은 기어 변속장치를 이용하여 여러 가지의 회전수로 변환을 할 수 있으며, 릴리빙(Relieving)장치와 테이퍼 절삭장치, 모방 절삭장치 등이 부속되어 있다(주로 밀링커터, 탭, 드릴 등의 공구 가공).

① 차륜 선반 : 기차의 바퀴를 주로 가공하는 선반으로 주축대 2개를 마주 세운 구조로 되어 있다.

② 탁상 선반 : 작업대 위에 설치해야 할 만큼의 소형선반으로 베드의 길이 900mm 이하, 스윙 200mm 이하로서 시계부품, 재봉틀부품 등의 소형 부품을 주로 가공하는 선반이다.

③ 차축 선반 : 기차의 차축을 주로 가공하는 선반으로 주축대를 마주 세워 놓은 구조로 되어 있다.

28 공작기계 중 절삭공구를 사용하지 않는 공작 기계는?

① 선 반　　　② 밀링머신

③ 래핑머신　　　④ 슬로터

해설

래핑 : 가공물과 랩(Lap) 사이에 랩제를 넣고 가공물에 압력을 가하면서 표면 거칠기가 우수한 가공면을 얻는 가공방법(절삭공구를 사용하지 않고 랩제를 사용하여 절삭)

공작기계	절삭공구	비 고
선 반	바이트	절삭가공
밀링머신	정면밀링커터, 엔드밀 등	절삭가공
슬로터	바이트	절삭가공
래핑머신	절삭공구가 아닌 랩제 사용	연삭가공

29 CNC 프로그램에서 "공구기능"을 나타내는 기호는?

① G　　　　② F

③ S　　　　④ T

해설
- 공구기능(T) : 공구를 선택하는 기능
- 준비기능(G) : 제어장치의 기능을 동작하기 위한 준비를 하는 기능
- 이송기능(F) : 이송속도를 지령하는 기능
- 주축기능(S) : 주축의 회전속도를 지령하는 기능

30 연삭가공 중 마그네틱척을 사용하는 연삭기는?

① 평면 연삭기　　② 공구 연삭기

③ 센터리스 연삭기　　④ 원통 연삭기

해설
- 수평축 평면 연삭기 : 평형숫돌의 원통면으로 연삭하며, 일반적으로 테이블이 전후, 좌우, 상하로 이송되는 것이 보통이다. 가공물의 고정은 일반적으로 전자석을 이용하는 마그네틱척(Magnetic Chuck)을 사용한다.
- 센터리스 연삭기 : 센터, 척, 자석척 등을 사용하지 않고 가공물의 표면을 조정하는 조정숫돌과 지지대를 이용하여 가공물을 연삭한다(가늘고 긴 가공물 연삭).
- 만능 공구 연삭기 : 여러 가지 부속장치를 이용하여 밀링커터, 엔드밀, 드릴, 바이트, 호브, 리머 등의 공구를 연삭할 수 있으며, 연삭 정밀도가 높다.

31 연삭기의 종류 중 바이트, 커터, 드릴 등이 마멸되었거나 손상되었을 때 절삭날을 재연삭하는 데 사용되는 연삭기는?

① 원통 연삭기

② 센터리스 연삭기

③ 내면 연삭기

④ 공구 연삭기

해설
만능 공구 연삭기는 여러 가지 부속장치를 이용하여 밀링커터, 엔드밀, 드릴, 바이트, 호브, 리머 등의 공구를 연삭할 수 있으며, 연삭 정밀도가 높다.
※ 문제 30번 해설 참고

32 드릴로 가공할 때 가장 작은 날끝각으로 가공할 수 있는 재료는 무엇인가?

① 구 리　　　　② 목 재

③ 단조강　　　　④ 경 강

해설
가공물의 재질과 드릴의 각도

금속재료	드릴의 선단 각도	여유각
크랭크축 및 심공작업	120~170°	9°
레일 및 경강	150°	10°
열처리강 및 단조강	125°	12°
주 철	90°	12°
동 및 동합금	100~120°	12°
목재 및 파이프	60°	12°

※ 표준 드릴의 날끝각은 118°이다.

33 선반가공에서 바이트로 일감을 절삭하는 깊이는 어떻게 측정하는가?

① 측정하기 쉬운 쪽으로 측정한다.
② 절삭면에 대하여 45° 방향으로 측정한다.
③ 절삭면에 대하여 수직 방향으로 측정한다.
④ 절삭면에 대하여 수평 방향으로 측정한다.

해설
절삭깊이 : 바이트로 가공물을 가공하는 깊이를 의미하며, 절삭하는 면에 수직으로 측정한다. 단위는 mm이며 선반에서 원통면을 절삭할 때는 절삭깊이의 2배로 지름이 작아진다.

34 절삭유의 사용 목적이 아닌 것은?

① 공구의 냉각
② 공작물의 냉각
③ 공구와 칩의 친화력
④ 가공표면의 방청

해설
절삭유의 작용
• 냉각작용, 윤활작용, 세척작용
• 절삭공구와 칩 사이에 마찰을 감소
• 절삭 시 열을 감소시켜 공구수명을 연장
• 절삭성능을 향상
• 칩을 유동형 칩으로 변화시킴
• 구성인선의 발생을 억제
• 표면 거칠기를 향상

35 래핑작업에 대한 설명으로 가장 거리가 먼 것은?

① 습식 래핑법은 래핑유를 사용한다.
② 건식 래핑법은 게이지 블록의 제작에 사용된다.
③ 래핑 가공면은 내식성, 내마모성이 좋다.
④ 랩은 가공물의 재질보다 단단한 것을 사용한다.

해설
랩은 원칙적으로 가공물의 경도보다 재질이 약한 것을 사용한다.
래핑작업
• 표면을 매끄럽게 하는 가공법이다.
• 가공 방식은 건식 래핑과 습식 래핑이 있다.
• 건식 래핑은 랩제만을 사용하고 습식 래핑은 랩제와 래핑액을 사용한다.
• 일반적인 작업 방법은 습식으로 거친 가공 후 건식으로 다듬질한다.

36 마텐자이트와 베이나이트의 혼합조직으로 Ms와 Mf점 사이의 열욕에 담금질하여 과랭 오스테나이트의 변태가 완료할 때까지 항온을 유지한 후에 꺼내어 공랭하는 열처리는 무엇인가?

① 오스템퍼(Austemper)
② 마템퍼(Martemper)
③ 마퀜칭(Marquenching)
④ 패턴팅(Patenting)

해설
② 마템퍼(Martemper) : 강을 Ms와 Mf점 사이에서 항온 변태 처리를 행하는 방법으로 오스테나이트의 일부는 마텐자이트가 되고, 일부는 베이나이트의 혼합 조직이 된다.
열처리 분류

일반 열처리	항온 열처리	표면 경화 열처리
• 담금질(Quenching)	• 마퀜칭	• 침탄법
• 뜨임(Tempering)	• 마템퍼링	• 질화법
• 풀림(Annealing)	• 오스템퍼링	• 화염 경화법
• 불림(Normalizing)	• 오스포밍	• 고주파 경화법
	• 항온 풀림	• 청화법
	• 항온 뜨임	

37 탄소강에 함유된 5대 원소는?

① 황, 망간, 탄소, 규소, 인

② 탄소, 규소, 인, 망간, 니켈

③ 규소, 탄소, 니켈, 크롬, 인

④ 인, 규소, 황, 망간, 텅스텐

해설

탄소강에 함유된 5대 원소 : 탄소(C), 규소(Si), 망간(Mn), 인(P), 황(S)

38 내열성과 내마모성이 크고 온도가 600℃ 정도까지 열을 주어도 연화되지 않는 특징이 있으며, 대표적인 것으로 텅스텐(18%), 크롬(4%), 바나듐(1%)로 조성된 강은?

① 합금공구강   ② 다이스강

③ 고속도공구강   ④ 탄소공구강

해설

고속도강(High Speed Steel) : W, Cr, V, Co 등의 합금강으로서 담금질 및 뜨임 처리하면 600℃ 정도까지 경도를 유지하며 고온경도가 높고 내마모성이 우수하다. 절삭속도가 탄소공구강에 비해 2배 이상이다.

※ 표준 고속도강 조성 : 18% W – 4% Cr – 1% V

🔔 반드시 암기(자주 출제)

39 황이 함유된 탄소강의 적열취성을 감소시키기 위해 첨가하는 원소는?

① 망 간   ② 규 소

③ 구 리   ④ 인

해설

• 적열취성 : 원인은 S(황)이며 고온에서 물체가 빨갛게 되어 깨지는 것 → 망간(Mn)으로 방지

• 청열취성 : 원인은 P(인)이며 강이 200~300℃로 가열하면 강도가 최대로 되고 연신율이 줄어들어 깨지는 것

40 초경공구와 비교한 세라믹 공구의 장점 중 옳지 않은 것은?

① 고속 절삭 가공성이 우수하다.

② 고온 경도가 높다.

③ 내마멸성이 높다.

④ 충격강도가 높다.

해설

세라믹 공구

• 산화 알루미늄(Al_2O_3) 분말을 주성분으로, 마그네슘(Mg), 규소(Si) 등의 산화물과 미량의 다른 원소를 첨가하여 1,500℃에서 소결한 절삭공구이다.

• 고온에서 경도가 높고, 내마모성이 좋아 초경합금보다 빠른 절삭 속도로 절삭이 가능하며, 백색, 분홍색, 회색, 흑색 등의 색이 있으며, 초경합금보다 가볍다. 그러나 인성이 작고 취성이 있어 충격 및 진동에 약해 충격강도가 낮다.

41 항공기 재료로 가장 적합한 것은 무엇인가?

① 파인 세라믹   ② 복합 조직강

③ 고강도 저합금강   ④ 초두랄루민

해설

두랄루민

• 단조용 알루미늄 합금으로 Al+Cu+Mg+Mn의 합금(알구마망)

• 가벼워서 항공기나 자동차 등에 사용되는 고강도 Al합금

42 내열용 알루미늄합금 중에 Y합금의 성분은?

① 구리, 납, 아연, 주석

② 구리, 니켈, 망간, 주석

③ 구리, 알루미늄, 납, 아연

④ 구리, 알루미늄, 니켈, 마그네슘

해설
- Y합금 : Al+Cu+Ni+Mg의 합금으로 내열성이 좋아 내연기관 실린더에 사용한다(알구니마).
- 두랄루민 : Al+Cu+Mg+Mn의 합금으로 가벼워서 항공기나 자동차 등에 사용한다(알구마망).

43 깊은 홈 볼베어링의 호칭번호가 6208일 때 안지름은 얼마인가?

① 10mm

② 20mm

③ 30mm

④ 40mm

해설
6208 : 6 → 형식번호, 2 → 치수기호, 08 → 안지름 번호/08=40mm(5×8=40)

베어링 안지름 번호

안지름 범위(mm)	안지름 치수	안지름 기호	예
10mm 미만	안지름이 정수인 경우	안지름	2mm이면 2
	안지름이 정수가 아닌 경우	/안지름	2.5mm이면 /2.5
10mm 이상 20mm 미만	10mm	00	
	12mm	01	
	15mm	02	
	17mm	03	
20mm 이상 500mm 미만	5의 배수인 경우	안지름을 5로 나눈 수	40mm이면 08
	5의 배수가 아닌 경우	/안지름	28mm이면 /28
500mm 이상		/안지름	560mm이면 /560

44 기어의 잇수가 40개이고, 피치원의 지름이 320mm일 때 모듈의 값은?

① 4

② 6

③ 8

④ 12

해설
$$모듈\ m = \frac{D}{Z} = \frac{320mm}{40} = 8$$
$\therefore$ 모듈$(m) = 8$
여기서, D : 피치원 지름(mm)
　　　　 Z : 기어의 잇수

45 스프링의 용도에 대한 설명 중 틀린 것은?

① 힘의 측정에 사용된다.

② 마찰력 증가에 이용한다.

③ 일정한 압력을 가할 때 사용한다.

④ 에너지를 저축하여 동력원으로 작동시킨다.

해설
마찰력 증가는 스프링의 용도가 아니다.
스프링의 용도
- 완충용(충격 에너지 흡수, 방진) : 차량용 현가장치, 승강기 완충 스프링
- 에너지 축적 이용 : 계기용 스프링, 시계의 태엽 등
- 무게 측정용 : 저울
- 동력용 : 안전밸브, 조속기, 스프링 와셔

46 유니버설 조인트의 허용 축 각도는 몇 도(°) 이내인가?

① 10°　　　　　　② 20°
③ 30°　　　　　　④ 60°

유니버설 조인트(훅 조인트)
• 두 축이 동일 평면 내에 있고 그 중심선이 α 각도($\alpha \leq 30°$)로 교차하는 경우의 전동장치이다.
• 교각 α는 30° 이하에서 사용하고, 특히 5° 이하가 바람직하며, 45° 이상은 사용이 불가능하다.
• 두 축단의 요크 사이에 십자형 핀을 넣어서 연결한다.
• 자동차, 공작기계, 압연롤러, 전달기구 등에 많이 사용된다.

47 하중의 작용 상태에 따른 분류에서 재료의 축선 방향으로 늘어나게 하려는 하중은?

① 굽힘하중　　　　② 전단하중
③ 인장하중　　　　④ 압축하중

하중의 작용 상태에 따른 분류
• 인장하중 : 재료의 축선 방향으로 늘어나게 하려는 하중(a)
• 압축하중 : 재료의 축선 방향으로 재료를 누르는 하중(b)
• 전단하중 : 재료를 가위로 가로 방향으로 자르려는 것과 같은 형태의 하중(c)
• 굽힘하중 : 재료를 구부려 휘어지게 하는 형태의 하중(d)
• 비틀림하중 : 재료를 비트는 형태로 작용하는 하중(e)

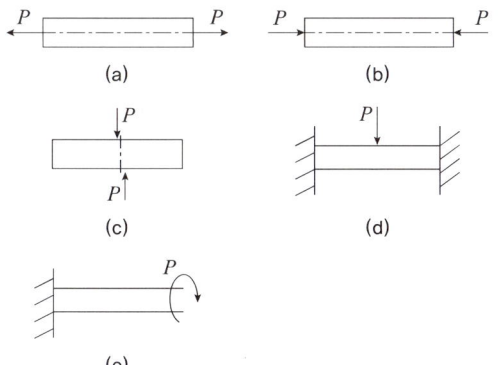

48 양쪽 끝 모두 수나사로 되어 있으며, 한쪽 끝에 상대 쪽에 암나사를 만들어 미리 반영구적으로 나사 박음하고, 다른 쪽 끝에 너트를 끼워 죄도록 하는 볼트는 무엇인가?

① 스테이 볼트　　　② 아이 볼트
③ 탭 볼트　　　　　④ 스터드 볼트

④ 스터드 볼트 : 양쪽 끝 모두 수나사로 가공한 머리 없는 볼트로, 태핑하여 암나사를 낸 몸체에 죄어 놓고 다른 쪽에는 결합할 부품을 대고 너트로 죈다.
① 스테이 볼트 : 간격 유지 볼트로 두 물체 사이의 거리를 일정하게 유지한다.
② 아이 볼트 : 볼트의 머리부에 핀을 끼울 구멍이 있어 자주 탈착하는 뚜껑의 결합에 사용된다. 무거운 물체를 달아 올리기 위하여 훅을 걸 수 있는 고리가 있는 볼트이다.

볼트의 명칭	볼트 그림	볼트의 개요와 용도
관통 볼트		체결하고자 하는 두 물체에 구멍을 뚫고 여기에 볼트를 관통시킨 후, 그 반대쪽에서 너트로 조인다.
탭 볼트		체결하고자 하는 물체의 두께가 너무 두꺼워 관통 구멍을 뚫을 수 없을 때 사용한다. 이때 물체의 한쪽은 관통시키고, 다른 한쪽은 암나사를 깎아 나사 박음을 하는 것으로 너트를 사용하지 않는다.
스터드 볼트		양 끝에 수나사를 깎은 머리 없는 볼트로서 한쪽 끝은 본체에 고정시키고, 또 다른 한쪽 끝에는 너트를 조여서 고정시킨다.

49 길이가 1m이고 지름이 30mm인 둥근 막대에 30,000N의 인장하중을 작용하면 얼마 정도 늘어나는가?(단, 세로탄성계수는 $2.1 \times 10^5 N/mm^2$이다)

① 0.102mm 　　　② 0.202mm

③ 0.302mm 　　　④ 0.402mm

해설

훅의 법칙 : $\alpha = E \cdot \varepsilon,\ \alpha = \dfrac{P}{A},\ \varepsilon = \dfrac{\lambda}{l}$

$A = \dfrac{\pi d^2}{4} = \dfrac{\pi \times 30^2}{4} \fallingdotseq 706.9 mm^2$

$\alpha = E \cdot \varepsilon \rightarrow E = \dfrac{\alpha}{\varepsilon} = \dfrac{P \cdot l}{A \cdot \lambda}$

$\rightarrow \lambda = \dfrac{P \cdot l}{A \cdot E} = \dfrac{30,000N \times 1,000mm}{706.9mm^2 \times 2.1 \times 10^5 N/mm^2} \fallingdotseq 0.202mm$

여기서, α : 인장응력

　　　　ε : 변형률

　　　　A : 둥근막대 단면적

　　　　P : 인장하중

　　　　l : 처음 길이

　　　　λ : 늘어난 길이

　　　　E : 세로탄성계수

50 나사에 대한 설명으로 틀린 것은?

① 나사산의 모양에 따라 삼각, 사각, 둥근 것 등으로 분류한다.

② 체결용 나사는 기계 부품의 접합 또는 위치 조정에 사용된다.

③ 나사를 1회전하여 축 방향으로 이동한 거리를 "리드"라 한다.

④ 힘을 전달하거나 물체를 움직이게 할 목적으로 사용하는 나사는 주로 삼각나사이다.

해설

운동용 나사

• 힘을 전달하거나 물체를 움직이게 할 목적으로 사용하는 나사

• 종류 : 사각나사, 사다리꼴나사, 톱니나사, 볼나사 등

※ 사각나사 : 축방향의 하중을 받아 운동을 전달하는 데 적합한 나사(나사 프레스 등 사용)

※ 삼각나사 : 부품의 결합 및 위치의 조정 등에 사용된다.

51 인벌류트 치형을 가진 표준 스퍼기어의 전체의 높이는 다음 중 어떤 값이 되는가?

① "모듈"의 크기와 동일하다.

② "2.25 × 모듈"의 값이 된다.

③ "π × 모듈"의 값이 된다.

④ "잇수 × 모듈"의 값이 된다.

해설

① 이끝 높이

② 전체 이 높이

③ 원주 피치

④ 피치원 지름

스퍼기어의 계산공식

피치원 지름	$D_1 = z_1 m,\ D_2 = z_2 m$
중심 거리	$C = \dfrac{D_1 + D_2}{2} = \dfrac{m(z_1 + z_2)}{2}$
이끝 높이	$h_k = m$
이뿌리 높이	$h_f = h_k + C_k \geq 1.25m$
클리어런스	$C_k \geq 0.25m$
전체 이 높이	$h \geq 2.25m$
이끝원 지름	$D_{k1} = D_1 + 2h_k = (z_1 + 2)m$ $D_{k2} = D_2 + 2h_k = (z_2 + 2)m$
원주 피치	$p = \pi m$
원호 이 두께	$\dfrac{p}{2} = \dfrac{\pi m}{2}$
압력각	$\alpha = 20°$

52 재료가 최대크기일 경우에 형태가 한계 크기가 되는 고려된 형태의 상태, 즉 구멍의 경우 최소지름과 축의 경우 최대지름이 되는 상태를 무엇이라고 하는가?

① 최대재료 조건(MMC)

② 한계재료 조건(UMC)

③ 최소재료 조건(LMC)

④ 일반재료 조건(NMC)

해설

• 구멍의 최소지름, 축의 최대지름 : 최대재료 조건(MMC)

• 구멍의 최대지름, 축의 최소지름 : 최소재료 조건(LMC)

53 나사를 "M12"로만 표시하였을 경우 설명으로 틀린 것은?

① 2줄 나사인데 표시하지 않고 생략되었다.

② 오른나사인데 표시하지 않고 생략되었다.

③ 미터나사이고 피치는 생략되었다.

④ 나사의 등급이 생략되었다.

해설

• 2줄 나사는 생략하지 않고 1줄 나사는 생략한다.

• 나사산의 줄 수가 2줄 나사인 경우에는 2L(2줄), 3줄 나사인 경우에는 3L(3줄) 등과 같이 표시하고, 1줄 나사인 경우에는 표시하지 않는다.

54 다음 그림의 설명 중 맞는 것은?

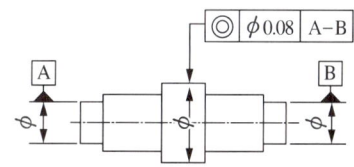

① 지시선의 화살표로 나타낸 축선은 데이텀의 축 직선 A–B를 축선으로 하는 지름 0.08mm인 원통 안에 있어야 한다.

② 지시선의 화살표로 나타내는 원통면의 반지름 방향의 흔들림은 데이텀 축직선 A–B에 관하여 1회전시켰을 때, 데이텀 축직선에 수직한 임의의 측정면 위에서 0.08mm를 초과해서는 안 된다.

③ 지시선의 화살표로 나타내는 면은 데이텀 축직선 A–B에 대하여 평행하고 또한 화살표 방향으로 0.08 mm만큼 떨어진 두 개의 평면 사이에 있어야 한다.

④ 대상으로 하고 있는 면은 동일 평면 위에서 0.08mm만큼 떨어진 2개의 동심원 사이에 있어야 한다.

해설

동축도 공차란 공차를 나타내는 수치 앞에 기호 ϕ가 붙어 있는 경우에는 이 공차역은 데이텀 축 직선과 일치한 축선을 갖는 지름 t인 원통 안의 영역이다(지시선 화살표로 나타낸 축선은 데이텀 축 직선 A–B를 축선으로 하는 지름 0.08mm인 원통 안에 있어야 한다).

기하공차의 종류와 기호

적용하는 형체	공차의 종류		기 호
단독 형체	모양 공차	진직도 공차	——
		평면도 공차	▱
		진원도 공차	○
		원통도 공차	⌭
단독 형체 또는 관련 형체		선의 윤곽도 공차	⌒
		면의 윤곽도 공차	⌓
관련 형체	자세 공차	평행도 공차	//
		직각도 공차	⊥
		경사도 공차	∠
	위치 공차	위치도 공차	⊕
		동축도 공차 또는 동심도 공차	◎
		대칭도	=
	흔들림 공차	원주 흔들림 공차	↗
		온흔들림 공차	↗↗

55 다음 그림에서 화살표 방향을 정면도로 하였을 때 좌측면도로 맞는 것은?

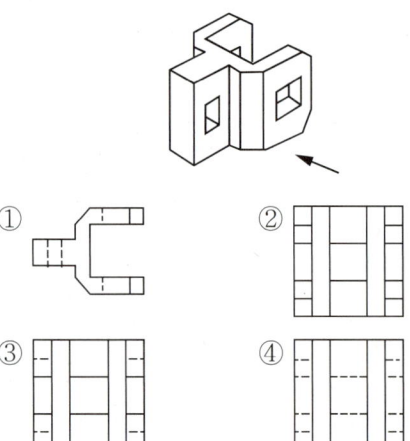

① ② ③ ④

56 기하공차 기호 중 동축도를 나타내는 기호는?

① ▱   ② ○
③ ⌀   ④ ◎

57 표면의 결 도시방법에서 어떤 제작공정 도면에 이미 제거가공 또는 다른 방법으로 얻어진 전(前) 가공의 상태를 그대로 남겨두는 것만을 지시하는 기호는?

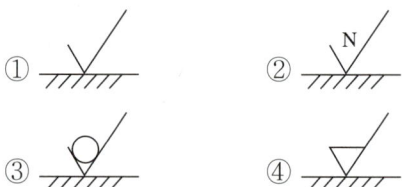

① ② ③ ④

해설

종류	의미
⩝	제거가공의 필요여부를 문제 삼지 않는다.
▽	제거가공을 필요로 한다.
◯	제거가공을 해서는 안 된다(전 가공의 상태를 그대로 남겨두는 것 지시).

58 다음과 같은 단면도를 나타내고 있는 절단선 위치가 가장 올바른 것은?

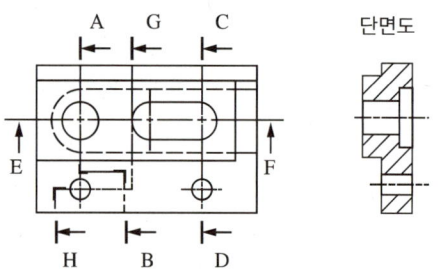

단면도

① 단면 A–B   ② 단면 C–D
③ 단면 E–F   ④ 단면 G–H

해설
단면도에서 아랫부분을 보면 구멍이 단면된 것을 알 수 있다. 즉, 단면 G–H와 단면 C–D가 해당된다. 또한 단면도 가운데 부분도 비어 있으므로 키 홈을 단면한 단면 C–D가 정답이다.

59 다음 치수와 병용되는 기호 중 잘못된 것은?

① R5

② C5

③ ◇5

④ ϕ5

③ ◇5는 치수 보조 기호로 사용되지 않는다.

치수 보조 기호

기 호	구 분	기 호	구 분
ϕ	지 름	Sϕ	구의 지름
R	반지름	SR	구의 반지름
C	45° 모따기	□	정사각형의 변
P	피 치	t	판의 두께

60 다음 도면에서 ㉠~㉭의 선의 명칭이 모두 올바르게 짝지어진 것은?

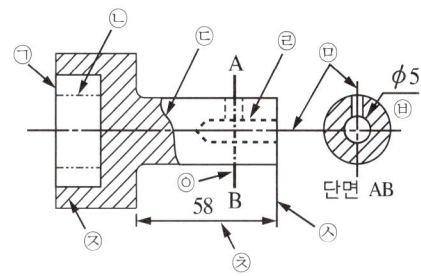

㉮ 가상선	㉯ 기준선
㉰ 파단선	㉱ 중심선
㉲ 숨은선	㉳ 수준면선
㉴ 지시선	㉵ 치수선
㉶ 치수보조선	㉷ 외형선
㉸ 해칭선	㉹ 절단선

① ㉠-㉶, ㉡-㉴, ㉢-㉮, ㉣-㉲, ㉤-㉱

② ㉠-㉶, ㉡-㉮, ㉢-㉰, ㉣-㉲, ㉤-㉱

③ ㉠-㉹, ㉡-㉷, ㉢-㉰, ㉣-㉲, ㉤-㉱

④ ㉠-㉶, ㉡-㉮, ㉢-㉰, ㉣-㉳, ㉤-㉱

② ㉠-외형선, ㉡-가상선, ㉢-파단선, ㉣-숨은선, ㉤-중심선

01 연삭숫돌에서 결합제의 명칭과 기호의 연결이 틀린 것은?

① 메탈 – PVA
② 실리케이트 – S
③ 레지노이드 – B
④ 비트리파이드 – V

> **해설**
> 결합제 : 숫돌입자를 결합시켜 숫돌의 형상을 만드는 재료
> 결합제의 종류
> • 비트리파이드(V) : 주성분 점토와 장석, 무기질 결합제
> • 실리케이트(S) : 대형숫돌에 적합, 무기질 결합제
> • 셸락(E) : 절단용, 유기질 결합제
> • 레지노이드(B) : 절단용, 유기질 결합제

02 일반적으로 기어 전용 절삭기의 종류가 아닌 것은?

① 플레이너
② 호빙머신
③ 기어 셰이퍼
④ 베벨기어 절삭기

> **해설**
> 기어 전용 절삭기 : 호빙머신, 기어 셰이퍼, 베벨기어 절삭기, 밀링 등
> ※ 플레이너 : 테이블 수평 길이 방향 왕복운동과 공구는 테이블의 가로 방향으로 이송하며, 주로 평면을 가공하는 공작기계이다.

03 선반에서 절삭속도가 18.7m/min, 공작물의 지름이 300mm일 때, 스핀들의 회전수는 약 몇 rpm인가?

① 70
② 65
③ 40
④ 20

> **해설**
> 회전수를 구하는 공식
> $$회전수(n) = \frac{1,000v}{\pi d} = \frac{1,000 \times 18.7\text{m/min}}{\pi \times 300\text{mm}} \fallingdotseq 20\,\text{rpm}$$
> 여기서, v : 절삭속도(m/min)
> d : 공작물 지름(mm)
> n : 스핀들 회전수(rpm)

04 선반의 부속품과 부속장치에 속하지 않는 것은?

① 돌림판과 돌리개
② 맨드릴
③ 방진구
④ 브로치

> **해설**
> 선반과 밀링의 부속품
>
> | 선반의 부속품 | 밀링의 부속품 |
> | --- | --- |
> | 방진구, 맨드릴, 센터, 면판, 돌림판과 돌리개, 척 등 | 바이스, 분할대, 회전 테이블, 슬로팅 장치 등 |
>
> 브로칭(Broaching) : 가늘고 긴 일정한 단면 모양을 가진 공구에 많은 날을 가진 브로치(Broach)라는 절삭공구를 사용하여 가공물의 내면이나 외경에 필요한 형상의 부품을 가공하는 절삭법(가공방법에 따라 키 홈, 스플라인 홈, 원형이나 다각형의 구멍 등의 내면의 형상을 가공)

05 숫돌입자가 작은 숫돌로 일감을 가볍게 누르면서 진동을 주어 접촉시키면서 고정밀도의 표면으로 일감을 다듬질하는 가공법은?

① 호닝
② 래핑
③ 브로칭
④ 슈퍼피니싱

> **해설**
> ④ 슈퍼피니싱 : 연한 숫돌에 작은 압력으로 가압하면서, 가공물에 이송을 주고 동시에 숫돌에 진동을 주어 표면 거칠기를 높이는 가공방법(작은 압력+이송+진동)
> ① 호닝 : 혼(Hone)을 회전 및 직선 왕복운동시켜 원통 내면의 진원도, 진직도, 표면 거칠기 등을 더욱 향상시키기 위한 가공방법
> ② 래핑 : 가공물과 랩(Lap) 사이에 랩제를 넣고 가공물에 압력을 가하면서 표면 거칠기가 우수한 가공면을 얻는 가공방법
> ③ 브로칭(Broaching) : 가늘고 긴 일정한 단면 모양을 가진 공구에 많은 날을 가진 브로치(Broach)라는 절삭공구를 사용하여 가공물의 내면이나 외경에 필요한 형상의 부품을 가공하는 절삭법(가공방법에 따라 키 홈, 스플라인 홈, 원형이나 다각형의 구멍 등의 내면의 형상을 가공)

06 유도방출에 의한 빛의 증폭 작용을 이용한 가공방법으로 구멍내기, 절단 및 홈 자르기, 용접, 투명체 속 작업 등을 할 수 있는 가공방법은?

① 방전가공
② 플라스마가공
③ 레이저가공
④ 전자빔가공

해설

③ 레이저가공 : 가공물에 빛을 쏘이면 순간적으로 일부분이 가열되어, 용해되거나 또는 증발되는 원리를 이용하여 대기 중에서 비접촉으로 필요한 형상으로 가공하는 방법(구멍 뚫기, 절단, 후판 용접, 국부적인 열처리 등)

① 방전가공 : 전극과 가공물 사이에 전기를 통전시켜, 방전현상의 열에너지를 이용하여, 가공물을 용융 증발시켜 가공을 진행하는 비접촉식 가공방법으로 전극과 재료 모두 도체이어야 한다.

④ 전자빔가공 : 고열에 의한 재료의 용해 분출, 증발 현상을 이용하는 가공법

07 CNC 공작기계 프로그래밍의 명령 제어 기능 설명이 잘못된 것은?

① S ⇒ 이송기능
② T ⇒ 공구기능
③ G ⇒ 준비기능
④ M ⇒ 보조기능

해설

• 이송기능(F) : 이송속도를 지령하는 기능
• 보조기능(M) : 스핀들 모터를 비롯한 기계의 각종 기능을 수행하는 데 필요한 보조장치의 ON/OFF를 수행하는 기능(M08 : 절삭유 ON/ M09 : 절삭유 OFF)
• 준비기능(G) : 제어장치의 기능을 동작하기 위한 준비를 하는 기능
• 주축기능(S) : 주축의 회전속도를 지령하는 기능
• 공구기능(T) : 공구를 선택하는 기능

08 지름이 작고 공작물 길이가 긴 제품을 연삭하는 데 가장 적합한 연삭기는?

① 외경 연삭기
② 센터리스 연삭기
③ 내면 연삭기
④ 공구 연삭기

해설

② 센터리스 연삭기 : 센터, 척, 자석척 등을 사용하지 않고 가공물의 표면을 조정하는 조정숫돌과 지지대를 이용하여 가공물을 연삭한다(가늘고 긴 가공물 연삭).

센터리스 연삭의 특징 🌈 반드시 암기(자주 출제)
• 센터가 필요하지 않아 센터 구멍을 가공할 필요가 없다.
• 중공의 가공물을 연삭할 때 편리하다(※ 중공(中空) : 속이 빈 축).
• 연삭 여유가 작아도 된다.
• 가늘고 긴 가공물의 연삭에 적합하다.
• 긴 홈이 있는 가공물의 연삭은 불가능하다.
• 대형이나 중량물의 연삭은 불가능하다.
• 연속가공이 가능하며 대량생산에 적합하다.
• 자생작용이 있다.

09 연삭숫돌에서 무딤(Glazing)의 주요 원인이 아닌 것은?

① 연삭숫돌의 결합도가 필요 이상으로 높다.
② 연삭숫돌의 원주 속도가 너무 빠르다.
③ 연삭숫돌 재료가 공작물 재료에 부적합하다.
④ 연삭숫돌 입도가 너무 크거나 연삭 깊이가 작다.

해설

무딤(Glazing) : 연삭숫돌의 결합도가 필요 이상으로 높으면 숫돌 입자가 마모되어 예리하지 못할 때 탈락하지 않고 둔화되는 현상
무딤의 원인
• 연삭숫돌의 결합도가 필요 이상으로 높을 때
• 연삭숫돌의 원주 속도가 너무 빠를 때
• 가공물의 재질과 연삭숫돌의 재질이 적합하지 않을 때

10 불수용성 절삭유로서 광물성유에 속하지 않는 것은?

① 스핀들유   ② 기계유

③ 올리브유   ④ 경 유

- 광물성유(광유) : 경유, 머신오일(기계유), 스핀들유, 석유 및 기타의 광유 또는 혼합유로 윤활성은 좋으나 냉각성이 적어 경절삭에 주로 사용한다.
- 식물성유 : 종자유, 콩기름, 올리브유, 면실유, 피마자유 등(윤활성은 좋고 냉각성은 좋지 않다)

11 전기화학적 용해작용과 기계적 연삭작용을 중첩시킨 가공법은?

① 전해연마   ② 전해연삭

③ 방전가공   ④ 화학가공

② 전해연삭 : 전해연삭은 연삭숫돌에 의한 접촉 방식으로 전해작용과 기계적인 연삭가공을 복합시킨 가공방법
① 전해연마 : 가공물을 양극(+), 전기저항이 적은 구리, 아연을 음극(−)으로 연결하고, 전해액 속에서 1A/cm² 정도의 전기를 통하면 전기에 의한 화학적인 작용으로 가공물의 표면이 용출되어 필요한 형상으로 가공하는 방법
③ 방전가공 : 전극과 가공물 사이에 전기를 통전시켜, 방전현상의 열에너지를 이용하여, 가공물을 용융 증발시켜 가공을 진행하는 비접촉식 가공방법으로 전극과 재료 모두 도체이어야 한다.
④ 화학가공 : 가공물을 화학 가공액 속에 넣고 화학 반응을 일으켜 가공물 표면에 필요한 형상으로 가공하는 방법

12 드릴링머신에서 암(Arm)을 360° 회전시킬 수 있고, 주축 헤드는 암을 따라 수평 이동하며 대형의 공작물을 가공하기에 편리한 기계는?

① 탁상 드릴링머신

② 심공 드릴링머신

③ 레이디얼 드릴링머신

④ 직립 드릴링머신

드릴링머신의 종류 및 용도

종 류	설 명	용 도	비 고
탁상 드릴링 머신	드릴머신을 작업대 위에 설치하여 사용하는 소형의 드릴링머신	소형부품 가공에 적합	φ13mm 이하의 작은 구멍 뚫기
직립 드릴링 머신	탁상 드릴링머신과 유사	비교적 대형 가공물 가공	주축 역회전 장치로 탭가공 가능
레이디얼 드릴링 머신	구멍가공을 하기 위해 가공물은 고정시키고, 드릴이 가공 위치로 이동할 수 있는 머신(드릴을 필요한 위치로 이동 가능)	대형제품이나 무거운 제품에 구멍 가공	암(Arm)을 회전, 주축 헤드암을 따라 수평이동
다축 드릴링 머신	1대의 드릴링머신에 다수의 스핀들을 설치하고 여러 개의 구멍을 동시에 가공	1회에 여러 개의 구멍 동시 가공	
다두 드릴링 머신	직립 드릴링머신의 상부 기구를 한 대의 드릴머신 베드 위에 여러 개를 설치한 형태	드릴가공, 탭가공, 리머가공 등의 여러 가지의 가공을 순서에 따라 연속 가공	
심공 드릴링 머신	깊은 구멍가공에 적합한 드릴링머신	총신, 긴축, 커넥팅 로드 등과 같이 깊은 구멍가공	

13 수평축 평면 연삭기에서 일반적으로 일감의 고정에 사용되는 척은?

① 콜릿척   ② 단동척

③ 마그네틱척   ④ 유압척

해설
• 수평축 평면 연삭기 : 평형숫돌의 원통면으로 연삭하며, 일반적으로 테이블이 전후, 좌우, 상하로 이송되는 것이 보통이다. 가공물의 고정은 일반적으로 전자석을 이용하는 마그네틱척(Magnetic Chuck)을 사용한다.
• 콜릿척, 단동척, 유압척은 선반에서 일감을 고정하는 척이다.

14 드릴의 홈을 따라서 만들어진 좁은 날이며, 드릴을 안내하는 역할을 하는 것은?

① 몸 통   ② 웨 브

③ 마 진   ④ 생 크

해설
드릴의 각부 명칭
• 웨브 : 트위스트 드릴 홈 사이의 좁은 단면 부분
• 마진 : 드릴의 홈을 따라서 만들어진 좁은 날이며, 드릴을 안내하는 역할
• 자루 : 드릴을 드릴머신에 고정하는 부분(곧은 자루, 테이퍼 자루)
• 탱 : 자루가 테이퍼인 드릴의 끝 부분을 납작하게 한 부분으로 드릴이 미끄러져 헛돌지 않고, 테이퍼 부분을 상하지 않도록 하면서 회전력을 주는 부분

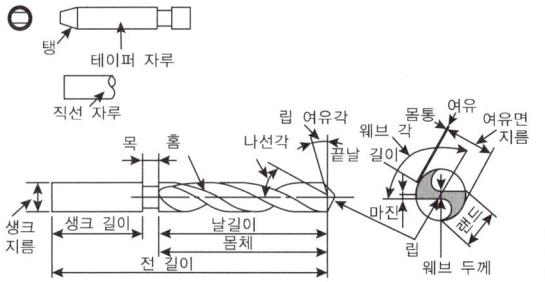

15 연삭숫돌바퀴의 구성 3요소가 아닌 것은?

① 숫돌입자   ② 조 직

③ 결합제   ④ 기 공

해설
숫돌바퀴의 구성요소
• 숫돌입자 : 절삭공구 날 역할을 하는 입자
• 결합제 : 입자와 입자를 결합시키는 것
• 기공 : 입자와 결합제 사이의 빈 공간

16 구성인선(Built-up Edge)의 발생을 방지하는 데 효과적인 방법은?

① 인성이 큰 재료를 선택한다.

② 경사각을 크게 한다.

③ 절삭속도를 낮게 한다.

④ 절삭깊이를 크게 한다.

해설
빌트업 에지(구성인선)의 방지대책   반드시 암기(자주 출제)
• 절삭깊이를 작게 할 것
• 경사각을 크게 할 것
• 절삭공구의 인선을 예리하게(날카롭게) 할 것
• 윤활성이 좋은 절삭유제를 사용할 것
• 절삭속도를 크게 할 것

17 선반작업 시 가공물에 구멍을 낼 수 없고 지지력이 커야 하는 경우에 사용하며 일반적인 센터의 반대 방법으로 제작한 센터는?

① 보통센터   ② 베어링센터

③ 역센터   ④ 하프센터

해설

③ 역센터 : 가공물에 센터 모양을 가공하고 센터에 구멍을 내어 지지하는 센터로서 가공물에 구멍을 낼 수 없고 지지력이 커야 하는 경우에 사용하며 일반적인 센터의 반대 방법으로 제작한 센터이다.

① 보통센터 : 가장 일반적인 센터이며, 보통센터의 선단을 초경합금으로 하여 사용한다.

② 베어링센터 : 선단 일부가 가공물의 회전에 의하여 함께 회전하도록 설계된 센터이다.

④ 하프센터 : 정지센터로 가공물을 지지하고 단면을 가공하면 바이트와 가공물의 간섭으로 가공이 불가능하게 된다. 이때 보통센터의 선단 일부를 가공하여 단면가공이 가능하도록 제작한 센터이다.

18 밀링머신에서 깎을 수 없는 기어는?

① 하이포이드기어

② 스파이럴기어

③ 베벨기어

④ 스퍼기어

해설

밀링머신으로 깎을 수 없는 기어 : 하이포이드기어

※ 기어가공은 밀링머신에서 총형커터를 이용하여 기어를 가공하는 방법으로 호빙머신이 출현하기 전까지는 많이 절삭하였으나, 기어 절삭기계에 비하여 능률이 떨어지고, 정밀도가 떨어져 현재는 많이 사용하지 않는 가공방법이다.

19 선반에서 척에 대한 설명 중 틀린 것은?

① 단동척은 조(Jaw)가 4개 있다.

② 단동척은 조(Jaw)가 2개 있다.

③ 연동척은 조(Jaw)가 3개 있다.

④ 복동척은 단동척과 연동척의 기능을 겸비한 척이다.

해설

• 연동척 : 3개의 조가 120° 간격으로 구성 배치되어 있으며, 규칙적인 모양 고정

• 단동척 : 4개의 조가 90° 간격으로 구성 배치되어 있으며, 불규칙한 가공물 고정

• 콜릿척 : 지름이 작은 가공물이나, 각 봉재를 가공할 때 편리함

• 복동척(만능척) : 단동척과 연동척의 기능을 겸비한 척

• 마그네틱척 : 전자석을 이용하여 얇은 판, 피스톤 링과 같은 가공물을 변형시키지 않고, 고정시켜 가공할 수 있는 자성체 척

20 전해연마의 특징이 아닌 것은?

① 가공변질층이 있다.

② 가공면에 방향성이 없다.

③ 내부식성이 향상된다.

④ 평활한 가공면을 얻을 수 있다.

해설

전해연마의 특징

• 가공변질층이 없고 평활한 가공면을 얻을 수 있다.

• 복잡한 형상의 제품도 전해연마가 가능하다.

• 가공면에 방향성이 없다.

• 내마모성, 내부식성이 향상된다.

• 연질의 알루미늄, 구리 등도 쉽게 광택면을 가공할 수 있다.

21 버니어캘리퍼스의 종류가 아닌 것은?

① M1형
② M2형
③ HT형
④ CM형

KS에 규정된 버니어캘리퍼스 종류 : M1형, M2형, CB형, CM형

22 CNC 선반의 보조 기능인 M코드에서 주축 정회전을 나타내는 것은?

① M00
② M01
③ M02
④ M03

해설
M코드 🌈 반드시 암기(자주 출제)

M코드	기 능	M코드	기 능
M00	프로그램 정지	M08	절삭유 ON
M01	프로그램 선택 정지	M09	절삭유 OFF
M02	프로그램 끝	M30	프로그램 끝 및 리셋
M03	주축 정회전	M98	보조프로그램 호출
M04	주축 역회전	M99	보조프로그램 종료
M05	주축 정지		

23 금긋기에 사용되지 않는 공구는?

① 금긋기 바늘
② 서피스게이지
③ 톱
④ 컴퍼스

해설
③ 톱은 절단가공 시 사용되는 공구이다.
금긋기 가공 및 공구 : 금긋기용 바늘, 서피스게이지, 펀치, 컴퍼스와 편퍼스, V블록 등

24 수동으로 수나사를 가공할 때 사용하는 공구는?

① 탭
② 다이스
③ 리 머
④ 스크레이퍼

해설
② 다이스 : 수나사 가공
① 탭 : 암나사 가공
③ 리머작업 : 구멍을 정밀하게 다듬는 작업

25 선반가공에서 이동식 방진구는 어느 부분에 설치하는가?

① 심압대
② 왕복대
③ 베 드
④ 주축대

해설
방진구(Work Rest) : 선반에서 가늘고 긴 가공물의 휨이나 떨림을 방지하기 위해 사용하는 부속품
· 고정식 방진구 : 선반 베드 위에 고정
· 이동식 방진구 : 왕복대의 새들에 고정

26 밀링작업에서 폭 5mm 이상의 절단작업에 사용하는 커터는?

① 슬래브밀　　　　② 메탈 슬리팅 소
③ 총형커터　　　　④ 엔드밀

27 스윙 200mm 이하로서 시계부품이나 재봉틀부품과 같은 소형부품 가공에 적합한 선반의 종류는?

① 탁상 선반　　　　② 정면 선반
③ 차륜 선반　　　　④ 차축 선반

28 "WA 60 K m V"로 표시된 연삭숫돌에서 입자의 크기(입도)를 나타내는 것은?

① WA　　　　② 60
③ K　　　　④ V

29 수나사의 지름 12mm, 피치 1.5mm의 나사를 탭가공하기 위한 드릴 구멍의 지름으로 가장 적합한 것은?

① 11.5mm　　　　② 10.5mm
③ 9.5mm　　　　④ 8.5mm

30 밀링커터 날수가 14개, 지름은 100mm, 1개의 날 이송량이 0.2mm이고 회전수가 600rpm일 때, 테이블 이송속도는?

① 1,480mm/min　　　　② 1,585mm/min
③ 1,680mm/min　　　　④ 1,785mm/min

31 밀링에서 분할대를 사용하여 원주를 20등분하려고 할 때 가장 적합한 방법은?

① 직접분할법　　　　② 단식분할법
③ 복식분할법　　　　④ 차동분할법

32 밀링 절삭방법에서 상향절삭에 대한 설명 중 틀린 것은?

① 커터의 회전방향과 공작물의 이송방향이 반대이다.
② 올려 깎기라고도 한다.
③ 이송나사에 백래시 제거 장치가 필요하다.
④ 날의 마모가 심하다.

해설
상향절삭과 하향절삭의 차이점

구 분	상향절삭	하향절삭
방 향	커터 회전방향과 공작물 이송방향이 반대	커터 회전방향과 공작물 이송방향이 동일
백래시	절삭에 별 지장이 없다.	백래시를 제거해야 한다.
기계의 강성	강성이 낮아도 무관하다.	가공할 때, 충격이 있어 높은 강성이 필요하다.
가공물의 고정	절삭력이 상향으로 작용하여 고정이 불리하다.	절삭력이 하향으로 작용하여 가공물 고정이 유리하다.
인선의 수명	절입할 때, 마찰열로 마모가 빠르고 공구 수명이 짧다.	상향절삭에 비하여 공구 수명이 길다.
마찰저항	마찰저항이 커서 절삭공구를 위로 들어 올리는 힘이 작용한다.	절입할 때, 마찰력은 작으나 하향으로 충격력이 작용한다.
가공면의 표면 거칠기	광택은 있으나, 상향에 의한 회전저항으로 전체적으로 하향절삭보다 나쁘다.	가공 표면에 광택은 작고, 저속 이송에서는 회전저항이 발생하지 않아 표면 거칠기가 좋다.

33 정면 밀링커터에 주로 사용하는 공구 재료로 가장 적합한 것은?

① 초경합금 　　　② 산화알루미늄
③ 시효경화합금 　④ 탄소 공구강

해설
정면 밀링커터
정면 밀링커터는 절삭능률과 가공면의 표면 거칠기가 우수한 초경합금 밀링커터를 사용하며, 근래에는 사용이 편리하고 공구 관리의 간소화를 위해 스로어웨이(Throw Away) 밀링커터를 주로 사용한다.

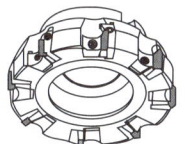

34 선반작업에서 보통센터의 원추형 부분을 축방향으로 반을 제거하여 제작한 센터는?

① 평센터 　　　② 베어링센터
③ 하프센터 　　④ 파이프센터

해설
③ 하프센터 : 정지센터로 가공물을 지지하고 단면을 가공하면 바이트와 가공물의 간섭으로 가공이 불가능하게 된다. 이때 보통센터의 선단 일부를 가공하여 단면가공이 가능하도록 제작한 센터이다.
① 평센터 : 가공물에 센터구멍을 가공해서는 안 될 경우에 가공물의 단면을 평면으로 지지할 수 있도록 제작한 센터로 지지력은 다소 약하다.
② 베어링센터 : 선단 일부가 가공물의 회전에 의하여 함께 회전하도록 설계된 센터이다.
④ 파이프센터 : 큰 지름의 구멍이 있는 가공물을 지지할 때 사용한다.
센터의 종류

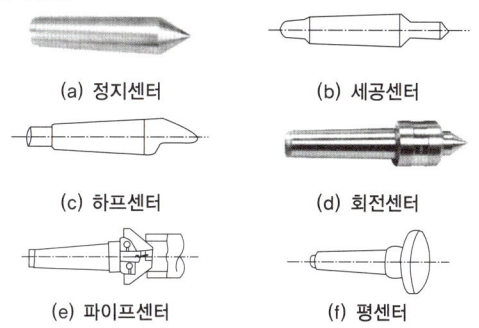

(a) 정지센터　　　(b) 세공센터
(c) 하프센터　　　(d) 회전센터
(e) 파이프센터　　(f) 평센터

35 수직 밀링작업 시 기본적으로 가장 많이 사용되며, 원주면과 단면에 날이 있는 형태로 지름에 비해 길이가 긴 커터는?

① 플레인커터　　　　② 메탈소
③ 엔드밀　　　　　　④ 헬리컬커터

해설
③ 엔드밀(End Mill) : 원주면과 단면에 날이 있는 형태이며, 가공물의 홈과, 좁은 평면, 윤곽가공, 구멍가공 등에 사용한다.
② 메탈소 : 절단 및 홈가공

36 합금주철에서 0.2~1.5% 첨가로 흑연화를 방지하고 탄화물을 안정시키는 원소는 무엇인가?

① Cr　　　　　　　② Ti
③ Ni　　　　　　　④ Mo

해설
• 흑연화 촉진 원소 : Si, Ni, Al 등
• 흑연화 저해 원소 : Mn, V, Cr, S 등

37 니켈강을 가공 후 공기 중에 방치하여도 담금질 효과를 나타내는 현상은 무엇인가?

① 질량효과　　　　　② 자경성
③ 시기 균열　　　　　④ 가공경화

해설
② 자경성 : 임계 냉각속도를 느리게 하여 공기 중에서 냉각하여도 담금질 효과를 나타내는 현상
① 질량효과 : 재료의 크기에 따라 내·외부의 냉각속도가 달라 경도의 차이가 나는 것
④ 가공경화 : 경도, 인장강도, 항복강도 등이 커지는 반면 연신율과 단면 수축률이 감소되는 현상

38 내식용 Al합금이 아닌 것은?

① 알민(Almin)
② 알드레이(Aldrey)
③ 하이드로날륨(Hydronalium)
④ 코비탈륨(Cobitalium)

해설
• 고강도 Al합금 : 두랄루민, 초두랄루민, 초강두랄루민
• 내식성 Al합금 : 하이드로날륨, 알민, 알드레이
※ 가공용 알루미늄합금 : 내식용 Al합금, 고강도 Al합금, 내열용 Al 합금 등

39 구리 4%, 마그네슘 0.5%, 망간 0.5%, 나머지가 알루미늄인 고강도 알루미늄합금은?

① 실루민　　　　　　② 두랄루민
③ 라우탈　　　　　　④ 로엑스

해설
두랄루민(고강도 Al합금)　　반드시 암기(자주 출제)
• 단조용 알루미늄합금으로 Al+Cu+Mg+Mn(알-구-마-망)의 합금
• 가벼워서 항공기나 자동차 등에 사용되는 고강도 Al합금
※ 실루민 : Al+Si의 합금으로 주조성은 좋으나 절삭성은 나쁘다.

40 킬드강에는 어떤 결함이 주로 생기는가?

① 편석증가

② 내부에 기포

③ 외부에 기포

④ 상부 중앙에 수축공

해설
• 킬드강 : 상부 중앙에 수축공 발생
• 림드강 : 내부에 기포 발생

41 주철의 성질을 가장 올바르게 설명한 것은?

① 탄소의 함유량이 2.0% 이하이다.

② 인장강도가 강에 비하여 크다.

③ 소성변형이 잘된다.

④ 주조성이 우수하다.

해설
주철의 장단점

장 점	단 점
• 강보다 용융점이 낮아 유동성이 커 복잡한 형상의 부품도 제작이 쉽다.	• 충격에 약하다(취성이 크다).
• 주조성이 우수하다.	• 인장강도가 작다.
• 마찰저항이 우수하다.	• 굽힘강도가 작다.
• 절삭성이 우수하다.	• 소성(변형)가공이 어렵다.
• 압축 강도가 크다.	
• 고온에서 기계적 성질이 우수하다.	
• 주물표면은 단단하고, 녹이 잘 슬지 않는다.	

※ 주철의 탄소함유량이 2.0~6.67%인 철-탄소의 합금이다. 즉, 주철은 탄소함유량이 2.0% 이상이다.

42 공구재료의 필요조건이 아닌 것은?

① 열처리가 쉬울 것

② 내마멸성이 작을 것

③ 강인성이 클 것

④ 고온 경도가 클 것

해설
절삭 공구재료의 구비조건
• 피절삭재보다는 경도와 인성이 클 것
• 고온에서 경도가 감소되지 않을 것
• 내마멸성, 내충격성이 클 것
• 절삭저항을 받으므로 강도가 클 것
• 형상을 만들기 용이하고 가격이 저렴할 것

43 볼트와 볼트 구멍 사이에 틈새가 있어 전단응력과 휨 응력이 동시에 발생하는 현상을 방지하기 위한 가장 올바른 방법은?

① 와셔를 사용한다.

② 로크너트를 사용한다.

③ 멈춤 나사를 사용한다.

④ 링이나 봉을 끼워 사용한다.

해설
볼트 구멍 사이에 틈새가 있어 전단응력과 휨 응력이 동시에 발생시 링이나 봉을 끼워 방지한다.
볼트 · 너트의 풀림방지
• 로크 너트에 의한 방법
• 멈춤 나사에 의한 방법
• 와셔에 의한 방법
• 자동 죔 너트에 의한 방법
• 분할 핀에 의한 방법

44 한 변의 길이가 20mm인 정사각형 단면에 4kN의 압축 하중이 작용할 때 내부에 발생하는 압축응력은 얼마인가?

① 10N/mm²

② 20N/mm²

③ 100N/mm²

④ 200N/mm²

해설

압축응력 $(\sigma_c) = \dfrac{P_c}{A} = \dfrac{4,000\text{N}}{20\text{mm} \times 20\text{mm}} = 10(\text{N/mm}^2)$

$\therefore \sigma_c = 10(\text{N/mm}^2)$

여기서, σ_c : 압축응력(N/mm²)

$\quad\quad\quad P_c$: 압축하중(N)

$\quad\quad\quad A$: 단면적(mm²)

(4kN=4,000N, 정답의 단위가 N/mm²이므로 4kN → 4,000N으로 변환하여 계산)

45 볼트의 머리와 중간재 사이 또는 너트와 중간재 사이에 사용하여 충격을 흡수하는 작용을 하는 것은?

① 와셔 스프링

② 토션바

③ 벌루트 스프링

④ 코일 스프링

해설

① 와셔 스프링 : 볼트의 머리와 중간재 사이 또는 너트와 중간재 사이에 사용하며 충격을 흡수하는 역할을 한다.

② 토션바 : 원형 봉에 비틀림 모멘트를 가하면 비틀림 변형이 생기는 원리를 이용한 스프링이다.

③ 벌루트 스프링 : 태엽 스프링을 축 방향으로 감아올려 사용하는 것으로 압축용으로 쓰인다.

④ 코일 스프링 : 하중의 방향에 따라 압축 코일 스프링과 인장 코일 스프링으로 분류한다.

46 나사의 용어 중 리드에 대한 설명으로 맞는 것은?

① 1회전 시 작용하는 토크

② 1회전 시 이동한 거리

③ 나사산과 나사산의 거리

④ 1회전 시 원주의 길이

해설

• 나사의 리드 : 나사가 1회전했을 때 진행한 거리

• $L = p \times n$

여기서, L : 리드

$\quad\quad\quad p$: 피치

$\quad\quad\quad n$: 줄수

47 사용 기능에 따라 분류한 기계요소에서 직접 전동 기계요소는?

① 마찰차

② 로프

③ 체인

④ 벨트

해설

• 직접 전동용 기계요소 : 기어, 마찰차 등

• 간접 전동용 기계요소 : 벨트, 로프, 체인 등

48 3줄 나사에서 피치가 2mm일 때 나사를 6회전시키면 이동하는 거리는 몇 mm인가?

① 6
② 12
③ 18
④ 36

해설
• 나사의 리드 : 나사가 1회전했을 때 진행한 거리
• $L = p \times n \times 6$회전 $= 2mm \times 3 \times 6$회전 $= 36mm$
  여기서, L : 리드
  　　　 p : 피치
  　　　 n : 줄수

49 축의 설계 시 고려해야 할 사항으로 거리가 먼 것은?

① 강 도
② 제동장치
③ 부 식
④ 변 형

해설
축의 설계에 고려되는 사항 : 강도, 응력집중, 변형, 진동, 열응력, 열팽창, 부식 등

50 웜기어의 특징으로 가장 거리가 먼 것은?

① 큰 감속비를 얻을 수 있다.
② 중심거리에 오차가 있을 때는 마멸이 심하다.
③ 소음이 작고 역회전 방지를 할 수 있다.
④ 웜홀의 정밀 측정이 쉽다.

해설
웜기어의 특징
• 치면에서의 미끄럼이 커서 전동 효율이 떨어진다.
• 중심 거리에 오차가 있을 때는 마멸이 심하다.
• 작은 용량으로 큰 감속비(1/10~1/100)를 얻을 수 있다.
• 역전을 방지할 수 있고, 소음이 작아 정숙한 회전이 가능하다.
• 웜과 웜휠에 스러스트 하중이 생긴다.
• 웜홀의 정밀 측정이 곤란하며, 가격이 비싸다.

51 스퍼기어를 그리는 방법에 대한 설명으로 올바른 것은?

① 잇봉우리원은 가는 실선으로 그린다.
② 피치원은 가는 2점 쇄선으로 그린다.
③ 이골원은 가는 파선으로 나타낸다.
④ 축에 직각인 방향에서 본 단면도일 경우 이골의 선은 굵은 실선으로 그린다.

해설
KS 기어제도의 도시방법
• 이끝원(잇봉우리원)은 굵은 실선으로 그리고 피치원은 가는 1점 쇄선으로 그린다.
• 이뿌리원(이골원)은 가는 실선으로 그린다.
• 잇줄 방향은 보통 3개의 가는 실선으로 그린다.
• 축에 직각인 방향에서 본 단면도일 경우 이뿌리원(이골원)은 굵은 실선으로 그린다.

52 도면에서 2종류 이상의 선이 같은 장소에 겹칠 때 다음 중 가장 우선하는 것은?

① 절단선
② 숨은선
③ 중심선
④ 무게중심선

해설
투상선의 우선순위
숫자, 문자, 기호 및 화살표 → 외형선(굵은 실선) → 숨은선(파선) → 중심선, 무게중심선 또는 절단선 → 파단선 → 치수선 또는 치수 보조선 → 해칭선

53 주로 대칭인 물체의 중심선을 기준으로 내부 모양과 외부 모양을 동시에 표시하는 단면도는?

① 온 단면도
② 부분 단면도
③ 한쪽 단면도
④ 회전도시 단면도

③ 한쪽 단면도 : 상하 또는 좌우 대칭인 물체는 1/4을 떼어 낸 것으로 보고 기본 중심선을 경계로 1/2은 외형, 1/2은 단면으로 동시에 나타낸다.
① 온 단면도 : 물체 전체를 둘로 절단해서 그림 전체를 단면으로 나타낸 것(전단면도)
② 부분 단면도 : 필요한 일부분만을 파단선에 의해 그 경계를 표시하고 나타낸다.
④ 회전도시 단면도 : 핸들, 벨트 풀리, 기어 등과 같은 바퀴의 암, 림, 리브, 훅, 축과 주로 구조물에 사용하는 형강 등의 절단한 모양을 90°로 회전시켜 투상도의 안이나 밖에 그리는 것

54 KS 재료기호가 "STC"일 경우 이 재료는?

① 냉간 압연 강판
② 크롬 강재
③ 탄소 주강품
④ 탄소 공구강 강재

• 탄소 공구강(STC), 탄소 주강품(SC)
• 탄소 공구 강재 : STC1~STC7

55 기계가공 표면의 결 대상면을 지시하는 기호 중 제거 가공을 허락하지 않는 것을 지시하고자 할 때 사용하는 기호는?

①   ②
③   ④

종류	의 미
	제거가공의 필요여부를 문제 삼지 않는다.
	제거가공을 필요로 한다.
	제거가공을 해서는 안 된다(전 가공의 상태를 그대로 남겨두는 것 지시).

56 치수공차의 범위가 가장 큰 치수는?

① $50^{+0.05}_{-0.03}$

② $60^{+0.03}_{+0.01}$

③ $70^{-0.02}_{-0.05}$

④ 80 ± 0.02

① $50^{+0.05}_{-0.03}$: 50.05−49.97=0.08 → 치수공차 범위가 가장 크다.
② $60^{+0.03}_{+0.01}$: 60.03−60.01=0.02
③ $70^{-0.02}_{-0.05}$: 69.98−69.65=0.03
④ 80 ± 0.02 : 80.02−79.98=0.04

57 그림과 같은 정면도와 우측면도에 가장 적합한 평면도는?

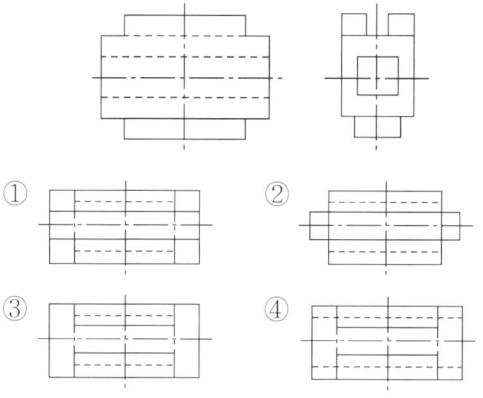

58 기하공차 기입 틀에서 B가 의미하는 것은?

| // | 0.008 | B |

① 데이텀　　　　② 공차등급
③ 공차기호　　　④ 기준치수

공차 기입 틀과 구획 나누기

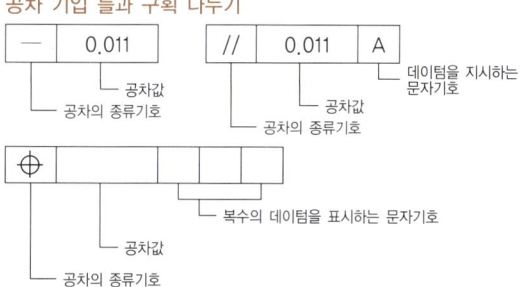

59 나사의 도시법에 대한 설명으로 틀린 것은?

① 수나사의 바깥지름, 암나사의 안지름은 굵은 실선으로 한다.
② 완전 나사부와 불완전 나사부의 경계선은 굵은 실선으로 한다.
③ 수나사, 암나사의 골 및 불완전 나사부의 골을 표시하는 선은 굵은 실선으로 한다.
④ 수나사와 암나사가 조립된 부분은 항상 수나사가 암나사를 감춘 상태에서 표시한다.

나사의 도시법
• 수나사의 바깥지름, 암나사의 안지름은 굵은 실선으로 한다.
• 완전 나사부와 불완전 나사부의 경계선은 굵은 실선으로 한다.
• 수나사의 골 지름과 암나사의 골 지름은 가는 실선으로 그린다.
• 수나사와 암나사가 조립된 부분은 항상 수나사가 암나사를 감춘 상태에서 표시한다.

60 기계제도에서 "C5" 기호를 나타내는 방법으로 옳은 것은?

① 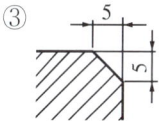　②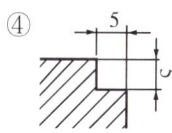

③ 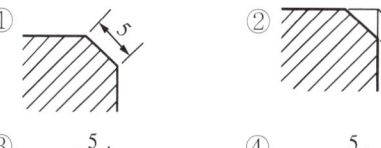　④

모따기 치수 기입은 ③과 같이 45°인 모따기의 경우 'C' 기호 다음에 모따기 길이 치수를 기입한다. → "C5"
모따기 치수 기입 방법
• 45° 이하인 모따기의 치수 기입 → 보통 치수 기입방법에 따라 기입

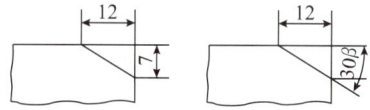

• 45°인 모따기의 치수 기입

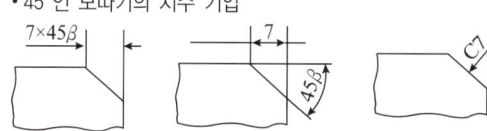

01 절삭유를 사용하는 목적으로 거리가 먼 것은?

① 공구 상면과 칩(Chip) 사이의 마찰을 줄여 절삭을 원활히 한다.

② 가공물과 공구를 냉각시켜 열에 의한 정밀도 저하를 방지하고 공구의 수명을 증대시킨다.

③ 구성인선의 발생을 촉진하여 표면 거칠기를 향상시킨다.

④ 칩을 씻어주어 절삭을 원활히 한다.

해설

절삭유제의 사용목적

• 구성인선의 발생을 방지한다.

• 공구의 인선을 냉각시켜 공구의 경도저하를 방지한다.

• 가공물을 냉각시켜 절삭열에 의한 정밀도 저하를 방지한다.

• 공구의 마모를 줄이고 윤활 및 세척작용으로 가공표면을 양호하게 한다.

• 칩을 씻어주고 절삭부를 깨끗이 닦아 절삭작용을 쉽게 한다.

02 줄의 길이 방향으로 이송시켜 작업하는 방법으로 황삭 및 다듬질 작업에 적합한 줄작업방법은?

① 직진법 ② 병진법

③ 사진법 ④ 황진법

해설

줄작업방법 용도

• 직진법 : 황삭 및 다듬질작업

• 사진법 : 황삭 및 볼록한 면의 수정작업

• 병진법 : 폭이 좁고 길이가 긴 가공물의 줄작업

줄작업방법

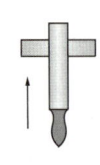 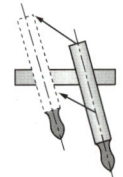 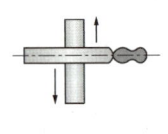

(a) 직진법   (b) 사진법   (c) 병진법

03 가공물의 바깥 면을 조정숫돌과 지지대를 이용하여 고정, 이송하여 가늘고 긴 가공물을 연삭할 수 있는 연삭기는?

① 공구 연삭기

② 센터리스 연삭기

③ 직립형 평면 연삭기

④ 수평형 평면 연삭기

해설

센터리스 연삭기 : 센터, 척, 자석척 등을 사용하지 않고 가공물의 표면을 조정하는 조정숫돌과 지지대를 이용하여 가공물을 연삭한다(가늘고 긴 가공물 연삭).

센터리스 연삭의 특징 반드시 암기(자주 출제)

• 센터가 필요하지 않아 센터 구멍을 가공할 필요가 없다.

• 중공의 가공물을 연삭할 때 편리하다(※ 중공(中空) : 속이 빈 축).

• 연삭 여유가 작아도 된다.

• 가늘고 긴 가공물의 연삭에 적합하다.

• 긴 홈이 있는 가공물의 연삭은 불가능하다.

• 대형이나 중량물의 연삭은 불가능하다.

• 연속가공이 가능하며 대량생산에 적합하다.

• 자생작용이 있다.

04 작업 중 정전이 되었을 때, 취해야 할 사항으로 가장 거리가 먼 것은?

① 메인 스위치를 끈다.
② 절삭공구를 가공물에서 떼어 낸다.
③ 기계의 스위치를 끄고 기계 주위를 정리한다.
④ 즉시 V-Belt 등 소모된 동력전달장치 부품을 교체한다.

해설
정전 시 부품을 교체하지 않는다.
정전 시 취해야 할 사항
• 기계 주위의 공구나 측정기 등을 정리한다.
• 기계 스위치를 끄고 전기가 들어올 때까지 기다린다.
• 필요한 경우 동력을 공급하는 메인스위치도 끈다.
• 절삭공구를 가공물에서 떼어 낸다.

05 브로칭머신의 크기를 나타내는 것은?

① 테이블 크기
② 분당 행정수
③ 스윙 및 양 센터 간 거리
④ 최대 인장력과 최대 행정길이

해설
• 브로칭머신의 크기는 최대 인장력과 최대 행정길이로 나타낸다.
• 브로칭머신 : 다수의 절삭날을 일직선상에 배치한 공구를 사용해서 공작물 구멍의 내면이나 표면을 여러 가지 모양으로 절삭하는 공작기계

06 입도가 작고 연한 숫돌에 작은 압력으로 가압하면서 가공물에 이송을 주고, 동시에 숫돌에 진동을 주어 표면 거칠기를 향상시키는 가공법은?

① 이온가공
② 쇼트피닝
③ 슈퍼피니싱
④ 배럴가공

해설
③ 슈퍼피니싱 : 입도가 작고, 연한 숫돌에 작은 압력으로 가압하면서 가공물에 이송을 주고, 동시에 숫돌에 진동을 주어 표면 거칠기를 좋게 하는 가공방법이다. 다듬질된 면은 평활하고 방향성이 없으며, 가공에 의한 표면변질층이 극히 미세하다. 또한 가공시간이 짧다(작은 압력+이송+진동).
② 쇼트피닝 : 표면을 타격하는 일종의 냉간가공으로 철강의 작은 볼(Shot)을 공작물 표면에 분사하여 강재의 화학조성을 변화시키지 않고 표면을 매끈하게 하여 피로강도 및 기계적 성질을 향상시킨다.
④ 배럴가공 : 충돌가공(주물귀, 돌기 부분, 스케일 제거), 회전하는 상자 속에 공작물과 미디어, 콤파운드(유지+직물), 공작액 등을 넣고 회전과 진동을 주어 표면을 다듬질한다(회전형, 진동형).

07 밀링가공에서 생산성을 향상시키기 위한 절삭속도의 선정방법으로 틀린 것은?

① 커터수명 연장을 위해 추천 절삭속도보다 약간 높게 설정하는 것이 좋다.
② 가공물의 경도, 강도, 인성 등의 기계적 성질을 고려하여 설정한다.
③ 거친 절삭에는 속도를 느리게, 이송은 빠르게 하고 절삭깊이를 크게 선정한다.
④ 커터날이 빠르게 마모되면 절삭속도를 좀 더 낮추어 선정한다.

해설
커터의 수명을 연장하기 위해서는 추천 절삭속도보다 절삭속도를 약간 낮게 설정하여 절삭하는 것이 좋다.
생산성을 향상시키기 위한 절삭속도 선정방법
• 가공물의 경도, 강도, 인성 등의 기계적 성질을 고려한다.
• 커터의 날이 빠르게 마모되거나 손상되는 현상이 발생하면, 절삭속도를 좀 더 낮추어 절삭한다.

구 분	절삭속도	이 송	절삭깊이
거친 절삭	느리게	빠르게	크 게
다듬질 절삭	빠르게	느리게	작 게

08 선반에서 ϕ60mm의 탄소강을 절삭속도 131m/min 로 가공할 때, 주축회전수는 약 몇 rpm인가?

① 585　　　　　② 695

③ 1,290　　　　④ 1,390

해설

주축회전수 $N = \dfrac{1,000\,V}{\pi D} = \dfrac{1,000 \times 131\text{m/min}}{\pi \times 60\text{mm}} ≒ 695\text{rpm}$

여기서, D : 공작물 지름(mm), V : 절삭속도(m/min)

09 선반작업에서 가공물의 길이가 지름의 20배 이상 긴 것을 가공할 때, 진동과 가공에 의한 휨을 방지하기 위한 장치는?

① 맨드릴　　　　② 돌리개

③ 방진구　　　　④ 면 판

해설

- 방진구(Work Rest) : 선반에서 가늘고 긴 가공물의 휨이나 떨림을 방지하기 위해 선반 베드 위에 고정하여 사용하는 고정식 방진구, 왕복대의 새들에 고정하여 사용하는 이동식 방진구가 있다.
- 맨드릴(Mandel) : 기어, 벨트 풀리 등과 같이 구멍과 외경이 동심원이고, 직각이 필요한 경우에 구멍을 먼저 가공하고 구멍에 맨드릴을 끼워 양 센터로 지지하여, 외경과 측면을 가공하여 부품을 완성하는 선반의 부속장치이다.
- 돌림판과 돌리개 : 주축의 회전을 공작물에 전달하기 위해 사용하는 선반의 부속품이다.

10 호닝작업에서 원통형태의 숫돌공구인 혼(Hone)의 운동방법으로 가장 적합한 것은?

① 회전운동

② 곡선 왕복운동

③ 회전운동과 곡선 왕복운동의 교대운동

④ 회전운동과 축방향의 직선 왕복운동의 합성운동

해설

호닝머신 : 혼(Hone)을 회전 및 직선 왕복운동시켜 원통 내면의 진원도, 진직도, 표면거칠기 등을 더욱 향상시키기 위한 가공방법

11 연삭숫돌의 결합제 종류에서 주성분이 점토와 장석인 결합제는?

① 비트리파이드 결합제

② 실리케이트 결합제

③ 레지노이드 결합제

④ 셸락 결합제

해설

결합제의 종류

- 비트리파이드(V) : 주성분 점토와 장석, 무기질 결합제
- 실리케이트(S) : 대형숫돌에 적합, 무기질 결합제
- 셸락(E) : 절단용, 유기질 결합제
- 레지노이드(B) : 절단용, 유기질 결합제

12 기차바퀴처럼 지름이 크고, 길이가 짧은 가공물의 가공에 가장 적합한 선반은?

① 탁상 선반　　　② 공구 선반
③ 터릿 선반　　　④ 정면 선반

해설
④ 정면 선반 : 기차바퀴처럼 지름이 크고, 길이가 짧은 가공물을 절삭하기에 편리한 선반이다.
① 탁상선반 : 작업대 위에 설치해야 할 만큼의 소형선반으로 베드의 길이 900mm 이하, 스윙 200mm 이하로서 시계부품, 재봉틀부품 등의 소형 부품을 주로 가공하는 선반이다.
② 공구 선반 : 보통 선반과 같은 구조이나 정밀한 형식으로 되어 있다.
③ 터릿 선반 : 보통 선반의 심압대 위치에 회전 공구대를 설치하여 부품을 능률적으로 가공할 때 쓰이는 선반이다.

13 머시닝 센터가공에서 공구경 보정 취소 시 사용되는 G코드(Code)는?

① G40　　　② G30
③ G20　　　④ G10

해설
• G40 : 공구지름 보정 취소
• G41 : 공구지름 좌측 보정
• G42 : 공구지름 우측 보정

14 탄화규소, 산화알루미늄 등의 미세한 분말가루를 넣어 가압과 상대운동을 시켜서 가공하는 것은?

① 호 닝　　　② 래 핑
③ 그라인딩　　　④ 슈퍼피니싱

해설
② 래핑 : 가공물과 랩(Lap) 사이에 랩제를 넣고 가공물에 압력을 가하면서 표면 거칠기가 우수한 가공면을 얻는 가공방법으로, 특히 게이지블록의 최종 다듬질 공정에 이용된다.
① 호닝 : 혼(Hone)을 회전 및 직선 왕복운동시켜 원통 내면의 진원도, 진직도, 표면 거칠기 등을 더욱 향상시키기 위한 가공방법이다.
④ 슈퍼피니싱 : 입도가 작고, 연한 숫돌에 작은 압력으로 가압하면서 가공물에 이송을 주고, 동시에 숫돌에 진동을 주어 표면 거칠기를 좋게 하는 가공방법이다. 다듬질된 면은 평활하고, 방향성이 없으며, 가공에 의한 표면변질층이 극히 미세하다. 또한 가공시간이 짧다(작은 압력+이송+진동).

15 보통 보링머신의 보링작업 시 주로 사용되는 절삭공구는?

① 다이스　　　② 탭
③ 혼　　　④ 바이트

해설
보링머신에서 보링작업 시 주로 사용하는 절삭공구는 보링바이트로 선반작업의 바이트와 같은 역할을 하며, 일반적으로 다이아몬드바이트, 초경바이트를 사용한다.

16 절삭날과 자루가 분리되고, 엔드밀의 지름이 큰 경우에 사용되는 엔드밀은?

① 평 엔드밀　　　② 라프 엔드밀
③ 볼 엔드밀　　　④ 셸 엔드밀

해설
④ 셸 엔드밀(Shell Endmill) : 엔드밀의 지름이 큰 경우에는 절삭날과 자루가 분리되고, 사용할 때 조립하여 사용한다.
② 라프 엔드밀 : 거친 절삭에 사용한다.
③ 볼 엔드밀 : R가공이나 구멍가공에 편리하다.

17 절삭저항의 3분력에 포함되지 않는 것은?

① 표면분력　　　② 주분력

③ 이송분력　　　④ 배분력

절삭저항 3분력
• 주분력 : 절삭방향에 평행
• 이송분력 : 이송방향에 평행
• 배분력 : 절삭깊이 방향
※ 주분력이 가장 크다.

19 연삭숫돌의 검사방법으로 고무 해머를 사용하여 음향의 둔탁함 · 울림 등으로 균열이나 결함을 검사하는 방법은?

① 육안검사　　　② 음향검사

③ 회전시험　　　④ 가공시험

• 음향검사 : 나무해머나 고무해머 등으로 연삭숫돌의 상태를 검사하는 방법
• 정상상태 숫돌 : 음향이 맑고, 울림이 있는 숫돌
• 균열상태 숫돌 : 음향이 둔탁하고 울림이 없으면 균열이나, 결함이 발생하는 숫돌

18 주로 수직 밀링머신에서 사용되는 절삭공구로 넓은 평면을 가공하기에 가장 적당한 것은?

① 더브테일 밀링커터

② 정면 밀링커터

③ 메탈소

④ 엔드밀

② 정면 밀링커터 : 외주와 정면에 절삭날이 있는 커터이며, 주로 수직 밀링에서 사용하는 커터로 평면가공에 이용된다.

수직 · 수평 밀링머신 절삭공구

구 분	수직 밀링머신	수평 밀링머신
절삭공구	엔드밀, 정면 밀링커터, T홈커터, 더브테일 커터 등	메탈소, 측면커터, 양각커터, 편각커터, 총형커터, 슬래브밀 등

20 CNC 선반에서 사용하는 워드의 설명이 옳은 것은?

① T0305에서 05는 공구번호이다.

② G50은 내, 외경 황삭 사이클이다.

③ G03는 원호보간으로 공구의 진행방향은 반시계 방향이다.

④ G04 P200은 Dwell Time으로 공구 이송이 2초 동안 정지한다.

• CNC 선반의 경우 – T □□△△ → T : 공구기능, □□ : 공구선택번호, △△ : 공구보정번호
• G50 : 공작물 좌표계 설정, 주축 최고 회전수 설정
• G04 P200 휴지 기능으로 0.2초 동안 이송이 정지되는 기능
　예 1.5초 동안 정지시키려면 G04 X1.5; , G04 U1.5; , G04 P1500;

21 분할대에서 직접분할판을 이용하여 원주를 8등분할 때, 몇 구멍씩 회전하면 되는가?

① 3구멍씩 회전   ② 4구멍씩 회전

③ 6구멍씩 회전   ④ 8구멍씩 회전

해설

$x = \dfrac{24}{n}$ 에서 $x = \dfrac{24}{8} = 3$

따라서, 직접분할판에서 3구멍씩 이동시키면서 가공하면 8등분이 된다.

여기서, x : 직접분할판에서 이동할 구멍수

n : 등분수

분할 가공방법

• 직접분할법 : 분할대 주축 앞면에 있는 직접분할판을 이용하여 단순분할(24의 약수 즉 24, 12, 8, 6, 4, 3, 2등분 가능)

• 단식분할법 : 직접분할법으로 불가능하거나 또는 분할이 정밀해야 할 경우(2~60 사이의 모든 정수, 60~120 사이의 2와 5의 배수 등)

• 차동분할법 : 직접, 단식분할법으로 분할할 수 없는 분할(단식분할법으로 분할할 수 없는 61 이상의 소수나 특수한 수의 분할을 2종 운동의 복합운동으로 분할하는 방법이다. 127은 차동분할법으로 분할 가능)

22 래핑작업에 대한 설명으로 틀린 것은?

① 가공면이 매끈한 거울면을 얻을 수 있다.

② 정밀도가 높은 제품을 가공할 수 있다.

③ 가공면은 윤활성 및 내마모성이 좋다.

④ 작업이 깨끗하고 먼지가 적다.

해설

래핑가공의 장단점

장 점	• 가공면이 매끈한 거울면을 얻을 수 있다. • 정밀도가 높은 제품을 가공할 수 있다. • 가공면은 윤활성 및 내마모성이 좋다. • 가공이 간단하고 대량생산이 가능하다. • 평면도, 진원도, 직선도 등의 이상적인 기하학적 형상을 얻을 수 있다.
단 점	• 가공면에 랩제가 잔류하기 쉽고, 제품을 사용할 때 잔류한 랩제가 마모를 촉진시킨다. • 고도의 정밀가공은 숙련이 필요하다. • 작업이 지저분하고 먼지가 많다. • 비산하는 랩제는 다른 기계나 가공물을 마모시킨다.

23 열에 민감한 가공물, 연질가공물, 두께가 얇은 판 등을 변형 없이 가공하는 데 적합한 가공법은?

① 전주가공   ② 전해연삭

③ 전해연마   ④ 초음파가공

해설

② 전해연삭 : 전해연삭은 연삭숫돌에 의한 접촉방식으로 전해작용과 기계적인 연삭가공을 복합시킨 가공방법으로 열에 민감한 가공물, 연질가공물, 두께가 얇은 판 등을 변형 없이 가공하는 데 적합하다.

24 대형 가공물의 구멍 뚫기 작업에 적합한 기계로서 드릴링헤드를 수평방향으로 이동하는 암(Arm)과 암을 지지하는 직립 칼럼(Vertical Column)으로 구성되어 있는 것은?

① 레이디얼 드릴링머신

② 이동식 드릴링머신

③ 다축 드릴링머신

④ 탁상 드릴링머신

해설

① 레이디얼 드릴링머신 : 대형제품이나 무거운 제품에 구멍가공을 하기 위해 가공물은 고정시키고, 드릴링 헤드를 수평방향으로 이동하여 가공할 수 있는 머신(드릴을 필요한 위치로 이동 가능)

③ 다축 드릴링머신 : 1대의 드릴링머신에 다수의 스핀들을 설치하고 여러 개의 구멍을 동시에 가공

④ 탁상 드릴링머신 : 드릴머신을 작업대 위에 설치하여 사용하는 소형의 드릴링머신

25 센터리스 연삭기에서 통과 이송법으로 연삭할 때, 회전수가 40rpm, 조정숫돌바퀴의 바깥지름이 500mm, 경사각이 4°일 때, 1분 동안의 이송속도(m/min)는 약 얼마인가?

① 89.7   ② 13.8

③ 4.38   ④ 2.08

해설

센터리스 연삭기 이송방법
통과 이송법 : 지름이 동일한 가공물을 연삭숫돌과 조정숫돌 사이로 자동적으로 이송하여 통과시키면서 연삭하는 방법. 조정숫돌은 가공물에 회전과 이송을 준다.

가공물의 이송속도
$F = \pi dn \sin\alpha \, (\text{mm/min})$
$\quad = \pi \times 500\text{mm} \times 40\text{rpm} \times \sin 4°$
$\quad \fallingdotseq 4,383\text{mm/min} = 4.38\text{m/min}$
∴ 1분 동안 이송속도 : 4.38m/min
여기서, d : 조정숫돌의 지름(mm)
$\qquad\quad n$: 조정숫돌의 회전수(rpm)
$\qquad\quad \alpha$: 경사각(°)

26 마이크로미터의 원리에 대한 설명으로 옳은 것은?

① 어떤 길이의 변화를 나사의 회전각과 지름에 의해 확대시켜 만든 것이다.

② 어떤 길이의 변화를 롤러 및 게이지 블록을 이용하여 만든 것이다.

③ 어떤 길이의 변화를 기포관 내의 기포위치를 확대시켜 만든 것이다.

④ 어떤 길이의 변화를 광 파장에 의해 확대시켜 만든 것이다.

해설

마이크로미터는 길이 변화를 나사의 회전각과 지름에 의해 확대시켜 만든 것으로 나사의 피치가 0.5mm, 심블의 원주 눈금이 50등분되어 있으므로 스핀들 이동량(M)은
$M = 0.5 \times \dfrac{1}{50} = 0.01\text{mm}$로 최소 측정값은 0.01mm이다.

27 접시머리 나사의 머리부를 묻히게 하기 위해 원뿔자리를 만드는 작업은?

① 태핑(Tapping)

② 스폿페이싱(Spot Facing)

③ 카운터싱킹(Counter Singking)

④ 카운터보링(Counter Boring)

해설

드릴가공의 종류
• 카운터싱킹 : 나사 머리의 모양이 접시모양일 때 테이퍼 원통형으로 절삭하는 가공
• 카운터보링 : 볼트의 머리 부분이 돌출되면 곤란한 부분이 있다. 이러한 경우에 볼트 또는 너트의 머리 부분이 가공물 안으로 묻히도록 드릴과 동심원의 2단 구멍을 절삭하는 방법
• 리밍 : 구멍의 정밀도를 높이기 위해 구멍을 다듬는 작업
• 태핑 : 공작물 내부에 암나사 가공, 태핑을 위한 드릴가공은 나사의 외경−피치로 한다.
• 스폿페이싱 : 볼트나 너트를 체결하기 곤란한 경우에 볼트나 너트가 닿는 구멍 주위에 부분만을 평탄하게 가공하여 체결이 잘되도록 하는 가공방법
• 보링 : 뚫린 구멍을 다시 절삭, 구멍을 넓히고 다듬질하는 것

28 선반에서 테이퍼를 가공하는 방법이 아닌 것은?

① 테이퍼 절삭장치를 이용하는 방법

② 복식 공구대를 경사시키는 방법

③ 편심장치를 이용하는 방법

④ 심압대를 편위시키는 방법

해설

선반에서 테이퍼 가공방법
• 복식 공구대를 경사시키는 방법
• 심압대를 편위시키는 방법
• 테이퍼 절삭장치를 이용하는 방법
• 총형 바이트를 이용하는 방법

29 선반가공법의 종류로 거리가 먼 것은?

① 외경 절삭가공

② 드릴링가공

③ 총형 절삭가공

④ 더브테일가공

선반 · 밀링가공 종류

선반가공 종류	밀링가공 종류
외경, 단면, 홈, 테이퍼, 드릴링, 보링, 수나사, 암나사, 정면, 곡면, 총형, 널링작업	평면가공, 단가공, 홈가공, 드릴가공, T홈가공, 더브테일가공(각도가공), 곡면절삭, 보링 등

30 각도를 측정하는 측정기기가 아닌 것은?

① 오토콜리메이터

② 플러그게이지

③ 사인바

④ 수준기

• 한계게이지 : 구멍용(플러그게이지), 축용(스냅게이지)
• 각도측정 : 사인바, 오토콜리메이터, 콤비네이션 세트, 수준기 등
• 옵티컬 플랫 : 측정면의 평면도 측정

31 하이트게이지에 대한 설명으로 틀린 것은?

① 종류로는 HM형, HB형, HT형의 3가지가 대표적이다.

② 기본 구조는 스케일과 베이스 및 서피스게이지로 구성된다.

③ 정반면을 기준으로 높이를 측정하거나 금긋기 작업을 할 수 있다.

④ 아베의 원리에 맞는 구조로 스크라이버를 길게 고정하여 사용한다.

• 하이트게이지(Height Gauge) : 대형 부품, 복잡한 모양의 부품 등을 정반 위에 올려 놓고 정반면을 기준으로 하여 높이를 측정하거나 스크라이버 끝으로 금긋기 작업을 하는 데 사용한다.
• 하이트게이지의 기본 구조는 스케일과 베이스 및 서피스게이지를 한데 묶은 구조이다.
• 하이트게이지는 HM형, HB형, HT형의 3종류가 대표적이다.

32 밀링 절삭방법에서 하향절삭과 비교한 상향절삭의 특징은?

① 마찰저항이 커진다.

② 백래시를 제거해야 한다.

③ 인선의 수명이 길어진다.

④ 가공 시 충격이 있어 높은 강성을 필요로 한다.

상향절삭은 마찰저항이 커서 절삭공구를 위로 들어 올리는 힘이 작용한다.

상향절삭과 하향절삭의 차이점

구 분	상향절삭	하향절삭
방 향	커터 회전방향과 공작물 이송방향이 반대	커터 회전방향과 공작물 이송방향이 동일
백래시	절삭에 별 지장이 없다.	백래시를 제거해야 한다.
기계의 강성	강성이 낮아도 무관하다.	가공할 때, 충격이 있어 높은 강성이 필요하다.
가공물의 고정	절삭력이 상향으로 작용하여 고정이 불리하다.	절삭력이 하향으로 작용하여 가공물 고정이 유리하다.
인선의 수명	절입할 때, 마찰열로 마모가 빠르고 공구 수명이 짧다.	상향절삭에 비하여 공구 수명이 길다.
마찰저항	마찰저항이 커서 절삭공구를 위로 들어 올리는 힘이 작용한다.	절입할 때, 마찰력은 작으나 하향으로 충격력이 작용한다.
가공면의 표면 거칠기	광택은 있으나, 상향에 의한 회전저항으로 전체적으로 하향절삭보다 나쁘다.	가공 표면에 광택은 작고, 저속 이송에서는 회전저항이 발생하지 않아 표면 거칠기가 좋다.

33 한계게이지를 형태별로 분류한 것 중 틀린 것은?

① 링(Ring)형 한계게이지

② 스냅(Snap)형 한계게이지

③ 플러그(Plug)형 한계게이지

④ 직각(Square)형 한계게이지

형태별 한계게이지
• 플러그(Plug)형 한계게이지 : 구멍용
• 스냅(Snap)형 한계게이지 : 축용
• 링(Ring)형 한계게이지

34 4개의 조(Jaw)가 90° 간격으로 구성 배치되어 있으며 불규칙한 공작물 고정에 사용되는 척은?

① 연동척   ② 단동척

③ 마그네틱척   ④ 콜릿척

② 단동척 : 4개의 조가 90° 간격으로 구성 배치되어 있으며, 불규칙한 가공물 고정
① 연동척 : 3개의 조가 120° 간격으로 구성 배치되어 있으며, 규칙적인 모양 고정
③ 마그네틱척 : 전자석을 이용하여 얇은 판, 피스톤 링과 같은 가공물을 변형시키지 않고, 고정시켜 가공할 수 있는 자성체 척이다.
④ 콜릿척 : 지름이 작은 가공물이나, 각 봉재를 가공할 때 사용하는 선반의 부속장치

35 호빙머신에서 절삭할 수 있는 기어로 거리가 먼 것은?

① 스퍼기어

② 헬리컬기어

③ 웜기어

④ 랙기어

호빙머신 : 호브(Hob)라고 하는 공구를 사용하여 기어를 절삭하는 방법으로 스퍼기어, 헬리컬기어, 웜기어를 절삭할 수 있다.

36 탄소공구강의 단점을 보강하기 위해 Cr, W, Mn, Ni, V 등을 첨가하여 경도, 절삭성, 주조성을 개선한 강은?

① 주조경질합금
② 초경합금
③ 합금공구강
④ 스테인리스강

해설
③ 합금공구강 : 탄소공구강의 단점을 보완하기 위해 Cr, W, Mn, Ni, V 등을 첨가하여 경도, 절삭성, 주조성을 개선시킨 것
① 주조경질합금 : 대표적인 것으로 스텔라이트가 있으며, 주성분 W, Cr, Co, Fe이며, 주조합금이다. 스텔라이트는 상온에서 고속도강보다 경도가 낮으나 고온에서는 오히려 경도가 높아지기 때문에 고속도강보다 고속절삭용으로 사용된다. 850℃까지 경도와 인성이 유지되며, 단조나 열처리가 되지 않는 특징이 있다.
② 초경합금 : W, Ti, Mo, Zr 등의 경질합금 탄화물 분말을 Co, Ni을 결합제로 하여, 1,400℃ 이상의 고온으로 가열하면서 프레스로 소결 성형한 절삭공구이다.

37 수기가공에서 사용하는 줄, 쇠톱날, 정 등의 절삭가공용 공구에 가장 적합한 금속재료는?

① 주 강
② 스프링강
③ 탄소공구강
④ 쾌삭강

해설
③ 탄소공구강 : 줄, 쇠톱날, 정 등의 절삭공구, 저속 절삭공구, 총형공구나 특수목적용 강
④ 쾌삭강 : 가공 재료의 피삭성을 높이고, 절삭공구의 수명을 길게 하기 위하여 요구되는 성질을 개선한 구조용 강

38 다음 비철 재료 중 비중이 가장 가벼운 것은?

① Cu
② Ni
③ Al
④ Mg

해설
• 마그네슘(Mg) : 비중(1.74)로 실용금속으로 가장 가볍다.
• Cu(8.96), Ni(8.90), Al(2.7)

39 탄소강에 첨가하는 합금원소와 특성과의 관계가 틀린 것은?

① Ni – 인성 증가
② Cr – 내식성 향상
③ Si – 전자기적 특성 개선
④ Mo – 뜨임취성 촉진

해설
합금원소의 영향
• 몰리브덴(Mo) : 뜨임취성 방지
• 니켈(Ni) : 강인성, 내식성, 내마멸성 증가
• 크롬(Cr) : 강도와 경도 증가, 내식성, 내열성 및 자경성 증가, 내마멸성 증가
• 규소(Si) : 전자기적 성질 개선
• 망간(Mn) : 취성을 방지

40 다음 중 청동의 합금 원소는?

① Cu+Fe
② Cu+Sn
③ Cu+Zn
④ Cu+Mg

해설
• 황동 : 구리+아연(Cu+Zn)
• 청동 : 구리+주석(Cu+Sn)
• 7-3황동 : Cu-70%, Zn-30%, 연신율이 가장 크다.
• 6-4황동 : Cu(60%)-Zn(40%), 아연(Zn)이 많을수록 인장강도가 증가한다. 아연(Zn) 45%일 때 인장강도가 가장 크다.

41 철-탄소계 상태도에서 공정 주철은?

① 4.3%C   ② 2.1%C

③ 1.3%C   ④ 0.86%C

해설

주철 : 2.0%C~6.67%C
- 아공정 주철 : 2.0%C~4.3%C
- 공정 주철 : 4.3%C
- 과공정 주철 : 4.3%C~6.67%C

43 베어링의 호칭번호가 6308일 때 베어링의 안지름은 몇 mm인가?

① 35   ② 40

③ 45   ④ 50

해설

6308
- 6 : 형식번호
- 3 : 치수기호
- 08 : 안지름 번호-08=40mm(5*8=40)

베어링 안지름 번호

안지름 범위(mm)	안지름 치수	안지름 기호	예
10mm 미만	안지름이 정수인 경우	안지름	2mm이면 2
	안지름이 정수가 아닌 경우	/안지름	2.5mm이면 /2.5
10mm 이상 20mm 미만	10mm	00	
	12mm	01	
	15mm	02	
	17mm	03	
20mm 이상 500mm 미만	5의 배수인 경우	안지름을 5로 나눈 수	40mm이면 08
	5의 배수가 아닌 경우	/안지름	28mm이면 /28
500mm 이상		/안지름	560mm이면 /560

42 일반적인 합성수지의 공통된 성질로 가장 거리가 먼 것은?

① 가볍다.
② 착색이 자유롭다.
③ 전기절연성이 좋다.
④ 열에 강하다.

해설

플라스틱(합성수지)의 특징
- 경량, 절연성이 우수, 내식성 우수, 단열, 비자기성 등
- 열에 약하며 표면경도는 금속재료에 비해 약하다.
- 내식성이 우수하여 산, 알칼리에 강하다.

44 나사의 기호 표시가 틀린 것은?

① 미터계 사다리꼴나사 : TM
② 인치계 사다리꼴나사 : Tr
③ 유니파이보통나사 : UNC
④ 유니파이가는나사 : UNF

해설

나사의 종류를 표시하는 기호 및 나사의 호칭에 대한 표시방법
(KS B 0200)

구 분	나사의 종류		나사종류 기호	나사의 호칭방법
ISO 규격에 있는 것	미터보통나사		M	M8
	미터가는나사			M8×1
	미니추어나사		S	S0.5
	유니파이보통나사		UNC	3/8–16UNC
	유니파이가는나사		UNF	No.8–36UNF
	미터사다리꼴나사		Tr	Tr10×2
	관용 테이퍼 나사	테이퍼수나사	R	R3/4
		테이퍼암나사	Rc	Rc3/4
		평행암나사	Rp	Rp3/4

※ 사다리꼴 나사산 각이 미터계(Tr)는 30°, 인치계(TW)는 29°

45 테이퍼 핀의 테이퍼 값과 호칭지름을 나타내는 부분은?

① 1/100, 큰 부분의 지름
② 1/100, 작은 부분의 지름
③ 1/50, 큰 부분의 지름
④ 1/50, 작은 부분의 지름

해설

• 테이퍼 핀은 1/50의 테이퍼를 가지며 작은 쪽 지름을 호칭지름으로 한다.
• 테이퍼 핀(Taper Pin) : 보통 1/50의 테이퍼를 가지는 것으로 끝이 갈라진 것과 갈라지지 않은 것이 있다.

46 2kN의 짐을 들어 올리는 데 필요한 볼트의 바깥지름은 몇 mm 이상이어야 하는가?(단, 볼트 재료의 허용인장응력은 400N/cm²이고, 안전계수를 적용한다)

① 20.2 ② 31.6
③ 36.5 ④ 42.2

해설

볼트의 바깥지름의 단위는 mm이고 재료의 허용인장응력은 400N/cm² 이므로 단위환산에 주의한다.

$1\text{cm} = 10\text{mm}, \quad 400\text{N/cm}^2 = 400\text{N}/(10\text{mm})^2 = 4\text{N/mm}^2$

$2\text{kN} = 2{,}000\text{N}$

볼트의 바깥지름$(d) = \sqrt{\dfrac{2W}{\sigma}} = \sqrt{\dfrac{2 \times 2{,}000\text{N}}{4\text{N/mm}^2}}$

$= \sqrt{1{,}000\text{mm}^2} = 31.6\text{mm}$

∴ 볼트의 바깥지름 : 31.6mm

47 간헐운동(Intermittent Motion)을 제공하기 위해서 사용되는 기어는?

① 베벨기어 ② 헬리컬기어
③ 웜기어 ④ 제네바기어

해설

④ 제네바기어 : 원동차가 회전하면 핀이 종동차의 홈에 점차적으로 맞물려 간헐운동을 하는 간헐기어의 일종이다.

48 직접전동 기계요소인 홈 마찰차에서 홈의 각도 (2α)는?

① $2\alpha = 10 \sim 20°$
② $2\alpha = 20 \sim 30°$
③ $2\alpha = 30 \sim 40°$
④ $2\alpha = 40 \sim 50°$

해설

홈 마찰차의 홈이 각도는 $2\alpha = 30 \sim 40°$

49 원통형 코일의 스프링 지수가 9이고, 코일의 평균 지름이 180mm이면 소선의 지름은 몇 mm인가?

① 9
② 18
③ 20
④ 27

해설

스프링 지수$(C) = \dfrac{\text{스프링 전체의 평균지름}(D)}{\text{소선의 지름}(d)}$

소선의 지름$(d) = \dfrac{\text{스프링 전체의 평균지름}(D)}{\text{스프링 지수}(C)}$

$= \dfrac{180mm}{9} = 20mm$

∴ 소선의 지름$(d) = 20mm$

50 나사의 피치가 일정할 때 리드(Lead)가 가장 큰 것은?

① 4줄 나사
② 3줄 나사
③ 2줄 나사
④ 1줄 나사

해설

나사의 리드 : 나사가 1회전했을 때 진행한 거리
• L(리드) $= p$(피치) $\times n$(줄수)
• 4줄 나사가 리드가 가장 크다.

51 그림과 같은 도면에서 A, B, C, D 선과 선의 용도에 의한 명칭이 틀린 것은?

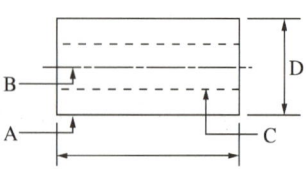

① A : 외형선
② B : 중심선
③ C : 숨은선
④ D : 치수 보조선

해설

④ D : 치수선

52 도면에서의 치수 배치 방법에 해당하지 않는 것은?

① 직렬치수 기입법
② 누진치수 기입법
③ 좌표치수 기입법
④ 상대치수 기입법

해설

도면에서 치수 배치방법
• 직렬치수 기입법 : 직렬로 나란히 연속되는 개개의 치수가 계속되어도 좋은 경우에 사용
• 좌표치수 기입법 : 여러 종류의 많은 구멍의 위치나 크기 등의 치수를 좌표로 사용하며 별도의 표로 나타내는 방법
• 병렬치수 기입법 : 한 곳을 중심으로 치수를 기입하는 방법
• 누진치수 기입법 : 치수의 기준점에 기점 기소(O)를 기입하고, 치수 보조선과 만나는 곳마다 화살표를 붙인다.

53 그림과 같은 입체도에서 화살표 방향을 정면도로 하였을 때 우측면도로 올바른 것은?

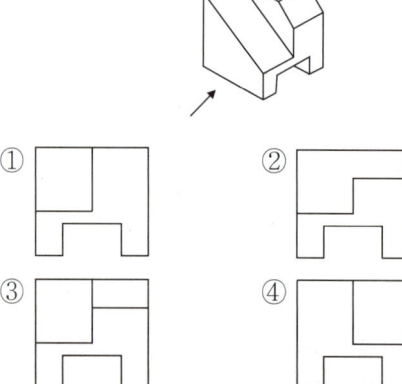

54 표면의 결 도시방법에서 가공으로 생긴 커터의 줄무늬가 여러 방향일 때 사용하는 기호는?

① X
② R
③ C
④ M

줄무늬 방향 기호

기 호	기호의 뜻	설명 그림과 도면 기입 보기
=	가공에 의한 커터의 줄무늬 방향이 기호를 기입한 그림의 투상면에 평행 [보기] 셰이핑면	커터의 줄무늬 방향
⊥	가공에 의한 커터의 줄무늬 방향이 기호를 기입한 그림의 투상면에 직각 [보기] 셰이핑면(옆으로부터 보는 상태), 선삭, 원통 연삭면	커터의 줄무늬 방향
X	가공에 의한 커터의 줄무늬 방향이 기호를 기입한 그림의 투상면에 경사지고 두 방향으로 교차 [보기] 호닝 다듬질면	커터의 줄무늬 방향
M	가공에 의한 커터의 줄무늬 방향이 여러 방향으로 교차 또는 무방향 [보기] 래핑 다듬질면, 슈퍼피니싱면, 가로 이송을 한 정면 밀링 또는 엔드밀 절삭면	
C	가공에 의한 커터의 줄무늬가 기호를 기입한 면의 중심에 대하여 대략 동심원 모양 [보기] 끝면 절삭면	
R	가공에 의한 커터의 줄무늬가 기호를 기입한 면의 중심에 대하여 대략 레이디얼 모양	

55 미터가는나사의 호칭 표시 "M8×1"에서 "1"이 뜻하는 것은?

① 나사산의 줄 수
② 나사의 호칭지름
③ 나사의 피치
④ 나사의 등급

미터가는나사의 호칭

나사의 종류를 표시하는 기호	나사의 호칭지름을 표시하는 숫자	×	피치

예 M8×1 M8 : 나사의 호칭지름, "1" : 나사의 피치
※ 미터보통나사 호칭 : M8
※ 미터보통나사 및 미니추어나사와 같이 동일한 지름에 대하여 피치가 하나만 규정되어 있는 나사에서는 원칙적으로 피치를 생략한다.

56 코일 스프링의 제도 방법으로 틀린 것은?

① 코일 스프링의 정면도에서 나선모양 부분은 직선으로 나타내서는 안 된다.
② 코일 스프링은 일반적으로 하중이 걸린 상태에서 도시하지는 않는다.
③ 스프링의 모양만을 간략도로 나타내는 경우에는 스프링 재료의 중심선만을 굵은 실선으로 그린다.
④ 코일 부분의 양끝을 제외한 동일 모양 부분의 일부를 생략할 때는 선지름의 중심선을 가는 1점 쇄선으로 나타낸다.

코일 스프링의 제도방법
• 코일 스프링의 정면도에서 나선모양 부분은 직선으로 나타낸다.
• 코일 스프링은 일반적으로 무하중인 상태로 그리고 겹판 스프링은 일반적으로 스프링 판이 수평인 상태에서 그린다.
• 코일 스프링의 종류와 모양만을 간략도로 나타내는 경우에는 재료의 중심선만을 굵은 실선으로 도시한다.
• 코일 부분의 중간 부분을 생략할 때에는 생략한 부분을 가는 1점 쇄선으로 표시하거나 또는 가는 2점 쇄선으로 표시해도 좋다.

57 축의 치수가 $\phi 300^{-0.05}_{-0.20}$, 구멍의 치수가 $\phi 300^{+0.15}_{0}$ 인 끼워맞춤에서 최소틈새는?

① 0   ② 0.05

③ 0.15   ④ 0.20

해설
- 구멍의 최소허용치수 : 300
- 축의 최대허용치수 : 299.95
- 최소틈새 = 구멍의 최소허용치수−축의 최대허용치수
  = 300−299.95 = 0.05

틈새	최소틈새	구멍의 최소 허용치수 − 축의 최대허용치수
	최대틈새	구멍의 최대 허용치수 − 축의 최소허용치수
죔새	최소죔새	축의 최소 허용치수 − 구멍의 최대허용치수
	최대죔새	축의 최대 허용치수 − 구멍의 최소허용치수

58 기어제도에 관한 설명으로 틀린 것은?

① 피치원은 가는 실선으로 그린다.

② 잇봉우리원은 굵은 실선으로 그린다.

③ 잇줄 방향은 통상 3개의 가는 실선으로 표시한다.

④ 축에 직각인 방향으로 단면 도시할 경우 이골의 선은 굵은 실선으로 그린다.

해설
KS 기어제도의 도시방법
- 이끝원(잇봉우리원)은 굵은 실선으로 그리고 피치원은 가는 1점 쇄선으로 그린다.
- 이뿌리원(이골원)은 가는 실선으로 그린다.
- 잇줄 방향은 보통 3개의 가는 실선으로 그린다.
- 축에 직각인 방향에서 본 단면도일 경우 이뿌리원(이골원)은 굵은 실선으로 그린다.

59 정면, 평면, 측면을 하나의 투상면 위에서 동시에 볼 수 있도록 두 개의 옆면 모서리가 수평선에 30°가 되고 3개의 축간 각도가 120°가 되는 투상도는?

① 등각투상도   ② 정면투상도

③ 입체투상도   ④ 부등각투상도

해설
투상도의 종류
- 등각투상도 : 정면, 평면, 측면을 하나의 투상면 위에 동시에 볼 수 있도록 두 개의 옆면 모서리가 수평선과 30°가 되게 하여 세 축이 120°의 등각이 되도록 입체도로 투상한 투상법
- 정투상도 : 투상선이 평행하게 물체를 지나 투상면에 수직으로 닿고 투상된 물체가 투상면에 나란하기 때문에 어떤 물체의 형상도 정확하게 표현할 수 있는 투상법
- 사투상도 : 투상선이 투상면을 사선으로 평행하도록 무한대의 수평 시선으로 얻은 물체의 윤곽을 그리게 되면, 육면체의 세 모서리는 경사 축이 α 각을 이루는 입체도가 되는 투상법

60 다음 기하공차 도시기호에서 "A⨀"이 의미하는 것은?

① 위치도에 최소 실체 공차방식을 적용한다.

② 데이텀 형체에 최대실체공차방식을 적용한다.

③ $\phi 0.04$mm의 공차 값에 최소실체공차방식을 적용한다.

④ $\phi 0.04$mm의 공차 값에 최대실체공차방식을 적용한다.

해설
- A⨀ : 데이텀 형체에 최대실체공차방식을 적용한다.
- ⨀ : 최대실체공차방식, ⓟ : 돌출 공차역

01 고속도강을 연삭할 때 균열이 생기기 쉬운 재료 또는 발열을 피해야 하는 경우에 적합한 숫돌의 재질은?

① 셀락 결합제

② 레지노이드 결합제

③ 실리케이트 결합제

④ 비트리파이드 결합제

해설

실리케이트 결합제(Silicate Bond : S)

규산나트륨을 입자와 혼합, 성형하여 제작한 숫돌로 대형 숫돌에 적합하다. 실리케이트 결합제로 만든 숫돌은 다른 방법으로 만든 연삭숫돌보다 결합도가 약하여, 마멸이 빠르다. 고속도강과 같이 연삭할 때 균열이 발생하기 쉬운 가공물의 연삭이나 연삭할 때 발열이 적어야 하는 경우가 적합하다.

결합제의 종류

• 비트리파이드(V) : 주성분 점토와 장석, 무기질 결합제

• 실리케이트(S) : 대형숫돌에 적합, 무기질 결합제

• 셀락(E) : 절단용, 유기질 결합제

• 레지노이드(B) : 절단용, 유기질 결합제

02 밀링작업의 각도분할법에서 분할 크랭크가 1회전하면 스핀들은 몇 ° 회전하는가?

① 9° ② 7°

③ 5° ④ 3°

해설

• 각도분할법에서 분할 크랭크가 1회전하면 스핀들은 9° 회전한다.

• $\dfrac{h}{H} = \dfrac{D°}{9}$ (도면에 도(°)로 표시되어 있을 때)

• 분할법의 종류 : 직접분할법, 단식분할법, 차동분할법, 각도분할법

03 밀링가공에서 커터의 지름이 50mm이고 회전수가 400rpm이라고 할 때의 절삭속도는 약 몇 m/min인가?

① 15.75 ② 31.44

③ 47.12 ④ 62.83

해설

절삭속도를 구하는 공식

$$v = \frac{\pi dn}{1,000} = \frac{\pi \times 50\text{mm} \times 400\text{rpm}}{1,000} \fallingdotseq 62.83\,\text{m/min}$$

∴ 절삭속도$(v) = 62.83\,\text{m/min}$

여기서, v : 절삭속도(m/min)

d : 공작물 지름(mm)

n : 주축 회전수(rpm)

04 측정오차에 대한 설명으로 틀린 것은?

① 측정기오차 : 측정기 자체의 오차

② 우연오차 : 외부적 환경요인에 따른 오차

③ 개인오차 : 측정하는 사람에 따라 발생되는 오차

④ 시차(Parallax) : 시간의 경과에 따라 발생되는 오차

해설

측정오차 종류

• 시차 : 측정자의 눈의 위치에 따라 눈금의 읽음 값에 오차가 생기는 경우

• 측정기오차(계기오차) : 측정기의 구조, 측정 압력, 측정 온도, 측정기의 마모 등에 따른 오차

• 우연오차 : 기계에서 발생하는 소음이나 진동 등과 같은 주위 환경에서 오는 오차 또는 자연 현상의 급변 등으로 생기는 오차

• 개인오차 : 측정하는 사람에 따라 발생되는 오차

05 밀링머신의 종류가 아닌 것은?

① 생산형 밀링머신
② 슬로터형 밀링머신
③ 니 칼럼형 밀링머신
④ 플레이너형 밀링머신

밀링머신의 종류
수평 밀링머신, 니 칼럼형 밀링머신, 만능 밀링머신, 생산형 밀링머신, 플레이너형 밀링머신, 나사 밀링머신, 모방 밀링머신 등

06 와이어 컷 방전가공에서 전극용 와이어의 재질로서 일반적으로 사용하지 않는 것은?

① Bs   ② Cu
③ Cr   ④ W

• 전극용 와이어 재질 : Cu, Bs, W
• 방전으로 인한 와이어의 소모가 있어도 가공면은 깨끗하다.

07 평삭기라고도 하며 큰 공작물의 평면절삭에 주로 사용되는 것으로, 공작물이 있는 테이블은 직선왕복운동을 하고 공구는 이송운동을 하는 공작기계는?

① 셰이퍼   ② 슬로터
③ 플레이너   ④ 호빙머신

플레이너 : 테이블 수평 길이 방향 왕복운동과 공구는 테이블의 가로 방향으로 이송하며, 주로 평면을 가공하는 공작기계이다. 선반의 베드, 대형 정반 등의 대형물 가공에 적합하다. 플레이너의 크기는 테이블의 크기(길이×폭), 공구대의 이송거리, 테이블의 윗면에서 공구대 사이의 최대높이로 표시한다. 플레이너의 종류는 쌍주식, 단주식, 피트 플레이너 등이 있다.

08 밀링작업에서 상향절삭과 비교한 하향절삭의 특징으로 옳은 것은?

① 날의 마멸이 심하다.
② 공작물의 고정이 불리하다.
③ 칩이 가공할 면 위에 쌓인다.
④ 커터의 이송방향과 절삭방향이 같다.

하향절삭은 커터 회전방향과 공작물 이송방향이 같다.
상향절삭과 하향절삭의 차이점

구 분	상향절삭	하향절삭
방 향	커터의 회전방향과 공작물의 이송방향이 반대이다.	커터의 회전방향과 공작물의 이송방향이 동일하다.
백래시	절삭에 별 지장이 없다.	백래시를 제거해야 한다.
기계의 강성	강성이 낮아도 무관하다.	가공할 때, 충격이 있어 높은 강성이 필요하다.
가공물의 고정	절삭력이 상향으로 작용하여 고정이 불리하다.	절삭력이 하향으로 작용하여 가공물 고정이 유리하다.
인선의 수명	절입할 때, 마찰열로 마모가 빠르고 공구 수명이 짧다.	상향절삭에 비하여 공구 수명이 길다.
마찰저항	마찰저항이 커서 절삭공구를 위로 들어 올리는 힘이 작용한다.	절입할 때, 마찰력은 적으나 하향으로 충격력이 작용한다.
가공면의 표면 거칠기	광택은 있으나, 상향에 의한 회전저항으로 전체적으로 하향절삭보다 나쁘다.	가공 표면에 광택은 적으나, 저속 이송에서는 회전저항이 발생하지 않아 표면 거칠기가 좋다.

09 연삭숫돌의 입자 중 천연입자에 해당하는 것은?

① 에머리
② 탄화규소
③ 탄화붕소
④ 산화알루미늄

• 천연입자 : 사암이나 석영, 에머리, 코런덤, 다이아몬드 등
• 인조입자 : 탄화규소, 산화알루미나, 탄화붕소, 지르코늄옥시드 등

10 선반으로 절삭작업 중 열단형 칩이 발생하는 가공 조건은?

① 연성재료를 저속으로 절삭할 때
② 절삭깊이가 작고 절삭속도가 클 때
③ 주철과 같은 메진 재료를 저속으로 절삭할 때
④ 점성이 큰 가공물을 경사각이 작은 공구로 가공할 때

해설
경작형(열단형) 칩 : 점성이 큰 가공물을 경사각이 작은 공구로 가공할 때
칩의 종류

칩의 종류	유동형 칩	전단형 칩	경작형 칩	균열형 칩
정 의	칩이 경사면 위를 연속적으로 원활하게 흘러 나가는 모양으로 연속형 칩	경사면 위를 원활하게 흐르지 못할 때 발생하는 칩	가공물이 경사면에 점착되어 원활하게 흘러 나가지 못하여 가공재료 일부에 터짐이 일어나는 현상 발생	균열이 발생하는 진동으로 인하여 절삭공구 인선에 치핑 발생
재 료	연성재료 (연강, 구리, 알루미늄) 가공	연성재료 (연강, 구리, 알루미늄) 가공	점성이 큰 가공물	주철과 같이 메진 재료
절삭 깊이	작을 때	클 때	클 때	
절삭 속도	빠를 때	작을 때		작을 때
경사각	클 때	작을 때	작을 때	
비 고	가장 이상적인 칩	진동발생 표면거칠기 나빠짐		순간적 공구날 끝에 균열 발생

11 다이얼게이지의 특징으로 틀린 것은?

① 읽음 오차가 작다.
② 측정 범위가 좁다.
③ 연속된 변위량의 측정이 가능하다.
④ 소형이고 가벼워서 취급이 용이하다.

해설
다이얼게이지의 특징
• 소형, 경량으로 취급이 용이하다.
• 측정 범위가 넓다.
• 눈금과 지침에 의해서 읽기 때문에 오차가 작다.
• 연속된 변위량의 측정이 가능하다.
• 많은 개소의 측정을 동시에 할 수 있다.
• 부속품의 사용에 따라 광범위하게 측정할 수 있다.

12 진공관의 격자, 반도체 프린트 회로 등의 가공에 사용되는 화학적 가공의 특징에 해당하지 않는 것은?

① 변형이나 거스러미가 발생하지 않는다.
② 강도나 경도가 높은 재료는 가공하기 곤란하다.
③ 가공경화 또는 표면변질층이 거의 생기지 않는다.
④ 복잡한 형상의 표면 전체를 한 번에 가공할 수 있다.

해설
화학적 가공의 특징
• 강도나 경도에 관계없이 사용할 수 있다.
• 변형이나 거스러미가 발생하지 않는다.
• 가공경화 또는 표면변질층이 발생하지 않는다.
• 복잡한 형상과 관계없이 표면 전체를 한 번에 가공할 수 있다.
• 한 번에 여러 개를 가공할 수 있다.

13 선반가공에서 척에 고정할 수 없는 복잡한 가공물을 고정할 때 사용하는 부속품은?

① 면 판   ② 센 터
③ 심 봉   ④ 방진구

해설
① 면판 : 척에 고정할 수 없는 불규칙하거나 대형의 가공물 또는 복잡한 가공물을 고정할 때 척을 떼어내고 면판을 주축에 고정하여 사용한다.
② 센터 : 가공물을 고정할 때, 주축 또는 심압축에 설치한 센터에 의해 가공물을 지지하거나, 고정할 때 사용하는 부속품이다.
④ 방진구(Work Rest) : 선반에서 가늘고 긴 가공물의 휨이나 떨림을 방지하기 위해 선반 베드 위에 고정하여 사용하는 고정식 방진구, 왕복대의 새들에 고정하여 사용하는 이동식 방진구가 있다.

14 선반작업에서 지켜야 할 안전사항으로 가장 거리가 먼 것은?

① 가동 전에 주유 부분에는 반드시 주유한다.
② 전기배선의 절연상태는 양호한가 점검한다.
③ 장갑과 보호안경을 반드시 착용하고 작업한다.
④ 가동 전에 각종 레버, 하프너트, 자동장치를 점검한다.

해설
• 장갑 등을 착용하지 않도록 한다.
• 반드시 보호안경을 착용한다.

15 표준 드릴 날끝각은?

① 128°   ② 118°
③ 108°   ④ 100°

해설
표준 드릴의 날끝각은 118°이다.

16 연삭숫돌에 눈 메움이나 무딤 현상이 발생되었을 때 이를 해결하는 방법으로 옳은 것은?

① 몰 딩   ② 버 핑
③ 황 삭   ④ 드레싱

해설
눈 메움이나 무딤이 발생하여 절삭성이 나빠진 연삭숫돌 표면에 드레서를 사용하여 예리한 절삭날을 숫돌 표면에 생성하여 절삭성을 회복시키는 작업을 드레싱(Dressing)이라 한다.

17 초경합금 등 인장강도가 작은 재료의 연삭에 적합한 녹색 탄화규소질의 숫돌입자의 기호는?

① A   ② C
③ GC   ④ WA

해설
인조 숫돌입자의 종류

종 류	기 호	적용범위
갈색 알루미나	A	보통 탄소강, 합금강, 스테인리스강 등
백색 알루미나	WA	인장강도가 큰 강 계통의 연삭에 적합, 특히 접촉 면적이 큰 연삭이나 발열을 피해야 하는 연삭에 사용
탄화 규소	C	알루미나보다 단단하나 취성이 커서 인장강도가 낮은 재료 연삭에 적합
녹색 탄화 규소	GC	주철, 황동, 경합금, 초경합금 등을 연삭하는 데 적합

18 드릴로 뚫은 구멍은 치수 및 정밀도가 좋지 않으므로 정밀도를 좋게 하기 위하여 가공하는 작업은?

① 탭가공

② 리머가공

③ 브로치가공

④ 슬로터가공

해설
• 리머 : 구멍을 정밀하게 다듬는 작업
• 탭 : 암나사가공
• 브로칭(Broaching) : 가늘고 긴 일정한 단면 모양을 가진 공구에 많은 날을 가진 브로치(Broach)라는 절삭공구를 사용하여 가공물의 내면이나 외경에 필요한 형상의 부품을 가공하는 절삭방법

20 기어의 치형을 깎는 방법이 아닌 것은?

① 창성에 의한 방법

② 형판에 의한 방법

③ 엔드밀에 의한 방법

④ 총형커터에 의한 방법

해설
기어 절삭법
• 형판에 의한 방법
• 총형커터에 의한 방법
• 창성법에 의한 방법(랙커터, 피니언커터, 호브 사용)

19 일반적인 줄작업방법의 종류로 틀린 것은?

① 병진법　　　② 사진법

③ 직진법　　　④ 하진법

해설
줄작업 종류 및 용도
• 직진법 : 황삭 및 다듬질작업
• 사진법 : 황삭 및 볼록한 면의 수정작업
• 병진법 : 폭이 좁고 길이가 긴 가공물의 줄작업
줄작업방법

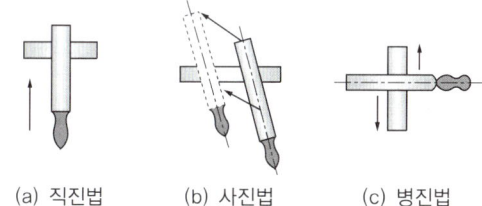

(a) 직진법　　(b) 사진법　　(c) 병진법

21 쇼트피닝에서 중요 가공조건으로 거리가 먼 것은?

① 분사각도

② 분사면적

③ 분사속도

④ 분사시기

해설
• 쇼트피닝의 가공조건은 분사속도, 분사각도, 분사면적은 중요한 영향을 미친다.
• 분사각도는 90°의 경우가 가장 크고, 분사각이 더욱 커지면 피닝 효과는 감소한다.
• 쇼트피닝 : 표면을 타격하는 일종의 냉간가공으로 철강의 작은 볼(Shot)을 공작물 표면에 분사하여 강재의 화학조성을 변화시키지 않고 표면을 매끈하게 하여 피로강도 및 기계적 성질을 향상시킨다.

22 밀링머신에서 브라운 샤프형 분할대를 이용하여 잇수가 60개인 스퍼기어의 이를 깎을 때, 선택하는 구멍열의 종류는?

① 15   ② 16
③ 17   ④ 18

해설

단식분할법 : 분할 크랭크와 분할판을 사용하여 분할하는 방법으로 분할 크랭크를 40회전시키면 주축은 1회전하므로 주축을 회전시키려면 분할 크랭크를 40/N회전을 시키면 가능하게 된다.

$$\frac{h}{H} = \frac{40}{N}$$

여기서, N : 가공물의 등분수, H : 분할판의 구멍수,
h : 1회 분할에 필요한 분할판의 구멍수

문제에서 잇수가 60개 → 60등분이므로 N이 60이다.

$$\frac{h}{H} = \frac{40}{N} \rightarrow \frac{h}{H} = \frac{40}{60} = \frac{40 \times \frac{1}{4}}{60 \times \frac{1}{4}} = \frac{10}{15}$$

• $\dfrac{40 \times \frac{1}{4}}{60 \times \frac{1}{4}}$ → 브라운 샤프형의 15구멍 분할판을 사용하기 위해 분모, 분자에 $\frac{1}{4}$을 곱해 준다(분자와 분모에 $\frac{1}{4}$을 곱하는 이유는 H, 즉 분할판의 구멍의 종류에 맞추기 위한 것이다).

• $\dfrac{10}{15}$ → 브라운 샤프 15구멍 열에서 분할 크랭크를 10구멍씩 전진하면서 가공한다.

23 절삭저항의 3대 분력이 아닌 것은?

① 이송방향의 이송분력
② 절삭깊이 방향의 배분력
③ 직선 왕복운동의 추진분력
④ 주절삭운동 방향의 주분력

해설

절삭저항 3분력
• 주분력 : 절삭방향에 평행
• 이송분력 : 이송방향에 평행
• 배분력 : 절삭깊이 방향
※ 주분력이 가장 크다.

24 연삭작업을 할 때 안전사항으로 틀린 것은?

① 연삭숫돌의 측면에 연삭하지 말 것
② 연삭숫돌은 덮개를 설치하여 사용할 것
③ 연삭가공할 때 원주의 정면에 작업할 것
④ 연삭숫돌은 사용 전에 확인하고 일정시간 공회전 시킬 것

해설

• 연삭가공할 때, 원주 정면에 서지 말 것
• 연삭숫돌은 정확히 고정할 것
• 받침대와 숫돌은 3mm 이내로 조정할 것

25 정밀입자 가공에 해당되지 않는 것은?

① 래 핑   ② 호 닝
③ 슬로팅   ④ 슈퍼피니싱

해설

정밀입자 가공 : 래핑, 호닝, 슈퍼피니싱 등

26 공구결함 중 일감과 공구 옆면의 마찰에 의해서 일어나는 마모는?

① 연삭 마모   ② 치핑 마모
③ 플랭크 마모   ④ 크레이터 마모

해설

③ 플랭크 마모(Flank Wear) : 절삭공구의 절삭면에 평행하게 마모되는 것을 의미하며, 측면과 절삭면과의 마찰에 의하여 발생
② 치핑 마모(Chipping Wear) : 절삭공구 인선의 일부가 미세하게 탈락되는 현상
④ 크레이터 마모(Creater Wear) : 칩이 처음으로 바이트 경사면에 접촉하는 접촉점은 절삭공구의 인선에서 약간 떨어져서 나타나며, 이 접촉점에서 마찰력이 작용하여 절삭공구의 상면 경사면이 오목하게 파여지는 현상

27 볼트 머리 또는 작은 나사의 머리부를 공작물 안으로 묻히도록 윗부분을 드릴과 동심원의 2단 구멍을 가공하는 작업은?

① 리 밍　　　　　　② 스폿페이싱
③ 카운터보링　　　　④ 카운터싱킹

드릴가공의 종류
- 카운터보링 : 볼트의 머리 부분이 돌출되면 곤란한 부분이 있는데, 이러한 경우에 볼트 또는 너트의 머리 부분이 가공물 안으로 묻히도록 드릴과 동심원의 2단 구멍을 절삭하는 방법이다.
- 카운터싱킹 : 나사 머리의 모양이 접시모양일 때 테이퍼 원통형으로 절삭하는 가공방법이다.
- 리밍 : 구멍의 정밀도를 높이기 위해 구멍을 다듬는 작업을 한다.
- 태핑 : 공작물 내부에 암나사가공, 태핑을 위한 드릴가공은 나사의 외경-피치로 한다.
- 스폿페이싱 : 볼트나 너트를 체결하기 곤란한 경우에 볼트나 너트가 닿는 구멍 주위에 부분만을 평탄하게 가공하여 체결이 잘되도록 하는 가공방법이다.
- 보링 : 뚫린 구멍을 다시 절삭, 구멍을 넓히고 다듬질하는 것이다.

28 보통선반용 부속장치에 속하지 않는 것은?

① 면 판　　　　　　② 센 터
③ 맨드릴　　　　　　④ 분할대

선반과 밀링의 부속품

선반의 부속품	밀링의 부속품
방진구, 맨드릴, 센터, 면판, 돌림판과 돌리개, 척 등	바이스, 분할대, 회전 테이블, 슬로팅 장치 등

29 가늘고 긴 일정한 단면 모양을 가진 공구에 많은 날을 가지고 있는 절삭공구를 사용하여 키 홈, 스플라인 홈, 원형 및 다각형 구멍 등을 절삭하는 가공은?

① 밀링가공　　　　　② 호빙가공
③ 드릴링가공　　　　④ 브로칭가공

브로칭(Broaching)가공 : 가늘고 긴 일정한 단면 모양을 가진 공구에 많은 날을 가진 브로치(Broach)라는 절삭공구를 사용하여 가공물의 내면이나 외경에 필요한 형상의 부품을 가공하는 절삭방법
- 내면 브로칭머신 : 키 홈, 스플라인 홈, 원형이나 다각형의 구멍 등의 내면의 형상가공
- 외경 브로칭머신 : 세그먼트기어 홈, 특수한 외면의 형상가공

30 기계가공 후 평면, 원통 면에 정밀 다듬질이 필요로 할 경우 이용되는 가공은?

① 탭가공　　　　　　② 리머가공
③ 다이스가공　　　　④ 스크레이퍼가공

스크레이퍼작업 : 평면, 원통면을 정밀하게 다듬는 작업
※ 스크레이퍼가공 : 스크레이퍼는 줄작업 또는 기계가공한 면을 더욱 정밀하게 다듬질할 필요가 있을 때 소량의 금속을 국부적으로 깎아 내는 공구로서 스크레이퍼로 면을 다듬질하는 작업을 스크레이핑이라고 한다. 열처리된 강철에는 사용하기 어렵다.

31 길이측정에 적합하지 않은 것은?

① 수준기
② 마이크로미터
③ 하이트게이지
④ 버니어캘리퍼스

- 길이측정 : 버니어캘리퍼스, 하이트게이지, 마이크로미터, 다이얼게이지, 블록게이지 등
- 각도측정 : 각도게이지, 사인바, 수준기 등

32 가공물의 홈과 윤곽가공 및 좁은 평면절삭에 이용되는 커터는?

① 엔드밀   ② 더브테일커터

③ 정면 밀링커터   ④ 평면 밀링커터

① 엔드밀(End Mill) : 원주면과 단면에 날이 있는 형태이며, 가공물의 홈과 좁은 평면, 윤곽가공, 구멍가공 등에 사용한다.
② 더브테일커터 : 공작기계의 부품과 같이 직선 슬라이딩 장치의 제작에 사용되는 공구로 측면과 바닥면이 60°가 되도록 동시에 가공한다.
③ 정면 밀링커터 : 외주와 정면에 절삭날이 있는 커터이며, 주로 수직 밀링에서 사용하는 커터로 평면가공에 이용된다.

33 공작기계의 기본운동이 아닌 것은?

① 상대운동   ② 이송운동

③ 절삭운동   ④ 위치조정운동

공작기계 기본운동 : 절삭운동, 이송운동, 위치조정운동

34 내면 연삭방식 중 일감을 정지시키고 숫돌축이 회전운동과 동시에 공전운동을 하는 방식은?

① 보통형   ② 유성형

③ 센터리스형   ④ 플런지컷형

내면 연삭기의 내면 연삭방식(보통형, 센터리스형, 유성형)
• 보통형 : 가공물과 연삭숫돌에 회전운동을 주어 연삭하는 방식으로 축 방향의 연삭은 연삭숫돌대의 왕복운동으로 한다.
• 센터리스형 : 가공물을 고정하지 않고, 연삭하는 방법(소형가공물 대량생산)이다.
• 유성형 : 가공물을 고정시키고, 연삭숫돌이 회전운동 및 공전운동을 동시에 진행하며 연삭하는 방식이다.

35 보통 선반의 주요부 명칭이 아닌 것은?

① 램   ② 베 드

③ 심압대   ④ 왕복대

선반을 구성하고 있는 주요 구성 부분 : 주축대, 왕복대, 심압대, 베드

36 다음 중 표면 경화법의 종류가 아닌 것은?

① 침탄법   ② 질화법

③ 고주파 경화법   ④ 침랭 처리법

열처리의 분류

일반 열처리	항온 열처리	표면 경화 열처리
• 담금질(Quenching) • 뜨임(Tempering) • 풀림(Annealing) • 불림(Normalizing)	• 마퀜칭 • 마템퍼링 • 오스템퍼링 • 오스포밍 • 항온 풀림 • 항온 뜨임	• 침탄법 • 질화법 • 화염 경화법 • 고주파 경화법 • 청화법

37 금속에 탄성한계를 초과한 힘을 받고도 파괴되지 않고 늘어나서 소성변형이 되는 성질은?

① 연 성   ② 취 성

③ 경 도   ④ 강 도

① 연성 : 잡아당기면 외력에 의해서 파괴됨이 없이 가늘게 늘어나는 성질
② 취성 : 잘 부서지고 깨지는 성질(인성과 반대)
③ 경도 : 재료의 표면이 외력에 저항하는 성질
④ 강도 : 작용 힘에 대하여 파괴되지 않고 어느 정도 견디어 낼 수 있는 정도

38 주조용 알루미늄합금이 아닌 것은?

① Al-Cu계

② Al-Si계

③ Al-Zn-Mg계

④ Al-Cu-Si계

해설
- 주물용(주조용) 알루미늄합금 : Al-Cu계, Al-Si계, Al-Zn계, Al-Mg-Si계 등
- 가공용 알루미늄합금 : 두랄루민계(Al-Cu-Mg계, Al-Zn-Mg계), 하이드로날륨 등

39 주철의 특성에 대한 설명으로 틀린 것은?

① 주조성이 우수하다.

② 내마모성이 우수하다.

③ 강보다 인성이 크다.

④ 인장강도보다 압축강도가 크다.

해설
주철은 강에 비해 인장강도가 작다.

40 Cu와 Pb합금으로 항공기 및 자동차의 베어링메탈로 사용되는 것은?

① 양은(Nickel Silver)

② 켈밋(Kelmet)

③ 배빗메탈(Babbit Metal)

④ 애드미럴티 포금(Admiralty Gun Metal)

해설
- 켈밋합금 : 고속 회전용 베어링으로 항공기, 자동차 등에 사용된다.
- 구리계 베어링합금 : Cu-Pb합금(켈밋), 주석청동, 인청동, 연청동(Lead Bronze), 알루미늄청동(Al Bronze)

41 접착제, 껌, 전기 절연재료에 이용되는 플라스틱 종류는?

① 폴리초산비닐계

② 셀룰로스계

③ 아크릴계

④ 불소계

해설
폴리초산비닐계 : 접착제, 껌, 전기 절연재료에 이용되는 플라스틱

42 주철의 결점인 여리고 약한 인성을 개선하기 위하여 먼저 백주철의 주물을 만들고, 이것을 장시간 열처리하여 탄소의 상태를 분해 또는 소실시켜 인성 또는 연성을 증가시킨 주철은?

① 보통주철

② 합금주철

③ 고급주철

④ 가단주철

해설
가단주철 : 주철의 결점인 여리고 약한 인성을 개선하기 위하여 열처리에 의하여 편상 흑연을 괴상화하여 강도와 연성을 향상시킨 것이다. 먼저 백주철의 주물을 만들고, 이것을 장시간 열처리하여 탄소를 분해시켜 탈탄 또는 흑연화하여 인성 또는 연성을 증가시킨 주철로 단조가 가능하다.

43 나사의 피치와 리드가 같다면 몇 줄 나사에 해당이 되는가?

① 1줄 나사   ② 2줄 나사

③ 3줄 나사   ④ 4줄 나사

해설
- 나사의 피치와 리드가 같다면 1줄 나사이다.
- 1줄 나사, 피치 = 1
  → L(리드) = p(피치) × n(줄수) = 1 × 1 = 1

44 교차하는 두 축의 운동을 전달하기 위하여 원추형으로 만든 기어는?

① 스퍼기어   ② 헬리컬기어

③ 웜기어   ④ 베벨기어

해설
- 두 축이 서로 평행 : 스퍼기어, 랙, 내접기어, 헬리컬기어, 더블 헬리컬기어 등
- 두 축이 교차 : 직선 베벨기어, 스파이럴 베벨기어, 마이터기어, 크라운기어 등
- 두 축이 평행하지도 않고 만나지도 않는 축 : 원통 웜기어, 장고형 기어, 나사기어, 하이포이드기어

45 축의 원주에 많은 키를 깎은 것으로 큰 토크를 전달시킬 수 있고 내구력이 크며 보스와의 중심축을 정확하게 맞출 수 있는 것은?

① 성크키   ② 반달키

③ 접선키   ④ 스플라인

해설
- ④ 스플라인 : 키보다 큰 토크(회전력)를 전달, 축에 여러 개의 같은 키 홈을 파서 여기에 맞는 한 짝의 보스 부분을 만들어 서로 잘 미끄러져 운동할 수 있게 한 것
- ① 성크키(묻힘키) : 축과 보스의 양쪽에 모두 키 홈을 가공
- ② 반달키 : 축에 키 홈을 깊게 파기 때문에 축의 강도가 약하게 되는 결점
- ③ 접선키 : 축의 접선 방향으로 끼우는 키로서 1/100의 기울기를 가진 2개의 키를 한 쌍으로 하여 사용

46 다음 중 전동용 기계요소에 해당하는 것은?

① 볼트와 너트

② 리 벳

③ 체 인

④ 핀

해설
- 직접 전동용 기계요소 : 기어, 마찰차 등
- 간접 전동용 기계요소 : 벨트, 로프, 체인 등

47 나사가 축을 중심으로 한 바퀴 회전할 때 축방향으로 이동한 거리는?

① 피 치   ② 리 드

③ 리드각   ④ 백래시

해설
- 나사의 리드 : 나사가 1회전했을 때 축방향으로 진행한 거리
- L(리드) = p(피치) × n(줄수)

48 압축코일스프링에서 코일의 평균지름이 50mm, 감김수가 10회, 스프링 지수가 5일 때, 스프링 재료의 지름은 약 몇 mm인가?

① 5 ② 10

③ 15 ④ 20

해설

스프링 지수는 소선의 지름에 대한 스프링의 평균 지름의 비이다.

스프링 지수$(C) = \dfrac{D}{d} \rightarrow d = \dfrac{D}{C} = \dfrac{50\text{mm}}{5} = 10\text{mm}$

∴ 스프링 재료의 지름=10mm

여기서, D : 스프링 전체의 평균 지름

$\quad\quad d$: 소선의 지름(재료의 지름)

---

49 롤러체인에 대한 설명으로 잘못된 것은?

① 롤러 링크와 핀 링크를 서로 교대로 하여 연속적으로 연결한 것을 말한다.

② 링크의 수가 짝수이면 간단히 결합되지만, 홀수이면 오프셋 링크를 사용하여 연결한다.

③ 조립 시에는 체인에 초기장력을 가하여 스프로킷 휠과 조립한다.

④ 체인의 링크를 잇는 핀과 핀 사이의 거리를 피치라고 한다.

해설

• 체인 전동은 초기장력이 필요하지 않으므로 이로 인한 베어링 반력이 발생하지 않는다.

• 롤러체인 : 롤러 링크와 핀 링크 사이에 롤러를 끼워 핀으로 결합한 체인이다.

---

50 인장시험에서 시험편의 절단부 단면적이 14mm²이고, 시험 전 시험편의 초기 단면적이 20mm²일 때 단면수축률은?

① 70% ② 80%

③ 30% ④ 20%

해설

단면수축률(Reduction of Area) : 인장시험에 있어서 시험편 절단 후에 생기는 최소단면적(A')과 그의 처음 단면적(A)과의 차이와 처음 단면적에 대한 백분율을 말한다.

• 단면수축률$= \dfrac{A - A'}{A} \times 100\% = \dfrac{20 - 14}{20} \times 100\% = 30\%$

∴ 단면수축률$= 30\%$

여기서, A : 시험 전 단면적(처음 단면적)

$\quad\quad A'$: 시험 후 단면적

---

51 제3각법에 대한 설명 중 틀린 것은?

① 물체를 제3면각 공간에 놓고 투상하는 방법이다.

② 눈 → 물체 → 투상면의 순서로 투상도를 얻는다.

③ 정면도의 우측에는 우측면도가 위치한다.

④ KS에서는 특별한 경우를 제외하고는 제3각법으로 투상하는 것을 원칙으로 하고 있다.

해설

• 제3각법 : 눈 → 투상면 → 물체

• 제1각법 : 눈 → 물체 → 투상면

52 그림과 같은 정면도와 좌측면도에 가장 적합한 평면도는?

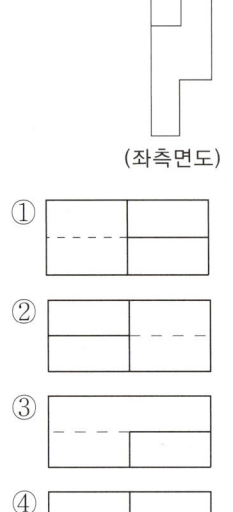

(좌측면도)　　　(정면도)

①

②

③

④

53 그림과 같이 축에 가공되어 있는 키 홈의 형상을 투상한 투상도의 명칭으로 가장 적합한 것은?

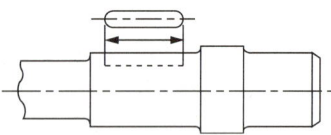

① 회전 투상도　　　② 국부 투상도
③ 부분 확대도　　　④ 대칭 투상도

해설
국부 투상도 : 대상물의 구멍, 홈 등과 같이 한 부분의 모양을 도시하는 것으로 충분한 경우에는 그 필요한 부분만 국부 투상도로 도시한다. 또한 투상 관계를 나타내기 위하여 원칙적으로 주 투상도에 중심선, 기준선, 치수 보조선 등으로 연결한다.

54 그림과 같은 표면 줄무늬 방향기호의 설명으로 옳은 것은?

① 가공으로 생긴 선이 방사상
② 가공으로 생긴 선이 거의 동심원
③ 가공으로 생긴 선이 두 방향으로 교차
④ 가공으로 생긴 선이 여러 방향

해설
줄무늬 방향기호

기호	기호의 뜻	설명 그림과 도면 기입 보기
=	가공에 의한 커터의 줄무늬 방향이 기호를 기입한 그림의 투상면에 평행 [보기] 셰이핑면	커터의 줄무늬 방향
⊥	가공에 의한 커터의 줄무늬 방향이 기호를 기입한 그림의 투상면에 직각 [보기] 셰이핑면(옆으로부터 보는 상태), 선삭, 원통 연삭면	커터의 줄무늬 방향
X	가공에 의한 커터의 줄무늬 방향이 기호를 기입한 그림의 투상면에 경사지고 두 방향으로 교차 [보기] 호닝 다듬질면	커터의 줄무늬 방향
M	가공에 의한 커터의 줄무늬 방향이 여러 방향으로 교차 또는 무방향 [보기] 래핑 다듬질면, 슈퍼피니싱면, 가로 이송을 한 정면 밀링 또는 엔드밀 절삭면	
C	가공에 의한 커터의 줄무늬가 기호를 기입한 면의 중심에 대하여 대략 동심원 모양 [보기] 끝면 절삭면	
R	가공에 의한 커터의 줄무늬가 기호를 기입한 면의 중심에 대하여 대략 레이디얼 모양	

55 대칭형인 대상물을 외형도의 절반과 온단면도의 절반을 조합하여 나타낸 단면도는?

① 한쪽 단면도

② 계단 단면도

③ 부분 단면도

④ 회전 단면도

① 한쪽 단면도 : 상하 또는 좌우 대칭인 물체는 1/4을 떼어 낸 것으로 보고 기본 중심선을 경계로 1/2은 외형, 1/2은 단면으로 동시에 나타낸다. 외형도의 절반과 온단면도의 절반을 조합한 단면도이다.

③ 부분 단면도 : 필요한 일부분만을 파단선에 의해 그 경계를 표시하고 나타낸다.

④ 회전도시 단면도 : 핸들, 벨트 풀리, 기어 등과 같은 바퀴의 암, 림, 리브, 훅, 축과 주로 구조물에 사용하는 형강 등의 절단한 모양을 90°로 회전시켜 투상도의 안이나 밖에 그리는 것이다.

56 감속기 하우징의 기름 주입구 나사가 PF 1/2-A로 표시되어 있을 때 이 나사는?

① 관용 평행나사, A급

② 관용 평행나사, 바깥지름 1/2인치

③ 관용 테이퍼나사, A급

④ 관용 테이퍼나사, 바깥지름 1/2인치

• PF : 관용 평행나사
• A : A급

57 치수와 같이 사용될 수 없는 치수보조기호는?

① t

② ϕ

③ ▣

④ □

치수보조기호

기 호	구 분	기 호	구 분
ϕ	지 름	Sϕ	구의 지름
R	반지름	SR	구의 반지름
C	45° 모따기	□	정사각형의 변
P	피 치	t	판의 두께

58 치수 $\phi 24^{-0.041}_{+0.020}$의 IT공차 등급은?(단, 다음 도표를 참고하시오)

구 분	등 급	IT 5급	IT 6급	IT 7급	IT 8급
초 과	이 하	기본공차(μm)			
10	18	8	11	18	27
18	30	9	13	21	33
30	50	11	16	25	39

① 5급

② 6급

③ 7급

④ 8급

치수 $\phi 24^{-0.041}_{+0.020}$의 IT공차는 18 초과 30 이하이며 기본공차 0.021로 7급이다.

59 기하공차의 종류 중 모양 공차에 해당하는 것은?

① 평행도 공차

② 동심도 공차

③ 원주 흔들림 공차

④ 원통도 공차

기하공차의 종류와 기호

적용하는 형체	공차의 종류		기 호
단독 형체	모양 공차	진직도 공차	───
		평면도 공차	▱
		진원도 공차	○
		원통도 공차	⌭
단독 형체 또는 관련 형체		선의 윤곽도 공차	⌒
		면의 윤곽도 공차	⌓
관련 형체	자세 공차	평행도 공차	∥
		직각도 공차	⊥
		경사도 공차	∠
	위치 공차	위치도 공차	⊕
		동축도 공차 또는 동심도 공차	◎
		대칭도	═
	흔들림 공차	원주 흔들림 공차	↗
		온흔들림 공차	↗↗

60 기어를 제도할 때 가는 1점쇄선으로 나타내는 것은?

① 이골원

② 피치원

③ 잇봉우리원

④ 잇줄방향

KS 기어제도의 도시방법
• 이끝원(잇봉우리원)은 굵은 실선으로 그리고 피치원은 가는 1점쇄선으로 그린다.
• 이뿌리원(이골원)은 가는 실선으로 그린다.
• 잇줄방향은 보통 3개의 가는 실선으로 그린다.
• 축에 직각인 방향에서 본 단면도일 경우 이뿌리원(이골원)은 굵은 실선으로 그린다.

2016년 제4회 과년도 기출문제

01 보통 선반에서 나사를 절삭하기 위해 나사 이송을 연결 또는 단속시키는 것은?

① 클러치　　　　② 웜 기어
③ 하프너트　　　④ 슬라이딩 기어

해설

하프너트(Half Nut) : 나사를 절삭하기 위해 나사 이송을 연결 또는 단속시키는 것이다. 보통 선반에서 주축과 어미나사(Lead Screw) 축을 변환기어에 연결하여 어미나사 축과 주축의 회전비를 맞추면 필요한 나사의 피치로 가공할 수 있다. 즉, 어미나사가 1회전할 때 가공물이 몇 회전하는가를 변환기어로서 조정하는 원리가 나사를 절삭하는 원리이다. 에이프런의 하프너트(Half Nut)를 어미나사에 물리면 왕복대·공구대에 설치된 나사 바이트가 길이방향으로 이송하여 원하는 나사를 가공할 수 있다.

02 밀링작업에서 날 1개당의 이송 0.01mm, 날수 6개, 회전수 500rpm일 때, 이송속도는 몇 mm/min인가?

① 30
② 120
③ 1,200
④ 3,000

해설

밀링머신에서 테이블 이송속도

$f = f_z \times n \times z$

　$= 0.01\text{mm} \times 500\text{rpm} \times 6$

　$= 30\text{mm/min}$

∴ 테이블 이송속도$(f) = 30\text{mm/min}$

여기서 f : 테이블 이송속도

　　　f_z : 1날당 이송량

　　　n : 회전수

　　　z : 커터의 날수

03 밀링에서 분할대의 주축 앞면에 있는 24구멍 분할판을 사용하여 분할하는 것은?

① 단식분할　　　② 주축분할
③ 직접분할　　　④ 차동분할

해설

분할가공방법

• 직접분할법 : 분할대 주축 앞면에 있는 24구멍의 직접분할판을 이용하여 단순분할(24의 약수, 즉 24, 12, 8, 6, 4, 3, 2등분 가능)
• 단식분할법 : 직접 분할법으로 불가능하거나 또는 분할이 정밀해야 할 경우(2~60 사이의 모든 정수, 60~120 사이의 2와 5의 배수 등)
• 차동분할법 : 직접, 단식분할법으로 분할할 수 없는 분할(단식분할법으로 분할할 수 없는 61 이상의 소수나 특수한 수의 분할을 2종 운동의 복합운동으로 분할하는 방법. 127은 차동분할법으로 분할 가능)

04 다음 절삭공구 중에서 경도가 가장 높고 내마모성이 크며 절삭속도가 빨라 절삭가공이 매우 능률적이나 취성이 크고 값이 고가인 것은?

① 서 멧　　　　② 세라믹
③ 다이아몬드　　④ 주조 경질합금

해설

③ 다이아몬드(Diamond) : 현재 알려져 있는 절삭공구 중에서 경도가 가장 높고 내마모성이 크며, 절삭속도가 빠르고 절삭가공이 능률적인 우수한 공구재료이다. 취성이 커서 잘 깨지고 값이 고가이며, 가공이 어려운 결점도 있다.
① 서멧(Cermet) : 세라믹과 메탈의 복합어로 세라믹의 취성을 보완하기 위하여 개발된 내화물과 금속 복합체의 총칭이다. 고속절삭에서 저속절삭까지 사용범위가 넓고, 크레이터 마모, 플랭크 마모 등이 적고 구성인선이 거의 발생되지 않아 공구수명이 길다.
② 세라믹(Ceramic) : 산화알루미늄(Al_2O_3) 분말을 주성분으로 마그네슘, 규소 등의 산화물과 소량의 다른 원소를 첨가하여 소결한 절삭공구이다. 고온에서 경도가 높고, 내마모성이 좋아 초경합금보다 빠른 절삭속도로 절삭이 가능하며, 백색, 분홍색, 회색, 흑색 등의 색이 있으며, 초경합금보다 가볍다.
④ 주조 경질합금(Cast Alloyed Hard Metal) : 대표적인 것으로 스텔라이트가 있으며, 주성분은 W, Cr, Co, Fe이며 주조합금이다.

05 밀링가공 시 하향절삭과 비교한 상향절삭의 특징에 대한 설명으로 틀린 것은?

① 가공면이 거칠다.
② 공구의 수명이 길다.
③ 백래시가 자연히 제거된다.
④ 절삭력이 상향으로 작용하여 고정이 불리하다.

상향절삭은 절입할 때, 마찰열로 마모가 빨라 공구 수명이 짧다.

상향절삭과 하향절삭의 차이점

구 분	상향절삭	하향절삭
방 향	커터 회전방향과 공작물 이송방향이 반대이다.	커터 회전방향과 공작물 이송방향이 동일하다.
백래시	절삭에 별 지장이 없다.	백래시를 제거해야 한다.
기계의 강성	강성이 낮아도 무관하다.	가공할 때 충격이 있어 높은 강성이 필요하다.
가공물의 고정	절삭력이 상향으로 작용하여 고정이 불리하다.	절삭력이 하향으로 작용하여 가공물 고정이 유리하다.
인선의 수명	절입할 때 마찰열로 마모가 빠르고 공구 수명이 짧다.	상향 절삭에 비하여 공구 수명이 길다.
마찰저항	마찰저항이 커서 절삭공구를 위로 들어 올리는 힘이 작용한다.	절입할 때 마찰력은 작으나 하향으로 충격력이 작용한다.
가공면의 표면 거칠기	광택은 있으나 상향에 의한 회전저항으로 전체적으로 하향절삭보다 나쁘다.	가공 표면에 광택은 작고 저속 이송에서는 회전저항이 발생하지 않아 표면 거칠기가 좋다.

06 내면 연삭기 중 가공물은 회전하지 않고 연삭숫돌이 회전운동과 공전운동을 동시에 진행하며 연삭하는 방식은?

① 보통형
② 유성형
③ 평면형
④ 센터리스형

내면 연삭기의 내면 연삭방식
• 보통형 : 가공물과 연삭숫돌에 회전운동을 주어 연삭하는 방식으로 축 방향의 연삭은 연삭숫돌대의 왕복운동으로 한다.
• 센터리스형 : 가공물을 고정하지 않고, 연삭하는 방법이다(소형 가공물 대량생산).
• 유성형 : 가공물을 고정시키고, 연삭숫돌이 회전운동 및 공전운동을 동시에 진행하며 연삭하는 방식이다.

07 보통 선반의 심압대 대신 여러 개의 공구를 방사상으로 설치하여 공정 순서대로 공구를 차례대로 사용할 수 있도록 되어 있는 선반은?

① NC 선반
② 모방 선반
③ 보통 선반
④ 터릿 선반

• 터릿 선반 : 보통 선반 심압대 대신에 터릿으로 불리는 회전공구대를 설치하여 여러 가지 절삭공구를 공정에 맞게 설치하여 작은 부품을 대량생산하는 선반
• 모방 선반(Copy Lathe) : 자동모방장치를 이용하여 모형이나 형판(Template)외형에 트레이서(Tracer)가 설치되고 트레이서가 움직이면, 바이트가 함께 움직여 모형이나 형판의 외형과 동일한 형상의 부품을 자동으로 가공하는 선반
• 보통 선반 : 각종 선반 중에서 기본이 되고, 가장 많이 사용하는 선반

08 윤활제의 구비조건으로 틀린 것은?

① 금속의 부식이 없어야 한다.
② 열이나 산성에 강해야 한다.
③ 온도변화에 따른 점도변화가 커야 한다.
④ 양호한 유성을 가진 것으로 카본 생성이 적어야 한다.

③ 윤활제는 온도변화에 따른 점도변화가 작아야 한다.
• 윤활제의 구비조건
 – 사용 상태에서 충분한 점도를 유지할 것
 – 한계 윤활상태에서 견딜 수 있는 유성이 있을 것
 – 산화나 열에 대하여 안정성이 높을 것(열이나 산성에 강해야 한다)
 – 화학적으로 불활성이며 깨끗하고 균질한 것
 – 금속의 부식이 없어야 함
 – 카본 생성이 적어야 함
• 윤활의 목적 : 윤활작용, 냉각작용, 밀폐작용, 청정작용, 방청작용

09 한 대의 컴퓨터에서 여러 대의 CNC 공작기계에 데이터를 분해하여 전송함으로써 동시에 운전할 수 있는 방식은?

① ATC ② CNC

③ DNC ④ NCT

해설
• DNC : CAD/CAM 시스템과 CNC 기계를 근거리 통신망(LAN)으로 연결하여 1대의 컴퓨터에서 여러 대의 CNC 공작기계에 데이터를 분배하여 전송함으로써 동시에 운전할 수 있는 방식을 말한다.
• ATC(자동 공구교환장치) : 머시닝센터에서 여러 가지 가공을 순차적으로 할 수 있도록 자동으로 공구를 교환해 주는 장치로 공구를 교환하는 ATC 암과 많은 공구가 격납되어 있는 공구 매거진으로 구성되어 있다.

10 안전·보건표지의 색채기준에 따른 용도가 옳은 것은?

① 녹색 : 금지

② 노란색 : 경고

③ 빨간색 : 지시

④ 파란색 : 안내

해설
안전·보건표지의 색채, 색도 기준 및 용도
• 녹색 : 안내표시(비상구 및 피난소, 사람 또는 차량의 통행금지)
• 노란색 : 경고표시(위험 경고)
• 빨간색 : 금지표시(정지신호, 소화설비 및 유해행위 금지)
• 파란색 : 지시표시(특정행위의 지시)

11 그림과 같은 사인바(Sine Bar)를 이용한 각도측정에 대한 설명으로 틀린 것은?

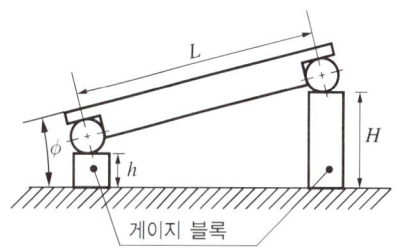

① 45°보다 큰 각을 측정할 때에는 오차가 작아진다.

② 사인바는 롤러의 중심거리가 보통 100mm 또는 200mm로 제작한다.

③ 정반 위에서 정반면과 사인봉과 이루는 각을 표시하면 $\sin\phi = (H-h)/L$ 식이 성립된다.

④ 게이지 블록 등을 병용하고 삼각함수 사인(Sine)을 이용하여 각도를 측정하는 기구이다.

해설
사인바를 사용할 때는 각도가 45°보다 큰 각을 쓸 때는 오차가 커지기 때문에 사인바는 기준면에 대하여 45°보다 작게 사용한다.
사인바(Sine Bar)
• 사인바 각도 공식 : $\sin\phi = \dfrac{H-h}{L}$ ⚡반드시 암기(자주 출제)
• 사인바 : 사인바는 블록 게이지와 같이 사용한다. 삼각함수의 사인을 이용하여 임의의 각도를 길이로 계산하여 간접적으로 각도를 구하는 방법으로 크기는 롤러와 롤러 중심 간의 거리로 표시한다.
• 사인바 롤러의 중심거리는 계산을 쉽게 하도록 보통 100mm 또는 200mm로 만들어져 있다.
• 각도 측정에 사용되는 것 : 사인바, 각도 게이지, 수준기, 오토콜리메이터 등

12 절삭유제의 작용으로 틀린 것은?

① 마찰력을 증가시킨다.

② 윤활 및 세척작용을 한다.

③ 공구의 경도 저하를 방지한다.

④ 가공물의 정밀도 저하를 방지한다.

해설

절삭유제는 마찰력을 감소시킨다.

절삭유제의 사용목적

• 구성인선의 발생을 방지한다.

• 공구의 인선을 냉각시켜 공구의 경도 저하를 방지한다(공구 수명 연장).

• 가공물을 냉각시켜 절삭열에 의한 정밀도 저하를 방지한다.

• 공구의 마모를 줄이고 윤활 및 세척작용으로 가공표면을 양호하게 한다.

• 칩을 씻어주고 절삭부를 깨끗이 닦아 절삭작용을 쉽게 한다.

13 입도가 작고 연한 숫돌에 작은 압력으로 가압하면서 가공물에 이송을 주고, 동시에 숫돌에 진동을 주어 표면거칠기를 향상시키는 가공법은?

① 배럴(Barrel)

② 래핑(Lapping)

③ 버니싱(Burnishing)

④ 슈퍼피니싱(Super Finishing)

해설

④ 슈퍼피니싱(Super Finishing) : 연한 숫돌에 작은 압력으로 가압하면서, 가공물에 이송을 주고 동시에 숫돌에 진동을 주어 표면거칠기를 높이는 가공방법(작은 압력 + 이송 + 진동)

① 배럴 : 충돌가공(주물귀, 돌기 부분, 스케일 제거), 회전하는 상자 속에 공작물과 미디어, 콤파운드(유지 + 직물), 공작액 등을 넣고 회전과 진동을 주어 표면을 다듬질(회전형, 진동형)

② 래핑(Lapping) : 가공물과 랩(Lap) 사이에 랩제를 넣고 가공물에 압력을 가하면서 표면거칠기가 우수한 가공면을 얻는 가공방법

③ 버니싱(Burnishing) : 원통형 내면에 강철 볼 형의 공구를 압입해 통과시켜 매끈하고 정도가 높은 면을 얻는 가공법

14 지름이 10mm인 드릴로 두께 45mm의 강판에 구멍을 뚫으려고 한다. 드릴이 1회전하는 동안의 이송을 0.02mm, 회전수를 480rpm으로 한다면 구멍을 뚫는 데 걸리는 시간은?(단, 드릴 끝 원추부의 높이는 3mm이다)

① 5분

② 7분

③ 9분

④ 11분

해설

드릴에서 구멍을 뚫는 데 걸리는 시간

$$T = \frac{t+h}{nf} = \frac{45\text{mm} + 3\text{mm}}{480\text{rpm} \times 0.02\text{mm}} = 5\text{분}$$

∴ 구멍을 뚫는 데 걸리는 시간(T) = 5분

여기서, t : 강판두께(mm)

　　　　h : 드릴의 원추 높이(mm)

　　　　n : 드릴 회전수(rpm)

　　　　f : 이송(mm)

15 보통선반에서 나사가공 작업에 대한 설명으로 틀린 것은?

① 바이트의 각도는 센터게이지에 맞추어 정확히 연삭한다.

② 바이트 팁의 중심선이 나사축에 수직이 되도록 고정한다.

③ 바이트 끝의 높이는 공작물의 중심선과 일치하도록 고정한다.

④ 나사 바이트의 날(인선)과 자루(Sank)를 용접한 형태를 클램프 바이트라 한다.

해설

클램프 바이트(Clamped Bite) : 팁을 용접하지 않고 기계적인 방법으로 클램핑(Clamping)하여 사용하는 바이트
• 바이트 구조에 따른 분류
　– 단체 바이트 : 바이트의 인선과 자루가 같은 재질로 구성된 바이트(고속도강 바이트에 주로 사용됨)
　– 팁 바이트 : 섕크에서 날(인선) 부분에만 초경합금이나 용접이 가능한 바이트용 재질을 용접하여 사용하는 바이트(용접 바이트)
　– 클램프 바이트(Clamped Bite) : 팁을 용접하지 않고 기계적인 방법으로 클램핑(Clamping)하여 사용하는 바이트(용접이 불가능한 세라믹 바이트도 클램핑하여 사용)
• 선반에서 나사가공 작업
　– 나사를 절삭할 때는 회전수를 저속으로 하여, 바이트가 공작물과 충돌하거나 왕복대가 주축대나 심압대와 충돌하지 않도록 한다.
　– 나사가공이 끝나면 반드시 하프너트를 풀어 놓아야 한다.
　– 나사를 절삭할 때, 역회전을 시킬 경우에는 바이트를 공작물에서 충분히 후퇴시켜 바이트의 파손 및 안전에 유의한다.

16 밀링작업에서 안전사항으로 틀린 것은?

① 작업 중에는 장갑을 착용하지 말아야 한다.

② 강력절삭을 할 때는 가공물을 바이스에 깊게 물린다.

③ 공구는 작업 중인 기계의 테이블 위에 나열해 놓고 작업한다.

④ 제품을 바이스에서 풀어낼 때나 측정할 때는 반드시 운전을 정지시킨다.

해설

밀링작업 시 테이블 위에 공구나 측정기 등을 올려놓지 않는다.
밀링작업 시 안전사항 　🔔 반드시 암기(자주 출제)
• 커터 날 끝과 같은 높이에서 절삭상태를 관찰하지 않는다.
• 절삭공구나 가공물을 설치할 때는 전원을 반드시 끄고 한다.
• 주축속도를 변속시킬 때는 반드시 주축이 정지한 후에 변환한다.
• 장갑이나 반지, 팔찌, 목걸이 등은 착용하지 않는다.
• 칩이 비산하므로 반드시 보안경을 착용한다.

17 테이블이 왕복직선운동을 하고 주축의 회전운동으로 각형 가공물 연삭이 가능한 연삭기는?

① 내면 연삭기

② 외경 연삭기

③ 평면 연삭기

④ 센터리스 연삭기

해설

③ 평면 연삭기 : 가공물의 평면을 연삭하며, 테이블은 왕복직선운동을 하는 직사각형의 테이블과 회전운동을 하는 원형테이블이 있다. 주축의 회전운동으로 각형 가공물 연삭이 가능하다.
① 내면 연삭기 : 주로 가공물의 구멍 내면을 연삭하는 공작기계로서 연삭숫돌의 지름은 가공물의 지름보다 작아야 하며, 외경 연삭에 비하여 숫돌의 소모가 많고, 숫돌축의 회전수가 빨라야 한다.
② 외경 연삭기 : 원통의 바깥지름을 연삭하는 연삭기를 외경 연삭기라 한다.
④ 센터리스 연삭기 : 센터, 척, 자석척 등을 사용하지 않고 가공물의 표면을 조정하는 조정숫돌과 지지대를 이용하여 가늘고 긴 가공물을 연삭하는 방법이다.

18 게이지 블록과 마이크로미터를 조합한 길이 측정용 게이지는?

① 공기 마이크로미터
② 나사 마이크로미터
③ 전기 마이크로미터
④ 하이트 마이크로미터

해설
④ 하이트 마이크로미터 : 게이지 블록과 마이크로미터를 조합한 길이 측정기
① 공기 마이크로미터 : 공기의 흐름을 확대 기구로 하여 길이를 측정하는 측정기
② 나사 마이크로미터 : 나사의 유효지름을 측정하는 측정기
③ 전기 마이크로미터 : 보통 측정자의 기계적인 변위를 전기량으로 변환하여 지시계의 지침 움직임으로 나타내는 측정기

19 브로칭 머신에 대한 설명으로 옳은 것은?

① 브로치 가공은 다품종 소량생산에 적합하다.
② 브로치의 절삭속도는 가공형상이 복잡할수록 빠르게 한다.
③ 브로칭 머신은 키 홈, 스플라인 홈 등을 가공하는 데 사용한다.
④ 브로치의 압입방식은 나사식, 벨트식, 유압식이 있으며 주로 벨트식을 많이 사용한다.

해설
① 브로치의 설계나 제작에 시간이 많이 걸리고 비용이 많아 일정 수량 이상의 대량생산에만 적용할 수 있다.
② 브로치의 절삭속도는 가공물의 재질, 형상 크기에 따라 다르지만 가공 형상이 복잡할수록 느리게 한다.
④ 브로치를 인발 또는 압입하는 방법에는 나사식, 기어식, 유압식 등이 있으며 근래에는 유압식을 가장 많이 사용한다.
브로칭(Broaching) : 가늘고 긴 일정한 단면 모양을 가진 공구에 많은 날을 가진 브로치(Broach)라는 절삭 공구를 사용하여 가공물의 내면이나 외경에 필요한 형상의 부품을 가공하는 절삭방법
• 내면 브로칭 머신 : 키 홈, 스플라인 홈, 원형이나 다각형의 구멍 등의 내면의 형상 가공
• 외경 브로칭 머신 : 세그먼트 기어 홈, 특수한 외면의 형상 가공

20 드릴지그 부시 중 지그 몸체에 압입하고, 일단 고정 후 제거할 필요가 없을 때 사용하는 부시는?

① 고정부시
② 삽입부시
③ 안내부시
④ 라이너(Liner)부시

해설
• 고정부시(Pressfit-bush) : 드릴지그에서 일반적으로 사용하는 부시로, 본체에 압입하여 고정하고, 고정한 후에는 제거하지 않을 때 주로 사용하는 부시
• 삽입부시(Renewable-bush) : 고정부시 속에서 삽입되는 부시, 동일한 위치에서 여러 종류(탭작업이나 리머작업)의 가공을 할 경우 또는 부시가 마모되었을 경우에 교환이 쉽도록 하기 위한 부시이다.
• 삽입부시용 부시 : 라이너(Liner)부시

21 잇줄이 축 방향과 일치하지 않은 다음 그림과 같은 기어 명칭은?

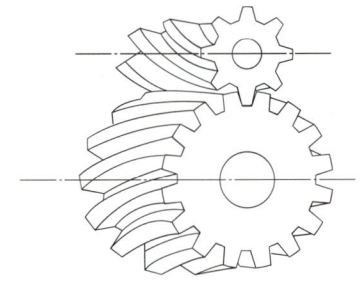

① 웜 기어
② 스퍼 기어
③ 헬리컬 기어
④ 크라운 베벨 기어

해설
헬리컬 기어 : 잇줄이 축 방향과 일치하지 않는 기어이다. 이의 물림이 좋아져 조용한 운전을 하지만 축 방향 하중이 발생하는 단점이 있다.

22 100mm의 사인바에 공작물을 올려놓고 피측정물의 경사면과 사인바의 측정면이 일치되었을 때 블록게이지의 높이가 35mm였다. 이때 각도는 약 얼마인가?

① 15°29′   ② 20°29′

③ 25°29′   ④ 30°29′

해설

사인바 각도 공식

$\sin\alpha = \dfrac{H-h}{L}$ 에서

$\alpha = \sin^{-1}\dfrac{H-h}{L} = \sin^{-1}\dfrac{35}{100} = 20.48° = 20°29′$

∴ 사인바 각도$(\alpha) = 20°29′$

여기서, $H-h$: 블록게이지의 높이(mm)

L : 사인바 롤러의 중심거리(mm)

※ 10진법 각(20.48°)을 도분초(60진법/20°29 prime)각으로 변환하는 방법(SHARP 공학용계산기)

20.48° → [MATH] → [▼]2번 → [2 → dms] → [ENTER]

23 인선이 없는 메탈 소(Metal Saw)를 절단할 부분에 마찰을 시키면서 가공액을 공급하면 용식(鎔鑠)이 진행되어 절단이 되는 가공방법은?

① 화학 밀링

② 화학 연삭

③ 화학 연마

④ 화학 절단

해설

④ 화학 절단 : 인선이 없는 메탈 소(Metal Saw)를 절단할 부분에 마찰을 시키면서 가공액을 공급하면, 용식이 진행되어 절단이 되는 가공방법

① 화학 밀링 : 일명 화학 절삭으로 가공물 표면에서 가공이 필요하지 않은 부분은 내식성 피막을 하고, 가공할 부분만을 가공

② 화학 연삭 : 용식과 유사한 방법으로 가공물의 표면에 요철부분의 볼록부를 가공할 때 기계적 마찰로서 용식보다 더욱 능률적인 가공을 하는 방법

③ 화학 연마 : 열에너지를 이용하여 가공물의 전면을 균일하게 용해하여, 두께를 얇게 하거나 가공 표면의 오목 부분은 가공하지 않고 볼록 부분만을 신속하게 가공하여 평활한 표면으로 가공하는 방법

24 다음은 연삭숫돌의 표시법이다. 의미에 따른 순서를 올바르게 나열한 것은?

WA – 46 – H – 8 – V

① 숫돌입자-입도-결합도-조직-결합제

② 숫돌입자-입도-결합도-결합제-조직

③ 숫돌입자-입도-결합제-조직-결합도

④ 숫돌입자-결합제-조직-결합도-입도

해설

일반적인 연삭숫돌 표시방법

WA · 46 · H · 8 · V
→ 연삭숫돌입자 · 입도 · 결합도 · 조직 · 결합제

25 밀링머신으로 할 수 없는 작업은?

① 평면절삭

② 기어절삭

③ 나선홈절삭

④ 원통 테이퍼절삭

해설

• 선반가공 종류 : 원통 테이퍼가공, 외경가공, 널링가공, 나사가공 등

• 밀링가공 종류 : 평면가공, 기어가공, 나선홈가공, T홈가공, 더브테일가공 등

26 범용밀링에서 할 수 없는 작업은?

① 홈가공

② 널링가공

③ 평면가공

④ 더브테일가공

해설

25번 해설 참고

27 반달키의 홈을 가공하는 데 사용하는 절삭공구는?

① 엔드밀(End Mill)

② 더브테일 커터(Dovetail Milling Cutter)

③ 슬래브 밀링 커터(Slab Milling Cutter)

④ 우드러프 홈 커터(Woodruff Key Seat Cutter)

해설
- 반달키의 홈 절삭공구 : 우드러프 홈 커터(Woodruff Key Seat Cutter)
- 반달키(Woodruff Key) : 우드러프 키라고 하며 축에 반달모양의 홈을 만들어 반달모양으로 가공된 키를 끼운다. 축에 키 홈을 깊게 파기 때문에 축의 강도가 약하게 되는 결점이 있으나, 키가 홈 속에서 자유로이 기울어질 수가 있어 키가 자동적으로 축과 보스에 조정되는 장점이 있다. 테이퍼 축에 회전체를 결합할 때 편리하다.

28 선반 가공 시 원형 축 형상 도면의 편심량이 2mm일 때 다이얼게이지 눈금의 변위량은?

① 1mm
② 2mm
③ 3mm
④ 4mm

해설
다이얼게이지 눈금의 변위량 = 편심량 × 2배 = 2mm × 2배 = 4mm
편심량 측정방법
- 벤치 센터에 다이얼게이지를 설치하여 측정한다.
- 다이얼게이지의 이동량은 편심량의 2배로 한다.

29 보통선반작업에서 심압대의 용도와 관계가 없는 것은?

① 평면작업
② 가공물 지지
③ 테이퍼가공
④ 센터드릴가공

해설
- 심압대의 용도 : 가공물 지지, 드릴가공, 리머가공, 센터드릴가공
- 심압대축 테이퍼 : 모스 테이퍼
- 심압대 구비조건
  - 베드상의 어떤 위치라도 고정시킬 수 있을 것
  - 심압축은 축 방향 적당한 위치에 고정할 수 있을 것
  - 축선과 편위시켜 테이퍼를 가공할 수 있을 것

30 연삭숫돌에 대한 설명으로 틀린 것은?

① 탄화규소계의 입자는 WA, A의 기호로 표시한다.

② 경도가 큰 재료는 결합도가 낮은 연삭숫돌을 선택한다.

③ 연하고 연성이 있는 재료는 거친 입도의 연삭숫돌을 선택한다.

④ 가공물의 재질이 연한 것은 거친 조직의 연삭숫돌을 선택한다.

해설
탄화규소계의 입자는 C, GC의 기호로 표시한다.
인조숫돌 입자의 종류

종 류	기 호	적용범위
갈색 알루미나	A	보통 탄소강, 합금강, 스테인리스강 등
백색 알루미나	WA	인장강도가 큰 강 계통의 연삭에 적합. 특히 접촉 면적이 큰 연삭이나 발열을 피해야 하는 연삭에 사용
탄화규소	C	알루미나보다 단단하나 취성이 커서 인장강도가 낮은 재료 연삭에 적합
녹색 탄화규소	GC	주철, 황동, 경합금, 초경합금 등을 연삭하는 데 적합

31 보링작업할 소재의 구멍이 커서 보링 바를 사용하기 곤란한 경우에 사용하는 것은?

① 보링 홀더

② 보링 공구대

③ 보링 바이트

④ 새들 지지대

• 보링 공구대 : 보링할 구멍이 커서 보링 바를 사용하기 곤란한 경우에 사용한다. 바이트는 일반적으로 2개를 사용하며, 경우에 따라서는 3개 이상을 사용할 경우도 있다.
• 보링 바이트 : 선반작업의 바이트와 같은 역할을 하며, 일반적으로 다이아몬드 바이트, 초경 바이트를 사용한다.

32 다듬질 면이 매끈하고 정밀도가 높은 제품을 얻을 수 있으며 특히 게이지 블록을 최종 완성 가공할 때 사용할 수 있고, 가공액의 사용 유무에 따라 건식법과 습식법으로 나누어지는 가공법은?

① 래 핑

② 버프가공

③ 배럴가공

④ 방전가공

• 래핑 : 가공물과 랩(Lap) 사이에 랩제를 넣고 가공물에 압력을 가하면서 표면거칠기가 우수한 가공면을 얻는 가공방법으로, 특히 게이지블록의 최종 다듬질 공정에 이용된다. 가공액의 사용 유무에 따라 건식법과 습식법으로 구분한다.
• 배럴가공 : 충돌가공(주물귀, 돌기 부분, 스케일 제거), 회전하는 상자 속에 공작물과 미디어, 콤파운드(유지 + 직물), 공작액 등을 넣고 회전과 진동을 주어 표면을 다듬질(회전형, 진동형)
• 방전가공 : 전극과 가공물 사이에 전기를 통전시켜, 방전현상의 열에너지를 이용하여, 가공물을 용융 증발시켜 가공을 진행하는 비접촉식 가공방법으로 전극과 재료 모두 도체이어야 한다.

33 밀링머신에서 커터의 고정구가 아닌 것은?

① 아 버

② 콜 릿

③ 바이스

④ 어댑터

밀링머신에서 바이스는 커터의 고정구가 아니라 공작물을 고정할 때 사용된다.
• 수직밀링머신에서 공구의 고정구 : 어댑터(Adapter), 콜릿(Collect), 급속 교환 어댑터
• 수평밀링머신에서 공구의 고정구 : 아버
※ 수평밀링머신은 공구를 아버를 이용해 고정한다.

34 레이저 가공에 대한 설명으로 틀린 것은?

① 거스러미 없이 종이나 목재의 절단도 가능하다.

② 후판용접도 가능하고 필요 부위만의 국부적 열처리도 가능하다.

③ 다이아몬드나 사파이어 같은 시계용 보석의 구멍 가공에 사용되기도 한다.

④ 가스절단과 비교하면 넓은 영역에 걸쳐 열변형을 많이 받으므로 주의해야 한다.

레이저 절단은 가스절단과 비교하여 열변형이 적고 거스러미가 발생하지 않아 목재나 종이의 절단도 가능하다.
레이저 가공 응용
• 구멍 뚫기 : 다이아몬드의 미소한 구멍 뚫기, 보석 베어링의 구멍 뚫기 사파이어, 세라믹, 초경합금, 스테인리스강 등에 0.01∼1mm 정도의 작은 구멍 뚫기
• 절단 : 레이저에 의해 각종 금속, 세라믹, 유리, 플라스틱 등을 능률적으로 절단
• CO_2 레이저에 의해 후판 용접, 국부적인 열처리 등
※ 레이저 종류 : 기체, 반도체, 고체 레이저

35 표면거칠기 측정법이 아닌 것은?

① 촉침식 측정 ② 확대경 측정
③ 광절단식 측정 ④ 광파간섭식 측정

표면거칠기 측정방법 : 촉침식 측정, 광절단식 측정, 광파간섭식 측정

36 탄소강에 함유되는 원소 중 강도, 연신율, 충격치를 감소시키며 적열취성의 원인이 되는 것은?

① Mn ② Si
③ P ④ S

• 적열취성(적열메짐) : 원인은 S(황)이며 고온에서 물체가 빨갛게 되어 깨지는 것 → 망간(Mn)으로 방지
• 청열취성(청열메짐) : 원인은 P(인)이며 강이 200~300℃로 가열하면 강도가 최대로 되고 연신율이 줄어들어 깨지는 것
• 규소(Si) : 전자기적 성질 개선

37 탄소강에 함유된 원소 중 백점이나 헤어크랙의 원인이 되는 원소는?

① 황 ② 인
③ 수 소 ④ 구 리

• 헤어크랙 또는 백점 : 강재의 다듬질면에 있어서 미세한 균열
• 헤어크랙은 수소(H)에 의해서 발생

38 철강의 열처리 목적으로 틀린 것은?

① 내부의 응력과 변형을 증가시킨다.
② 강도, 연성, 내마모성 등을 향상시킨다.
③ 표면을 경화시키는 등의 성질을 변화시킨다.
④ 조직을 미세화하고 기계적 특성을 향상시킨다.

열처리는 재료의 내부 응력과 변형을 감소 또는 제거한다.
일반 열처리 종류 및 목적
• 담금질 : 재료를 단단하게 할 목적으로 강을 오스테나이트 조직이 될 때까지 가열한 후 물이나 기름에 급랭시켜 재질을 경화시키는 조작
• 뜨임 : 불안정한 마텐자이트 조직에 A_1 변태점 이하의 열을 가하여 원자들을 좀 더 안정적인 위치로 이동시킴으로써 인성을 증대시키고 잔류 응력을 제거하며 기계적 성질을 개선하는 열처리
• 풀림 : 재료를 연하게 하거나 내부응력을 제거할 목적으로 강을 오스테나이트 조직이 될 때까지 가열한 후 노나 재 속에서 서서히 냉각시키는 조작
• 불림 : 재료의 내부 응력 제거 및 균일한 결정 조직을 얻기 위해 높은 온도로 가열하여 균일한 오스테나이트 조직으로 한 후 공기 중에서 냉각시키는 조작

39 절삭공구로 사용되는 재료가 아닌 것은?

① 페 놀 ② 서 멧
③ 세라믹 ④ 초경합금

페놀 수지는 절삭공구 재료가 아니라 열경화성 합성수지이다.
절삭공구 재료 : 탄소 공구강, 합금 공구강, 고속도강, 초경합금, 주조 경질합금, 세라믹, 서멧, 다이아몬드, 입방정 질화붕소(CBN), 피복 초경합금 등

40 냉간 가공된 황동제품들이 공기 중의 암모니아 및 염류로 인하여 입간부식에 의한 균열이 생기는 것은?

① 저장균열　　　　② 냉간균열
③ 자연균열　　　　④ 열간균열

• 자연균열 : 황동이 관, 봉 등의 잔류 응력에 의해 균열을 일으키는 현상
• 자연균열 방지법 : 도료 및 아연도금, 180~260℃에서 저온풀림

41 6-4 황동에 철 1~2%를 첨가함으로써 강도와 내식성이 향상되어 광산기계, 선박용 기계, 화학기계 등에 사용되는 특수 황동은?

① 쾌삭메탈　　　　② 델타메탈
③ 네이벌황동　　　④ 애드미럴티황동

• 델타메탈 : 6-4 황동에 1~2% Fe(철) 첨가(일명 철황동 = 델타메탈)
• 쾌삭황동 : 황동에 Pb(납)을 첨가하여 절삭성을 향상시킨 금속
• 네이벌황동 : 6-4 황동 + 1%(Sn)
• 애드미럴티황동 : 7-3 황동 + 1%(Sn)

42 상온이나 고온에서 단조성이 좋아지므로 고온가공이 용이하며 강도를 요하는 부분에 사용하는 황동은?

① 톰 백　　　　② 6-4 황동
③ 7-3 황동　　　④ 함석황동

• 6-4 황동 : Cu(60%)-Zn(40%), 아연(Zn)이 많을수록 인장강도가 증가하여 고온가공이 용이하며 강도를 요하는 부분에 사용한다. 아연(Zn) 45%일 때 인장강도가 가장 크다.
• 7-3 황동 : Cu-70%, Zn-30%, 연신율이 가장 크다.
• 톰백 : 5~20% Zn의 황동을 첨가한다.

43 미끄럼 베어링의 윤활방법이 아닌 것은?

① 적하 급유법　　　② 패드 급유법
③ 오일링 급유법　　④ 충격 급유법

충격 급유법은 윤활방법이 아니다.
윤활제의 급유방법
• 적하 급유법(Drop Feed Oiling) : 마찰면이 넓거나 시동되는 횟수가 많을 때, 저속 및 중속 축의 급유에 사용된다.
• 패드 급유법(Pad Oiling) : 무명이나 털 등을 섞어 만든 패드 일부를 오일 통에 담가 저널의 아랫면에 모세관 현상으로 급유하는 방법이다.
• 오일링(Oiling) 급유법 : 고속 주축에 급유를 균등하게 할 목적으로 사용한다.
• 강제 급유법(Circulating Oiling) : 순환펌프를 이용하여 급유하는 방법으로, 고속회전할 때, 베어링 냉각효과에 경제적인 방법이다.

44 한쪽은 오른나사, 다른 한쪽은 왼나사로 되어 양끝을 서로 당기거나 밀거나 할 때 사용하는 기계요소는?

① 아이볼트
② 세트 스크루
③ 플레이트 너트
④ 턴 버클

• 턴 버클 : 양 끝에 왼나사와 오른나사가 있어 양끝을 서로 당기거나 밀거나 해서 막대나 로프 등을 조이는 데 사용된다.
• 아이볼트 : 볼트의 머리부에 핀을 끼울 구멍이 있어 자주 탈착하는 뚜껑의 결합에 사용된다. 무거운 물체를 달아 올리기 위하여 훅(Hook)을 걸 수 있는 고리가 있는 볼트이다.
• 세트 스크루(Set Screw, 멈춤나사) : 나사를 밀어 박음으로써 나사 끝에 발생하는 마찰저항으로 두 물체 사이에 회전이나 미끄럼이 생기지 않도록 사용하는 나사로 키(Key)의 대용 역할을 한다. 회전체의 보스부분을 축에 고정시키는 데 많이 사용한다.

45 회전체의 균형을 좋게 하거나 너트를 외부에 돌출시키지 않으려고 할 때 주로 사용하는 너트는?

① 캡 너트
② 둥근 너트
③ 육각 너트
④ 와셔붙이 너트

• 둥근 너트 : 회전체의 균형을 좋게 하거나 너트를 외부에 돌출시키지 않으려고 할 때 사용하는 너트
• 캡 너트 : 너트의 한쪽을 관통되지 않도록 만든 것으로 나사면을 따라 증기나 기름 등이 누출되는 것을 방지하는 부위 또는 외부로부터 먼지 등의 오염물 침입을 막는 데 주로 사용한다.
• 와셔붙이 너트 : 볼트 구멍이 큰 경우, 와셔의 역할을 겸한 너트

너트의 종류

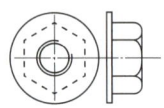 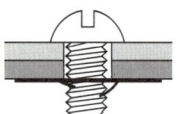

[와셔붙이 너트]　　[캡 너트]　　[스프링판 너트]

46 일반 스퍼 기어와 비교한 헬리컬 기어의 특징에 대한 설명으로 틀린 것은?

① 임의의 비틀림 각을 선택할 수 있어서 축 중심거리의 조절이 용이하다.
② 물림 길이가 길고 물림률이 크다.
③ 최소 잇수가 적어서 회전비를 크게 할 수가 있다.
④ 추력이 발생하지 않아서 진동과 소음이 작다.

헬리컬 기어 : 잇줄이 축 방향과 일치하지 않는 기어이다. 이의 물림이 좋아져 조용한 운전을 하지만 축 방향 하중(추력)이 발생하는 단점이 있다.

47 핀(Pin)의 종류에 대한 설명으로 틀린 것은?

① 테이퍼 핀은 보통 1/50 정도의 테이퍼를 가지며, 축에 보스를 고정시킬 때 사용할 수 있다.
② 평행핀은 분해·조립하는 부품의 맞춤면의 관계 위치를 일정하게 할 필요가 있을 때 주로 사용된다.
③ 분할핀은 한쪽 끝이 2가닥으로 갈라진 핀으로 축에 끼워진 부품이 빠지는 것을 막는 데 사용할 수 있다.
④ 스프링 핀은 2개의 봉을 연결하기 위해 구멍에 수직으로 핀을 끼워 2개의 봉이 상대각운동을 할 수 있도록 연결한 것이다.

• 너클 핀 : 한쪽 포크(Fork)에 아이(Eye)부분을 연결하여 구멍에 수직으로 평행핀을 끼워 두 부분이 상대적으로 각운동을 할 수 있도록 연결한 것
• 스프링 핀(Spring Pin) : 세로 방향으로 갈라져 있으므로 바깥지름보다 작은 구멍에 끼워 넣고, 스프링의 작용을 할 수 있도록 하여 기계 부품을 결합하는 데 사용한다.

48 체인 전동의 일반적인 특징으로 거리가 먼 것은?

① 속도비가 일정하다.
② 유지 및 보수가 용이하다.
③ 내열, 내유, 내습성이 강하다.
④ 진동과 소음이 없다.

체인전동은 소음 및 진동이 일어나기 쉬워 고속 회전에는 적합하지 않다.
체인 전동 장치의 특성
• 미끄럼 없이 정확한 속도비를 얻을 수 있다.
• 초기 장력을 줄 필요가 없어 베어링 마멸도 적다.
• 소음 및 진동이 일어나기 쉽고, 고속 회전의 전동에는 적합하지 않다.
• 체인은 탄성 등에 의하여 충격 하중을 어느 정도 흡수할 수 있다.
• 축간거리는 2~5m가 적합하다.
• 체인의 길이를 자유롭게 조절할 수 있다.
• 2축이 평행한 경우에만 전동이 가능하다.

49 기계의 운동에너지를 흡수하여 운동속도를 감속 또는 정지시키는 장치는?

① 기 어　　　　② 커플링
③ 마찰차　　　　④ 브레이크

해설

기계 부분의 운동에너지를 열에너지나 전기에너지 등으로 바꾸어 흡수함으로써 운동속도를 감소시키거나 정지시키는 장치를 제동장치라 한다. 제동장치에서 가장 널리 사용되고 있는 것은 마찰 브레이크이다.

50 8kN의 인장하중을 받는 정사각봉의 단면에 발생하는 인장응력이 5MPa이다. 이 정사각봉의 한 변의 길이는 약 몇 mm인가?

① 40　　　　② 60
③ 80　　　　④ 100

해설

$$응력(\sigma_c) = \frac{P_c}{A} \rightarrow A = \frac{P_c}{\sigma_c} = \frac{8 \times 10^3 \text{N}}{5 \text{N/mm}^2} = 1,600 \text{mm}^2$$

$$l \times l = A \rightarrow l = \sqrt{A} = \sqrt{1,600} = 40 \text{mm}$$

$$\therefore l = 40 \text{mm}$$

여기서, l : 정사각형 한 변의 길이(mm)
　　　　A : 정사각형 면적
　　　　P_c : 하중(N)
　　　　σ_c : 응력(N/mm²)

$$5 \text{MPa} = 5 \text{N/mm}^2$$

51 그림과 같은 입체도를 화살표 방향에서 본 투상도로 가장 옳은 것은?(단, 해당 입체는 화살표 방향으로 볼 때 좌우 대칭 구조이다)

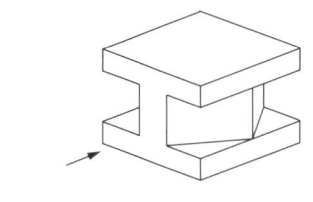

①　　　　②

③　　　　④

52 축의 도시방법에 관한 설명으로 옳은 것은?

① 축은 길이방향으로 온단면 도시한다.
② 길이가 긴 축은 중간을 파단하여 짧게 그릴 수 있다.
③ 축의 끝에는 모따기를 하지 않는다.
④ 축의 키 홈을 나타낼 경우 국부 투상도로 나타내어서는 안 된다.

해설

• 축은 일반적으로 길이방향으로 절단하지 않는다.
• 축은 필요에 따라 중간을 파단하여 짧게 그리는 부분 단면만 가능하다.

53 다음 치수기입방법 중 호의 길이로 옳은 것은?

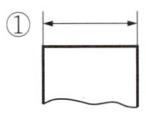 ①

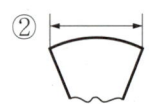 ②

 ③

 ④

① 변의 길이치수
② 현의 길이치수
③ 호의 길이치수
④ 각도 치수

54 헐거운 끼워맞춤에서 구멍의 최대허용치수와 축의 최소허용치수와의 차를 의미하는 용어는?

① 최소틈새
② 최대틈새
③ 최소죔새
④ 최대죔새

• 최대틈새 : 구멍의 최대허용치수 − 축 최소허용치수
• 중간 끼워맞춤 : 틈새와 죔새가 생긴다.
• 억지 끼워맞춤 : 구멍의 최대치수가 축의 최소치수보다 작은 경우이며, 항상 죔새가 생긴다.
• 헐거운 끼워맞춤 : 구멍의 최소치수가 축의 최대치수보다 큰 경우이며, 항상 틈새가 생긴다.

끼워맞춤 상태	구 분	구 멍	축	비 고
헐거운 끼워맞춤	최소틈새	최소허용치수	최대허용치수	틈새 만
	최대틈새	최대허용치수	최소허용치수	
억지 끼워맞춤	최소죔새	최대허용치수	최소허용치수	죔새 만
	최대죔새	최소허용치수	최대허용치수	

55 다음과 같이 지시된 기하공차 기입 틀의 해독으로 옳은 것은?

//	0.07/100	B

① 평행도가 데이텀 B를 기준으로 지정길이 100mm에 대하여 0.07mm의 허용값을 가지는 것
② 평행도가 데이텀 B를 기준으로 지정길이 0.07mm에 대하여 100mm의 허용값을 가지는 것
③ 평행도가 데이텀 B를 기준으로 0.0007mm의 허용값을 가지는 것
④ 평행도가 데이텀 B를 기준으로 0.07~100mm의 허용값을 가지는 것

• 평행도가 데이텀 B를 기준으로 지정길이 100mm에 대하여 0.07mm의 허용값을 가지는 것
• // : 평행도
• 0.07/100 : 지정길이 100mm에 대한 공차값 0.07mm
• B : 데이텀

56 단면도의 표시방법에서 그림과 같이 도시하는 단면도의 종류 명칭은?

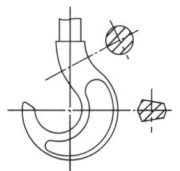

① 전단면도   ② 한쪽단면도
③ 부분단면도   ④ 회전도시단면도

④ 회전도시단면도 : 핸들, 벨트풀리, 기어 등과 같은 바퀴의 암, 림, 리브, 훅, 구조물의 부재 등의 절단면을 회전시켜 표시한다(본문 89p 회전도시단면도 그림 참조).
① 전단면도(온단면도) : 물체 전체를 둘로 절단해서 그림 전체를 단면으로 나타낸 것
② 한쪽단면도 : 상하 또는 좌우 대칭인 물체는 1/4을 떼어낸 것으로 보고 기본 중심선을 경계로 1/2은 외형, 1/2은 단면으로 동시에 나타낸다. 외형도의 절반과 온단면도의 절반을 조합하여 표시한 단면도이다.
③ 부분단면도 : 필요한 일부분만을 파단선에 의해 그 경계를 표시하고 나타낸다.

57 도면과 같이 위치도를 규제하기 위하여 B 치수에 이론적으로 정확한 치수를 기입한 것은?

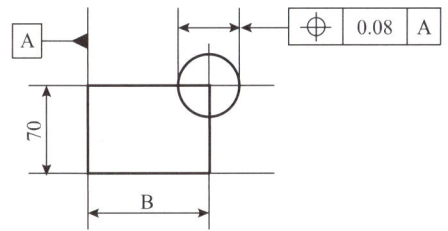

① (100)　　　　　② <u>100</u>

③ ~~100~~　　　　　④ 100

• 100 : 이론적으로 정확한 치수
• (100) : 참고치수

58 가공에 의한 줄무늬 방향의 기호 중 대략 동심원 모양을 나타내는 것은?

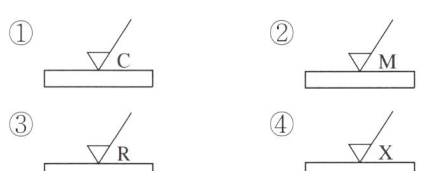

해설
C : 커터의 줄무늬가 기호를 기입한 면의 중심에 대하여 대략 동심원 모양

59 도면에 표시된 3/8 − 16UNC − 2A의 해석으로 옳은 것은?

① 피치는 3/8 인치이다.
② 산의 수는 1인치당 16개이다.
③ 유니파이 가는 나사이다.
④ 나사부의 길이는 2인치이다.

해설
3/8 − 16UNC − 2A
• 3/8 : 수나사의 외경(숫자 또는 번호)
• 16 : 산수(산의 수는 1인치당 16개)
• UNC : 유니파이 보통 나사이다.
• 2A : 나사 등급

60 가는 1점 쇄선의 용도로 적합하지 않은 것은?

① 도형의 중심을 표시하는 데 사용
② 중심이 이동한 중심궤적을 표시하는 데 사용
③ 위치 결정의 근거가 된다는 것을 명시할 때 사용
④ 단면의 무게중심을 연결한 선을 표시하는 데 사용

해설
가는 1점 쇄선의 용도
• 도형의 중심을 표시하는 데 사용
• 중심이 이동한 중심 궤적을 표시하는 데 사용
• 위치 결정의 근거가 된다는 것을 명시할 때 사용

명 칭	선의 종류	선의 용도
외형선	굵은 실선	대상물이 보이는 부분의 모양을 표시하는 데 사용한다.
치수선	가는 실선	치수를 기입하기 위하여 사용한다.
치수 보조선		치수를 기입하기 위하여 도형으로부터 끌어내는 데 사용한다.
지시선		기술, 기호 등을 표시하기 위하여 끌어내는 데 사용한다.
숨은선	가는 파선	대상물의 보이지 않는 부분의 모양을 표시하는 데 사용한다.
중심선	가는 1점 쇄선	도형의 중심을 표시하는 데 사용한다. 중심이 이동한 중심 궤적을 표시하는 데 사용한다.
특수 지정선	굵은 1점 쇄선	특수한 가공을 하는 부분 등 특별한 요구 사항을 적용할 수 있는 범위를 표시하는 데 사용한다(열처리).

※ 2017년부터는 CBT(컴퓨터 기반 시험)로 진행되어 수험자의 기억에 의해 문제를 복원하였습니다. 실제 시행문제와 일부 상이할 수 있음을 알려드립니다.

01 밀링에 관한 설명으로 틀린 것은?

① 만능 밀링 머신은 테이블을 임의 각도로 선회시킬 수 있다.

② 니(Knee)형 밀링 머신은 호칭번호로 규격을 표시하며, 테이블 좌우 이송량이 100mm 증가할 때마다 호칭번호가 커진다.

③ 플레이너형 밀링 머신은 플래노 밀러라고도 하며, 대형 중량물의 강력절삭에 적당하다.

④ 상향 절삭이란 밀링 커터의 회전 방향과 반대로 일감을 이송하는 절삭이다.

해설
밀링 머신의 크기는 여러 가지가 있으나 니형 밀링 머신의 크기는 일반적으로 Y축을 기준으로 한 호칭번호로 표시한다.
밀링 머신의 크기

호칭번호	테이블의 이송거리(mm)		
	전 후	좌 우	상 하
0호	150	450	300
1호	200	550	400
2호	250	700	450
3호	300	850	450
4호	350	1,050	450
5호	400	1,250	500

02 연삭숫돌은 연삭할 때 입자가 둔화되면 절삭저항이 증가하고, 이로 인해 입자가 탈락되어 새로 예리한 입자가 생성되어 별도의 절인가공 없이 절삭을 계속할 수 있는데 이러한 현상을 무엇이라 하는가?

① 재생가공　　　　② 절삭가공

③ 생성가공　　　　④ 자생작용

해설
자생작용 : 연삭 중에 숫돌 입자가 탈락하는 현상은 결합제로 결합되어 있는 입자들이 둔화되어 절삭저항이 증대되어 결합제의 강도 이상이 되면 입자가 탈락한다. 새로 예리한 입자가 생성되어 연삭이 진행되는 작용이다.

03 다음 그림과 같은 테이퍼를 선반에서 깎으려 한다. 심압대를 편위시켜 가공하려면 심압대를 몇 mm 이동시켜야 하는가?

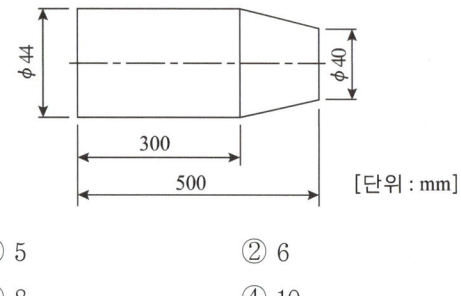

[단위 : mm]

① 5　　　　　　② 6

③ 8　　　　　　④ 10

해설
심압대를 편위시키는 방법(테이퍼가 작고 길이가 길 경우에 사용하는 방법)
심압대 편위량 구하는 계산식
$$e = \frac{(D-d) \times L}{2l} = \frac{(44-40) \times 500}{2 \times 200} = 5\text{mm}$$
∴ $e = 5$mm
여기서, L : 가공물의 전체길이, e : 심압대의 편위량, D : 테이퍼의 큰 지름, d : 테이퍼의 작은 지름, l : 테이퍼의 길이
선반에서 테이퍼 가공방법
• 복식 공구대를 경사시키는 방법
• 심압대를 편위시키는 방법
• 테이퍼 절삭장치를 이용하는 방법
• 총형 바이트를 이용하는 방법

04 선반의 부속품 중 선단 일부를 가공하여 가공물을 지지하거나 단면가공을 가능하도록 제작한 센터는?

① 평센터
② 베어링센터
③ 하프센터
④ 파이프센터

해설

③ 하프센터 : 정지센터로 가공물을 지지하고 단면을 가공하면 바이트와 가공물의 간섭으로 가공이 불가능하게 된다. 이때 보통센터의 선단 일부를 가공하여 단면가공이 가능하도록 제작한 센터이다.
① 평센터 : 가공물에 센터 구멍을 가공해서는 안 될 경우에 가공물의 단면을 평면으로 지지할 수 있도록 제작한 센터로 지지력은 다소 약하다.
② 베어링센터 : 선단 일부가 가공물의 회전에 의하여 함께 회전하도록 설계된 센터이다.
④ 파이프센터 : 큰 지름의 구멍이 있는 가공물을 지지할 때 사용한다.

센터의 종류

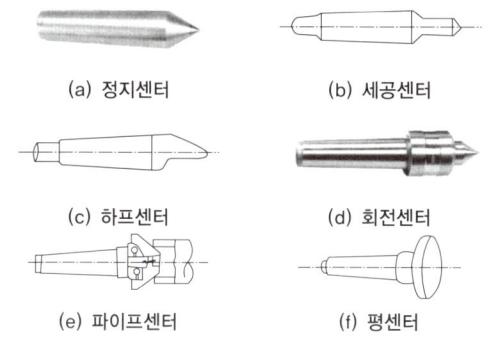

(a) 정지센터 (b) 세공센터

(c) 하프센터 (d) 회전센터

(e) 파이프센터 (f) 평센터

05 보통 선반에서 주축과 리드 스크루(Lead Screw)를 일정비율 속도비로 유지하게 하고 에이프런의 하프너트(Half Nut)를 사용하여 가공하는 작업은?

① 나사 작업   ② 외경 작업
③ 단면 작업   ④ 내경 작업

해설

보통 선반에서 주축과 어미나사(Lead Screw)축을 변환기어에 연결하여 어미나사 축과 주축의 회전비를 맞추면 필요한 나사의 피치로 가공할 수 있다. 즉, 어미나사가 1회전할 때, 가공물이 몇 회전을 하는가를 변환기어로서 조정하는 원리가 나사를 절삭하는 원리이다. 에이프런의 하프너트(Half Nut)를 어미나사에 물리면 왕복대 공구대에 설치된 나사 바이트가 길이방향으로 이송하여 원하는 나사를 가공할 수 있다.

06 드릴작업 시 드릴의 파손원인이 될 수 없는 것은?

① 이송량이 너무 작아 절삭저항이 감소할 때
② 시닝(Thinning)이 너무 커서 드릴이 약해졌을 때
③ 드릴이 필요 이상으로 너무 길게 고정되어 있을 때
④ 구멍에서 절삭 칩이 배출되지 못하고 가득 차 있을 때

해설

드릴의 파손원인
• 이송이 너무 커서 절삭저항이 증가할 때
• 절삭날이 규정된 각도와 형상으로 연삭되지 않아 한쪽 부분으로 과대한 절삭력이 작용할 때
• 드릴 가공 중에 드릴이 외력에 의해 구부러진 상태로 계속 가공할 때
• 시닝(Thinning)이 너무 커서 드릴이 약해졌을 때
• 구멍에 절삭 칩이 배출되지 못하고 가득 차 있을 때
• 드릴이 필요 이상으로 너무 길게 고정되어 이송 중에 드릴이 휘어질 때

07 밀링절삭에서 하향절삭과 비교한 상향절삭의 특징을 설명한 것 중 틀린 것은?

① 절삭력이 일감을 들어 올리는 방향으로 작용하므로 가공물의 고정이 불리하다.
② 마찰저항이 커서 절삭공구를 위로 들어 올리는 힘이 작용한다.
③ 가공면의 표면 거칠기가 상향에 의한 회전저항으로 전체적으로 하향절삭보다 나쁘다.
④ 하향절삭에 비해 공구의 수명이 길다.

상향절삭 시 인선의 수명 : 절입할 때 마찰열로 마모가 빠르고 공구 수명이 짧다.
상향절삭과 하향절삭의 차이점

구 분	상향절삭	하향절삭
방 향	커터 회전방향과 공작물 이송방향이 반대가 된다.	커터 회전방향과 공작물 이송방향이 동일하다.
백래시	절삭에 별 지장이 없다.	백래시를 제거해야 한다.
기계의 강성	강성이 낮아도 무관하다.	가공할 때 충격이 있어 높은 강성이 필요하다.
가공물의 고정	절삭력이 상향으로 작용하여 고정이 불리하다.	절삭력이 하향으로 작용하여 가공물 고정이 유리하다.
인선의 수명	절입할 때 마찰열로 마모가 빠르고 공구 수명이 짧다.	상향절삭에 비하여 공구 수명이 길다.
마찰저항	마찰저항이 커서 절삭공구를 위로 들어 올리는 힘이 작용한다.	절입할 때 마찰력은 작으나 하향으로 충격력이 작용한다.
가공면의 표면 거칠기	광택은 있으나 상향에 의한 회전저항으로 전체적으로 하향절삭보다 나쁘다.	가공 표면에 광택은 적으나, 저속 이송에서는 회전저항이 발생하지 않아 표면 거칠기가 좋다.

08 연삭숫돌에 눈메움이나 무딤현상이 발생되었을 때 이를 해결하는 방법으로 옳은 것은?

① 황 삭   ② 몰 딩
③ 버 핑   ④ 드레싱

눈메움이나 무딤이 발생하여 절삭성이 나빠진 연삭숫돌 표면에 드레서를 사용하여 예리한 절삭날을 숫돌 표면에 생성하여 절삭성을 회복시키는 작업을 드레싱(Dressing)이라 한다.

09 화학적 가공에 대한 설명 중 화학절단에 대한 것은?

① 인선이 없는 메탈 소(Saw)를 가공할 부위에 마찰시키면서 가공액을 공급하여 가공한다.
② 열에너지를 이용하여 가공물의 전면(全面)을 균일하게 용해, 두께를 얇게 가공한다.
③ 가공부분의 요철부분의 볼록부(凸部)를 가공할 때 기계적 마찰을 병행하여 보다 능률적으로 가공한다.
④ 가공물의 표면에서 가공이 필요하지 않은 부위는 내식성 피막을 하고 가공할 부분만을 가공한다.

• 화학절단 : 인선이 없는 메탈 소(Metal Saw)를 절단할 부분에 마찰을 시키면서 가공액을 공급하면 용삭이 진행되어 절단이 되는 가공 방법이다.
• 화학밀링 : 일명 화학절삭이라고 하며, 가공물 표면에서 가공이 필요하지 않은 부분은 내식성 피막을 하고 가공할 부분만을 가공한다.
• 화학연삭 : 용삭과 유사한 방법으로 가공물의 표면에 요철부분의 볼록부를 가공할 때 기계적 마찰로서 용삭보다 더욱 능률적인 가공을 하는 방법이다.
• 화학연마 : 열에너지를 이용하여 가공물의 전면을 균일하게 용해하여 두께를 얇게 하거나, 가공 표면의 오목 부분은 가공하지 않고 볼록 부분만을 신속하게 가공하여 평활한 표면으로 가공하는 방법이다.

10 선반가공에서 공작물의 직경이 80mm이고 절삭속도가 150m/min로 2분간 가공하였을 때 총회전수는?

① 598 　　　　　② 1,194

③ 1,400 　　　　　④ 2,195

회전수를 구하는 공식

$$n = \frac{1,000v}{\pi d} = \frac{1,000 \times 150\text{m/min}}{\pi \times 80\text{mm}} \fallingdotseq 596.83\,\text{rpm}$$

2분 동안 → 596.83rpm × 2 = 1,193.66rpm

∴ 2분 동안 주축 총회전수(rpm) ≒ 1,194rpm

여기서, v : 절삭속도(m/min)

　　　　d : 공작물 지름(mm)

　　　　n : 스핀들 회전 수(rpm)

11 원통 외경연삭의 이송 방식에 해당하지 않는 것은?

① 플랜지 컷 방식

② 테이블 왕복식

③ 유성형 방식

④ 연삭숫돌대 방식

해설

• 외경연삭의 이송법 : 테이블 왕복식, 연삭숫돌대 방식, 플랜지 컷 방식

• 내면연삭 방식 : 보통형, 유성형, 센터리스형

12 그림과 같은 입체도의 화살표 방향이 정면도일 때 우측면도로 가장 적합한 투상도는?

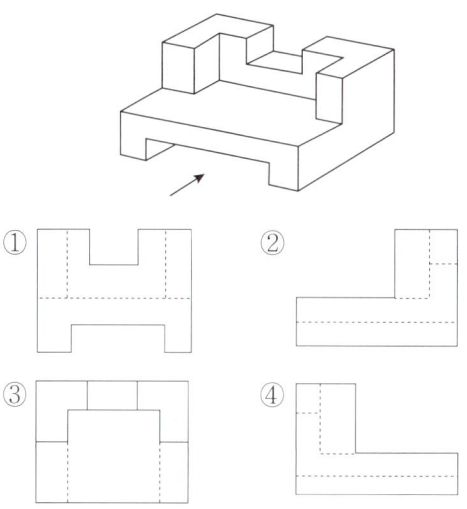

13 도면과 같이 위치도를 규제하기 위하여 B치수에 이론적으로 정확한 치수를 기입한 것은?

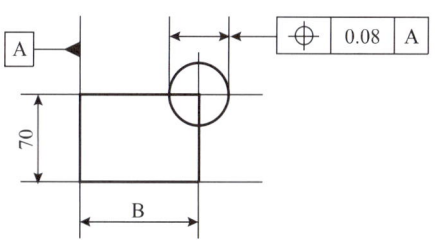

① (100) 　　　　　② 100

③ ~~100~~ 　　　　　④ 100

해설

이론적으로 정확한 치수는 직사각형 안에 치수를 기입한다.

※ C : 45° 모따기, ( ) : 참고 치수, $\boxed{40}$: 이론적으로 정확한 치수

14 KS에 규정한 측정실의 표준온도는?

① 14℃ ② 16℃

③ 18℃ ④ 20℃

해설

KS에서 측정기의 정도 결정은 온도는 20℃, 기압은 760mmHg,
습도는 58%로 규정하고 있다.

15 −5μm의 오차를 가지고 있는 마이크로미터로 측
정한 값이 30.115mm라면 이 제품의 실 측정값은?

① 30.110mm

② 30.115mm

③ 30.120mm

④ 30.125mm

해설

실 측정값 = 측정값 − 오차

= 30.115mm − (−5μm) = 30.115mm + 0.005mm

= 30.120mm

※ −5μm = −0.005mm

16 보기와 같은 분할핀에서 호칭지름은 몇 mm인가?

┤ 보기 ├

분할핀 KS B 1321−5×50−St

① 13mm

② 5mm

③ 10mm

④ 30mm

해설

분할핀의 5×50에서 5(호칭지름), 50(분할핀 길이)이다.

17 합금의 종류 중 고용융점 합금에 해당하는 것은?

① 타이타늄 합금

② 텅스텐 합금

③ 마그네슘 합금

④ 알루미늄 합금

해설

텅스텐(W) : 용융온도 3,400℃, 고용융점 합금, 전구 필라멘트

18 자동차의 스티어링 장치, 수치제어 공작기계의 공
구대, 이송장치 등에 사용되는 나사는?

① 둥근나사

② 볼나사

③ 유니파이나사

④ 미터나사

해설

CNC 공작기계에서는 높은 정밀도가 필요하다. 일반적인 나사와
너트는 면 접촉이기 때문에 마찰열에 의한 열팽창으로 정밀도가
떨어진다. 이런 단점을 해소하기 위해 볼스크루(볼나사)를 사용한
다. 볼스크루는 점 접촉이 이루어지므로 마찰이 작아 정밀하다.
너트를 조정하여 백래시를 거의 0에 가깝도록 할 수 있다.

① 둥근나사 : 먼지, 모래, 등의 이물질이 나사산을 통하여 들어갈
염려가 있을 때 사용한다.

③ 유니파이나사 : 영국, 미국, 캐나다의 협정에 의해 만들어진
나사로 ABC나사라고도 한다. 나사산의 각이 60°인 인치계 나
사이다.

19 지름이 60mm 축에 폭이 10mm인 성크키를 설치했을 때, 일반적으로 전단하중만을 받을 경우 키가 파손되지 않으려면 키의 길이는 몇 mm인가?

① 25mm   ② 90mm

③ 150mm   ④ 200mm

해설

일반적으로 키의 길이는 축지름의 1.5배 또는 보스의 너비와 같게 하여 사용한다.

$l = 1.5d = 1.5 \times 60\text{mm} = 90\text{mm}$

20 모듈 5, 잇수가 40인 표준 평기어의 이끝원지름은 몇 mm인가?

① 200mm

② 210mm

③ 220mm

④ 240mm

해설

모듈$(m) = \dfrac{D}{Z} \rightarrow D = m \cdot Z = 5 \times 40 = 200\text{mm}$

피치원지름$(D) = 200\text{mm}$

→ 이끝원지름 = 피치원지름$(D) + (2 \times h_k) = D + 2 \cdot h_k$

             $= 200 + (2 \times 5) = 210\text{mm}$

∴ 이끝원지름 = 210mm

여기서, m : 모듈

        D : 피치원지름

        Z : 잇수

        h_k : 이끝높이($h_k = m$ 즉, $h_k = 5$)

※ 이끝높이(h_k) : 피치원에서 이끝원까지의 거리를 이끝높이라 하며, 이끝원은 이끝을 연결한 원이다.

21 게이지블록의 모양에 따른 종류가 아닌 것은?

① 캐리형   ② 요한슨형

③ 호크형   ④ 웨이브형

해설

블록게이지의 구조

• 요한슨(Johansson)형 : 직사각형의 단면을 가진 요한슨형

• 호크(Hoke)형 : 중앙에 구멍이 뚫린 정사각형의 단면을 가진 호크형

• 캐리(Carry)형 : 원형으로 중앙에 구멍이 뚫린 캐리형

블록게이지의 형상

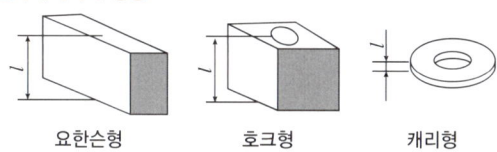

요한슨형   호크형   캐리형

22 하중의 작용 상태에 따른 분류에서 재료의 축선 방향으로 늘어나게 하려는 하중은?

① 굽힘하중   ② 전단하중

③ 인장하중   ④ 압축하중

해설

하중의 작용 상태에 따른 분류

• 인장하중 : 재료의 축선 방향으로 늘어나게 하려는 하중(a)

• 압축하중 : 재료의 축선 방향으로 재료를 누르는 하중(b)

• 전단하중 : 재료를 가위로 가로 방향으로 자르려는 것과 같은 형태의 하중(c)

• 굽힘하중 : 재료를 구부려 휘어지게 하는 형태의 하중(d)

• 비틀림하중 : 재료를 비트는 형태로 작용하는 하중(e)

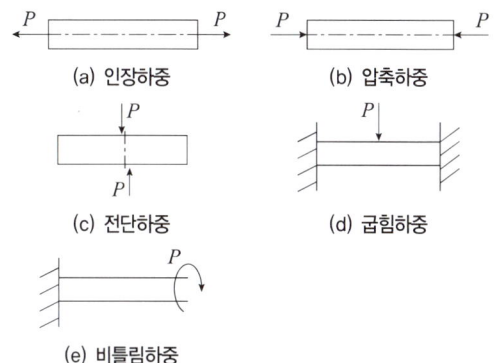

(a) 인장하중   (b) 압축하중

(c) 전단하중   (d) 굽힘하중

(e) 비틀림하중

23 양쪽 끝 모두 수나사로 되어 있으며, 한쪽 끝에 상대 쪽에 암나사를 만들어 미리 반영구적으로 나사박음하고, 다른 쪽 끝에 너트를 끼워 죄도록 하는 볼트는 무엇인가?

① 스테이 볼트
② 아이 볼트
③ 탭 볼트
④ 스터드 볼트

해설

④ 스터드 볼트 : 양쪽 끝 모두 수나사로 가공한 머리 없는 볼트로, 태핑하여 암나사를 낸 몸체에 죄어 놓고 다른 쪽에는 결합할 부품을 대고 너트로 죈다.
① 스테이 볼트 : 간격 유지 볼트, 두 물체 사이의 거리를 일정하게 유지한다.
② 아이볼트 : 볼트의 머리부에 핀을 끼울 구멍이 있어 자주 탈착하는 뚜껑의 결합에 사용된다. 무거운 물체를 달아 올리기 위하여 훅을 걸 수 있는 고리가 있는 볼트이다.

볼트의 명칭	볼트 그림	볼트의 개요와 용도
관통 볼트		체결하고자 하는 두 물체에 구멍을 뚫고 여기에 볼트를 관통시킨 후, 그 반대쪽에서 너트로 조인다.
탭 볼트		체결하고자 하는 물체의 두께가 너무 두꺼워 관통 구멍을 뚫을 수 없을 때 사용한다. 이때 물체의 한쪽은 관통시키고, 다른 한쪽은 암나사를 깎아 나사 박음을 하는 것으로 너트를 사용하지 않는다.
스터드 볼트		양 끝에 수나사를 깎은 머리 없는 볼트로서 한쪽 끝은 본체에 고정시키고, 또 다른 한쪽 끝에는 너트를 조여서 고정시킨다.

24 표면의 결 도시방법에서 어떤 제작공정 도면에 이미 제거가공 또는 다른 방법으로 얻어진 전(前) 가공의 상태를 그대로 남겨 두는 것만을 지시하는 기호는?

해설

종 류	의 미
	제거가공의 필요 여부를 문제 삼지 않는다.
	제거가공을 필요로 한다.
	제거가공을 해서는 안 된다(전 가공의 상태를 그대로 남겨두는 것 지시).

25 인벌류트 치형을 가진 표준 스퍼기어의 전체의 높이는 다음 중 어떤 값이 되는가?

① "모듈"의 크기와 동일하다.

② "2.25×모듈"의 값이 된다.

③ "π×모듈"의 값이 된다.

④ "잇수×모듈"의 값이 된다.

해설

① 이끝높이

② 전체 이 높이

③ 원주피치

④ 피치원지름

스퍼기어의 계산공식

피치원 지름	$D_1 = z_1 m, \ D_2 = z_2 m$
중심 거리	$C = \dfrac{D_1 + D_2}{2} = \dfrac{m(z_1 + z_2)}{2}$
이끝 높이	$h_k = m$
이뿌리 높이	$h_f = h_k + C_k' \geq 1.25m$
클리어런스	$C_k' \geq 0.25m$
전체 이 높이	$h \geq 2.25m$
이끝원 지름	$D_{k1} = D_1 + 2h_k = (z_1 + 2)m$ $D_{k2} = D_2 + 2h_k = (z_2 + 2)m$
원주 피치	$p = \pi m$
원호 이 두께	$\dfrac{p}{2} = \dfrac{\pi m}{2}$
압력각	$\alpha = 20°$

26 다음 스퍼기어 요목표에서 ㉠으로 맞는 것은 무엇인가?

스퍼기어		
기어치형		표준
공 구	치 형	보통 이
	㉠	2
	㉡	20°
㉢		31
㉣		62
전체 이 높이		4.5
다듬질 방법		호브절삭
정밀도		KS B 1505, 5급

① 피치원 지름   ② 잇 수

③ 압력각   ④ 모 듈

27 기계제도에서 "C5" 기호를 나타내는 방법으로 옳은 것은?

①    ②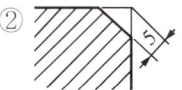

③ 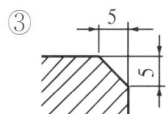   ④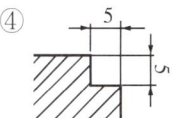

해설

모따기 치수 기입은 ③번과 같이 45°인 모따기의 경우 'C' 기호 다음에 모따기 길이 치수를 'C5'와 같이 기입한다.

모따기 치수 기입 방법

• 45° 이하인 모따기의 치수 기입 → 보통 치수 기입방법에 따라 기입

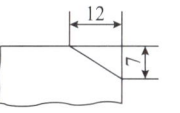   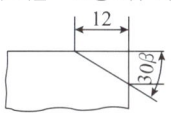

• 45°인 모따기의 치수 기입

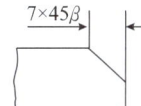   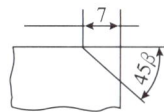   

28 주로 대칭인 물체의 중심선을 기준으로 내부 모양과 외부 모양을 동시에 표시하는 단면도는?

① 온 단면도   ② 부분 단면도

③ 한쪽 단면도   ④ 회전도시 단면도

해설

③ 한쪽 단면 : 상하 또는 좌우 대칭인 물체는 1/4을 떼어 낸 것으로 보고 기본 중심선을 경계로 1/2은 외형, 1/2은 단면으로 동시에 나타낸다.

① 온 단면 : 물체 전체를 둘로 절단해서 그림 전체를 단면으로 나타낸 것(전단면도)이다.

② 부분 단면 : 필요한 일부분만을 파단선에 의해 그 경계를 표시하고 나타낸다.

④ 회전도시 단면 : 핸들, 벨트 풀리, 기어 등과 같은 바퀴의 암, 림, 리브, 훅, 축과 주로 구조물에 사용하는 형강 등의 절단한 모양을 90°로 회전시켜 투상도의 안이나 밖에 그리는 것이다.

29 축의 설계 시 고려해야 할 사항으로 거리가 먼 것은?

① 강 도 　　　　② 제동장치
③ 부 식 　　　　④ 변 형

30 A3 도면의 크기로 맞는 것은?

① 210×297 　　　② 297×420
③ 841×1,189 　　④ 594×841

31 3줄 나사에서 피치가 2mm일 때 나사를 5회전시키면 이동하는 거리는 몇 mm인가?

① 6 　　　　② 12
③ 18 　　　④ 30

32 한 변의 길이가 20mm인 정사각형 단면에 4kN의 압축 하중이 작용할 때 내부에 발생하는 압축응력은 얼마인가?

① 10N/mm^2 　　② 20N/mm^2
③ 100N/mm^2 　④ 200N/mm^2

33 그림과 같은 암나사 관련 부분의 도시 기호의 설명으로 틀린 것은?

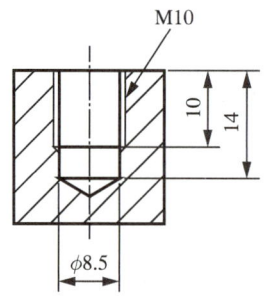

① 드릴의 지름은 8.5mm
② 암나사의 안지름은 10mm
③ 드릴 구멍의 깊이는 14mm
④ 유효 나사부의 길이는 10mm

34 그림과 같이 물체의 구멍, 홈 등 특정 부위만의 모양을 도시하는 투상도의 명칭은?

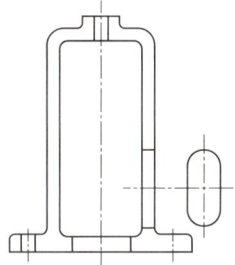

① 보조 투상도   ② 국부 투상도
③ 전개 투상도   ④ 회전 투상도

> **해설**
> • 국부 투상도 : 대상물의 구멍 홈 등 한 국부만의 모양을 도시하는 것으로 충분한 경우에는 그 필요한 부분만을 국부 투상도로서 나타낸다.
> • 보조 투상도 : 경사면의 실제 모양을 표시할 필요가 있을 때, 보이는 부분의 전체 또는 일부분을 나타낸다.
> • 회전 투상도 : 대상물의 일부가 각도를 가지고 있을 때, 실제 모양을 나타내기 위해 그 부분을 회전시켜 실제 모양을 나타낸다.
> • 부분 투상도 : 그림의 일부만 도시하는 것으로 충분한 경우에는 그 필요 부분만을 투상하여 나타낸다.

35 그림에서 ㉠은 선반의 부속장치 중 무엇인가?

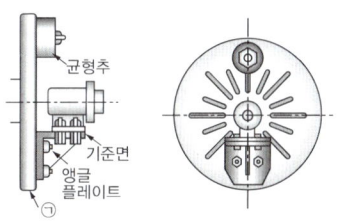

균형추 / 기준면 / 앵글 플레이트

① 면 판   ② 센 터
③ 맨드릴   ④ 분할대

> **해설**
> ㉠은 면판이며 척으로 고정할 수 없는 대형 공작물이나 복잡한 형상의 공작물을 T볼트나 클램프 또는 앵글 플레이트 등을 사용하여 고정한다. 공작물이 중심에서 무게의 균형이 맞지 않을 때에는 균형추를 설치하여 사용한다.
>
> **선반과 밀링의 부속품**
>
> | 선반의 부속품 | 밀링의 부속품 |
> | --- | --- |
> | 방진구, 맨드릴, 센터, 면판, 돌림판과 돌리개, 척 등 | 분할대, 바이스, 회전 테이블, 슬로팅 장치 등 |

36 다음 그림은 드릴링 머신을 이용한 가공 방법 중 무엇인가?

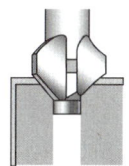

① 리 밍   ② 스폿 페이싱
③ 카운터 보링   ④ 카운터 싱킹

> **해설**
> 그림은 카운터 싱킹을 나타내는 그림이다.
>
> **드릴가공의 종류**
> • 카운터 보링 : 볼트의 머리 부분이 돌출되면 곤란한 부분이 있다. 이러한 경우에 볼트 또는 너트의 머리 부분이 가공물 안으로 묻히도록 드릴과 동심원의 2단 구멍을 절삭하는 방법
> • 카운터 싱킹 : 나사 머리의 모양이 접시모양일 때 테이퍼 원통형으로 절삭하는 가공
> • 리밍 : 구멍의 정밀도를 높이기 위해 구멍을 다듬는 작업
> • 태핑 : 공작물 내부에 암나사 가공, 태핑을 위한 드릴가공은 나사의 외경−피치로 함
> • 스폿 페이싱 : 볼트나 너트를 체결하기 곤란한 경우에 볼트나 너트가 닿는 구멍 주위에 부분만을 평탄하게 가공하여 체결이 잘되도록 하는 가공 방법
> • 보링 : 뚫린 구멍을 다시 절삭, 구멍을 넓히고 다듬질하는 것

37 다음 절삭저항 3분력의 명칭과 크기 비교가 맞는 것은?

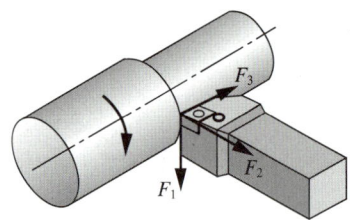

① F_1 : 배분력 > F_2 : 주분력 > F_3 : 이송분력

② F_1 : 주분력 < F_2 : 이송분력 < F_3 : 배분력

③ F_1 : 이송분력 > F_2 : 주분력 > F_3 : 배분력

④ F_1 : 주분력 < F_2 : 배분력 < F_3 : 이송분력

해설

F_1 : 주분력 < F_2 : 배분력 < F_3 : 이송분력

절삭저항 3분력
- F_1 : 주분력 : 절삭방향에 평행
- F_2 : 배분력 : 절삭 깊이 방향
- F_3 : 이송분력 : 이송방향에 평행

---

38 우드러프 키라고도 하며, 일반적으로 60mm 이하의 작은 축에 사용되고, 특히 테이퍼 축에 편리한 키는?

① 평 키   ② 반달키

③ 성크키   ④ 원뿔키

해설

② 반달키(Woodruff Key) : 우드러프 키라고 하며 축에 반달 모양의 홈을 만들어 반달 모양으로 가공된 키를 끼운다. 축에 키홈을 깊게 파기 때문에 축의 강도가 약하게 되는 결점이 있으나, 키가 홈 속에서 자유로이 기울어질 수가 있어 키가 자동적으로 축과 보스에 조정되는 장점이 있다. 테이퍼 축에 회전체를 결합할 때 편리하다.

④ 원뿔키 : 축과 보스와의 사이에 2~3곳을 축 방향으로 쪼갠원뿔을 때려 박아 축과 보스를 헐거움 없이 고정할 수 있고 축과 보스의 편심이 적다.

③ 성크키(묻힘키) : 축과 보스의 양쪽에 모두 키 홈을 가공한다.

---

39 다음 그림의 연강을 절삭할 때 일반적인 칩 형태의 범위를 나타낸 것이다. (A), (B), (C)에 해당하는 칩 형태를 바르게 짝지은 것은?

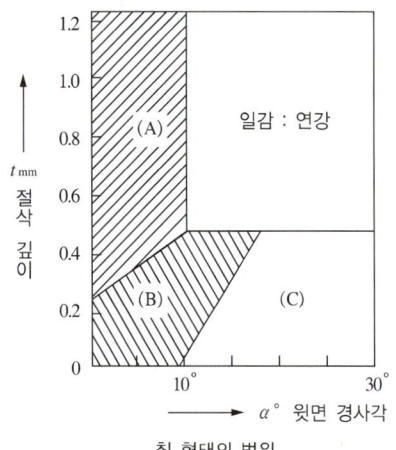

칩 형태의 범위

① (A) : 경작형, (B) : 유동형, (C) : 전단형

② (A) : 경작형, (B) : 전단형, (C) : 유동형

③ (A) : 전단형, (B) : 유동형, (C) : 균열형

④ (A) : 유동형, (B) : 균열형, (C) : 전단형

해설

(A) : 경작형, (B) : 전단형, (C) : 유동형

칩의 종류
- 유동형칩 : 칩이 경사면 위를 연속적으로 원활하게 흘러 나가는 모양으로 연속형 칩이다.
- 전단형칩 : 칩이 경사면 위를 원활하게 흐르지 못해서, 절삭공구가 칩을 밀어내는 압축력이 커지면서 발생하여 칩이 연속적으로 가공되기는 하나 분자 사이에 전단이 일어나는 형태의 칩을 전단형 칩이라고 한다.
- 경작형(열단형)칩 : 점성이 큰 가공물을 경사각이 적은 절삭공구로 가공할 때, 절삭 깊이가 클 때 발생하기 쉬운 칩의 형태이다.
- 균열형칩 : 주철과 같이 메진 재료를 저속으로 절삭할 때, 발생하는 칩의 형태로서 순간적인 균열이 발생하여 생기는 칩이다.

유동형 칩	전단형 칩
경작형(열단형) 칩	균열형 칩

40 다음은 버니어캘리퍼스의 구조와 명칭을 나타낸 그림이다. 구조와 명칭이 바르게 짝지어진 것은?

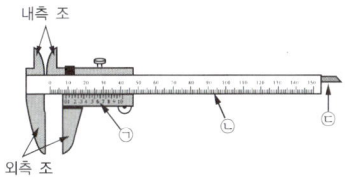

① ㉠ 깊이바, ㉡ 어미자, ㉢ 아들자
② ㉠ 깊이바, ㉡ 아들자, ㉢ 어미자
③ ㉠ 아들자, ㉡ 어미자, ㉢ 고정나사
④ ㉠ 아들자, ㉡ 어미자, ㉢ 깊이바

41 다음 최솟값이 1/50mm인 버니어캘리퍼스 측정값은 무엇인가?

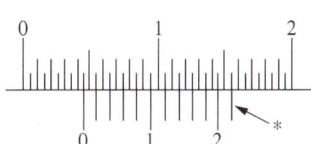

① 4.70mm
② 4.72mm
③ 4.73mm
④ 4.74mm

42 끼워맞춤 공차 $\phi50H7/g6$에 대한 설명으로 틀린 것은?

① $\phi50H7$의 구멍과 $\phi50g6$ 축의 끼워맞춤이다.
② 축과 구멍의 호칭 치수는 모두 $\phi50$이다.
③ 구멍 기준식 끼워맞춤이다.
④ 중간 끼워맞춤의 형태이다.

기준구멍		H6		H7
축의 공차 범위 클래스	헐거운 끼워 맞춤			
				e7
		f6	f6	f7
		g5	g6	g6
		h5	h6	h6	h7
	중간 끼워 맞춤	js5	js6	js6	js7
		k5	k6	k6
		m5	m6	m6
	억지 끼워 맞춤		n6	n6
			p6	p6
				r6
				s6
				t6
				u6
				x6

43 연삭숫돌의 검사방법으로 고무 해머를 사용하여 음향의 둔탁함·울림 등으로 균열이나 결함을 검사하는 방법은?

① 육안검사　　　② 음향검사
③ 회전시험　　　④ 가공시험

해설
음향검사 : 나무 해머나 고무 해머 등으로 연삭숫돌의 상태를 검사하는 방법
• 정상상태 숫돌 : 음향이 맑고, 울림이 있는 숫돌
• 균열상태 숫돌 : 음향이 둔탁하고 울림이 없으면 균열이나 결함이 발생한 숫돌

44 견고하고 금긋기에 적당하며, 비교적 대형으로 영점 조정이 불가능한 하이트 게이지로 옳은 것은?

① HT형　　　② HB형
③ HM형　　　④ HC형

해설
③ HM형 : 견고하고 금긋기에 적당하며, 비교적 대형으로 영점 조정이 불가능하다.
① HT형 : 표준형으로 본척의 이동 영점 조정이 가능하다.
② HB형 : 경량 측정에 적당하고 금긋기용으로는 부적당하다.
하이트 게이지(Height Gauge)
• 대형 부품, 복잡한 모양의 부품 등을 정반 위에 올려 놓고 정반면을 기준으로 하여 높이를 측정하거나 스크라이버 끝으로 금긋기 작업을 하는 데 사용한다.
• 하이트게이지의 기본 구조는 스케일과 베이스 및 서피스 게이지를 한데 묶은 구조이다.
• 하이트게이지는 HM형, HB형, HT형의 3종류가 대표적이다.

45 지름이 25mm이고 길이가 50mm인 저널 베어링에서 5.9kN의 하중을 지지하고 있을 때 저널면에 작용하는 압력은 약 몇 MPa인가?

① 3.59　　　② 4.18
③ 4.72　　　④ 4.90

해설
$$p = \frac{W}{dl} = \frac{5.9 \times 1,000\text{N}}{25\text{mm} \times 50\text{mm}} = 4.72\text{N/mm}^2 = 4.72\text{MPa}$$
∴ 저널면에 작용하는 압력 = 4.72MPa
여기서, W : 하중(N), p : 저널면에 작용하는 압력(MPa)
　　　　d : 베어링지름(mm), l : 베어링길이(mm)
※ $5.9\text{kN} = 5.9 \times 10^3\text{N}(1\text{N/mm}^2 = 1\text{MPa})$

46 다음 표면의 결 지시 기호에 대한 설명으로 틀린 것은?

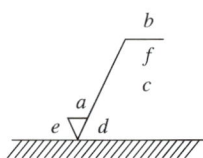

① b : 가공방법
② c : 파형의 높이
③ d : 표면의 줄무늬 방향
④ e : 샘플링 길이

해설
④ e : 다듬질 여유 기입

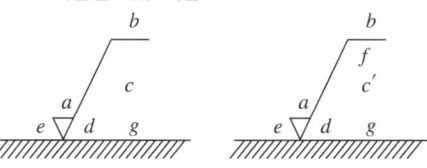

a : 산술 평균 거칠기의 값
b : 가공 방법의 문자 또는 기호
c : 컷오프값(파형의 높이)
c' : 기준 길이
d : 줄무늬 방향의 기호
e : 다듬질 여유 기입
f : 산술 평균 거칠기 이외의 표면 거칠기값
g : 표면 파상도

47 동력전달을 직접 전동법과 간접 전동법으로 구분할 때, 직접 전동법으로 분류되는 것은?

① 체인 전동
② 벨트 전동
③ 마찰차 전동
④ 로프 전동

해설
• 직접 전동법 : 마찰차, 기어 등
• 간접 전동법 : 벨트, 로프, 체인 등

48 상온이나 고온에서 단조성이 좋아지므로 고온가공이 용이하며 강도를 요하는 부분에 사용하는 황동은?

① 톰 백   ② 6-4황동
③ 7-3황동   ④ 함석황동

해설
② 6-4황동 : Cu(60%)-Zn(40%), 아연(Zn)이 많을수록 인장강도가 증가하여 고온가공이 용이하며 강도를 요하는 부분에 사용한다. 아연(Zn) 45%일 때 인장강도가 가장 크다.
③ 7-3황동 : Cu(70%)-Zn(30%), 연신율이 가장 크다.
① 톰백 : 5~20% Zn의 황동을 첨가한 것이다.

49 담금질한 강의 잔류 오스테나이트를 제거하고 마텐자이트를 얻기 위하여 0℃ 이하에서 처리하는 열처리는?

① 심랭처리
② 염욕처리
③ 오스템퍼링
④ 항온변태처리

해설
심랭처리 : 실온에서 마텐자이트 변태가 완전히 끝나지 않아 다소의 오스테나이트가 남게 된다. 담금질한 강을 실온까지 냉각한 다음, 다시 계속하여 실온 이하의 마텐자이트 변태 종료 온도까지 냉각하여 잔류 오스테나이트를 마텐자이트로 변화시키는 열처리이다.
※ 심랭처리 주목적 : 치수변화를 방지하기 위함이며, 정밀도가 필요한 게이지, 볼베어링에 이용된다.

50 입도가 작고 연한 숫돌에 작은 압력으로 가압하면서 가공물에 이송을 주고, 동시에 숫돌에 진동을 주어 표면 거칠기를 향상시키는 가공법은?

① 배럴(Barrel)
② 래핑(Lapping)
③ 버니싱(Burnishing)
④ 슈퍼피니싱(Super Finishing)

해설
④ 슈퍼피니싱(Super Finishing) : 연한 숫돌에 작은 압력으로 가압하면서 가공물에 이송을 주고, 동시에 숫돌에 진동을 주어 표면 거칠기를 높이는 가공방법(작은 압력+이송+진동)
① 배럴(Barrel) : 충돌가공(주물귀, 돌기 부분, 스케일 제거), 회전하는 상자 속에 공작물과 미디어, 콤파운드(유자+직물), 공작액 등을 넣고 회전과 진동을 주어 표면을 다듬질(회전형, 진동형)
② 래핑(Lapping) : 가공물과 랩(Lap) 사이에 랩제를 넣고 가공물에 압력을 가하면서 표면거칠기가 우수한 가공면을 얻는 가공방법
③ 버니싱(Burnishing) : 원통형 내면에 강철 볼 형의 공구를 압입해 통과시켜 매끈하고 정도가 높은 면을 얻는 가공법

51 각도 측정을 할 수 있는 사인바(Sine Bar)의 설명으로 틀린 것은?

① 정밀한 각도 측정을 하기 위해서는 평면도가 높은 평면에서 사용해야 한다.
② 롤러의 중심거리는 보통 100mm, 200mm로 만든다.
③ 40° 이상의 큰 각도를 측정하는 데 유리하다.
④ 사인바는 길이를 측정하여 직각 삼각형의 삼각함수를 이용한 계산에 의하여 임의각의 측정 또는 임의 각을 만드는 기구이다.

해설
사인바를 사용할 때는 각도가 45°보다 큰 각을 쓸 때는 오차가 커지기 때문에 사인바는 기준면에 대하여 45°보다 작게 사용한다. 즉, 45° 이하의 각도를 측정하는 데 유리하다.

사인바(Sine Bar)

• 사인바 각도 공식 : $sin\alpha = \dfrac{H-h}{L}$ 🌈 반드시 암기(자주 출제)

• 사인바는 블록 게이지와 같이 사용하며, 삼각함수의 사인을 이용하여 임의의 각도를 길이로 계산하여 간접적으로 각도를 구하는 방법으로 크기는 롤러와 롤러 중심 간의 거리로 표시한다.
• 사인바 롤러의 중심거리는 계산을 쉽게 하도록 보통 100mm 또는 200mm로 만들어져 있다.
• 각도 측정에 사용되는 것 : 사인바, 각도 게이지, 수준기, 오토콜리미터 등

52 밀링작업에 대한 안전사항으로 틀린 것은?

① 가동 전에 각종 레버, 자동이송, 급속이송장치 등을 반드시 점검한다.
② 정면커터로 절삭작업을 할 때 칩 커버를 벗겨 놓는다.
③ 주축속도를 변속시킬 때에는 반드시 주축이 정지한 후에 변화한다.
④ 밀링으로 절삭한 칩은 날카로우므로 주의하여 청소한다.

해설
정면커터로 절삭작업을 할 때 칩 커버를 벗겨 놓지 않는다.

53 절삭제의 사용목적과 거리가 먼 것은?

① 공구의 온도 상승 저하
② 가공물의 정밀도 저하 방지
③ 공구 수명 연장
④ 절삭 저항의 증가

해설
절삭유는 절삭 저항을 감소시킨다.

절삭유제의 사용목적
• 구성인선의 발생을 방지한다.
• 공구의 인선을 냉각시켜 공구의 경도 저하를 방지한다(공구 수명 연장).
• 가공물을 냉각시켜, 절삭열에 의한 정밀도 저하를 방지한다.
• 공구의 마모를 줄이고 윤활 및 세척작용으로 가공 표면을 양호하게 한다.
• 칩을 씻어주고 절삭부를 깨끗이 닦아 절삭작용을 쉽게 한다.

54 다음 중 비절삭 시간을 단축하기 위하여 머시닝센터에 부착되는 장치는?

① 암(Arm)
② 베이스와 칼럼
③ 컨트롤 장치
④ 자동공구교환장치(ATC)

해설
• 자동공구교환장치(ATC) : 머시닝센터에서 여러 가지 가공을 순차적으로 할 수 있도록 자동으로 공구를 교환해 주는 장치로 공구를 교환하는 ATC 암과 많은 공구가 격납되어 있는 공구 매거진으로 구성되어 있다. 매거진의 공구를 호출하는 방법에는 순차방식(Sequence Type)과 랜덤방식(Random Type)이 있다.
• 자동일감교환장치(자동팰릿교환장치, APC) : 기계의 효율을 높이기 위하여 테이블을 자동으로 교환하는 장치로 가공물의 고정시간을 줄여 생산성을 높이기 위하여 사용한다.

55 밀링작업에서 분할대를 사용하여 직접 분할할 수 없는 것은?

① 3등분   ② 4등분
③ 6등분   ④ 9등분

직접 분할법은 24구멍의 직접 분할판을 이용하여 2, 3, 4, 6, 8, 12, 24등분을 할 수 있다. 9등분은 직접 분할할 수 없다.

분할가공방법
• 직접 분할법 : 분할대 주축 앞면에 있는 24구멍의 직접 분할판을 이용하여 단순분할(24의 약수, 즉 24, 12, 8, 6, 4, 3, 2등분 가능)
• 단식 분할법 : 직접 분할법으로 불가능하거나 또는 분할이 정밀해야 할 경우(2~60 사이의 모든 정수, 60~120 사이의 2와 5의 배수 등)
• 차동 분할법 : 직접, 단식 분할법으로 분할할 수 없는 분할(단식 분할법으로 분할할 수 없는 61 이상의 소수나 특수한 수의 분할을 2종 운동의 복합운동으로 분할하는 방법, 127은 차동분할법으로 분할 가능)

56 치수보조기호 중 구(Sphere)의 지름 기호는?

① R   ② SR
③ ϕ ④ Sϕ

구의 지름 : Sϕ
치수보조기호

기 호	설 명	기 호	설 명
ϕ	지 름	Sϕ	구의 지름
R	반지름	SR	구의 반지름
C	45° 모따기	□	정사각형
P	피 치	t	두 께

57 그림은 인장코일 스프링에서 작용하중(W)과 변형량(δ)의 관계 그래프이다. 이 그래프에서 직선의 기울기와 삼각형($\triangle OAB$) 면적은 각각 무엇을 나타내는가?

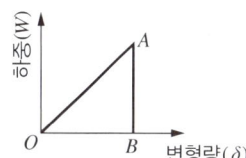

① 응력과 가로탄성계수
② 스프링 상수와 탄성 변형에너지
③ 응력과 탄성 변형에너지
④ 스프링 상수와 피로 한도량

• 스프링 상수 : 스프링 계수라고도 하며, 단위변형을 일으키는 힘으로 정의된다. 선형 스프링의 경우 스프링 상수 $k = \dfrac{W}{\delta}$ 이며 그래프에서 기울기를 나타낸다($W = k \cdot \delta$).
• 탄성 변형에너지 : $U = \dfrac{1}{2} W \cdot \delta = \dfrac{1}{2} k \cdot \delta^2$ 그래프에서 삼각형 면적을 나타낸다.

58 주철의 결점을 없애기 위하여 흑연의 형상을 미세화, 균일화하여 연성과 인성의 강도를 크게 하고, 강인한 펄라이트 주철을 제조한 고급주철은?

① 가단주철　　　　② 칠드주철
③ 미하나이트주철　④ 구상흑연주철

③ 미하나이트(Meehanite)주철 : 약 3% C, 1.5% Si의 쇳물에 칼슘실리케이트(Ca-Si)나 페로실리콘(Fe-Si)을 접종시켜 미세한 흑연을 균일하게 분포시킨 펄라이트 주철이다. 이 주철은 주물의 두께 차나 내외에 상관없이 균일한 조직을 얻을 수 있고, 강인하다.
① 가단(Malleable)주철 : 주철의 결점인 여리고 약한 인성을 개선하기 위하여 열처리에 의하여 편상 흑연을 괴상화하여 강도와 연성을 향상시킨 것이다.
② 칠드(Chilled)주철 : 보통 주철보다 규소(Si) 함유량을 적게 하고 적당량의 망간을 첨가한 쇳물을 금형 또는 칠 메탈이 붙어 있는 모래형에 주입하여 필요한 부분만 급랭시켜 표면만이 단단하게 되고 내부는 회주철이 되므로 강인한 성질을 가지는 주철
④ 구상흑연주철 : 강도와 연성 등을 개선하기 위하여 용융 상태의 주철 중에 마그네슘(Mg), 세륨(Ce) 또는 칼슘(Ca) 등을 첨가하여 편상 흑연을 구상화한 것으로 노듈러 주철, 덕타일 주철 등으로 불린다.

59 래핑작업에서 사용하는 랩제의 종류가 아닌 것은?

① 탄화규소
② 산화알루미나
③ 산화크롬
④ 흑연분말

흑연분말은 래핑작업의 랩제의 종류가 아니다.
랩제의 종류 : 탄화규소(SiC), 산화알루미나(Al_2O_3), 산화철(Fe_2O_3), 산화크롬(Cr_2O_3), 탄화붕소(B_6C), 다이아몬드 분말 등
※ 래핑 : 가공물과 랩(Lap) 사이에 랩제를 넣고 가공물에 압력을 가하면서 표면거칠기가 우수한 가공면을 얻는 가공방법

60 연동척에 대한 설명으로 틀린 것은?

① 스크롤척이라고도 한다.
② 3개의 조가 동시에 움직인다.
③ 고정력이 단동척보다 강하다.
④ 원형이나 정삼각형 일감을 고정하기 편리하다.

연동척은 단동척에 비하여 고정력이 약하다.
연동척(Universal Chuck, Scroll Chuck)
• 3개의 조가 120° 간격으로 구성 배치되어 있으며, 3번척 또는 연동척, 만능척, 스크롤척이라고 한다.
• 1개의 조를 돌리면 3개의 조가 함께, 동일한 방향 동일한 크기로 이동한다.
• 원형이나 또는 3의 배수가 되는 단면의 가공물(예 정삼각형)을 쉽고, 편하고, 빠르게 고정할 수 있다.
• 조가 마모되면 정밀도가 저하되는 단점이 있으며, 외측 및 내측 조가 따로 사용된다.
※ 선반에서 사용되는 척(Chuck)
　• 단동척 : 4개의 조가 90° 간격으로 구성·배치되어 있으며, 불규칙한 가공물을 고정한다.
　• 연동척 : 3개의 조가 120° 간격으로 구성·배치되어 있으며, 규칙적인 모양을 고정한다.
　• 마그네틱척 : 전자석을 이용하여 얇은 판, 피스톤 링과 같은 가공물을 변형시키지 않고, 고정시켜 가공할 수 있는 자성체 척이다.
　• 콜릿척 : 지름이 작은 가공물이나 각 봉재를 가공할 때 사용하는 선반의 부속장치이다.

01 주축이 수평이며 칼럼, 니, 테이블 및 오버암 등으로 되어 있고 새들 위에 선회대가 있어 테이블을 수평면 내에서 임의의 각도로 회전할 수 있는 밀링 머신은?

① 모방밀링머신   ② 만능밀링머신
③ 나사밀링머신   ④ 수직밀링머신

해설
② 만능밀링머신(Universal Milling Machine) : 수평밀링머신과 유사하나, 차이점으로는 새들 위에 선회대가 있어 수평면 내에서 일정한 각도로 테이블을 회전시켜 각도를 변환시키는 것과 테이블을 상하로 경사시킬 수 있는 것이다.
① 모방밀링머신(Copy Milling Machine) : 모방 장치를 이용하여 단조, 프레스, 주조형 금형 등의 복잡한 형상을 능률적으로 가공할 수 있다.
③ 나사밀링머신(Thread Milling Machine) : 나사 절삭 전용 밀링머신으로, 가공물에 회전을 주고, 일정한 비율의 이송을 주어 나사를 절삭하는 전용 밀링머신이다.
④ 수직밀링머신(Vertical Milling Machine) : 정면 밀링 커터와 엔드밀을 사용하여 평면 가공, 홈 가공 등을 하는 작업에 가장 적합하다.

02 특수공구재료인 다이아몬드의 일반적인 성질 중 가장 거리가 먼 것은?

① 강에 비해서 열팽창이 크다.
② 장시간 고속절삭이 가능하다.
③ 금속에 대한 마찰계수 및 마모율이 작다.
④ 알려져 있는 물질 중에서 경도가 가장 크다.

해설
다이아몬드는 강에 비해서 열팽창이 작고, 열전도율이 크다.
다이아몬드 공구재료의 특징
• 장시간 고속절삭이 가능하다.
• 금속에 대한 마찰계수 및 마모율이 작다.
• 알려져 있는 물질 중에서 경도가 가장 크다.
• 공기 중에서 816℃로 가열하면 연소하여 CO_2로 된다.

03 선반의 베드를 주조 후 수행하는 시즈닝의 목적으로 가장 적합한 것은?

① 내부응력 제거   ② 내열성 부여
③ 내식성 향상   ④ 표면경도 향상

해설
주물 재료의 시즈닝 목적은 주조 시 발생한 내부응력을 제거하기 위함이다.

04 밀링에서 하향절삭과 비교한 상향절삭 작업에 대한 설명 중 틀린 것은?

① 표면 거칠기가 좋다.
② 강성이 낮아도 무방하다.
③ 절삭 공구를 위로 들어 올리는 힘이 작용한다.
④ 백래시를 제거하지 않아도 된다.

해설
상향절삭은 하향절삭에 비해 회전 저항으로 표면 거칠기가 나쁘다.
상향절삭과 하향절삭의 차이점

구 분	상향절삭	하향절삭
백래시	절삭에 별 지장이 없다.	백래시를 제거해야 한다.
기계의 강성	강성이 낮아도 무관하다.	가공할 때, 충격이 있어 높은 강성이 필요하다.
가공물의 고정	절삭력이 상향으로 작용하여 고정이 불리하다.	절삭력이 하향으로 작용하여 가공물 고정이 유리하다.
인선의 수명	절입할 때, 마찰열로 마모가 빠르고 공구 수명이 짧다.	상향 절삭에 비하여 공구 수명이 길다.
마찰저항	마찰저항이 커서 절삭공구를 위로 들어 올리는 힘이 작용한다.	절입할 때, 마찰력은 작으나 하향으로 충격력이 작용한다.
가공면의 표면 거칠기	광택은 있으나, 상향에 의한 회전저항으로 전체적으로 하향절삭보다 나쁘다.	가공 표면에 광택은 적으나, 저속 이송에서는 회전저항이 발생하지 않아 표면 거칠기가 좋다.

05 녹색 탄화규소 연삭숫돌을 표시하는 방법으로 옳은 것은?

① A 숫돌

② GC 숫돌

③ WA 숫돌

④ F 숫돌

GC : 녹색 탄화규소

인조 숫돌입자의 종류

종 류	기 호	적용범위
갈색 알루미나	A	보통 탄소강, 합금강, 스테인리스강 등
백색 알루미나	WA	인장강도가 큰 강 계통의 연삭에 적합, 특히 접촉 면적이 큰 연삭이나 발열을 피해야 하는 연삭에 사용
탄화규소	C	알루미나보다 단단하나 취성이 커서 인장강도가 낮은 재료 연삭에 적합
녹색 탄화규소	GC	주철, 황동, 경합금, 초경합금 등을 연삭하는 데 적합

06 6각 구멍 붙이 머리 볼트로 공작물 안으로 묻히게 하기 위한 단이 있는 구멍 가공법은?

① 리밍(Reaming)

② 카운터 싱킹(Counter Sinking)

③ 카운터 보링(Counter Boring)

④ 보링(Boring)

• 카운터 보링(Counter Boring) : 볼트 또는 너트의 머리 부분이 가공물 안으로 묻히도록 드릴과 동심원의 2단 구멍을 절삭하는 방법

• 리밍(Reaming) : 뚫어져 있는 구멍을 정밀도가 높고, 가공 표면의 표면 거칠기를 좋게 하기 위한 가공

• 카운터 싱킹(Counter Sinking) : 나사 머리의 모양이 접시모양일 때 테이퍼 원통형으로 절삭하는 가공

• 보링(Boring) : 이미 뚫린 구멍을 필요한 크기로 넓히거나 정밀도를 높이기 위하여, 보링 바이트를 이용하여 가공하는 방법

• 탭 가공 : 드릴로 뚫은 구멍에 탭을 이용하여, 암나사를 가공하는 방법

• 스폿 페이싱 : 볼트나 너트가 닿는 구멍 주위의 부분만을 평탄하게 가공하여 체결이 잘되도록 하는 가공 방법

07 다음 센터구멍의 종류로 옳은 것은?

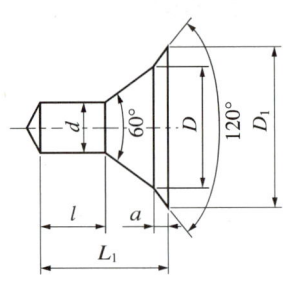

① A형

② B형

③ C형

④ D형

문제 그림은 B형(모따기형)이다.

※ 센터구멍의 종류

센터드릴의 각도는 일반적으로 60°가 가장 많이 사용되고 있으며, 대형 가공물 또는 중량물일 경우에는 75°와 90°의 센터드릴도 사용한다.

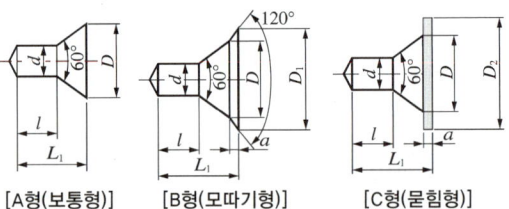

[A형(보통형)]　　[B형(모따기형)]　　[C형(묻힘형)]

08 밀링 공작기계에서 스핀들의 회전운동을 수직 왕복운동으로 변환시켜 주는 부속 장치는?

① 수직 밀링 장치

② 슬로팅 장치

③ 만능 밀링 장치

④ 랙 밀링 장치

② 슬로팅 장치 : 니형 밀링 머신의 칼럼 앞면에 주축과 연결하여 사용하며 주축의 회전운동을 공구대 램의 직선 왕복운동으로 변환시켜 바이트로써 직선 절삭이 가능하다(키, 스플라인, 세레이션, 기어가공 등).

09 입도가 작고 연한 숫돌에 작은 압력으로 가압하면서 가공물에 이송을 주고, 동시에 숫돌에 진동을 주어 표면 거칠기를 향상시키는 가공법은?

① 배럴(Barrel)

② 래핑(Lapping)

③ 버니싱(Burnishing)

④ 슈퍼피니싱(Super Finishing)

해설

④ 슈퍼피니싱(Super Finishing) : 연한 숫돌에 작은 압력으로 가압하면서, 가공물에 이송을 주고 동시에 숫돌에 진동을 주어 표면 거칠기를 높이는 가공방법(작은 압력+이송+진동)

① 배럴 가공 : 충돌가공(주물귀, 돌기 부분, 스케일 제거), 회전하는 상자 속에 공작물과 미디어, 컴파운드(유지+직물), 공작액 등을 넣고 회전과 진동을 주어 표면을 다듬질(회전형, 진동형)

② 래핑(Lapping) : 가공물과 랩(Lap) 사이에 랩제를 넣고 가공물에 압력을 가하면서 표면 거칠기가 우수한 가공면을 얻는 가공 방법

③ 버니싱(Burnishing) : 원통형 내면에 강철 볼 형의 공구를 압입해 통과시켜 매끈하고 정도가 높은 면을 얻는 가공법

10 다음 특수가공법 중 가공물 표면에 공작액과 미세연삭입자의 혼합물을 고속으로 분사하여 매끈한 다듬질면을 얻는 방법은?

① 액체 호닝(Liquid Honing)

② 버니싱(Burnishing)

③ 버핑(Buffing)

④ 쇼트피닝(Shot Peening)

해설

① 액체 호닝(Liquid Honing) : 연마제를 가공액과 혼합하여 가공물 표면에 압축 공기를 이용하여 고압과 고속으로 분사시켜 가공물 표면과 충돌시켜 표면을 가공하는 방법

② 버니싱(Burnishing) : 1차로 가공된 가공물의 안지름보다 다소 큰 강철 볼을 압입하여 통과시켜서 가공물의 표면을 소성변형시켜 가공하는 방법

④ 쇼트피닝(Shot Peening) : 쇼트를 압축 공기나 원심력을 이용하여 가공물의 표면에 분사시켜, 가공물의 표면을 다듬질하고 동시에 피로강도 및 기계적인 성질을 개선하는 방법

11 다음 머시닝 센터 프로그램에서 고정 사이클의 기능 중 G98의 의미는?

> G81 G90 G98 X50. Y50. Z100. R5.;

① R점 복귀

② 초기점 복귀

③ 절대지령

④ 증분지령

해설

• G98 : 고정 사이클 초기점 복귀

• G99 : 고정 사이클 R점 복귀

• G90 : 절대지령

• G91 : 증분지령

• G81 : 드릴 사이클

• G80 : 고정 사이클 취소

12 기포관 내의 기포 이동량에 따라 측정하며, 수평 또는 수직을 측정하는 데 사용하는 것은?

① 직각자

② 사인바

③ 측장기

④ 수준기

해설

④ 수준기 : 기포관 내의 기포의 위치에 의하여 수평면에서 기울기를 측정하는 데 사용되는 액체식 각도 측정기로서 그 용도는 기계의 조립, 설치 등의 수평, 수직을 조사할 때 사용

② 사인바 : 길이를 측정하여 직각 삼각형의 삼각 함수를 이용한 계산에 의하여 임의각을 측정하거나 만드는 기구

③ 측장기 : 내부에 표준자 또는 기준편을 가지고 피측정물의 치수와 길이를 직접 구할 수 있는 길이 측정기

13 나사의 유효지름 측정방법 중 정밀도가 가장 높은 것은?

① 나사 마이크로미터
② 삼침법
③ 나사 한계게이지
④ 센터 게이지

해설
나사의 유효지름 측정방법 중 정밀도가 가장 높은 것은 삼침법이다.
나사의 유효지름 측정
• 나사 마이크로미터에 의한 방법
• 삼침법
• 광학적인 방법(공구 현미경, 투영기 등)

14 납, 주석, 알루미늄 등의 연한 금속이나 얇은 판금의 가장자리를 다듬질할 때 가장 적합한 것은?

① 단 목
② 귀 목
③ 복 목
④ 파 목

해설
① 단목 : 납, 주석, 알루미늄 등의 연한 금속이나 판금의 가장자리를 다듬질할 때 사용한다.
② 귀목 : 펀치나 정으로 날 눈을 하나씩 파서 일으킨 것으로 보통 나무나 가죽, 베이클라이트 등의 비금속 또는 연한 금속의 거친 절삭에 사용된다.
③ 복목 : 일반적인 다듬질용이며 먼저 낸 줄눈을 하목(아랫날), 그 위에 교차시켜 낸 줄눈을 상목(윗날)이라 한다.
④ 파목 : 물결 모양으로 날 눈을 세운 것이며, 날 눈의 홈 사이에 칩이 끼지 않으므로 납, 알루미늄, 플라스틱, 목재 등에 사용되나 다듬질 면은 좋지 않다.

15 표면 거칠기 측정기가 아닌 것은?

① 촉침식 측정기
② 광절단식 측정기
③ 기초원판식 측정기
④ 광파간섭식 측정기

해설
표면 거칠기 측정방법 : 촉침식 측정, 광절단식 측정, 광파간섭식 측정

16 허용한계치수의 해석에서 "통과측에는 모든 치수 또는 결정량이 동시에 검사되고 정지측에는 각각의 치수가 개별적으로 검사되어야 한다"는 무슨 원리인가?

① 아베(Abbe)의 원리
② 테일러(Taylor)의 원리
③ 헤르츠(Hertz)의 원리
④ 훅(Hook)의 원리

해설
② 테일러(Taylor)의 원리 : 통과측에는 모든 치수 또는 결정량이 동시에 검사되고, 정지측에는 각 치수가 개별적으로 검사되어야 한다. 이것은 부품과 반대형 부품이 완전히 포위하는 모든 끼워 맞춤에 해당되는 것이다.
① 아베(Abbe)의 원리 : 측정하려는 길이를 표준자로 사용되는 눈금의 연장선상에 놓는다는 것인데 이는 피측정물과 표준자와는 측정방향에 있어서 동일 직선상에 배치하여야 한다.
• 아베의 원리 만족 : 외측 마이크로미터, 측장기
• 아베의 원리 불만족 : 버니어 캘리퍼스, 내경 마이크로미터
④ 훅의 법칙(Hooke's Law) : 응력이 작용하면 응력과 변형률은 비례한다. 비례 한도 이내에서 응력과 변형률이 비례하는 법칙이다.

17 선반 작업을 할 때 지켜야 할 안전수칙으로 틀린 것은?

① 돌리개는 가급적 큰 것을 사용한다.
② 편심된 가공물은 균형추를 부착시킨다.
③ 가공물을 설치할 때는 전원을 끄고 장착한다.
④ 바이트는 기계를 정지시킨 다음에 설치한다.

해설
돌리개는 안전을 위해 가급적 작은 것을 사용한다.

18 다음 탄소강 조직 중 브리넬 경도가 가장 높은 것은?

① 페라이트
② 시멘타이트
③ 오스테나이트
④ 펄라이트

해설

탄소강 조직 브리넬 경도(H_B)
• 페라이트 : $H_B = 90$
• 오스테나이트 : $H_B = 155$
• 펄라이트 : $H_B = 225$
• 시멘타이트 : $H_B = 820$

강의 담금질 조직 경도 크기
마텐자이트 > 트루스타이트 > 소르바이트 > 펄라이트 > 오스테나이트 > 펄라이트

19 5~20% Zn이 첨가된 구리합금으로 전연성이 좋고 색깔이 아름다우므로 장식용, 악기 등에 사용되는 것은?

① 톰백(Tombac)
② 백 동
③ 6-4황동(Muntz Metal)
④ 7-3황동(Cartridge Brass)

해설

① 톰백(Tombac) : 구리와 아연의 합금으로 구리에 아연(Zn)을 5~20% 첨가하였으며, 금빛을 띠고 늘어나는 성질이 있다. 금의 모조품이나 금박 대용품을 만드는 데 쓴다.
③ 6-4황동 : Cu(60%)-Zn(40%), 아연(Zn)이 많을수록 인장강도가 증가하여 고온가공이 용이하며 강도를 요하는 부분에 사용한다. 아연(Zn) 45%일 때 인장강도가 가장 크다.
④ 7-3황동 : Cu(70%)-Zn(30%), 연신율이 가장 크다.

20 4% Cu, 2% Ni, 1.5% Mg이 함유된 Al합금으로서 내열성이 크고, 기계적 성질이 우수하여 실린더 헤드나 피스톤 등에 적합한 합금은?

① 실루민
② Y합금
③ 로엑스
④ 두랄루민

해설

• Y합금
 - 표준조성 : 4% Cu + 2% Ni + 1.5% Mg
 - 내열성이 좋아 자동차, 항공기용 엔진의 공랭 실린더 헤드와 피스톤에 사용
• 실루민 : Al+Si의 합금으로 주조성은 좋으나 절삭성은 나쁨
• 로엑스 : Al-Si-Mg계, 열팽창 계수가 작고, 내열성과 내마멸성이 우수
• 두랄루민 : 단조용 알루미늄 합금으로 Al+Cu+Mg+Mn의 합금, 가벼워서 항공기나 자동차 등에 사용되는 고강도 Al합금

21 주철의 결점을 없애기 위하여 흑연의 형상을 미세화, 균일화하여 연성과 인성의 강도를 크게 하고, 강인한 펄라이트 주철을 제조한 고급주철은?

① 가단 주철
② 칠드 주철
③ 미하나이트 주철
④ 구상 흑연 주철

해설

③ 미하나이트(Meehanite) 주철 : 약 3% C, 1.5% Si의 쇳물에 칼슘 실리케이트(Ca-Si)나 페로실리콘(Fe-Si)을 접종시켜 미세한 흑연을 균일하게 분포시킨 펄라이트 주철이다. 이 주철은 주물의 두께 차나 내외에 상관없이 균일한 조직을 얻을 수 있고, 강인하다.
① 가단(Malleable) 주철 : 주철의 결점인 여리고 약한 인성을 개선하기 위해 열처리에 의하여 편상 흑연을 괴상화하여 강도와 연성을 향상시킨 것이다.
② 칠드(Chilled) 주철 : 보통 주철보다 규소(Si) 함유량을 적게 하고 적당량의 망간을 첨가한 쇳물을 금형 또는 칠 메탈이 붙어 있는 모래형에 주입하여 필요한 부분만 급랭시켜 표면만이 단단하게 되고 내부는 회주철이 되므로 강인한 성질을 가지는 주철이다.
④ 구상 흑연 주철 : 강도와 연성 등을 개선하기 위하여 용융 상태의 주철 중에 마그네슘(Mg), 세륨(Ce) 또는 칼슘(Ca) 등을 첨가하여 편상 흑연을 구상화한 것으로 노듈러 주철, 덕타일 주철 등으로 불린다.

22 공구용 특수강 중 고속도강의 기본 성분(W－Cr－V) 함유량(%)은?

① 4%W － 18%Cr － 1%V
② 18%W － 4%Cr － 1%V
③ 4%W － 1%Cr － 18%V
④ 18%W － 4%Cr － 4%V

해설
• 표준 고속도강 조성 : 18%W － 4%Cr － 1%V 🏅 자주 출제됨
• 고속도강(High Speed Steel) : W, Cr, V, Co 등의 합금강으로서 담금질 및 뜨임 처리하면 600℃ 정도까지 경도를 유지하며 고온 경도가 높고 내마모성이 우수하다. 절삭속도가 탄소공구강에 비해 2배 이상이다.

23 담금질한 강을 재가열할 때 600℃ 부근에서의 조직은?

① 소르바이트   ② 마텐자이트
③ 트루스타이트   ④ 오스테나이트

해설
담금질한 강을 재가열할 때 600℃ 부근에서는 소르바이트 조직이 생긴다.
담금질한 강철을 적당한 온도로서 A₁ 변태점 이하에서 인성을 증가시키는 방법
• 저온뜨임 : 400℃ 부근, 경도(마텐자이트 → 트루스타이트)
• 고온뜨임 : 600℃ 부근, 강인성(트루스타이트 → 소르바이트)

24 강의 표면경화법으로 금속 표면에 탄소(C)를 침입 고용시키는 방법은?

① 질화법   ② 침탄법
③ 화염경화법   ④ 쇼트피닝

해설
② 침탄법 : 금속 표면에 탄소(C)를 침입 고용시키는 방법
① 질화법 : 암모니아가스를 침투시켜 질화층을 만들어 강의 표면을 경화하는 방법
※ 표면경화방법
  • 물리적 방법 : 화염경화법, 고주파경화법, 금속용사법 등
  • 화학적 방법 : 침탄법, 질화법, 침탄질화법 등

25 내열용 알루미늄 합금이 아닌 것은?

① Y합금
② 로엑스(Lo-Ex)
③ 두랄루민
④ 코비탈륨

해설
• 내열용 알루미늄 합금 : Y합금, 로엑스합금, 코비탈륨
  – Y합금 : Al＋4%Cu＋2%Ni＋1.5%Mg의 합금으로 내열성이 좋아 자동차, 항공기용 엔진의 공랭 실린더 헤드와 피스톤에 사용
  – 로엑스 : Al-Si-Mg계, 열팽창 계수가 작고, 내열성과 내마멸성이 우수
• 단조용 알루미늄 합금 : 두랄루민
  – 두랄루민 : 단조용 알루미늄 합금으로 Al＋Cu＋Mg＋Mn의 합금, 가벼워서 항공기나 자동차 등에 사용되는 고강도 Al합금
• 내식성 알루미늄 합금 : 하이드로날륨, 알민, 알드리, 알클래드

26 원통이나 축 등의 투상도에서 대각선을 그어서 그 면이 평면임을 나타낼 때에 사용되는 선은?

① 굵은 실선
② 가는 파선
③ 가는 실선
④ 굵은 1점 쇄선

해설
대각선이 교차한 가는 실선은 평면임을 나타낸다.

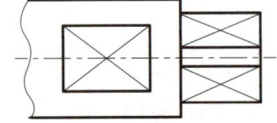

27 도면에 치수 숫자와 함께 사용되는 기호를 올바르게 연결한 것은?

① 지름 : D
② 정사각형의 변 : ◇
③ 반지름 : R
④ 45° 모따기 : 45°

치수에 사용되는 기호

기 호	설 명	기 호	설 명
ϕ	지 름	Sϕ	구의 지름
R	반지름	SR	구의 반지름
C	45° 모따기	□	정사각형
P	피 치	t	두 께

28 다음 중 나사의 표시를 옳게 나타낸 것은?

① 왼 M25×2 - 2줄
② 왼 M25 - 2 - 6줄
③ 2줄 왼 M25×2 - 2A
④ 왼 2줄 M25×2 - 6H

나사의 표시방법 : 왼 2줄 M25×2 - 6H

나사산의 감김 방향	나사산의 줄 수	나사의 호칭	나사의 등급

(표에서 "나사의 호칭"과 "나사의 등급" 사이에 - 기호)

• 나사산의 감김 방향 : 왼(왼나사)
• 나사산의 줄 수 : 2줄(2줄나사)
• 나사의 호칭 : M25×2(미터가는나사 / 피치 2mm)
• 나사의 등급 : 6H(대문자로 암나사)

29 기어를 절삭하는 방법이 아닌 것은?

① 지그보링머신을 이용한 분할 방법
② 총형커터를 이용하는 방법
③ 형판을 이용한 방법
④ 창성법을 이용한 방법

기어 절삭법
• 형판에 의한 방법
• 총형커터에 의한 방법
• 창성법에 의한 방법

30 켈밋(Kelmet) 합금이 주로 쓰이는 곳은?

① 피스톤   ② 베어링
③ 크랭크 축   ④ 전기저항용품

• 켈밋(Kelmet) 합금 : 고속 회전용 베어링으로 항공기, 자동차 등에 사용된다.
• 구리계 베어링 합금 : Cu-Pb합금(켈밋), 주석청동, 인청동, 연청동(Lead Bronze), 알루미늄 청동(Al Bronze)

31 비금속재료에 속하지 않는 것은?

① 합성수지   ② 네오프렌
③ 도 료   ④ 고속도강

④ 고속도강은 금속재료로 합금강이다.
• 금속재료
  - 철강재료 : 탄소강, 합금강, 주철 등
  - 비철금속재료 : 마그네슘, 알루미늄, 동, 니켈, 타이타늄 등
• 비금속재료
  - 무기재료 : 도자기, 세라믹, 시멘트, 유리 등
  - 유기재료 : 플라스틱, 접착재료, 도료 등

32 섬유강화 플라스틱으로 불리며 항공기, 선박, 자동차 등에 쓰이는 복합재료는?

① 옵티컬 파이버　　② 세라믹
③ FRP　　　　　　④ 초전도체

섬유강화 플라스틱(FRP ; Fiber Reinforced Plastic) : 유리섬유를 강화재로 하여, 불포화 폴리에스테르의 매트릭스를 강화시킨 복합재료를 말하며 동일 중량으로 기계적 강도가 강철보다 강력한 재질이다.

33 길이 100cm의 봉이 압축력을 받고 3mm만큼 줄어들었다. 압축변형률은?

① 0.001　　　　　② 0.003
③ 0.004　　　　　④ 0.03

해설
$$\varepsilon(\text{변형률}) = \frac{\lambda(\text{줄어든 길이})}{l(\text{처음길이})} = \frac{3\text{mm}}{100\text{cm}} = \frac{3\text{mm}}{1,000\text{mm}} = 0.003$$
∴ 압축변형률 = 0.003

34 스프링에서 하중값을 단위 길이의 변화한 값으로 나눈 값은?

① 스프링 상수
② 스프링 지름
③ 종횡비
④ 피 치

해설
스프링 상수 $K = \dfrac{W}{\delta} = \dfrac{\text{하 중}}{\text{늘어난 길이}}$

35 사다리꼴나사 중 미터계의 나사산의 각도는?

① 29°　　　　　　② 30°
③ 55°　　　　　　④ 60°

해설
사다리꼴나사산 각이 미터계(Tr)는 30°, 인치계(TW)는 29°이다.

36 키의 폭이 4mm이고 높이가 5mm, 유효길이가 40mm인 성크 키에서 축과 보스의 경계면에 작용하는 허용접선력(kN)은?(단, 이 키의 허용전단응력은 200N/mm²이다)

① 25kN　　　　　② 32kN
③ 200kN　　　　　④ 250kN

해설
키에 발생하는 전단응력
$$\tau = \frac{P}{bl} \rightarrow P = \tau bl = 200\text{N/mm}^2 \times 4\text{mm} \times 40\text{mm}$$
$$= 32,000\text{N} = 32\text{kN}$$
∴ 허용접선력(kN) = 32kN
여기서, τ : 허용전단응력(N/mm²)
　　　　b : 폭(mm)
　　　　l : 길이(mm)
　　　　P : 허용접선력(N)

37 속도비가 1/3이고, 원동차의 잇수가 25개, 모듈이 4인 표준 스퍼기어의 외접 연결에서 중심거리는?

① 75mm ② 100mm
③ 150mm ④ 200mm

해설

$$속도비(i) = \frac{N_1}{N_2} = \frac{Z_2}{Z_1} = \frac{1}{3} = \frac{25}{Z_1} \rightarrow Z_1 = 75$$

$$중심거리(C) = \frac{D_1 + D_2}{2} = \frac{m(Z_1 + Z_2)}{2} = \frac{4(75 + 25)}{2}$$

$$= 200mm$$

$\therefore$ 중심거리$(C) = 200mm$

여기서, Z_1 : 종동차 잇수

Z_2 : 원동차 잇수

38 V벨트의 사다리꼴 단면의 각도(θ)는 몇 도인가?

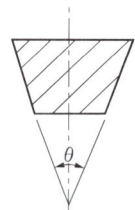

① 30° ② 35°
③ 40° ④ 45°

해설
- V벨트의 단면 각도는 40°이다.
- V벨트의 종류는 KS규격에서 단면의 형상에 따라 6종류로 규정하고 있으며, M형을 제외한 5종류가 동력 전달용으로 사용된다. 가장 단면이 작은 벨트는 "M"형이다.
- 단면적 비교 : M < A < B < C < D < E
- V벨트의 사이즈 표

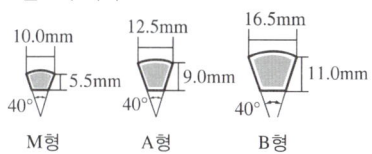

M형   A형   B형

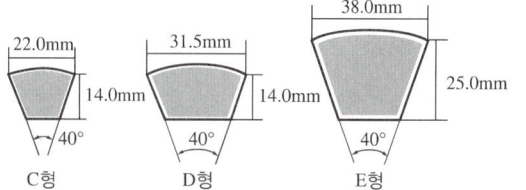

C형   D형   E형

39 기하공차의 종류 구분에서 자세 공차에 해당하는 것은?

① 위치도 공차
② 직각도 공차
③ 동심도 공차
④ 대칭도 공차

해설
기하공차의 종류와 기호

적용하는 형체	공차의 종류		기 호
단독 형체	모양 공차	진직도 공차	——
		평면도 공차	▱
		진원도 공차	○
		원통도 공차	⌭
단독 형체 또는 관련 형체		선의 윤곽도 공차	⌒
		면의 윤곽도 공차	⌓
관련 형체	자세 공차	평행도 공차	//
		직각도 공차	⊥
		경사도 공차	∠
	위치 공차	위치도 공차	⊕
		동축도 공차 또는 동심도 공차	◎
		대칭도	⚌
	흔들림 공차	원주 흔들림 공차	↗
		온 흔들림 공차	↗↗

40 핸들이나 암 및 림, 리브, 훅 등의 절단면을 그림과 같이 나타내는 단면도의 명칭은?

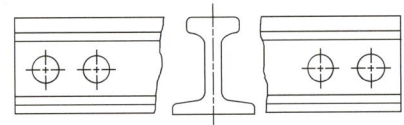

① 계단 단면도
② 회전도시 단면도
③ 부분 단면도
④ 전 단면도

해설
② 회전도시 단면도 : 핸들, 벨트 풀리, 기어 등과 같은 바퀴의 암, 림, 리브, 훅, 축과 주로 구조물에 사용하는 형강 등의 절단한 모양을 90°로 회전시켜 투상도의 안이나 밖에 그리는 것이다.
③ 부분 단면도 : 필요한 일부분만을 파단선에 의해 그 경계를 표시하고 나타낸다.
④ 온 단면도(전 단면도) : 물체 전체를 둘로 절단해서 그림 전체를 단면으로 나타낸 것(전 단면도)이다.

41 각각 다른 물체를 제3각법으로 그린 투상도 중 틀린 부분이 없는 투상도는?

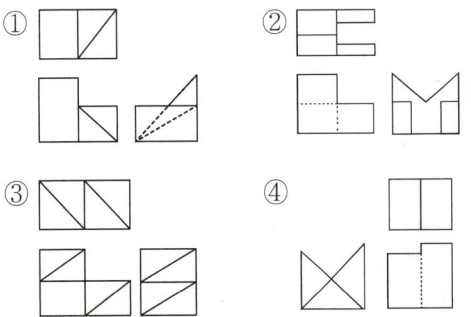

42 표면 결 도시방법에서 제거 가공을 허락하지 않는 것을 지시하고자 할 때 사용하는 제도 기호로 옳은 것은?

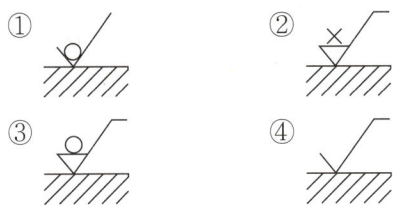

해설

기 호	의 미
	제거가공의 필요 여부를 문제 삼지 않는다.
	제거가공을 필요로 한다.
	제거가공을 해서는 안 된다(전 가공의 상태를 그대로 남겨두는 것 지시).

43 기계제도에 사용하는 선의 분류에서 가는 실선의 종류가 아닌 것은?

① 치수선   ② 치수보조선
③ 지시선   ④ 외형선

해설
• 가는 실선 : 치수선, 치수보조선, 지시선
• 굵은 실선 : 외형선
용도에 따른 선의 종류

명 칭	선의 종류	선의 용도
외형선	굵은 실선	대상물이 보이는 부분의 모양을 표시하는 데 사용한다.
치수선	가는 실선	치수를 기입하기 위하여 사용한다.
치수보조선		치수를 기입하기 위하여 도형으로부터 끌어내는 데 사용한다.
지시선		기술, 기호 등을 표시하기 위하여 끌어내는 데 사용한다.
숨은선	가는 파선	대상물의 보이지 않는 부분의 모양을 표시하는 데 사용한다.
중심선	가는 1점 쇄선	• 도형의 중심을 표시하는 데 사용한다. • 중심이 이동한 중심 궤적을 표시하는 데 사용한다.
특수지정선	굵은 1점 쇄선	특수한 가공을 하는 부분 등 특별한 요구 사항을 적용할 수 있는 범위를 표시하는 데 사용한다(열처리).

44 표면의 줄무늬 방향기호에 대한 설명으로 맞는 것은?

① X : 가공에 의한 커터의 줄무늬 방향이 투상면에 직각

② M : 가공에 의한 커터의 줄무늬 방향이 투상면에 평행

③ C : 가공에 의한 커터의 줄무늬 방향이 중심에 동심원 모양

④ R : 가공에 의한 커터의 줄무늬 방향이 투상면에 교차 또는 경사

해설
③ C : 가공에 의한 커터의 줄무늬가 기호를 기입한 면의 중심에 대하여 대략 동심원 모양

줄무늬 방향 기호

기 호	기호의 뜻	설명 그림과 도면 기입 보기
=	가공에 의한 커터의 줄무늬 방향이 기호를 기입한 그림의 투상면에 평행 [보기] 셰이핑면	커터의 줄무늬 방향
⊥	가공에 의한 커터의 줄무늬 방향이 기호를 기입한 그림의 투상면에 직각 [보기] 셰이핑면(옆으로부터 보는 상태), 선삭, 원통 연삭면	커터의 줄무늬 방향
X	가공에 의한 커터의 줄무늬 방향이 기호를 기입한 그림의 투상면에 경사지고 두 방향으로 교차 [보기] 호닝 다듬질면	커터의 줄무늬 방향
M	가공에 의한 커터의 줄무늬 방향이 여러 방향으로 교차 또는 무방향 [보기] 래핑 다듬질면, 슈퍼피니싱면, 가로 이송을 한 정면 밀링 또는 엔드밀 절삭면	
C	가공에 의한 커터의 줄무늬가 기호를 기입한 면의 중심에 대하여 대략 동심원 모양 [보기] 끝면 절삭면	
R	가공에 의한 커터의 줄무늬가 기호를 기입한 면의 중심에 대하여 대략 레이디얼 모양	

45 화학적 가공에 대한 설명 중 화학절단에 대한 것은?

① 인선이 없는 메탈 소(Saw)를 가공할 부위에 마찰시키면서 가공액을 공급하여 가공한다.

② 열에너지를 이용하여 가공물의 전면(全面)을 균일하게 용해, 두께를 얇게 가공한다.

③ 가공부분의 요철부분의 볼록부(凸部)를 가공할 때 기계적 마찰을 병행하여 보다 능률적으로 가공한다.

④ 가공물의 표면에서 가공이 필요하지 않은 부위는 내식성 피막을 하고 가공할 부분만을 가공한다.

해설
• 화학절단 : 인선이 없는 메탈 소(Metal Saw)를 절단할 부분에 마찰을 시키면서 가공액을 공급하면, 용삭이 진행되어 절단이 되는 가공 방법이다.
• 화학밀링 : 일명 화학절삭이라고 하며, 가공물 표면에서 가공이 필요하지 않은 부분은 내식성 피막을 하고, 가공할 부분만을 가공한다.
• 화학연삭 : 용삭과 유사한 방법으로 가공물의 표면에 요철부분의 볼록부를 가공할 때 기계적 마찰로서 용삭보다 더욱 능률적인 가공을 하는 방법이다.
• 화학연마 : 열에너지를 이용하여 가공물의 전면을 균일하게 용해하여, 두께를 얇게 하거나 가공 표면의 오목 부분은 가공하지 않고 볼록 부분만을 신속하게 가공하여 평활한 표면으로 가공하는 방법이다.

46 선반에서 40mm의 환봉을 120m/min의 절삭속도로 절삭가공을 하려고 할 경우 2분 동안 주축 총 회전수는?

① 650rpm
② 960rpm
③ 1,720rpm
④ 1,910rpm

해설
회전수를 구하는 공식

$$n = \frac{1,000v}{\pi d} = \frac{1,000 \times 120\text{m/min}}{\pi \times 40\text{mm}} \fallingdotseq 954.93\text{rpm}$$

→ 2분 동안 → 954.93rpm × 2 = 1,909.86rpm
∴ 2분 동안 주축 총 회전수(rpm) ≒ 1,910rpm
여기서, v : 절삭속도(m/min)
　　　　d : 공작물 지름(mm)
　　　　n : 스핀들 회전수(rpm)

47 강을 절삭할 때 쇳밥(Chip)을 잘게 하고 피삭성을 좋게 하기 위해 황, 납 등의 특수 원소를 첨가하는 강은?

① 레일강

② 쾌삭강

③ 다이스강

④ 스테인리스강

해설

② 쾌삭강 : 가공 재료의 피삭성을 높이고, 절삭 공구의 수명을 길게 하기 위하여 요구되는 성질을 개선한 구조용 강

쾌삭강
- 칩(Chip) 처리 능률을 높임
- 가공면 정밀도, 표면거칠기 향상
- 강에 황(S), 납(Pb) 첨가(황쾌삭강, 납쾌삭강)

48 CNC공작기계에서 피드백 장치 없이 스태핑 모터를 사용한 서보기구의 형식은?

① 반폐쇄회로

② 개방회로

③ 폐쇄회로

④ 혼합회로

해설

- 개방회로 방식 : 피드백 장치 없이 스태핑 모터를 사용한 방식으로 실용화되었으나, 피드백 장치가 없기 때문에 가공 정밀도에 문제가 있어 현재는 거의 사용되지 않는다.
- 폐쇄회로 방식 : 모터에 내장된 태코 제너레이터에서 속도를 검출하고, 기계의 테이블에 부착한 스케일에서 위치를 검출(로터리 인코더)하여 피드백시키는 방식이다.
- 반폐쇄회로 방식 : 모터에 내장된 태고 제너레이터(펄스 제너레이트)에서 속도를 검출하고, 인코더에서 위치를 검출하여 피드백하는 제어방식이다.
- 복합회로(하이브리드) 방식 : 반폐쇄회로 방식과 폐쇄회로 방식을 결합하여 고정밀도로 제어하는 방식으로, 가격이 고가이므로 고정밀도를 요구하는 기계에 사용된다.

49 연삭숫돌에 눈메움이나 무딤 현상이 발생되었을 때 이를 해결하는 방법으로 옳은 것은?

① 몰 딩   ② 버 핑

③ 황 삭   ④ 드레싱

해설

눈메움이나 무딤이 발생하여 절삭성이 나빠진 연삭숫돌 표면에 드레서를 사용하여 예리한 절삭날을 숫돌 표면에 생성하여 절삭성을 회복시키는 작업을 드레싱(Dressing)이라 한다.

50 다음 그림과 같은 테이퍼를 선반에서 깎으려 한다. 심압대를 편위시켜 가공하려면 심압대를 몇 mm 이동시켜야 하는가?

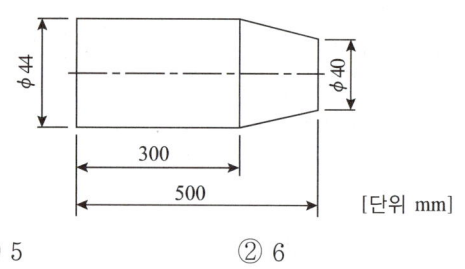

[단위 mm]

① 5   ② 6

③ 8   ④ 10

해설

심압대를 편위시키는 방법(테이퍼가 작고 길이가 길 경우에 사용하는 방법)

심압대 편위량을 구하는 계산식

$$e = \frac{(D-d) \times L}{2l} = \frac{(44-40) \times 500}{2 \times 200} = 5mm$$

$$\therefore e = 5mm$$

여기서, L : 가공물의 전체길이, e : 심압대의 편위량
　　　 D : 테이퍼의 큰 지름, d : 테이퍼의 작은 지름
　　　 l : 테이퍼의 길이

선반에서 테이퍼 가공방법
- 복식 공구대를 경사시키는 방법
- 심압대를 편위시키는 방법
- 테이퍼 절삭장치를 이용하는 방법
- 총형 바이트를 이용하는 방법

51 끝면 모양에 따라 45° 모따기형과 평형이 있으며 위치 결정이나 막대의 연결용으로 사용하는 핀은?

① 스프링 핀
② 분할 핀
③ 테이퍼 핀
④ 평행 핀

해설
④ 평행 핀(Parallel Pin) : 끝면의 모양에 따라 A형(45° 모따기)과 B형(평형)이 있으며, 용도는 위치 결정이나 막대의 연결용으로 사용한다.
① 스프링 핀(Spring Pin) : 세로 방향으로 갈라져 있으므로 바깥지름보다 작은 구멍에 끼워 넣고 스프링의 작용을 할 수 있도록 하여 기계 부품을 결합하는 데 사용한다.
③ 테이퍼 핀(Taper Pin) : 보통 1/50의 테이퍼를 가지는 것으로 끝이 갈라진 것과 갈라지지 않은 것이 있다.

52 호칭치수가 20mm이고 피치가 2mm인 미터 가는 나사의 표시법으로 옳은 것은?

① M20×2
② M20-2
③ M20 P2
④ M20(2)

해설
M20×2 → M20(호칭지름)×2mm(피치)
• 미터 나사 : 호칭 지름과 피치를 mm 단위로 나타내고, 나사산 각은 60°인 미터계 삼각나사이다.
• 미터 보통 나사 : "M호칭지름"으로 표기하며, 부품의 결합 및 위치의 조정 등에 사용된다.
• 미터 가는 나사 : "M호칭지름×피치"로 표기하며, 나사의 지름에 비해 피치가 작아 강도를 필요로 하는 곳, 살이 얇은 원통부, 공작기계의 이완 방지용, 세밀한 위치조정 등에 사용한다.

53 밀링가공에서 지켜야 할 안전사항으로 틀린 것은?

① 복장은 간편하고, 청결하며 활동이 편한 작업복을 착용한다.
② 절삭상태는 커터의 날 끝과 같은 높이에서 관찰한다.
③ 공작물의 거스러미는 날카롭기 때문에 주의하여 제거한다.
④ 더브테일 커터는 날 끝이 날카롭고 예리하므로 주의하여 사용한다.

해설
커터 날 끝과 같은 높이에서 절삭상태를 관찰하는 것은 칩으로부터 위험하다.

54 비틀림 모멘트를 받는 회전축으로 치수가 정밀하고 변형량이 적어 주로 공작기계의 주축에 사용하는 축은?

① 차 축
② 스핀들
③ 플렉시블축
④ 크랭크축

해설
② 스핀들 : 주로 비틀림 모멘트를 받으며 직접 일을 하는 회전축으로 치수가 정밀하고 변형량이 적으며, 길이가 짧아 선반, 밀링머신 등 공작기계의 주축으로 사용
① 차축 : 주로 굽힘 모멘트를 받는 축, 철도 차량의 차축
③ 플렉시블축 : 공간상 제한으로 일직선 형태의 축을 사용할 수 없을 때 이용
④ 크랭크축 : 직선 운동과 회전 운동을 상호 변환시키는 축

55 잇줄이 축 방향과 일치하지 않은 다음 그림과 같은 기어 명칭은?

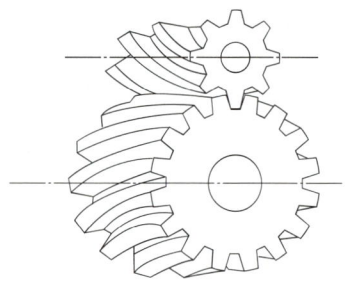

① 웜 기어　　　② 스퍼 기어

③ 헬리컬 기어　④ 크라운 베벨 기어

해설

③ 헬리컬 기어 : 잇줄이 축 방향과 일치하지 않는 기어이다. 이의 물림이 좋아져 조용한 운전을 하나 축 방향 하중이 발생하는 단점이 있다.

맞물리는 기어의 간략 도시법

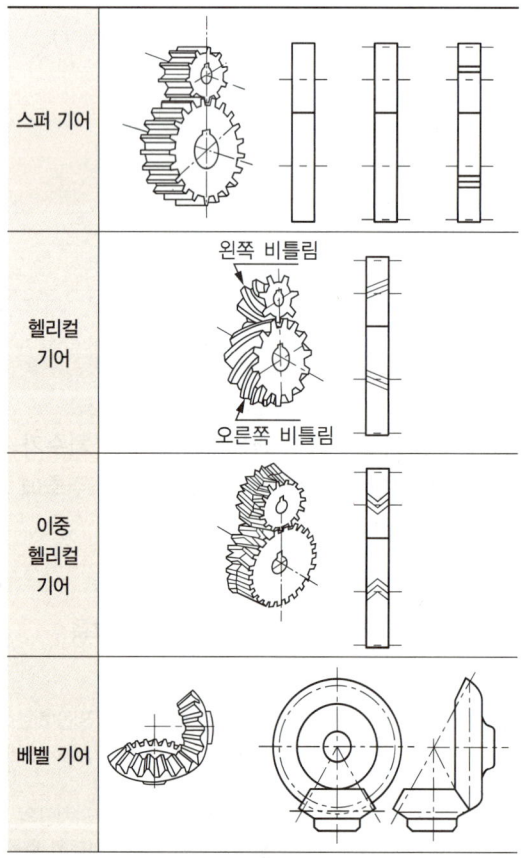

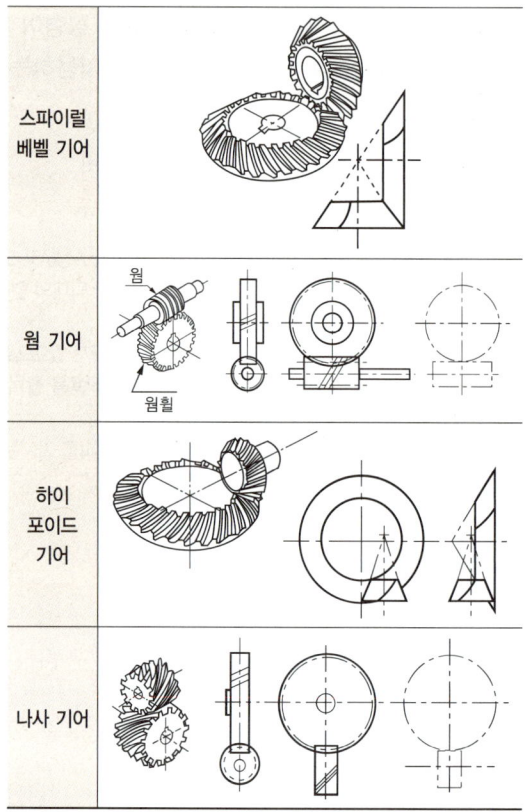

56 다음 중 절삭유제의 사용목적이 아닌 것은?

① 공구인선을 냉각시킨다.

② 가공물을 냉각시킨다.

③ 공구의 마모를 크게 한다.

④ 칩을 씻어 주고 절삭부를 닦아 준다.

해설

절삭유제의 사용 목적

• 공구의 인선을 냉각시켜 공구의 경도 저하를 방지한다.

• 가공물을 냉각시켜 절삭열에 의한 정밀도 저하를 방지한다.

• 공구의 마모를 줄이고 윤활 및 세척작용으로 가공표면을 양호하게 한다.

• 칩을 씻어 주고 절삭부를 깨끗이 닦아 절삭작용을 쉽게 한다.

57 CNC 방전가공 시 공작물의 예비가공에 의한 효과가 아닌 것은?

① 방전가공 시간을 단축시킨다.
② 가공 칩 배출을 용이하게 한다.
③ 전극의 소모량을 줄일 수 있다.
④ 가공 칩의 양이 증가하여 정밀도를 향상시킨다.

해설
방전가공 시 예비가공에 의한 효과
• 방전가공 시간을 단축시킨다.
• 가공 칩의 양이 적어 칩 배출을 용이하게 한다.
• 전극의 소모량을 줄일 수 있다.
※ 방전가공 : 전극과 가공물 사이에 전기를 통전시켜, 방전현상의 열에너지를 이용하여, 가공물을 용융 증발시켜 가공을 진행하는 비접촉식 가공 방법으로 전극과 재료 모두 도체이어야 한다.

58 게이지블록의 모양에 따른 종류가 아닌 것은?

① 캐리형
② 요한슨형
③ 호크형
④ 웨이브형

해설
웨이브형은 블록게이지의 구조가 아니다.
블록게이지의 구조
• 요한슨(Johanson)형 : 직사각형의 단면을 가진 요한슨형
• 호크(Hoke)형 : 중앙에 구멍이 뚫린 정사각형의 단면을 가진 호크형
• 캐리(Cary)형 : 원형으로 중앙에 구멍이 뚫린 캐리형

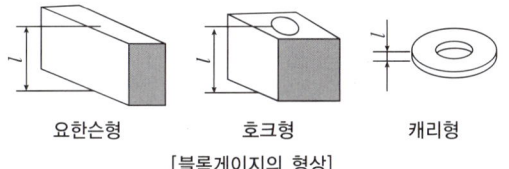

요한슨형　　　호크형　　　캐리형
[블록게이지의 형상]

59 깊은 홈 볼베어링의 호칭번호가 6208일 때 안지름은 얼마인가?

① 10mm
② 20mm
③ 30mm
④ 40mm

해설
6208 : 6 → 형식번호, 2 → 치수기호
　　　08 → 안지름 번호/08 = 40mm(5×8 = 40)
베어링 안지름 번호

안지름 범위(mm)	안지름 치수	안지름 기호	예
10mm 미만	안지름이 정수인 경우	안지름	2mm이면 2
	안지름이 정수가 아닌 경우	/안지름	2.5mm이면 /2.5
10mm 이상 20mm 미만	10mm	00	
	12mm	01	
	15mm	02	
	17mm	03	
20mm 이상 500mm 미만	5의 배수인 경우	안지름을 5로 나눈 수	40mm이면 08
	5의 배수가 아닌 경우	/안지름	28mm이면 /28
500mm 이상		/안지름	560mm이면 /560

60 기어의 잇수가 40개이고, 피치원의 지름이 320mm일 때 모듈의 값은?

① 4
② 6
③ 8
④ 12

해설
$$모듈(m) = \frac{D}{Z} = \frac{320\text{mm}}{40} = 8$$
∴ 모듈(m) = 8
여기서, D : 피치원지름(mm), Z : 기어의 잇수

01 밀링에서 상향절삭과 하향절삭의 비교 설명으로 맞는 것은?

① 상향절삭은 절삭력이 상향으로 작용하여 가공물 고정이 유리하다.

② 상향절삭은 기계의 강성이 낮아도 무방하다.

③ 하향절삭은 상향절삭에 비하여 공구 마모가 빠르다.

④ 하향절삭은 백래시(Back Lash)를 제거할 필요가 없다.

해설

① 상향절삭은 고정이 불리하다.

③ 하향절삭은 상향절삭에 비하여 공구 수명이 길다.

④ 하향절삭은 백래시를 제거해야 한다.

상향절삭과 하향절삭의 차이점

구 분	상향절삭	하향절삭
방 향	커터 회전방향과 공작물 이송방향이 반대	커터 회전방향과 공작물 이송방향이 동일
백래시	절삭에 별 지장이 없다.	백래시를 제거해야 한다.
기계의 강성	강성이 낮아도 무관하다.	가공할 때 충격이 있어 높은 강성이 필요하다.
가공물의 고정	절삭력이 상향으로 작용하여 고정이 불리하다.	절삭력이 하향으로 작용하여 가공물 고정이 유리하다.
인선의 수명	절입할 때 마찰열로 마모가 빠르고 공구 수명이 짧다.	상향절삭에 비하여 공구 수명이 길다.
마찰저항	마찰저항이 커서 절삭공구를 위로 들어 올리는 힘이 작용한다.	절입할 때 마찰력은 작으나 하향으로 충격력이 작용한다.
가공면의 표면 거칠기	광택은 있으나 상향에 의한 회전저항으로 전체적으로 하향절삭보다 나쁘다.	가공 표면에 광택은 작고, 저속 이송에서는 회전저항이 발생하지 않아 표면 거칠기가 좋다.

02 자동선반에 많이 사용되는 척으로, 지름이 가는 환봉재료의 고정에 편리한 척은?

① 양용척   ② 연동척

③ 단동척   ④ 콜릿척

해설

④ 콜릿척 : 자동선반에서 많이 사용되는 척으로 지름이 작은 가공물이나, 각 봉재를 가공할 때 편리함

선반의 척 종류

• 연동척 : 3개의 조가 120° 간격으로 구성 배치되어 있으며, 규칙적인 모양 고정

• 단동척 : 4개의 조가 90° 간격으로 구성 배치되어 있으며, 불규칙한 가공물 고정

• 복동척(만능척) : 단동척과 연동척의 기능을 겸비한 척

• 마그네틱척 : 전자석을 이용하여 얇은 판, 피스톤 링과 같은 가공물을 변형시키지 않고, 고정시켜 가공할 수 있는 자성체 척이다.

03 밀링커터 날수가 14개, 지름은 100mm, 1개의 날 이송량이 0.2mm이고 회전수가 600rpm일 때, 테이블 이송속도는?

① 1,480mm/min

② 1,585mm/min

③ 1,680mm/min

④ 1,785mm/min

해설

밀링머신에서 테이블 이송속도

$$f = f_z \times n \times z = 0.2 \times 600 \times 14 = 1,680 \text{mm/min}$$

여기서, f : 테이블 이송속도

f_z : 1날당 이송량

n : 회전수

z : 커터의 날수

04 센터리스 연삭기에 없는 부품은?

① 연삭숫돌

② 조정숫돌

③ 양 센터

④ 일감 지지판

해설

센터리스 연삭기 : 센터, 척, 자석척 등을 사용하지 않고 가공물의 표면을 조정하는 조정숫돌과 지지대를 이용하여 가늘고 긴 가공물을 연삭하는 방법

센터리스 연삭의 특징

• 센터가 필요하지 않아 센터 구멍을 가공할 필요가 없다.

• 중공의 가공물을 연삭할 때 편리하다(중공(中空) : 속이 빈 축).

• 연삭 여유가 작아도 된다.

• 가늘고 긴 가공물의 연삭에 적합하다.

• 긴 홈이 있는 가공물의 연삭은 불가능하다.

• 대형이나 중량물의 연삭은 불가능하다.

• 연속가공이 가능하며 대량생산에 적합하다.

• 자생작용이 있다.

05 일반적인 연삭숫돌의 표시 방법 순서로 옳은 것은?

① 입자–입도–결합도–조직–결합제

② 입자–조직–입도–결합도–결합제

③ 입자–결합도–조직–입도–결합제

④ 입자–입도–조직–결합도–결합제

해설

일반적인 연삭숫돌 표시 방법

WA · 60 · K · m · V

→ 연삭숫돌입자 · 입도 · 결합도 · 조직 · 결합제

06 선반에서 테이퍼 절삭방법이 아닌 것은?

① 리드 스크루에 의한 방법

② 복식 공구대에 의한 방법

③ 심압대 편위에 의한 방법

④ 테이퍼 절삭장치에 의한 방법

해설

선반에서 테이퍼 가공방법

• 복식 공구대를 경사시키는 방법

• 심압대를 편위시키는 방법

• 테이퍼 절삭장치를 이용하는 방법

• 총형 바이트를 이용하는 방법

07 나사의 유효지름 측정방법 중 정밀도가 가장 높은 것은?

① 나사 마이크로미터

② 삼침법

③ 나사 한계게이지

④ 센터 게이지

해설

나사의 유효지름 가장 정밀한 측정 방법 : 삼침법

나사의 유효지름 측정

• 나사 마이크로미터에 의한 방법

• 삼침법

• 광학적인 방법(공구 현미경, 투영기 등)

08 직접측정의 장점에 해당되지 않는 것은?

① 측정기의 측정범위가 다른 측정법에 비하여 넓다.

② 측정물의 실제치수를 직접 읽을 수 있다.

③ 수량이 적고, 많은 종류의 제품 측정에 적합하다.

④ 측정자의 숙련과 경험이 필요 없다.

④ 직접측정은 측정자의 숙련과 경험이 필요하다.
①, ②, ③은 직접측정의 장점에 해당한다.
• 비교측정 : 측정값과 기준 게이지 값과의 차이를 비교하여 치수를 계산하는 측정 방법(블록게이지, 다이얼 테스트 인디케이터, 한계 게이지, 측장기 등)
• 직접측정 : 측정기에 표시된 눈금에 의해 직접 측정물의 치수를 읽는 방법(버니어캘리퍼스, 마이크로미터 등)
• 간접측정 : 나사, 기어 등과 같이 기하학적 관계를 이용하여 측정(사인바에 의한 각도 측정, 테이퍼 측정, 나사의 유효지름 측정 등)

09 절삭제의 사용 목적과 거리가 먼 것은?

① 공구의 온도 상승 저하

② 가공물의 정밀도 저하 방지

③ 공구 수명 연장

④ 절삭저항의 증가

④ 절삭유는 절삭저항을 감소시킨다.
절삭유제의 사용목적
• 구성인선의 발생을 방지한다.
• 공구의 인선을 냉각시켜 공구의 경도저하를 방지한다(공구 수명 연장).
• 가공물을 냉각시켜 절삭열에 의한 정밀도 저하를 방지한다.
• 공구의 마모를 줄이고 윤활 및 세척작용으로 가공표면을 양호하게 한다.
• 칩을 씻어주고 절삭부를 깨끗이 닦아 절삭작용을 쉽게 한다.

10 가공물이 대형이거나 무거운 중량제품을 드릴 가공할 때 가공물을 고정시키고, 드릴 스핀들을 암 위에서 수평으로 이동시키면서 가공할 수 있는 것은?

① 직립 드릴링 머신

② 레이디얼 드릴링 머신

③ 터릿 드릴링 머신

④ 만능 포터블 드릴링 머신

레이디얼 드릴링머신 : 대형제품이나 무거운 제품에 구멍가공을 하기 위해 가공물은 고정시키고, 드릴링 헤드를 수평방향으로 이동하여 가공할 수 있는 머신(드릴을 필요한 위치로 이동 가능)
드릴링머신의 종류 및 용도

종류	설명	용도	비고
탁상 드릴링 머신	드릴머신을 작업대 위에 설치하여 사용하는 소형의 드릴링머신	소형부품 가공에 적합	ϕ13mm 이하의 작은 구멍 뚫기
직립 드릴링 머신	탁상 드릴링머신과 유사	비교적 대형 가공물 가공	주축 역회전 장치로 탭가공 가능
레이디얼 드릴링 머신	구멍가공을 하기 위해 가공물은 고정시키고, 드릴이 가공 위치로 이동할 수 있는 머신(드릴을 필요한 위치로 이동 가능)	대형제품이나 무거운 제품에 구멍가공	암(Arm)을 회전, 주축 헤드 암을 따라 수평이동
다축 드릴링 머신	1대의 드릴링머신에 다수의 스핀들을 설치하고 여러 개의 구멍을 동시에 가공	1회에 여러 개의 구멍 동시 가공	
다두 드릴링 머신	직립 드릴링머신의 상부기구를 한 대의 드릴머신 베드 위에 여러 개를 설치한 형태	드릴가공, 탭가공, 리머가공 등의 여러 가지의 가공을 순서에 따라 연속 가공	
심공 드릴링 머신	깊은 구멍가공에 적합한 드릴링머신	총신, 긴 축, 커넥팅 로드 등과 같이 깊은 구멍 가공	

11 절삭속도가 140m/min, 이송이 0.25mm/rev인 절삭조건을 사용하여 $\phi75mm$로 1회 절삭하려고 할 때 소요되는 가공시간은 약 몇 분인가?(단, 절삭길이는 300mm이다)

① 2분 　　　　　② 4분

③ 6분 　　　　　④ 8분

해설

선반의 가공시간

• 회전수$(n) = \dfrac{1,000v}{\pi d} = \dfrac{1,000 \times 140\text{m/min}}{\pi \times 75\text{mm}} ≒ 594\,\text{rpm}$

• $T = \dfrac{L}{ns} \times i = \dfrac{300\text{mm}}{594\text{rpm} \times 0.25\text{mm/rev}} \times 1회 ≒ 2.02\text{min}$

∴ $T = 2분$

여기서, T : 가공시간(min)

L : 절삭가공길이(가공물길이)

n : 회전수(rpm)

s : 이송(mm/rev)

v : 절삭속도(m/min)

i : 가공횟수(회)

12 밀링작업에서 분할대를 사용하여 직접 분할할 수 없는 것은?

① 3등분 　　　　　② 4등분

③ 6등분 　　　　　④ 9등분

해설

직접 분할법은 24구멍의 직접 분할판을 이용하여 2, 3, 4, 6, 8, 12, 24분을 할 수 있다(9등분은 직접 분할할 수 없다).

분할 가공 방법

• 직접 분할법 : 분할대 주축 앞면에 있는 24구멍의 직접 분할판을 이용하여 단순분할(24의 약수, 즉 24, 12, 8, 6, 4, 3, 2등분 가능)

• 단식 분할법 : 직접 분할법으로 불가능하거나 또는 분할이 정밀해야 할 경우(2~60 사이의 모든 정수, 60~120 사이의 2와 5의 배수 등)

• 차동 분할법 : 직접 · 단식 분할법으로 분할할 수 없는 분할(단식 분할법으로 분할할 수 없는 61 이상의 소수나 특수한 수의 분할을 2종 운동의 복합운동으로 분할하는 방법이다. 127은 차동분할법으로 분할 가능)

13 $\phi0.02 \sim 0.3mm$ 정도의 금속선 전극을 이용하여 공작물을 잘라내는 가공방법은?

① 레이저 가공 　　　　② 워터젯 가공

③ 전자 빔 가공 　　　　④ 와이어 컷 방전가공

해설

④ 와이어 컷 방전가공(Wire Cut Electric Discharge Machining) : 지름 0.02~0.3mm 정도의 금속선의 전극(Wire)을 이용하여 필요한 형상을 가공하는 방법이다. 가공액은 일반적으로 물(이온수)을 사용함으로서 취급이 쉽고, 화재 위험이 적으며, 냉각성이 좋고 칩의 배출이 용이하다.

① 레이저 가공 : 가공물에 빛을 쏘이면 순간적으로 일부분이 가열되어, 용해되거나 증발되는 원리를 이용하여 대기 중에서 비접촉으로 필요한 형상으로 가공하는 방법

※ 레이저 가공방법 : 구멍 뚫기, 절단, 후판 용접, 국부적인 열처리 등

③ 전자 빔 가공 : 고열에 의한 재료의 용해 분출, 증발 현상을 이용하는 가공법

14 각도 측정을 할 수 있는 사인바(Sine Bar)의 설명으로 틀린 것은?

① 정밀한 각도 측정을 하기 위해서는 평면도가 높은 평면에서 사용해야 한다.

② 롤러의 중심거리는 보통 100mm, 200mm로 만든다.

③ 40° 이상의 큰 각도를 측정하는 데 유리하다.

④ 사인바는 길이를 측정하여 직각삼각형의 삼각함수를 이용한 계산에 의하여 임의각의 측정 또는 임의 각을 만드는 기구이다.

해설

사인바를 사용할 때는 각도가 45°보다 큰 각을 쓸 때는 오차가 커지기 때문에 사인바는 기준면에 대하여 45°보다 작게 사용한다. 즉, 45° 이하의 각도를 측정하는 데 유리하다.

사인바(Sine Bar)

• 사인바 각도 공식 : $\sin\alpha = \dfrac{H-h}{L}$ 　반드시 암기

• 사인바 : 사인바는 블록 게이지와 같이 사용하며, 삼각함수의 사인을 이용하여 임의의 각도를 길이로 계산하여 간접적으로 각도를 구하는 방법으로 크기는 롤러와 롤러 중심 간의 거리로 표시한다.

• 사인바 롤러의 중심거리는 계산을 쉽게 하도록 보통 100mm 또는 200mm로 만들어져 있다.

• 각도 측정에 사용되는 것 : 사인바, 각도 게이지, 수준기, 오토콜리메이터 등

15 브로칭머신에서 브로치를 인발 또는 압입하는 방법에 속하지 않는 것은?

① 나사식   ② 기어식

③ 유압식   ④ 압출식

해설

브로치를 인발 또는 압입하는 방법에는 나사식, 기어식, 유압식 등이 있으며 근래에는 유압식을 가장 많이 사용한다.

브로칭(Broaching)
- 가늘고 긴 일정한 단면 모양을 가진 공구에 많은 날을 가진 브로치(Broach)라는 절삭공구를 사용하여 가공물의 내면이나 외경에 필요한 형상의 부품을 가공하는 절삭방법
- 키홈, 스플라인 홈, 원형이나 다각형의 구멍 등을 가공
- 내면 브로칭머신 : 키 홈, 스플라인 홈, 원형이나 다각형의 구멍 등의 내면의 형상가공
- 외경 브로칭머신 : 세그먼트 기어 홈, 특수한 외면의 형상가공

16 입도가 작고 연한 숫돌에 작은 압력으로 가압하면서 가공물에 이송을 주고, 동시에 숫돌에 진동을 주어 표면 거칠기를 향상시키는 가공법은?

① 배럴(Barrel)

② 래핑(Lapping)

③ 버니싱(Burnishing)

④ 슈퍼피니싱(Super Finishing)

해설

④ 슈퍼피니싱(Super Finishing) : 연한 숫돌에 작은 압력으로 가압하면서, 가공물에 이송을 주고 동시에 숫돌에 진동을 주어 표면 거칠기를 높이는 가공방법(작은 압력 + 이송 + 진동)
① 배럴가공 : 충돌가공(주물귀, 돌기 부분, 스케일 제거), 회전하는 상자 속에 공작물과 미디어, 콤파운드(유지 + 직물), 공작액 등을 넣고 회전과 진동을 주어 표면을 다듬질(회전형, 진동형)
② 래핑(Lapping) : 가공물과 랩(Lap)사이에 랩제를 넣고 가공물에 압력을 가하면서 표면 거칠기가 우수한 가공면을 얻는 가공방법
③ 버니싱(Burnishing) : 원통형 내면에 강철 볼형의 공구를 압입해 통과시켜 매끈하고 정도가 높은 면을 얻는 가공법

17 다음 설명에 해당하는 칩(Chip)은?

> 공구가 진행함에 따라 일감이 미세한 간격으로 계속적으로 미끄럼 변형을 하여 칩이 생기며, 연속적으로 공구 윗면을 흘러 나가는 모양의 칩이다.

① 균열형 칩(Crack Type Chip)

② 유동형 칩(Flow Type Chip)

③ 열단형 칩(Tear Type Chip)

④ 전단형 칩(Shear Type Chip)

해설

② 유동형 칩 : 칩이 경사면 위를 연속적으로 원활하게 흘러 나가는 모양으로 연속형 칩이다.
① 균열형 칩 : 주철과 같이 메진 재료를 저속으로 절삭할 때 발생하는 칩의 형태로서 순간적인 균열이 발생하여 생기는 칩이다.
③ 경작형(열단형) 칩 : 점성이 큰 가공물을 경사각이 작은 절삭공구로 가공할 때, 절삭 깊이가 클 때 발생하기 쉬운 칩의 형태이다.
④ 전단형 칩 : 칩이 경사면 위를 원활하게 흐르지 못해서 절삭공구가 칩을 밀어내는 압축력이 커지면서 발생하여 칩이 연속적으로 가공되기는 하나 분자 사이에 전단이 일어나는 형태의 칩이다.

유동형 칩	전단형 칩
경작형(열단형) 칩	균열형 칩

18 CNC선반의 홈 가공 프로그램에서 회전하는 주축에 홈 바이트를 2회전 일시정지 하고자 한다. [   ]에 맞는 것은?

```
G50 X100, Z100, S2000 T0100;
G97 S12000 M03;
G00 X62, Z-25, T0101;
G01 X50, F0.05;
G04 [      ];
```

① P1200
② P100
③ P60
④ P600

• G04 : 지령한 시간 동안 이송이 정지되는 기능(휴지기능/일시정지)
• G97 S1200 M03; 블록에서 스핀들회전수 1,200rpm(G97 : 주축 회전수 일정제어)
• 정지시간(초) $= \dfrac{60 \times 공회전수(회)}{스핀들회전수(rpm)} = \dfrac{60 \times n(회)}{N(rpm)}$

$= \dfrac{60 \times 2회}{1,000rpm} = 0.1초$

• 0.1초 정지시키려면 G04 X0.1; , G04 U0.1; , G04 P100;

19 다음 중 나사의 피치를 측정할 수 있는 것은?

① 사인바
② 게이지 블록
③ 공구 현미경
④ 서피스 게이지

③ 공구 현미경 : 현미경에 의해 확대 관측하여 제품의 길이, 각도, 형상, 윤곽을 측정하는 측정기로 특히 나사게이지, 나사의 피치 측정에 사용되고 있다.
• 각도측정 : 사인바, 오토콜리메이터, 콤비네이션세트 등

20 특정한 제품을 대량 생산할 때 적합하지만, 사용범위가 한정되며 구조가 간단한 공작기계는?

① 범용 공작기계
② 전용 공작기계
③ 단능 공작기계
④ 만능 공작기계

② 전용 공작기계 : 특정한 모양, 치수의 제품을 양산하기에 적합하도록 만든 공작기계이며, 사용범위에는 좁고, 소량 생산에는 적합하지 않는 공작기계이다.
• 범용 공작기계 : 선반, 드릴링머신, 밀링머신, 셰이퍼, 플레이너, 슬로터, 연삭기
• 전용 공작기계 : 트랜스퍼 머신, 차륜 선반, 크랭크축 선반
• 단능 공작기계 : 공구연삭기, 센터링머신
• 만능 공작기계 : 선반, 드릴링, 밀링머신 등의 공작기계를 하나의 기계로 조합

21 허용한계치수의 해석에서 '통과측에는 모든 치수 또는 결정량이 동시에 검사되고 정지측에는 각각의 치수가 개개로 검사되어야 한다.'는 무슨 원리인가?

① 아베(Abbe)의 원리
② 테일러(Taylor)의 원리
③ 헤르츠(Hertz)의 원리
④ 훅(Hook)의 원리

② 테일러(Taylor)의 원리 : 통과측에는 모든 치수 또는 결정량이 동시에 검사되고, 정지측에는 각 치수가 개개로 검사되어야 한다. 이것은 부품과 반대형 부품이 완전히 포위하는 모든 끼워맞춤에 해당되는 것이다.
① 아베(Abbe)의 원리 : 측정하려는 길이를 표준자로 사용되는 눈금의 연장선상에 놓는다는 것인데 이는 피측정물과 표준자와는 측정방향에 있어서 동일 직선상에 배치하여야 한다.
• 아베의 원리 만족 : 외측 마이크로미터, 측장기
• 아베의 원리 불만족 : 버니어 캘리퍼스, 내경 마이크로미터
④ 훅의 법칙(Hooke's law) : 응력이 작용하면 응력과 변형률은 비례한다. 비례 한도 이내에서 응력과 변형률이 비례하는 법칙

22 선반가공 시 원형축 형상 도면의 편심량이 2mm일 때 다이얼 게이지 눈금의 변위량은?

① 1mm

② 2mm

③ 3mm

④ 4mm

해설
다이얼 게이지 눈금의 변위량 = 편심량 × 2배 = 2mm × 2배 = 4mm
편심량 측정방법
• 벤치센터에 다이얼 게이지를 설치하여 측정
• 다이얼 게이지의 이동량은 편심량의 2배로 한다.

23 와이어 컷 방전가공에서 전극용 와이어의 재질로서 일반적으로 사용하지 않는 것은?

① Bs

② Cu

③ Cr

④ W

해설
• 전극용 와이어 재질 : Cu, Bs, W
• 방전으로 인한 와이어의 소모가 있어도 가공면은 깨끗하다.

24 다이얼 게이지의 특징으로 틀린 것은?

① 읽음 오차가 적다.

② 측정 범위가 좁다.

③ 연속된 변위량의 측정이 가능하다.

④ 소형이고 가벼워서 취급이 용이하다.

해설
② 다이얼 게이지는 측정 범위가 넓다.
다이얼 게이지의 특징
• 소형, 경량으로 취급이 용이하다.
• 측정 범위가 넓다.
• 눈금과 지침에 의해서 읽기 때문에 오차가 적다.
• 연속된 변위량의 측정이 가능하다.
• 많은 개소의 측정을 동시에 할 수 있다.
• 부속품의 사용에 따라 광범위하게 측정할 수 있다.

25 지름 15mm, 표점거리 100mm인 인장시험편을 인장시켰더니 110mm가 되었다면 길이 방향의 변형률은?

① 9.1%

② 10%

③ 11%

④ 15%

해설
$$\varepsilon(\text{변형률}) = \frac{\lambda(\text{늘어난 길이})}{l(\text{처음 길이})} = \frac{10mm}{100mm} = 0.1 = 10\%$$
∴ 인장 변형률 : 10%

26 구리에 니켈 40~50% 정도를 함유하는 합금으로 통신기, 전열선 등의 전기저항 재료로 이용되는 것은?

① 인 바

② 엘린바

③ 콘스탄탄

④ 모넬메탈

해설
③ 콘스탄탄 : Cu-Ni합금으로 Ni 50% 부근은 전기저항의 최대치와 온도계수의 최소치가 있어 열전대로 널리 사용된다.
• Cu-Ni계 합금 : 콘스탄탄(40~50% Ni), 어드밴스(44% Ni), 모넬메탈(60~70% Ni / 내식성우수)
🎀 모넬메탈과 콘스탄탄의 함유량은 암기할 것
• 엘린바, 인바 : 온도 변화에 따라 열팽창계수 및 탄성계수가 변하지 않는 불변강

27 나사의 풀림을 방지하는 용도로 사용되지 않는 것은?

① 스프링 와셔

② 캡 너트

③ 분할 핀

④ 로크 너트

해설

캡 너트는 나사의 풀림 방지에 사용되지 않으며, 너트의 한쪽을 관통되지 않도록 만든 것으로 나사면을 따라 증기나 기름 등이 누출되는 것을 방지하는 부위 또는 외부로부터 먼지 등의 오염물 침입을 막는 데 주로 사용한다.

볼트, 너트의 풀림 방지

• 로크너트에 의한 방법
• 자동 죔 너트에 의한 방법
• 분할 핀에 의한 방법
• 와셔에 의한 방법
• 멈춤 나사에 의한 방법
• 철사를 이용하는 방법

28 주철의 성장을 방지하는 방법이 아닌 것은?

① 흑연의 미세화로서 조직을 치밀하게 한다.

② C와 Si의 양을 많게 한다.

③ 편상 흑연을 구상 흑연화시킨다.

④ Cr, Mn, Mo 등을 첨가하여 펄라이트 중의 Fe_3C 분해를 막는다.

해설

② 주철의 성장을 방지하기 위해서는 C와 Si의 양을 적게 한다.

• 주철의 성장 방지법 : 흑연의 미세화(조직 치밀화), 흑연화 방지 제 및 탄화물 안정제 첨가
  – 흑연화 방지제 : Mo, Mn, V, Cr, S 등
  – 흑연화 촉진제 : Si, Ni, Al, Ti 등

주철의 성장원인

• 시멘타이트(Fe_3C)의 흑연화에 의한 팽창
• 페라이트 중에 고용되어 있는 규소(Si)의 산화에 의한 팽창
• A_1 변태점(723℃) 이상의 온도에서 부피 변화로 인한 팽창
• 불균일한 가열로 생기는 균열에 의한 팽창
• 흡수한 가스에 의한 팽창

29 전연성이 좋고 색깔이 아름다우므로 장식용, 악기 등에 사용되는 5~20% Zn이 첨가된 구리합금은?

① 톰백(Tombac)

② 백 동

③ 6-4황동(Muntz Metal)

④ 7-3황동(Cartridge Brass)

해설

① 톰백(Tombac) : 구리와 아연의 합금, 구리에 아연(Zn)을 5~20% 첨가하였으며, 금빛을 띠고 늘어나는 성질이 있다. 금의 모조품이나 금박 대용품을 만드는 데 쓴다.
• 6-4황동 : Cu(60%)-Zn(40%), 아연(Zn)이 많을수록 인장강도 가 증가하여 고온가공이 용이하며 강도를 요하는 부분에 사용한 다. 아연(Zn) 45%일 때 인장강도가 가장 크다.
• 7-3황동 : Cu-70%, Zn-30%, 연신율이 가장 크다.

30 일반적인 합성수지의 공통적인 성질에 대한 설명 으로 틀린 것은?

① 가볍고 튼튼하다.

② 전기 절연성이 나쁘다.

③ 비강도는 비교적 높다.

④ 가공성이 크고 성형이 간단하다.

해설

② 합성수지는 전기 절연성이 우수하다.

플라스틱(합성수지)의 특징

• 경량, 절연성이 우수, 내식성 우수, 단열, 비자기성 등
• 열에 약하며 표면경도는 금속재료에 비해 약하다.
• 내식성이 우수하여 산, 알칼리에 강하다.

31 강의 표면경화법으로 금속 표면에 탄소(C)를 침입 고용시키는 방법은?

① 질화법　　　　② 침탄법

③ 화염경화법　　④ 쇼트피닝

② 침탄법 : 금속 표면에 탄소(C)를 침입 고용시키는 방법
① 질화법 : 암모니아가스를 침투시켜 질화층을 만들어 강의 표면을 경화하는 방법

표면경화 방법
• 물리적 방법 : 화염경화법, 고주파경화법, 금속용사법 등
• 화학적 방법 : 침탄법, 질화법, 침탄질화법 등

평행 핀	
테이퍼 핀	
슬롯 테이퍼 핀	
분할 핀	
스프링 핀	
너클 핀	

32 핀(Pin)의 종류에 대한 설명으로 틀린 것은?

① 테이퍼 핀은 보통 1/50 정도의 테이퍼를 가지며, 축에 보스를 고정시킬 때 사용할 수 있다.

② 평행핀은 분해·조립하는 부품의 맞춤면의 관계 위치를 일정하게 할 필요가 있을 때 주로 사용된다.

③ 분할핀은 한쪽 끝이 2가닥으로 갈라진 핀으로 축에 끼워진 부품이 빠지는 것을 막는 데 사용할 수 있다.

④ 스프링 핀은 2개의 봉을 연결하기 위해 구멍에 수직으로 핀을 끼워 2개의 봉이 상대각운동을 할 수 있도록 연결한 것이다.

④번의 설명은 너클 핀의 설명이다.
• 너클 핀 : 한쪽 포크(Fork)에 아이(Eye)부분을 연결하여 구멍에 수직으로 평행 핀을 끼워 두 부분이 상대적으로 각운동을 할 수 있도록 연결한 것
• 스프링 핀(Spring Pin) : 세로 방향으로 갈라져 있으므로 바깥지름보다 작은 구멍에 끼워 넣고, 스프링의 작용을 할 수 있도록 하여 기계 부품을 결합하는 데 사용한다.

33 평벨트와 비교하여 V벨트의 특징으로 틀린 것은?

① 전동효율이 좋다.

② 고속운전이 가능하다.

③ 정숙한 운전이 가능하다.

④ 축간거리를 더 멀리 할 수 있다.

④ V벨트는 평벨트보다 축간거리가 짧은 경우에 사용한다.
• V벨트 : 고무나 가죽으로 된 사다리꼴 단면을 갖는 V벨트를 풀리 홈에 끼워 마찰에 의해 전동한다. 축간거리가 짧은 경우에도 사용할 수 있다.

V벨트 전동의 장점
• 홈의 양면에 밀착되므로 마찰력이 평벨트보다 크고, 미끄럼이 적어 비교적 작은 장력으로 큰 회전력을 전달할 수 있다.
• 평벨트와 같이 벗겨지는 일이 없다.
• 이음매가 없어 운전이 정숙하고, 충격을 완화하는 작용을 한다.
• 지름이 작은 풀리에도 사용할 수 있다.
• 설치 면적이 좁으므로 사용이 편리하다.
• 고속 전동을 할 수 있다.
• 벨트가 벗겨지는 일이 없다.

34 스퍼기어의 요목표가 다음과 같을 때, 빈칸의 모듈 값은 얼마인가?

스퍼기어		
기어치형		표준
공 구	치 형	보통 이
	모 듈	
	압력각	20°
잇 수		36
피치원 지름		108

① 1.5 ② 2
③ 3 ④ 6

해설

$$모듈(m) = \frac{피치원지름(D)}{잇수(Z)} = \frac{108}{36} = 3$$

$$\therefore 모듈(m) = 3$$

35 모듈 5이고 잇수가 각각 40개와 60개인 한 쌍의 표준스퍼기어에서 두 축의 중심거리는?

① 100mm ② 150mm
③ 200mm ④ 250mm

해설

$$두\ 기어의\ 중심거리(C) = \frac{D_1 + D_2}{2} = \frac{m(Z_1 + Z_2)}{2}$$

$$= \frac{5(40 + 60)}{2} = 250mm$$

$$\therefore 중심거리(C) = 250mm$$

여기서, m : 모듈, Z_1, Z_2 : 잇수

36 지름 5mm 이하의 바늘 모양 롤러를 사용하는 베어링으로서 단위면적당 부하용량이 커서 협소한 장소에서 고속의 강한 하중이 작용하는 곳에 주로 사용하는 베어링은?

① 스러스트 롤러 베어링
② 자동 조심형 롤러 베어링
③ 니들 롤러 베어링
④ 테이퍼 롤러 베어링

해설

③ 니들 롤러 베어링 : 지름 5mm 이하의 바늘 모양의 롤러를 사용한 것으로서 좁은 장소나 충격하중이 있는 곳에 사용한다.
② 자동 조심형 롤러 베어링 : 자동 조심 작용이 있어 축심의 어긋남을 자동적으로 조절한다. 레이디얼 부하 용량이 크고, 구면을 이용하여 양 방향의 스러스트 하중에도 견딜 수 있으므로 중하중 및 충격 하중에 적합하다.

니들 롤러 베어링
• 지름 5(mm) 이하의 바늘 모양의 롤러를 사용한 것
• 리테이너는 없음
• 내외륜이 있는 것과 내륜이 없고 축에 직접 접촉하는 구조
• 축지름에 비하여 바깥지름이 작다.
• 부하 용량이 크다.
• 좁은 장소나 충격하중이 있는 곳에 사용한다.

37 내열용 알루미늄 합금이 아닌 것은?

① Y합금
② 로엑스(Lo-Ex)
③ 두랄루민
④ 코비탈륨

해설

• 내열용 알루미늄 합금 : Y합금, 로엑스합금, 코비탈륨
  - Y합금 : Al + 4% Cu + 2% Ni + 1.5% Mg의 합금으로 내열성이 좋아 자동차, 항공기용 엔진의 공랭 실린더 헤드와 피스톤에 사용한다.
  - 로엑스 : Al-Si-Mg계, 열팽창 계수가 작고, 내열성, 내마멸성이 우수
• 단조용 알루미늄 합금 : 두랄루민
  - 두랄루민 : 단조용 알루미늄 합금으로 Al + Cu + Mg + Mn의 합금, 가벼워서 항공기나 자동차 등에 사용되는 고강도 Al합금
• 내식성 알루미늄 합금 : 하이드로날륨, 알민, 알드리, 알클래드

38 다음에 해당하는 선의 종류는?

- 물품의 일부를 파단한 곳을 표시하는 선
- 끊어낸 부분을 표시하는 선으로 불규칙한 파형의 가는 실선

① 절단선　　　② 해칭선
③ 파 선　　　　④ 파단선

해설

④ 파단선 : 물체의 일부분의 생략 또는 단면의 경계를 나타내는 선으로 불규칙한 파형의 가는 실선으로 나타낸다.
① 절단선 : 단면도를 그리는 경우 그 절단 위치를 대응하는 도면에 표시하는 데 사용
② 해칭선 : 도형의 한정된 특정부분을 다른 부분과 구별하는 데 사용
③ 숨은선(파선) : 물체의 보이지 않는 부분의 형상을 표시하는 선

39 다음 중 열간압연 연강판 및 강대에서 드로잉용에 해당하는 것은?

① SNCD　　　② SPCD
③ SPHD　　　④ SHPD

해설

드로잉용 열간압연 연강판 및 강대(드로잉용) : SPHD

철 금속 재료의 종류와 용도

규 격	명 칭	기 호	용도 및 특징
3501	열간압연 연강판 및 강대	SPHC	일반용
		SPHD	드로잉용
		SPHE	딥드로잉용
3512	냉간압연 강판 및 강대	SPCC	일반용
		SPCD	드로잉용
		SPCE	딥드로잉용
		SPCF	비시효성 딥드로잉
		SPCG	비시효성 초딥드로잉

40 암, 리브, 핸들 등의 절단면을 그림과 같이 나타내는 단면도를 무엇이라 하는가?

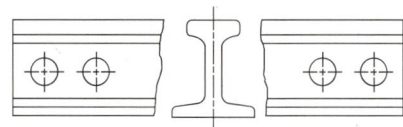

① 온 단면도
② 회전도시 단면도
③ 부분 단면도
④ 한쪽 단면도

해설

② 회전도시 단면도 : 핸들, 벨트풀리, 기어 등과 같은 바퀴의 암, 림, 리브, 훅, 축, 구조물의 부재 등의 절단면을 회전시켜 표시한다.

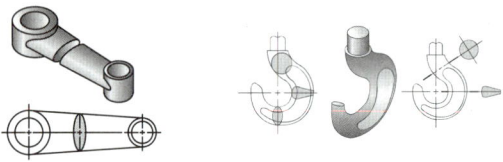

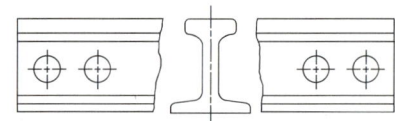

회전 도시 단면도(예)

- 온 단면도 : 물체 전체를 둘로 절단해서 그림 전체를 단면으로 나타낸 것(전 단면도)
- 부분 단면도 : 필요한 일부분만을 파단선에 의해 그 경계를 표시하고 나타낸다.
- 한쪽 단면도 : 상하 또는 좌우 대칭인 물체는 1/4을 떼어 낸 것으로 보고 기본 중심선을 경계로 1/2은 외형, 1/2은 단면으로 동시에 나타낸다. 외형도의 절반과 온 단면도의 절반을 조합하여 표시한 단면도

41 그림과 같은 입체도의 화살표 방향 투상이 정면일 경우 우측면도로 가장 적합한 것은?

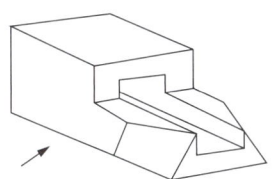

①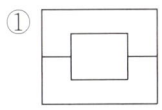

②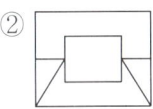

③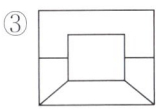

④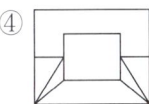

42 그림과 같은 치수 기입법의 명칭은?

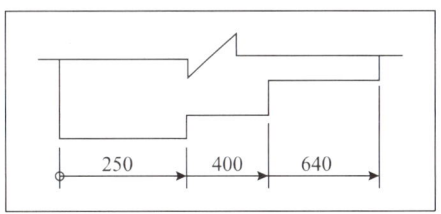

① 직렬 치수 기입법　② 누진 치수 기입법
③ 좌표 치수 기입법　④ 병렬 치수 기입법

해설

치수의 배치방법
• 직렬 치수 기입 : 직렬로 연결된 치수에 주어진 일반 공차가 차례로 누적되어도 좋은 경우에 사용(치수를 기입할 때에는 치수 공차가 누적된다)

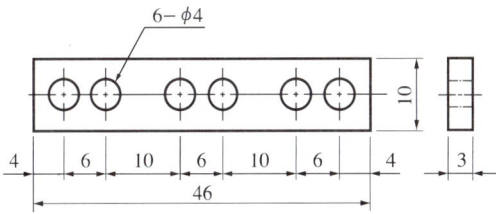

• 병렬 치수 기입 : 기준면을 설정하여 개개별로 기입되는 방법으로, 각 치수의 일반 공차는 다른 치수의 일반 공차에 영향을 주지 않는다.

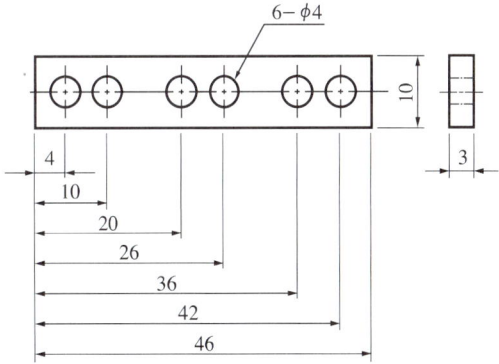

• 누진 치수 기입 : 치수 공차에 관하여 병렬 치수 기입과 완전히 동등한 의미를 가지면서, 하나의 연속된 치수선으로 간편하게 표시한다.

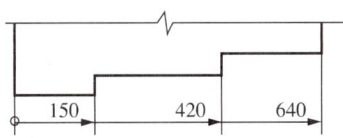

43 다음 표면의 결 지시 기호에 대한 설명으로 틀린 것은?

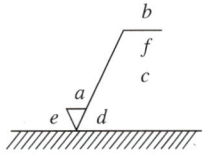

① b : 가공방법

② c : 파형의 높이

③ d : 표면의 줄무늬 방향

④ e : 샘플링 길이

④ e : 다듬질 여유 기입

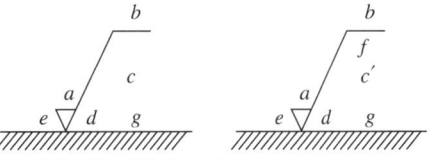

a : 산술 평균 거칠기의 값
b : 가공 방법의 문자 또는 기호
c : 컷오프값(파형의 높이)
c′ : 기준 길이
d : 줄무늬 방향의 기호
e : 다듬질 여유 기입
f : 산술 평균 거칠기 이외의 표면 거칠기값
g : 표면 파상도

44 다음 중 나사의 종류를 표시하는 기호가 잘못 연결된 것은?

① 30° 사다리꼴나사 : TW

② 유니파이보통나사 : UNC

③ 유니파이가는나사 : UNF

④ 미터가는나사 : M

• 30° 사다리꼴나사 : TM
• 29° 사다리꼴나사 : TW
나사의 종류를 표시하는 기호 및 나사의 호칭에 대한 표시 방법 (KS B 0200)

구 분	나사의 종류		나사종류 기호	나사의 호칭방법
ISO 표준에 있는 것	미터보통나사		M	M8
	미터가는나사			M8×1
	미니어처나사		S	S0.5
	유니파이 보통나사		UNC	3/8−16UNC
	유니파이 가는나사		UNF	No.8−36UNF
	미터사다리꼴나사		Tr	Tr10×2
	관용 테이퍼 나사	테이퍼 수나사	R	R3/4
		테이퍼 암나사	Rc	Rc3/4
		평행 암나사	Rp	Rp3/4
ISO 표준에 없는 것	관용 평행나사		G	G1/2
	30° 사다리꼴나사		TM	TM18
	29° 사다리꼴나사		TW	TW20
	관용 테이퍼 나사	테이퍼 나사	PT	PT7
		평행 암나사	PS	PS7
	관용 평행나사		PF	PF7

45 기계가공에서 절삭성능을 향상시키기 위하여 사용되는 절삭유제의 대표작용이 아닌 것은?

① 냉각작용   ② 방온작용

③ 세척작용   ④ 윤활작용

② 방온작용은 절삭유의 작용이 아니다.
절삭유의 작용
• 냉각작용, 윤활작용, 세척작용
• 절삭공구와 칩 사이에 마찰을 감소
• 절삭 시 열을 감소시켜 공구수명을 연장
• 절삭성능도 높여 준다.

46 어미자의 1눈금이 0.5mm이며 아들자의 눈금이 12mm를 25등분한 버니어캘리퍼스의 최소 측정값은?

① 0.01mm ② 0.05mm

③ 0.02mm ④ 0.1mm

해설

보통 버니어 가장 많이 사용되는 아들자 눈금으로서, 어미자의 $(n-1)$ 눈금을 n등분한 것이다.

$$(n-1)S = nV \rightarrow V = \frac{n-1}{n}S$$

$$C = S - V = S - \frac{n-1}{n}S = \frac{S}{n}$$

$$\therefore \text{ 최소 측정값}(C) = \frac{S}{n} = \frac{0.5\text{mm}}{25} = 0.02\text{mm}$$

여기서, S : 어미자의 1눈금 간격
V : 아들자의 1눈금 간격
C : 아들자로 읽을 수 있는 최소 측정값

47 일반적으로 방전가공 작업 시 사용되는 가공액의 종류 중 가장 거리가 먼 것은?

① 변압기유

② 경 유

③ 등 유

④ 휘발유

해설

방전가공에 사용되는 가공액으로 백등유, 경유, 변압기유, 물, 비눗물 등의 절연물이 있다.

방전가공 : 전극과 가공물 사이에 전기를 통전시켜, 방전현상의 열에너지를 이용하여, 가공물을 용융 증발시켜 가공을 진행하는 비접촉식 가공 방법으로 전극과 재료 모두 도체이어야 한다.

48 6각 구멍 붙이 머리 볼트로 공작물에 안으로 묻히게 하기 위한 단이 있는 구멍 가공법은?

① 리밍(Reaming)

② 카운터 싱킹(Counter Sinking)

③ 카운터 보링(Counter Boring)

④ 보링(Boring)

해설

• 카운터 보링 : 볼트 또는 너트의 머리 부분이 가공물 안으로 묻히도록 드릴과 동심원의 2단 구멍을 절삭하는 방법
• 리밍 : 뚫어져 있는 구멍을 정밀도가 높고, 가공 표면의 표면 거칠기를 좋게 하기 위한 가공
• 카운터 싱킹 : 나사 머리의 모양이 접시모양 일 때 테이퍼 원통형으로 절삭하는 가공
• 보링 : 이미 뚫어져 있는 구멍을 필요한 크기로 넓히거나 정밀도를 높이기 위하여, 보링 바이를 이용하여 가공하는 방법
• 탭 가공 : 드릴로 뚫은 구멍에 탭을 이용하여, 암나사를 가공하는 방법
• 스폿 페이싱 : 볼트나 너트가 닿는 구멍 주위에 부분만을 평탄하게 가공하여 체결이 잘되도록 하는 가공방법

49 보통선반의 심압대 대신 여러 개의 공구를 방사상으로 설치하여 공정 순서대로 공구를 차례대로 사용할 수 있도록 되어있는 선반은?

① NC 선반 ② 모방 선반

③ 보통 선반 ④ 터릿 선반

해설

④ 터릿 선반 : 보통선반 심압대 대신에 터릿으로 불리는 회전 공구대를 설치하여 여러 가지 절삭공구를 공정에 맞게 설치하여 작은 부품을 대량생산하는 선반
② 모방 선반(Copy Lathe) : 자동모방장치를 이용하여 모형이나 형판(Template) 외형에 트레이서(Tracer)가 설치되고 트레이서가 움직이면, 바이트가 함께 움직여 모형이나 형판의 외형과 동일한 형상의 부품을 자동으로 가공하는 선반
③ 보통 선반 : 각종 선반 중에서 기본이 되고, 가장 많이 사용하는 선반

50 너클 핀 이음에서 인장력이 50kN인 핀의 허용전단 응력을 50MPa이라고 할 때, 핀의 지름 d는 몇 mm 인가?

① 22.8 ② 25.2
③ 28.2 ④ 35.7

해설
핀의 전단응력
$$\tau = \frac{2P}{\pi d^2} \rightarrow d = \sqrt{\frac{2P}{\pi \tau}} = \sqrt{\frac{2 \times 50 \times 10^3 \mathrm{N}}{\pi \times 50 \mathrm{N/mm^2}}} \fallingdotseq 25.2\mathrm{mm}$$
∴ 핀의 지름$(d) = 25.2\mathrm{mm}$
여기서, τ : 허용전단응력(N/mm^2), P : 인장력(N)
※ 50MPa = 50N/mm^2

51 담금질한 강을 재가열할 때 600℃ 부근에서의 조 직은?

① 소르바이트 ② 마텐자이트
③ 트루스타이트 ④ 오스테나이트

해설
담금질한 강을 재가열할 때 600℃ 부근에서는 소르바이트 조직이 생긴다.
담금질한 강철을 적당한 온도로서 A$_1$변태점 이하에서 인성을 증가 시키는 방법
• 저온뜨임 : 400℃ 부근, 경도(마텐자이트 → 트루스타이트)
• 고온뜨임 : 600℃ 부근, 강인성(트루스타이트 → 소르바이트)

52 나사에 관한 설명으로 틀린 것은?

① 나사에서 피치가 같으면 줄 수가 늘어나도 리드는 같다.
② 미터계 사다리꼴 나사산의 각도는 30°이다.
③ 나사에서 리드라 하면 나사축 1회전당 전진하는 거리를 말한다.
④ 톱니나사는 한 방향으로 힘을 전달시킬 때 사용 한다.

해설
① 나사에서 피치가 같고 줄 수가 늘어나면 리드가 커진다(공식 : L(리드)$= p$(피치)$\times n$(줄수)).
• 나사의 리드 : 나사 1회전 했을 때 나사가 진행한 거리
• 사다리꼴나사산 각이 미터계(Tr)는 30°, 인치계(TW)는 29°
• 톱니나사 : 힘을 한 방향으로만 받는 부품에 이용되는 나사
• 사각나사 : 축방향의 하중을 받아 운동을 전달하는 데 사용(나사 프레스)

53 주철의 결점을 없애기 위하여 흑연의 형상을 미세 화, 균일화하여 연성과 인성의 강도를 크게 하고, 강인한 펄라이트 주철을 제조한 고급주철은?

① 가단 주철
② 칠드 주철
③ 미하나이트 주철
④ 구상 흑연 주철

해설
③ 미하나이트(Meehanite)주철 : 약 3%C, 1.5% Si의 쇳물에 칼슘 실리케이트(Ca–Si)나 페로실리콘(Fe–Si)을 접종시켜 미세한 흑 연을 균일하게 분포시킨 펄라이트 주철이다. 이 주철은 주물의 두께 차나 내외에 상관없이 균일한 조직을 얻을 수 있고, 강인하다.
① 가단(Malleable)주철 : 주철의 결점인 여리고 약한 인성을 개선 하기 위하여 열처리에 의하여 편상 흑연을 괴상화하여 강도와 연성을 향상시킨 것이다.
② 칠드(Chilled)주철 : 보통 주철보다 규소(Si) 함유량을 적게 하고 적당량의 망간을 첨가한 쇳물을 금형 또는 칠 메탈이 붙어 있는 모래형에 주입하여 필요한 부분만 급랭시켜 표면만이 단단하게 되고 내부는 회주철이 되므로 강인한 성질을 가지는 주철
④ 구상흑연주철 : 강도와 연성 등을 개선하기 위하여 용융 상태의 주철 중에 마그네슘(Mg), 세륨(Ce) 또는 칼슘(Ca) 등을 첨가하 여 편상 흑연을 구상화한 것으로 노듈러 주철, 덕타일 주철 등으로 불린다.

54 가는 1점 쇄선의 용도로 적합하지 않은 것은?

① 도형의 중심을 표시하는 데 사용

② 중심이 이동한 중심궤적을 표시하는 데 사용

③ 위치 결정의 근거가 된다는 것을 명시할 때 사용

④ 단면의 무게중심을 연결한 선을 표시하는 데 사용

> **해설**
> ④ 단면의 무게중심을 연결한 선을 표시하는 무게중심선은 가는 2점 쇄선을 사용한다.

가는 1점 쇄선의 용도
• 도형의 중심을 표시하는 데 사용
• 중심이 이동한 중심 궤적을 표시하는 데 사용
• 위치 결정의 근거가 된다는 것을 명시할 때 사용

용도에 따른 선의 종류

명 칭	선의 종류	선의 용도
외형선	굵은 실선	대상물이 보이는 부분의 모양을 표시하는 데 사용한다.
치수선	가는 실선	치수를 기입하기 위하여 사용한다.
치수보조선		치수를 기입하기 위하여 도형으로부터 끌어내는 데 사용한다.
지시선		기술, 기호 등을 표시하기 위하여 끌어내는 데 사용한다.
숨은선	가는 파선	대상물의 보이지 않는 부분의 모양을 표시하는 데 사용한다.
중심선	가는 1점 쇄선	• 도형의 중심을 표시하는 데 사용한다. • 중심이 이동한 중심 궤적을 표시하는 데 사용한다.
특수지정선	굵은 1점 쇄선	특수한 가공을 하는 부분 등 특별한 요구 사항을 적용할 수 있는 범위를 표시하는 데 사용한다(열처리).

55 다음 센터구멍의 종류로 옳은 것은?

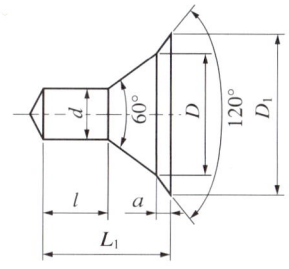

① A형
② B형
③ C형
④ D형

> **해설**
> ② 문제 그림은 B형(모따기형)이다.

센터구멍의 종류

센터드릴의 각도는 일반적으로 60°가 가장 많이 사용되고 있으며, 대형 가공물 또는 중량물일 경우에는 75°와 90°의 센터드릴도 사용한다.

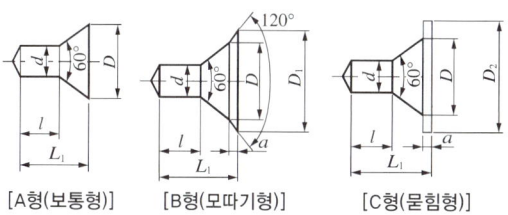

[A형(보통형)] [B형(모따기형)] [C형(묻힘형)]

56 보통센터의 선단 일부를 가공하여 단면가공이 가능한 센터는?

① 세공센터
② 베어링센터
③ 하프센터
④ 평센터

> **해설**
> ③ 하프센터 : 정지센터로 가공물을 지지하고 단면을 가공하면 바이트와 가공물의 간섭으로 가공이 불가능하게 된다. 이때 보통센터의 선단 일부를 가공하여 단면가공이 가능하도록 제작한 센터
> ② 베어링센터 : 선단 일부가 가공물의 회전에 의하여 함께 회전하도록 설계된 센터
> ④ 평센터 : 가공물에 센터구멍을 가공해서는 안 될 경우에 가공물의 단면을 평면으로 지지할 수 있도록 제작한 센터로 지지력은 다소 약하다.

센터의 종류

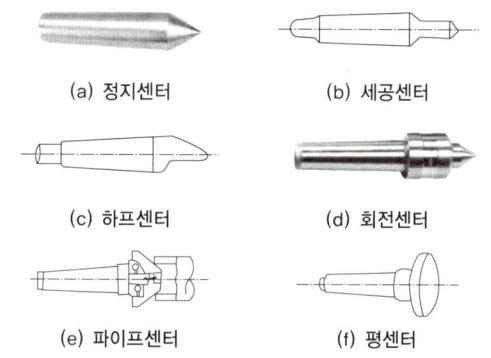

(a) 정지센터 (b) 세공센터

(c) 하프센터 (d) 회전센터

(e) 파이프센터 (f) 평센터

57 어떤 치수가 $\phi 50^{+0.03}_{-0.02}$ 일 때 치수공차는 얼마인가?

① 0.001   ② 0.01

③ 0.005   ④ 0.05

> **해설**
>
> **치수공차** : 최대허용한계치수와 최소허용한계치수와의 차
>
> $\phi 50^{+0.03}_{-0.02} \rightarrow 50.03 - 49.98 = 0.05$

58 지름 50mm인 원형 단면에 하중 4,500N이 작용할 때 발생되는 응력은 약 몇 N/mm²인가?

① 2.3   ② 4.6

③ 23.3   ④ 46.6

> **해설**
>
> 원형 단면적$(A) = \dfrac{\pi d^2}{4} = \dfrac{\pi \times 50^2 \, \text{mm}}{4} \fallingdotseq 1,963.5 \text{mm}^2$
>
> 응력$(\sigma) = \dfrac{P}{A} = \dfrac{4,500\text{N}}{1,963.5\text{mm}^2} \fallingdotseq 2.3\text{N/mm}^2$
>
> ∴ 응력$(\sigma) = 2.3\text{N/mm}^2$
>
> 여기서, A : 원형 단면적, P : 하중, d : 원형 지름

59 베어링 호칭번호가 6205인 레이디얼 볼 베어링의 안지름은?

① 5mm   ② 25mm

③ 62mm   ④ 205mm

> **해설**
>
> 6205 : 6 – 형식번호, 2 – 계열번호, 05 – 안지름 번호(볼 베어링 안지름 : 25mm)
>
> • 안지름 20mm 이내 : 00–10mm, 01–12mm, 02–15mm, 03–17mm, 04–20mm
>
> • 안지름 20mm 이상 : 안지름 숫자에 5를 곱한 수가 안지름 치수가 된다.
>
> 예 05 = 25mm(5 × 5 = 25), 20 = 100mm(20 × 5 = 100)

60 치수 보조 기호의 설명으로 틀린 것은?

① R15 : 반지름 15

② t15 : 판의 두께 15

③ (15) : 비례척이 아닌 치수 15

④ SR 15 : 구의 반지름 15

> **해설**
>
> ③ (15) : 참고 치수를 나타낸다.
>
> **치수 보조 기호**
>
> | 구 분 | 기 호 | 읽 기 | 사용법 |
> |---|---|---|---|
> | 지 름 | ϕ | 파 이 | 지름 치수의 치수 수치 앞에 붙인다. |
> | 반지름 | R | 알 | 반지름 치수의 치수 앞에 붙인다. |
> | 구의 지름 | Sϕ | 에스파이 | 구의 지름 치수의 치수 수치 앞에 붙인다. |
> | 구의 반지름 | SR | 에스알 | 구의 반지름 치수의 치수 수치 앞에 붙인다. |
> | 정사각형의 변 | □ | 사 각 | 정사각형의 한 변 치수의 치수 수치 앞에 붙인다. |
> | 판의 두께 | t | 티 | 판 두께의 치수 수치 앞에 붙인다. |
> | 원호의 길이 | ⌒ | 원 호 | 원호 길이 치수의 치수 위에 붙인다. |
> | 45° 모따기 | C | 시 | 45° 모따기 치수의 치수 수치 앞에 붙인다. |
> | 이론적으로 정확한 치수 | ▭ | 테두리 | 이론적으로 정확한 치수의 치수 수치를 둘러싼다. |
> | 참고 치수 | ( ) | 괄 호 | 참고 치수의 치수 수치(치수 보조기호를 포함한다)를 둘러싼다. |

01 밀링작업에 대한 안전사항으로 틀린 것은?

① 가동 전에 각종 레버, 자동이송, 급속이송장치 등을 반드시 점검한다.

② 정면커터로 절삭작업을 할 때 칩 커버를 벗겨 놓는다.

③ 주축속도를 변속시킬 때에는 반드시 주축이 정지한 후에 변화한다.

④ 밀링으로 절삭한 칩은 날카로우므로 주의하여 청소한다.

해설
② 정면커터로 절삭작업을 할 때 칩 커버를 벗겨 놓지 않는다.

02 다음 그림과 같은 공작물의 테이퍼를 심압대를 이용하여 가공할 때 편위량은 몇 mm인가?

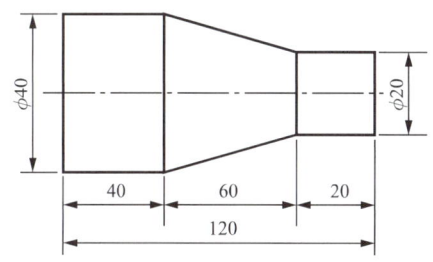

① 20

② 30

③ 40

④ 60

해설
심압대를 편위 시키는 방법(테이퍼가 작고 길이가 길 경우에 사용하는 방법)

• 심압대 편위량 구하는 계산식

$$e = \frac{(D-d) \times L}{2l} = \frac{(40-20) \times 120}{2 \times 60} = 20\text{mm}$$

$$\therefore e = 20\text{mm}$$

여기서, L : 가공물의 전체길이

e : 심압대의 편위량

D : 테이퍼의 큰지름

d : 테이퍼의 작은 지름

l : 테이퍼의 길이

선반에서 테이퍼 가공방법

• 복식 공구대를 경사시키는 방법

• 심압대를 편위시키는 방법

• 테이퍼 절삭장치를 이용하는 방법

• 총형 바이트를 이용하는 방법

03 밀링머신에서 절삭속도 20m/min, 페이스 커터의 날수 8개, 직경 120mm, 1날당 이송 0.2mm일 때 테이블 이송속도는?

① 약 65mm/min

② 약 75mm/min

③ 약 85mm/min

④ 약 95mm/min

해설

회전수$(n) = \dfrac{1,000v}{\pi d} = \dfrac{1,000 \times 20\text{m/min}}{\pi \times 120\text{mm}} ≒ 53\text{rpm}$

테이블 이송속도

$(f) = f_z \times z \times n = 0.2\text{mm} \times 8 \times 53\text{rpm} ≒ 85\text{mm/min}$

$\therefore$ 테이블 이송속도$(f) = 85\text{mm/min}$

여기서, f : 테이블 이송속도(mm/min)

f_z : 1날당 이송량(mm)

n : 회전수(rpm)

z : 커터의 날수

04 머시닝센터에서 기계원점 복귀 G코드는?

① G22   ② G28

③ G30   ④ G33

해설
② G28 : 기계원점 자동원점 복귀
① G22 : 금지영역 설정
③ G30 : 제2원점 복귀

06 절삭공구 중 밀링 커터와 같은 회전 공구로 랙을 나선 모양으로 감고, 스파이럴에 직각이 되도록 축 방향으로 여러 개의 홈을 파서 절삭날을 형성하여 기어를 가공할 수 있는 공구는?

① 호 브   ② 엔드밀

③ 플레이너   ④ 총형 커터

해설
① 호브(Hob) : 회전 공구로 랙을 나선 모양으로 감고, 스파이럴에 직각이 되도록 축 방향으로 여러 개의 홈을 파서 절삭날을 형성하여 기어를 가공할 수 있는 공구

창성에 의한 가공 방법
랙을 절삭 공구로 하고 피니언을 기어 소재로 하여 미끄러지지 않도록 고정한 후 서로 상대운동을 시켜 기어를 절삭하는 방법
• 랙 커터에 의한 방법
• 피니언 커터에 의한 방법
• 호브에 의한 절삭

05 CNC선반에서 보조기능 중 주축을 정지시키기 위한 M코드는?

① M01   ② M03

③ M04   ④ M05

해설
④ M05 : 주축 정지

M코드

M코드	기 능	M코드	기 능
M00	프로그램 정지	M08	절삭유 ON
M01	프로그램 선택 정지	M09	절삭유 OFF
M02	프로그램 끝	M30	프로그램 끝 및 리셋
M03	주축 정회전	M98	보조프로그램·호출
M04	주축 역회전	M99	보조프로그램 종료
M05	주축 정지		

07 마찰면이 넓은 부분 또는 시동 횟수가 많을 때 사용하고 저속 및 중속 축의 급유에 사용되는 급유방법은?

① 담금 급유법   ② 패드 급유법

③ 적하 급유법   ④ 강제 급유법

해설
③ 적하 급유법(Drop Feed Oiling) : 마찰면이 넓거나 시동되는 횟수가 많을 때, 저속 및 중속 축의 급유에 사용된다.

윤활제의 급유방법
• 패드 급유법(Pad Oiling) : 무명이나 털 등을 섞어 만든 패드 일부를 오일 통에 담가 저널의 아래면에 모세관 현상으로 급유하는 방법
• 오일링(Oiling) 급유법 : 고속 주축에 급유를 균등하게 할 목적으로 사용한다.
• 강제 급유법(Circulating Oiling) : 순환펌프를 이용하여 급유하는 방법으로, 고속회전할 때, 베어링 냉각효과에 경제적인 방법이다.

08 연삭숫돌의 원통도 불량에 대한 주된 원인과 대책으로 옳게 짝지어진 것은?

① 연삭숫돌의 눈 메움 : 연삭숫돌의 교체
② 연삭숫돌의 흔들림 : 센터 구멍의 홈 조정
③ 연삭숫돌의 입도가 거침 : 굵은 입도의 연삭숫돌 사용
④ 테이블 운동의 정도 불량 : 정도검사, 수리, 미끄럼 면의 윤활을 양호하게 할 것

해설
④ 테이블 운동의 정도 불량시 정도검사, 수리, 미끄럼 면의 윤활을 양호하게 한다.

연삭의 결합과 원인 및 대책

구 분	원 인	대 책
원통도 불량	테이블 운동의 정도 불량	정도검사, 수리, 미끄럼 면의 윤활을 양호하게 할 것
	가공법 불량	수직 이송연삭에서는 가공물에서 떨어지지 않도록, 플랜지 컷에서는 숫돌의 폭을 가공물보다 크게 함
진원도 불량	센터와 센터 구멍의 불량	센터 구멍의 홈, 먼지를 제거, 센터, 센터 구멍의 연삭 심압축의 정도 조정
	공작물의 불균형	전체를 거친 연삭을 하여 편심을 제거, 불규칙한 공작물에는 밸런싱 웨이트를 붙인다.
	진동 방진구의 사용법 불량	가공물의 크기, 형상에 적합한 진동 방진구를 사용할 것
떨 림	연삭숫돌의 눈메움	연삭숫돌을 드레싱한다.
거친 가공면	연삭숫돌의 입도가 거침	가는 입도의 연삭숫돌을 사용한다.

09 연삭숫돌입자에 무딤이나 눈메움 현상으로 연삭성이 저하될 때 하는 작업은?

① 시닝(Thining)   ② 리밍(Reamming)
③ 드레싱(Dressing)   ④ 트루잉(Truing)

해설
③ 드레싱(Dressing) : 눈메움이나 무딤이 발생하여 절삭성이 나빠진 연삭숫돌 표면에 드레서를 사용하여 예리한 절삭날을 숫돌 표면에 생성하여 절삭성을 회복시키는 작업
② 리밍(Reamming) : 구멍의 정밀도를 높이기 위해 구멍을 다듬는 작업
④ 트루잉(Truing) : 연삭숫돌을 성형하거나, 성형연삭으로 인하여 숫돌 형상이 변화된 것을 부품의 형상으로 바르게 고치는 가공

10 블록 게이지의 부속 부품이 아닌 것은?

① 홀 더
② 스크레이퍼
③ 스크라이버 포인트
④ 베이스 블록

해설
② 스크레이퍼 : 버(Burr)를 제거하는 데 사용하는 공구
블록 게이지 부속 부품 : 홀더, 스크라이버 포인트, 베이스 블록 등

11 전해연마 가공의 특징이 아닌 것은?

① 연마량이 적어 깊은 홈은 제거가 되지 않으며 모서리가 라운드된다.
② 가공면에 방향성이 없다.
③ 면은 깨끗하나 도금이 잘되지 않는다.
④ 복잡한 형상의 공작물 연마도 가능하다.

해설
전해연마 : 전기도금의 반대현상으로 가공물을 양극(+), 전기저항이 적은 구리, 아연을 음극(−)으로 연결하고, 전해액 속에서 $1A/dm^2$ 정도의 전기를 통하면 전기에 의한 화학적인 작용으로 가공물의 표면이 용출되어 필요한 형상으로 가공하는 방법이다. 알루미늄 소재 등 거울과 같이 광택 있는 가공면을 비교적 쉽게 가공할 수 있다.
• 가공 변질층이 없고 평활한 가공 면을 얻을 수 있다.
• 복잡한 형상의 제품도 전해연마가 가능하다.
• 가공면에 방향성이 없다.
• 내마모성, 내부식성이 향상된다.
• 연질의 알루미늄, 구리 등도 쉽게 광택면을 가공할 수 있다.

12 브로칭머신을 이용한 가공방법으로 틀린 것은?

① 키 홈
② 평면 가공
③ 다각형 구멍
④ 스플라인 홈

해설
② 평면 가공 : 밀링머신에서 가공
• 브로칭 머신 : 가늘고 긴 일정한 단면 모양을 가진 공구에 많은 날을 가진 브로치(Broach)라는 절삭 공구를 사용하여 가공물의 내면이나 외경에 필요한 형상의 부품을 가공하는 절삭 방법
• 내면 브로칭 머신 : 키 홈, 스플라인 홈, 원형이나 다각형의 구멍 등의 내면의 형상 가공
• 외경 브로칭 머신 : 세그먼트 기어 홈, 특수한 외면의 형상 가공

13 고속도강을 연삭할 때 균열이 생기기 쉬운 재료 또는 발열을 피해야 하는 경우에 적합한 숫돌의 재질은?

① 셸락 결합제
② 레지노이드 결합제
③ 실리케이트 결합제
④ 비트리파이드 결합제

해설
③ 실리케이트 결합제(S) : 규산나트륨을 입자와 혼합, 성형하여 제작한 숫돌로 대형 숫돌에 적합하다. 실리케이트 결합제로 만든 숫돌은 다른 방법으로 만든 연삭숫돌보다 결합도가 약하여, 마멸이 빠르다. 고속도강과 같이 연삭 할 때 균열이 발생하기 쉬운 가공물의 연삭이나 연삭할 때 발열이 적어야 하는 경우가 적합하다.
결합제의 종류
• 비트리파이드(V) : 주성분 점토와 장석, 무기질 결합제
• 실리케이트(S) : 대형숫돌 적합, 무기질 결합제
• 셸락(E) : 절단용, 유기질 결합제
• 레지노이드(B) : 절단용, 유기질 결합제

14 주축이 수평이며 칼럼, 니, 테이블 및 오버 암 등으로 되어 있고 새들 위에 선회대가 있어 테이블을 수평면 내에서 임의의 각도로 회전할 수 있는 밀링머신은?

① 모방밀링머신
② 만능밀링머신
③ 나사밀링머신
④ 수직밀링머신

해설
② 만능밀링머신(Universal Milling Machine) : 수평밀링머신과 유사하나, 차이점으로는 새들 위에 선회대가 있어 수평면 내에서 일정한 각도로 테이블을 회전시켜 각도를 변환시키는 것과 테이블을 상하로 경사시킬 수 있는 것이다.
① 모방밀링머신(Copy Milling Machine) : 모방장치를 이용하여 단조, 프레스, 주조형 금형 등의 복잡한 형상을 능률적으로 가공할 수 있다.
③ 나사밀링머신(Thread Milling Machine) : 나사절삭전용 밀링머신으로, 가공물에 회전을 주고, 일정한 비율의 이송을 주어 나사를 절삭하는 전용 밀링머신이다.
④ 수직밀링머신(Vertical Milling Machine) : 정면 밀링 커터와 엔드밀을 사용하여 평면 가공, 홈 가공 등을 하는 작업에 가장 적합하다.

15 비교 측정에 사용되는 측정기가 아닌 것은?

① 다이얼게이지
② 버니어캘리퍼스
③ 공기 마이크로미터
④ 전기 마이크로미터

해설
② 버니어캘리퍼스 : 직접 측정
• 직접측정 : 버니어캘리퍼스, 마이크로미터와 같이 측정기에 표시된 눈금에 의해 직접 측정물의 치수를 읽는 방법이다.
• 비교측정 : 블록게이지와 다이얼게이지 등을 사용하여 측정물의 치수를 비교하여 측정하는 방법이다(다이얼게이지, 공기 마이크로미터, 전기 마이크로미터 등).
• 간접측정 : 나사, 기어 등과 같이 모양이 복잡한 측정물의 경우에 기하학적 관계를 이용하여 측정하는 방법으로 롤러와 블록게이지에 의한 테이퍼 측정, 사인바에 의한 각도 측정, 삼침법에 의한 나사의 유효 지름 측정 등이 있다.

16 밀링머신에서 둥근 단면의 공작물을 사각, 육각 등으로 가공할 때 사용하면 편리하며, 변환 기어를 테이블과 연결하여 비틀림 홈 가공에 사용하는 부속품은?

① 분할대   ② 밀링 바이스
③ 회전 테이블   ④ 슬로팅 장치

해설
① 분할대 : 원주 및 각도 분할 시 사용, 주축대와 심압대 한 쌍으로 테이블 위에 설치
③ 회전 테이블 : 테이블 위에 설치하며, 수동 또는 자동으로 회전시킬 수 있어, 밀링에서 바깥부분을 원형이나 윤곽가공, 간단한 등분을 할 때 사용하는 밀링머신의 부속품이다. 핸들에는 마이크로 칼라가 부착되어 간단한 각도 분할에도 사용한다.
④ 슬로팅 장치 : 니형 밀링머신의 칼럼 앞면에 주축과 연결하여 사용하며 주축의 회전운동을 공구대 램의 직선 왕복운동으로 변화시켜 바이트로써 직선 절삭 가능(키, 스플라인, 세레이션, 기어가공 등)

17 드릴지그 부시 중 지그 몸체에 압입하고, 일단 고정 후 제거할 필요가 없을 때 사용하는 부시는?

① 고정부시
② 삽입부시
③ 안내부시
④ 라이너(Liner)부시

해설
① 고정부시(Pressfit-bush) : 드릴지그에서 일반적으로 사용하는 부시로, 본체에 압입하여 고정하고, 고정한 후에는 제거하지 않을 때 주로 사용하는 부시
② 삽입부시(Renewable-bush) : 고정 부시 속에서 삽입되는 부시, 동일한 위치에서 여러 종류(탭작업이나 리머작업)의 가공을 할 경우 또는 부시가 마모되었을 경우에 교환이 쉽도록 하기 위한 부시이다.
④ 삽입부시용 부시 : 라이너(Liner)부시

18 방전가공에서 전극재료의 조건으로 맞지 않는 것은?

① 방전이 안전하고 가공속도가 클 것
② 가공에 따른 가공전극의 소모가 적을 것
③ 공작물보다 경도가 높을 것
④ 기계가공이 쉽고 가공정밀도가 높을 것

해설
③ 공작물보다 경도가 낮을 것
전극재료의 조건
• 방전이 안전하고 가공속도가 클 것
• 가공 정밀도가 높을 것
• 기계가공이 쉬울 것
• 가공전극의 소모가 적을 것
• 구하기 쉽고 값이 저렴할 것

19 부식을 방지하는 방법에서 알루미늄의 방식법에 속하지 않는 것은?

① 수산법   ② 황산법
③ 니켈산법   ④ 크롬산법

해설
③ 니켈산법은 알루미늄의 방식법이 아니다.
알루미늄 방식법 : 수산법, 황산법, 크롬산법
알루미늄 표면을 적당한 전해액 중에서 양극 산화 처리하면 산화물계의 피막이 생기고, 이것을 고온 수증기 중에서 가열하여 다공성을 없게 하면 방식성이 우수한 아름다운 피막이 얻어진다. 이 방법에는 수산법, 황산법, 크롬산법 등이 있다.

20 다음 바이트의 각도를 나타낸 그림에서 C는?

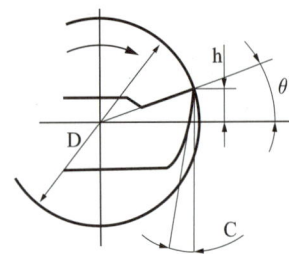

① 경사각
② 날끝각
③ 여유각
④ 중립각

③ C : 앞면 여유각
여유각 : 바이트의 옆면 및 앞면과 가공물의 마찰을 줄이기 위한 각으로 여유각이 너무 크면 날 끝이 약하게 된다.

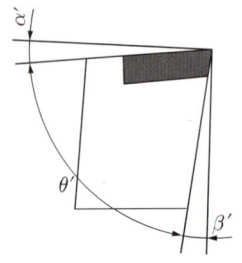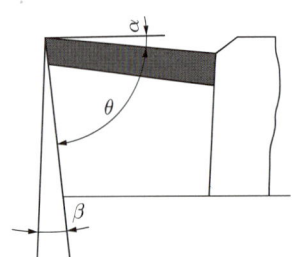

α : 윗면 경사각 β : 앞면 여유각 θ : 앞면 공구각
α' : 옆면 경사각 β' : 옆면 여유각 θ' : 옆면 공구각

21 절삭공구 재료의 구비 조건으로 틀린 것은?

① 내마멸성이 클 것
② 원하는 형상으로 만들기 쉬운 것
③ 공작물보다 연하고 인성이 있을 것
④ 높은 온도에서도 경도가 떨어지지 않을 것

③ 절삭공구 재료는 공작물보다 강하고 강인성이 있어야 한다.
절삭공구의 구비 조건
• 고온경도 : 고온에서 경도가 저하되지 않고 절삭할 수 있는 고온 경도가 필요하다.
• 내마모성 : 절삭공구와 가공재료의 마찰에 의하여 절삭공구의 표면이 미세하게 소모되는 마모에 대한 강도가 필요하다.
• 강인성 : 절삭공구는 외력에 의해 파손되지 않고 잘 견딜 수 있는 강인성이 필요하다.
• 저마찰 : 마찰계수가 적을수록 경제적이고 효율성이 높은 절삭을 할 수 있다.
• 성형성 : 쉽게 원하는 모양으로 제작이 가능할 것
• 경제성 : 가격이 저렴할 것

22 공구마멸 중에서 공구날의 윗면이 칩의 마찰로 오목하게 파이는 현상을 무엇이라 하는가?

① 구성인선
② 크레이터 마모
③ 프랭크 마모
④ 칩 브레이커

공구마멸의 종류
• 크레이터 마모(Crater Wear) : 칩이 처음으로 바이트 경사면에 접촉하는 접촉점은 절삭공구의 인선에서 약간 떨어져서 나타나며, 이 접촉점에서 마찰력이 작용하여 절삭공구의 상면 경사면이 오목하게 파여지는 현상
• 플랭크 마모(Flank Wear) : 절삭공구의 절삭면에 평행하게 마모되는 것을 의미하며, 측면과 절삭면과의 마찰에 의하여 발생한다.
• 치핑(Chipping) : 절삭공구 인선의 일부가 미세하게 탈락되는 현상

23 다음 중 연강과 같은 연질의 공작물을 초경합금 바이트로써 고속절삭을 할 때에는 칩(Chip)이 연속적으로 흘러나오게 되어 위험하므로 칩을 짧게 끊기 위한 방법으로 가장 적합한 것은?

① 절삭유를 주입한다.
② 절삭속도를 높인다.
③ 칩을 손으로 긁어낸다.
④ 칩 브레이커를 사용한다.

해설
④ 칩 브레이커(Chip Breaker) : 칩을 적당한 길이로 원활하게 배출시키기 위해 짧게 끊어 주는 것

24 주축대의 위치를 정밀하게 하기 위하여 나사식 측정장치, 다이얼게이지, 광학적 측정장치를 갖추고 있는 보링머신은?

① 수직 보링머신
② 보통 보링머신
③ 지그 보링머신
④ 코어 보링머신

해설
③ 지그 보링머신 : 높은 정밀도를 요구하는 가공물, 각종 지그, 정밀기계의 구멍가공 등에 사용하는 보링머신이다. 가공물의 오차가 ±2~5μm 정도이며, 온도 변화에 따른 영향을 받지 않도록 항온 항습실에 설치하여야 한다. 주축의 위치를 정밀하게 하기 위하여 나사식 측정 장치 및 표준 봉게이지, 다이얼게이지, 현미경에 의한 광학적 측정 장치를 가지고 있다.
① 수직 보링머신 : 스핀들이 수직으로 이루어진 구조의 보링머신
② 보통 보링머신 : 수평 보링머신을 의미하여 일반적으로 가장 널리 사용된다(테이블형, 플레이너형, 플로우형으로 구분).
④ 코어 보링머신 : 가공할 구멍이 매우 클 때, 구멍 전체를 절삭하지 않고 내부에는 심재가 남도록 환형의 홈으로 가공하여, 시간을 절약하고 심재(코어, Core)로 남은 부분을 다른 용도의 재료로 사용할 수 있는 보링 머신이다. 판재의 큰 구멍을 가공하거나 포신 등의 가공에 적합하다.

25 드릴링 머신에서 회전수 160rpm, 절삭속도 15m/min일 때, 드릴 지름(mm)은 약 얼마인가?

① 29.8
② 35.1
③ 39.5
④ 15.4

해설
$$d = \frac{1,000v}{\pi n} = \frac{1,000 \times 15\text{m/min}}{\pi \times 160\text{rpm}} = 29.8\text{mm}$$
∴ 드릴 지름(d) = 29.8mm
여기서, v : 절삭속도(m/min), n : 회전수(rpm)

26 다듬질 면이 매끈하고 정밀도가 높은 제품을 얻을 수 있으며 특히 게이지 블록을 최종 완성 가공할 때 사용할 수 있고, 가공액의 사용 유무에 따라 건식법과 습식법으로 나누어지는 가공법은?

① 래 핑
② 버프가공
③ 배럴가공
④ 방전가공

해설
① 래핑 : 가공물과 랩(Lap) 사이에 랩제를 넣고 가공물에 압력을 가하면서 표면 거칠기가 우수한 가공면을 얻는 가공방법으로, 특히 게이지블록의 최종 다듬질 공정에 이용된다. 가공액의 사용 유무에 따라 건식법과 습식법으로 구분한다.
③ 배럴가공 : 충돌가공(주물귀, 돌기 부분, 스케일 제거), 회전하는 상자 속에 공작물과 미디어, 콤파운드(유지 + 직물), 공작액 등을 넣고 회전과 진동을 주어 표면을 다듬질(회전형, 진동형)한다.
④ 방전가공 : 전극과 가공물 사이에 전기를 통전시켜, 방전현상의 열에너지를 이용하여, 가공물을 용융 증발시켜 가공을 진행하는 비접촉식 가공 방법으로 전극과 재료 모두 도체이어야 한다.

27 일반적인 줄 작업 방법의 종류로 틀린 것은?

① 병진법　　　　② 사진법
③ 직진법　　　　④ 하진법

줄 작업 종류 및 용도
• 직진법 : 황삭 및 다듬질 작업
• 사진법 : 황삭 및 볼록한 면의 수정작업
• 병진법 : 폭이 좁고 길이가 긴 가공물의 줄 작업
줄 작업 방법

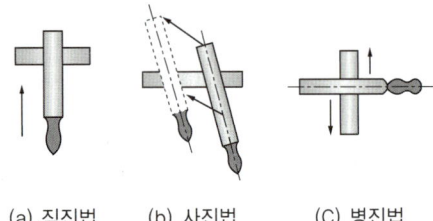

(a) 직진법　　　(b) 사진법　　　(C) 병진법

28 기어의 치형을 깎는 방법이 아닌 것은?

① 창성에 의한 방법
② 형판에 의한 방법
③ 엔드밀에 의한 방법
④ 총형 커터에 의한 방법

기어 절삭법
• 형판에 의한 방법
• 총형 커터에 의한 방법
• 창성법에 의한 방법(랙 커터, 피니언 커터, 호브 사용)

29 표면경화법에서 금속침투법이 아닌 것은?

① 세라다이징　　　② 크로마이징
③ 칼로라이징　　　④ 방전경화법

금속침투법
• 세라다이징(Sheradizing) – 아연(Zn) 침투
• 칼로라이징(Calorizing) – 알루미늄(Al) 침투
• 크로마이징(Chromizing) – 크롬(Cr) 침투
• 실리코나이징 – 규소(Si) 침투
🔔 암기법 : 아/세, 알/칼, 크/크, 실/규

30 다음 중 내연기관의 실린더 내벽이나 고압 터빈날개 등과 같은 제품의 표면경화법으로 가장 적합한 것은?

① 질화법　　　　② 침탄법
③ 화염경화법　　④ 고주파경화법

① 질화법 : 철강재료에 500~550℃ 암모니아(NH_3) 기류 중에서 50~100시간 가열하면 질소가 흡수하여 질화물을 형성하며 0.4~0.8mm 정도의 질화층을 만든다. 기어의 잇면, 크랭크축의 머리부, 고급 내연기관의 실린더 내면, 게이지 블록 등에 질소를 강중에 침입시키는 표면경화법이다.
표면경화 방법
• 물리적 방법 : 화염 경화법, 고주파경화법, 금속 용사법 등
• 화학적 방법 : 침탄법, 질화법, 침탄 질화법 등

31 다음 금속원소 중 경금속 원소는?

① Fe　　　　　② Cu
③ Pb　　　　　④ Al

• 경금속 : 비중 4.5 이하 – 알루미늄(Al), 마그네슘(Mg), 타이타늄(Ti), 베릴륨 등
• 중금속 : 비중 4.5 이상 – 철(Fe), 구리(Cu), 니켈(Ni), 텅스텐(W), 납(Pb), 주석, 백금 등
※ 비중 4.5를 기준으로 경금속, 중금속을 나눈다(경금속 < 비중 4.5 < 중금속).

32 냉간가공된 황동제품들이 공기 중의 암모니아 및 염류로 인하여 입간 부식에 의한 균열이 생기는 것은?

① 저장균열　　　　② 냉간균열
③ 자연균열　　　　④ 열간균열

③ 자연균열 : 황동은 관, 봉 등의 잔류 응력에 의해 균열을 일으키는 현상
자연균열 방지법 : 도료 및 아연도금, 180~260℃에서 저온풀림

33 일반적으로 알루미늄합금의 강도를 향상시키는 주요 방법이 아닌 것은?

① 개량처리　　　　② 석출경화
③ 시효경화　　　　④ 스트레인시효

알루미늄 합금의 강도를 향상시키는 주요 방법에는 개량처리, 석출경화, 시효경화 등이 있다.

34 지름이 25mm이고 길이가 50mm인 저널 베어링에서 5.9kN의 하중을 지지하고 있을 때 저널면에 작용하는 압력은 약 몇 MPa인가?

① 3.59　　　　② 4.18
③ 4.72　　　　④ 4.90

$$p = \frac{W}{dl} = \frac{5.9 \times 1,000\text{N}}{25\text{mm} \times 50\text{mm}} = 4.72\text{N/mm}^2 = 4.72\text{MPa}$$

∴ 저널면에 작용하는 압력 = 4.72MPa
여기서, W : 하중(N)
　　　　p : 저널면에 작용하는 압력(MPa)
　　　　d : 베어링지름(mm)
　　　　l : 베어링길이(mm)
※ $5.9\text{kN} = 5.9 \times 10^3\text{N}$
　　$1\text{N/mm}^2 = 1\text{MPa}$

35 절삭공구로 사용되는 재료가 아닌 것은?

① 페 놀　　　　② 서 멧
③ 세라믹　　　　④ 초경합금

① 페놀 수지는 절삭공구 재료가 아니라 열경화성 합성수지이다.
절삭공구 재료 : 탄소공구강, 합금 공구강, 고속도강, 초경합금, 주조경질합금, 세라믹, 서멧, 다이아몬드, 입방정 질화붕소(CBN), 피복 초경합금 등

36 다음 중 S, Pb 등을 첨가한 강으로서 절삭가공을 할 때 연속된 가공칩의 발생을 방지하고 피삭성을 좋게 한 특수강은?

① 내식강　　　　② 내열강
③ 쾌삭강　　　　④ 자석강

③ 쾌삭강 : 가공 재료의 피삭성을 높이고, 절삭공구의 수명을 길게 하기 위하여 요구되는 성질을 개선한 구조용 강
쾌삭강
• 칩(Chip)처리 능률을 높임
• 가공면 정밀도, 표면 거칠기 향상
• 강에 황(S), 납(Pb) 등을 첨가(황쾌삭강, 납쾌삭강)

37 인장 및 압축의 선형 스프링에서 스프링에 작용하는 힘을 W, 마찰계수를 μ, 비틀림각을 θ, 변위량을 δ라 할 때 스프링 상수 k를 구하는 식은?

① $k = \mu p \delta$ ② $k = \dfrac{\delta}{W}$

③ $k = \dfrac{W}{\delta}$ ④ $k = \mu \theta \delta$

해설

스프링 상수 $k = \dfrac{W}{\delta} = \dfrac{\text{스프링에 작용하는 힘}}{\text{변위량}}$

38 회전수가 250rpm인 원동축에 모듈이 4, 잇수가 30인 기어가 있다. 속도비가 1/3인 경우 중심거리는?

① 80mm   ② 240mm

③ 480mm   ④ 600mm

해설

속도비$(i) = \dfrac{N_1}{N_2} = \dfrac{Z_2}{Z_1} = \dfrac{1}{3} = \dfrac{30}{Z_1} \rightarrow Z_1 = 90$

중심거리$(C) = \dfrac{D_1 + D_2}{2} = \dfrac{m(Z_1 + Z_2)}{2} = \dfrac{4(90+30)}{2}$

           $= 240\text{mm}$

여기서, m : 모듈

      Z_1, Z_2 : 잇수

39 엔드 저널로서 지름이 50mm인 전동축을 받치고 허용 최대 베어링 압력을 6N/mm², 저널길이를 80mm라 할 때 최대 베어링 하중은 몇 kN인가?

① 3.64kN   ② 6.4kN

③ 24kN   ④ 30kN

해설

베어링 하중(P) = 베어링 압력(P_a) × 지름(d) × 저널길이(l)

             $= 6 \times 50 \times 80 = 24{,}000\text{N}$

             $= 24\text{kN}$

∴ 최대 베어링 하중 = 24kN

40 코일스프링의 전체 평균직경이 50mm, 소선의 직경이 6mm일 때 스프링 지수는 약 얼마인가?

① 1.4   ② 2.5

③ 4.3   ④ 8.3

해설

스프링 지수$(C) = \dfrac{\text{스프링 전체의 평균지름}(D)}{\text{소선의 지름}(d)} = \dfrac{50}{6} ≒ 8.3$

∴ 스프링 지수$(C) = 8.3$

41 직접전동 기계요소인 홈 마찰차에서 홈의 각도 (2α)는?

① $2\alpha = 10 \sim 20°$ ② $2\alpha = 20 \sim 30°$

③ $2\alpha = 30 \sim 40°$ ④ $2\alpha = 40 \sim 50°$

해설

③ 홈 마찰차의 홈이 각도는 $2\alpha = 30 \sim 40°$

42 축의 원주에 여러 개의 키를 가공한 것으로 큰 토크를 전달할 수 있고 내구력이 크며 축과 보스와의 중심축을 정확하게 맞출 수 있는 것은?

① 스플라인   ② 미끄럼 키
③ 묻힘 키   ④ 반달 키

해설

① 스플라인 : 키보다 큰 토크(회전력)를 전달, 축에 여러 개의 같은 키 홈을 파서 여기에 맞는 한 짝의 보스 부분을 만들어 서로 잘 미끄러져 운동할 수 있게 한 것

키(Key)의 종류

키(Key)	정 의	그 림
새들 키 (안장 키)	축에는 키 홈을 가공하지 않고 보스에만 테이퍼진 키 홈을 만들어 때려 박는다. [비고] 축의 강도 저하가 없다.	
원뿔 키	축과 보스와의 사이에 2~3곳을 축 방향으로 쪼갠 원뿔을 때려 박아 고정	
반달 키	축에 반달모양의 홈을 만들어 반달 모양으로 가공된 키를 끼운다. [비고] 축 강도 약함	
스플라인	축에 여러 개의 같은 키 홈을 파서 여기에 맞는 한 짝의 보스 부분을 만들어 서로 잘 미끄러져 운동할 수 있게 한 것 [비고] 키보다 큰 토크 전달	

※ 묻힘(Sunk) 키 : 축과 보스의 양쪽에 모두 키 홈을 가공

43 애크미 나사라고도 하며 나사산의 각도가 인치계에서는 29°이고, 미터계에서는 30°인 나사는?

① 사다리꼴나사   ② 미터나사
③ 유니파이나사   ④ 너클나사

해설

① 사다리꼴나사 : 애크미 나사라고도 하며, 이 나사는 스러스트를 전달하는 부품에 적합하며, 사각나사보다 강도가 높고 나사 봉우리와 골 사이에 틈새가 있으므로 물림이 좋으며 마모가 되어도 어느 정도 조정할 수가 있어, 공작기계의 이송 나사, 밸브의 개폐용, 잭, 프레스 등의 축력을 전달하는 운동용 나사로 사용된다.
    ※ 사다리꼴나사산 각이 미터계(Tr)는 30°, 인치계(TW)는 29°
④ 너클 나사 : 둥근 나사라고도 하며, 먼지, 모래 등의 이물질이 나사산을 통하여 들어갈 염려가 있을 때 사용한다.

44 다음 V벨트 종류 중 인장강도가 가장 작은 것은?

① M   ② A
③ B   ④ E

해설

V벨트 단면의 형상은 M, A, B, C, D, E형의 6종류가 있으며, M에서 E쪽으로 가면 단면이 커지며 M형이 인장강도가 가장 작다(인장강도 : M＜A＜B＜C＜D＜E).

45 다음 [보기] 간략도의 전체를 표현한 것으로 가장 적합한 것은?

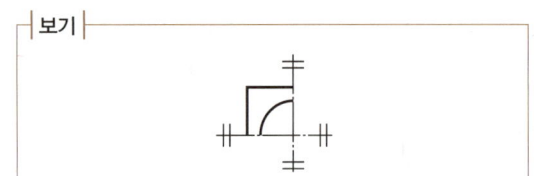

①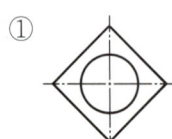

②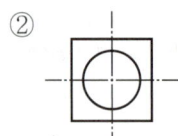

③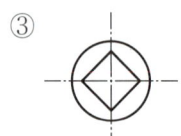

④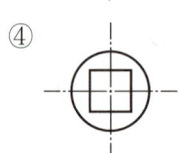

해설
대칭 도시기호(=)를 사용하여 X축과 Y축을 기준으로 생략하여 간략도로 나타내었다.

46 스플릿 테이퍼핀의 호칭 방법으로 옳게 나타낸 것은?

① 규격 명칭, 호칭지름×호칭길이, 재료, 지정사항
② 규격 명칭, 등급, 호칭지름×호칭길이, 재료
③ 규격 명칭, 재료, 호칭지름×호칭길이, 등급
④ 규격 명칭, 재료, 호칭지름×호칭길이, 지정사항

해설
핀의 명칭 및 호칭 방법

명 칭	호칭방법
평행핀	규격번호(명칭), 종류, 형식, 호칭지름, 공차×호칭길이, 재료 예 KS B ISO 2338 6m6×30−St
스플릿 테이퍼핀	규격번호(명칭), 호칭지름×호칭길이, 재료, 지정사항 예 스플릿 테이퍼핀 6×70−St 갈라짐의 깊이 10
분할핀	규격번호(명칭), 호칭지름×길이, 재료 예 분할핀 5×50−St

※ d : 호칭지름

47 다음과 같은 표면의 결 표시기호에서 가공 방법은?

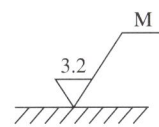

① 밀 링 　　　　② 연 삭

③ 선 삭 　　　　④ 줄다듬질

해설
선삭 – L, 연삭 – G, 밀링 – M, 줄다듬질 – FF
가공 방법의 기호(KS B 0107 중 일부)

가공방법	기 호	가공방법	기 호
선반 가공	L	호닝 가공	GH
드릴 가공	D	액체호닝 가공	SPLH
보링머신 가공	B	배럴연마 가공	SPBR
밀링 가공	M	버프 다듬질	SPBF
평삭(플레이닝)가공	P	블라스트 다듬질	SB
형삭(셰이핑)가공	SH	랩 다듬질	GL
브로칭 가공	BR	줄 다듬질	FF
리머 가공	FR	스크레이퍼 다듬질	FS
연삭 가공	G	페이퍼 다듬질	FCA
벨트연삭 가공	GBL	정밀주조	CP

48 도면에서 가는 실선으로 표시된 대각선 부분의 의미는?

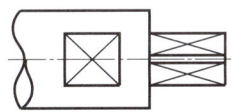

① 홈 부분 　　　　② 곡 면

③ 평 면 　　　　④ 라운드 부분

해설
③ 도면에서 대각선이 교차하는 가는 실선은 평면임을 나타낸다.
평면의 표시법
도형 내의 특정한 부분이 평면인 것을 표시할 필요가 있을 때는 그림과 같이 가는 실선을 대각선으로 긋는다.

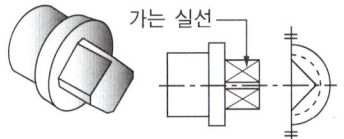

49 도면에서 2종류 이상의 선이 같은 장소에 겹치게 될 경우에 다음 선 중에서 순위가 가장 낮은 것은?

① 중심선 　　　　② 숨은선

③ 치수 보조선 　　　　④ 절단선

해설
③ 문제에서 순위가 가장 낮은 것은 "치수 보조선"이다.
투상선의 우선순위
숫자, 문자, 기호 및 화살표 → 외형선(굵은실선) → 숨은선(파선) → 절단선 → 중심선 → 무게중심선 → 파단선 → 치수선 또는 치수 보조선 → 해칭선

　선의 우선순위는 자주 출제되니 반드시 암기
　암기팁 : <외·숨·절·중·무·파·치·해> 숫자, 문자, 기호는
　제일 우선

50 다음 중 억지 끼워 맞춤에 해당하는 것은?

① H7/k6 　　　　② H7/m6

③ H7/js6 　　　　④ H7/p6

해설
④ H7/p6은 억지 끼워 맞춤이다.
①, ②, ③은 중간 끼워 맞춤

51 좌우 대칭인 보기 입체도의 화살표 방향 정면도로 가장 적합한 것은?

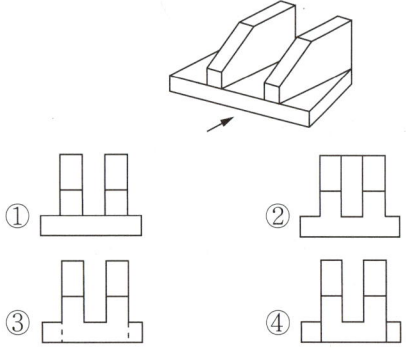

① ② ③ ④

52 녹색 탄화규소 연삭숫돌을 표시하는 방법으로 옳은 것은?

① A 숫돌
② GC 숫돌
③ WA 숫돌
④ F 숫돌

해설

② GC : 녹색 탄화규소

인조 숫돌 입자의 종류

종 류	기 호	적용범위
갈색 알루미나	A	보통 탄소강, 합금강, 스테인리스강 등
백색 알루미나	WA	인장강도가 큰 강 계통의 연삭에 적합, 특히 접촉 면적이 큰 연삭이나 발열을 피해야 하는 연삭에 사용
탄화규소	C	알루미나보다 단단하나 취성이 커서 인장강도가 낮은 재료 연삭에 적합
녹색 탄화규소	GC	주철, 황동, 경합금, 초경합금 등을 연삭하는 데 적합

53 보통 선반에서 나사를 절삭하기 위해 나사 이송을 연결 또는 단속시키는 것은?

① 클러치
② 웜 기어
③ 하프너트
④ 슬라이딩 기어

해설

③ 하프너트(Half Nut) : 나사 절삭하기 위해 나사 이송을 연결 또는 단속시키는 것

보통 선반에서 주축과 어미나사(Lead Screw)축을 변환기어에 연결하여 어미나사 축과 주축의 회전비를 맞추면 필요한 나사의 피치로 가공할 수 있다. 즉 어미나사가 1회전할 때, 가공물이 몇 회전을 하는가를 변환기어로서 조정하는 원리가 나사를 절삭하는 원리이다. 에이프런의 하프너트(Half Nut)를 어미나사에 물리면 왕복대 공구대에 설치된 나사바이트가 길이방향으로 이송하여 원하는 나사를 가공할 수 있다.

54 CNC 공작기계의 제어방식이 아닌 것은?

① 하이브리드 제어방식
② 개방회로 제어방식
③ 폐쇄회로 제어방식
④ 반개방 제어방식

해설

CNC 공작기계의 제어방식 반드시 암기(자주 출제)

• 반폐쇄회로 방식(Semi-closed Loop System) : 모터에 내장된 태코 제너레이터에서 속도를 검출하고, 엔코더에서 위치를 검출하여 피드백하는 제어방식으로 최근에는 높은 정밀도의 볼스크루가 개발되었기 때문에 정밀도를 충분히 해결할 수 있으므로 일반 CNC 공작기계에 가장 많이 사용된다.
• 개방회로 방식 : 피드백 장치 없이 스테핑 모터를 사용한 방식으로 실용화 되었으나, 피드백 장치가 없기 때문에 가공 정밀도에 문제가 있어 현재는 거의 사용되지 않는다.
• 폐쇄회로 방식 : 모터에 내장된 태코 제너레이터에서 속도를 검출하고, 기계의 테이블에 부착한 스케일에서 위치를 검출(로터리 엔코더)하여 피드백시키는 방식이다.
• 복합회로(하이브리드) 방식 : 반폐쇄회로 방식과 폐쇄회로 방식을 결합하여 고정밀도로 제어하는 방식으로, 가격이 고가이므로 고정밀도를 요구하는 기계에 사용된다.

55 바이트 중 날과 자루(Shank)가 같은 재질로 만든 것은?

① 스로어웨이 바이트
② 클램프 바이트
③ 팁 바이트
④ 단체 바이트

해설
바이트 구조에 따른 분류
• 단체 바이트 : 바이트의 인선과 자루가 같은 재질로 구성된 바이트(고속도강 바이트에 주로 사용됨)
• 팁 바이트 : 섕크에서 날(인선) 부분에만 초경합금이나 용접이 가능한 바이트용 재질을 용접하여 사용하는 바이트(용접바이트)
• 클램프 바이트(Clamped Bite) : 팁을 용접하지 않고 기계적인 방법으로 클램핑(Clamping)하여 사용하는 바이트(용접이 불가능한 세라믹 바이트도 클램핑하여 사용)

56 스텔라이트계 주조경질합금에 대한 설명으로 틀린 것은?

① 주성분이 Co이다.
② 열처리가 불필요하다.
③ 단조품이 많이 쓰인다.
④ 800℃까지의 고온에서도 경도가 유지된다.

해설
③ 주조경질합금의 대표적인 스텔라이트는 단조나 열처리가 되지 않는다.
주조경질합금 : 대표적인 것으로 스텔라이트가 있으며, 주성분 W, Cr, Co, Fe이며, 주조합금이다. 스텔라이트는 상온에서 고속도강보다 경도가 낮으나 고온에서는 오히려, 경도가 높아지기 때문에 고속도강보다 고속절삭용으로 사용된다. 850℃까지 경도와 인성이 유지되며, 단조나 열처리가 되지 않는 특징이 있다.

57 재료를 인장시험할 때, 재료에 작용하는 하중을 변형 전의 원래 단면적으로 나눈 응력은?

① 인장응력   ② 압축응력
③ 공칭응력   ④ 전단응력

해설
③ 공칭응력 : 재료를 인장시험할 때, 재료에 작용하는 하중을 변형 전의 원래의 단면적으로 나눈 응력이다.
① 인장응력 : 재료에 인장하중이 걸렸을 때 재료 내에 생기는 응력으로, 인장력을 단면적으로 나눈 값
④ 전단응력 : 재료의 단면에 평행하게 작용하여 재료를 전단하려고 하는 전단 하중에 저항하기 위하여 재료 내부에 발생하는 응력

58 구멍의 치수가 $\phi 50^{+0.005}_{-0.004}$이고, 축의 치수가 $\phi 50^{+0.005}_{-0.004}$일 때, 최대 틈새는?

① 0.004   ② 0.005
③ 0.009   ④ 0.008

해설
최대틈새 = 구멍의 최대 허용치수 – 축의 최소 허용치수
          = 50.005 – 49.996 = 0.009

끼워 맞춤 상태	구 분	구 멍	축	비 고
헐거운 끼워맞춤	최소 틈새	최소 허용치수	최대 허용치수	틈새만
	최대 틈새	최대 허용치수	최소 허용치수	
억지 끼워맞춤	최소 죔새	최소 허용치수	최대 허용치수	죔새만
	최대 죔새	최대 허용치수	최소 허용치수	

59 게이지 블록과 마이크로미터를 조합한 길이 측정용 게이지는?

① 공기 마이크로미터
② 나사 마이크로미터
③ 전기 마이크로미터
④ 하이트 마이크로미터

④ 하이트 마이크로미터 : 게이지 블록과 마이크로미터를 조합한 길이 측정기
① 공기 마이크로미터 : 공기의 흐름을 확대 기구로 하여 길이를 측정하는 측정기
② 나사 마이크로미터 : 나사의 유효지름을 측정하는 측정기
③ 전기 마이크로미터 : 보통 측정자의 기계적인 변위를 전기량으로 변환하여 지시계의 지침 움직임으로 나타내는 측정기

60 현의 길이를 올바르게 표시한 것은?

① 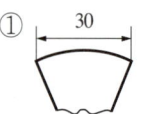 ②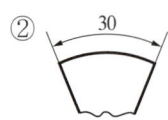

③ 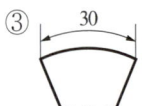 ④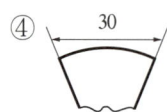

① 현의 길이치수
② 각도 치수
③ 호의 길이치수
길이 및 각도 치수

변의 길이 치수	현의 길이 치수
호의 길이 치수	각도 치수

01 공작기계의 기본운동에 해당되지 않는 것은?

① 절삭운동　　　② 치핑운동

③ 이송운동　　　④ 위치조정운동

해설

공작기계 기본운동

· 절삭운동
· 이송운동
· 위치조정운동

02 지름이 120mm, 길이 340mm인 중탄소강 둥근 막대를 초경합금 바이트를 사용하여 절삭속도 150m/min으로 절삭하고자 할 때, 그 회전수는?

① 398rpm　　　② 410rpm

③ 430rpm　　　④ 458rpm

해설

$$회전수(n) = \frac{1,000v}{\pi d} = \frac{1,000 \times 150 \text{m/min}}{\pi \times 120 \text{mm}} ≒ 397.89 \text{rpm}$$

∴ 회전수(n) = 398rpm

여기서, v : 절삭속도(m/min)

　　　　 d : 공작물 지름(mm)

　　　　 n : 회전수(rpm)

03 선반에서 사용되는 맨드릴의 종류 중 틀린 것은?

① 팽창식 맨드릴　　　② 조립식 맨드릴

③ 방진구식 맨드릴　　④ 표준 맨드릴

해설

· 맨드릴(Mandrel) : 기어, 벨트 풀리 등과 같이 구멍과 외경이 동심원이고, 직각이 필요한 경우에 구멍을 먼저 가공하고 구멍에 맨드릴을 끼워 양 센터로 지지하여, 외경과 측면을 가공하여 부품을 완성하는 선반의 부속품
· 선반에서 사용되는 맨드릴의 종류 : 표준 맨드릴, 너트(갱) 맨드릴, 나사 맨드릴, 테이퍼 맨드릴, 조립식 맨드릴
· 맨드릴의 종류와 사용 예

종 류	비 고	종 류	비 고
팽창식 맨드릴	맨드릴　슬리브	나사 맨드릴	가공물 고정부
테이퍼 맨드릴	테이퍼자루　가공물(너트)	너트(갱) 맨드릴	가공물　와셔
조립식 맨드릴	원추　원추　가공물(관)	맨드릴 사용의 예	면판 돌리개　가공물　맨드릴

04 연삭숫돌의 입도를 선택하는 조건 중 틀린 것은?

① 거칠게 연삭할 때에는 거친 입도

② 접촉면이 작을 때에는 고운 입도

③ 경도가 높은 일감에는 거친 입도

④ 연성재료에는 거친 입도

해설

경도가 높은 일감에는 고운 입도의 연삭숫돌을 선택한다.

연삭조건에 따른 입도의 선정방법

거친 입도의 연삭숫돌	고운 입도의 연삭숫돌
· 거친 연삭, 절삭 깊이와 이송량이 클 때 · 숫돌과 가공물의 접촉 면적이 클 때 · 연하고 연성이 있는 재료의 연삭	· 다듬질 연삭, 공구연삭 · 숫돌과 가공물의 접촉 면적이 작을 때 · 경도가 크고 메진 가공물의 연삭

05 브로칭 머신으로 가공할 수 없는 것은?

① 스플라인 홈
② 다각형의 구멍
③ 둥근 구멍 안의 키홈
④ 베어링용 볼

해설
베어링용 볼은 브로칭 머신으로 가공할 수 없다.
브로칭 머신(Broaching Machine)
가늘고 긴 일정한 단면 모양을 가진 공구에 많은 날을 가진 브로치(Broach)라는 절삭공구를 사용하여 가공물의 내면이나 외경에 필요한 형상의 부품을 가공하는 절삭방법을 브로칭(Broaching)이라고 한다. 가공방법에 따라 키홈, 스플라인 홈, 원형이나 다각형의 구멍 등의 내면의 형상을 가공하는 내면 브로칭 머신과 세그먼트 기어, 홈, 특수한 외면의 형상을 가공하는 외경 브로칭 머신 등이 있다.

06 일반적으로 바이스의 크기를 나타내는 것은?

① 바이스 전체의 중량
② 물건을 물릴 수 있는 조의 폭
③ 물건을 물릴 수 있는 최대 거리
④ 바이스의 최대 높이

해설
일반적인 바이스의 크기는 물건을 물릴 수 있는 조의 폭이다.

07 다음 중 광학적으로 길이의 미소범위를 확대하여 측정하는 것은?

① 버니어캘리퍼스
② 옵티미터
③ 마이크로 인디케이터
④ 사인바

해설
옵티미터(Optimeter) : 광학적 방법으로 측정물의 치수를 확대해서 이것과 기준 게이지를 비교하여 길이를 측정하는 기구

08 밀링머신의 부속장치가 아닌 것은?

① 분할대
② 랙 절삭장치
③ 아 버
④ 에이프런

해설
에이프런(Apron)은 선반의 부속장치로 왕복대는 크게 새들(Saddle)과 에이프런(Apron)으로 나눈다.

선반의 부속장치	밀링의 부속장치
센터, 면판, 돌림판과 돌리개, 방진구, 맨드릴, 척 등	바이스, 분할대, 회전 테이블, 슬로팅 장치, 수직 밀링장치, 랙 절삭장치, 아버 등

09 수기가공 시 금긋기용 공구에 해당되지 않는 것은?

① V-블록
② 서피스게이지
③ 직각자
④ 스크레이퍼

해설
• 금긋기용 공구 : 금긋기용 정반, 금긋기용 바늘, 서피스 게이지, 펀치, 컴퍼스와 편퍼스, V-블록, 직각자, 평해대 등
• 스크레이퍼(Scraper) : 공작기계로 가공된 평면, 원통면을 스크레이퍼로 더욱 정밀하게 다듬질하는 가공을 스크레이핑(Scraping)이라고 한다. 공작기계의 베드, 미끄럼면, 측정용 정밀정반 등 최종적인 마무리 가공에 사용된다.

10 사인바(Sine Bar)에 대한 설명 중 틀린 것은?

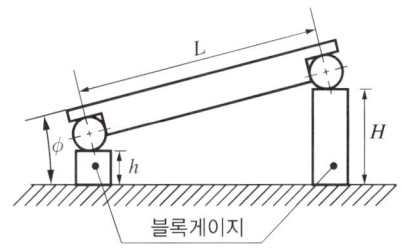

블록게이지

① 블록게이지 등을 병용하고 삼각함수 사인(Sine)을 이용하여 각도를 측정하는 기구이다.

② 사인바의 호칭치수는 보통 100mm 또는 200mm이다.

③ 45°보다 큰 각을 측정할 때에는 오차가 작아진다.

④ 정반 위에서 정반면과 사인봉과 이루는 각을 표시하면 $\sin\phi = (H-h)/L$식이 성립한다.

해설

사인바를 사용할 때 45°보다 큰 각을 쓸 때는 오차가 커지기 때문에 사인바는 기준면에 대하여 45°보다 작게 사용한다.

사인바(Sine Bar) : 길이를 측정하여 직각삼각형의 삼각함수를 이용한 계산에 의하여 임의각의 측정 또는 임의각을 만드는 기구이다. 블록게이지로 양단의 높이를 조절하여 각도를 구하는 것으로 정반 위에서의 높이를 H, h라고 하면, 정반면과 사인바의 상면이 이루는 각은 다음 식으로 구한다.

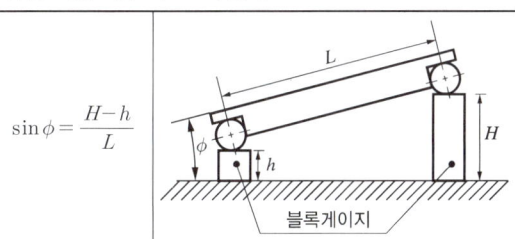

$$\sin\phi = \frac{H-h}{L}$$

블록게이지

11 드릴(Drill)에 대한 설명이 맞는 것은?

① 웨브(Web)는 드릴 끝 쪽으로 갈수록 두꺼워진다.

② 드릴의 외경은 자루쪽으로 갈수록 커진다.

③ 표준 드릴의 날끝각은 100°, 웨브각은 145°, 여유각은 8°이다.

④ ϕ13mm 이상의 드릴은 슬리브(Sleeve)나 소켓(Socket)에 끼워 사용한다.

해설

ϕ13mm 이상의 드릴은 슬리브(Sleeve)나 소켓(Socket)에 끼워 사용 한다. 드릴의 지름이 ϕ13mm 이상이면 드릴의 자루부는 테이퍼로 제작된다. 드릴의 테이퍼 자루와 주축 테이퍼 구멍의 크기가 같을 경우에는 드릴머신의 주축에 직접 고정시켜 사용한다. 드릴 자루의 크기가 주축 테이퍼 구멍보다 작을 때는 슬리브와 드릴척(Drill Chuck) 섕크를 드릴 자루에 먼저 조립하여 주축의 테이퍼 구멍과 같은 크기로 하여, 주축 테이퍼 구멍에 고정하여 사용한다. ϕ13mm 이하의 작은 드릴은 자루가 직선으로 이루어져 주축 테이퍼 구멍에 고정하여 사용할 수 없으므로 드릴척을 먼저 주축 테이퍼 구멍에 고정시키고, 주축에 고정된 드릴척에 드릴을 고정하여 사용한다.

12 선반에서 사용되는 척으로서 조가 동시에 움직이므로 원형, 정다각형의 일감을 고정하는 데 편리한 척은?

① 연동척
② 단동척
③ 마그네틱척
④ 콜릿척

해설

연동척은 1개의 조를 돌리면 3개의 조가 함께 동일한 방향, 동일한 크기로 이동하기 때문에 원형이나 3의 배수가 되는 단면의 가공물을 쉽고, 편하고, 빠르게, 숙련된 작업자가 아니라도 고정할 수 있다. 그러나 불규칙한 가공물, 단면이 3의 배수가 아닌 가공물, 편심가공은 할 수 없으며, 단동척에 비하여 고정력이 약하다.

① 연동척 : 3개의 조가 120° 간격으로 구성 배치되어 있으며, 규칙적인 모양을 고정시킬 수 있다.

② 단동척 : 4개의 조가 90° 간격으로 구성 배치되어 있으며, 불규칙한 가공물을 고정시킬 수 있다.

③ 마그네틱척 : 전자석을 이용하여 얇은 판, 피스톤 링과 같은 가공물을 변형시키지 않고, 고정시켜 가공할 수 있는 자성체 척이다.

④ 콜릿척 : 지름이 작은 가공물이나 각 봉재를 가공할 때 사용하는 선반의 부속장치이다.

13 드릴의 소재로 사용되지 않는 것은?

① 탄소공구강 　　　 ② 합금공구강
③ 고속도강 　　　　 ④ 세라믹

> **해설**
> 드릴의 소재로 세라믹은 사용하지 않는다. 일반적으로 드릴의 소재로 합금공구강, 고속도강, 초경합금 등이 사용된다.

14 표면을 매끈하게 다듬은 공구를 일감 구멍에 압입하여 구멍 내면을 매끈하게 다듬는 방법은?

① 버 핑 　　　　 ② 블라스팅
③ 버니싱 　　　　 ④ 텀블링

> **해설**
> 버니싱 : 원통형 내면에 강철 볼형의 공구를 압입해 통과시켜 매끈하고 정도가 높은 면을 얻는 가공법으로, 원리는 다음 그림과 같다.

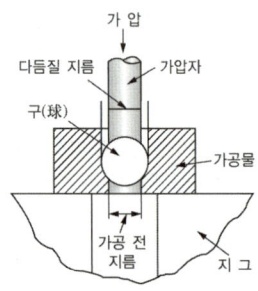

15 선반에서 끝면 가공에 쓰이는 센터는?

① 회전센터 　　　　 ② 하프센터
③ 베어링 센터 　　 ④ 45° 센터

> **해설**
> ② 하프센터(Half Center) : 정지센터로 가공물을 지지하고 단면을 가공하면 바이트와 가공물의 간섭으로 가공이 불가능하게 된다. 이때 보통센터의 선단 일부를 가공하여 단면가공이 가능하도록 제작한 것이 하프센터이다. 보통센터의 원추형 부분을 축 방향으로 반을 제거하여 제작한 모양이라 하여 하프센터라고 한다.
> ③ 베어링 센터(Bearing Center) : 정지센터가 가공물과의 마찰로 인한 손상이 많으므로 베어링을 이용하여 정지센터의 선단 일부가 가공물의 회전에 의하여 함께 회전하도록 제작한 센터이다.
>
> **센터의 종류**

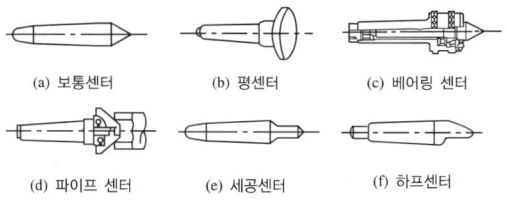

(a) 보통센터　　 (b) 평센터　　 (c) 베어링 센터

(d) 파이프 센터　 (e) 세공센터　 (f) 하프센터

16 선반의 크기를 나타내는 방법으로 적당치 않은 것은?

① 베드 위의 스윙
② 왕복대 위의 스윙
③ 양 센터 사이의 최대 거리
④ 공작물을 물릴 수 있는 척의 크기

> **해설**
> 공작물을 물릴 수 있는 척의 크기는 선반의 크기를 나타내는 방법으로 적당하지 않다.
>
> **보통선반의 크기를 나타내는 방법**
> • 베드상의 최대 스윙(Swing) : 베드 위에 공작물이 닿지 않고 가공할 수 있는 공작물의 최대 직경
> • 양 센터 간에 최대 거리 : 가공할 수 있는 공작물의 최대 길이
> • 왕복대 위의 스윙(Swing) : 왕복대 위에 공작물이 닿지 않고 가공할 수 있는 공작물의 최대 직경

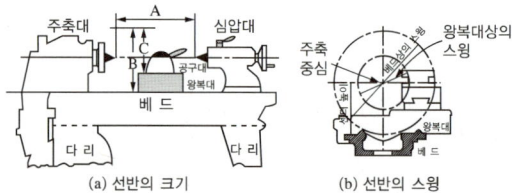

(a) 선반의 크기　　　　 (b) 선반의 스윙

17 다음 마이크로미터 구조의 명칭으로 올바른 것은?

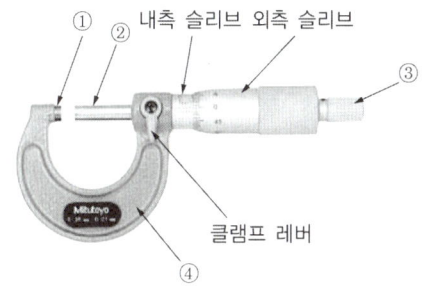

① 앤 빌　　　　　② 래칫스톱
③ 프레임　　　　④ 스핀들

해설
마이크로미터의 구조

18 바이트에서 칩 브레이커를 붙이는 이유는 무엇인가?

① 선반에서 바이트의 강도를 높이기 위하여
② 절삭속도를 빠르게 하기 위하여
③ 바이트와 공작물의 마찰을 작게 하기 위하여
④ 칩을 짧게 끊기 위하여

해설
칩 브레이커(Chip Breaker) : 가장 바람직한 칩의 형태가 유동형 칩이지만, 유동형 칩은 가공물에 휘말려 가공된 표면과 바이트를 상하게 하거나, 작업자의 안전을 위협하거나, 절삭유의 공급, 절삭 가공을 방해한다. 즉, 칩을 인위적으로 짧게 끊어지도록 칩 브레이커를 이용한다.

19 'WA46KmV'라고 표시한 숫돌에서 결합제를 의미하는 것은?

① WA　　　　　② K
③ m　　　　　　④ V

해설
V : 결합제(비트리파이드)
일반적인 연삭숫돌 표시방법

| W · 60 · K · m · V |
| 연삭숫돌입자 · 입도 · 결합도 · 조직 · 결합제 |

• 연삭숫돌 입자(WA : 백색 알루미나)
• 입도(46 : 중간 눈)
• 결합도(L : 중)
• 조직(6 : 중간 조직)
• 결합제(V : 비트리파이드)

20 공작기계에서 일감을 회전운동시켜서 가공하는 것은?

① 선 반　　　　② 드릴링
③ 플레이너　　　④ 밀 링

해설
선반은 일감을 회전운동시키고, 공구는 직선운동을 한다.
공구와 공작물의 상대운동 관계

종 류	상대 절삭운동	
	공작물	공구
밀링작업	고정하고 이송	회전운동
연삭작업	회전, 고정하고 이송	회전운동
선반작업	회전운동	직선운동
드릴작업	고 정	회전운동

21 밀링에서 날 1개당의 이송을 $f_z = 0.01$mm, 날 수 $z = 6$, 회전수 $n = 500$rpm일 때, 이송속도 f(mm/min)는?

① 3,000mm/min

② 1,200mm/min

③ 120mm/min

④ 30mm/min

테이블 이송속도
$(f) = f_z \times z \times n = 0.01mm\times 6 \times 500rpm= 30$mm/min
∴ 테이블 이송속도$(f) = 30$mm/min
여기서, f_z : 1개의 날당 이송(mm)
z : 커터의 날수
n : 커터의 회전수(rpm)

22 선반, 드릴링 머신, 밀링머신 등의 공작기계를 조합하여 대량 생산에는 적합하지 않으나 소규모의 공장이나 보수 등을 목적으로 하는 공작기계는?

① 범용 공작기계

② 단능 공작기계

③ 전용 공작기계

④ 만능 공작기계

만능 공작기계 : 여러 가지 종류의 공작기계에서 할 수 있는 가공을 1대의 공작기계에서 가능하도록 제작한 공작기계이다. 예를 들면 선반, 밀링, 드릴링 머신의 기능을 한 대의 공작기계로 가능하도록 하였으나, 대량 생산이나 높은 정밀도의 제품을 가공하는 데는 적합하지 않다. 공작기계를 설치할 공간이 좁거나 여러 가지 기능은 필요하지만 가공이 많지 않은 선박의 정비실 등에서 사용하면 매우 편리하다.

공작기계 가공 능률에 따른 분류

가공 능률	내 용	공작 기계
범용 공작기계	가공할 수 있는 기능이 다양하고, 절삭 및 이송속도의 범위도 크기 때문에 제품에 맞추어 절삭조건을 선정하여 가공할 수 있다.	선반, 드릴링 머신, 밀링머신, 셰이퍼, 플레이너, 슬로터, 연삭기 등
전용 공작기계	특정한 제품을 대량 생산할 때 적합한 공작기계로서 소량 생산에는 적합하지 않고, 사용범위가 한정되고, 기계의 크기도 가공물에 적합한 크기로 되어 있으며, 구조가 간단하고, 조작이 편리하다.	트랜스퍼 머신, 차륜선반, 크랭크축 선반 등
단능 공작기계	단순한 기능의 공작기계로서 한 가지 공정만 가능하여, 생산성과 능률은 매우 높으나 융통성이 작다.	공구연삭기, 센터링 머신 등
만능 공작기계	여러 가지 종류의 공작기계에서 할 수 있는 가공을 1대의 공작기계에서 가능하도록 제작한 공작기계이다.	선반, 드릴링, 밀링머신 등의 공작기계를 하나의 기계로 조합

23 CNC선반의 보조기능(Miscellaneous Function) 중 스핀들 정지를 나타낸 것은?

① M02　　　　　② M03

③ M04　　　　　④ M05

M05 : 주축 정지

M코드(보조기능)

M코드	기 능	M코드	기 능
M00	프로그램 정지	M08	절삭유 ON
M01	프로그램 선택 정지	M09	절삭유 OFF
M02	프로그램 끝	M30	프로그램 끝 및 리셋
M03	주축 정회전	M98	보조프로그램 호출
M04	주축 역회전	M99	보조프로그램 종료
M05	주축 정지		

24 선삭가공에서 대형 일감을 지지할 때, 사용되는 심압대측 센터 끝의 각도는?

① 60°　　　　　② 65°

③ 70°　　　　　④ 90°

가공물이 크거나 중량일 때는 75°, 90°의 센터를 사용한다. 센터의 선단은 일반적으로 60°로 제작되어 정밀가공, 중소형의 부품가공에 사용된다. 주축, 심압축은 모스 테이퍼의 구멍을 가지고 있으며, 센터의 자루도 모스 테이퍼로 제작하여 사용한다.

※ 15번 해설 참고

25 고온, 고속 절삭에서 높은 경도를 유지하여 절삭공구로 뛰어나게 좋은 특징을 가지고 있는 초경합금의 주요 성분이 아닌 것은?

① 코발트　　　　② 황

③ 니 켈　　　　　④ 텅스텐

초경합금 : W, Ti, Mo, Zr 등의 경질합금 탄화물 분말을 Co, Ni을 결합제로 하여, 1,400℃ 이상의 고온으로 가열하면서 프레스로 소결성형한 절삭공구이다.

26 선반에서 할 수 없는 작업은 무엇인가?

① 드릴링 작업　　② 브로칭 작업

③ 보링작업　　　　④ 나사작업

선반에서 브로칭 작업은 할 수 없다.

27 나사의 피치가 0.5mm인 마이크로미터에서 심블의 원주가 100등분되었다면 심블이 1눈금 회전한 경우 스핀들의 이동량(M)은 몇 mm인가?

① 0.005　　　　　② 0.01

③ 0.002　　　　　④ 0.05

마이크로미터는 길이 변화를 나사의 회전각과 지름에 의해 확대시켜 만든 것으로 나사의 피치가 0.5mm, 심블의 원주 눈금이 100등분되어 있으므로 스핀들 이동량 $M = 0.5 \times \frac{1}{100} = 0.005mm$로, 최소 측정값은 0.005mm이다.

즉, 심블의 1눈금은 0.005mm를 나타낸다.

28 NC 공작기계에서 주소(Address)의 기능으로 틀린 것은?

① G : 준비기능
② M : 보조기능
③ S : 이송기능
④ T : 공구기능

해설
- 주축기능(S) : 주축의 회전속도를 지령하는 기능
- 이송기능(F) : 이송속도를 지령하는 기능
- 보조기능(M) : 스핀들 모터를 비롯한 기계의 각종 기능을 수행하는 데 필요한 보조장치의 ON/OFF를 수행하는 기능
- 준비기능(G) : 제어장치의 기능을 동작하기 위한 준비를 하는 기능
- 공구기능(T) : 공구를 선택하는 기능

29 먼지, 모래 등이 들어가기 쉬운 장소에 사용되는 나사는?

① 너클나사
② 사다리꼴나사
③ 톱니나사
④ 볼나사

해설
① 너클나사(둥근 나사) : 나사산과 골을 반지름이 같은 원호로 연결한 모양의 나사로, 먼지와 모래 및 녹가루 등이 들어가기 쉬운 곳에 사용한다.
② 사다리꼴나사 : 축 방향의 힘이 전달되는 나사이다.
③ 톱니나사 : 축 하중의 방향이 한쪽으로만 작용되는 경우에 사용되는 나사이다.
④ 볼나사 : 나사 홈에 강구를 넣을 수 있도록 원호상으로 된 나선 홈이 가공된 나사이다.

30 큰 일감을 고정시키고 주축의 드릴 부분을 움직여서 드릴링의 위치를 결정하고 구멍을 뚫는 드릴머신은?

① 직접 드릴링 머신
② 탁상 드릴링 머신
③ 다축 드릴링 머신
④ 레이디얼 드릴링 머신

해설
레이디얼 드릴링 머신 : 대형 제품이나 무거운 제품에 구멍가공을 하기 위해서 가공물은 고정시키고, 드릴이 가공 위치로 이동할 수 있도록 제작된 드릴링 머신

드릴링 머신의 종류 및 용도

종 류	설 명	용 도	비 고
탁상 드릴링 머신	드릴머신을 작업대 위에 설치하여 사용하는 소형 드릴링 머신	소형 부품 가공에 적합	ϕ13mm 이하의 작은 구멍 뚫기
직립 드릴링 머신	탁상 드릴링 머신과 유사	비교적 대형 가공물 가공	주축 역회전 장치로 탭가공 가능
레이디얼 드릴링 머신	구멍가공을 하기 위해 가공물은 고정시키고, 드릴이 가공 위치로 이동할 수 있는 머신(드릴을 필요한 위치로 이동 가능)	대형 제품이나 무거운 제품에 구멍가공	암(Arm)을 회전, 주축 헤드 암을 따라 수평 이동
다축 드릴링 머신	한 대의 드릴링 머신에 다수의 스핀들을 설치하고 여러 개의 구멍을 동시에 가공	1회에 여러 개의 구멍 동시 가공	
다두 드릴링 머신	직립 드릴링 머신의 상부 기구를 한 대의 드릴머신 베드 위에 여러 개를 설치한 형태	드릴가공, 탭가공, 리머가공 등의 여러 가지 가공을 순서에 따라 연속가공	
심공 드릴링 머신	깊은 구멍가공에 적합한 드릴링 머신	총신, 긴 축, 커넥팅 로드 등과 같이 깊은 구멍가공	

31 3차원 측정기에 대한 설명으로 틀린 것은?

① 복잡한 형상의 기계부품을 정확히 측정할 수 있다.

② 여러 가지 측정항목을 동시에 측정 가능하도록 통합된 측정기이다.

③ CNC 3차원 측정기는 검사공정의 자동화를 이루었다.

④ 3차원 측정기는 설치환경에 영향을 받지 않는다.

해설
3차원 측정기는 설치환경에 영향을 받는다.

32 다음 그림에서 $D = 50\text{mm}$, $d = 30\text{mm}$, $l = 200\text{mm}$, $L = 400\text{mm}$일 때 심압대의 편위량은 얼마인가?

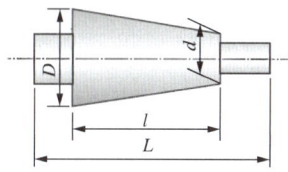

① 10mm   ② 20mm
③ 30mm   ④ 40mm

해설
$$\text{편위량}(e) = \frac{(D-d) \times L}{2l} = \frac{(50-30) \times 400}{2 \times 200} = 20\,\text{mm}$$

∴ 편위량$(e) = 20\,\text{mm}$

심압대의 편위법 및 편위량

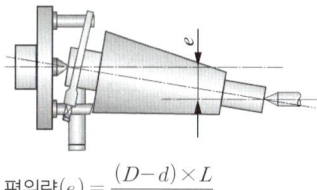

$$\text{편위량}(e) = \frac{(D-d) \times L}{2l}$$

33 보통선반의 주요 부분에서 일감의 길이에 따라 임의의 위치에 고정할 수 있으며 센터작업을 할 때 센터를 끼워 일감을 지지하거나 드릴을 끼워 가공할 수 있는 부분은?

① 베 드   ② 바이스
③ 왕복대   ④ 심압대

해설
④ 심압대(Tail Stock) : 센터작업을 할 때 센터를 끼워 일감을 지지하거나 드릴을 끼워 가공할 수 있는 부분으로 테이퍼 구멍 안에 부속품을 설치하여 가공물 지지, 드릴가공, 리머가공, 센터 드릴가공을 주로 하며, 심압축에 있는 테이퍼도 주축 테이퍼와 마찬가지로 모스 테이퍼로 되어 있다.

① 베드(Bed) : 리브(Rib)가 있는 상자형의 주물로서, 베드 위에 주축대, 왕복대, 심압대를 지지하며, 절삭운동의 응력과 왕복대, 심압대의 안내작용 등을 하는 구조이다.

③ 왕복대(Carriage) : 베드(Bed)상에서 공구대에 부착된 바이트에 가로 이송 및 세로 이송(절삭 깊이 및 이송)을 하는 구조로 되어 있으며 크게 새들(Saddle)과 에이프런(Apron)으로 나눈다.

34 탄소강의 기계적 성질 중 옳지 않은 것은?

① 탄소강의 기계적 성질에 가장 큰 영향을 주는 원소는 탄소이다.

② 탄소량이 많을수록 인성과 충격값은 증가한다.

③ 표준 상태에서는 탄소가 많을수록 강도, 경도가 증가한다.

④ 탄소가 많을수록 가공변형은 어렵다.

해설
탄소량이 증가하면 강도와 경도가 증가하고, 인성과 충격값은 감소한다.

탄소강의 분류

탄소강	탄소 함유량	특 징	조 직
아공석강	0.02~ 0.77%	탄소량이 많아질수록 펄라이트의 양이 증가하므로 경도와 인장강도가 증가한다.	페라이트 + 펄라이트
공석강	0.77%	인장강도가 가장 큰 탄소강	100% 펄라이트
과공석강	0.77~ 2.11%	탄소량이 증가할수록 경도가 증가한다. 그러나 인장강도가 감소하고 메짐이 증가하여 깨지기 쉽다.	펄라이트 + 시멘타이트

※ 탄소강의 물리적 성질로 탄소량이 증가하면 비중, 선팽창계수, 내식성은 감소하고 비열, 전기저항, 보자력은 증가한다.

35 다음 금속 중 용융점이 가장 높은 것은?

① 백 금   ② 철

③ 텅스텐   ④ 수 은

해설

텅스텐은 용용온도가 3,400℃로 전구 필라멘트 등에 사용되는 고용융점 금속이다.

금 속	용용온도
백 금	1,768℃
철	1,539℃
텅스텐	3,400℃
수 은	−38.8℃

36 다음 주철에서 마그네슘, 세륨, 칼슘 실리사이드 등을 첨가시켜 만든 것은?

① 합금주철

② 구상흑연주철

③ 칠드주철

④ 가단주철

해설

② 구상흑연주철 : 강도와 연성 등을 개선하기 위하여 용용 상태의 주철 중에 마그네슘(Mg), 세륨(Ce) 또는 칼슘(Ca) 등을 첨가하여 편상흑연을 구상화한 것으로 노듈러 주철, 덕타일 주철 등으로 불린다.

③ 칠드주철 : 보통주철보다 규소(Si) 함유량을 적게 하고 적당량의 망간을 첨가한 쇳물을 금형 또는 칠 메탈이 붙어 있는 모래형에 주입하여 필요한 부분만 급랭시키면, 표면만 단단하게 되고 내부는 회주철이 되어 강인한 성질을 가지는 주철이다.

④ 가단주철 : 주철의 결점인 여리고 약한 인성을 개선하기 위하여 열처리에 의하여 편상흑연을 괴상화하여 강도와 연성을 향상시킨 것이다. 먼저 백주철의 주물을 만들고, 이것을 장시간 열처리하여 탄소를 분해시켜 탈탄 또는 흑연화하여 인성 또는 연성을 증가시킨 주철로 단조가 가능하다.

37 다음 중 경금속이라고 볼 수 없는 것은?

① 알루미늄   ② 마그네슘

③ 베릴륨   ④ 주 석

해설

• 비중 4.6을 기준으로 경금속과 중금속으로 구분한다.

• 알루미늄(2.7), 마그네슘(1.74), 베릴륨(1.73)으로 모두 경금속이다.

• 납(11.34), 철(7.87), 구리(8.96), 크롬(7.19), 주석(5.8)은 중금속 이다.

※ 마그네슘(Mg)은 비중 1.74 실용금속으로 가장 가벼운 금속이다.

38 무거운 기계와 전동기 등을 달아 올릴 때 로프, 체인 또는 훅 등을 거는 데 적합한 볼트는?

① 스테이 볼트   ② 전단볼트

③ 아이볼트   ④ T볼트

해설

• 아이볼트 : 볼트의 머리부에 핀을 끼울 구멍이 있어 자주 탈착하는 뚜껑의 결합에 사용된다. 무거운 물체를 달아 올리기 위하여 훅(Hook)을 걸 수 있는 고리가 있는 볼트이다.

• 스테이 볼트 : 간격 유지 볼트로, 두 물체 사이의 거리를 일정하게 유지시킨다.

• T볼트 : 공작기계 테이블의 T홈에 물체를 용이하게 고정시키는 볼트이다.

• 나비볼트 : 스패너 없이 손으로 조이거나 풀 수 있다.

• 기초볼트 : 기계, 구조물 등을 콘크리트 기초에 고정시키기 위하여 사용하는 볼트이다.

※ 특수용 볼트

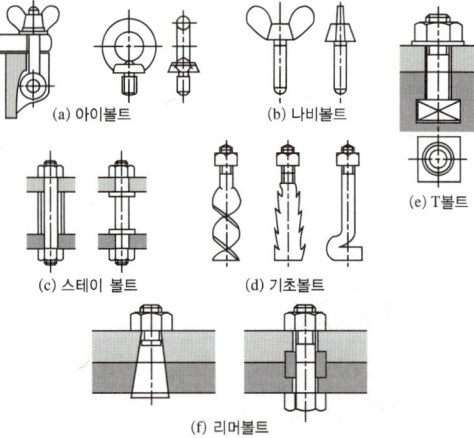

(a) 아이볼트   (b) 나비볼트   (e) T볼트

(c) 스테이 볼트   (d) 기초볼트

(f) 리머볼트

39 다음 중 분할 핀에 관한 설명으로 틀린 것은?

① 핀 전체가 두 갈래로 되어 있다.

② 너트의 풀림 방지에 사용된다.

③ 핀이 빠져 나오지 않게 하는 데 사용된다.

④ 테이퍼 핀의 일종이다.

해설

• 분할 핀 : 한쪽 끝이 두 가닥으로 갈라진 핀으로, 나사 및 너트의 이완을 방지하거나 축에 끼워진 부품이 빠지는 것을 막고, 핀을 때려 넣은 뒤 끝을 굽혀서 늦춰지는 것을 방지하는 핀이다. 테이퍼 핀의 일종은 아니다.

• 분할 핀 호칭지름은 분할 핀 구멍의 지름이다.

• 분할 핀을 사용한 너트의 풀림 방지

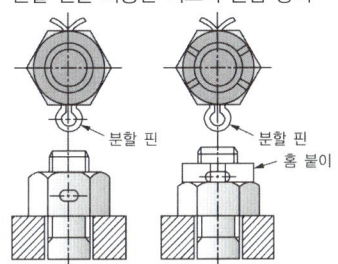

• 핀의 호칭방법

명 칭	호칭방법	보 기
평행핀	규격번호 또는 명칭, 종류, 형식, 호칭지름, 공차 × 호칭길이, 재료	KS B ISO 2338 6m6×30-St
스플릿 테이퍼핀	규격번호 또는 규격 명칭, 호칭지름 × 호칭길이, 재료, 지정사항	스플릿 테이퍼핀 6×70-St
분할핀	규격번호 또는 규격 명칭, 호칭지름 × 길이, 재료	분할핀 5×50-St

• 핀의 종류(d : 호칭지름)

평행 핀

스플릿 테이퍼 핀

분할 핀

40 강을 열처리하지 않고 강의 표면을 다름 금속으로 피복함으로써 표면의 강도를 높이고 표면의 광택을 증가시키며, 내식성을 부여하는 표면처리법은?

① 전해연마   ② 화학연마

③ 도 금   ④ 질 화

해설

• 도금 : 물건의 표면 상태를 개선할 목적으로 다른 물질의 얇은 층으로 피복하는 작업이다. 강의 표면을 다름 금속으로 피복함으로써 표면의 강도를 높이고 표면의 광택을 증가시킨다.

• 전해연마 : 전기도금의 반대 현상으로 가공물을 양극(+), 전기저항이 작은 구리, 아연을 음극(−)으로 연결하고, 전해액 속에서 1A/cm² 정도의 전기를 통하면 전기에 의한 화학적인 작용으로 가공물의 표면이 용출되어 필요한 형상으로 가공하는 방법이다. 알루미늄 소재 등 거울과 같이 광택이 있는 가공면을 비교적 쉽게 가공할 수 있다.

41 단면적이 20mm²인 어떤 봉에 100kgf의 인장하중이 작용할 때 발생하는 응력은?

① $5\mathrm{kgf/mm}^2$

② $20\mathrm{kgf/mm}^2$

③ $50\mathrm{kgf/mm}^2$

④ $2\mathrm{kgf/mm}^2$

해설

$$응력(\sigma) = \frac{F}{A} = \frac{100\mathrm{kgf}}{20\mathrm{mm}^2} = 5\mathrm{kgf/mm}^2$$

여기서, A : 단면적(mm^2), F : 인장하중(kgf)

42 황동은 어떤 원소의 2원 합금인가?

① 구리와 주석

② 구리와 망간

③ 구리와 납

④ 구리와 아연

해설
- 황동 : 구리 + 아연(Cu + Zn)
- 청동 : 구리 + 주석(Cu + Sn)
- 7-3황동 : Cu(70%) + Zn(30%), 연신율이 가장 크다.
- 6-4황동 : Cu(60%) + Zn(40%), 아연(Zn)이 많을수록 인장강도가 증가한다.
※ 아연(Zn)이 45%일 때 인장강도가 가장 크다.

43 물체 일부분의 생략 또는 단면의 경계를 나타내는 선으로, 자를 쓰지 않고 자유로이 긋는 선의 명칭은?

① 파단선

② 지시선

③ 가상선

④ 절단선

해설
파단선 : 물체 일부분의 생략 또는 단면의 경계를 나타내는 선으로 불규칙한 파형의 가는 실선으로 나타낸다.

용도에 따른 선의 종류

명 칭	선의 종류	기 호	선의 용도
외형선	굵은 실선	———	대상물이 보이는 부분의 모양을 표시하는 데 사용한다.
치수선	가는 실선	———	치수를 기입하기 위하여 사용한다.
치수 보조선			치수를 기입하기 위하여 도형으로부터 끌어내는 데 사용한다.
지시선			기술, 기호 등을 표시하기 위하여 끌어내는 데 사용한다.
숨은선	가는 파선	— — — —	대상물의 보이지 않는 부분의 모양을 표시하는 데 사용한다.
중심선	가는 1점 쇄선	—·—·—·—	도형의 중심을 표시하는 데 사용한다. 중심이 이동한 중심 궤적을 표시하는 데 사용한다.
특수 지정선	굵은 1점 쇄선	—·—·—·—	특수한 가공을 하는 부분 등 특별한 요구사항을 적용할 수 있는 범위를 표시하는 데 사용한다(열처리).

44 다음 중 현의 길이를 표시하는 치수선은?

① 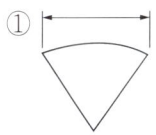 ②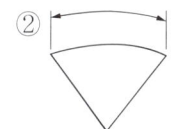

③ 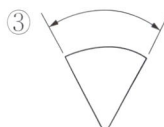 ④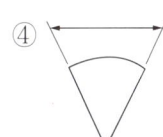

현의 길이	호의 길이	각도 치수

45 다음 끼워맞춤 치수공차 기호 중 헐거운 끼워맞춤은?

① $\phi50H7p6$　② $\phi50H7g6$

③ $\phi50H7js6$　④ $\phi50H7m6$

② $\phi50H7g6$: 구멍 기준식 헐거운 끼워맞춤
① $\phi50H7p6$: 구멍 기준식 억지 끼워맞춤
③ $\phi50H7js6$: 구멍 기준식 중간 끼워맞춤
④ $\phi50H7m6$: 구멍 기준식 중간 끼워맞춤

상용하는 구멍 기준식 끼워맞춤

기준 구멍	축의 공차역 클래스																	
	헐거운 끼워맞춤						중간 끼워맞춤				억지 끼워맞춤							
	b	c	d	e	f	g	h	js	k	m	n	p	r	s	t	u	x
H6						g5	h5	js5	k5	m5							
					f6	g6	h6	js6	k6	m6	n6	p6					
H7					f6	g6	h6	js6	k6	m6	n6	p6	r6	s6	t6	u6	x6
			e7	f7			h7	js7									
H8					f7		h7										
				e8	f8		h8										
H9			d9	e9													
			d8	e8			h8										
H10		c9	d9	e9			h9										
	b9	c9	d9														

46 도면에서 구멍 가공방법을 'B'로 지정한 KS 약호기호는?

① 보링머신 가공
② 브로칭 가공
③ 리머가공
④ 블라스트 가공

B : 보링머신 가공
가공방법의 기호(KS B 0107 중 일부)

가공방법	기 호	가공방법	기호
선반가공	L	호닝가공	GH
드릴가공	D	액체호닝 가공	SPLH
보링머신 가공	B	배럴연마 가공	SPBR
밀링가공	M	버프 다듬질	SPBF
평삭(플레이닝)가공	P	블라스트 다듬질	SB
형삭(셰이핑)가공	SH	랩 다듬질	GL
브로칭 가공	BR	줄 다듬질	FF
리머가공	DR	스크레이퍼 다듬질	FS
연삭가공	G	페이퍼 다듬질	FCA
벨트연삭 가공	GBL	정밀 주조	CP

47 상하 대칭인 〈보기〉 입체도를 화살표 방향이 정면 일 때, 좌측면도로 가장 적합한 것은?

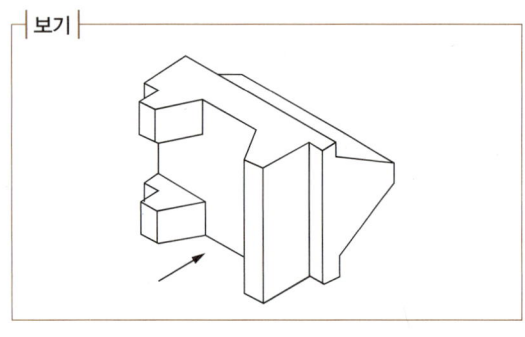

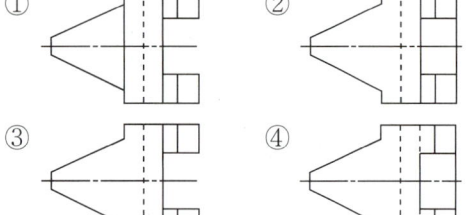

48 〈보기〉 입체도의 정면도로 가장 적합한 것은?

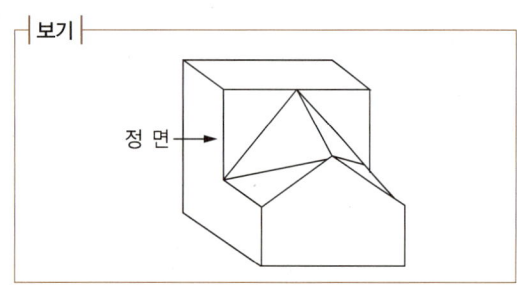

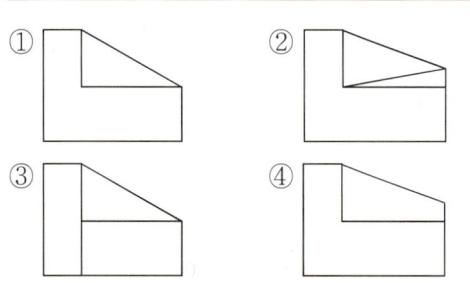

49 단면도의 표시방법에서 그림과 같은 단면도의 명칭은?

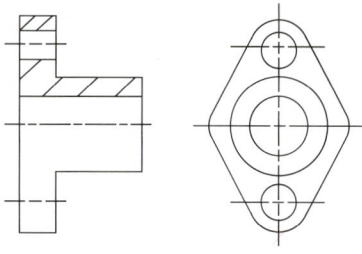

① 전단면도

② 한쪽 단면도

③ 부분 단면도

④ 회전도시 단면도

50 다음 중 형상기억효과를 나타내는 합금은?

① Ni-Ti

② Fe-Al

③ Ni-Cr

④ Pb-Sb

51 다음 〈보기〉와 같은 표면의 결 도시기호 해독으로 틀린 것은?

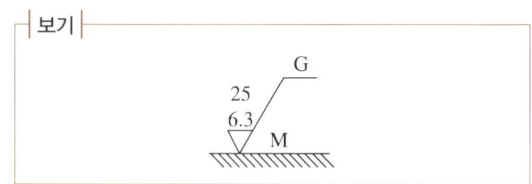

① G는 연삭가공을 의미한다.

② M은 커터의 줄무늬 방향기호이다.

③ 최대 높이거칠기 값은 25μm이다.

④ 표면거칠기 구분값의 하한은 6.3μm이다.

해설

〈보기〉의 표면 결 도시기호는 상한 및 하한을 지시하는 경우이다. 지시기호의 위쪽이나 아래쪽에, 상한을 위에, 하한을 아래에 나열하여 기입한다. 따라서 〈보기〉에서 표면거칠기 구분값의 상한은 25μm이고, 하한은 6.3μm이다.

각 지시기호의 기입 위치

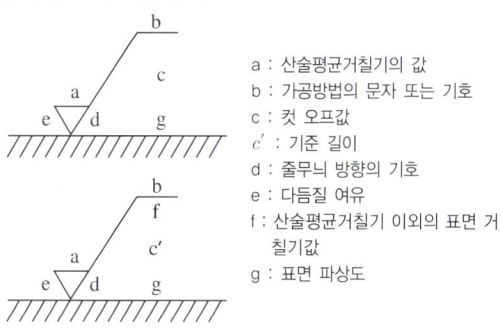

a : 산술평균거칠기의 값
b : 가공방법의 문자 또는 기호
c : 컷 오프값
c′ : 기준 길이
d : 줄무늬 방향의 기호
e : 다듬질 여유
f : 산술평균거칠기 이외의 표면 거칠기값
g : 표면 파상도

52 φ25-4날 초경합금 엔드밀을 이용하여 머시닝센터에서 가공할 때 추천된 절삭속도가 50m/min, 이송이 0.1mm/tooth라면 스핀들의 회전수와 이송속도(mm/min)를 얼마로 지령해야 하는가?

	스핀들 회전수(rpm)	이송속도(mm/min)
①	640rpm	255mm/min
②	255rpm	637mm/min
③	637rpm	255mm/min
④	255rpm	640mm/min

해설

스핀들 회전수$(n) = \dfrac{1,000v}{\pi d} = \dfrac{1,000 \times 50\text{m/min}}{\pi \times 25\text{mm}} = 637\text{rpm}$

공구의 지름$(d) \rightarrow \phi 25$-4날로 25mm

분당 이송속도

$F = f_z \times z \times n = 0.1\text{mm} \times 4 \times 637\text{rpm} = 254.8\text{mm/min}$

∴ 분당 이송속도(F)=255mm/min

여기서, n : 스핀들 회전수(rpm), v : 절삭속도(m/min)
d : 공구지름(mm), f_z : 날 하나당 이송(mm)

53 다음 그림의 (A), (B), (C)에 해당하는 공작기계로 적당한 것은?

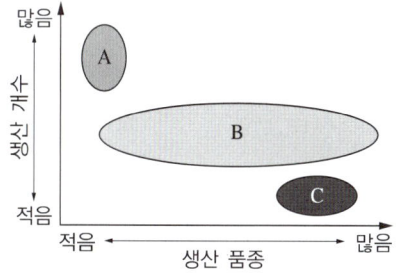

① (A) : 범용기계, (B) : 전용기계, (C) : CNC 공작기계

② (A) : 범용기계, (B) : CNC 공작기계, (C) : 전용기계

③ (A) : 전용기계, (B) : 범용기계, (C) : CNC 공작기계

④ (A) : 전용기계, (B) : CNC 공작기계, (C) : 범용기계

해설

(A) : 전용기계, (B) : CNC 공작기계, (C) : 범용기계

54 테이퍼 핀의 호칭지름으로 가장 적합한 것은?

① 핀의 큰 쪽의 지름

② 핀의 작은 쪽의 지름

③ 구멍의 작은 쪽의 지름

④ 핀의 큰 쪽과 작은 쪽의 평균지름

해설

테이퍼 핀의 호칭지름은 핀의 작은 쪽의 지름으로 한다.

스플릿
테이퍼 핀

※ 39번 해설 참고

55 다음 그림에서 나타내는 드릴링 머신을 이용한 가공방법은 무엇인가?

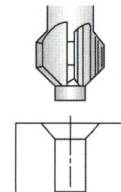

① 리 밍   ② 보 링

③ 카운터 보링   ④ 카운터 싱킹

해설

문제의 그림은 카운터 싱킹(Counter Sinking)으로 나사머리의 모양이 접시모양일 때 테이퍼 원통형으로 절삭하는 가공방법이다.

드릴가공의 종류

드릴가공의 종류	내 용	비 고
드릴링	드릴에 회전을 주고 축 방향으로 이송하면서 구멍을 뚫는 절삭방법이다.	

드릴가공의 종류	내 용	비 고
리 밍	구멍의 정밀도를 높이기 위해 구멍을 다듬는 작업이다.	
태 핑	공작물 내부에 암나사 가공, 태핑을 위한 드릴가공은 나사의 외경 −피치로 한다.	
보 링	뚫린 구멍을 다시 절삭하여, 구멍을 넓히고 다듬질하는 작업이다.	
스폿 페이싱	볼트나 너트를 체결하기 곤란한 경우에 볼트나 너트가 닿는 구멍 주위의 부분만 평탄하게 가공하여 체결이 잘 되도록 하는 가공방법이다.	
카운터 보링	볼트의 머리 부분이 돌출되면 곤란한 부분이 있다. 이러한 경우에 볼트 또는 너트의 머리 부분이 가공물 안으로 묻히도록 드릴과 동심원의 2단 구멍을 절삭하는 방법이다.	
카운터 싱킹	나사머리가 접시모양일 때 테이퍼 원통형으로 절삭하는 가공방법이다.	

56 다음 끼워맞춤에서 요철 틈새 0.1mm를 측정할 경우 가장 적당한 것은?

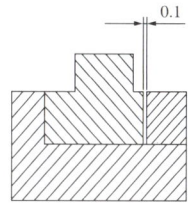

① 내경 마이크로미터
② 다이얼게이지
③ 버니어 캘리퍼스
④ 틈새게이지

해설
틈새게이지 : 요철 틈새 측정에 사용된다.

57 일반적으로 연성재료를 저속으로 절삭할 때, 절삭 깊이가 클 때 많이 발생하며 칩의 두께가 수시로 변하게 되어 진동이 발생하기 쉽고 표면 거칠기도 나빠지는 칩의 형태는?

① 전단형 칩
② 경작형 칩
③ 유동형 칩
④ 균열형 칩

해설
연성재료를 저속으로 절삭할 때, 절삭 깊이가 클 때, 많이 발생하는 칩은 전단형 칩이다.

칩의 종류

칩의 종류	유동형 칩	전단형 칩	경작형 칩	균열형 칩
정 의	칩이 경사면 위를 연속적으로 원활하게 흘러 나가는 모양으로 연속형 칩	경사면 위를 원활하게 흐르지 못할 때 발생하는 칩	가공물이 경사면에 점착되어 원활하게 흘러 나가지 못하여 가공재료 일부에 터짐이 일어나는 현상 발생	균열이 발생하는 진동으로 인하여 절삭공구 인선에 치핑 발생
재 료	연성재료 (연강, 구리, 알루미늄) 가공	연성재료 (연강, 구리, 알루미늄) 가공	점성이 큰 가공물	주철과 같이 메진 재료
절삭 깊이	작을 때	클 때	클 때	
절삭 속도	빠를 때	작을 때		작을 때
경사각	클 때	작을 때	작을 때	
비 고	가장 이상적인 칩	진동발생 표면거칠기 나빠짐		순간적 공구날 끝에 균열 발생

58 KS 나사 표시법에서 M6×1로 표시된 경우 '1'은 나사의 무엇을 나타낸 것인가?

① 피 치
② 1인치당 나사 산수
③ 등 급
④ 산의 높이

해설
'1'은 미터가는나사의 피치이다.
나사의 표시방법 : 왼 2줄 M20×1.5 - 6H

나사산의 감김 방향	나사산의 줄수	나사의 호칭	나사의 등급

(표 마지막 칸 앞에 - 표시)

• 나사산의 감김 방향 : 왼(왼나사)
• 나사산의 줄수 : 2줄(2줄 나사)
• 나사의 호칭 : M20×1.5(미터가는나사 / 피치1.5mm)
• 나사의 등급 : 6H(대문자로 암나사)

59 실물 길이가 100mm인 형상을 1/2로 축척하여 제도한 경우 다음 설명 중 올바른 것은?

① 도면에 그려지는 길이는 50mm이고, 치수 기입은 100mm로 기입되어 있다.
② 도면에 그려지는 길이는 100mm이고, 치수 기입은 50mm로 기입되어 있다.
③ 도면에 그려지는 길이는 50mm이고, 치수 기입은 50mm로 기입되어 있다.
④ 도면에 그려지는 길이는 100mm이고, 치수 기입은 100mm로 기입되어 있다.

해설
• 도면에 그려지는 길이는 50mm이고, 치수 기입은 100mm로 기입되어 있다.
• 도면에 기입하는 치수는 척도에 관계없이 모두 실제 치수를 기입한다(실제 길이 100mm).

60 절삭가공을 할 때 열이 발생하는 이유와 가장 관계가 적은 것은?

① 칩과 공구의 경사면이 마찰할 때
② 공구의 여유면을 따라 칩이 일어날 때
③ 전단면에서 전단 소성변형이 일어날 때
④ 공구 여유면과 공작물 표면이 마찰할 때

해설
공구의 여유면을 따라 칩이 일어날 때는 열이 발생하는 이유와 관계가 적다.
절삭열의 발생원인과 분포

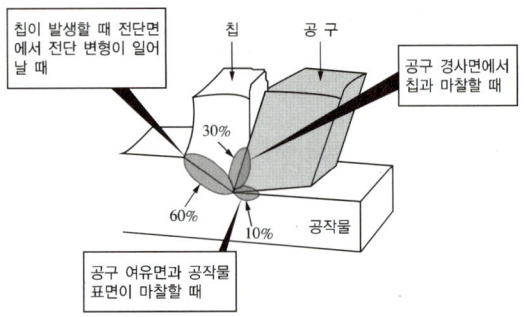

01 코일 스프링의 제도방법으로 틀린 것은?

① 코일 스프링의 정면도에서 나선 모양 부분은 직선으로 나타내면 안 된다.

② 코일 스프링은 일반적으로 하중이 걸린 상태에서 도시하지 않는다.

③ 스프링의 모양만을 간략도로 나타내는 경우에는 스프링 재료의 중심선만 굵은 실선으로 그린다.

④ 코일 부분의 양끝을 제외한 동일한 모양 부분의 일부를 생략할 때는 선지름의 중심선을 가는 1점 쇄선으로 나타낸다.

해설

코일 스프링의 제도방법

• 코일 스프링의 정면도에서 나선 모양 부분은 직선으로 나타낸다.
• 일반적으로 코일 스프링은 무하중인 상태로 그리고, 겹판 스프링은 스프링판이 수평인 상태에서 그린다.
• 코일 스프링의 종류와 모양만을 간략도로 나타내는 경우에는 재료의 중심선만 굵은 실선으로 도시한다.
• 코일 부분의 중간 부분을 생략할 때에는 생략한 부분을 가는 1점 쇄선으로 표시하거나 가는 2점 쇄선으로 표시해도 좋다.

02 나사의 기호 표시가 틀린 것은?

① 미터계 사다리꼴나사 : TM

② 인치계 사다리꼴나사 : TW

③ 유니파이보통나사 : UNC

④ 유니파이가는나사 : UNF

해설

나사의 종류 및 호칭에 대한 표시방법

구 분	나사의 종류		나사 기호	호칭 표기
ISO 표준 나사	미터보통나사		M	M8
	미터가는나사			M8×1
	미니어처나사		S	S0.5
	유니파이보통나사		UNC	3/8-16UNC
	유니파이가는나사		UNF	No.8-36UNF
	미터사다리꼴나사		Tr	Tr10×2
	관용 테이퍼 나사	테이퍼 수나사	R	R3/4
		테이퍼 암나사	Rc	Rc3/4
		평행 암나사	Rp	Rp3/4
ISO 표준에 없는 나사	관용평행나사		G	G1/2
	29° 사다리꼴나사		TW	TW20
	관용 테이퍼 나사	테이퍼 나사	PT	PT7
		평행 암나사	PS	PS7
	관용평행나사		PF	PF7

※ 사다리꼴나사산 각이 미터계(Tr)는 30°, 인치계(TW)는 29°

03 정면, 평면, 측면을 하나의 투상면 위에서 동시에 볼 수 있도록 2개의 옆면 모서리가 수평선에 30°가 되고 3개의 축 간 각도가 120°되는 투상도는?

① 등각투상도

② 정면투상도

③ 입체투상도

④ 부등각투상도

해설

투상도의 종류

• 등각투상도 : 정면, 평면, 측면을 하나의 투상면 위에 동시에 볼 수 있도록 두 개의 옆면 모서리가 수평선과 30°가 되게 하여 세 축이 120°의 등각이 되도록 입체도로 투상한 투상법

• 정투상도 : 투상선이 평행하게 물체를 지나 투상면에 수직으로 닿고 투상된 물체가 투상면에 나란하기 때문에 어떤 물체의 형상도 정확하게 표현할 수 있는 투상법

• 사투상도 : 투상선이 투상면을 사선으로 평행하도록 무한대의 수평 시선으로 얻은 물체의 윤곽을 그리면, 육면체의 세 모서리는 경사축이 α각을 이루는 입체도가 되는 투상법

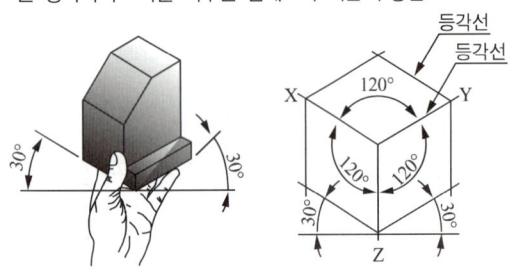

[등각투상도]

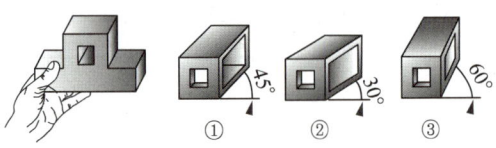

[사투상도의 원리]　[경사축 α각의 선정]

04 철-탄소계 상태도에서 공정 주철은?

① 4.3%C

② 2.1%C

③ 1.3%C

④ 0.86%C

해설

주철 탄소함유량

• 주철 : 2.0~6.67%C

• 아공정 주철 : 2.0~4.3%C

• 공정 주철 : 4.3%C

• 과공정 주철 : 4.3~6.67%C

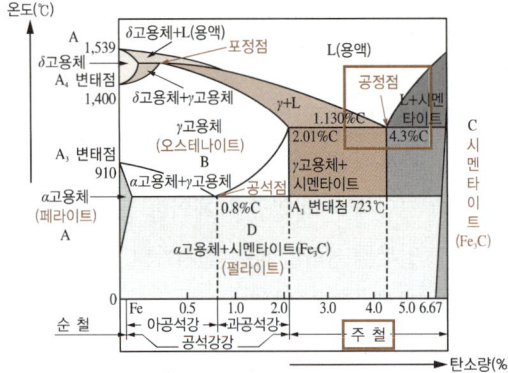

[철-탄소계 평형상태도]

05 호빙머신에서 절삭할 수 있는 기어로 거리가 먼 것은?

① 스퍼 기어　　② 헬리컬 기어

③ 웜 기어　　　④ 랙 기어

해설

호빙머신(Hobbing Machine) : 호브(Hob)라는 공구를 사용하여 기어를 절삭하는 방법으로 스퍼 기어, 헬리컬 기어, 웜 기어를 절삭할 수 있다. 호브와 가공물의 상대운동은 다음 그림과 같이 호브를 웜(Worm), 가공물 소재를 웜 기어라고 하여 절삭한다.

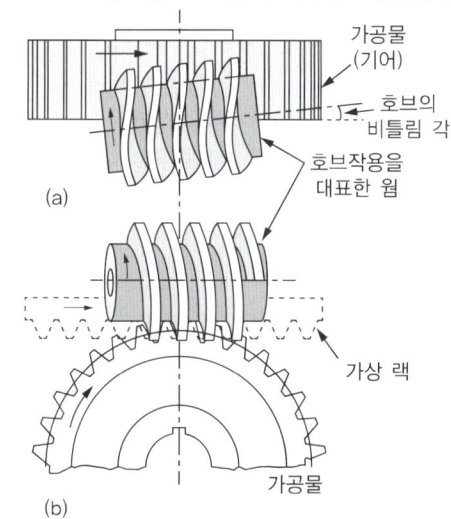

06 일반적인 합성수지의 공통된 성질로 가장 거리가 먼 것은?

① 가볍다.

② 착색이 자유롭다.

③ 전기절연성이 좋다.

④ 열에 강하다.

해설

합성수지(플라스틱) : 석탄, 석유, 천연가스와 같은 원료를 인공적으로 합성하여 얻은 고분자 물질이다. 금속에 비해 값이 싸고 가벼우며, 특정 온도에서 가소성이 있어 성형이 쉬워 생활에 널리 사용된다. 합성수지에는 열경화성 수지와 열가소성 수지가 있다. 합성수지의 특징은 다음과 같다.

• 경량, 절연성 우수, 내식성 우수, 단열, 비자기성 등

• 열에 약하며 표면경도는 금속재료에 비해 약하다.

• 내식성이 우수하여 산, 알칼리에 강하다.

07 접시머리나사의 머리부를 묻히게 하기 위해 원뿔자리를 만드는 작업은?

① 태핑(Tapping)

② 스폿페이싱(Spot Facing)

③ 카운터싱킹(Counter Singking)

④ 카운터보링(Counter Boring)

해설

드릴가공의 종류

• 카운터싱킹 : 나사머리가 접시 모양일 때 테이퍼 원통형으로 절삭하는 가공

• 카운터 보링 : 볼트의 머리 부분이 돌출되면 곤란한 부분에 볼트 또는 너트의 머리 부분이 가공물 안으로 묻히도록 드릴과 동심원의 2단 구멍을 절삭하는 방법

• 리밍 : 구멍의 정밀도를 높이기 위해 구멍을 다듬는 작업

• 태핑 : 공작물 내부에 암나사 가공, 태핑을 위한 드릴가공은 나사의 외경−피치로 한다.

• 스폿페이싱 : 볼트나 너트를 체결하기 곤란한 경우에 볼트나 너트가 닿는 구멍 주위 부분만을 평탄하게 가공하여 체결이 잘되도록 하는 가공방법

• 보링 : 뚫린 구멍을 다시 절삭, 구멍을 넓히고 다듬질하는 것

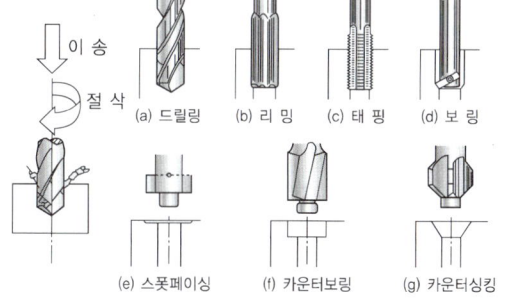

08 4개의 조(Jaw)가 90° 간격으로 구성 배치되어 있으며 불규칙한 공작물 고정에 사용되는 척은?

① 연동척
② 단동척
③ 마그네틱척
④ 콜릿척

> **해설**
>
> **선반에서 사용하는 척의 종류**
>
> | 척의 종류 | 내 용 | 그 림 | 비 고 |
> |---|---|---|---|
> | 단동척 | 4개의 조가 90° 간격으로 구성 배치되어 있으며, 보통 4개의 조가 단독으로 이동하여 공작물을 고정시킨다. 공작물의 바깥지름이 불규칙하거나 중심을 편심시켜 가공할 때 편리하다. | | • 불규칙한 모양
• 편심가공 |
> | 연동척 | 3개의 조가 120° 간격으로 구성 배치되어 있다. 한 개의 조를 척 핸들로 이동시키면 다른 조들도 동시에 같은 거리를 방사상으로 움직이므로 원형, 정삼각형, 정육각형 등의 단면을 가진 공작물을 고정시키는 데 편리하다. | | • 원형, 정삼각형
• 정육각형 |
> | 마그네틱척 | 전자석을 이용하여 얇은 판, 피스톤 링과 같은 가공물을 변형시키지 않고, 고정시켜 가공할 수 있는 자성체 척이다. | | • 절삭 깊이를 작게 함
• 대형 공작물에는 부적당 |
> | 유압척 | 유압의 힘으로 조가 움직이는 척으로 별도의 유압장치가 필요하다. 유압척은 소프트 조를 사용하기 때문에 가공 정밀도를 높일 수 있으며, 주로 수치제어 선반용으로 사용한다. | | • 소프트 조 사용
• 가공 정밀도가 높음
• 수치제어 선반용 |
> | 콜릿척 | 주축의 테이퍼 구멍에 슬리브를 꽂고 여기에 척을 끼워 사용하며, 지름이 가는 원형 봉이나 각 봉재를 빠르고 간편하게 고정시킬수 있다. | | • 지름이 작은 가공물
• 각 봉재를 가공 |

09 마이크로미터 및 게이지 등의 핸들에 이용되는 널링작업에 대한 설명으로 옳은 것은?

① 널링가공은 절삭가공이 아닌 소성가공법이다.
② 널링작업을 할 때 절삭유를 공급해서는 절대 안 된다.
③ 널링을 하면 다듬질 치수보다 지름이 작아지는 것을 고려해야 한다.
④ 널이 2개인 경우 널은 가공물의 중심선에 대하여 비대칭으로 위치해야 한다.

> **해설**
>
> **널링가공(Knurling)** : 가공물의 표면에 널(Knurl)을 압입하여 가공물 원주면에 사각형, 다이아몬드형, 평형 등의 요철형태로 가공하는 방법으로, 선반가공법 중에서 절삭가공이 아닌 유일한 소성가공법이다.
>
>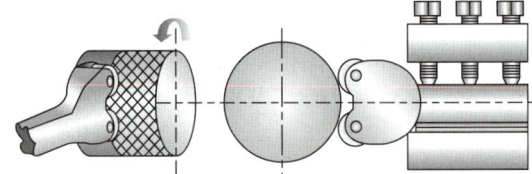
>
> **널링가공의 특징**
> • 널링가공은 소성가공이기 때문에 가공물의 외경이 커진다. 따라서 커지는 만큼 외경을 작게 가공한 후 널링가공하여 요구하는 치수가 되도록 가공한다.
> • 널링가공을 위한 가공치수 = 널링 도면치수 − 0.5×피치
> • 널링가공은 높은 압력이 작용하므로 반드시 센터로 지지하고, 널을 공구대에 단단히 고정시켜 절삭유를 충분히 공급하면서 가공한다.
> • 널이 1개인 경우에는 널과 가공물의 중심이 일치하고, 널이 2개일 경우에는 가공물 중심선에 대칭으로 위치시켜 가공한다.

10 선반가공법의 종류로 거리가 먼 것은?

① 외경 절삭가공

② 드릴링가공

③ 총형 절삭가공

④ 더브테일가공

선반가공법과 밀링가공법의 종류

선반가공법의 종류
외경, 단면, 절단(홈), 테이퍼, 드릴링, 보링, 수(암)나사, 정면, 곡면, 총형, 널링 등

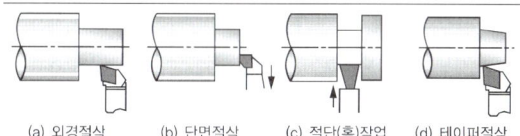

(a) 외경절삭　(b) 단면절삭　(c) 절단(홈)작업　(d) 테이퍼절삭

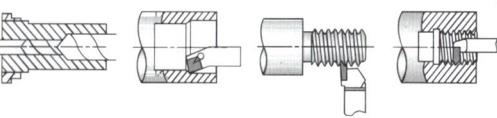

(e) 드릴링　(f) 보링　(g) 수나사절삭　(h) 암나사절삭

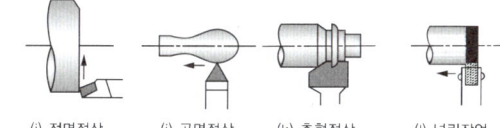

(i) 정면절삭　(j) 곡면절삭　(k) 총형절삭　(l) 널링작업

밀링가공법의 종류
평면, 단가공, 홈가공, 드릴, T홈, 더브테일, 곡면, 보링 등

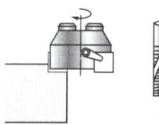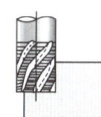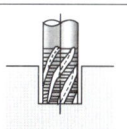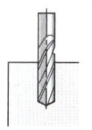

(a) 평면가공　(b) 단가공　(c) 홈가공　(d) 드릴

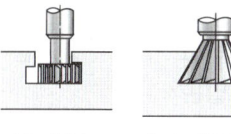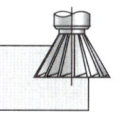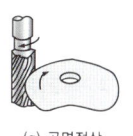

(e) T홈가공　(f) 더브테일가공　(g) 곡면절삭　(h) 보링

11 대형 가공물의 구멍 뚫기 작업에 적합한 기계로서 드릴링헤드를 수평방향으로 이동하는 암(Arm)과 암을 지지하는 직립 칼럼(Vertical Column)으로 구성되어 있는 것은?

① 레이디얼 드릴링머신

② 이동식 드릴링머신

③ 다축 드릴링머신

④ 탁상 드릴링머신

드릴링머신의 종류

드릴링 머신	설 명	용 도	그 림
탁상 드릴링 머신	드릴머신을 작업대 위에 설치하여 사용하는 소형의 드릴링머신	• 소형 부품 가공 • ϕ13mm 이하 작은 구멍 뚫기	전동기, 주축, 칼럼, 랙, 테이블, 베이스
직립 드릴링 머신	탁상 드릴링머신과 유사하나 비교적 대형 가공물의 구멍 뚫기 가공에 사용된다.	• 대형 가공물 • 역회전 가능 (탭가공)	
레이디얼 드릴링 머신	대형 제품이나 무거운 제품에 구멍가공을 하기 위해 가공물은 고정시키고, 드릴링헤드를 수평방향으로 이동하여 가공할 수 있는 머신(드릴을 필요한 위치로 이동 가능)	• 대형 가공물 • 무거운 제품 • 크기 표시(드릴가공이 가능한 최대 지름 또는 기둥의 표면에서 주축 중심까지의 최대 거리)	
다축 드릴링 머신	1대의 드릴링머신에 다수의 스핀들을 설치하고 여러 개의 구멍을 동시에 가공	• 대량 생산에 적합	

12 마이크로미터의 원리에 대한 설명으로 옳은 것은?

① 어떤 길이의 변화를 나사의 회전각과 지름에 의해 확대시켜 만든 것이다.

② 어떤 길이의 변화를 롤러 및 게이지블록을 이용하여 만든 것이다.

③ 어떤 길이의 변화를 기포관 내의 기포 위치를 확대시켜 만든 것이다.

④ 어떤 길이의 변화를 광파장에 의해 확대시켜 만든 것이다.

해설

마이크로미터는 길이 변화를 나사의 회전각과 지름에 의해 확대시켜 만든 것으로 나사의 피치가 0.5mm, 심블의 원주 눈금이 50등분되어 있으므로 스핀들 이동량(M)은

$M = 0.5 \times \dfrac{1}{50} = 0.01\text{mm}$ 로 최소 측정값은 0.01mm이다.

마이크로미터의 원리

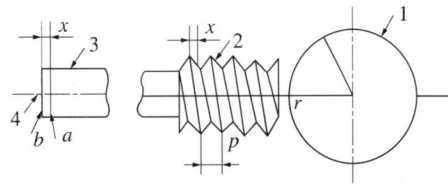

1. 눈금면   2. 나사
3. 스핀들   4. 측정면
x : 회전 방향의 이동량(mm),
p : 나사의 피치(mm),
r : 눈금면의 반지름(mm)

13 래핑작업에 대한 설명으로 틀린 것은?

① 가공면이 매끈한 거울면을 얻을 수 있다.
② 정밀도가 높은 제품을 가공할 수 있다.
③ 가공면은 윤활성 및 내마모성이 좋다.
④ 작업이 깨끗하고 먼지가 적다.

해설

래핑가공의 장단점

	장 점	단 점
래핑가공	• 가공면이 매끈한 거울면을 얻을 수 있다. • 정밀도가 높은 제품을 가공할 수 있다. • 가공면은 윤활성 및 내마모성이 좋다. • 가공이 간단하고 대량 생산이 가능하다. • 평면도, 진원도, 직선도 등의 이상적인 기하학적 형상을 얻을 수 있다.	• 가공면에 랩제가 잔류하기 쉽고, 제품을 사용할 때 잔류한 랩제가 마모를 촉진시킨다. • 고도의 정밀가공은 숙련이 필요하다. • 작업이 지저분하고 먼지가 많다. • 비산하는 랩제는 다른 기계나 가공물을 마모시킨다.

래핑(Lapping)의 원리

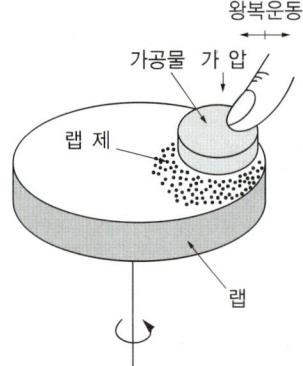

14 절삭날과 자루가 분리되고, 엔드밀의 지름이 큰 경우에 사용되는 엔드밀은?

① 평 엔드밀   ② 라프 엔드밀
③ 볼 엔드밀   ④ 셸 엔드밀

해설

• 셸 엔드밀(Shell Endmill) : 엔드밀의 지름이 큰 경우에는 절삭날과 자루가 분리되고, 사용할 때 조립하여 사용한다.
• 라프 엔드밀 : 거친 절삭에 사용한다.
• 볼 엔드밀 : R가공이나 구멍가공에 편리하다.

15 기차바퀴처럼 지름이 크고, 길이가 짧은 가공물의 가공에 가장 적합한 선반은?

① 탁상선반 　　　　② 공구선반
③ 터릿선반 　　　　④ 정면선반

• 정면선반 : 기차바퀴처럼 지름이 크고, 길이가 짧은 가공물을 절삭하기 편리한 선반이다.
• 탁상선반 : 작업대 위에 설치해야 할 만큼의 소형 선반으로 베드의 길이 900mm 이하, 스윙 200mm 이하로서 시계 부품, 재봉틀 부품 등의 소형 부품을 주로 가공하는 선반이다.
• 터릿선반 : 보통선반의 심압대 위치에 회전공구대를 설치하여 부품을 능률적으로 가공할 때 쓰이는 선반이다.
• 공구선반 : 보통선반과 같은 구조이나 정밀한 형식으로 되어 있다.
• 수직선반 : 주축이 수직으로 되어 있고 테이블이 수평으로 되어 있어 공작물을 설치하기 쉽고 작업하기 편리하며, 공구의 길이 방향 이송이 수직 방향으로 되어 있다.

[탁상선반]

[정면선반]

[수직선반]

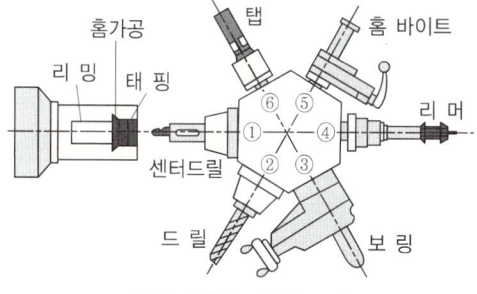

[터릿 선반과 터릿의 구조]

16 연삭숫돌의 입자 중 천연입자에 해당하는 것은?

① 에머리
② 탄화규소
③ 탄화붕소
④ 산화알루미늄

• 천연입자 : 사암이나 석영, 에머리, 코런덤, 다이아몬드 등
• 인조입자 : 탄화규소, 산화알루미나, 탄화붕소, 지르코늄옥시드 등

17 절삭저항의 3분력에 포함되지 않는 것은?

① 표면분력 　　　　② 주분력
③ 이송분력 　　　　④ 배분력

절삭저항 3분력

구 분	설 명	3분력의 크기
주분력(F_1)	칩이 발생하면서 바이트 윗면을 누르는 힘에 의해 받는 저항으로, 가장 크게 나타난다.	10
배분력(F_2)	바이트의 앞면이 받는 저항으로 공작물과 여유면의 마찰에 의하여 발생한다.	2~4
이송분력(F_3)	바이트의 옆면이 받는 저항으로 공작물과 여유면의 마찰에 의해 발생한다.	1~2

선반가공에서 발생하는 절삭저항의 3분력

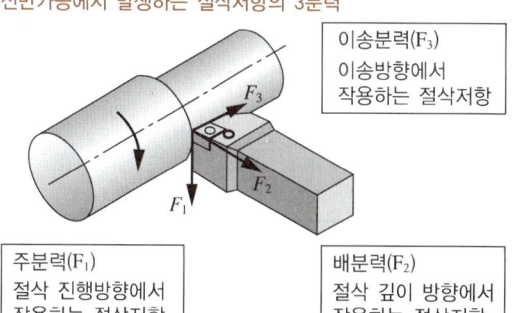

이송분력(F_3)
이송방향에서 작용하는 절삭저항

주분력(F_1)
절삭 진행방향에서 작용하는 절삭저항

배분력(F_2)
절삭 깊이 방향에서 작용하는 절삭저항

18 입도가 작고 연한 숫돌에 작은 압력으로 가압하면서 가공물에 이송을 주고, 동시에 숫돌에 진동을 주어 표면 거칠기를 향상시키는 가공법은?

① 이온가공   ② 쇼트피닝
③ 슈퍼피니싱   ④ 배럴가공

해설

• 슈퍼피니싱 : 입도가 작고, 연한 숫돌에 작은 압력으로 가압하면서 가공물에 이송을 주고, 동시에 숫돌에 진동을 주어 표면 거칠기를 좋게 하는 가공 방법이다. 다듬질된 면은 평활하고 방향성이 없으며, 가공에 의한 표면변질 층이 극히 미세하다. 가공시간이 짧다(작은 압력+이송+진동).
• 배럴가공 : 충돌가공(주물귀, 돌기 부분, 스케일 제거), 회전하는 상자 속에 공작물과 미디어, 콤파운드(유지+직물), 공작액 등을 넣고 회전과 진동을 주어 표면을 다듬질한다(회전형, 진동형).
• 쇼트피닝 : 표면을 타격하는 일종의 냉간가공으로 철강의 작은 볼(Shot)을 공작물 표면에 분사하여 강재의 화학조성을 변화시키지 않고 표면을 매끈하게 하여 피로강도 및 기계적 성질을 향상시킨다.

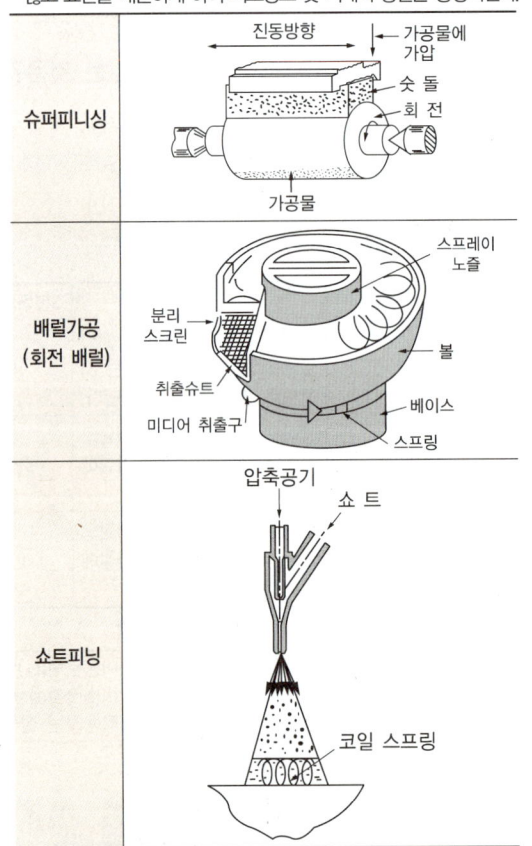

슈퍼피니싱	진동방향 / 가공물에 가압 / 숫 돌 / 회 전 / 가공물
배럴가공 (회전 배럴)	스프레이 노즐 / 분리 스크린 / 취출슈트 / 미디어 취출구 / 볼 / 베이스 / 스프링
쇼트피닝	압축공기 / 쇼 트 / 코일 스프링

※ 슈퍼피니싱의 핵심 단어는 '작은 압력+이송+진동'이다. 핵심 단어 필히 암기 요망

19 열에 민감한 가공물, 연질 가공물, 두께가 얇은 판 등을 변형 없이 가공하는 데 적합한 가공법은?

① 전주가공   ② 전해연삭
③ 전해연마   ④ 초음파가공

해설

• 전해연삭 : 전해연삭은 연삭숫돌에 의한 접촉방식으로 전해작용과 기계적인 연삭가공을 복합시킨 가공방법으로 열에 민감한 가공물, 연질 가공물, 두께가 얇은 판 등을 변형 없이 가공하는 데 적합하다.
• 전해연마 : 전기도금의 반대 현상으로 가공물을 양극(+), 전기저항이 작은 구리, 아연을 음극(−)으로 연결하고, 전해액 속에서 $1A/cm^2$ 정도의 전기를 통하면 전기에 의한 화학적인 작용으로 가공물의 표면이 용출되어 필요한 형상으로 가공하는 방법이다.
• 전주가공 : 도금을 응용한 방법이다.
• 초음파가공 : 초음파를 이용한 전기적 에너지를 기계적인 에너지로 변환시켜 금속, 비금속 등의 재료에 관계없이 정밀가공하는 방법이다.

20 연삭숫돌의 결합제 종류에서 주성분이 점토와 장석인 결합제는?

① 비트리파이드 결합제
② 실리케이트 결합제
③ 레지노이드 결합제
④ 셸락 결합제

해설

결합제의 종류
• 비트리파이드(V) : 주성분 점토와 장석, 무기질 결합제
• 실리케이트(S) : 대형 숫돌 적합, 무기질 결합제
• 셸락(E) : 절단용, 유기질 결합제
• 레지노이드(B) : 절단용, 유기질 결합제

21 절삭유를 사용하는 목적으로 거리가 먼 것은?

① 공구 상면과 칩(Chip) 사이의 마찰을 줄여 절삭을 원활히 한다.

② 가공물과 공구를 냉각시켜 열에 의한 정밀도 저하를 방지하고 공구의 수명을 증대시킨다.

③ 구성인선의 발생을 촉진하여 표면 거칠기를 향상시킨다.

④ 칩을 씻어 주어 절삭을 원활히 한다.

절삭유제의 사용목적
• 구성인선의 발생을 방지한다.
• 공구의 인선을 냉각시켜 공구의 경도 저하를 방지한다.
• 가공물을 냉각시켜 절삭열에 의한 정밀도 저하를 방지한다.
• 공구의 마모를 줄이고 윤활 및 세척작용으로 가공표면을 양호하게 한다.
• 칩을 씻어 주고 절삭부를 깨끗이 닦아 절삭작용을 쉽게 한다.
구성인선(빌트 업 에지, Built-up Edge)
연강이나 알루미늄 등과 같은 연한 금속의 공작물을 가공할 때 칩과 공구의 윗면 경사면 사이에 높은 압력과 마찰저항이 발생한다. 이로 인해 높은 절삭열이 발생하고, 칩의 일부가 매우 단단하게 변질된다. 이 칩이 공구날 끝에 달라붙어 절삭날과 같은 작용을 하면서 공작물을 절삭하는데, 이것을 구성인선(빌트 업 에지)이라고 한다.

22 작업 중 정전이 되었을 때 취해야 할 사항으로 가장 거리가 먼 것은?

① 메인 스위치를 끈다.

② 절삭공구를 가공물에서 떼어 낸다.

③ 기계의 스위치를 끄고 기계 주위를 정리한다.

④ 즉시 V-Belt 등 소모된 동력전달장치 부품을 교체한다.

정전 시 부품을 교체하지 않는다.
정전 시 취해야 할 사항
• 기계 주위의 공구나 측정기 등을 정리한다.
• 기계 스위치를 끄고 전기가 들어올 때까지 기다린다.
• 필요한 경우 동력을 공급하는 메인 스위치도 끈다.
• 절삭공구를 가공물에서 떼어 낸다.

23 다음 그림에 대한 설명으로 맞지 않는 것은?

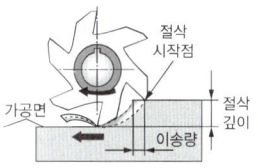

① 그림의 절삭방법은 하향절삭이다.

② 그림의 절삭방법은 가공면이 깨끗하다.

③ 그림의 절삭방법은 기계에 무리를 주지 않는다.

④ 그림의 절삭방법은 백래시가 발생한다.

문제 그림의 절삭방법은 하향절삭으로 기계에 무리를 줄 수 있다.
상향절삭과 하향절삭의 특징

구 분	상향절삭	하향절삭
특 징	• 공작물을 들어 올리는 가공으로 기계에 무리를 주지 않는다. • 칩의 두께는 얇게 시작하여 점점 두꺼워진다. • 칩이 커터날의 절삭을 방해하지 않고, 가공면에 쌓이지 않는다. • 절삭력과 이송력이 반대로 작용하므로 백래시가 제거된다.	• 칩은 두껍게 시작하여 점점 얇게 발생한다. • 절삭된 칩이 가공면에 쌓이므로 가공할 면이 잘 보인다. • 칩이 커터날을 방해하지 않는다. • 절삭력과 이송력이 같은 방향으로 작용하여 백래시가 발생한다.
장 점	• 칩이 절삭을 방해하지 않는다. • 백래시가 제거된다. • 날이 부러질 염려가 작다. • 기계에 무리를 주지 않는다.	• 공작물 고정이 간단하다. • 커터의 마모와 동력 소비가 작다. • 가공면이 깨끗하다. • 가공할 면을 잘 볼 수 있다.
단 점	• 공작물을 견고히 고정해야 한다. • 커터의 마모와 동력 소비가 많다. • 가공면이 매끈하지 못하다. • 가공할 면의 시야 확보가 좋지 않다.	• 칩이 절삭을 방해한다. • 백래시 제거장치가 없으면 가공이 어렵다. • 커터날이 부러질 염려가 있다. • 기계에 무리를 줄 수 있다.
그 림	(a) 상향절삭	(b) 하향절삭

24 게이지블록의 모양에 따른 종류가 아닌 것은?

① 캐리형   ② 요한슨형

③ 호크형   ④ 웨이브형

해설

블록게이지의 구조

• 요한슨형 : 직사각형의 단면을 가짐

• 호크형 : 중앙에 구멍이 뚫린 정사각형의 단면을 가짐

• 캐리형 : 원형으로 중앙에 구멍이 뚫림

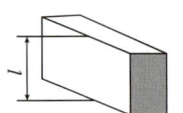 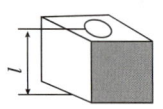 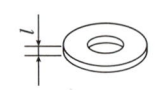

(a) 요한슨(Johanson)형   (b) 호크(Hoke)형   (c) 캐리(Cary)형

25 다음 중 밀링작업에서 분할대를 이용하여 직접분할이 가능한 가장 큰 분할수는?

① 40   ② 32

③ 24   ④ 15

해설

직접분할이 가능한 수 : 24, 12, 8, 6, 4, 3, 2

분할 가공방법

• 직접분할법 : 분할대 주축 앞면에 있는 직접분할판을 이용하여 단순분할(24의 약수, 즉 24, 12, 8, 6, 4, 3, 2등분 가능)

• 단식분할법 : 직접분할법으로 불가능하거나 분할이 정밀해야 할 경우(2~60 사이의 모든 정수, 60~120 사이의 2와 5의 배수 등)

• 차동분할법 : 직접, 단식분할법으로 분할할 수 없는 분할(단식분할법으로 분할할 수 없는 61 이상의 소수나 특수한 수의 분할을 2종 운동의 복합운동으로 분할하는 방법이다. 127은 차동분할법으로 분할 가능)

26 외주와 정면에 절삭날이 있고 주로 수직밀링에서 사용하는 커터로, 절삭능력과 가공면의 표면 거칠기가 우수한 초경 밀링커터는?

① 슬래브 밀링커터

② 총형 밀링커터

③ 더브테일 커터

④ 정면 밀링커터

해설

정면 밀링커터 : 외주와 정면에 절삭날이 있는 커터로, 주로 수직밀링에 사용하며 평면가공에 이용된다. 정면 밀링커터는 절삭능률과 가공면의 표면 거칠기가 우수한 초경 밀링커터를 주로 사용하며, 구조적으로 최근에는 스로어웨이(Throw Away)방식을 많이 사용한다.

밀링커터	그 림
정면 밀링커터	
더브테일 커터	
총형 밀링커터	
슬래브 밀링커터	

27 커터의 지름이 100mm이고, 커터의 날수가 10개인 정면 밀링커터로 길이 300mm의 가공물을 절삭할 때 가공시간은?(단, 절삭속도 100m/min, 1날당 이송은 0.1mm로 한다)

① 1분 　　　　　　② 1분 15초

③ 1분 30초 　　　　④ 1분 45초

회전수

$$n = \frac{1,000 \times v}{\pi \times d} = \frac{1,000 \times 100\text{m/min}}{\pi \times 100\text{mm}} = 318\text{rpm}$$

테이블의 이송 및 테이블의 이송 길이

$$f = f_z \times z \times n = 0.1\text{mm} \times 10\text{개} \times 318\text{rpm} = 318\text{mm/min}$$

$L = l + d$ 식에서 $L = 300\text{mm} + 100\text{mm} = 400\text{mm}$

$$T = \frac{L}{f} = \frac{400\text{mm}}{318\text{mm/min}} = 1.25786\text{min} \quad T = 1\text{분 } 15\text{초}$$

여기서, f : 테이블 이송속도(mm/min), f_z : 1개 날당 이송(mm), z : 커터의 날수, n : 커터의 회전수(rpm), T : 가공시간, L : 테이블의 이송거리(mm), l : 가공물의 길이(mm), d : 커터의 지름(mm),

※ $T = 1.25786$을 정리하면, 정수는 그대로 분(min)으로 적용된다. 따라서 1분이고, 소수 0.25786은 1분=60초로 적용하기 위해 0.25786×60=15.4716 따라서 약 15초로 계산한다.

28 연삭에 관한 안전사항 중 틀린 것은?

① 받침대와 숫돌은 5mm 이하로 유지해야 한다.
② 숫돌바퀴는 제조 후 사용할 원주속도의 1.5~2배 정도의 안전검사를 한다.
③ 연삭숫돌 측면에 연삭하지 않는다.
④ 연삭숫돌을 고정 후 3분 이상 공회전시킨 후 작업한다.

받침대 숫돌은 3mm 이내로 조정한다.
연삭작업 시 안전사항
• 연삭숫돌은 사용 전에 확인하고, 3분 이상 공회전시킨다.
• 연삭숫돌은 정확히 고정한다.
• 연삭숫돌은 덮개(Cover)를 설치하여 사용한다.
• 무리하게 연삭하지 않는다.
• 연삭숫돌 측면에 연삭하지 않는다(특히 양두 그라인더로 연삭할 때).
• 연삭가공할 때 원주 정면에 서지 않는다.

29 범용 밀링에서 원주를 10°30′ 분할할 때 맞는 것은?

① 분할판 15구멍열에서 1회전과 3구멍씩 이동
② 분할판 18구멍열에서 1회전과 3구멍씩 이동
③ 분할판 21구멍열에서 1회전과 4구멍씩 이동
④ 분할판 33구멍열에서 1회전과 4구멍씩 이동

• 도(°)로 분할하면

$$\frac{h}{H} = \frac{D°}{9} = \frac{10.5}{9} = \frac{10.5 \times 2}{9 \times 2} = \frac{21}{18} = 1\frac{3}{18}$$

• 초로 분할하면

$$\frac{h}{H} = \frac{D'}{540} = \frac{630}{540} = \frac{630/2}{540/2} = \frac{21}{18} = 1\frac{3}{18}$$

※ 10°30′ = 630′
브라운샤프 No 1 분할판 18구멍열에서 1회전하고 3구멍씩 전진하며 가공하면 원주를 10°30′으로 등분할 수 있다.

여기서, H : 분할판의 구멍수, h : 1회 분할에 필요한 분할판의 구멍수, D : 분할각도

어떤 식을 이용하든 같은 결론에 도달하므로 편리한 방법을 이용한다.

각도 분할	도로 표시	도 및 분으로 표시	도 및 분, 초로 표시
	$\frac{h}{H} = \frac{D°}{9}$	$\frac{h}{H} = \frac{D'}{540}$	$\frac{h}{H} = \frac{D''}{32,400}$

30 연삭에서 원주속도는 V(m/min), 숫돌바퀴의 지름이 d(mm)이라면, 숫돌바퀴의 회전수(N)를 구하는 식은?

① $N = \dfrac{1,000d}{\pi V}\text{rpm}$

② $N = \dfrac{1,000\,V}{\pi d}\text{rpm}$

③ $N = \dfrac{\pi V}{1,000d}\text{rpm}$

④ $N = \dfrac{\pi d}{1,000\,V}\text{rpm}$

숫돌바퀴의 회전수 $N = \dfrac{1,000\,V}{\pi d}\text{rpm}$

여기서, N : 숫돌바퀴의 회전수(rpm), V : 숫돌바퀴 원주속도(m/min), d : 숫돌바퀴의 지름(mm)

31 직접 측정의 장점에 해당되지 않는 것은?

① 측정기의 측정범위가 다른 측정법에 비하여 넓다.

② 측정물의 실제 치수를 직접 읽을 수 있다.

③ 수량이 적고, 많은 종류의 제품 측정에 적합하다.

④ 측정자의 숙련과 경험이 필요 없다.

해설

직접 측정은 측정자의 숙련과 경험이 필요하다.

• 비교 측정 : 측정값과 기준 게이지값의 차이를 비교하여 치수를 계산하는 측정방법(블록게이지, 다이얼 테스트 인디케이터, 한계게이지 등)

• 직접 측정 : 측정기에 표시된 눈금에 의해 직접 측정물의 치수를 읽는 방법(버니어캘리퍼스, 마이크로미터, 측장기 등)

• 간접 측정 : 나사, 기어 등과 같이 기하학적 관계를 이용하여 측정(사인바에 의한 각도 측정, 테이퍼 측정, 나사의 유효지름 측정 등)

32 선반가공에서 양 센터작업에 사용되는 부속품이 아닌 것은?

① 돌림판　　　　② 돌리개

③ 맨드릴　　　　④ 브로치

해설

• 브로치(Broach) : 브로칭(Broaching)가공에 사용되는 공구

• 브로칭(Broaching) : 가늘고 긴 일정한 단면 모양을 가진 공구에 많은 날을 가진 브로치(Broach)라는 절삭공구를 사용하여 가공물의 내면이나 외경에 필요한 형상의 부품을 가공하는 절삭방법

• 양 센터작업에 필요한 부속장치 : 주축센터, 심압센터, 돌림판, 돌리개, 맨드릴 등

33 표준 맨드릴(Manderl)의 테이퍼값으로 적합한 것은?

① $\dfrac{1}{10} \sim \dfrac{1}{20}$ 정도

② $\dfrac{1}{50} \sim \dfrac{1}{100}$ 정도

③ $\dfrac{1}{100} \sim \dfrac{1}{1,000}$ 정도

④ $\dfrac{1}{200} \sim \dfrac{1}{400}$ 정도

해설

맨드릴(Mandel) : 기어, 벨트풀리 등과 같이 구멍과 외경이 동심원이고, 직각이 필요한 경우에 구멍을 먼저 가공하고 구멍에 맨드릴을 끼워 양 센터로 지지하여, 외경과 측면을 가공하여 부품을 완성하는 선반의 부속장치이다. 표준 맨드릴(Mandrel)은 $\dfrac{1}{100} \sim$

$\dfrac{1}{1,000}$ 정도의 테이퍼로 되어 있다.

맨드릴(Mandel)의 종류

• 팽창 맨드릴 : 맨드릴의 외경을 팽창시켜서 가공물을 고정하여 사용할 수 있도록 제작된 것이다.

• 갱 맨드릴 : 두께가 얇은 가공물 여러 개를 한 번에 너트로 고정하여 가공할 때 사용된다.

• 조립 맨드릴 : 주축과 심압대에 독립된 형태의 테이퍼로 된 맨드릴을 설치하고, 가공물을 양 센터방식으로 고정하여 가공하는 형식이다.

34 나사의 유효지름 측정방법에 해당하지 않는 것은?

① 나사 마이크로미터에 의한 유효지름 측정방법

② 삼침법에 의한 유효지름 측정방법

③ 공구 현미경에 의한 유효지름 측정방법

④ 사인바에 의한 유효지름 측정방법

해설

나사의 유효지름 측정방법 : 나사 마이크로미터, 삼침법, 광학적 방법(공구 현미경, 투영기 등)

35 센터리스 연삭기에 없는 부품은?

① 연삭숫돌　　② 조정숫돌
③ 양 센터　　④ 일감 지지판

해설

센터리스 연삭기 : 양 센터, 척, 자석척 등을 사용하지 않고 가공물의 표면을 조정하는 조정숫돌과 지지대를 이용하여 가늘고 긴 가공물을 연삭하는 방법이다.

센터리스 연삭의 특징 반드시 암기(자주 출제)

• 센터가 필요하지 않아 센터 구멍을 가공할 필요가 없다.
• 중공(中空, 속이 빈 축)의 가공물을 연삭할 때 편리하다.
• 연삭 여유가 작아도 된다.
• 가늘고 긴 가공물의 연삭에 적합하다.
• 긴 홈이 있는 가공물의 연삭은 불가능하다.
• 대형이나 중량물의 연삭은 불가능하다.
• 연속가공이 가능하며 대량 생산에 적합하다
• 자생작용이 있다.

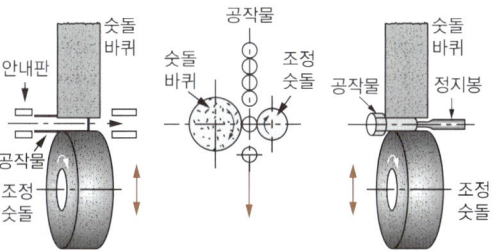

(a) 통과 이송방법　(b) 전후 이송방법　(c) 단 이송방법

[센터리스 연삭방법]

36 CNC 프로그램의 어드레스(Address)와 그 기능이 틀린 것은?

① 준비기능 : G　　② 이송기능 : F
③ 주축기능 : S　　④ 휴지기능 : T

해설

• 휴지기능 : X, P, U
• 공구기능 : T

프로그램의 주소(Address)

기 능	주 소	의 미
프로그램 번호	O	프로그램 번호
전개번호	N	전개번호(작업 순서)
준비기능	G	이동형태(직선, 원호 등)
좌표어	X, Y, Z	각 축의 이동 위치 지정 (절대방식)
이송기능	F	이송속도, 나사리드
보조기능	M	기계 각 부위 지령
주축기능	S	주축속도, 주축 회전수
공구기능	T	공구번호, 공구 보정 번호
휴 지	X, P, U	휴지시간(Dwell)
프로그램번호 지정	P	보조프로그램 호출 번호

37 주축의 회전운동을 직선 왕복운동으로 변화시키고, 바이트를 사용하여 가공물의 안지름에 키(Key)홈, 스플라인(Spline), 세레이션(Serration) 등을 가공할 수 있는 밀링 부속장치는?

① 분할대
② 수직 밀링장치
③ 슬로팅 장치
④ 태크 절삭장치

해설

슬로팅 장치 : 니형 밀링머신의 칼럼 앞면에 주축과 연결하여 사용하며 주축의 회전운동을 직선 왕복운동으로 변화시키고, 바이트로 가공물의 안지름에 키홈, 스플라인, 세레이션 등을 가공할 수 있다.

38 길이 100cm의 봉이 압축력을 받고 3mm만큼 줄어들었다. 이때 압축변형률은 얼마인가?

① 0.001 ② 0.003
③ 0.005 ④ 0.007

해설

ε(변형률) $= \dfrac{\lambda(줄어든 \ 길이)}{l(처음길이)} = \dfrac{3mm}{100cm} = \dfrac{3mm}{1,000mm} = 0.003$

∴ 압축변형률 : 0.003

39 다음 그림과 같은 단면도로 표시된 물체의 부품은 모두 몇 개인가?

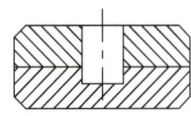

① 1개 ② 2개
③ 3개 ④ 4개

해설

단면으로 나타낸 것을 분명하게 할 필요가 있을 때에는 해칭(Hatching) 또는 스머징(Smudging)을 한다. 인접한 단면의 해칭은 문제의 그림과 같이 선의 방향 또는 각도를 변경하거나 그 간격을 변경하여 구별한다. 즉, 문제에서 단면으로 표시된 부품은 위와 아래 2개이다.

40 밀링작업에서 T홈 절삭을 하기 위해서 선행해야 할 작업은?

① 엔드밀 홈작업
② 더브테일 홈작업
③ 나사밀링커터 작업
④ 총형밀링커터 작업

해설

밀링작업에서 T홈을 절삭하기 위해서는 먼저 엔드밀을 이용하여 홈을 절삭하고 T홈 커터를 이용하여 절삭을 완성한다.

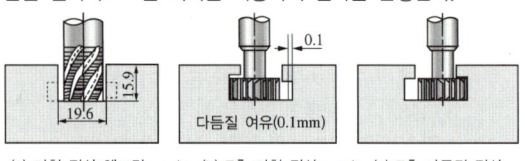

(a) 거친 절삭 엔드밀 ➡ (b) T홈 거친 절삭 ➡ (c) T홈 다듬질 절삭

41 금속이 탄성한계를 초과한 힘을 받고도 파괴되지 않고 늘어나서 소성변형이 되는 성질은?

① 연 성
② 취 성
③ 경 도
④ 강 도

해설

① 연성 : 잡아당기면 외력에 의해서 파괴되지 않고 가늘게 늘어나는 성질
② 취성 : 잘 부서지고 깨지는 성질(연성과 반대)
③ 경도 : 재료의 표면이 외력에 저항하는 성질
④ 강도 : 작용 힘에 대하여 파괴되지 않고 어느 정도 견디어 낼 수 있는 정도

42 인장강도가 255~340MPa로 Ca-Si나 Fe-Si 등의 접종제로 접종처리한 것으로 바탕조직은 펄라이트이며 내마멸성이 요구되는 공작기계의 안내면이나 강도를 요하는 기관의 실린더 등에 사용되는 주철은?

① 칠드주철
② 미하나이트주철
③ 흑심가단주철
④ 구상흑연주철

> **해설**
> 미하나이트주철 : 약 3% C, 1.5% Si의 쇳물에 칼슘 실리케이트(Ca-Si)나 페로실리콘(Fe-Si)을 접종시켜 미세한 흑연을 균일하게 분포시킨 펄라이트주철이다. 이 주철은 두께차나 내외에 상관없이 균일한 조직을 얻을 수 있고, 강인하다.

43 다음 중 체결(결합)용 기계요소가 아닌 것은?

① 나 사
② 키
③ 마찰차
④ 핀

> **해설**
> 용도에 따른 기계요소의 분류
>
> | 기계요소군 | 기계요소 | 용 도 |
> |---|---|---|
> | 체결(결합)용 기계요소 | 나 사 | 임시적 체결 |
> | | 리벳, 용접 | 반영구적 체결 |
> | | 키, 핀, 코터 | 축과 보스(회전체) 연결 |
> | 축용 기계요소 | 축 | 회전 및 동력 전달 |
> | | 축이음 | 축과 축을 연결 |
> | | 베어링 | 축 지지 |
> | 전동용 기계요소 | 직접 전동 : 마찰차, 기어, 캠 | 동력 전달 |
> | | 간접 전동 : 벨트, 체인, 로프 | |
> | 관용 기계요소 | 관 | 기체나 액체 운반 |
> | | 밸브, 콕 | 유량 및 압력제어, 개폐 |
> | | 관이음 | 관을 연결, 수송방향 전환 |
> | 운동조정용 요소 | 제동요소 : 브레이크 | 속도 조절 |
> | | 완충요소 : 스프링 | 충격 완화 |

44 다음 설명 및 그림이 나타내는 볼트의 종류는?

설 명	그 림
관통시킬 수 없는 경우 한쪽에만 구멍을 뚫고 다른 한쪽에는 중간 정도까지만 구멍을 뚫은 후 탭으로 나사산을 파고 볼트를 끼우는 것	

① 기초볼트
② 관통볼트
③ 탭볼트
④ 스터드 볼트

> **해설**
>
> | 볼트의 종류 | 내 용 | 비 고 |
> |---|---|---|
> | 관통볼트 (Through Bolt) | 관통볼트는 연결할 두 부분에 구멍을 뚫고 볼트를 끼운 후 반대쪽에 너트로 조인다. | |
> | 탭볼트 (Tap Bolt) | 탭볼트는 관통을 시킬 수 없는 경우 한쪽에만 구멍을 뚫고 다른 한쪽에는 중간 정도까지만 구멍을 뚫은 후 탭으로 나사산을 파고 볼트를 끼운다. | |
> | 스터드 볼트 (Stud Bolt) | 스터드 볼트는 봉의 양 끝에 나사가 절삭되어 있는 형태의 볼트이다. 자주 분해 조립하는 부분에서 사용하며, 양 끝에 나사산을 파고 나사구멍에 끼우고 연결할 부품을 관통시켜 합친 후 너트로 조인 것이다. 자동차 엔진 등에서 한쪽은 실린더 블록의 나사구멍에 끼우고, 반대쪽에는 실린더 헤드를 너트로 사용하여 체결하여 사용하는 경우도 있다. | |

45 동력 전달용 V벨트의 규격(형)이 아닌 것은?

① B ② A

③ F ④ E

해설

V벨트는 KS규격에서 단면의 형상에 따라 6종류(M, A, B, C, D, E)로 규정하고 있으며, M형을 제외한 5종류가 동력 전달용으로 사용된다. 가장 단면이 큰 벨트는 E형이다.

※ 단면적 비교(M＜A＜B＜C＜D＜E)

V벨트의 치수와 인장강도

단면 형상	종류	a[mm]	h[mm]	θ[°]	단면적 [mm²]	인장강도 [kN]	허용장력 [N]
	M	10.0	5.5	40	44	1.2 이상	78
	A	12.5	9.0	40	83	2.4 이상	147
	B	16.5	11.0	40	138	3.5 이상	235
	C	22.0	14.0	40	237	5.9 이상	392
	D	31.5	19.0	40	467	10.8 이상	843
	E	38.0	24.0	40	732	14.7 이상	1,176

46 다음 도면을 보고 스퍼기어 잇수와 피치원 지름으로 올바른 것은?

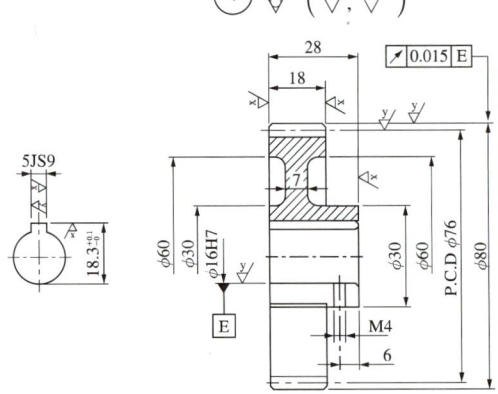

스퍼 기어 요목표		
구 분		**품 번**
		4
기어치형		표 준
공 구	치 형	보통이
	모 듈	2
	압력각	20°
잇 수		㉠
피치원 지름		㉡
다듬질방법		호브절삭
정밀도		KS B 1405, 5급

	㉠	㉡		㉠	㉡
①	30	$\phi 60$	②	40	$\phi 80$
③	30	$\phi 76$	④	38	$\phi 76$

해설

• 도면에서 피치원 지름은 PCD $\phi 76$이다.

• $m(\text{모듈}) = \dfrac{D(\text{피치원지름})}{Z(\text{잇수})} \rightarrow Z(\text{잇수}) = \dfrac{D}{m} = \dfrac{76}{2} = 38$

∴ $Z(\text{잇수}) = 38$

47 표면 거칠기 지시방법에서 '제거가공을 허용하지 않는다.'는 것을 지시하는 것은?

①   ②

③ 6.3  ④ 6.3

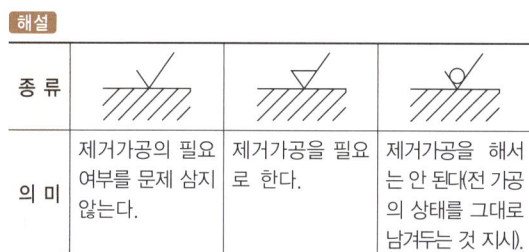

해설

종 류	제거가공의 필요 여부를 문제 삼지 않는다.	제거가공을 필요로 한다.	제거가공을 해서는 안 된다(전 가공의 상태를 그대로 남겨두는 것 지시).
의 미			

48 대칭도를 나타내는 기호는?

① ⟋⃝ ② ∕∕

③ ↗↗ ④ ＝

해설

기하공차의 종류와 기호 반드시 암기(자주 출제)

공차의 종류		기 호
모양공차	진직도	—
	평면도	▱
	진원도	○
	원통도	⌀
	선의 윤곽도	⌒
	면의 윤곽도	⌓
자세공차	평행도	∕∕
	직각도	⊥
	경사도	∠
위치공차	위치도	⊕
	동축도(동심도)	◎
	대칭도	＝
흔들림공차	원주흔들림	↗
	온흔들림	↗↗

49 보기 입체도에서 화살표 방향을 정면으로 할 때, 평면도로 가장 적합한 것은?

보기

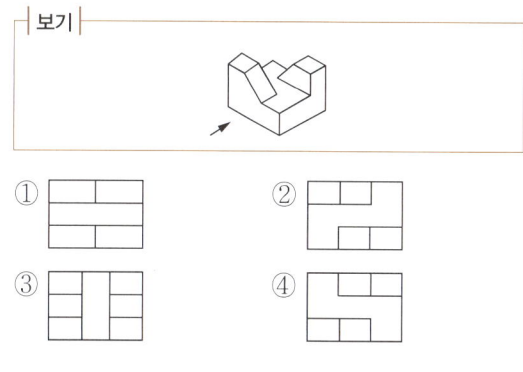

① ② ③ ④

50 핸들이나 암 및 림, 리브, 훅 등의 절단면을 다음 그림과 같이 나타내는 단면도의 명칭은?

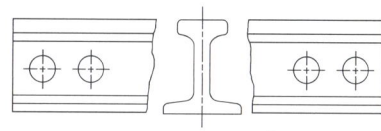

① 계단단면도

② 회전도시단면도

③ 부분단면도

④ 전단면도

해설

• 회전도시단면도 : 핸들, 벨트풀리, 기어 등과 같은 바퀴의 암, 림, 리브, 훅, 축과 주로 구조물에 사용하는 형강 등의 절단한 모양을 90°로 회전시켜 투상도의 안이나 밖에 그리는 것이다.

• 온단면도(전단면도) : 물체 전체를 둘로 절단해서 그림 전체를 단면으로 나타낸 것이다.

• 부분단면도 : 필요한 일부분만 파단선에 의해 그 경계를 표시하고 나타낸다.

51 표면의 결 도시기호에서 가공에 의한 컷의 줄무늬가 여러 방향으로 교차 또는 무방향으로 도시된 기호는?

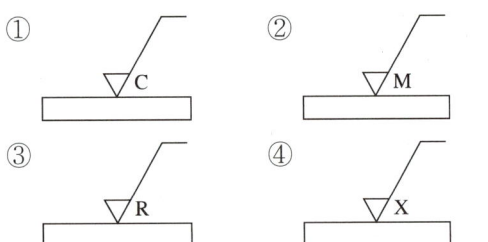

① C
② M
③ R
④ X

줄무늬 방향 기호

기 호	기호의 뜻	설명 그림과 도면 기입 보기
=	가공에 의한 커터의 줄무늬 방향이 기호를 기입한 그림의 투상면에 평행 [보기] 셰이핑면	
⊥	가공에 의한 커터의 줄무늬 방향이 기호를 기입한 그림의 투상면에 직각 [보기] 셰이핑면(옆으로부터 보는 상태), 선삭, 원통 연삭면	
X	가공에 의한 커터의 줄무늬 방향이 기호를 기입한 그림의 투상면에 경사지고 두 방향으로 교차 [보기] 호닝 다듬질면	
M	가공에 의한 커터의 줄무늬 방향이 여러 방향으로 교차 또는 무방향 [보기] 래핑 다듬질면, 슈퍼피니싱면, 가로 이송을 한 정면 밀링 또는 엔드밀 절삭면	
C	가공에 의한 커터의 줄무늬가 기호를 기입한 면의 중심에 대하여 대략 동심원 모양 [보기] 끝면 절삭면	
R	가공에 의한 커터의 줄무늬가 기호를 기입한 면의 중심에 대하여 대략 레이디얼 모양	

52 인장응력을 구하는 식으로 옳은 것은?(단, A는 단면적, W는 인장하중이다)

① $A \times W$
② $A + W$
③ $\dfrac{A}{W}$
④ $\dfrac{W}{A}$

$$인장응력(\sigma) = \frac{인장하중(W)}{단면적(A)}$$

53 표준 드릴날의 끝각은?

① 128°
② 118°
③ 108°
④ 100°

드릴의 표준 각도는 118° 이다.

54 연삭숫돌에 눈메움이나 무딤현상이 발생되었을 때 이를 해결하는 방법으로 옳은 것은?

① 몰 딩
② 버 핑
③ 황 삭
④ 드레싱

눈메움이나 무딤이 발생하여 절삭성이 나빠진 연삭숫돌 표면에 드레서를 사용하여 예리한 절삭날을 숫돌 표면에 생성하여 절삭성을 회복시키는 작업을 드레싱(Dressing)이라고 한다.

55 다이얼게이지의 특징으로 틀린 것은?

① 읽음 오차가 작다.

② 측정범위가 좁다.

③ 연속된 변위량의 측정이 가능하다.

④ 소형이고 가벼워서 취급이 용이하다.

해설
다이얼게이지의 특징
- 소형, 경량으로 취급이 용이하다.
- 측정범위가 넓다.
- 눈금과 지침에 의해서 읽기 때문에 오차가 작다.
- 연속된 변위량의 측정이 가능하다.
- 많은 개소의 측정을 동시에 할 수 있다.
- 부속품의 사용에 따라 광범위하게 측정할 수 있다.

56 밀링가공에서 커터의 지름이 40mm이고, 회전수가 500rpm이라고 할 때의 절삭속도는 약 몇 m/min인가?

① 15.75

② 31.44

③ 47.12

④ 62.83

해설
절삭속도를 구하는 공식

$$v = \frac{\pi dn}{1,000} = \frac{\pi \times 40mm \times 500rpm}{1,000} \fallingdotseq 62.83\,m/min$$

∴ 절삭속도(v) = 62.83m/min

여기서, v : 절삭속도(m/min), d : 공작물지름(mm),
        n : 주축 회전수(rpm)

57 연삭숫돌의 검사방법으로 고무해머를 사용하여 음향의 둔탁함 · 울림 등으로 균열이나 결함을 검사하는 방법은?

① 육안검사

② 음향검사

③ 회전시험

④ 가공시험

해설
- 음향검사 : 나무해머나 고무해머 등으로 연삭숫돌의 상태를 검사하는 방법
- 정상 상태 숫돌 : 음향이 맑고, 울림이 있는 숫돌
- 균열 상태 숫돌 : 음향이 둔탁하고 울림이 없으면 균열이나 결함이 발생한 숫돌

58 KS 재료기호가 'STC'일 경우 이 재료는?

① 냉간 압연강판

② 크롬 강재

③ 탄소 주강품

④ 탄소 공구강 강재

해설
- 탄소 공구강(STC), 탄소 주강품(SC)
- 탄소 공구강재 : STC1~STC7

59 다음 치수와 병용되는 기호 중 잘못된 것은?

① R5

② C5

③ ◇5

④ ϕ5

◇5는 치수 보조기호로 사용되지 않는다.

치수 보조기호

기 호	설 명	기 호	설 명
ϕ	지 름	Sϕ	구의 지름
R	반지름	SR	구의 반지름
C	45° 모따기	□	정사각형
P	피 치	t	두 께

60 다음 도면에서 ㉮~㉲의 선의 명칭이 모두 올바르게 짝지어진 것은?

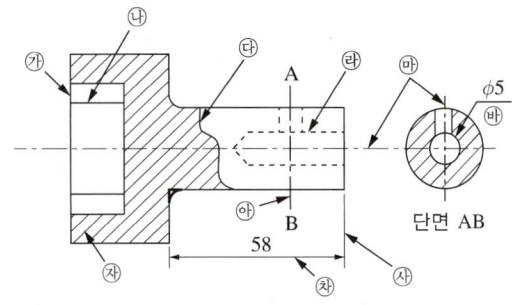

단면 AB

㉠ 가상선	㉡ 기준선	㉢ 파단선
㉣ 중심선	㉤ 숨은선	㉥ 수준면선
㉦ 지시선	㉧ 치수선	㉨ 치수보조선
㉩ 외형선	㉪ 해칭선	㉫ 절단선

① ㉮-㉩, ㉯-㉨, ㉰-㉠, ㉱-㉤, ㉲-㉣

② ㉮-㉩, ㉯-㉠, ㉰-㉢, ㉱-㉤, ㉲-㉣

③ ㉮-㉫, ㉯-㉩, ㉰-㉢, ㉱-㉤, ㉲-㉣

④ ㉮-㉩, ㉯-㉠, ㉰-㉫, ㉱-㉤, ㉲-㉣

㉮ : 외형선, ㉯ : 가상선, ㉰ : 파단선, ㉱ : 숨은선, ㉲ : 중심선

01 다음 그림의 (A), (B), (C)에 해당하는 공작기계로 적당한 것은?

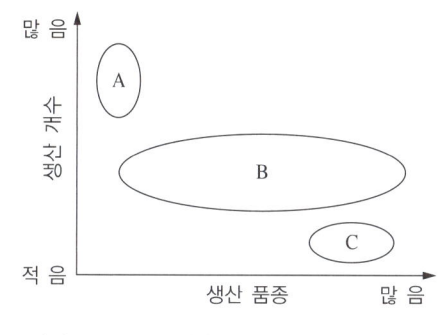

(A)	(B)	(C)
① 범용기계	전용기계	CNC 공작기계
② 범용기계	CNC 공작기계	전용기계
③ 전용기계	범용기계	CNC 공작기계
④ 전용기계	CNC 공작기계	범용기계

해설
• (A) : 전용기계
• (B) : CNC 공작기계
• (C) : 범용기계

02 공작기계를 가공능률에 따라 분류할 때 [보기] 내용에 해당하는 공작기계는?

보기
특정한 제품을 대량 생산할 때 적합한 공작기계이다. 소량 생산에는 적합하지 않고 사용범위가 한정되고 기계의 크기도 가공물에 적합한 크기로 되어 있으며, 구조가 간단하고 조작이 편리하다.

① 만능 공작기계
② 단능 공작기계
③ 전용 공작기계
④ 범용 공작기계

해설
특정한 제품을 대량 생산할 때 적합한 공작기계는 전용 공작기계 (Special Purpose Machine)이다.
공작기계 가공능률에 따라 분류

가공 능률	내 용	공작 기계
범용 공작기계	가공할 수 있는 기능이 다양하고, 절삭 및 이송속도의 범위도 크기 때문에 제품에 맞추어 절삭조건을 선정하여 가공할 수 있다.	선반, 드릴링머신, 밀링머신, 셰이퍼, 플레이너, 슬로터, 연삭기 등
전용 공작기계	특정한 제품을 대량 생산할 때 적합한 공작기계로서, 소량 생산에는 적합하지 않고 사용범위가 한정되고 기계의 크기도 가공물에 적합한 크기로 되어 있으며, 구조가 간단하고 조작이 편리하다.	트랜스퍼머신, 차륜선반, 크랭크축선반 등
단능 공작기계	단순한 기능의 공작기계로서, 한 가지 공정만 가능하여 생산성과 능률은 매우 높으나 융통성이 작다.	공구연삭기, 센터링머신 등
만능 공작기계	여러 가지 종류의 공작기계에서 할 수 있는 가공을 1대의 공작기계에서 가능하도록 제작한 공작기계이다.	선반, 드릴링, 밀링머신 등의 공작기계를 하나의 기계로 조합한 기계

03 절삭저항의 3분력에 포함되지 않는 것은?

① 표면분력

② 주분력

③ 이송분력

④ 배분력

해설

표면분력은 절삭저항의 3분력이 아니다.

절삭저항의 3분력

절삭저항 3분력	설 명	3분력의 크기
주분력(F_1)	칩이 발생하면서 바이트 윗면을 누르는 힘에 의해 받는 저항으로, 가장 크게 나타난다.	10
배분력(F_2)	바이트의 앞면이 받는 저항으로 공작물과 여유면의 마찰에 의하여 발생한다.	2~4
이송분력(F_3)	바이트의 옆면이 받는 저항으로 공작물과 여유면의 마찰에 의해 발생한다.	1~2

선반가공에서 발생하는 절삭저항의 3분력

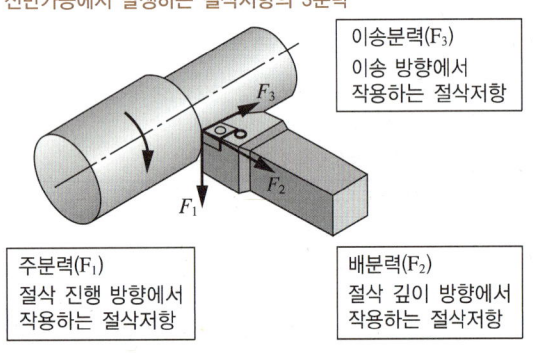

이송분력(F_3)
이송 방향에서 작용하는 절삭저항

주분력(F_1)
절삭 진행 방향에서 작용하는 절삭저항

배분력(F_2)
절삭 깊이 방향에서 작용하는 절삭저항

04 절삭유를 사용하는 목적으로 거리가 먼 것은?

① 공구 상면과 칩(Chip) 사이의 마찰을 줄여 절삭을 원활히 한다.

② 가공물과 공구를 냉각시켜 열에 의한 정밀도 저하를 방지하고 공구의 수명을 증대시킨다.

③ 구성인선의 발생을 촉진하여 표면거칠기를 향상시킨다.

④ 칩을 씻어 주어 절삭을 원활히 한다.

해설

절삭유제의 사용목적

• 구성인선의 발생을 방지한다.

• 공구의 인선을 냉각시켜 공구의 경도 저하를 방지한다.

• 가공물을 냉각시켜 절삭열에 의한 정밀도 저하를 방지한다.

• 공구의 마모를 줄이고 윤활 및 세척작용으로 가공 표면을 양호하게 한다.

• 칩을 씻어 주고 절삭부를 깨끗이 닦아 절삭작용을 쉽게 한다.

구성인선(빌트 업 에지, Built-up Edge)

연강이나 알루미늄 등과 같은 연한 금속의 공작물을 가공할 때 칩과 공구의 윗면 경사면 사이에 높은 압력과 마찰저항이 발생한다. 이로 인해 높은 절삭열이 발생하고, 칩의 일부가 매우 단단하게 변질된다. 이 칩이 공구의 날 끝에 달라붙어 절삭날과 같은 작용을 하면서 공작물을 절삭하는데, 이것을 구성인선이라고 한다.

05 일반적으로 절삭온도를 측정하는 방법이 아닌 것은?

① 칩의 색깔에 의한 방법

② 열전대에 의한 방법

③ 칼로리미터에 의한 방법

④ 방사능에 의한 방법

해설

절삭온도 측정법

• 칩의 색깔에 의한 방법

• 가공물과 절삭공구를 열전대로 하는 방법

• 삽입된 열전대에 의한 방법

• 칼로리미터(Calorimeter)에 의한 방법

• 복사고온계에 의한 방법

• 시온도료를 이용하는 방법

• PbS 셀(Cell) 광전지를 이용하는 방법

06 불수용성 절삭유로서 광물성유에 속하지 않는 것은?

① 스핀들유

② 기계유

③ 올리브유

④ 경유

해설

- 광물성유(광유) : 경유, 머신오일(기계유), 스핀들유, 석유 및 기타의 광유 또는 혼합유로 윤활성은 좋지만 냉각성이 적어 주로 경절삭에 사용한다.
- 식물성유 : 종자유, 콩기름, 올리브유, 면실유, 피마자유 등(윤활성은 좋지만 냉각성은 좋지 않다)

수용성 절삭유와 불수용성 절삭유

구 분	혼합 여부	냉각성	절 삭
수용성 절삭유	광물성유 원액과 물을 혼합하여 사용한다.	점성이 낮고 비열이 커서 냉각효과가 크다.	고속절삭 및 연삭가공
불수용성 절삭유	원액만 사용한다.	냉각성이 적다.	경절삭

07 마찰면이 넓은 부분 또는 시동 횟수가 많을 때 사용하고 저속 및 중속축의 급유에 사용하는 급유방법은?

① 담금 급유법

② 패드 급유법

③ 적하 급유법

④ 강제 급유법

해설

윤활제의 급유방법

- 적하 급유법(Drop Feed Oiling) : 마찰면이 넓거나 시동되는 횟수가 많을 때, 저속 및 중속축의 급유에 사용된다.
- 패드 급유법(Pad Oiling) : 무명이나 털 등을 섞어 만든 패드 일부를 오일통에 담가 저널의 아랫면에 모세관현상으로 급유하는 방법이다.
- 오일링(Oiling) 급유법 : 급유를 균등하게 할 목적으로 고속 주축에 사용한다.
- 강제 급유법(Circulating Oiling) : 순환펌프를 이용하여 급유하는 방법으로, 고속회전할 때 베어링 냉각효과에 경제적인 방법이다.

08 스텔라이트계 주조경질합금에 대한 설명으로 틀린 것은?

① 주성분이 Co이다.

② 열처리가 불필요하다.

③ 단조품이 많이 쓰인다.

④ 800℃까지의 고온에서도 경도가 유지된다.

해설

주조경질합금 : 주조경질합금의 대표적인 것으로 스텔라이트가 있다. 주성분은 W, Cr, Co, Fe이며, 주조합금이다. 스텔라이트는 상온에서 고속도강보다 경도가 낮으나 고온에서는 오히려 경도가 높아지기 때문에 고속도강보다 고속절삭용으로 사용된다. 850℃까지 경도와 인성이 유지되며, 단조나 열처리가 되지 않는 특징이 있다.

절삭공구 재료 핵심 키워드

절삭공구 재료	문제 핵심 키워드(1)	문제 핵심 키워드(2)	출제경향
탄소 공구강	고온경도는 낮고, 공구인선 300℃가 되면 경도 저하		자주 출제 안 됨
합금 공구강	탄소공구강보다 절삭성이 우수		자주 출제 안 됨
고속 도강	고온경도 600℃까지 유지	표준고속도강 : W(18%)-Cr(4%)-V(1%)	자주 출제됨
초경 합금	탄화물 분말을 1,400℃ 고온으로 가열하면서 프레스로 소결	취성이 커서 진동이나 충격에 약함	자주 출제됨
주조 경질 합금	스텔라이트가 대표적, 고속도강보다 고속절삭용	단조나 열처리가 되지 않음	자주 출제됨
세라믹	산화알루미늄 분말을 주성분으로한	용접이 곤란하고, 취성이 커서 충격이나 진동에 매우 약함	
서 멧	세라믹과 메탈의 복합으로, 세라믹의 취성을 보완	고속절삭 적합, 중절삭은 부적합	
다이아몬드	경도가 가장 높음	취성이 커서 잘 깨짐	

09 기차바퀴처럼 지름이 크고, 길이가 짧은 가공물의 가공에 가장 적합한 선반은?

① 탁상선반   ② 공구선반

③ 터릿선반   ④ 정면선반

해설

- 정면선반 : 기차바퀴처럼 지름이 크고, 길이가 짧은 가공물을 절삭하기에 편리한 선반이다.
- 탁상선반 : 작업대 위에 설치해야 할 만큼의 소형 선반으로 베드의 길이 900mm 이하, 스윙 200mm 이하로서 시계 부품, 재봉틀 부품 등의 소형 부품을 주로 가공하는 선반이다.
- 터릿선반 : 보통선반의 심압대 위치에 회전공구대를 설치하여 부품을 능률적으로 가공할 때 쓰는 선반이다.
- 공구선반 : 보통선반과 같은 구조이나 정밀한 형식으로 되어 있다.
- 수직선반 : 주축이 수직으로 되어 있고 테이블이 수평으로 되어 있어, 공작물을 설치하기 쉽고 작업하기 편리하며, 공구의 길이 방향 이송이 수직 방향으로 되어 있다.

[탁상선반]

[정면선반]

[수직선반]

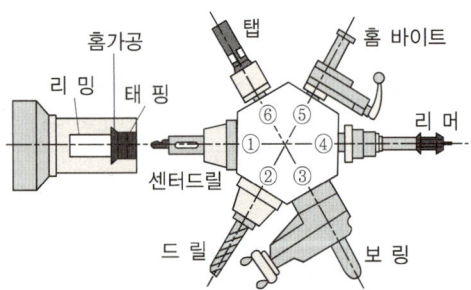
[터릿선반과 터릿의 구조]

선반의 종류	핵심 키워드
보통선반	가장 많이 사용됨
탁상선반	시계 부품, 재봉틀
정면선반	기차바퀴
수직선반	척을 지면 위에 수직 설치
터릿선반	심압대 대신 터릿 설치
공구선반	릴리빙장치
자동선반	캠(Cam)이나 유압기구
모방선반	형판, 트레이서

선반의 종류 핵심 키워드(이것만은 꼭 외우자!)

10 엔드밀로 홈가공 시 절삭력에 의해 휘어지는 문제가 발생하는데, 이 휨의 방지법으로 적합한 것은?

① 가능한 한 엔드밀을 짧게 고정한다.

② 절삭량을 많이 준다.

③ 이송속도를 빠르게 한다.

④ 주축 회전수를 빠르게 한다.

해설

엔드밀을 이용하여 가공하면 홈이 센터와 직각 방향으로 다소 변위되어 절삭되는 문제점이 있다. 이러한 현상은 절삭이 시작될 때 절삭력에 의하여 엔드밀이 휘어지기 때문이다. 따라서 가능한 한 엔드밀을 짧게 고정하고 절삭량을 적게 하여 가공하면 휨을 방지할 수 있다.

11 일반적으로 바이스의 크기를 나타내는 것은?

① 바이스 전체의 중량

② 물건을 물릴 수 있는 조의 폭

③ 물건을 물릴 수 있는 최대 거리

④ 바이스의 최대 높이

> **해설**
> 일반적인 바이스의 크기는 물건을 물릴 수 있는 조의 폭이다.

밀링바이스

밀링바이스	설 명	그 림
수평바이스	조의 방향이 테이블 이송 방향과 평행하거나 직각 방향이 되도록 설치한다.	
회전바이스	회전대의 고정볼트를 풀고 수평 방향으로 회전하여 임의의 각도로 공작물을 고정한다.	
유압바이스	공작물을 유압으로 고정한다.	
만능바이스	공작물을 자유로운 각도로 조정하여 고정한다.	

12 선반의 크기를 나타내는 방법으로 적당하지 않은 것은?

① 베드 위의 스윙

② 왕복대 위의 스윙

③ 양 센터 사이의 최대 거리

④ 공작물을 물릴 수 있는 척의 크기

> **해설**
> **보통선반의 크기를 나타내는 방법**
> • 베드상의 최대 스윙(Swing) : 베드 위에 공작물이 닿지 않고 가공할 수 있는 공작물의 최대 직경
> • 양 센터 간에 최대 거리 : 가공할 수 있는 공작물의 최대 길이
> • 왕복대 위의 스윙(Swing) : 왕복대 위에 공작물이 닿지 않고 가공할 수 있는 공작물의 최대 직경

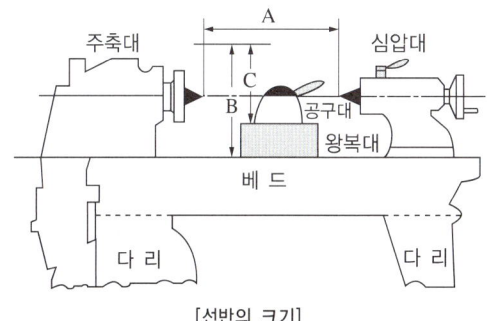

[선반의 크기]

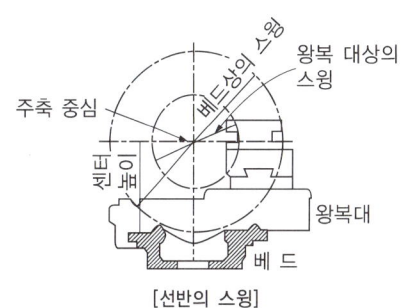

[선반의 스윙]

밀링머신의 크기
밀링머신의 크기에는 여러 가지가 있으나 니형 밀링머신의 크기는 일반적으로 Y축을 기준으로 한 호칭번호로 표시한다.

호칭번호		0호	1호	2호	3호	4호	5호
테이블의 이송거리 (mm)	전 후	150	200	250	300	350	400
	좌 우	450	550	700	850	1,050	1,250
	상 하	300	400	450	450	450	500

13 대형 가공물의 구멍 뚫기 작업에 적합한 기계로서, 드릴링헤드를 수평 방향으로 이동하는 암(Arm)과 암을 지지하는 직립 칼럼(Vertical Column)으로 구성된 드릴링 머신은?

① 레이디얼 드릴링머신
② 이동식 드릴링머신
③ 다축 드릴링머신
④ 탁상 드릴링머신

해설

드릴링머신의 종류

드릴링 머신	설 명	용 도	그 림
탁상 드릴링 머신	드릴머신을 작업대 위에 설치하여 사용하는 소형 드릴링 머신	• 소형 부품 가공 • ϕ13mm 이하 작은 구멍 뚫기	
직립 드릴링 머신	탁상 드릴링머신과 유사하나 비교적 대형 가공물의 구멍 뚫기 가공에 사용된다.	• 대형 가공물 • 역회전 가능(탭 가공)	
레이디얼 드릴링 머신	대형 제품이나 무거운 제품에 구멍가공을 하기 위해 가공물은 고정시키고, 드릴링헤드를 수평방향으로 이동하여 가공할 수 있는 머신(드릴을 필요한 위치로 이동 가능)	• 대형 가공물 • 무거운 제품 • 크기 표시(드릴 가공이 가능한 최대 지름 또는 기둥의 표면에서 주축 중심까지의 최대 거리)	
다축 드릴링 머신	1대의 드릴링머신에 다수의 스핀들을 설치하고 여러 개의 구멍을 동시에 가공	• 대량 생산에 적합	

14 바이트의 끝 모양과 이송이 표면거칠기에 미치는 영향 중 이론적인 표면거칠기값($H_{\max}$)을 구하는 식으로 옳은 것은?(단, r = 바이트 끝 반지름, S : 이송거리이다)

① $H_{\max} = \dfrac{8r}{S}$

② $H_{\max} = \dfrac{S^2}{8r}$

③ $H_{\max} = \dfrac{S}{8r}$

④ $H_{\max} = \dfrac{8r}{S^2}$

해설

가공면의 이론적인 표면거칠기 이론값

$$H_{\max} = \dfrac{S^2}{8r}$$

※ 표면거칠기를 양호하게 하려면 노즈 반지름(r)을 크게, 이송(S)을 느리게 하는 것이 좋다. 그러나 노즈 반지름(r)이 너무 커지면 절삭저항이 증대되고, 바이트와 가공물 사이에 떨림이 발생하여 가공 표면이 더 거칠어지므로 주의해야 한다.

15 연삭에 관한 안전사항 중 틀린 것은?

① 받침대와 숫돌은 5mm 이하로 유지해야 한다.
② 숫돌바퀴는 제조 후 사용할 원주속도의 1.5~2배 정도의 안전검사를 한다.
③ 연삭숫돌 측면에 연삭하지 않는다.
④ 연삭숫돌을 고정 후 3분 이상 공회전시킨 후 작업한다.

해설

연삭작업 안전사항

• 받침대 숫돌은 3mm 이내로 조정한다.
• 연삭숫돌은 사용 전에 확인하고, 3분 이상 공회전시킨다.
• 연삭숫돌은 정확히 고정한다.
• 연삭숫돌은 덮개(Cover)를 설치하여 사용한다.
• 무리한 연삭을 하지 않는다.
• 연삭숫돌 측면에 연삭하지 않는다(특히 양두 그라인더로 연삭할 때).
• 연삭가공할 때 원주 정면에 서지 않는다.

16 Al−Cu−Si계 합금으로 3∼8% Cu, 3∼8% Si의 조성이며, Si를 넣어 주조성을 개선하고 Cu를 넣어 절삭성을 좋게 한 것으로, 금형주물에 널리 사용되는 합금은?

① 두랄루민
② 라우탈
③ 알드리
④ 알클래드

• Al−Cu−Si계 합금 : 라우탈
• Al−Si계 합금 : 실루민(독일), 알팩스(미국)
• 내식성 Al합금 : 하이드로날륨, 알민, 알드리, 알클래드
• 내열성 Al합금 : Y합금, 로엑스합금, 코비탈륨

17 선반가공을 할 때 절삭유 사용이 필요하지 않은 재료는?

① 연 강
② 경 강
③ 주 철
④ 동합금

주철은 흑연의 윤활작용과 절삭 칩이 쉽게 파괴되어 절삭성이 매우 우수하기 때문에 절삭유 필요 없다.

18 황동의 연신율이 가장 클 때는 아연(Zn)이 몇 % 정도 함유되어 있을 때인가?

① 30%
② 40%
③ 50%
④ 60%

• 7−3황동 : Cu−70%, Zn−30%, 연신율이 가장 크다.
• 6−4황동 : Cu(60%)−Zn(40%), 아연(Zn)이 많을수록 인장강도가 증가한다. 아연(Zn) 45%일 때 인장강도가 가장 크다.

19 표면경화방법이 아닌 것은?

① 침탄법
② 고주파 경화법
③ 질화법
④ 심랭처리법

열처리의 분류

일반 열처리	항온 열처리	표면경화 열처리
• 담금질(Quenching)	• 마퀜칭	• 침탄법
• 뜨임(Tempering)	• 마템퍼링	• 질화법
• 풀림(Annealing)	• 오스템퍼링	• 화염경화법
• 불림(Normalizing)	• 오스포밍	• 고주파 경화법
	• 항온풀림	• 청화법
	• 항온뜨임	

20 세라믹 공구의 특징과 가장 거리가 먼 것은?

① 충격에 강하다.

② 내마모성이 좋다.

③ 내식성이 우수하다.

④ 내열성이 우수하다.

해설

세라믹 공구는 고온에서 경도가 높고, 내마모성이 좋아 초경합금보다 빠른 절삭속도로 절삭이 가능하다. 백색, 분홍색, 회색, 흑색 등의 색이 있으며, 초경합금보다 가볍지만 인성이 작고 취성이 있어 충격 및 진동에 약해 충격강도가 낮다.

21 단련용 알루미늄합금인 두랄루민에서 강인성을 얻기 위해 사용하는 방법은?

① 시효경화

② 자기풀림

③ 인공 내식처리

④ 양극 산화처리

해설

• 알루미늄합금은 강인성을 얻기 위해 석출경화 및 시효경화한다.

• 두랄루민 : Al+Cu+Mg+Mn의 합금으로 가벼워서 항공기나 자동차 등에 사용된다(알구마망).

22 다음 중 경금속이 아닌 것은?

① 알루미늄   ② 마그네슘

③ 베릴륨   ④ 주 석

해설

• 주석은 비중이 5.8로 중금속이다.

• 비중 4.6을 기준으로 경금속과 중금속으로 구분한다.

• 알루미늄(2.7), 마그네슘(1.74), 베릴륨(1.73)은 모두 경금속이다.

• 납(11.34), 철(7.87), 구리(8.96), 크롬(7.19), 주석(5.8)은 중금속이다.

• 마그네슘(Mg) : 비중 1.74 실용금속으로, 가장 가벼운 금속이다.

23 비강도가 우수하여 Al 다이캐스팅 제품 대체용으로 자동차 부품 등에 많이 쓰이는 합금은?

① Mg합금   ② Au합금

③ Ag합금   ④ Cr합금

해설

Mg합금은 비강도가 우수하여 Al 다이캐스팅 제품 대체용으로 자동차 부품 등에 많이 쓰이는 합금이다.

※ 비강도 : 재료의 강도를 밀도로 나눈 값이다. 비강도가 크면 가벼우면서도 튼튼한 재료로, 마그네슘(Mg)합금이 대표적이다.

24 철강조직 중에서 경도가 가장 높은 것은?

① 페라이트
② 펄라이트
③ 마텐자이트
④ 소르바이트

해설
철강조직 중에서 경도가 가장 높은 것은 마텐자이트이다.
강의 담금질 조직경도의 크기
마텐자이트 > 트루스타이트 > 소르바이트 > 펄라이트 > 오스테나
이트 > 펄라이트

25 강의 잔류응력 제거를 주목적으로, 탄소강을 적당
한 온도까지 가열한 후 그 온도를 어느 정도 유지한
다음 열처리로 내어서 서서히 냉각시켜 열처리하
는 방법은?

① 담금질   ② 풀 림
③ 뜨 임   ④ 심랭처리

해설
• 풀림 : 재료를 연하게 하거나 내부응력을 제거할 목적으로 강을
오스테나이트 조직으로 될 때까지 가열한 후 노나 재 속에서
서서히 냉각시키는 조작
• 담금질 : 재료를 단단하게 할 목적으로 강을 오스테나이트 조직
으로 될 때까지 가열한 후 물이나 기름에 급랭하는 조작
• 뜨임 : 재질에 적당한 인성을 부여하기 위해 담금질온도보다
낮은 온도에서 일정 시간을 유지한 후 냉각시키는 조작
• 불림 : 재료의 내부응력 제거 및 균일한 결정조직을 얻기 위해
높은 온도로 가열하여 균일한 오스테나이트 조직으로 한 후 공기
중에서 냉각시키는 조작
열처리 목적 및 냉각방법

열처리	목 적	냉각방법	비 고
담금질	경도와 강도 증가	급랭(유랭)	–
풀 림	결정조직의 균일화 (표준화)	노 랭	열처리로 내어서 서서히 냉각
불 림	재질의 연화	공 랭	공기 중 냉각

26 주석(Sn), 아연(Zn), 납(Pb), 안티몬(Sb)의 합금
으로, 주석계 메탈을 베빗메탈이라 하며 내연기관
을 비롯한 각종 기계의 베어링에 가장 널리 사용되
는 것은?

① 켈 밋
② 합성수지
③ 트리메탈
④ 화이트메탈

해설
베어링합금의 화이트메탈에는 Sn계와 Pb계가 있는데, Sn-Sb-Cu
계의 배빗메탈이라고도 한다. Pb계 베어링합금은 경도가 낮아서
내마멸성과 내충격성이 떨어지고, 온도가 상승하면 축에 녹아 붙
을 가능성이 있으나 값이 싸서 비교적 많이 사용된다.

27 탄소 함량 0.8%에서 페라이트와 시멘타이트의 공
석점인 탄소강의 조직은?

① 오스테나이트
② 페라이트
③ 펄라이트
④ 레데부라이트

해설
탄소 함유량이 0.8%(0.77%)인 탄소강은 100% 펄라이트 조직으로
되어 있어 인장강도가 가장 크다.
• 펄라이트 : 페라이트와 시멘타이트가 층상으로 되어 있는 조직으
로 진주조개에 나타나는 무늬처럼 보임
• 철-탄소 평형상태도에서 일어나는 조직 변화

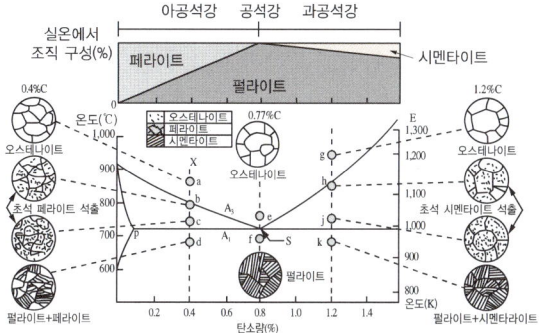

28 내열용 알루미늄합금 중에 Y합금의 성분은?

① 구리, 납, 아연, 주석

② 구리, 니켈, 망간, 주석

③ 구리, 알루미늄, 납, 아연

④ 구리, 알루미늄, 니켈, 마그네슘

해설
• Y합금 : Al+Cu+Ni+Mg의 합금으로 내열성이 좋아 내연기관 실린더에 사용한다(알구니마).
• 두랄루민 : Al+Cu+Mg+Mn의 합금으로 가벼워서 항공기나 자동차 등에 사용된다(알구마망).

29 신소재인 초전도 재료의 초전도 상태에 대한 설명으로 옳은 것은?

① 상온에서 자화시켜 강한 자기장을 얻을 수 있는 금속이다.

② 알루미나가 주가 되는 재료를 높은 온도에서 잘 견디어 낸다.

③ 비금속의 무기 재료(Classical Ceramics)를 고온에서 소결처리하여 만든 것이다.

④ 어떤 종류의 순금속이나 합금을 극저온으로 냉각하면 특정 온도에서 갑자기 전기저항이 영(0)이 된다.

해설
초전도 재료 : 금속은 전기저항이 있기 때문에 전류를 흘리면 전류가 소모된다. 보통 금속은 온도가 내려갈수록 전기저항이 감소하고, 절대온도 근방까지 냉각하여도 금속 고유의 전기저항은 남는다. 그러나 초전도 재료는 일정 온도에서 전기저항 0이 되는 현상이 나타나는 재료이다.

30 일반적인 합성수지의 공통된 성질로 가장 거리가 먼 것은?

① 가볍다.

② 착색이 자유롭다.

③ 전기절연성이 좋다.

④ 열에 강하다.

해설
합성수지
석탄, 석유, 천연가스와 같은 원료를 인공적으로 합성하여 얻은 고분자물질이다. 또한 금속에 비해 값이 싸고 가벼우며, 특정 온도에서 가소성이 있어 성형이 쉬워 생활에 널리 사용된다. 합성수지에는 열경화성 수지와 열가소성 수지가 있다.
합성수지(플라스틱)의 특징
• 열에 약하다.
• 경량, 절연성이 우수, 내식성 우수, 단열, 비자기성 등
• 열에 약하며 표면경도는 금속재료에 비해 약하다.
• 내식성이 우수하여 산, 알칼리에 강하다.

31 물체에 외력(하중)이 가해졌을 때 물체 내부의 단위면적당 작용하는 힘의 크기는?

① 변형률

② 응 력

③ 탄성계수

④ 탄성에너지

해설
• 응력 : 단위면적당 작용하는 힘
• 변형률 : 하중에 의하여 생기는 단위길이당 변형량

32 우드러프 키라고도 하며, 일반적으로 60mm 이하의 작은 축에 사용되고, 특히 테이퍼축에 편리한 키는?

① 원뿔키　　　　② 성크키

③ 반달키　　　　④ 평 키

반달키(Woodruff Key) : 반월상의 키로서, 축의 홈이 깊어 축의 강도가 약하게 되기는 하나 축과 키 홈의 가공이 쉽다. 키가 자동으로 축과 보스 사이에 자리를 잡을 수 있어 자동차, 공작기계 등의 60mm 이하의 작은 축이나 테이퍼축에 사용된다.

키(Key)의 종류

키(Key)	정 의	그 림
새들 키 (안장 키)	축에는 키 홈을 가공하지 않고 보스에만 테이퍼진 키 홈을 만들어 때려 박는다. [비고] 축의 강도 저하가 없다.	
원뿔 키	축과 보스의 사이에 2~3곳을 축 방향으로 쪼갠 원뿔을 때려 박아 고정	
반달 키	축에 반달모양의 홈을 만들어 반달 모양으로 가공된 키를 끼운다. [비고] 축 강도 약함	
스플라인	축에 여러 개의 같은 키 홈을 파서 여기에 맞는 한 짝의 보스 부분을 만들어 서로 잘 미끄러져 운동할 수 있게 한 것 [비고] 키보다 큰 토크 전달	

※ 묻힘(Sunk) 키 : 축과 보스의 양쪽에 모두 키 홈을 가공

33 선반에서 사용되는 맨드릴의 종류가 아닌 것은?

① 팽창식 맨드릴　　② 조립식 맨드릴

③ 방진구식 맨드릴　　④ 표준 맨드릴

• 맨드릴(Mandrel) : 기어, 벨트 풀리 등과 같이 구멍과 외경이 동심원이고, 직각이 필요한 경우에 구멍을 먼저 가공하고 구멍에 맨드릴을 끼워 양 센터로 지지하여 외경과 측면을 가공하여 부품을 완성하는 선반의 부속품이다.

• 선반에서 사용되는 맨드릴의 종류 : 표준 맨드릴, 갱 맨드릴, 나사 맨드릴, 테이퍼 맨드릴, 조립식 맨드릴

• 맨드릴의 종류와 사용 예

종 류	비 고	종 류	비 고
팽창식 맨드릴	맨드릴　슬리브	나사 맨드릴	가공물 고정부
테이퍼 맨드릴	테이퍼자루　가공물(너트)	너트(갱) 맨드릴	가공물　와셔
조립식 맨드릴	원추　원추 가공물(관)	맨드릴 사용의 예	면 판 돌리개　가공물 맨드릴

34 모듈이 5이고 잇수가 40, 60인 한 쌍의 표준스퍼기어 두 축의 중심거리는?

① 100mm

② 150mm

③ 200mm

④ 250mm

$$중심거리(C) = \frac{D_1 + D_2}{2} = \frac{m(Z_1 + Z_2)}{2} = \frac{5(40 + 60)}{2} = 250mm$$

여기서, Z_1 : 종동차 잇수

Z_2 : 원동차 잇수

35 길이에 비하여 지름이 아주 작은 바늘 모양의 롤러 (직경 5mm 이하)를 사용한 베어링은?

① 니들 롤러 베어링
② 미니어처 베어링
③ 테이퍼 롤러 베어링
④ 원통 롤러 베어링

해설
니들 롤러 베어링
- 지름 5mm 이하의 바늘 모양의 롤러를 사용한 것이다.
- 리테이너는 없다.
- 내외륜이 있는 것과 내륜이 없고 축에 직접 접촉하는 구조가 있다.
- 축지름에 비하여 바깥지름이 작다.
- 부하용량이 크다.
- 좁은 장소나 충격하중이 있는 곳에 사용한다.

36 베어링의 호칭번호가 6200일 때, 이 베어링의 안지름은 몇 mm인가?

① 10   ② 12
③ 15   ④ 17

해설
- 안지름번호가 00으로 안지름치수는 10mm이다.
- 6200 : 6–형식번호, 2– 치수기호, 00–안지름번호(00–10mm)

베어링 안지름번호

안지름범위(mm)	안지름치수	안지름기호	예
10mm 미만	안지름이 정수인 경우	안지름	2mm이면 2
	안지름이 정수가 아닌 경우	/안지름	2.5mm이면 /2.5
10mm 이상 20mm 미만	10mm	00	
	12mm	01	
	15mm	02	
	17mm	03	
20mm 이상 500mm 미만	5의 배수인 경우	안지름을 5로 나눈 수	40mm이면 08
	5의 배수가 아닌 경우	/안지름	28mm이면 /28
500mm 이상		/안지름	560mm이면 /560

37 평벨트의 이음방법 중 이음효율이 가장 좋은 것은?

① 이음쇠 이음   ② 가죽끈 이음
③ 철사 이음   ④ 접착제 이음

해설
평벨트 이음방법 중 이음효율이 가장 좋은 것은 접착제 이음이다.
평벨트 이음효율

이음 종류	이음 효율
접착제 이음	75~90%
철사 이음	60%
가죽끈 이음	40~50%
이음쇠 이음	40~70%

38 사용 기능에 따라 분류한 기계요소에서 직접 전동 기계요소는?

① 마찰차
② 로 프
③ 체 인
④ 벨 트

해설
- 직접 전동용 기계요소 : 기어, 마찰차 등
- 간접 전동용 기계요소 : 벨트, 로프, 체인 등

39 3줄 나사에서 피치가 2mm일 때 나사를 6회전시키면 이동하는 거리는 몇 mm인가?

① 6
② 12
③ 18
④ 36

해설
- 나사의 리드 : 나사 1회전했을 때 나사가 진행한 거리
- $L = p \times n \times 6$회전 $= 2mm \times 3 \times 6$회전 $= 36mm$
  여기서, L : 리드, p : 피치, n : 줄수

40 롤러체인에 대한 설명으로 잘못된 것은?

① 롤러 링크와 핀 링크를 서로 교대로 하여 연속적으로 연결한 것이다.

② 링크의 수가 짝수이면 간단히 결합되지만, 홀수이면 오프셋 링크를 사용하여 연결한다.

③ 조립 시에는 체인에 초기장력을 가하여 스프로킷 휠과 조립한다.

④ 체인의 링크를 잇는 핀과 핀 사이의 거리를 피치라고 한다.

해설
• 체인 전동은 초기장력이 필요하지 않으므로 이로 인한 베어링 반력이 발생하지 않는다.
• 롤러체인 : 롤러 링크와 핀 링크 사이에 롤러를 끼워 핀으로 결합한 체인이다.

41 잇줄이 축 방향과 일치하지 않는 다음 그림과 같은 기어의 명칭은?

① 웜 기어
② 스퍼 기어
③ 헬리컬 기어
④ 크라운 베벨 기어

해설
헬리컬 기어 : 잇줄이 축 방향과 일치하지 않는 기어이다. 이의 물림이 좋아져 조용한 운전을 하지만, 축 방향 하중이 발생하는 단점이 있다.

42 미끄럼 베어링의 윤활방법이 아닌 것은?

① 적하 급유법
② 패드 급유법
③ 오일링 급유법
④ 충격 급유법

43 소선의 지름 8mm, 스프링의 지름 80mm인 압축코일 스프링에서 하중이 200N 작용하였을 때 처짐이 10mm가 되었다. 이때 스프링 상수는 몇 N/mm인가?

① 5
② 10
③ 15
④ 20

해설
스프링 상수

$$k = \frac{W(하중)}{\delta(처짐량)} = \frac{200\text{N}}{10\text{mm}} = 20\text{N/mm}$$

∴ 스프링 상수 = 20N/mm

※ 이 문제에서 소선의 지름과 스프링 지름은 스프링 상수를 구하는 데 필요 없다.

44 기계의 운동에너지를 흡수하여 운동속도를 감속 또는 정지시키는 장치는?

① 기 어
② 커플링
③ 마찰차
④ 브레이크

해설
기계 부분의 운동에너지를 열에너지나 전기에너지 등으로 바꾸어 흡수함으로써 운동속도를 감소시키거나 정지시키는 장치를 제동장치라고 한다. 제동장치에서 가장 널리 사용하는 것은 마찰 브레이크이다.

45 다음 그림과 같은 입체도를 화살표 방향에서 본 투상도로 가장 옳은 것은?(단, 해당 입체는 화살표 방향으로 볼 때 좌우 대칭 구조이다)

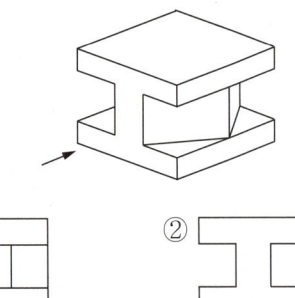

① 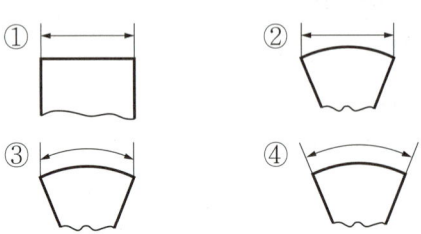 ②

③ ④

46 치수 기입방법 중 호의 길이로 옳은 것은?

① ②

③ ④

해설
① 변의 길이 치수
② 현의 길이 치수
④ 각도 치수

47 단면도의 표시방법에서 다음 그림과 같이 도시하는 단면도의 종류 명칭은?

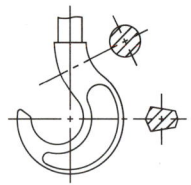

① 전단면도
② 한쪽단면도
③ 부분단면도
④ 회전도시단면도

해설
단면도의 종류

단면도	설 명	비 고
전단면도 (온단면도)	물체 전체를 둘로 절단해서 그림 전체를 단면으로 나타낸 단면도	
한쪽단면도	상하 또는 좌우 대칭인 물체 1/4을 떼어 낸 것으로 보고 기본 중심선을 경계로 1/2은 외형, 1/2은 단면으로 동시에 나타낸다. 외형도의 절반과 온단면도의 절반을 조합하여 표시한 단면도	
부분단면도	필요한 일부분만을 파단선에 의해 그 경계를 표시한 단면도	
회전도시 단면도	핸들, 벨트풀리, 기어 등과 같은 바퀴의 암, 림, 리브, 훅, 축, 구조물의 부재 등의 절단면을 회전시켜 표시한 단면도	

48 대칭도를 나타내는 기호는?

① ∅̸
② //
③ ↗↗
④ ═

① 원통도
② 평행도
③ 온 흔들림 공차
기하 공차의 종류와 기호

적용하는 형체	공차의 종류		기 호
단독 형체	모양 공차	진직도 공차	—
		평면도 공차	▱
		진원도 공차	○
		원통도 공차	∅̸
단독 형체 또는 관련 형체		선의 윤곽도 공차	⌒
		면의 윤곽도 공차	◠
관련 형체	자세 공차	평행도 공차	//
		직각도 공차	⊥
		경사도 공차	∠
	위치 공차	위치도 공차	⊕
		동축도 공차 또는 동심도 공차	◎
		대칭도	═
	흔들림 공차	원주 흔들림 공차	↗
		온흔들림 공차	↗↗

49 제도에 있어서 치수 기입요소가 아닌 것은?

① 치수선
② 치수 숫자
③ 가공기호
④ 치수보조선

치수 기입요소 : 치수선, 치수보조선, 지시선, 치수 숫자, 화살표

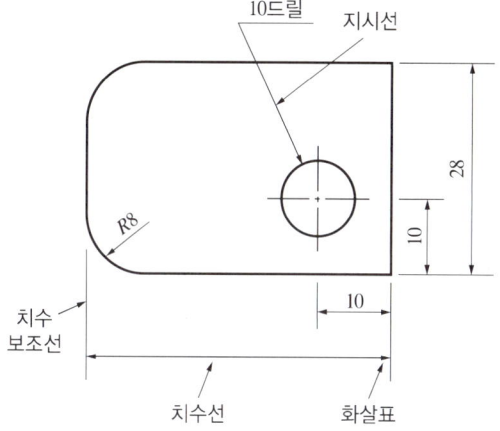

기계 가공기호

기 호	가공방법
B	보링머신가공
D	드릴가공
L	선반가공
P	플레이너(평삭)가공
M	밀링가공
SH	셰이퍼가공
G	연삭가공
FF	줄 다듬질

50 2개의 너트를 사용하여 너트가 풀리는 것을 방지하는 너트의 풀림방지법은?

① 와셔에 의한 방법

② 로크너트에 의한 방법

③ 자동 죔 너트에 의한 방법

④ 멈춤나사에 의한 방법

해설

로크너트 : 2개의 너트를 사용하여 너트의 풀림 방지

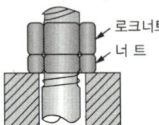

로크너트
너 트

볼트 · 너트의 풀림방지

• 로크너트에 의한 방법
• 멈춤나사에 의한 방법
• 와셔에 의한 방법
• 자동 죔너트에 의한 방법
• 분할핀에 의한 방법

51 다음 그림과 같은 치수기입법의 명칭으로 가장 적합한 것은?

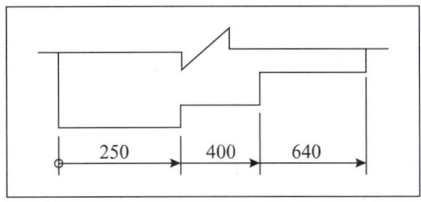

① 직렬 치수기입법 ② 누진 치수기입법

③ 좌표 치수기입법 ④ 병렬 치수기입법

해설

치수의 배치방법

• 직렬 치수 기입(a) : 직렬로 연결된 치수에 주어진 일반 공차가 차례로 누적되어도 좋은 경우에 사용(치수를 기입할 때에는 치수 공차가 누적된다)한다.

• 병렬 치수 기입(b) : 기준면을 설정하여 개개별로 기입되는 방법으로, 각 치수의 일반 공차는 다른 치수의 일반 공차에 영향을 주지 않는다.

• 누진 치수 기입(c) : 치수 공차에 관하여 병렬 치수 기입과 완전히 동등한 의미를 가지면서 하나의 연속된 치수선으로 간편하게 표시한다.

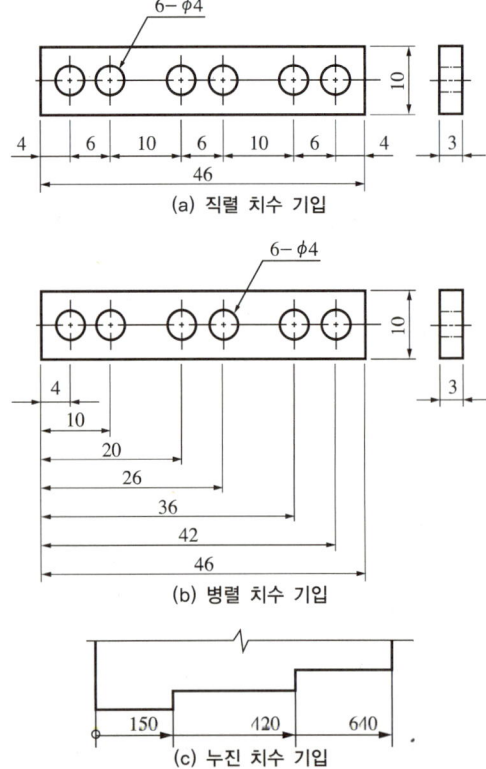

(a) 직렬 치수 기입

(b) 병렬 치수 기입

(c) 누진 치수 기입

52 기계제도에서 치수 기입 시 사용되는 기호와 그 설명으로 틀린 것은?

① C : 45° 모따기

② φ : 지름

③ SR : 구의 반지름

④ ◇ : 정사각형

해설
치수 보조기호

기 호	설 명	기 호	설 명
φ	지 름	Sφ	구의 지름
R	반지름	SR	구의 반지름
C	45° 모따기	□	정사각형
P	피 치	t	두 께

53 도면에서 기술, 기호 등을 따로 기입하기 위하여 도형으로부터 끌어내는 데 쓰이는 선은?

① 피치선

② 치수선

③ 중심선

④ 지시선

해설
용도에 따른 선의 종류

명 칭	선의 종류	선의 용도
외형선	굵은 실선	대상물이 보이는 부분의 모양을 표시하는 데 사용한다.
치수선	가는 실선	치수를 기입하기 위하여 사용한다.
치수보조선		치수를 기입하기 위하여 도형으로부터 끌어내는 데 사용한다.
지시선		기술, 기호 등을 표시하기 위하여 끌어내는 데 사용한다.
숨은선	가는 파선	대상물의 보이지 않는 부분의 모양을 표시하는 데 사용한다.
중심선	가는 1점 쇄선	도형의 중심을 표시하는 데 사용한다. 중심이 이동한 중심 궤적을 표시하는 데 사용한다.
특수지정선	굵은 1점 쇄선	특수한 가공을 하는 부분 등 특별한 요구사항을 적용할 수 있는 범위를 표시하는 데 사용한다(열처리).

54 다음 그림의 표면의 결 도시 기호에서 각 항목이 설명하는 것으로 틀린 것은?

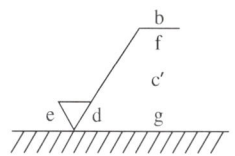

① d : 줄무늬 방향의 기호

② b : 컷 오프값

③ c′ : 기준 길이

④ g : 표면 파상도

해설

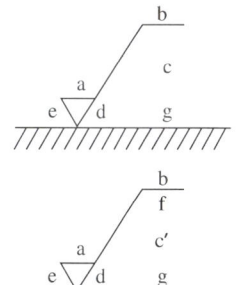

a : 산술평균거칠기의 값
b : 가공방법의 문자 또는 기호
c : 컷 오프값
c′ : 기준 길이
d : 줄무늬 방향의 기호
e : 다듬질 여유
f : 산술평균거칠기 이외의 표면거칠기값
g : 표면 파상도

55 다음 그림에서 기준 치수 ϕ50 기둥의 최대실체치수(MMS)는 얼마인가?

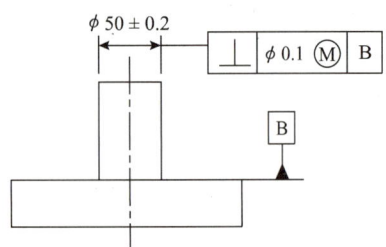

① ϕ50.2

② ϕ50.3

③ ϕ49.8

④ ϕ49.7

해설

축(외측 형체)은 최대실체치수(MMS)가 상한 치수로 ϕ50.2이다.

최대실체 공차방식

부품 형체	상한 치수	하한 치수	비 고
외측 형체	최대실체치수 (MMS)	최소실체치수 (LMS)	축, 핀
내측 형체	최소실체치수 (LMS)	최대실체치수 (MMS)	구멍, 홈

• 축은 큰 것이 MMS이고, 구멍은 작은 것이 MMS이다.

• 최대실체치수＝최대실체조건＝최대재료치수

• 최소실체치수＝최소실체조건＝최소재료치수

56 다음 도면과 같이 위치도를 규제하기 위하여 B치수에 이론적으로 정확한 치수를 기입한 것은?

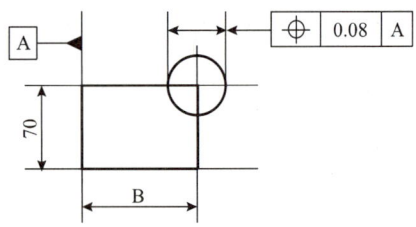

① (100)

② 100

③ 100

④ ⌈100⌉

해설

이론적으로 정확한 치수는 직사각형 안에 치수를 기입한다.

• C : 45° 모따기

• ( ) : 참고 치수

• ⌈40⌉ : 이론적으로 정확한 치수

57 기계제도에서 도형의 생략에 관한 설명 중 틀린 것은?

① 대칭도형을 생략할 경우 대칭 중심선의 한쪽 도형만 그리고, 그 대칭 중심선의 양 끝부분에 가는 선으로 동그라미(대칭기호)를 그린다.

② 대칭도형을 생략할 경우 대칭 중심선의 한쪽 도형을 대칭 중심선을 조금 넘은 부분까지 그릴 수 있다. 다만 이 경우 대칭기호를 생략할 수 있다.

③ 같은 종류, 같은 모양의 것이 다수 줄지어 있는 반복도형을 생략하는 경우 실형 대신 그림기호를 피치선과 중심선의 교점에 기입한다.

④ 중간 부분을 생략할 경우 생략된 중간 부분을 파단선으로 나타내서 생략할 수 있으며, 요점만 도시하는 경우 혼동될 염려가 없을 때는 파단선을 생략해도 된다.

해설

대칭도형의 생략 : 대칭 중심선의 한쪽 도형만 그리고, 그 대칭 중심선의 양 끝부분에 짧은 두 개의 나란한 가는 선을 그린다.

58 표면의 줄무늬 방향기호에 대한 설명으로 맞는 것은?

① X : 가공에 의한 커터의 줄무늬 방향이 투상면에 직각
② M : 가공에 의한 커터의 줄무늬 방향이 투상면에 평행
③ C : 가공에 의한 커터의 줄무늬 방향이 중심에 동심원 모양
④ R : 가공에 의한 커터의 줄무늬 방향이 투상면에 교차 또는 경사

해설

줄무늬 방향기호

기 호	기호의 뜻	설명 그림과 도면 기입 보기
=	가공에 의한 커터의 줄무늬 방향이 기호를 기입한 그림의 투상면에 평행 [보기] 셰이핑면	커터의 줄무늬 방향
⊥	가공에 의한 커터의 줄무늬 방향이 기호를 기입한 그림의 투상면에 직각 [보기] 셰이핑면(옆으로부터 보는 상태), 선삭, 원통 연삭면	커터의 줄무늬 방향
X	가공에 의한 커터의 줄무늬 방향이 기호를 기입한 그림의 투상면에 경사지고 두 방향으로 교차 [보기] 호닝 다듬질면	커터의 줄무늬 방향
M	가공에 의한 커터의 줄무늬 방향이 여러 방향으로 교차 또는 무방향 [보기] 래핑 다듬질면, 슈퍼피니싱면, 가로 이송을 한 정면 밀링 또는 엔드밀 절삭면	
C	가공에 의한 커터의 줄무늬가 기호를 기입한 면의 중심에 대하여 대략 동심원 모양 [보기] 끝면 절삭면	
R	가공에 의한 커터의 줄무늬가 기호를 기입한 면의 중심에 대하여 대략 레이디얼 모양	

59 다음 그림과 같은 도면에서 대각선으로 교차한 가는 실선 부분은 무엇을 나타내는가?

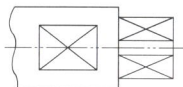

① 취급 시 주의 표시
② 다이아몬드 형상을 표시
③ 사각형 구멍 관통
④ 평면임을 표시

해설

대각선이 교차한 가는 실선은 평면임을 나타내는 표시이다.

60 재료기호가 'SF340A'로 표시되었을 때 이 재료는 무엇인가?

① 탄소강 단강품
② 고속도공구강
③ 합금공구강
④ 소결합금강

해설

SF340A : 탄소강 단강품이며, 최저 인장강도가 340N/mm^{2}이다.

01 회 주철품의 KS 재료 표시 기호로 맞는 것은?

① SC46 ② SM45C
③ BC2 ④ GC200

해설
④ GC200 : 회 주철품
① SC46 : 탄소 주강품
② SM45C : 기계구조용 탄소강재

02 기계가공 도면에서 기계가공 방법의 기호 중 줄 다듬질 가공기호는?

① FJ ② FP
③ FF ④ JF

해설
가공방법의 기호(KS B 0107)

가공방법	기 호	가공방법	기호
선반가공	L	호닝가공	GH
드릴가공	D	액체호닝가공	SPLH
보링머신가공	B	배럴연마가공	SPBR
밀링가공	M	버프 다듬질	SPBF
평삭(플레이닝)가공	P	블라스트 다듬질	SB
형삭(셰이핑)가공	SH	랩 다듬질	GL
브로칭가공	BR	줄 다듬질	FF
리머가공	DR	스크레이퍼 다듬질	FS
연삭가공	G	페이퍼 다듬질	FCA
벨트연삭가공	GBL	정밀 주조	CP

03 다음 치수 기입방법으로 옳은 것은?

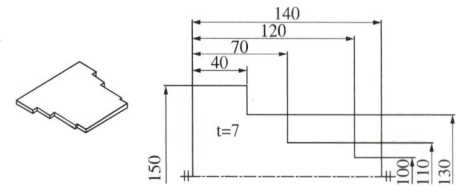

① 직렬 치수 기입 ② 병렬 치수 기입
③ 누진 치수 기입 ④ 좌표 치수 기입

해설
치수 기입법

치수 기입법	설 명
직렬 치수 기입	직렬로 나란히 연결된 각각의 치수에 주어진 일반 공차가 차례로 누적되어도 상관없는 경우에 사용한다.
병렬 치수 기입	한 곳을 중심으로 치수를 기입하는 방법으로, 각각의 치수공차는 다른 치수의 공차에 영향을 주지않는다. 기준이되는 치수보조선 위치는 기능, 가공 등의 조건을 고려하여 알맞게 선택한다.
누진 치수 기입	치수의 기준점에 기점 기호(o)를 기입하고, 한 개의 연속된 치수선에 치수를 기입하는 방법이다. 치수공차와 관련된 내용은 병렬 치수 기입법과 동일하며, 치수보조선과 만나는 곳마다 화살표를 붙인다.
좌표 치수 기입	치수를 좌표형식으로 기입하는 방법으로, 프레스 금형 설계와 사출 금형 설계에서 많이 사용하는 방법이다.

구분	x	y	φ
A	10	40	16
B	40	40	24
C	10	10	10
D	40	10	14

04 각각 다른 물체를 제3각법으로 그린 투상도 중 틀린 부분이 없는 투상도는?

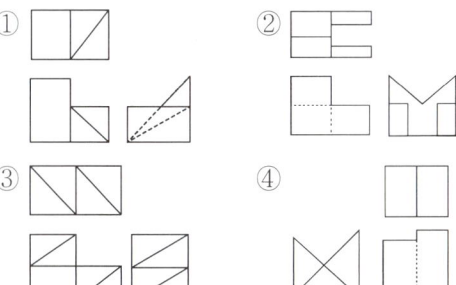

① ② ③ ④

05 실물 길이가 100mm인 형상을 1/2로 축척하여 제도한 경우, 다음 설명 중 올바른 것은?

① 도면에 그려지는 길이는 50mm이고, 치수 기입은 100mm로 기입되어 있다.

② 도면에 그려지는 길이는 100mm이고, 치수 기입은 50mm로 기입되어 있다.

③ 도면에 그려지는 길이는 50mm이고, 치수 기입은 50mm로 기입되어 있다.

④ 도면에 그려지는 길이는 100mm이고, 치수 기입은 100mm로 기입되어 있다.

해설
• 도면에 그려지는 길이는 50mm이고, 치수 기입은 100mm로 기입되어 있다.
• 도면에 기입하는 치수는 척도에 관계없이 모두 실제 치수를 기입한다(실제 길이 100mm).

06 도면에서 두 종류 이상의 선이 같은 장소에 겹치게 될 경우, 다음 중에서 순위가 가장 낮은 선은?

① 중심선　　② 숨은선
③ 치수보조선　　④ 절단선

해설
투상선의 우선순위
숫자, 문자, 기호 및 화살표 → 외형선(굵은 실선) → 숨은선(파선) → 절단선 → 중심선 → 무게중심선 → 파단선 → 치수선 또는 치수보조선 → 해칭선

🌈 선의 우선순위는 자주 출제되니 반드시 암기
🌈 암기팁 : <외·숨·절·중·무·파·치·해> 숫자, 문자, 기호는 제일 우선

07 물체에 외력(하중)이 가해졌을 때 물체 내부의 단위 면적당 작용하는 힘의 크기는?

① 변형률
② 응 력
③ 탄성계수
④ 탄성에너지

해설
• 응력 : 단위 면적당 작용하는 힘
• 변형률 : 하중에 의하여 생기는 단위 길이당 변형량

08 키의 길이가 50mm, 접선력은 6kN, 키의 전단응력이 20N/mm^{2}일 때 키의 폭은?

① 6mm　　② 9mm
③ 12mm　　④ 30mm

해설
키에 작용하는 접선력에 의하여 키에 발생하는 전단응력
$$\tau = \frac{P}{bl} \rightarrow b = \frac{P}{\tau l} = \frac{6,000\text{N}}{20\text{N/mm}^2 \times 50\text{mm}} = 6\text{mm}$$
∴ 키의 폭(b) = 6mm
여기서, τ : 키의 전단응력(N/mm^2)
　　　　P : 접선력(N)
　　　　b : 키의 폭(mm)
　　　　l : 키의 길이(mm)

09 다음 그림과 같은 도면에 지시한 기하공차의 설명으로 가장 옳은 것은?

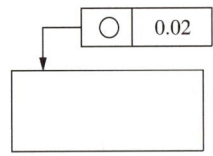

① 원통의 축선은 지름 0.02mm의 원통 내에 있어야 한다.
② 지시한 표면은 0.02mm만큼 떨어진 2개의 평면 사이에 있어야 한다.
③ 임의의 축 직각 단면에 있어서의 바깥둘레는 동일 평면 위에서 0.02mm만큼 떨어진 두 개의 동심원 사이에 있어야 한다.
④ 대상으로 하고 있는 면은 0.02mm만큼 떨어진 두 개의 직선 사이에 있어야 한다.

해설
문제 그림의 기하공차는 진원도이다.
※ 진원도 : 해당 모양에서 기하학적으로 정확한 원을 기준으로 설정하고 이 원으로부터 벗어나는 어긋남의 크기를 측정한다. 공차값은 다음 그림과 같이 공차를 주는 원형 모양(C)을 동심인 2개의 원 사이에 끼웠을 때 원 사이의 간격이 최소가 되는 경우, 그 동심원의 반지름의 차(f)로 표시한다.

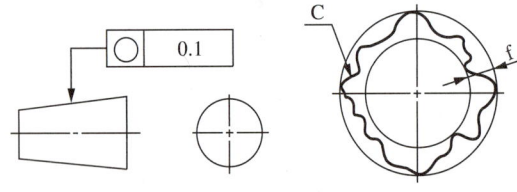

10 다음 그림과 같이 대상물의 구멍, 홈 등의 한 곳만의 모양을 도시하는 것으로 충분한 경우 그 필요 부분만을 도시하는 투상도는?

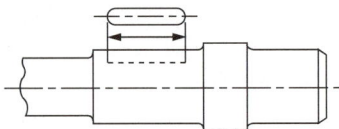

① 한쪽 투상도
② 회전 투상도
③ 국부 투상도
④ 보조 투상도

해설
국부 투상도 : 대상물의 구멍, 홈 등과 같이 한 부분의 모양을 도시하는 것으로 충분한 경우에는 그 필요한 부분만 국부 투상도로 도시한다. 또한, 투상 관계를 나타내기 위하여 원칙적으로 주 투상도에 중심선, 기준선, 치수 보조선 등으로 연결한다.
🔎 투상도 표시 방법 자주 출제(빨간키 11쪽, CHAPTER 03 핵심이론 04 참고)

11 측정오차에 대한 설명으로 틀린 것은?

① 측정기오차 : 측정기 자체의 오차
② 우연오차 : 외부적 환경요인에 따른 오차
③ 개인오차 : 측정하는 사람에 따라 발생하는 오차
④ 시차(Parallax) : 시간의 경과에 따라 발생하는 오차

해설
측정오차 종류
• 시차 : 측정자의 눈 위치에 따라 눈금의 읽음값에 오차가 생기는 경우

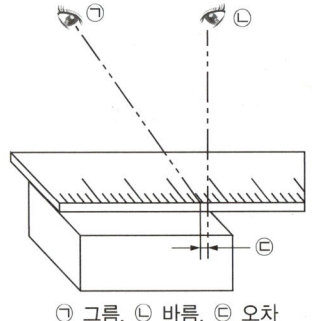

㉠ 그름, ㉡ 바름, ㉢ 오차

• 측정기오차(계기오차) : 측정기의 구조, 측정압력, 측정온도, 측정기의 마모 등에 따른 오차
• 우연오차 : 기계에서 발생하는 소음이나 진동 등과 같은 주위 환경에서 오는 오차 또는 자연현상의 급변 등으로 생기는 오차
• 개인오차 : 측정하는 사람에 따라 발생하는 오차

12 나사의 유효지름 측정방법에 해당하지 않는 것은?

① 나사 마이크로미터에 의한 유효지름 측정방법

② 삼침법에 의한 유효지름 측정방법

③ 공구 현미경에 의한 유효지름 측정방법

④ 사인바에 의한 유효지름 측정방법

해설
- 사인바(Sine Bar)는 길이를 측정하여 직각삼각형의 삼각함수를 이용한 계산에 의하여 임의각의 측정 또는 임의각을 만드는 기구이다.
- 나사의 유효지름 측정방법 : 나사 마이크로미터, 삼침법, 광학적 방법(공구 현미경 등)

13 길이 100cm의 봉이 압축력을 받고 3mm만큼 줄어들었다. 압축 변형률은?

① 0.001

② 0.003

③ 0.004

④ 0.03

해설

$$\varepsilon(\text{변형률}) = \frac{\lambda(\text{줄어든 길이})}{l(\text{처음길이})} = \frac{3\text{mm}}{100\text{cm}} = \frac{3\text{mm}}{1,000\text{mm}} = 0.003$$

∴ 압축 변형률 = 0.003

14 버니어캘리퍼스를 이용하여 측정하기 곤란한 것은?

① 원통의 외경

② 원통의 내경

③ 손잡이의 윤곽

④ 축 단의 길이

해설
- 버니어캘리퍼스 : 외경, 내경, 깊이, 축 단의 길이 측정 가능
- KS에 규정된 버니어캘리퍼스 종류 : M1형, M2형, CB형, CM형

버니어 캘리퍼스 측정 예

길이 측정	내측 측정	단차 측정	깊이 측정

15 스프링에서 하중값을 단위 길이의 변화한 값으로 나눈 값은?

① 스프링 상수

② 스프링 지름

③ 종횡비

④ 피 치

해설

$$\text{스프링 상수}(K) = \frac{W}{\delta} = \frac{\text{하 중}}{\text{늘어난 길이}}$$

16 일반적으로 정반의 크기를 표시하는 것은?

① 중 량

② 폭×두께×중량

③ 폭

④ 가로×세로×높이

해설
정반의 크기 : 가로×세로×높이

	제품번호	사이즈(mm)	무게 (kg)	평탄도 (μm)
석정반 (정밀 정반)				
일반적인 표시방법 (가로× 세로× 높이)	KP-03030-02	300×300×80	22	4
	KP-04030-02	450×300×80	32	4
	KP-05051-02	500×500×100	75	4.5
	KP-06041-02	600×450×100	80	5
	KP-06061-02	600×600×100	110	5
	KP-07051-02	750×500×130	145	5
	KP-09061-02	900×600×150	240	5.5
	KP-10071-02	1,000×750×150	340	5.5
	KP-10102-02	1,000×1,000×200	600	6
	KP-12092-02	1,200×900×200	650	7
	KP-15102-02	1,500×1,000×230	900	8
	KP-20102-02	2,000×1,000×250	1,500	9
	KP-20152-02	2,000×1,500×250	2,250	10
	KP-24122-02	2,400×1,200×250	2,160	10.5

17 다음 중 표준게이지와 피측정물의 차를 비교하여 피측정물 치수를 구하는 측정방법은?

① 직접 측정　　② 간접 측정

③ 비교 측정　　④ 절대 측정

③ 비교 측정 : 측정값과 기준 게이지값과의 차이를 비교하여 치수를 계산하는 측정방법 – 블록게이지, 다이얼 테스트 인디케이터, 한계 게이지, 측장기 등
① 직접 측정 : 측정기에 표시된 눈금에 의해 직접 측정물의 치수를 읽는 방법 – 버니어캘리퍼스, 마이크로미터 등
② 간접 측정 : 나사, 기어 등과 같이 기하학적 관계를 이용하여 측정하는 방법 – 사인바에 의한 각도 측정, 테이퍼측정, 나사의 유효지름 측정 등

18 다이얼 게이지의 특징에 관한 설명으로 틀린 것은?

① 소형, 경량으로 취급이 용이하다.

② 연속된 변위량 측정이 불가능하다.

③ 눈금과 지침에 의해서 읽기 때문에 읽음 오차가 작다.

④ 많은 개소의 측정을 동시에 할 수 있다.

다이얼 게이지의 특징
• 소형, 경량으로 취급이 용이하다.
• 측정범위가 넓다.
• 눈금과 지침에 의해서 읽기 때문에 오차가 작다.
• 연속된 변위량의 측정이 가능하다.
• 많은 개소의 측정을 동시에 할 수 있다.
• 부속품의 사용에 따라 광범위하게 측정할 수 있다.

19 견고하고 금긋기에 적당하며, 비교적 대형으로 영점 조정이 불가능한 하이트 게이지는?

① HT형　　② HB형

③ HM형　　④ HC형

③ HM형 : 견고하고 금긋기에 적당하며, 비교적 대형으로 영점 조정이 불가능하다.
① HT형 : 표준형으로 본척의 이동 영점 조정이 가능하다.
② HB형 : 경량 측정에 적당하고 금긋기용으로는 부적당하다.
하이트 게이지(Height Gauge)
• 대형 부품, 복잡한 모양의 부품 등을 정반 위에 올려 놓고 정반면을 기준으로 하여 높이를 측정하거나 스크라이버 끝으로 금긋기 작업을 하는 데 사용한다.
• 하이트 게이지의 기본 구조는 스케일과 베이스 및 서피스 게이지를 한데 묶은 구조이다.
• 하이트 게이지는 HM형, HB형, HT형의 3종류가 대표적이다.

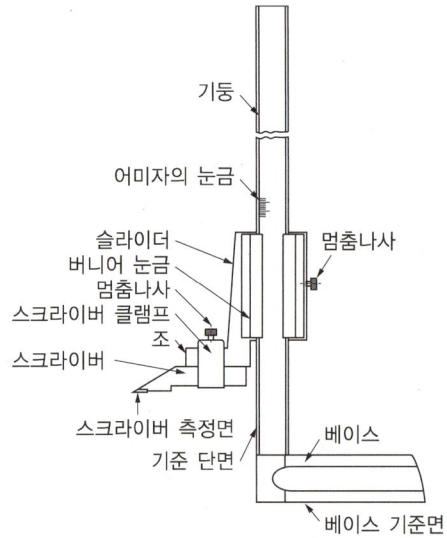

20 선반가공을 할 때 절삭유 사용이 필요하지 않은 재료는?

① 연 강　　② 경 강

③ 주 철　　④ 동합금

주철은 흑연의 윤활작용과 절삭 칩이 쉽게 파괴되어 절삭성이 매우 우수하기 때문에 절삭유가 필요 없다.

21 수기가공 시 금긋기용 공구에 해당되지 않는 것은?

① V-블록   ② 서피스게이지
③ 직각자   ④ 스크레이퍼

• 금긋기용 공구 : 금긋기용 정반, 금긋기용 바늘, 서피스 게이지, 펀치, 컴퍼스와 편퍼스, V-블록, 직각자, 평해대 등
• 스크레이퍼(Scraper) : 공작기계로 가공된 평면, 원통면을 스크레이퍼로 더욱 정밀하게 다듬질하는 가공을 스크레이핑(Scraping)이라고 한다. 공작기계의 베드, 미끄럼면, 측정용 정밀정반 등 최종적인 마무리 가공에 사용된다.

22 선반가공에서 벨트풀리나 기어 등과 같은 구멍이 뚫린 원통형 소재를 가공할 때 필요한 부속장치는?

① 센터(Center)
② 심봉(Mandrel)
③ 방진구(Work Rest)
④ 돌리개(Lathe Dog)

해설
• 맨드릴(Mandrel) : 기어, 벨트풀리 등과 같이 구멍과 외경이 동심원이고, 직각이 필요한 경우에 구멍을 먼저 가공하고 구멍에 맨드릴을 끼워 양 센터로 지지하여 외경과 측면을 가공하여 부품을 완성하는 선반의 부속품이다.
• 방진구(Work Rest) : 선반에서 가늘고 긴 가공물의 휨이나 떨림을 방지하기 위해 사용하는 부속품이다.
  – 고정식 방진구 : 선반 베드 위에 고정시킨다.
  – 이동식 방진구 : 왕복대의 새들에 고정시킨다.
• 맨드릴의 종류와 사용 예

종 류	비 고	종 류	비 고
팽창식 맨드릴	맨드릴 슬리브	나사 맨드릴	가공물 고정부
테이퍼 맨드릴	테이퍼자루 가공물(너트)	너트(갱) 맨드릴	가공물 와 셔
조립식 맨드릴	원 추 원 추 가공물(관)	맨드릴 사용의 예	면 판 돌리개 가공물 맨드릴

23 선반의 크기를 나타내는 방법으로 적당치 않은 것은?

① 베드 위의 스윙
② 왕복대 위의 스윙
③ 양 센터 사이의 최대 거리
④ 공작물을 물릴 수 있는 척의 크기

해설
공작물을 물릴 수 있는 척의 크기는 선반의 크기를 나타내는 방법으로 적당하지 않다.

보통선반의 크기를 나타내는 방법
• 베드상의 최대 스윙(Swing) : 베드 위에 공작물이 닿지 않고 가공할 수 있는 공작물의 최대 직경
• 양 센터 간에 최대 거리 : 가공할 수 있는 공작물의 최대 길이
• 왕복대 위의 스윙(Swing) : 왕복대 위에 공작물이 닿지 않고 가공할 수 있는 공작물의 최대 직경

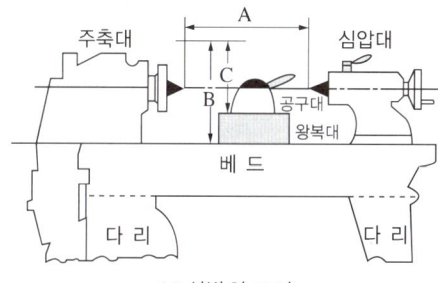

(a) 선반의 크기

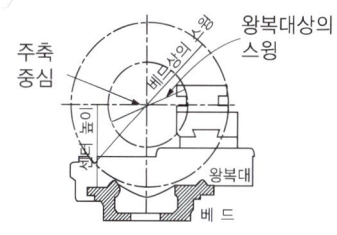

(b) 선반의 스윙

24 선반가공법의 종류로 거리가 먼 것은?

① 외경 절삭가공

② 드릴링가공

③ 총형 절삭가공

④ 더브테일가공

선반가공법과 밀링가공법의 종류

선반가공법의 종류

외경, 단면, 절단(홈), 테이퍼, 드릴링, 보링, 수(암)나사, 정면, 곡면, 총형, 널링 등

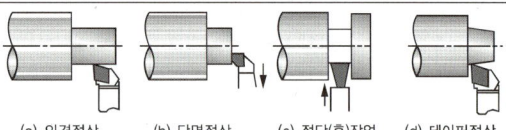

| (a) 외경절삭 | (b) 단면절삭 | (c) 절단(홈)작업 | (d) 테이퍼절삭 |

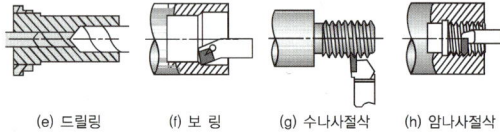

| (e) 드릴링 | (f) 보링 | (g) 수나사절삭 | (h) 암나사절삭 |

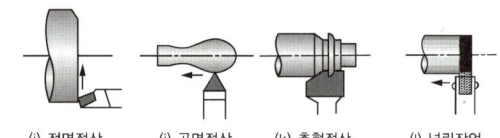

| (i) 정면절삭 | (j) 곡면절삭 | (k) 총형절삭 | (l) 널링작업 |

밀링가공법의 종류

평면, 단가공, 홈가공, 드릴, T홈, 더브테일, 곡면, 보링 등

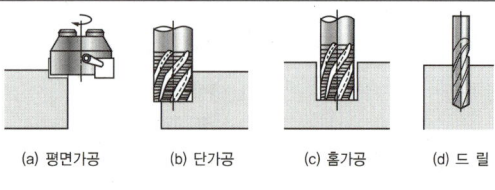

| (a) 평면가공 | (b) 단가공 | (c) 홈가공 | (d) 드릴 |

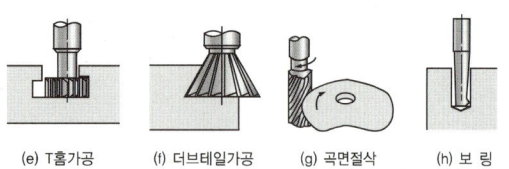

| (e) T홈가공 | (f) 더브테일가공 | (g) 곡면절삭 | (h) 보링 |

25 기차바퀴와 같이 지름이 크고, 길이가 짧은 공작물을 절삭하기 가장 적합한 공작기계는?

① 탁상선반 ② 수직선반

③ 터릿선반 ④ 정면선반

- 정면선반 : 기차바퀴처럼 지름이 크고, 길이가 짧은 가공물을 절삭하기 편리한 선반이다.
- 자동선반 : 캠(Cam)이나 유압기구 등을 이용하여 부품가공을 자동화한 대량 생산용 선반이다.
- 공구선반 : 보통선반과 같은 구조이지만 정밀한 형식으로 되어 있다.
- 터릿선반 : 보통선반 심압대 대신 터릿이라는 회전 공구대를 설치하여 여러 가지 절삭공구를 공정에 맞게 설치하여 가공하는 선반이다.
- 탁상선반 : 작업대 위에 설치해야 할 만큼의 소형 선반으로 베드의 길이 900mm 이하, 스윙 200mm 이하로서 시계 부품, 재봉틀 부품 등의 소형 부품을 주로 가공하는 선반이다.

26 제1각법으로 A를 정면도로 할 때 올바른 것은?

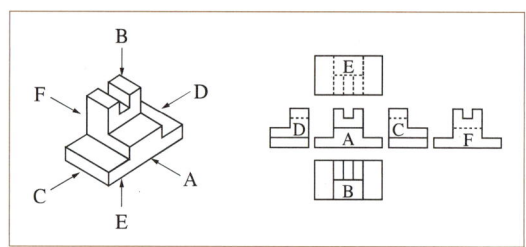

① B : 좌측면도 ② C : 우측면도

③ F : 배면도 ④ D : 저면도

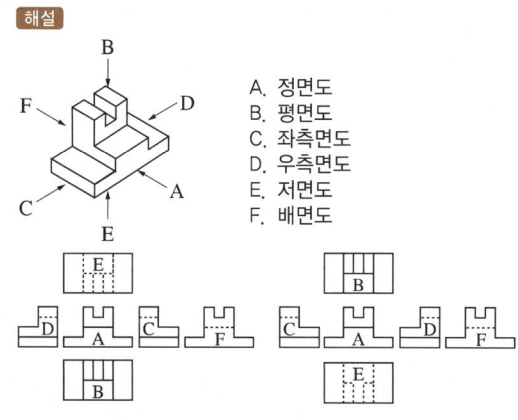

A. 정면도
B. 평면도
C. 좌측면도
D. 우측면도
E. 저면도
F. 배면도

(a) 제1각법　　　　　(b) 제3각법

27 칩(Chip)의 형태 중 유동형 칩의 발생조건으로 틀린 것은?

① 연성이 큰 재질을 절삭할 때

② 윗면 경사각을 작은 공구로 절삭할 때

③ 절삭 깊이가 작을 때

④ 절삭속도가 높고 절삭유를 사용하여 가공할 때

유동형 칩 발생조건
• 윗면 경사각이 큰 공구로 절삭할 때
• 연성재료(연강, 구리, 알루미늄 등)를 가공할 때
• 절삭 깊이가 작을 때
• 절삭속도가 빠를 때
• 경사각이 클 때
• 윤활성이 좋은 절삭유를 사용할 때

칩의 종류

칩의 종류	유동형 칩	전단형 칩	경작형 칩	균열형 칩
정 의	칩이 경사면 위를 연속적으로 원활하게 흘러 나가는 모양으로 연속형 칩	경사면 위를 원활하게 흐르지 못할 때 발생하는 칩	가공물이 경사면에 점착되어 원활하게 흘러 나가지 못하여 가공재료 일부에 터짐이 일어나는 현상 발생	균열이 발생하는 진동으로 인하여 절삭공구 인선에 치핑 발생
재 료	연성재료 (연강, 구리, 알루미늄) 가공	연성재료 (연강, 구리, 알루미늄) 가공	점성이 큰 가공물	주철과 같이 메진 재료
절삭 깊이	작을 때	클 때	클 때	–
절삭 속도	빠를 때	작을 때	–	작을 때
경사각	클 때	작을 때	작을 때	–
비 고	가장 이상적인 칩	진동 발생, 표면거칠기 나빠짐	–	순간적 공구날 끝에 균열 발생

28 재질이 연강이고, 지름 50mm, 길이 800mm인 환봉을 이송 0.4mm/rev, 절삭속도 50m/min으로 선반에서 1회 가공하는 데 소요되는 시간은?(단, 가공 길이는 환봉의 길이인 800mm로 계산한다)

① 약 1분 18초

② 약 3분 23초

③ 약 6분 17초

④ 약 9분 49초

• 회전수 $n = \dfrac{1,000v}{\pi d} = \dfrac{1,000 \times 50m/min}{\pi \times 50mm} ≒ 318rpm$

• 가공시간 $T = \dfrac{L}{ns} \times i = \dfrac{800mm}{318rpm \times 0.4mm/rev} \times 1$회

$≒ 6.28min = 6$분 17초

∴ 가공시간(T) = 6분 17초

여기서, n : 회전수

s : 이송

i : 가공 횟수

L : 공작물 길이

29 선반에서 테이퍼를 가공하는 방법이 아닌 것은?

① 테이퍼 절삭장치를 이용하는 방법

② 복식 공구대를 경사시키는 방법

③ 편심장치를 이용하는 방법

④ 심압대를 편위시키는 방법

선반에서 테이퍼 가공방법
• 복식 공구대를 경사시키는 방법
• 심압대를 편위시키는 방법
• 테이퍼 절삭장치를 이용하는 방법
• 총형 바이트를 이용하는 방법

30 지름이 작고 일정한 환봉을 고정할 때 편리하며 원판 스프링 힘에 의하여 고정되는 것으로, 터릿선반이나 자동선반에 주로 사용되는 척은?

① 단동척　　　　② 연동척
③ 콜릿척　　　　④ 마그네틱척

해설
선반에서 사용하는 척의 종류

척의 종류	내 용	그림	비 고
단동척	4개의 조가 90° 간격으로 구성 배치되어 있으며, 보통 4개의 조가 단독으로 이동하여 공작물을 고정시킨다. 공작물의 바깥지름이 불규칙하거나 중심을 편심시켜 가공할 때 편리하다.		• 불규칙한 모양 • 편심가공
연동척	3개의 조가 120° 간격으로 구성 배치되어 있다. 한 개의 조를 척 핸들로 이동시키면 다른 조들도 동시에 같은 거리를 방사상으로 움직이므로 원형, 정삼각형, 정육각형 등의 단면을 가진 공작물을 고정시키는 데 편리하다.		• 원형, 정삼각형 • 정육각형
마그네틱척	전자석을 이용하여 얇은 판, 피스톤 링과 같은 가공물을 변형시키지 않고, 고정시켜 가공할 수 있는 자성체 척이다.		• 절삭 깊이를 작게 함 • 대형 공작물에는 부적당
유압척	유압의 힘으로 조가 움직이는 척으로 별도의 유압장치가 필요하다. 유압척은 소프트 조를 사용하기 때문에 가공 정밀도를 높일 수 있으며, 주로 수치제어 선반용으로 사용한다.		• 소프트 조 사용 • 가공 정밀도가 높음 • 수치제어 선반용으로 사용
콜릿척	주축의 테이퍼 구멍에 슬리브를 꽂고 여기에 척을 끼워 사용하며, 지름이 가는 원형 봉이나 각 봉재를 빠르고 간편하게 고정시킬수 있다.		• 지름이 작은 가공물 • 각 봉재를 가공

31 밀링에 관한 설명으로 틀린 것은?

① 만능 밀링머신은 테이블을 임의 각도로 선회시킬 수 있다.
② 니(Knee)형 밀링머신은 호칭번호로 규격을 표시하며, 테이블 좌우 이송량이 100mm 증가할 때마다 호칭번호가 커진다.
③ 플레이너형 밀링머신은 플래노 밀러라고도 하며, 대형 중량물의 강력절삭에 적당하다.
④ 상향절삭이란 밀링커터의 회전 방향과 반대로 일감을 이송하는 절삭이다.

해설
밀링머신의 크기는 여러 가지가 있으나 니(Knee)형 밀링머신의 크기는 일반적으로 Y축을 기준으로 한 호칭번호로 표시한다.
밀링머신의 크기

호칭번호		0호	1호	2호	3호	4호	5호
테이블의 이송거리 (mm)	전 후	150	200	250	300	350	400
	좌 우	450	550	700	850	1,050	1,250
	상 하	300	400	450	450	450	500

32 밀링작업에 대한 안전사항으로 틀린 것은?

① 가동 전에 각종 레버, 자동이송, 급속이송장치 등을 반드시 점검한다.
② 정면커터로 절삭작업을 할 때 칩 커버를 벗겨 놓는다.
③ 주축속도를 변속시킬 때에는 반드시 주축이 정지한 후에 변화한다.
④ 밀링으로 절삭한 칩은 날카로우므로 주의하여 청소한다.

해설
정면커터로 절삭작업을 할 때 칩 커버를 벗겨 놓지 않는다.

33 밀링절삭에서 하향절삭과 비교한 상향절삭의 특징에 대한 설명으로 틀린 것은?

① 절삭력이 일감을 들어 올리는 방향으로 작용하므로 가공물의 고정이 불리하다.

② 마찰저항이 커서 절삭공구를 위로 들어 올리는 힘이 작용한다.

③ 가공면의 표면 거칠기가 상향에 의한 회전저항으로 전체적으로 하향절삭보다 나쁘다.

④ 하향절삭에 비해 공구의 수명이 길다.

해설

상향절삭 시 인선의 수명 : 절입할 때 마찰열로 마모가 빠르고 공구 수명이 짧다.

상향절삭과 하향절삭의 차이점

구 분	상향절삭	하향절삭
방 향	커터 회전 방향과 공작물 이송 방향 반대	커터 회전 방향과 공작물 이송 방향 동일
백래시	절삭에 별 지장이 없다.	백래시를 제거해야 한다.
기계의 강성	강성이 낮아도 무관하다.	가공할 때 충격이 있어 높은 강성이 필요하다.
가공물의 고정	절삭력이 상향으로 작용하여 고정이 불리하다.	절삭력이 하향으로 작용하여 가공물 고정이 유리하다.
인선의 수명	절입할 때 마찰열로 마모가 빠르고 공구수명이 짧다.	상향절삭에 비하여 공구수명이 길다.
마찰저항	마찰저항이 커서 절삭공구를 위로 들어 올리는 힘이 작용한다.	절입할 때 마찰력은 작으나 하향으로 충격력이 작용한다.
가공면의 표면 거칠기	광택은 있으나 상향에 의한 회전저항으로 전체적으로 하향절삭보다 나쁘다.	가공 표면에 광택은 작고 저속 이송에서는 회전저항이 발생하지 않아 표면거칠기가 좋다.

34 다음 그림에서 ㉠은 선반의 부속장치 중 무엇인가?

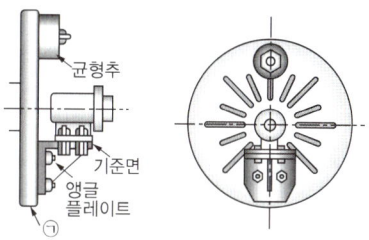

균형추

기준면

앵글
플레이트

㉠

① 면 판
② 센 터
③ 맨드릴
④ 분할대

해설

㉠은 면판으로, 척으로 고정할 수 없는 대형 공작물이나 복잡한 형상의 공작물을 T볼트나 클램프 또는 앵글 플레이트 등을 사용하여 고정시킨다. 공작물이 중심에서 무게의 균형이 맞지 않을 때에는 균형추를 설치하여 사용한다.

선반과 밀링의 부속품

선반의 부속품	밀링의 부속품
방진구, 맨드릴, 센터, 면판, 돌림판과 돌리개, 척 등	분할대, 바이스, 회전 테이블, 슬로팅 상지 등

35 수직 밀링작업 시 기본적으로 가장 많이 사용되며, 원주면과 단면에 날이 있는 형태로 지름에 비해 길이가 긴 커터는?

① 플레인커터
② 메탈소
③ 엔드밀
④ 헬리컬커터

해설

• 엔드밀(End Mill) : 원주면과 단면에 날이 있는 형태로, 가공물의 홈과 좁은 평면, 윤곽가공, 구멍가공 등에 사용한다.
• 메탈소 : 절단 및 홈가공

36 밀링작업에서 분할대를 사용하여 직접 분할할 수 없는 것은?

① 3등분   ② 4등분

③ 6등분   ④ 9등분

해설

직접 분할법은 24구멍의 직접 분할판을 이용하여 2, 3, 4, 6, 8, 12, 24등분을 할 수 있다. 9등분은 직접 분할할 수 없다.

분할가공방법

- 직접 분할법 : 분할대 주축 앞면에 있는 24구멍의 직접 분할판을 이용하여 단순분할(24의 약수, 즉 24, 12, 8, 6, 4, 3, 2등분 가능)
- 단식 분할법 : 직접 분할법으로 불가능하거나 또는 분할이 정밀해야 할 경우(2~60 사이의 모든 정수, 60~120 사이의 2와 5의 배수 등)
- 차동 분할법 : 직접, 단식 분할법으로 분할할 수 없는 분할(단식 분할법으로 분할할 수 없는 61 이상의 소수나 특수한 수의 분할을 2종 운동의 복합운동으로 분할하는 방법, 127은 차동분할법으로 분할 가능)

37 주축이 수평이며 칼럼, 니, 테이블 및 오버암 등으로 되어 있고 새들 위에 선회대가 있어 테이블을 수평면 내에서 임의의 각도로 회전할 수 있는 밀링머신은?

① 모방밀링머신

② 만능밀링머신

③ 나사밀링머신

④ 수직밀링머신

해설

② 만능밀링머신(Universal Milling Machine) : 수평밀링머신과 유사하지만, 차이점으로는 새들 위에 선회대가 있어 수평면 내에서 일정한 각도로 테이블을 회전시켜 각도를 변환시키는 것과 테이블을 상하로 경사시킬 수 있는 것이다.

① 모방밀링머신(Copy Milling Machine) : 모방장치를 이용하여 단조, 프레스, 주조형 금형 등의 복잡한 형상을 능률적으로 가공할 수 있다.

③ 나사밀링머신(Thread Milling Machine) : 나사 절삭 전용 밀링머신으로, 가공물에 회전을 주고, 일정한 비율의 이송을 주어 나사를 절삭하는 전용 밀링머신이다.

④ 수직밀링머신(Vertical Milling Machine) : 정면 밀링커터와 엔드밀을 사용하여 평면가공, 홈가공 등을 하는 작업에 가장 적합하다.

38 밀링 공작기계에서 스핀들의 회전운동을 수직 왕복운동으로 변환시켜 주는 부속장치는?

① 수직 밀링장치

② 슬로팅 장치

③ 만능 밀링장치

④ 랙 밀링장치

해설

슬로팅 장치 : 니형 밀링머신의 칼럼 앞면에 주축과 연결하여 사용하며 주축의 회전운동을 공구대 램의 직선 왕복운동으로 변환시켜 바이트로써 직선 절삭이 가능하다(키, 스플라인, 세레이션, 기어가공 등).

39 밀링커터 날수가 14개, 지름은 100mm, 1개의 날 이송량이 0.2mm이고, 회전수가 600rpm일 때 테이블 이송속도는?

① 1,480mm/min

② 1,585mm/min

③ 1,680mm/min

④ 1,785mm/min

해설

밀링머신에서 테이블 이송속도

$f = f_z \times n \times z = 0.2 \times 600 \times 14 = 1,680\text{mm/min}$

여기서, f : 테이블 이송속도

       f_z : 1날당 이송량

       n : 회전수

       z : 커터의 날수

40 특정한 제품을 대량 생산할 때 적합하지만, 사용범위가 한정되며 구조가 간단한 공작기계는?

① 범용 공작기계
② 전용 공작기계
③ 단능 공작기계
④ 만능 공작기계

해설
② 전용 공작기계 : 특정한 모양, 치수의 제품을 양산하기에 적합하도록 만든 공작기계로 사용범위는 좁고, 소량 생산에는 적합하지 않는 공작기계이다. 트랜스퍼 머신, 차륜 선반, 크랭크축 선반 등이 있다.
① 범용 공작기계 : 선반, 드릴링머신, 밀링머신, 셰이퍼, 플레이너, 슬로터, 연삭기
③ 단능 공작기계 : 공구연삭기, 센터링머신
④ 만능 공작기계 : 선반, 드릴링, 밀링머신 등의 공작기계를 하나의 기계로 조합

41 정면 밀링커터에 주로 사용하는 공구 재료로 가장 적합한 것은?

① 초경합금
② 산화알루미늄
③ 시효경화합금
④ 탄소 공구강

해설
정면 밀링커터
정면 밀링커터는 절삭능률과 가공면의 표면거칠기가 우수한 초경합금 밀링커터를 사용하며, 요즘에는 사용이 편리하고 공구관리의 간소화를 위해 주로 스로어웨이(Throw Away) 밀링커터를 사용한다.

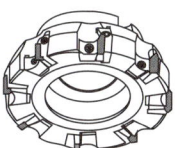

42 밀링머신에서 깎을 수 없는 기어는?

① 하이포이드기어
② 스파이럴기어
③ 베벨기어
④ 스퍼기어

해설
밀링머신으로 깎을 수 없는 기어 : 하이포이드기어
※ 기어가공은 밀링머신에서 총형커터를 이용하여 기어를 가공하는 방법으로 호빙머신이 나오기 전까지는 많이 절삭하였으나, 기어 절삭기계에 비하여 능률이 떨어지고, 정밀도가 떨어져 현재는 많이 사용하지 않는 가공방법이다.

43 동력요소의 모터 종류 중 서보모터의 특성과 용도로 옳지 않은 것은?

① 고속회전, 고출력 특성이 있다.
② 인코더를 내장하고 전용 컨트롤 드라이버로 구성되어 있다.
③ 피드백제어가 불가하다.
④ 정밀위치제어, 토크제어, 속도제어 등이 가능하다.

해설
• 서보모터는 피드백제어가 가능하다.
• 스텝모터는 기본적으로 인코더가 없어 피드백 제어가 불가하다.

44 절삭가공에서 공작물을 깎아 낼 때 매우 중요한 절삭조건의 3대 요소에 해당하지 않은 것은?

① 절삭속도　　　② 표면거칠기
③ 절삭 깊이　　　④ 이송량

> **해설**
> 절삭조건 3요소 : 절삭속도, 절삭 깊이, 이송량

45 절삭제의 사용목적과 거리가 먼 것은?

① 공구의 온도 상승 저하
② 가공물의 정밀도 저하 방지
③ 공구수명 연장
④ 절삭저항의 증가

> **해설**
> **절삭유제의 사용목적**
> • 절삭저항을 감소시킨다.
> • 구성인선의 발생을 방지한다.
> • 공구의 인선을 냉각시켜 공구의 경도 저하를 방지한다(공구수명 연장).
> • 가공물을 냉각시켜 절삭열에 의한 정밀도 저하를 방지한다.
> • 공구의 마모를 줄이고 윤활 및 세척작용으로 가공 표면을 양호하게 한다.
> • 칩을 씻어 주고 절삭부를 깨끗이 닦아 절삭작용을 쉽게 한다.

46 공구수명을 판정하는 기준에 해당하지 않는 것은?

① 가공면의 조도가 나빠질 때
② 절삭날의 마멸이 일정량에 도달했을 때
③ 칩의 색깔과 형상이 변화하거나 불꽃이 발생할 때
④ 절삭동력의 변화가 감소할 때

> **해설**
> **공구수명의 판정**
> • 절삭동력의 변화가 증가할 때
> • 가공면에 광택이 있는 색조 또는 반점이 생길 때
> • 공구인선의 마모가 일정량에 달했을 때
> • 절삭저항의 주분력에는 변화가 작아도 이송분력이나 배분력이 급격히 증가할 때
> • 완성 치수의 변화량이 일정량에 달했을 때
> • 절삭저항의 주분력이 절삭을 시작했을 때와 비교하여 일정량이 증가할 경우 절삭공구의 수명이 종료된 것으로 판정한다.

47 일반적으로 절삭온도를 측정하는 방법이 아닌 것은?

① 칩의 색깔에 의한 방법
② 열전대에 의한 방법
③ 칼로리미터에 의한 방법
④ 방사능에 의한 방법

> **해설**
> **절삭온도 측정법**
> • 칩의 색깔에 의한 방법
> • 가공물과 절삭공구를 열전대로 하는 방법
> • 삽입된 열전대에 의한 방법
> • 칼로리미터(Calorimeter)에 의한 방법
> • 복사고온계에 의한 방법
> • 시온도료를 이용하는 방법
> • PbS 셀(Cell) 광전지를 이용하는 방법

48 불수용성 절삭유로서 광물성유에 속하지 않는 것은?

① 스핀들유
② 기계유
③ 올리브유
④ 경 유

> **해설**
> • 광물성유(광유) : 경유, 머신오일(기계유), 스핀들유, 석유 및 기타의 광유 또는 혼합유로, 윤활성은 좋지만 냉각성이 좋아 주로 경절삭에 사용한다.
> • 식물성유 : 종자유, 콩기름, 올리브유, 면실유, 피마자유 등(윤활성은 좋지만 냉각성은 좋지 않다)
> **수용성 절삭유와 불수용성 절삭유**
>
> | 구 분 | 혼합 여부 | 냉각성 | 절 삭 |
> |---|---|---|---|
> | 수용성 절삭유 | 광물성유 원액과 물을 혼합하여 사용한다. | 점성이 낮고 비열이 커서 냉각효과가 크다. | 고속 절삭 및 연삭가공 |
> | 불수용성 절삭유 | 원액만 사용한다. | 냉각성이 좋다. | 경절삭 |

49 다음 바깥지름 원통 연삭작업 방식은?

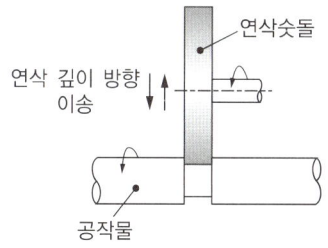

① 테이블 왕복형

② 연삭숫돌 왕복형

③ 플랜지 컷형

④ 센터리스형

해설

바깥지름 원통의 연삭방식

구 분	설 명	비 고
테이블 왕복형	숫돌바퀴를 일정한 위치에서 회전시키고 공작물을 회전시키면서 좌우로 이송시켜 연삭하는 방식	
연삭숫돌 왕복형	공작물을 일정한 위치에서 회전시키고, 회전하는 숫돌바퀴를 왕복운동시켜 연삭하는 방식	
플랜지 컷형	공작물은 그 자리에서 회전시키고, 숫돌바퀴를 공작물의 축에 직각 또는 경사 방향으로 이송하여 공작물의 바깥지름과 측면을 동시에 연삭하는 방식	

50 숫돌바퀴에서 눈메움이나 무딤이 일어나면 절삭 상태가 나빠진다. 이와 같은 숫돌입자를 제거하고 새로운 숫돌입자를 생성하는 작업은?

① 래 핑   ② 드레싱

③ 트루잉   ④ 채터링

해설

드레싱(Dressing) : 연삭숫돌은 눈메움이나 눈무딤이 발생하면 절삭성이 나빠진다. 눈메움이나 눈무딤이 발생한 숫돌입자를 제거하고, 새로운 옷을 입히는 것과 같이 예리한 절삭날을 숫돌 표면에 새롭게 생성하여 절삭성을 회복시키는 작업이 드레싱이다. 이때 사용하는 공구를 드레서라고 한다.

연삭숫돌의 수정 요인

수정 요인	설 명	그 림
눈메움 (Loading)	숫돌 표면의 기공에 칩이 용착되어 메워지는 현상이다.	
눈무딤 (Glazing)	연삭입자가 자생작용이 일어나지 않고 무뎌지는 현상으로, 연삭숫돌의 결합도가 지나치게 단단하면 입자의 날이 닳아서 절삭저항이 커져도 입자는 떨어져 나가지 않는다.	
입자 탈락 (Shedding)	연삭숫돌의 결합도가 약할 때 발생한다. 숫돌입자의 파쇄가 충분하게 일어나기 전 결합제가 파쇄되어 숫돌입자가 떨어져 나가는 현상이다.	

51 드릴링머신에서 작업할 수 없는 것은?

① 리 밍　　② 태 핑
③ 카운터 싱킹　　④ 연 삭

52 밀링작업에서 T홈 절삭을 하기 위해서 선행해야 할 작업은?

① 엔드밀 홈작업
② 더브테일 홈작업
③ 나사밀링커터 작업
④ 총형밀링커터 작업

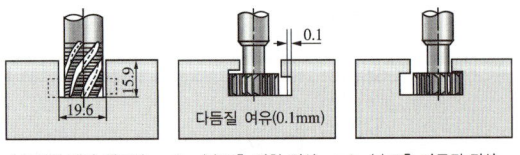
53 정밀보링머신의 특성에 대한 설명으로 맞지 않는 것은?

① 고속 회전 및 정밀한 이송기구를 갖추고 있다.
② 다이아몬드 또는 초경합금 절삭공구로 가공한다.
③ 진직도는 높지만, 진원도는 높지 않다.
④ 실린더나 베어링면 등을 가공한다.

54 브로칭머신으로 작업하기에 부적당한 것은?

① 스플라인
② 세그먼트 기어
③ 키 홈
④ 볼 스크루

55 게이지 블록, 플러그 게이지, 기관용 연료분사 펌프 등의 최종 가공에 적합한 정밀입자 가공방법으로, 특히 게이지 블록의 최종 다듬질 공정은 숙련자의 손작업에 의해 완성하기도 하는 것은?

① 래 핑　　　　② 슈퍼피니싱
③ 호 닝　　　　④ 쇼트피닝

해설
① 래핑 : 가공물과 랩(Lap) 사이에 랩제를 넣고 가공물에 압력을 가하면서 표면거칠기가 우수한 가공면을 얻는 가공방법이다. 특히 게이지블록의 최종 다듬질 공정에 이용된다.
② 슈퍼피니싱 : 연한 숫돌에 작은 압력으로 가압하면서 가공물에 이송을 주고, 동시에 숫돌에 진동을 주어 표면거칠기를 높이는 가공방법(작은 압력 + 이송 + 진동)이다.
③ 호닝머신 : 혼(Hone)을 회전 및 직선 왕복운동시켜 원통 내면의 진원도, 진직도, 표면거칠기 등을 더욱 향상시키기 위한 가공방법이다.
④ 쇼트피닝 : 표면을 타격하는 일종의 냉간가공으로 철강의 작은 볼(Shot)을 공작물 표면에 분사하여 강재의 화학 조성을 변화시키지 않고 표면을 매끈하게 하여 피로강도 및 기계적 성질을 향상시킨다.

56 드릴링머신에서 리밍작업을 할 때 가장 옳은 것은?

① 드릴작업과 같은 속도로 하는 것이 좋다.
② 드릴작업보다 저속으로 절삭하고 이송은 크게 한다.
③ 드릴작업과 같은 속도로 절삭하고 이송은 작게 한다.
④ 드릴작업보다 고속으로 절삭하고 이송을 작게 한다.

해설
• 리밍 : 구멍의 정밀도를 높이기 위해 구멍을 다듬는 작업
• 리머 작업방법 : 리머작업은 일반적으로 완성 치수보다 0.4mm 정도 작게 드릴로 뚫고 리머로 다듬는다. 공작물을 고정하는 방법과 리머작업하는 방법은 드릴링과 같으나 절삭속도는 드릴작업을 할 때보다 느리게, 이송은 2~3배 빠르게 한다.

57 절삭 공구재료의 구비조건이 아닌 것은?

① 고온에서도 경도가 감소되지 않아야 한다.
② 인성과 내마모성이 커야 한다.
③ 제작이 용이하여야 한다.
④ 마찰계수가 커야 한다.

해설
절삭 공구재료의 구비조건
• 피절삭재보다는 경도와 인성이 클 것
• 고온에서 경도가 감소되지 않을 것
• 내마멸성, 내충격성이 클 것
• 절삭저항을 받으므로 강도가 클 것
• 형상을 만들기 용이하고 가격이 저렴할 것
• 마찰계수가 작을 것

58 다음 중 청동의 합금 원소는?

① Cu+Fe　　　　② Cu+Sn
③ Cu+Zn　　　　④ Cu+Mg

해설
• 황동 : 구리+아연(Cu+Zn)
• 청동 : 구리+주석(Cu+Sn)
• 7-3황동 : Cu-70%, Zn-30%, 연신율이 가장 크다.
• 6-4황동 : Cu(60%)-Zn(40%), 아연(Zn)이 많을수록 인장강도가 증가한다. 아연(Zn) 45%일 때 인장강도가 가장 크다.

59 일반적인 합성수지의 공통된 성질로 가장 거리가 먼 것은?

① 가볍다.
② 착색이 자유롭다.
③ 전기절연성이 좋다.
④ 열에 강하다.

플라스틱(합성수지)의 특징
• 경량, 절연성이 우수, 내식성 우수, 단열, 비자기성 등
• 열에 약하며, 표면경도는 금속재료에 비해 약하다.
• 내식성이 우수하여 산, 알칼리에 강하다.

60 고온강도가 커서 내연기관의 실린더, 피스톤 등에 사용되며, 표준 성분은 구리 4%, 니켈 2%, 마그네슘 1.5%와 알루미늄 92.5%로 이루어진 합금은?

① Y합금
② 알 민
③ 알드리
④ 두랄루민

① Y합금 : Al + Cu + Ni + Mg의 합금으로 내열성이 좋아 내연기관 실린더에 사용한다.
④ 두랄루민 : Al + Cu + Mg + Mn의 합금으로 가벼워서 항공기나 자동차 등에 사용된다.

01 나사의 종류와 용도가 잘못 연결된 것은?

① 둥근나사 – 전구
② 사각나사 – 체결용
③ 삼각나사 – 일반 체결용
④ 사다리꼴나사 – 운동 전달용

해설
• 사각나사 : 축 방향의 하중을 받아 운동을 전달하는 데 적합한 나사(나사 프레스 등 사용)
• 운동용 나사 : 사각나사, 사다리꼴 나사, 톱니 나사, 볼나사, 둥근나사 등
• 둥근나사 : 먼지, 모래, 등의 이물질이 나사산을 통하여 들어갈 염려가 있을 때 사용하는 나사
• 삼각나사 : 부품의 결합 및 위치 조정 등의 일반 체결용 나사
※ 운동용 나사

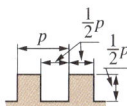 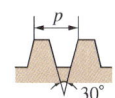 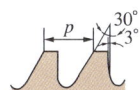 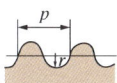

(a) 사각나사 (b) 사다리꼴나사 (c) 톱니나사 (d) 둥근나사

02 다음 도면과 같이 위치도를 규제하기 위하여 B 치수에 이론적으로 정확한 치수를 기입한 것은?

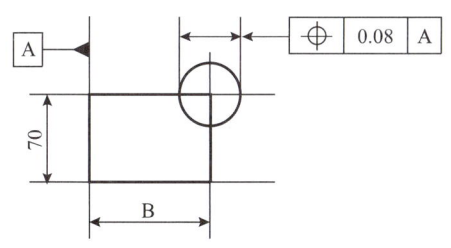

① (100)
② <u>100</u>
③ ~~100~~
④ 100

해설
• 100 : 이론적으로 정확한 치수
• (100) : 참고 치수

03 가는 1점 쇄선의 용도로 옳지 않은 것은?

① 도형의 중심을 표시하는 데 사용한다.
② 중심이 이동한 중심 궤적을 표시하는 데 사용한다.
③ 위치 결정의 근거가 된다는 것을 명시할 때 사용한다.
④ 단면의 무게중심을 연결한 선을 표시하는 데 사용한다.

해설

명 칭	선의 종류	선의 용도
외형선	굵은 실선	• 대상물이 보이는 부분의 모양을 표시하는 데 사용한다.
치수선	가는 실선	• 치수를 기입하기 위하여 사용한다.
치수 보조선		• 치수를 기입하기 위하여 도형으로부터 끌어내는 데 사용한다.
지시선		• 기술, 기호 등을 표시하기 위하여 끌어내는 데 사용한다.
숨은선	가는 파선	• 대상물의 보이지 않는 부분의 모양을 표시하는 데 사용한다.
중심선	가는 1점 쇄선	• 도형의 중심을 표시하는 데 사용한다. • 중심이 이동한 중심 궤적을 표시하는데 사용한다. • 위치 결정의 근거가 된다는 것을 명시할 때 사용한다.
특수 지정선	굵은 1점 쇄선	• 특수한 가공을 하는 부분 등 특별한 요구사항을 적용할 수 있는 범위를 표시하는 데 사용한다(열처리).

04 가공에 의한 줄무늬 방향의 기호 중 대략 동심원 모양을 나타내는 것은?

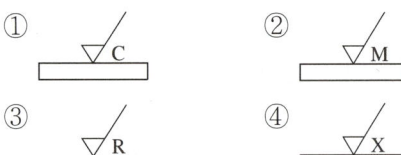

① ▽C

② ▽M

③ ▽R

④ ▽X

줄무늬 방향 기호

기 호	기호의 뜻	설명 그림과 도면 기입 보기
=	가공에 의한 커터의 줄무늬 방향이 기호를 기입한 그림의 투상면에 평행 [보기] 셰이핑면	커터의 줄무늬 방향 ▽=
⊥	가공에 의한 커터의 줄무늬 방향이 기호를 기입한 그림의 투상면에 직각 [보기] 셰이핑면(옆으로부터 보는 상태), 선삭, 원통 연삭면	커터의 줄무늬 방향 ▽⊥
X	가공에 의한 커터의 줄무늬 방향이 기호를 기입한 그림의 투상면에 경사지고 두 방향으로 교차 [보기] 호닝 다듬질면	커터의 줄무늬 방향 ▽X
M	가공에 의한 커터의 줄무늬 방향이 여러 방향으로 교차 또는 무방향 [보기] 래핑 다듬질면, 슈퍼피니싱면, 가로 이송을 한 정면 밀링 또는 엔드밀 절삭면	▽M
C	가공에 의한 커터의 줄무늬가 기호를 기입한 면의 중심에 대하여 대략 동심원 모양 [보기] 끝면 절삭면	▽C
R	가공에 의한 커터의 줄무늬가 기호를 기입한 면의 중심에 대하여 대략 레이디얼 모양	▽R

05 다음 그림과 같은 입체도의 화살표 방향이 정면도일 때 우측면도로 가장 적합한 투상도는?

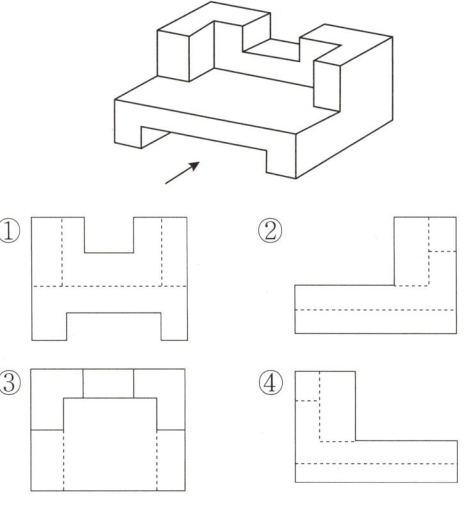

①
②
③
④

06 다음 보기와 같은 분할핀에서 호칭지름은 몇 mm 인가?

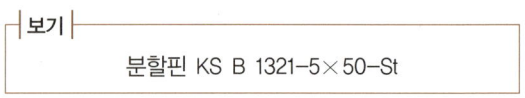

┤보기├

분할핀 KS B 1321-5×50-St

① 13mm

② 5mm

③ 10mm

④ 30mm

분할핀의 5×50에서 5는 호칭지름, 50은 분할핀 길이를 나타낸다.

07 치수보조기호 중 구(Sphere)의 지름기호는?

① R　　　　　② SR

③ ∅　　　　　④ S∅

치수보조기호

기 호	설 명	기 호	설 명
∅	지 름	S∅	구의 지름
R	반지름	SR	구의 반지름
C	45° 모따기	□	정사각형
P	피 치	t	두 께

08 다음 표면의 결 지시기호에 대한 설명으로 옳지 않은 것은?

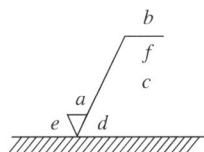

① b : 가공방법

② c : 파형의 높이

③ d : 표면의 줄무늬 방향

④ e : 샘플링 길이

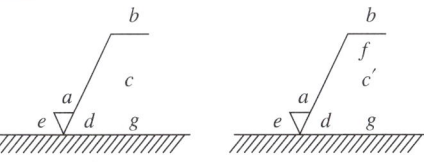

a : 산술 평균거칠기의 값
b : 가공방법의 문자 또는 기호
c : 컷오프값(파형의 높이)
c′ : 기준 길이
d : 줄무늬 방향의 기호
e : 다듬질 여유 기입
f : 산술 평균거칠기 이외의 표면거칠기값
g : 표면 파상도

09 다음 센터 구멍의 종류로 옳은 것은?

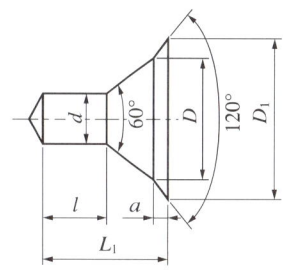

① A형　　　　　② B형

③ C형　　　　　④ D형

센터 구멍의 종류

센터 드릴의 각도는 일반적으로 60°가 가장 많이 사용되며, 대형 가공물 또는 중량물일 경우에는 75°와 90°의 센터 드릴도 사용한다.

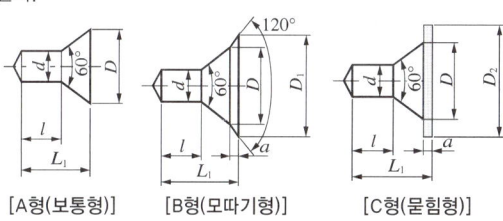

[A형(보통형)]　　　[B형(모따기형)]　　　[C형(묻힘형)]

10 원통이나 축 등의 투상도에서 대각선을 그어서 그 면이 평면임을 나타낼 때 사용하는 선은?

① 굵은 실선　　　　② 가는 파선

③ 가는 실선　　　　④ 굵은 1점쇄선

평면 표시법

도형 내의 특정한 부분이 평면인 것을 표시할 때는 다음 그림과 같이 가는 실선을 대각선으로 긋는다.

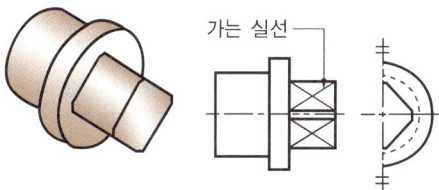

가는 실선

11 다음 중 광학적으로 길이의 미소범위를 확대하여 측정하는 것은?

① 버니어캘리퍼스
② 옵티미터
③ 마이크로 인디케이터
④ 사인바

해설

옵티미터(Optimeter) : 광학적 방법으로 측정물의 치수를 확대해서 이것과 기준게이지를 비교하여 길이를 측정하는 기구

12 직접 측정의 장점이 아닌 것은?

① 측정기의 측정범위가 다른 측정법에 비하여 넓다.
② 측정물의 실제 치수를 직접 읽을 수 있다.
③ 수량이 적고, 종류가 많은 제품 측정에 적합하다.
④ 측정자의 숙련과 경험이 필요 없다.

해설

직접 측정은 측정자의 숙련과 경험이 필요하다.
①, ②, ③은 직접 측정의 장점에 해당한다.
• 비교 측정 : 측정값과 기준게이지 값과의 차이를 비교하여 치수를 계산하는 측정방법(블록게이지, 다이얼 테스트 인디케이터, 한계 게이지, 측장기 등)
• 직접 측정 : 측정기에 표시된 눈금에 의해 측정물의 치수를 직접 읽는 방법(버니어캘리퍼스, 마이크로미터 등)
• 간접 측정 : 나사, 기어 등과 같이 기하학적 관계를 이용한 측정방법(사인바에 의한 각도 측정, 테이퍼 측정, 나사의 유효지름 측정 등)

13 다음 중 길이 측정에 사용되는 공구가 아닌 것은?

① 버니어 캘리퍼스
② 사인바
③ 마이크로미터
④ 측장기

해설

사인바(Sine Bar) : 사인바는 각도측정기로, 길이를 측정하여 직각삼각형의 삼각함수를 이용한 계산에 의하여 임의각을 측정하거나 임의각을 만드는 기구이다. 블록게이지로 양단의 높이를 조절하여 각도를 구하는 것으로 정반 위에서의 높이를 H, h라고 하면, 정반면과 사인바의 상면이 이루는 각은 다음 식으로 구한다.

$$\sin\alpha = \frac{H-h}{L}$$

※ 길이 측정 : 버니어캘리퍼스, 마이크로미터, 측장기 등

14 피측정물을 양 센터에 지지하고, 360° 회전시켜 다이얼게이지의 최댓값과 최솟값의 차이로 진원도를 측정하는 방법은?

① 직경법
② 반경법
③ 3점법
④ 센터법

해설

진원도 측정방법
• 지름법 : 다이얼게이지 스탠드에 다이얼게이지를 고정시켜 각각의 지름을 측정하여 지름의 최댓값과 최솟값의 차이로 진원도를 측정한다.
• 3점법 : V블록 위에 피측정물을 올려놓고 정점에 다이얼게이지를 접촉시켜 피측정물을 회전시켰을 때 흔들림의 최댓값과 최솟값의 차이로 표시한다.
• 반지름법(반경법) : 피측정물을 양 센터 사이에 물려 놓고 다이얼게이지를 접촉시켜 피측정물을 회전시켰을 때 흔들림의 최댓값과 최솟값의 차이로 표시한다.

15 다음 끼워맞춤에서 요철 틈새 0.1mm를 측정할 경우 가장 적당한 것은?

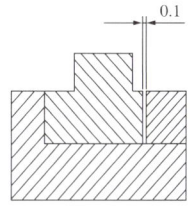

① 내경 마이크로미터
② 다이얼게이지
③ 버니어 캘리퍼스
④ 틈새게이지

틈새게이지 : 요철 틈새 측정에 사용한다.

16 현의 길이를 옳게 표시한 것은?

① 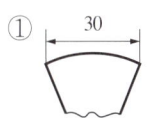 ②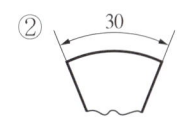

③ 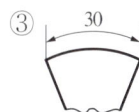 ④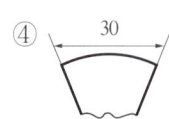

해설
길이 및 각도의 치수

변의 길이 치수	현의 길이 치수
호의 길이 치수	각도 치수

17 게이지 블록과 마이크로미터를 조합한 길이 측정용 게이지는?

① 공기 마이크로미터
② 나사 마이크로미터
③ 전기 마이크로미터
④ 하이트 마이크로미터

해설
④ 하이트 마이크로미터 : 게이지 블록과 마이크로미터를 조합한 길이측정기
① 공기 마이크로미터 : 공기의 흐름을 확대 기구로 하여 길이를 측정하는 측정기
② 나사 마이크로미터 : 나사의 유효지름을 측정하는 측정기
③ 전기 마이크로미터 : 보통 측정자의 기계적인 변위를 전기량으로 변환하여 지시계의 지침 움직임으로 나타내는 측정기

18 구멍의 치수가 $\varnothing 50^{+0.005}_{-0.004}$이고, 축의 치수가 $\varnothing 50^{+0.005}_{-0.004}$일 때, 최대틈새는?

① 0.004   ② 0.005
③ 0.009   ④ 0.008

해설
최대틈새 = 구멍의 최대허용치수 − 축의 최소허용치수
　　　　 = 50.005 − 49.996 = 0.009

끼워 맞춤 상태	구 분	구 멍	축	비 고
헐거운 끼워맞춤	최소틈새	최소허용치수	최대허용치수	틈새 만
	최대틈새	최대허용치수	최소허용치수	
억지 끼워맞춤	최소죔새	최대허용치수	최소허용치수	죔새 만
	최대죔새	최소허용치수	최대허용치수	

19 선반가공 시 원형 축 형상 도면의 편심량이 2mm일 때 다이얼게이지 눈금의 변위량은?

① 1mm
② 2mm
③ 3mm
④ 4mm

> **해설**
>
> 다이얼게이지 눈금의 변위량 = 편심량 × 2배 = 2mm × 2배 = 4mm
> **편심량 측정방법**
> • 벤치 센터에 다이얼게이지를 설치하여 측정한다.
> • 다이얼게이지의 이동량은 편심량의 2배로 한다.

20 허용한계치수의 해석에서 '통과측에는 모든 치수 또는 결정량이 동시에 검사되고, 정지측에는 각각의 치수가 개별적으로 검사되어야 한다.'는 원리는?

① 아베(Abbe)의 원리
② 테일러(Taylor)의 원리
③ 헤르츠(Hertz)의 원리
④ 훅(Hook)의 원리

> **해설**
>
> ② 테일러(Taylor)의 원리 : 통과측에는 모든 치수 또는 결정량이 동시에 검사되고, 정지측에는 각 치수가 개별적으로 검사되어야 한다. 이것은 부품과 반대형 부품이 완전히 포위하는 모든 끼워맞춤에 해당된다.
> ① 아베(Abbe)의 원리 : 측정하려는 길이를 표준자로 사용되는 눈금의 연장선상에 놓는다는 원리로, 이는 피측정물과 표준자와는 측정 방향에 있어서 동일 직선상에 배치하여야 한다.
> • 아베의 원리 만족 : 외측 마이크로미터, 측장기
> • 아베의 원리 불만족 : 버니어 캘리퍼스, 내경 마이크로미터
> ④ 훅의 법칙(Hooke's Law) : 응력이 작용하면 응력과 변형률은 비례한다. 비례한도 이내에서 응력과 변형률이 비례하는 법칙이다.

21 선반 바이트에서 절인과 경사면이 평면과 이루는 각도로 절삭력에 영향을 주는 각은?

① 경사각
② 여유각
③ 절삭각
④ 공구각

> **해설**
>
> • 경사각 : 절인과 경사면이 평면과 이루는 각도이다. 경사각이 크면 절삭성이 좋아지고, 가공된 면의 표면거칠기도 좋아지지만 날 끝이 약해져서 바이트의 수명이 단축된다.
> • 여유각 : 바이트의 옆면 및 앞면과 가공물과의 마찰을 줄이기 위한 각으로, 너무 크면 날 끝이 약해진다.
> **바이트의 각 부분 명칭과 공구각**

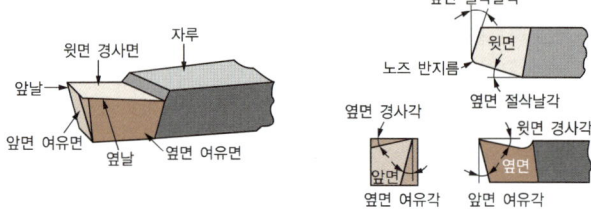

22 ∅ 50mm SM20C 재질의 가공물을 CNC 선반에서 작업할 때 절삭속도가 80m/min이라면, 적절한 스핀들의 회전수는 약 얼마인가?

① 510rpm
② 1,020rpm
③ 1,600rpm
④ 2,040rpm

> **해설**
>
> $$회전수(N) = \frac{1,000\,V}{\pi D} = \frac{1,000 \times 80\text{m/min}}{\pi \times 50\text{mm}} = 509.3$$
> ∴ 회전수(N) = 510rpm
> 여기서, D : 공작물 지름(mm), V : 절삭속도(m/min)

23 선반에 사용되는 맨드릴의 종류가 아닌 것은?

① 팽창식 맨드릴   ② 조립식 맨드릴

③ 방진구식 맨드릴   ④ 표준 맨드릴

해설

• 맨드릴(Mandrel) : 기어, 벨트 풀리 등과 같이 구멍과 외경이 동심원이고, 직각이 필요한 경우에 구멍을 먼저 가공하고 구멍에 맨드릴을 끼워 양 센터로 지지하여, 외경과 측면을 가공하여 부품을 완성하는 선반의 부속품

• 선반에 사용되는 맨드릴의 종류 : 표준 맨드릴, 너트(갱) 맨드릴, 나사 맨드릴, 테이퍼 맨드릴, 조립식 맨드릴

• 맨드릴의 종류와 사용 예

종 류	비 고	종 류	비 고
팽창식 맨드릴	맨드릴 슬리브	나사 맨드릴	가공물 고정부
테이퍼 맨드릴	테이퍼자루 가공물(너트)	너트(갱) 맨드릴	가공물 와 셔
조립식 맨드릴	원 추 원 추 가공물(관)	맨드릴 사용의 예	면 판 돌리개 가공물 맨드릴

24 보통선반에서 주축과 리드 스크루(Lead Screw)를 일정 비율 속도비로 유지하게 하고, 에이프런의 하프너트(Half Nut)를 사용하여 가공하는 작업은?

① 나사작업   ② 외경작업

③ 단면작업   ④ 내경작업

해설

보통선반에서 주축과 어미나사(Lead Screw)축을 변환기어에 연결하여 어미나사축과 주축의 회전비를 맞추면 필요한 나사의 피치로 가공할 수 있다. 즉, 어미나사가 1회전할 때, 가공물이 몇 회전을 하는가를 변환기어로서 조정하는 원리가 나사를 절삭하는 원리이다. 에이프런의 하프너트(Half Nut)를 어미나사에 물리면 왕복대 공구대에 설치된 나사 바이트가 길이 방향으로 이송하여 원하는 나사를 가공할 수 있다.

25 선반작업에서 지켜야 할 안전사항으로 옳지 않은 것은?

① 가동 전에 각종 레버, 하프너트, 자동장치를 점검한다.

② 가동 전에 주유 부분에는 반드시 주유한다.

③ 전기 배선의 절연 상태가 양호한지 점검한다.

④ 장갑과 보호안경을 반드시 끼고 작업한다.

해설

선반작업 시 장갑 등은 착용하지 않고, 보호안경은 반드시 착용한다.

26 단동척과 연동척의 두 가지 기능을 할 수 있는 척은?

① 복동척

② 마그네틱척

③ 콜릿척

④ 압축 공기척

해설

• 복동척(만능척) : 단동척과 연동척의 기능을 겸비한 척이다.

• 단동척 : 4개의 조가 90° 간격으로 구성 배치되어 있으며, 불규칙한 가공물을 고정시킨다.

• 연동척 : 3개의 조가 120° 간격으로 구성 배치되어 있으며, 규칙적인 모양을 고정시킨다.

• 콜릿척 : 지름이 작은 가공물이나 각 봉재를 가공할 때 편리하다.

• 마그네틱척 : 전자석을 이용하여 얇은 판, 피스톤 링과 같은 가공물을 변형시키지 않고, 고정시켜 가공할 수 있는 자성체 척이다.

27 칩을 적당한 길이로 잘라 주거나 칩이 흐르는 방향을 바꿔 주기 위하여 바이트에 만드는 것은?

① 윗면 경사각
② 노즈 반지름
③ 칩 브레이커
④ 앞면 여유각

해설

칩 브레이커(Chip Breaker) : 칩을 적당한 길이로 원활하게 배출시키기 위해 짧게 끊어 주는 것이다. 가장 바람직한 칩의 형태는 유동형 칩이지만 가공물에 휘말려 가공된 표면과 바이트를 상하게 하거나, 작업자의 안전을 위협하거나, 절삭유의 공급, 절삭가공을 방해한다. 즉, 칩 브레이커를 이용하여 칩을 인위적으로 짧게 끊는다.

28 선반에서 양 센터 작업으로 가공할 때 필요 없는 부속품은?

① 주축 센터
② 고정 센터
③ 돌리개
④ 리 브

29 다음 그림과 같은 테이퍼를 선반에서 깎으려고 한다. 심압대를 편위시켜 가공하려면 심압대를 몇 mm 이동시켜야 하는가?

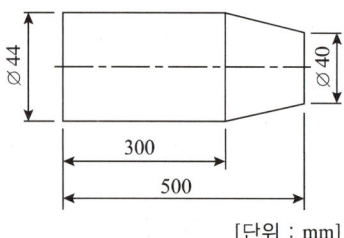

[단위 : mm]

① 5
② 6
③ 8
④ 10

해설

심압대를 편위시키는 방법(테이퍼가 작고 길이가 길 경우에 사용하는 방법)

심압대 편위량 구하는 계산식

$$e = \frac{(D-d) \times L}{2l} = \frac{(44-40) \times 500}{2 \times 200} = 5\mathrm{mm}$$

$$\therefore e = 5\mathrm{mm}$$

여기서, L : 가공물의 전체 길이
e : 심압대의 편위량
D : 테이퍼의 큰 지름
d : 테이퍼의 작은 지름
l : 테이퍼의 길이(500-300)

선반에서의 테이퍼 가공방법
• 복식 공구대를 경사시키는 방법
• 심압대를 편위시키는 방법
• 테이퍼 절삭장치를 이용하는 방법
• 총형 바이트를 이용하는 방법

30 구성인선(Built-up Edge)의 발생을 방지하는 데 효과적인 방법은?

① 인성이 큰 재료를 선택한다.
② 경사각을 크게 한다.
③ 절삭속도를 낮게 한다.
④ 절삭깊이를 크게 한다.

구성인선(Built-up Edge) : 연강이나 알루미늄 등과 같은 연한 금속의 공작물을 가공할 때 칩과 공구의 윗면 경사면 사이에 높은 압력과 마찰저항이 발생한다. 이로 인해 높은 절삭열이 발생하고, 칩의 일부가 매우 단단하게 변질된다. 이 칩이 공구 날 끝에 달라붙어 절삭날과 같은 작용을 하면서 공작물을 절삭하는 데, 이것을 구성인선(빌트 업 에지)이라고 한다.
구성인선의 방지대책
• 절삭속도를 크게 할 것
• 절삭깊이를 작게 할 것
• 경사각을 크게 할 것
• 절삭공구의 인선을 예리하게(날카롭게) 할 것
• 윤활성이 좋은 절삭유제를 사용할 것

31 일반적으로 수직 밀링머신에서 사용하기 어려운 커터는?

① 엔드밀
② 더브테일 커터
③ T홈 커터
④ 메탈 슬리팅소

수직·수평 밀링머신 절삭공구 비교

구 분	수직 밀링머신	수평 밀링머신
절삭공구	엔드밀, 정면밀링 커터, T홈 커터, 더브테일 커터 등	메탈소, 측면 커터, 양각 커터, 편각 커터, 총형 커터, 슬래브밀 등

32 대량 생산을 목적으로 보통밀링머신의 기능을 어느 정도 단순화시킨 밀링으로, 주축 헤드의 수에 따라 단두형, 쌍두형, 다두형으로 구분하는 것은?

① 만능밀링머신
② 생산형 밀링머신
③ 모방밀링머신
④ 플레이너형 밀링머신

② 생산형 밀링머신 : 대량 생산을 하기 위한 목적으로 보통밀링머신의 기능을 어느 정도 단순화시킨 밀링머신이다. 주축 헤드가 1개인 단두형, 2개인 쌍두형, 2개 이상 달려 있는 다두형으로 구분한다.
① 만능밀링머신 : 수평 밀링머신과 유사하나, 차이점은 새들 위에 선회대가 있어 수평면 내에서 일정한 각도로 테이블을 회전시켜 각도를 변환시키는 것과 테이블을 상하로 경사시킬 수 있다는 것이다.
③ 모방밀링머신 : 모방장치를 이용하여 단조, 프레스, 주조형 금형 등의 복잡한 형상을 능률적으로 가공할 수 있다.
④ 플레이너형 밀링머신 : 대형이며 중량의 가공물을 가공하기 위한 밀링머신으로, 플레이너와 구조가 비슷하다.

33 일반적으로 바이스의 크기를 나타내는 것은?

① 바이스 전체의 중량
② 물건을 물릴 수 있는 조의 폭
③ 물건을 물릴 수 있는 최대거리
④ 바이스의 최대높이

34 다음 중 밀링머신의 부속장치가 아닌 것은?

① 분할대

② 랙 절삭장치

③ 아 버

④ 에이프런

에이프런(Apron)은 선반의 부속장치로, 왕복대는 크게 새들(Saddle)과 에이프런(Apron)으로 나눈다.

선반의 부속장치	밀링의 부속장치
센터, 면판, 돌림판과 돌리개, 방진구, 맨드릴, 척 등	바이스, 분할대, 회전 테이블, 슬로팅 장치, 수직 밀링장치, 랙 절삭장치, 아버 등

35 쐐기형의 형상으로 게이지 블록처럼 조합하여 사용하는 각도게이지는?

① 요한슨식 각도게이지

② NPL식 각도게이지

③ 콤비네이션 세트

④ 베벨각도기

• NPL식 각도기 : 길이는 약 90mm, 폭은 약 15mm의 측정면을 가진 쐐기형의 열처리된 블록으로 각각 6초, 18초, 1분, 3분, 9분, 27분, 1°, 3°, 9°, 27°, 41°의 각도를 가진 12개의 게이지를 한 조로 한다.
• 콤비네이션 세트 : 각도를 측정하며, 높이 측정이나 중심을 내는 금긋기 작업에도 사용된다.
※ 각도 측정 : 각도게이지(요한슨식, NPL식), 사인바, 수준기, 콤비네이션 세트, 베벨각도기, 광학식 클리노미터, 광학식 각도기, 오토콜리메이터 등

36 밀링머신에서 절삭량 $Q[\text{cm}^3/\text{min}]$를 나타내는 식은?(단, 절삭폭 : $b[\text{mm}]$, 절삭깊이 : $t[\text{mm}]$, 이송 : $f[\text{mm/min}]$)

① $Q = b \times t \times f/10$

② $Q = b \times t \times f/100$

③ $Q = b \times t \times f/1,000$

④ $Q = b \times t \times f/10,000$

밀링머신의 절삭량
$$Q = \frac{b \times t \times f}{1,000} \text{cm}^3/\text{min}$$

37 밀링가공 시 분할대를 사용하여 분할하는 방법이 아닌 것은?

① 직접분할법

② 간접분할법

③ 차동분할법

④ 단식분할법

밀링가공 시 분할방법 : 직접분할법, 단식분할법, 차동분할법

38 전기도금의 반대 현상을 이용한 가공으로, 알루미늄 소재 등 거울과 같이 광택 있는 가공면을 비교적 쉽게 가공할 수 있는 방법은?

① 방전가공
② 전해연마
③ 액체호닝
④ 레이저가공

해설

② 전해연마 : 전기도금의 반대 현상으로 가공물을 양극(+), 전기저항이 작은 구리와 아연을 음극(-)으로 연결하고, 전해액 속에서 1A/cm² 정도의 전기를 통하면 전기에 의한 화학적인 작용으로 가공물의 표면이 용출되어 필요한 형상으로 가공하는 방법이다. 알루미늄 소재 등 거울과 같이 광택 있는 가공면을 비교적 쉽게 가공할 수 있다.

① 방전가공 : 전극과 가공물 사이에 전기를 통전시켜 방전현상의 열에너지를 이용하여, 가공물을 용융 증발시켜 가공을 진행하는 비접촉식 가공방법으로, 전극과 재료가 모두 도체이어야 한다.

③ 액체호닝(Liquid Honing) : 연마제를 가공액과 혼합하여 가공물 표면에 압축공기를 이용하여 고압·고속으로 분사시켜 가공물 표면과 충돌시켜 표면을 가공하는 방법이다.

④ 레이저가공 : 가공물에 빛을 쏘이면 순간적으로 일부분이 가열되어 용해 또는 증발되는 원리를 이용하여 대기 중에서 비접촉으로 필요한 형상으로 가공하는 방법이다.

39 밀링머신으로 할 수 없는 작업은?

① 평면 절삭
② 기어 절삭
③ 나선 홈 절삭
④ 원통 테이퍼 절삭

해설

• 선반가공의 종류 : 원통 테이퍼 가공, 외경가공, 널링가공, 나사가공 등
• 밀링가공의 종류 : 평면가공, 기어가공, 나선 홈 가공, T홈 가공, 더브테일 가공 등

40 밀링가공에서 생산성을 향상시키기 위한 절삭속도의 선정방법으로 틀린 것은?

① 커터수명 연장을 위해 추천 절삭속도보다 약간 높게 설정하는 것이 좋다.
② 가공물의 경도, 강도, 인성 등의 기계적 성질을 고려하여 설정한다.
③ 거친 절삭에는 속도를 느리게, 이송은 빠르게 하고 절삭깊이를 크게 선정한다.
④ 커터날이 빠르게 마모되면 절삭속도를 좀 더 낮추어 선정한다.

해설

커터의 수명을 연장하기 위해서는 추천 절삭속도보다 절삭속도를 약간 낮게 설정하여 절삭하는 것이 좋다.
생산성을 향상시키기 위한 절삭속도 선정방법
• 가공물의 경도, 강도, 인성 등의 기계적 성질을 고려한다.
• 커터의 날이 빠르게 마모되거나 손상되는 현상이 발생하면, 절삭속도를 좀 더 낮추어 절삭한다.

구 분	절삭속도	이 송	절삭깊이
거친 절삭	느리게	빠르게	크 게
다듬질 절삭	빠르게	느리게	작 게

41 일반적인 보링머신에서 할 수 없는 작업은?

① 널링작업
② 리밍작업
③ 태핑작업
④ 드릴링 작업

해설

• 보링머신 : 가공물을 회전시키는 데 복잡한 형상이나 대형인 가공물, 중량이 커서 편심으로 가공될 우려가 있는 제품의 가공에 적합하다.
• 보링머신 가능 작업 : 보링, 드릴링, 리밍, 태핑, 밀링가공의 일부 분까지도 가능하다.
※ 널링작업은 선반에서 한다.

42 밀링작업 시 안전 및 유의사항으로 옳지 않은 것은?

① 작업 전에 기계 상태를 점검한다.

② 가공 후 반드시 거스러미를 제거한다.

③ 공작물을 측정할 때는 반드시 주축을 정지시킨다.

④ 주축의 회전속도를 바꿀 때는 주축이 회전하는 상태에서 한다.

해설
주축의 회전속도를 바꿀 때는 주축이 완전히 정지된 후에 실시한다.

43 재해를 천재와 인재로 분류할 때 일반적으로 천재에 해당되지 않는 것은?

① 태 풍　　　　② 적 설

③ 교통사고　　　④ 이상 건조

해설
교통사고는 인재에 해당한다.

44 다음 중 드릴로 가공한 구멍을 매끄럽고, 정밀도가 높은 구멍으로 다듬는 작업으로 가장 적당한 것은?

① 정작업　　　　② 줄작업

③ 리머작업　　　④ 스크레이퍼 작업

해설
• 리머작업 : 구멍을 정밀하게 다듬는 작업
• 스크레이퍼작업 : 평면, 원통면을 정밀하게 다듬는 작업

45 다음 중 캠의 종류가 아닌 것은?

① 판 캠　　　　② 직동캠

③ 원통캠　　　　④ 구름캠

해설
캠의 종류
• 평면캠(Plane Cam) : 판캠, 직동캠, 정면캠, 역캠
• 입체캠(Solod Cam) : 원통캠, 원추캠, 구면캠, 단면캠, 경사판 캠

46 도가니로에서 도가니의 규격은?

① 1시간에 용해할 수 있는 구리의 무게

② 1회에 용해할 수 있는 구리의 무게

③ 1일간 용해할 수 있는 구리의 무게

④ 1년간 용해할 수 있는 구리의 무게

해설
도가니로 규격 : 1회에 용해할 수 있는 구리의 중량을 번호로 표시한다.

47 지름이 120mm인 구동 원통 마찰차의 회전수를 1/4로 감소시키는 데 사용할 외접 피동 마찰차의 지름은 얼마인가?(단, 미끄럼은 없는 것으로 가정한다)

① 30mm
② 440mm
③ 480mm
④ 520mm

48 광물성유를 화학적으로 처리하여 원액에 80% 정도의 물을 혼합하여 사용하며, 점성이 낮고 비열과 냉각효과가 큰 절삭유는?

① 지방질유
② 광 유
③ 유화유
④ 수용성 절삭유

49 다음 조립도에서 부품 ㉠의 기능 및 조립과 가공 시를 고려할 때, 가장 적합하게 투상된 부품도는?

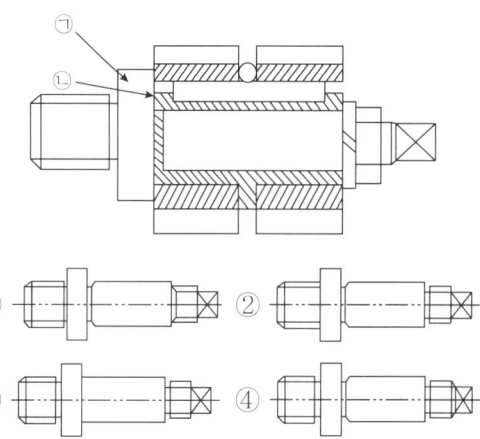

50 다음 그림에서 기준 치수 ∅50 기둥의 최대실체 치수(MMS)는 얼마인가?

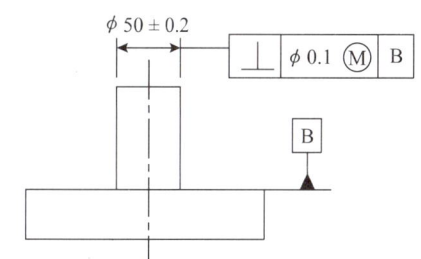

① ∅50.2
② ∅50.3
③ ∅49.8
④ ∅49.7

51 다음 중 회전 절삭운동을 하지 않는 공작기계는?

① 연삭기 ② 셰이퍼
③ 밀링머신 ④ 드릴링머신

해설
• 직선적인 왕복운동(절삭행정과 귀환운동으로 구분) : 플레이너, 셰이퍼, 슬로터
• 회전 절삭운동 : 드릴링머신, 밀링머신, 연삭기 등

52 1차로 가공된 가공물의 안지름보다 다소 큰 강철 볼을 압입하여 통과시켜서 가공물의 표면을 소성 변형시켜 가공하는 방법은?

① 버니싱 ② 쇼트피닝
③ 배럴가공 ④ 폴리싱

해설
① 버니싱 가공 : 원통형 내면에 강철 볼형의 공구를 압입해 통과시켜 매끈하고 정도가 높은 면을 얻는 가공법이다.
② 쇼트피닝 가공 : 표면을 타격하는 일종의 냉간가공으로 철강의 작은 볼(Shot)을 공작물 표면에 분사하여 강재의 화학조성을 변화시키지 않고 표면을 매끈하게 하여 피로강도 및 기계적 성질을 향상시킨다.
③ 배럴가공 : 충돌가공(주물귀, 돌기 부분, 스케일 제거), 회전하는 상자 속에 공작물과 미디어, 콤파운드(유지 + 직물), 공작액 등을 넣고 회전과 진동을 주어 표면을 다듬질(회전형, 진동형)

53 방전가공에서 전극재료가 갖추어야 할 조건 중 옳지 않은 것은?

① 방전이 안전하고 가공속도가 클 것
② 가공 정밀도가 높을 것
③ 기계가공이 쉬울 것
④ 가공 전극의 소모량이 많을 것

해설
전극재료의 조건
• 가공 전극의 소모가 적을 것
• 방전이 안전하고, 가공속도가 클 것
• 가공 정밀도가 높을 것
• 기계가공이 쉬울 것
• 구하기 쉽고, 값이 저렴할 것

54 브로칭머신에서 브로치를 인발 또는 압입하는 방법이 아닌 것은?

① 나사식 ② 기어식
③ 유압식 ④ 벨트식

해설
브로치를 인발 또는 압입하는 방법에는 나사식, 기어식, 유압식 등이 있으며 유압식을 가장 많이 사용한다.

55 윤활제의 구비조건으로 옳지 않은 것은?

① 양호한 유성을 가진 것으로 카본 생성이 적어야 한다.
② 금속의 부식이 없어야 한다.
③ 온도 변화에 따른 정도 변화가 커야 한다.
④ 열이나 산성에 강해야 한다.

해설
윤활제의 구비조건
• 온도 변화에 따른 정도 변화가 작을 것
• 사용 상태에서 충분한 점도를 유지할 것
• 한계 윤활 상태에서 견딜 수 있는 유성이 있을 것
• 산화나 열에 대하여 안정성이 높을 것
• 화학적으로 불활성이며 깨끗하고 균질할 것
※ 윤활의 목적 : 윤활작용, 냉각작용, 밀폐작용, 청정작용, 방청작용 등

56 기계적 에너지로 진동하는 공구와 공작물 사이에 연삭 입자와 가공액을 주입시켜 작은 압력으로 공구에 진동을 주어 표면을 다듬는 가공법은?

① 전자 빔 가공　　② 초음파 가공
③ 이온가공　　　　④ 방전가공

해설
② 초음파 가공 : 기계적 에너지로 진동을 하는 공구와 공작물 사이에 연삭 입자와 가공액을 주입시켜 작은 압력으로 공구에 초음파 진동을 주어 유리, 세라믹, 다이아몬드, 수정 등 소성변형되지 않고 취성이 큰 재료를 가공할 수 있는 가공방법
① 전자 빔 가공 : 고열에 의한 재료의 용해 분출, 증발현상을 이용하는 가공법
④ 방전가공 : 전극과 가공물 사이에 전기를 통전시켜 방전현상의 열에너지를 이용하여, 가공물을 용융 증발시켜 가공을 진행하는 비접촉식 가공방법으로 전극과 재료가 모두 도체이어야 한다.

57 화학적 가공에 대한 설명 중 화학절단에 대한 것은?

① 인선이 없는 메탈 소(Saw)를 가공할 부위에 마찰시키면서 가공액을 공급하여 가공한다.
② 열에너지를 이용하여 가공물의 전면(全面)을 균일하게 용해하여 두께를 얇게 가공한다.
③ 가공부분의 요철부분의 볼록부(凸部)를 가공할 때 기계적 마찰을 병행하여 보다 능률적으로 가공한다.
④ 가공물의 표면에서 가공이 필요하지 않은 부위는 내식성 피막을 하고 가공할 부분만을 가공한다.

해설
• 화학절단 : 인선이 없는 메탈 소(Metal Saw)를 절단할 부분에 마찰시키면서 가공액을 공급하면 용삭이 진행되어 절단되는 가공방법이다.
• 화학밀링 : 화학절삭이라고 한다. 가공물 표면에서 가공이 필요하지 않은 부분은 내식성 피막을 하고, 가공할 부분만 가공한다.
• 화학연삭 : 용삭과 유사한 방법으로 가공물의 표면에 요철 부분의 볼록부를 가공할 때 기계적 마찰로서 용삭보다 더욱 능률적으로 가공하는 방법이다.
• 화학연마 : 열에너지를 이용하여 가공물의 전면을 균일하게 용해하여 두께를 얇게 하거나, 가공 표면의 오목한 부분은 가공하지 않고 볼록한 부분만 신속하게 가공하여 평활한 표면으로 가공하는 방법이다.

58 연삭숫돌에서 결합제가 갖추어야 할 조건으로 옳지 않은 것은?

① 고속회전에서도 파손되지 않아야 한다.
② 입자 간에 기공이 생기지 않아야 한다.
③ 연삭열과 연삭액에 대하여 안정성이 있어야 한다.
④ 균일한 조직으로 필요한 형상과 크기로 가공할 수 있어야 한다.

해설
결합제의 구비조건
• 입자 간에 기공이 생겨야 한다.
• 균일한 조직으로 필요한 형상과 크기로 가공할 수 있어야 한다.
• 고속회전에서도 파손되지 않아야 한다.
• 연삭열과 연삭액에 대하여 안정성이 있어야 한다.
• 필요에 따라 결합능력을 조절할 수 있어야 한다.

59 연삭작업 시 안전사항으로 옳지 않은 것은?

① 연삭숫돌의 측면에 연삭하지 말 것
② 연삭숫돌은 덮개를 설치하여 사용할 것
③ 연삭가공할 때 원주의 정면에서 작업할 것
④ 연삭숫돌은 사용 전에 확인하고, 3분 이상 공회전시킬 것

해설
연삭작업 시 안전사항
• 연삭가공할 때 원주 정면에 서지 말 것
• 연삭숫돌은 정확히 고정할 것
• 받침대와 숫돌은 3mm 이내로 조정할 것

60 V벨트에서 인장강도가 가장 작은 것은?

① M형　　　　② A형
③ B형　　　　④ E형

해설
V벨트 단면의 형상은 M, A, B, C, D, E형의 6종류가 있다. M에서 E쪽으로 가면서 단면이 커지며, M형이 인장강도가 가장 작다. (인장강도 : M < A < B < C < D < E)

01 일반적으로 절삭온도를 측정하는 방법이 아닌 것은?

① 칩의 색깔에 의한 방법

② 열전대에 의한 방법

③ 칼로리미터에 의한 방법

④ 방사능에 의한 방법

해설

절삭온도 측정법

• 칩의 색깔에 의한 방법
• 가공물과 절삭공구를 열전대로 측정하는 방법
• 삽입된 열전대에 의한 방법
• 칼로리미터(Calorimeter)에 의한 방법
• 복사고온계에 의한 방법
• 시온도료를 이용하는 방법
• PbS 셀(Cell) 광전지를 이용하는 방법

02 연삭작업 시 안전사항으로 틀린 것은?

① 받침대와 숫돌은 5mm 이하로 유지해야 한다.

② 숫돌바퀴는 제조 후 사용할 원주속도의 1.5~2배 정도의 안전검사를 한다.

③ 연삭숫돌 측면에 연삭하지 않는다.

④ 연삭숫돌을 고정한 후 3분 이상 공회전시킨 후 작업한다.

해설

연삭작업 안전사항

• 받침대 숫돌은 3mm 이내로 조정한다.
• 연삭숫돌은 사용 전에 확인하고, 3분 이상 공회전시킨다.
• 연삭숫돌은 정확히 고정한다.
• 연삭숫돌은 덮개(Cover)를 설치하여 사용한다.
• 무리한 연삭을 하지 않는다.
• 연삭숫돌 측면에 연삭하지 않는다(특히 양두 그라인더로 연삭할 때).
• 연삭가공할 때 원주 정면에 서지 않는다.

03 절삭유를 사용하는 목적으로 거리가 먼 것은?

① 공구 상면과 칩(Chip) 사이의 마찰을 줄여 절삭을 원활히 한다.

② 가공물과 공구를 냉각시켜 열에 의한 정밀도 저하를 방지하고 공구의 수명을 증대시킨다.

③ 구성인선의 발생을 촉진하여 표면거칠기를 향상시킨다.

④ 칩을 씻어 주어 절삭을 원활히 한다.

해설

절삭유제의 사용목적

• 구성인선의 발생을 방지한다.
• 공구의 인선을 냉각시켜 공구의 경도 저하를 방지한다.
• 가공물을 냉각시켜 절삭열에 의한 정밀도 저하를 방지한다.
• 공구의 마모를 줄이고 윤활 및 세척작용으로 가공 표면을 양호하게 한다.
• 칩을 씻어 주고 절삭부를 깨끗이 닦아 절삭작용을 쉽게 한다.

구성인선(빌트 업 에지, Built-up Edge)

연강이나 알루미늄 등과 같은 연한 금속의 공작물을 가공할 때 칩과 공구의 윗면 경사면 사이에 높은 압력과 마찰저항이 발생한다. 이로 인해 높은 절삭열이 발생하고, 칩의 일부가 매우 단단하게 변질된다. 이 칩이 공구의 날 끝에 달라붙어 절삭날과 같은 작용을 하면서 공작물을 절삭하는데, 이것을 구성인선이라고 한다.

04 입도가 작고 연한 숫돌에 작은 압력으로 가압하면서 가공물에 이송을 주고, 동시에 숫돌에 진동을 주어 표면거칠기를 향상시키는 가공법은?

① 이온가공　　② 쇼트피닝
③ 슈퍼피니싱　④ 배럴가공

해설
- 슈퍼피니싱 : 입도가 작고, 연한 숫돌에 작은 압력으로 가압하면서 가공물에 이송을 주고, 동시에 숫돌에 진동을 주어 표면거칠기를 좋게 하는 가공방법이다. 다듬질된 면은 평활하고 방향성이 없으며, 가공에 의한 표면 변질층이 극히 미세하다. 가공시간이 짧다(작은 압력+이송+진동).
- 배럴가공 : 충돌가공(주물귀, 돌기 부분, 스케일 제거), 회전하는 상자 속에 공작물과 미디어, 콤파운드(유지+직물), 공작액 등을 넣고 회전과 진동을 주어 표면을 다듬질한다(회전형, 진동형).
- 쇼트피닝 : 표면을 타격하는 일종의 냉간가공으로 철강의 작은 볼(Shot)을 공작물 표면에 분사하여 강재의 화학조성을 변화시키지 않고 표면을 매끈하게 하여 피로강도 및 기계적 성질을 향상시킨다.

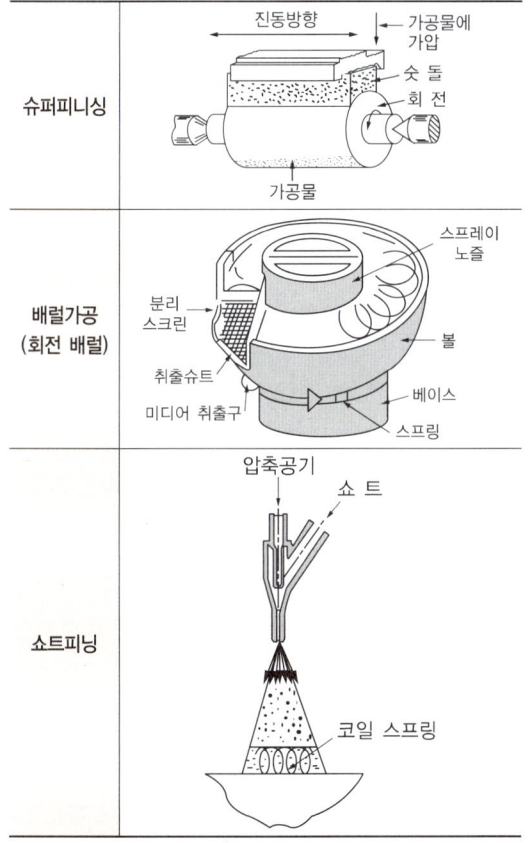

슈퍼피니싱	
배럴가공 (회전 배럴)	
쇼트피닝	

※ 슈퍼피니싱의 핵심 단어는 '작은 압력+이송+진동'이다. 핵심 단어 필히 암기 요망

05 표준 맨드릴(Manderl)의 테이퍼값으로 적합한 것은?

① $\dfrac{1}{10} \sim \dfrac{1}{20}$ 정도

② $\dfrac{1}{50} \sim \dfrac{1}{100}$ 정도

③ $\dfrac{1}{100} \sim \dfrac{1}{1,000}$ 정도

④ $\dfrac{1}{200} \sim \dfrac{1}{400}$ 정도

해설
맨드릴(Mandel) : 기어, 벨트풀리 등과 같이 구멍과 외경이 동심원이고, 직각이 필요한 경우에 구멍을 먼저 가공하고 구멍에 맨드릴을 끼워 양 센터로 지지하여, 외경과 측면을 가공하여 부품을 완성하는 선반의 부속장치이다. 표준 맨드릴(Mandrel)은 $\dfrac{1}{100} \sim$ $\dfrac{1}{1,000}$ 정도의 테이퍼로 되어 있다.
- 팽창 맨드릴 : 맨드릴의 외경을 팽창시켜서 가공물을 고정하여 사용할 수 있도록 제작된 것이다.
- 갱 맨드릴 : 두께가 얇은 가공물 여러 개를 한 번에 너트로 고정하여 가공할 때 사용된다.
- 조립 맨드릴 : 주축과 심압대에 독립된 형태의 테이퍼로 된 맨드릴을 설치하고, 가공물을 양 센터방식으로 고정하여 가공하는 형식이다.

06 일반적으로 방전가공 작업 시 사용되는 가공액이 아닌 것은?

① 변압기유　　② 경 유
③ 등 유　　　④ 휘발유

해설
방전가공 : 전극과 가공물 사이에 전기를 통전시켜 방전현상의 열에너지를 이용하여, 가공물을 용융 증발시켜 가공을 진행하는 비접촉식 가공방법으로 전극과 재료가 모두 도체이어야 한다. 방전가공에 사용되는 가공액으로 백등유, 경유, 변압기유, 물, 비눗물 등의 절연물이 있다.

07 큰 일감을 고정시키고 주축의 드릴 부분을 움직여서 드릴링의 위치를 결정하고 구멍을 뚫는 드릴머신은?

① 직접 드릴링 머신

② 탁상 드릴링 머신

③ 다축 드릴링 머신

④ 레이디얼 드릴링 머신

해설

레이디얼 드릴링 머신 : 대형 제품이나 무거운 제품에 구멍가공을 하기 위해서 가공물은 고정시키고, 드릴이 가공 위치로 이동할 수 있도록 제작된 드릴링 머신

드릴링 머신의 종류 및 용도

종 류	설 명	용 도	비 고
탁상 드릴링 머신	드릴머신을 작업대 위에 설치하여 사용하는 소형 드릴링 머신	소형 부품 가공에 적합	ϕ13mm 이하의 작은 구멍 뚫기
직립 드릴링 머신	탁상 드릴링 머신과 유사	비교적 대형 가공물 가공	주축 역회전 장치로 탭가공 가능
레이디얼 드릴링 머신	구멍가공을 하기 위해 가공물은 고정시키고, 드릴이 가공 위치로 이동할 수 있는 머신(드릴을 필요한 위치로 이동 가능)	대형 제품이나 무거운 제품에 구멍가공	암(Arm)을 회전, 주축 헤드 암을 따라 수평 이동
다축 드릴링 머신	한 대의 드릴링 머신에 다수의 스핀들을 설치하고 여러 개의 구멍을 동시에 가공	1회에 여러 개의 구멍 동시 가공	
다두 드릴링 머신	직립 드릴링 머신의 상부 기구를 한 대의 드릴머신 베드 위에 여러 개를 설치한 형태	드릴가공, 탭가공, 리머가공 등의 여러 가지 가공을 순서에 따라 연속가공	
심공 드릴링 머신	깊은 구멍가공에 적합한 드릴링 머신	총신, 긴 축, 커넥팅 로드 등과 같이 깊은 구멍 가공	

08 공작기계의 기본운동에 해당되지 않는 것은?

① 절삭운동　　　　② 치핑운동

③ 이송운동　　　　④ 위치조정운동

해설

공작기계 기본운동

• 절삭운동

• 이송운동

• 위치조정운동

09 연삭숫돌의 입도를 선택하는 조건 중 틀린 것은?

① 거칠게 연삭할 때에는 거친 입도

② 접촉면이 작을 때에는 고운 입도

③ 경도가 높은 일감에는 거친 입도

④ 연성재료에는 거친 입도

해설

연삭조건에 따른 입도의 선정방법

거친 입도의 연삭숫돌	고운 입도의 연삭숫돌
• 거친 연삭, 절삭 깊이와 이송량이 클 때 • 숫돌과 가공물의 접촉 면적이 클 때 • 연하고 연성이 있는 재료의 연삭	• 다듬질 연삭, 공구연삭 • 숫돌과 가공물의 접촉 면적이 작을 때 • 경도가 크고 메진 가공물의 연삭

10 바이트 중 날과 자루(Shank)가 같은 재질로 만든 것은?

① 스로어웨이 바이트　　② 클램프 바이트

③ 팁 바이트　　　　　　④ 단체 바이트

해설

바이트 구조에 따른 분류

• 단체 바이트 : 바이트의 인선과 자루가 같은 재질로 구성된 바이트(주로 고속도강 바이트에 사용됨)

• 팁 바이트 : 섕크에서 날(인선) 부분에만 초경합금이나 용접이 가능한 바이트용 재질을 용접하여 사용하는 바이트(용접 바이트)

• 클램프 바이트(Clamped Bite) : 팁을 용접하지 않고 기계적인 방법으로 클램핑(Clamping)하여 사용하는 바이트(용접이 불가능한 세라믹 바이트도 클램핑하여 사용)

11 주축대의 위치를 정밀하게 하기 위하여 나사식 측정장치, 다이얼게이지, 광학적 측정장치를 갖추고 있는 보링머신은?

① 수직 보링머신   ② 보통 보링머신
③ 지그 보링머신   ④ 코어 보링머신

해설
③ 지그 보링머신 : 높은 정밀도를 요구하는 가공물, 각종 지그, 정밀기계의 구멍가공 등에 사용하는 보링머신이다. 가공물의 오차가 ±2~5μm 정도이며, 온도 변화에 따른 영향을 받지 않도록 항온·항습실에 설치하여야 한다. 주축의 위치를 정밀하게 하기 위하여 나사식 측정 장치 및 표준 봉게이지, 다이얼게이지, 현미경에 의한 광학적 측정 장치를 가지고 있다.
① 수직 보링머신 : 스핀들이 수직으로 이루어진 구조의 보링머신이다.
② 보통 보링머신 : 수평 보링머신을 의미하여 일반적으로 가장 널리 사용된다(테이블형, 플레이너형, 플로우형으로 구분).
④ 코어 보링머신 : 가공할 구멍이 매우 클 때, 구멍 전체를 절삭하지 않고 내부에는 심재가 남도록 환형의 홈으로 가공하여 시간을 절약하고, 심재(코어, Core)로 남은 부분을 다른 용도의 재료로 사용할 수 있는 보링머신이다. 판재의 큰 구멍을 가공하거나 포신 등의 가공에 적합하다.

12 다듬질 면이 매끈하고 정밀도가 높은 제품을 얻을 수 있으며, 특히 게이지 블록을 최종 완성 가공할 때 사용할 수 있고, 가공액의 사용 유무에 따라 건식법과 습식법으로 나누어지는 가공법은?

① 래 핑   ② 버프가공
③ 배럴가공   ④ 방전가공

해설
① 래핑 : 가공물과 랩(Lap) 사이에 랩제를 넣고 가공물에 압력을 가하면서 표면거칠기가 우수한 가공면을 얻는 가공방법으로, 특히 게이지 블록의 최종 다듬질 공정에 이용된다. 가공액의 사용 유무에 따라 건식법과 습식법으로 구분한다.
③ 배럴가공 : 충돌가공(주물귀, 돌기 부분, 스케일 제거), 회전하는 상자 속에 공작물과 미디어, 콤파운드(유지 + 직물), 공작액 등을 넣고 회전과 진동을 주어 표면을 다듬질(회전형, 진동형) 한다.
④ 방전가공 : 전극과 가공물 사이에 전기를 통전시켜 방전현상의 열에너지를 이용하여, 가공물을 용융 증발시켜 가공을 진행하는 비접촉식 가공방법으로 전극과 재료가 모두 도체이어야 한다.

13 열에 민감한 가공물, 연질 가공물, 두께가 얇은 판 등을 변형 없이 가공하는 데 적합한 가공법은?

① 전주가공   ② 전해연삭
③ 전해연마   ④ 초음파가공

해설
• 전해연삭 : 전해연삭은 연삭숫돌에 의한 접촉방식으로 전해작용과 기계적인 연삭가공을 복합시킨 가공방법으로 열에 민감한 가공물, 연질 가공물, 두께가 얇은 판 등을 변형 없이 가공하는 데 적합하다.
• 전해연마 : 전기도금의 반대 현상으로 가공물을 양극(+), 전기저항이 작은 구리, 아연을 음극(−)으로 연결하고, 전해액 속에서 1A/cm^2 정도의 전기를 통하면 전기에 의한 화학적인 작용으로 가공물의 표면이 용출되어 필요한 형상으로 가공하는 방법이다.
• 전주가공 : 도금을 응용한 방법이다.
• 초음파가공 : 초음파를 이용한 전기적 에너지를 기계적인 에너지로 변환시켜 금속, 비금속 등의 재료에 관계없이 정밀가공하는 방법이다.

14 6각 구멍붙이 머리 볼트로, 공작물 안으로 묻히게 하기 위한 단이 있는 구멍가공법은?

① 리밍(Reaming)
② 카운터 싱킹(Counter Sinking)
③ 카운터 보링(Counter Boring)
④ 보링(Boring)

해설
• 카운터 보링(Counter Boring) : 볼트 또는 너트의 머리 부분이 가공물 안으로 묻히도록 드릴과 동심원의 2단 구멍을 절삭하는 방법
• 리밍(Reaming) : 뚫어져 있는 구멍을 정밀도가 높고, 가공 표면의 표면거칠기를 좋게 하기 위한 가공
• 카운터 싱킹(Counter Sinking) : 나사머리가 접시모양일 때 테이퍼 원통형으로 절삭하는 가공
• 보링(Boring) : 이미 뚫린 구멍을 필요한 크기로 넓히거나 정밀도를 높이기 위하여 보링 바이를 이용하여 가공하는 방법
• 탭 가공 : 드릴로 뚫은 구멍에 탭을 이용하여 암나사를 가공하는 방법
• 스폿 페이싱 : 볼트나 너트가 닿는 구멍 주위의 부분만 평탄하게 가공하여 체결이 잘되도록 하는 가공방법

15 브로칭머신에서 브로치를 인발 또는 압입하는 방법에 속하지 않는 것은?

① 나사식   ② 기어식

③ 유압식   ④ 압출식

해설
브로치를 인발 또는 압입하는 방법에는 나사식, 기어식, 유압식 등이 있으며 근래에는 유압식을 가장 많이 사용한다.

브로칭(Broaching)
• 가늘고 긴 일정한 단면 모양을 가진 공구에 많은 날을 가진 브로치(Broach)라는 절삭 공구를 사용하여 가공물의 내면이나 외경에 필요한 형상의 부품을 가공하는 절삭방법
• 키홈, 스플라인홈, 원형이나 다각형의 구멍 등을 가공한다.
• 브로칭 가공물의 재질과 치수가 같을 경우에만 사용 가능하고, 제품의 형상과 모양, 크기, 재질에 따라 각각의 브로치가 필요하므로 브로치의 설계나 제작에 시간이 많이 걸리고 비용이 많아 일정 수량 이상의 대량 생산에만 적용할 수 있다.

16 연삭숫돌에 눈메움이나 무딤 현상이 발생되었을 때 이를 해결하는 방법으로 옳은 것은?

① 몰 딩   ② 버 핑

③ 황 삭   ④ 드레싱

해설
드레싱(Dressing) : 연삭숫돌은 눈메움이나 눈무딤이 발생하면 절삭성이 나빠진 연삭숫돌 표면에 드레서를 사용하여 예리한 절삭날을 숫돌 표면에 생성하여 절삭성을 회복시키는 작업이다. 이때 사용하는 공구를 드레서라고 한다.

연삭숫돌의 수정요인

수정 요인	설 명	비 고
눈메움 (Loading)	숫돌 표면의 기공에 칩이 용착되어 메워지는 현상	눈메움 가공면
눈무딤 (Glazing)	연삭 입자가 자생 작용이 일어나지 않고 무뎌지는 현상이다. 연삭숫돌의 결합도가 지나치게 단단하면 입자의 날이 닳아서 절삭저항이 커져도 입자가 떨어져 나가지 않는다.	눈무딤 가공면
입자 탈락 (Shedding)	연삭숫돌의 결합도가 약할 때 발생한다. 숫돌 입자의 파쇄가 충분하게 일어나기 전 결합제가 파쇄되어 숫돌입자가 떨어져 나가는 현상이다.	기 공 입 자 결합제 입자 탈락 가공면

17 다음 바깥지름 원통의 연삭작업 방식은?

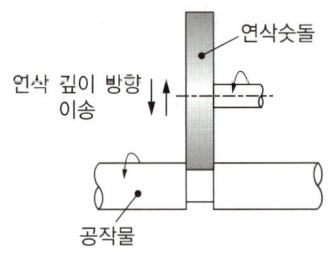

① 테이블 왕복형

② 연삭숫돌 왕복형

③ 플랜지 컷형

④ 센터리스형

해설
바깥지름 원통의 연삭방식

구 분	설 명	비 고
테이블 왕복형	숫돌바퀴를 일정한 위치에서 회전시키고 공작물을 회전시키면서 좌우로 이송시켜 연삭하는 방식	
연삭숫돌 왕복형	공작물을 일정한 위치에서 회전시키고, 회전하는 숫돌바퀴를 왕복운동시켜 연삭하는 방식	
플랜지 컷형	공작물은 그 자리에서 회전시키고, 숫돌바퀴를 공작물의 축에 직각 또는 경사 방향으로 이송하여 공작물의 바깥지름과 측면을 동시에 연삭하는 방식	

18 공구수명의 판정기준에서 수명이 종료된 상태에 해당하지 않는 것은?

① 가공면에 광택이 있는 색조 또는 반점이 생길 때

② 공구인선의 마모가 전혀 없을 때

③ 완성 치수의 변화량이 일정량에 달했을 때

④ 절삭저항의 주분력에는 변화가 적어도 이송분력이나 배분력이 급격하게 증가할 때

해설
공구수명의 판정기준
• 가공면에 광택이 있는 색조 또는 반점이 생길 때
• 공구인선의 마모가 일정량에 달했을 때
• 절삭저항의 주분력에는 변화가 적어도 이송분력이나 배분력이 급격히 증가할 때
• 완성 치수의 변화량이 일정량에 달했을 때
• 절삭저항의 주분력이 절삭을 시작했을 때와 비교하여 일정량이 증가할 경우 절삭공구의 수명이 종료된 것으로 판정

19 강을 절삭할 때 쇳밥(Chip)을 잘게 하고 피삭성을 좋게 하기 위해 황, 납 등의 특수 원소를 첨가하는 강은?

① 레일강   ② 쾌삭강

③ 다이스강   ④ 스테인리스강

해설
쾌삭강 : 가공재료의 피삭성을 높이고, 절삭공구의 수명을 길게 하기 위하여 요구되는 성질을 개선한 구조용 강
• 칩(Chip)처리 능률을 높인다.
• 가공면 정밀도, 표면거칠기가 향상된다.
• 강에 황(S), 납(Pb)을 첨가한다(황쾌삭강, 납쾌삭강).

20 다음 중 분할 핀에 관한 설명으로 틀린 것은?

① 핀 전체가 두 갈래로 되어 있다.

② 너트의 풀림 방지에 사용된다.

③ 핀이 빠져 나오지 않게 하는 데 사용된다.

④ 테이퍼 핀의 일종이다.

해설
• 분할 핀 : 한쪽 끝이 두 가닥으로 갈라진 핀으로, 나사 및 너트의 이완을 방지하거나 축에 끼워진 부품이 빠지는 것을 막고, 핀을 때려 넣은 뒤 끝을 굽혀서 늦춰지는 것을 방지한다.
• 분할 핀 호칭지름은 분할 핀 구멍의 지름이다.
• 분할 핀을 사용한 너트의 풀림 방지

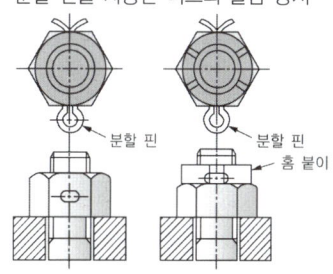

• 핀의 호칭방법

명 칭	호칭방법	보 기
평행 핀	규격번호 또는 명칭, 종류, 형식, 호칭지름, 공차 × 호칭길이, 재료	KS B ISO 2338 6m6×30−St
스플릿 테이퍼 핀	규격번호 또는 규격 명칭, 호칭지름 × 호칭길이, 재료, 지정사항	스플릿 테이퍼 핀 6×70−St
분할 핀	규격번호 또는 규격 명칭, 호칭지름 × 길이, 재료	분할 핀 5×50−St

• 핀의 종류(d : 호칭지름)

평행 핀

스플릿 테이퍼 핀

분할 핀

21 다음 마이크로미터 구조의 명칭으로 옳은 것은?

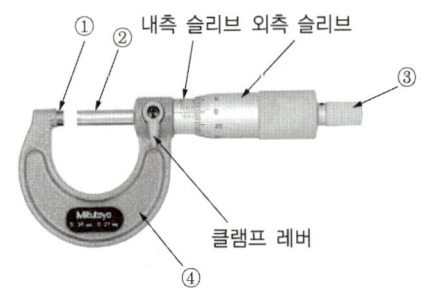

① 앤 빌   ② 래칫스톱
③ 프레임   ④ 스핀들

해설
마이크로미터의 구조

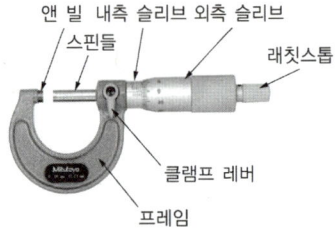

22 다음 중 버니어캘리퍼스의 종류가 아닌 것은?

① M1형   ② M2형
③ HT형   ④ CM형

해설
KS에 규정된 버니어캘리퍼스 종류 : M1형, M2형, CB형, CM형

23 마이크로미터의 원리에 대한 설명으로 옳은 것은?

① 어떤 길이의 변화를 나사의 회전각과 지름에 의해 확대시켜 만든 것이다.
② 어떤 길이의 변화를 롤러 및 게이지 블록을 이용하여 만든 것이다.
③ 어떤 길이의 변화를 기포관 내의 기포 위치를 확대시켜 만든 것이다.
④ 어떤 길이의 변화를 광 파장에 의해 확대시켜 만든 것이다.

해설
마이크로미터는 길이 변화를 나사의 회전각과 지름에 의해 확대시켜 만든 것으로 나사의 피치가 0.5mm, 심블의 원주 눈금이 50등분되어 있으므로 스핀들 이동량(M)은
$M = 0.5 \times \dfrac{1}{50} = 0.01$mm로 최소 측정값은 0.01mm이다.

24 각도를 측정하는 측정기기가 아닌 것은?

① 오토콜리메이터
② 플러그게이지
③ 사인바
④ 수준기

해설
• 한계게이지 : 구멍용(플러그게이지), 축용(스냅게이지)
• 각도 측정 : 사인바, 오토콜리메이터, 콤비네이션 세트, 수준기 등
• 옵티컬 플랫 : 측정면의 평면도 측정

25 다음 중 선반으로 가공하기 어려운 것은?

① 외경 절삭가공　　② 드릴링가공

③ 총형 절삭가공　　④ 더브테일가공

선반 · 밀링가공의 종류

선반가공 종류	밀링가공 종류
외경, 단면, 홈, 테이퍼, 드릴링, 보링, 수나사, 암나사, 정면, 곡면, 총형, 널링작업	평면가공, 단가공, 홈가공, 드릴가공, T홈가공, 더브테일가공(각도가공), 곡면절삭, 보링 등

26 다음 그림과 같은 테이퍼를 선반에서 깎으려 한다. 심압대를 편위시켜 가공하려면 심압대를 몇 mm 이동시켜야 하는가?

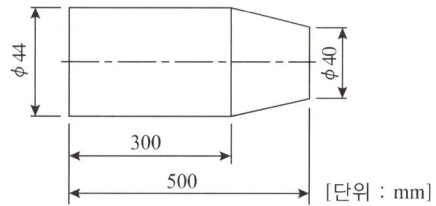

[단위 : mm]

① 5　　　　　　　② 6

③ 8　　　　　　　④ 10

심압대를 편위시키는 방법(테이퍼가 작고 길이가 길 경우에 사용하는 방법)
심압대 편위량 구하는 계산식

$$e = \frac{(D-d) \times L}{2l} = \frac{(44-40) \times 500}{2 \times 200} = 5mm$$

$$\therefore \ e = 5mm$$

여기서, L : 가공물의 전체 길이
　　　　 e : 심압대의 편위량
　　　　 D : 테이퍼의 큰 지름
　　　　 d : 테이퍼의 작은 지름
　　　　 l : 테이퍼의 길이(500–300)

선반에서의 테이퍼 가공 방법
• 복식 공구대를 경사시키는 방법
• 심압대를 편위시키는 방법
• 테이퍼 절삭장치를 이용하는 방법
• 총형 바이트를 이용하는 방법

27 재질이 연강이고, 지름 50mm, 길이 800mm인 환봉을 이송 0.4mm/rev, 절삭속도 50m/min으로 선반에서 1회 가공하는 데 소요되는 시간은?(단, 가공 길이는 환봉의 길이인 800mm로 계산한다)

① 약 1분 18초

② 약 3분 23초

③ 약 6분 17초

④ 약 9분 49초

• 회전수$(n) = \dfrac{1,000v}{\pi d} = \dfrac{1,000 \times 50m/min}{\pi \times 50mm} = 318rpm$

• 가공시간$(T) = \dfrac{L}{ns} \times i = \dfrac{800mm}{318rpm \times 0.4mm/rev} \times 1$회

　　　　　　 $= 6.28min = 6$분 17초

$\therefore$ 가공시간$(T) = 6$분 17초

여기서, n : 회전수　　　　 s : 이송
　　　　 i : 가공횟수　　　 L : 공작물 길이

28 보통 선반에서 주축과 리드 스크루(Lead Screw)를 일정 비율 속도비로 유지하게 하고 에이프런의 하프너트(Half Nut)를 사용하여 가공하는 작업은?

① 나사 작업　　　② 외경 작업

③ 단면 작업　　　④ 내경 작업

보통 선반에서 주축과 어미나사(Lead Screw) 축을 변환기어에 연결하여 어미나사 축과 주축의 회전비를 맞추면 필요한 나사의 피치로 가공할 수 있다. 즉, 어미나사가 1회전할 때 가공물이 몇 회전하는가를 변환기어로서 조정하는 원리가 나사를 절삭하는 원리이다. 에이프런의 하프너트(Half Nut)를 어미나사에 물리면 왕복대 공구대에 설치된 나사 바이트가 길이 방향으로 이송하여 원하는 나사를 가공할 수 있다.

29 지름이 작고 일정한 환봉을 고정할 때 편리하며, 원판 스프링 힘에 의하여 고정되는 것으로, 주로 터릿선반이나 자동선반에 사용되는 척은?

① 단동척   ② 연동척

③ 콜릿척   ④ 마그네틱척

해설

선반에서 사용하는 척의 종류

종류	내용	그림	비고
단동척	4개의 조가 90° 간격으로 구성 배치되어 있으며, 보통 4개의 조가 단독적으로 이동하여 공작물을 고정하며, 공작물의 바깥지름이 불규칙하거나 중심을 편심시켜 가공할 때 편리하다.		• 불규칙한 모양 • 편심가공
연동척	3개의 조가 120° 간격으로 구성 배치되어 있으며, 한 개의 조를 척 핸들로 이동시키면 다른 조들도 동시에 같은 거리를 방사상으로 움직이므로 원형, 정삼각형, 정육각형 등의 단면을 가진 공작물을 고정하는 데 편리하다.		• 원형, 정삼각형 • 정육각형
마그네틱척	전자석을 이용하여 얇은 판, 피스톤 링과 같은 가공물을 변형시키지 않고, 고정시켜 가공할 수 있는 자성체 척이다.		• 절삭 깊이를 작게 • 대형 공작물 부적당
유압척	유압의 힘으로 조가 움직이는 척으로 별도의 유압 장치가 필요하다. 유압 척은 소프트 조를 사용하기 때문에 가공 정밀도를 높일 수 있으며, 수치 제어 선반용으로 주로 사용한다.		• 소프트 조 사용 • 가공정밀도 높음 • 수치제어 선반용
콜릿척	주축의 테이퍼 구멍에 슬리브를 꽂고 여기에 척을 끼워 사용하며, 지름이 가는 원형 봉이나 각 봉재를 빠르고 간편하게 고정할 수 있다.		• 지름이 작은 가공물 • 각 봉재를 가공

30 선반에서 공작물의 중심을 맞출 때 사용하는 것은?

① 펀 치

② 서피스 게이지

③ 버니어 캘리퍼스

④ 나사 드라이버

해설

선반에서 공작물 중심을 맞추는 방법

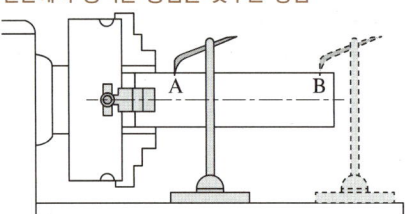

[서피스 게이지를 이용하는 방법]

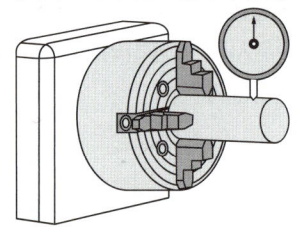

[다이얼 게이지를 이용하는 방법]

31 다음 중 선단의 일부를 가공하여 가공물을 지지하거나 단면가공을 가능하도록 제작한 센터는?

① 평센터

② 베어링센터

③ 하프센터

④ 파이프센터

③ 하프센터 : 정지센터로 가공물을 지지하고 단면을 가공하면 바이트와 가공물의 간섭으로 가공이 불가능하게 된다. 이때 보통센터의 선단 일부를 가공하여 단면가공이 가능하도록 제작한 센터이다.

① 평센터 : 가공물에 센터 구멍을 가공해서는 안 될 경우에 가공물의 단면을 평면으로 지지할 수 있도록 제작한 센터로, 지지력은 다소 약하다.

② 베어링센터 : 선단의 일부가 가공물의 회전에 의하여 함께 회전하도록 설계된 센터이다.

④ 파이프센터 : 큰 지름의 구멍이 있는 가공물을 지지할 때 사용한다.

(a) 정지센터

(b) 세공센터

(c) 하프센터

(d) 회전센터

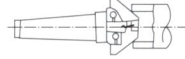

(e) 파이프센터

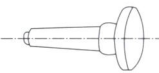

(f) 평센터

[센터의 종류]

32 선반에서 지름 60mm의 공작물을 절삭속도 100m/min로 가공하려 할 때 회전수는 약 몇 rpm인가?

① 5

② 530

③ 1,667

④ 5,305

회전수를 구하는 공식

$$n = \frac{1,000v}{\pi d} = \frac{1,000 \times 100\text{m/min}}{\pi \times 60\text{mm}} \fallingdotseq 530\,\text{rpm}$$

∴ 회전수$(n) = 530\text{rpm}$

여기서, v : 절삭속도(m/min)

d : 공작물 지름(mm)

n : 회전수(rpm)

33 구멍수가 24개인 분할판에서 직접 분할법으로 12등분을 할 때, 직접 분할판의 회전 구멍수는?

① 2

② 3

③ 4

④ 5

$x = \dfrac{24}{n}$ 에서 $x = \dfrac{24}{12} = 2$

따라서, 직접 분할판에서 2구멍씩 이동시키면서 가공하면 12등분이 된다.

여기서, x : 직접 분할판에서 이동할 구멍수

n : 등분 수

분할 가공 방법

• 직접 분할법 : 분할대 주축 앞면에 있는 직접 분할판을 이용하여 단순 분할(24의 약수 즉 24, 12, 8, 6, 4, 3, 2등분 가능)

• 단식 분할법 : 직접 분할법으로 불가능하거나 또는 분할이 정밀해야 할 경우(2~60 사이의 모든 정수, 60~120 사이의 2와 5의 배수 등)

• 차동 분할법 : 직접, 단식 분할법으로 분할할 수 없는 분할(단식 분할법으로 분할할 수 없는 61 이상의 소수나 특수한 수의 분할을 2종 운동의 복합운동으로 분할하는 방법이다. 127은 차동 분할법으로 분할 가능)

34 밀링절삭에서 하향절삭과 비교한 상향절삭의 특징에 대한 설명으로 옳지 않은 것은?

① 절삭력이 일감을 들어 올리는 방향으로 작용하므로 가공물의 고정이 불리하다.
② 마찰저항이 커서 절삭공구를 위로 들어 올리는 힘이 작용한다.
③ 가공면의 표면거칠기가 상향에 의한 회전저항으로 전체적으로 하향절삭보다 나쁘다.
④ 하향절삭에 비해 공구의 수명이 길다.

해설
상향절삭과 하향절삭의 차이점

구 분	상향절삭	하향절삭
방 향	커터 회전 방향과 공작물 이송 방향 반대	커터 회전 방향과 공작물 이송 방향 동일
백래시	절삭에 별 지장이 없다.	백래시를 제거해야 한다.
기계의 강성	강성이 낮아도 무관하다.	가공할 때 충격이 있어 높은 강성이 필요하다.
가공물의 고정	절삭력이 상향으로 작용하여 고정이 불리하다.	절삭력이 하향으로 작용하여 가공물 고정이 유리하다.
인선의 수명	절입할 때 마찰열로 마모가 빠르고 공구수명이 짧다.	상향절삭에 비하여 공구수명이 길다.
마찰저항	마찰저항이 커서 절삭공구를 위로 들어 올리는 힘이 작용한다.	절입할 때 마찰력은 작으나 하향으로 충격력이 작용한다.
가공면의 표면 거칠기	광택은 있으나 상향에 의한 회전저항으로 전체적으로 하향절삭보다 나쁘다.	가공 표면에 광택은 작고, 저속 이송에서는 회전저항이 발생하지 않아 표면 거칠기가 좋다.

35 일반적으로 정반의 크기는 무엇으로 표시하는가?

① 중 량
② 폭×두께×중량
③ 폭
④ 가로×세로×높이

해설
정반의 크기 : 가로×세로×높이

	제품번호	사이즈(mm)	무게 (kg)	평탄도 (μm)
석정반 (정밀 정반)				
일반적인 표시방법 (가로× 세로× 높이)	KP-03030-02	300 × 300 × 80	22	4
	KP-04030-02	450 × 300 × 80	32	4
	KP-05051-02	500 × 500 × 100	75	4.5
	KP-06041-02	600 × 450 × 100	80	5
	KP-06061-02	600 × 600 × 100	110	5
	KP-07051-02	750 × 500 × 130	145	5
	KP-09061-02	900 × 600 × 150	240	5.5
	KP-10071-02	1,000 × 750 × 150	340	5.5
	KP-10102-02	1,000 × 1,000 × 200	600	6
	KP-12092-02	1,200 × 900 × 200	650	7
	KP-15102-02	1,500 × 1,000 × 230	900	8
	KP-20102-02	2,000 × 1,000 × 250	1,500	9
	KP-20152-02	2,000 × 1,500 × 250	2,250	10
	KP-24122-02	2,400 × 1,200 × 250	2,160	10.5

36 밀링커터의 한 종류로, 60°의 각을 가진 원추 형상의 커터로서 엔드밀이나 사이드 커터로 홈을 가공하고 바닥면과 양측 측면을 가공하는 것은?

① 메탈소
② 양각커터
③ 플레인커터
④ 더브테일커터

해설
더브테일커터 : 공작기계의 부품과 같이 직선 슬라이딩 장치의 제작에 사용되는 공구로 측면과 바닥면이 60°가 되도록 동시에 가공한다.

37 엔드밀로 홈 가공 시 절삭력에 의해 휘어지는 문제가 발생하는데, 이 휨의 방지법으로 적합한 것은?

① 가능한 한 엔드밀을 짧게 고정한다.
② 절삭량을 많이 준다.
③ 이송속도를 빠르게 한다.
④ 주축 회전수를 빠르게 한다.

해설
엔드밀을 이용하여 가공할 때는 홈이 센터와 직각 방향으로 다소 변위되어 절삭되는 문제점이 있다. 이러한 현상은 절삭이 시작될 때 절삭력에 의하여 엔드밀이 휘어지기 때문이다. 따라서 가공 시 가능한 한 엔드밀을 짧게 고정하고, 절삭량을 적게 하여 휨을 방지한다.

38 밀링가공에서 생산성을 향상시키기 위한 절삭속도의 선정방법으로 틀린 것은?

① 커터의 수명 연장을 위해 추천 절삭속도보다 약간 높게 설정하는 것이 좋다.
② 가공물의 경도, 강도, 인성 등의 기계적 성질을 고려하여 설정한다.
③ 거친 절삭에는 속도를 느리게, 이송은 빠르게 하고, 절삭 깊이를 크게 선정한다.
④ 커터 날이 빠르게 마모되면 절삭속도를 좀 더 낮추어 선정한다.

해설
커터의 수명을 연장하기 위해서는 추천 절삭속도보다 절삭속도를 약간 낮게 설정하여 절삭하는 것이 좋다.
생산성을 향상시키기 위한 절삭속도 선정 방법
• 가공물의 경도, 강도, 인성 등의 기계적 성질을 고려한다.
• 커터의 날이 빠르게 마모되거나 손상되는 현상이 발생하면 절삭속도를 좀 더 낮추어 절삭한다.

구 분	절삭속도	이 송	절삭깊이
거친 절삭	느리게	빠르게	크 게
다듬질 절삭	빠르게	느리게	작 게

39 밀링머신에서 12개의 날을 가진 커터를 사용하여 1개의 날당 이송량이 0.2mm, 회전수를 400rpm으로 가공하려 할 때 테이블의 이동속도(mm/min)는?

① 80　　　　② 96
③ 800　　　④ 960

해설
$$f = f_z \times n \times z = 0.2\text{mm} \times 400\text{rpm} \times 12$$
$$= 960\text{mm/min}$$
$$\therefore f = 960\text{mm/min}$$
여기서, f : 테이블 이송속도
f_z : 1개의 날당 이송(mm)
n : 회전수
z : 커터의 날수

40 밀링작업을 할 때 안전사항으로 틀린 것은?

① 제품을 바이스에서 풀어낼 때나 측정할 때는 반드시 운전을 정지시킨다.
② 작업 중에는 절대로 장갑을 끼어서는 안 된다.
③ 공구는 작업 중인 기계의 테이블 위에 잘 나열해 놓고 작업한다.
④ 강력 절삭을 할 때는 일감을 바이스에 깊게 물린다.

해설
밀링작업 시 테이블 위에 공구나 측정기 등을 올려놓지 않는다.

41 정면 밀링커터에 주로 사용하는 공구재료로 가장 적합한 것은?

① 초경합금　　② 산화알루미늄
③ 시효경화합금　④ 탄소 공구강

해설
정면 밀링커터 : 정면 밀링커터는 절삭능률과 가공면의 표면거칠기가 우수한 초경 합금 밀링커터를 사용한다. 근래에는 사용이 편리하고 공구 관리의 간소화를 위해 스로어웨이(Throw Away) 밀링커터를 주로 사용한다.

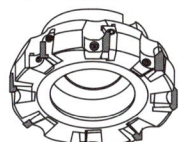

42 다음 중 밀링머신에서 깎을 수 없는 기어는?

① 하이포이드기어

② 스파이럴기어

③ 베벨기어

④ 스퍼기어

해설

밀링머신으로 깎을 수 없는 기어 : 하이포이드기어

※ 기어가공은 밀링머신에서 총형커터를 이용하여 기어를 가공하는 방법으로 호빙머신이 출현하기 전까지는 많이 절삭하였으나, 기어 절삭기계에 비하여 능률이 떨어지고, 정밀도가 떨어져 현재는 많이 사용하지 않는 가공방법이다.

43 주축이 수평이며 칼럼, 니, 테이블 및 오버암 등으로 되어 있고, 새들 위에 선회대가 있어 테이블을 수평면 내에서 임의의 각도로 회전할 수 있는 밀링머신은?

① 모방밀링머신

② 만능밀링머신

③ 나사밀링머신

④ 수직밀링머신

해설

② 만능밀링머신(Universal Milling Machine) : 수평밀링머신과 유사하나, 차이점으로는 새들 위에 선회대가 있어 수평면 내에서 일정한 각도로 테이블을 회전시켜 각도를 변환시키는 것과 테이블을 상하로 경사시킬 수 있는 것이다.

① 모방밀링머신(Copy Milling Machine) : 모방 장치를 이용하여 단조, 프레스, 주조형 금형 등의 복잡한 형상을 능률적으로 가공할 수 있다.

③ 나사밀링머신(Thread Milling Machine) : 나사 절삭 전용 밀링머신으로 가공물에 회전을 주고, 일정한 비율의 이송을 주어 나사를 절삭하는 전용 밀링머신이다.

④ 수직밀링머신(Vertical Milling Machine) : 정면 밀링커터와 엔드밀을 사용하여 평면가공, 홈 가공 등을 하는 작업에 가장 적합하다.

44 볼베어링에서 볼을 적당한 간격으로 유지시켜 주는 베어링 부품은?

① 리테이너

② 레이스

③ 하우징

④ 부 시

해설

• 리테이너 : 베어링의 볼의 간격을 일정하게 유지해 주는 요소

볼베어링의 구성요소 : 내륜, 외륜, 리테이너

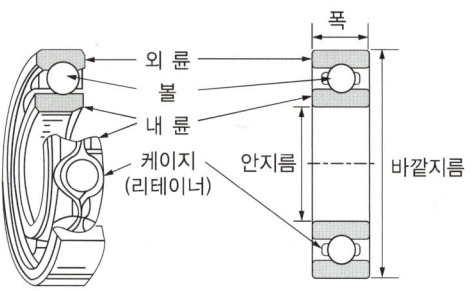

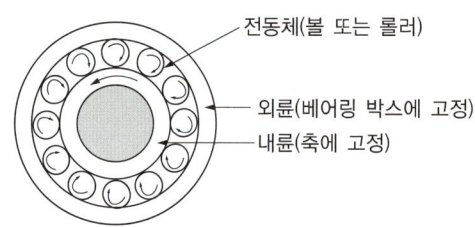

[볼베어링의 구조와 명칭]

45 센터리스 연삭작업의 특징에 대한 설명으로 틀린 것은?

① 가늘고 긴 핀의 연삭에 적합하다.

② 대량 생산에 적합하다.

③ 대형 중량물 연삭에 적합하다.

④ 연삭 여유가 작아도 된다.

해설

센터리스 연삭기 : 센터, 척, 자석척 등을 사용하지 않고 가공물의 표면을 조정하는 조정숫돌과 지지대를 이용하여 가공물을 연삭한다(가늘고 긴 가공물 연삭).

센터리스 연삭의 특징 반드시 암기(자주 출제)

• 센터가 필요하지 않아 센터 구멍을 가공할 필요가 없다.
• 중공의 가공물을 연삭할 때 편리하다(※ 중공(中空) : 속이 빈 축).
• 연삭 여유가 작아도 된다.
• 가늘고 긴 가공물의 연삭에 적합하다.
• 긴 홈이 있는 가공물의 연삭은 불가능하다.
• 대형이나 중량물의 연삭은 불가능하다.
• 연속가공이 가능하며 대량생산에 적합하다.
• 자생작용이 있다.

46 담금질한 강에 뜨임을 하는 주된 목적은?

① 재질을 더욱더 단단하게 하기 위해

② 강의 재질에 화학성분을 보충하기 위해

③ 응력을 제거하고 강도와 인성을 증가시키기 위해

④ 기계적 성질을 개선하여 경도를 증가시켜 균일화 시키기 위해

해설

뜨임 : 재질에 적당한 인성을 부여하기 위해 담금질 온도보다 낮은 온도에서 일정시간을 유지 후 냉각시키는 조작

47 고온강도가 커서 내연기관의 실린더, 피스톤 등에 사용되며, 표준 성분은 구리 4%, 니켈 2%, 마그네슘 1.5%와 알루미늄 92.5%로 이루어진 합금은?

① Y합금   ② 알 민

③ 알드리   ④ 두랄루민

해설

① Y합금 : Al+Cu+Ni+Mg의 합금으로, 내열성이 좋아 내연기관 실린더에 사용한다.

④ 두랄루민 : Al+Cu+Mg+Mn의 합금으로, 가벼워서 항공기나 자동차 등에 사용된다.

48 주물의 표면을 급랭시켜 경도를 증가시킨 주철로, 내마모성을 필요로 하는 압연기의 롤러 및 철도차륜 등에 사용되는 것은?

① 칠드 주철   ② 가단 주철

③ CV 주철   ④ 니켈 주철

해설

① 칠드 주철 : 보통 주철보다 규소(Si) 함유량을 적게 하고, 적당량의 망간을 첨가한 쇳물을 금형 또는 칠 메탈이 붙어 있는 모래형에 주입하여 필요한 부분만 급랭시켜 표면만 단단해지고, 내부는 회주철이 되어 강인한 성질을 가지는 주철

② 가단 주철 : 주철의 결점인 여리고 약한 인성을 개선하기 위하여 열처리에 의하여 편상 흑연을 괴상화하여 강도와 연성을 향상시킨 주철

49 섬유강화 플라스틱으로 불리며 항공기, 선박, 자동차 등에 쓰이는 복합재료는?

① 옵티컬 파이버 ② 세라믹
③ FRP ④ 초전도체

해설
섬유강화 플라스틱(FRP ; Fiber Reinforced Plastic) : 유리섬유를 강화재로 하여 불포화 폴리에스테르의 매트릭스를 강화시킨 복합재료로, 동일 중량으로 기계적 강도가 강철보다 강력한 재질이다.

50 주철에 특수 원소를 첨가하여 기계적 성질을 향상시킨 합금 주철을 만들기 위해 첨가하는 원소는?

① 니 켈 ② 황
③ 인 ④ 백 금

해설
주철에 니켈(Ni)을 첨가할 때의 장점
• 흑연화를 촉진시킨다.
• 칠(Chill)을 방지한다.
• 절삭성이 향상된다.
• 펄라이트와 흑연을 미세화시킨다.
• 기계적 성질을 향상시킨다.
• 강도를 증가시킨다.

51 코일스프링에 하중을 36kgf 작용시킬 때 처짐량이 6mm였다면, 스프링 상수값은 몇 kgf/mm인가?

① 6 ② 7
③ 8 ④ 10

해설
스프링 상수
$$k = \frac{W(하중)}{\delta(처짐량)} = \frac{36\,\text{kgf}}{6\,\text{mm}} = 6\,\text{kgf/mm}$$
∴ 스프링 상수 = 6kgf/mm

52 속도비가 1/3이고, 원동차의 잇수가 25개, 모듈이 4인 표준 스퍼기어의 외접 연결에서 중심거리는?

① 75mm ② 100mm
③ 150mm ④ 200mm

해설
• 속도비$(i) = \dfrac{N_1}{N_2} = \dfrac{Z_2}{Z_1} = \dfrac{1}{3} = \dfrac{25}{Z_1}$

  ∴ $Z_1 = 75$

• 중심거리$(C) = \dfrac{D_1 + D_2}{2} = \dfrac{m(Z_1 + Z_2)}{2} = \dfrac{4(75+25)}{2}$
  $= 200\text{mm}$

여기서, Z_1 : 종동차 잇수
Z_2 : 원동차 잇수

53 V벨트에서 인장강도가 가장 작은 것은?

① M형 ② A형
③ B형 ④ E형

해설
V벨트 단면의 형상은 M, A, B, C, D, E형의 여섯 종류가 있다. M에서 E쪽으로 가면 단면이 커지며, M형이 인장강도가 가장 작다. (인장강도 : M < A < B < C < D < E)

54 시편의 표점거리가 40mm이고, 지름이 15mm일 때 최대하중이 6kN에서 시편이 파단되었다면 연신율은 몇 %인가?(단, 연신된 길이는 10mm이다)

① 10   ② 12.5

③ 25   ④ 30

해설

$$연신율(\varepsilon) = \frac{변형량}{원표점거리} \times 100\%$$

$$= \frac{10mm}{40mm} \times 100\%$$

$$= 25\%$$

55 나사의 각 부분을 표시하는 선에 관한 설명으로 옳은 것은?

① 수나사의 골지름과 암나사의 골지름은 굵은 실선으로 표시한다.

② 완전 나사부와 불완전 나사부의 경계는 가는 실선으로 표시한다.

③ 나사의 골면에서 본 투상도에서는 나사의 골면은 굵은 실선으로 그린 원주의 3/4에 거의 같은 원의 일부로 표시한다.

④ 수나사의 바깥지름과 암나사의 안지름은 굵은 실선으로 표시한다.

해설

나사의 도시방법

• 수나사의 골지름과 암나사의 골지름은 가는 실선으로 표시한다.

• 완전 나사부와 불완전 나사부의 경계는 굵은 실선으로 표시한다.

• 수나사와 암나사의 측면 도시에서 각각의 골지름은 가는 실선으로 약 3/4원으로 그린다.

• 수나사의 바깥지름과 암나사의 안지름은 굵은 실선으로 표시한다.

56 다음 그림과 같은 도면이 나타내는 맞물리는 기어 간략도는?

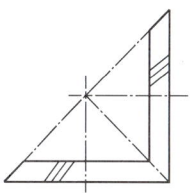

① 헬리컬기어

② 베벨기어

③ 웜기어

④ 스파이럴 베벨기어

해설

맞물리는 기어의 간략 도시법

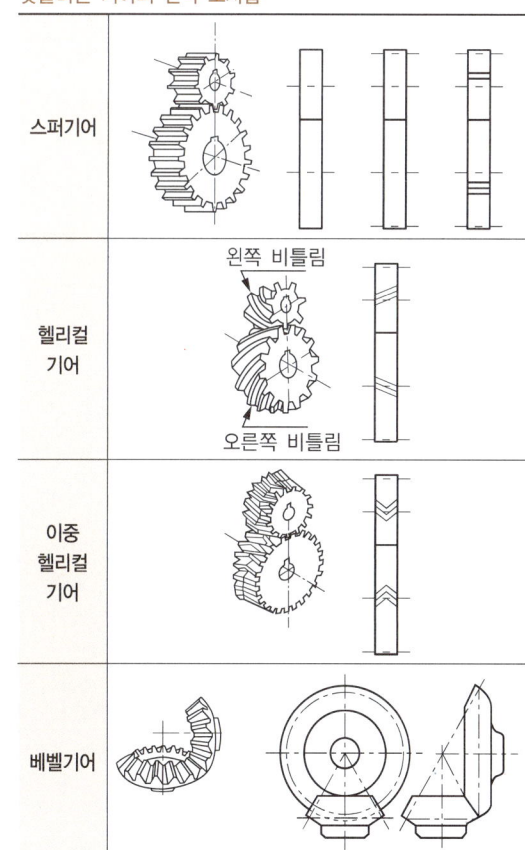

스파이럴 베벨기어	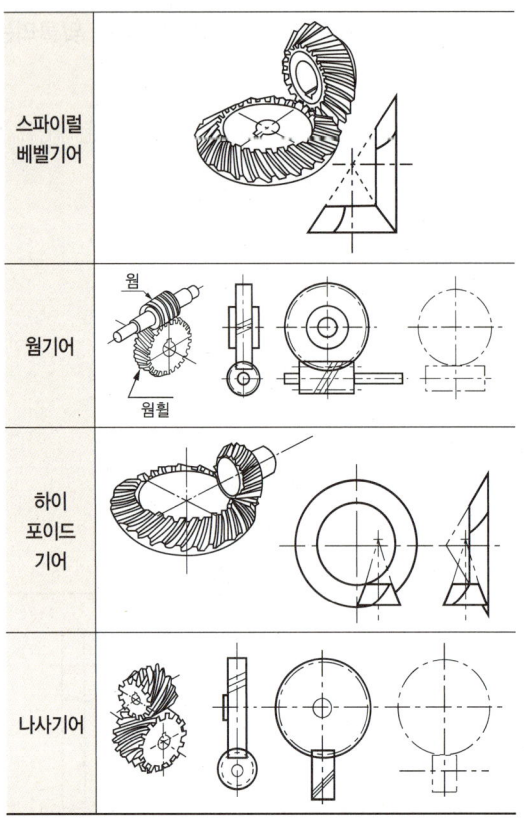
웜기어	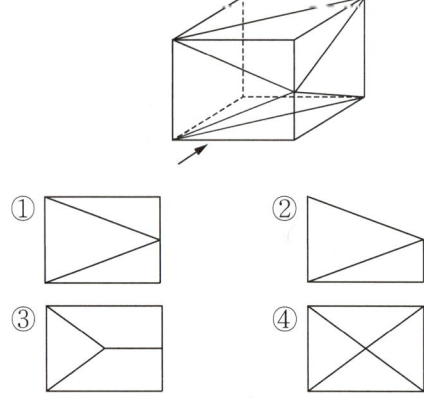
하이 포이드 기어	
나사기어	

57 다음 그림과 같은 입체도에서 화살표 방향 투상도로 가장 적합한 것은?

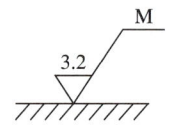

① ② ③ ④

58 다음과 같은 표면의 결 표시기호에서 가공방법은?

M
3.2

① 밀 링　　② 면 삭
③ 선 삭　　④ 줄다듬질

해설
선삭 : L, 연삭 : G, 밀링 : M, 줄다듬질 : FF

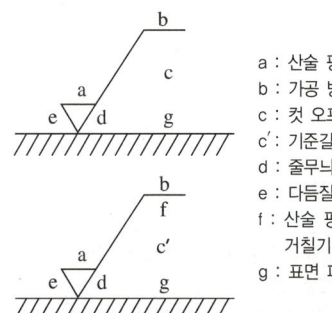

a : 산술 평균 거칠기의 값
b : 가공 방법의 문자 또는 기호
c : 컷 오프값
c′ : 기준길이
d : 줄무늬 방향의 기호
e : 다듬질 여유
f : 산술 평균 거칠기 이외의 표면
　　거칠기값
g : 표면 파상도

59 다음 그림과 같은 도면에서 대각선으로 교차한 가는 실선 부분이 나타내는 것은?

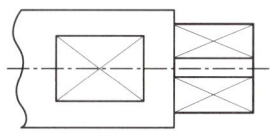

① 취급 시 주의 표시
② 다이아몬드 형상 표시
③ 사각형 구멍 관통
④ 평면을 표시

해설

평면의 표시법 : 도형 내의 특정한 부분이 평면인 것을 표시할 필요가 있을 때는 다음과 같이 가는 실선을 대각선으로 긋는다.

[반(한쪽)단면을 한 경우]

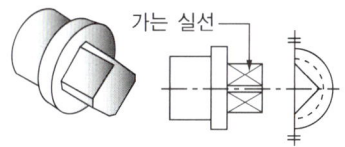

[양쪽의 모양을 나타내는 경우]

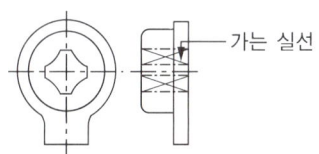

[평면의 도시]

60 다음 도면을 보고 스퍼기어 잇수와 피치원지름으로 옳은 것은?

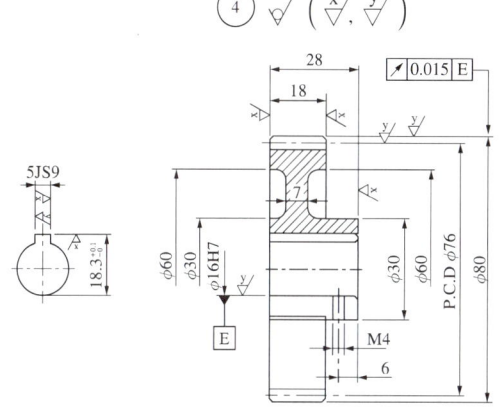

스퍼기어 요목표		
구 분	**품 번**	4
기어치형		표 준
공 구	치 형	보통이
	모 듈	2
	압력각	20°
잇 수		㉠
피치원지름		㉡
다듬질방법		호브절삭
정밀도		KS B 1405, 5급

　　㉠　　㉡　　　　　㉠　　㉡
① 30 $\phi 60$　② 40 $\phi 80$
③ 30 $\phi 76$　④ 38 $\phi 76$

해설

- 도면에서 피치원 지름은 PCD $\phi 76$이다.
- m(모듈) $= \dfrac{D(피치원지름)}{Z(잇수)} \rightarrow Z(잇수) = \dfrac{D}{m} = \dfrac{76}{2} = 38$

∴ Z(잇수) $= 38$

01 다음 중 정밀 보링머신의 특성에 대한 설명으로 옳지 않은 것은?

① 고속회전 및 정밀한 이송기구를 갖추고 있다.
② 다이아몬드 또는 초경합금의 절삭공구로 가공한다.
③ 진직도는 높지만, 진원도는 높지 않다.
④ 실린더나 베어링면 등을 가공한다.

> **해설**
> 정밀 보링머신의 특징
> • 고속회전 및 정밀한 이송기구를 갖추고 있다.
> • 다이아몬드 또는 초경합금의 절삭공구로 가공한다.
> • 정밀도가 높고 표면 거칠기가 우수한 실린더나 커넥팅 로드, 베어링면 등을 가공한다.
> • 진원도 및 진직도가 높은 제품을 가공할 수 있다.

02 연삭숫돌은 연삭할 때 입자가 둔화되어 절삭저항이 증가하고, 이로 인해 입자가 탈락되고 새로 예리한 입자가 생성되어 절인가공 없이 절삭을 계속할 수 있는 현상은?

① 재생가공
② 절삭가공
③ 생성가공
④ 자생작용

> **해설**
> 자생작용 : 연삭 중에 숫돌 입자가 둔화되어 절삭저항이 증가하여 결합제의 강도 이상이 되면, 입자가 탈락하고 새로운 예리한 입자가 생성되어 연삭이 지속되는 현상이다.

03 연삭작업 시 연삭깊이를 선정할 때 고려해야 할 사항으로 옳지 않은 것은?

① 공작물의 크기
② 공작물의 재질
③ 연삭방법
④ 연삭정밀도

> **해설**
> 연삭할 때 연삭깊이는 가공물의 재질, 연삭방법, 연삭정밀도 등에 따라서 선정한다.

04 다음은 연삭숫돌의 표시법이다. 의미에 따른 순서를 올바르게 나열한 것은?

WA – 46 – H – 8 – V

① 숫돌입자 – 입도 – 결합도 – 조직 – 결합제
② 숫돌입자 – 입도 – 결합도 – 결합제 – 조직
③ 숫돌입자 – 입도 – 결합제 – 조직 – 결합도
④ 숫돌입자 – 결합제 – 조직 – 결합도 – 입도

> **해설**
> 일반적인 연삭숫돌 표시방법
>
> | WA · 46 · H · 8 · V |
> | --- |
> | → 연삭숫돌입자 · 입도 · 결합도 · 조직 · 결합제 |
>
> • 연삭숫돌입자(WA : 백색 알루미나)
> • 입도(46 : 중간 눈)
> • 결합도(H : 연한 것)
> • 조직(8 : 거친 조직)
> • 결합제(V : 비트리파이드)

1 ③ 2 ④ 3 ① 4 ① 정답

05 다음 중 절삭가공에 해당하는 가공방법은?

① 인 발
② 압 연
③ 보 링
④ 단 조

가공방법(비절삭가공)
• 인발 : 테이퍼 형상의 다이 구멍을 통하여 봉재나 관재를 잡아당겨서 단면적을 줄이는 작업이다.
• 압연 : 재료를 회전하는 한 조의 롤러 사이에 놓고 압축 하중을 가하며 통과시켜 성형하는 작업이다.
• 단조 : 금속재료를 해머나 프레스 등의 공작기계를 사용하여 재료를 소성가공하여 원하는 형태로 성형하는 작업이다.

가공방법에 따른 분류

가공방법	공작기계
절삭가공	선반, 셰이퍼, 플레이너, 브로칭머신, 밀링머신, 보링머신, 호빙머신 등
비절삭가공	단조, 압연, 프레스, 인발, 압출, 판금가공 등
연삭가공	연삭기, 호닝머신, 슈퍼피니싱 머신, 래핑머신 등
특수가공	전해 연마기, 방전 가공기, 초음파 가공기 등

※ 보링은 이미 뚫려 있는 구멍 내부를 정밀하게 확대하여 가공하는 절삭가공이다.

06 드릴로 가공한 구멍을 매끄럽고 정밀도가 높은 구멍으로 다듬는 작업은?

① 스크레이퍼 작업
② 줄 작업
③ 리머 작업
④ 정 작업

• 리머 작업 : 구멍을 정밀하게 다듬는 작업이다.
• 스크레이퍼 작업 : 평면, 원통면을 정밀하게 다듬는 작업이다.

07 공구의 날 끝에서 그은 수평선과 뒤쪽 경사면이 이루는 각으로, 칩의 유동 방향과 형태에 영향을 주는 각은?

① 윗면 경사각
② 측면 경사각
③ 앞면 여유각
④ 측면 여유각

08 공작기계 중 가공할 수 있는 기능이 다양하고, 절삭 및 이송속도의 범위도 커서 일감의 크기나 재질에 따라 알맞은 절삭조건으로 가공할 수 있는 수동형 공작기계는?

① 전용 공작기계
② 범용 공작기계
③ 자동화 공작기계
④ 단능 공작기계

가공능률에 따른 공작기계 분류
• 범용 공작기계 : 가공할 수 있는 기능이 다양하고 절삭 및 이송속도의 범위가 넓으므로, 제품에 맞추어 절삭조건을 선정하여 가공할 수 있다.
• 전용 공작기계 : 특정한 모양, 치수의 제품을 양산하기에 적합하도록 만든 공작기계이다. 사용범위에는 좁고, 소량 생산에 적합하지 않다.
• 단능 공작기계 : 한 가지 공정만 가능한 단순한 기능의 공작기계이다. 생산성과 능률은 매우 높으나, 융통성이 작다.

09 온도 변화에 따라 선팽창계수나 탄성률 등의 특성이 변화하지 않는 합금강은?

① 내열강   ② 쾌삭강

③ 불변강   ④ 내마멸강

해설

특수 목적용 합금강
- 불변강 : 온도 변화에 따라 열팽창계수, 탄성계수 등이 변하지 않는 강이다. 인바, 슈퍼인바, 엘린바, 코엘린바, 퍼멀로이 등이 있다.
- 쾌삭강 : 가공재료의 피삭성을 높이고, 절삭공구의 수명을 길게 하려고 요구되는 성질을 개선한 구조용 강이다.

10 주철의 성장을 방지하는 방법으로 옳지 않은 것은?

① C 및 Si의 양을 많게 한다.

② 흑연의 미세화로서 조직을 치밀하게 한다.

③ 탄화물 안정화 원소를 첨가한다.

④ 편상 흑연을 구상 흑연화시킨다.

해설

주철의 성장원인
- 시멘타이트(Fe_3C)의 흑연화에 의해 성장한다.
- 페라이트 중에 고용되어 있는 규소(Si)의 산화에 의해 성장한다.
- A_1 변태점(723℃) 이상의 온도에서 부피 변화로 인해 성장한다.
- 불균일한 가열로 생기는 균열에 의해 성장한다.
- 흡수한 가스에 의해 성장한다.

주철의 성장 방지법
- 흑연의 미세화로서 조직을 치밀하게 한다.
- 흑연화 방지제 및 탄화물 안정제를 첨가한다.
- 탄소(C)와 규소(Si)의 양을 적게 한다.

11 스프링에 하중이 작용하지 않을 때의 스프링 높이는?

① 유효높이

② 스프링 종횡비

③ 스프링 상수

④ 자유높이

해설

자유높이(자유길이) : 힘이 작용하지 않은 상태에서의 스프링의 총 높이(길이)이다.

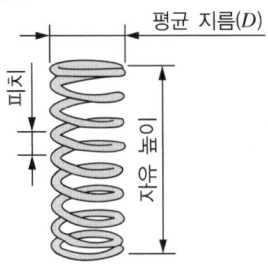

12 황동의 연신율이 가장 클 때 아연(Zn)의 함유량은 몇 %인가?

① 30   ② 40

③ 50   ④ 60

해설

- 7-3황동 : 연신율이 가장 크다(Cu-70%, Zn-30%).
- 6-4황동 : 아연이 많을수록 인장강도가 증가하며, 아연의 함유량이 45%일 때 인장강도가 가장 크다(Cu-60%, Zn-40%).

황동의 기계적 성질

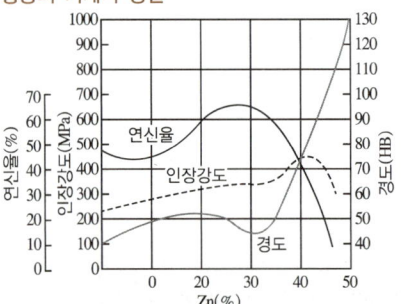

13 스퍼기어 요목표의 빈칸에 들어갈 모듈 값은?

스퍼기어		
기어치형		표준
공 구	치 형	보통 이
	모 듈	
	압력각	20°
잇 수		36
피치원 지름		108

① 1.5　　　　② 2

③ 3　　　　④ 6

해설

$$모듈(m) = \frac{피치원지름(D)}{잇수(Z)} = \frac{108}{36} = 3$$

∴ 모듈$(m) = 3$

14 아공석강에서 탄소강의 탄소함유량이 증가할 때 기계적 성질을 설명한 것으로 옳지 않은 것은?

① 인장강도가 증가한다.
② 경도가 증가한다.
③ 항복점이 증가한다.
④ 연신율이 증가한다.

해설

아공석강
• 0.02 ~ 0.77%의 탄소를 함유한 강이다.
• 페라이트와 펄라이트의 혼합 조직이다.
• 탄소량이 많아질수록 펄라이트의 양이 증가하여 항복점 및 경도와 인장강도가 증가하고, 연신율은 감소한다.

15 탄소강에 함유된 원소 중 백점이나 헤어크랙의 원인이 되는 원소는?

① 황(S)　　　　② 인(P)

③ 수소(H)　　　　④ 구리(Cu)

해설

헤어크랙(백점) : 수소(H)에 의해 발생하는 강재 다듬질면의 미세한 균열이다.

16 다음 중 두 축의 상대 위치가 평행할 때 사용되는 기어는?

① 베벨기어
② 나사기어
③ 웜과 웜기어
④ 랙과 피니언

해설

두 축의 상대 위치에 따른 분류
• 두 축이 서로 평행 : 스퍼기어, 랙, 내접기어, 헬리컬기어, 더블 헬리컬기어 등
• 두 축이 교차 : 직선 베벨기어, 스파이럴 베벨기어, 마이터기어, 크라운기어 등
• 두 축이 엇갈린 축 : 원통 웜기어, 장고형 기어, 나사기어, 하이포이드기어

17 다음 중 표면경화법에 해당하지 않는 것은?

① 침탄법

② 고주파경화법

③ 질화법

④ 심랭처리법

열처리의 분류

일반 열처리	항온 열처리	표면경화 열처리
• 담금질(Quenching) • 뜨임(Tempering) • 풀림(Annealing) • 불림(Normalizing)	• 마퀜칭 • 마템퍼링 • 오스템퍼링 • 오스포밍 • 항온풀림 • 항온뜨임	• 침탄법 • 질화법 • 화염경화법 • 고주파경화법 • 청화법

18 유체가 나사의 접촉면 사이의 틈새나 볼트의 구멍으로 흘러나오는 것을 방지해야 할 때 사용하는 너트는?

① 캡 너트

② 홈붙이 너트

③ 플랜지 너트

④ 슬리브 너트

해설

① 캡 너트 : 너트의 한쪽을 관통되지 않도록 만든 너트이다. 나사면을 따라 증기나 기름 등이 누출되는 것을 방지하거나 외부로부터 먼지 등의 오염물 침입을 막는 데 사용한다.

② 홈붙이 너트 : 너트의 윗면에 6개의 홈이 파여 있으며, 이곳에 분할핀을 끼워 너트가 풀리지 않도록 사용한다.

③ 플랜지 너트 : 볼트 구멍이 클 때, 접촉면을 거칠게 다듬질했을 때, 큰 면압을 피할 때 사용한다.

④ 슬리브 너트 : 수나사 중심선의 편심을 방지할 때 사용한다.

19 다음 중 절삭공구용 재료가 가져야 할 기계적 성질 중 옳은 것은?

ㄱ 고온경도(Hot Hardness)
ㄴ 취성(Brittleness)
ㄷ 내마모성(Resistance To Wear)
ㄹ 강인성(Toughness)

① ㄱ, ㄴ, ㄷ   ② ㄱ, ㄴ, ㄹ

③ ㄱ, ㄷ, ㄹ   ④ ㄴ, ㄷ, ㄹ

해설

절삭공구의 구비조건

• 고온경도 : 고온에서 경도가 저하되지 않고 절삭할 수 있는 고온경도가 필요하다.

• 내마모성 : 절삭공구와 가공재료의 마찰에 의하여 절삭공구의 표면이 미세하게 소모되는 마모에 대한 강도가 필요하다.

• 강인성 : 절삭공구는 외력에 의해 파손되지 않고 잘 견딜 수 있는 강인성이 필요하다.

• 저마찰 : 마찰계수가 작을수록 경제적이고 효율성이 높은 절삭을 할 수 있다.

• 성형성 : 원하는 모양으로 제작하기 쉬워야 한다.

• 경제성 : 가격이 저렴해야 한다.

※ 취성 : 깨지기 쉬운 성질이다.

20 다음 중 연삭숫돌의 구성요소가 아닌 것은?

① 숫돌입자   ② 결합제

③ 기 공   ④ 드레싱

해설

숫돌바퀴의 구성요소

• 숫돌입자 : 절삭공구의 날 역할을 하는 입자이다.

• 결합제 : 입자와 입자를 결합시키는 것이다.

• 기공 : 입자와 결합제 사이의 빈 공간이다.

※ 드레싱(Dressing) : 연삭숫돌은 눈메움이나 눈무딤이 발생하면 절삭성이 나빠진다. 눈메움이나 눈무딤이 발생한 숫돌입자를 제거하고, 새로운 옷을 입히는 것과 같이 예리한 절삭날을 숫돌표면에 새롭게 생성하여 절삭성을 회복시키는 작업이다.

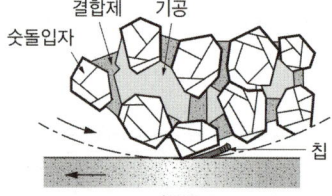

[연삭숫돌의 3요소]

21 사인바(Sine Bar)를 사용할 때, 오차를 고려하여 몇 도 이하의 각도에서 사용하는 것이 좋은가?

① 45° 이하　　　② 60° 이하
③ 75° 이하　　　④ 90° 이하

사인바를 사용할 때 각이 45°보다 크면 오차가 커지기 때문에 기준면에 대하여 45°보다 작게 사용한다.
사인바(Sine Bar) : 길이를 측정하여 직각삼각형의 삼각함수를 이용한 계산에 의하여 임의의 각을 측정하거나 만드는 기구이다. 블록게이지로 양단의 높이를 조절하여 각도를 구하는 것으로 정반 위에서의 높이를 H, h라고 하면, 정반면과 사인바의 상면이 이루는 각은 다음 식으로 구한다.

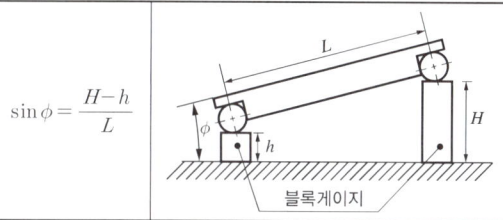

$$\sin \phi = \frac{H-h}{L}$$

22 버니어캘리퍼스를 이용하여 측정하기 어려운 것은?

① 원통의 외경
② 원통의 내경
③ 손잡이의 윤곽
④ 축 단의 길이

버니어캘리퍼스 : 외경, 내경, 깊이, 축 단의 길이를 측정하는 데 사용한다.
버니어캘리퍼스 측정 예

길이 측정	내측 측정	단차 측정	깊이 측정

23 측정오차 중 계기오차에 해당하지 않는 것은?

① 측정기의 구조　　② 우연오차
③ 측정기의 마모　　④ 측정온도

계기오차(측정기오차) : 측정기의 구조, 측정압력, 측정온도, 측정기의 마모 등에 따른 오차이다.
※ 우연오차 : 기계에서 발생하는 소음이나 진동 등과 같은 주위 환경에서 오는 오차 또는 자연현상의 급변 등으로 생기는 오차이다.

24 지름이 같은 3개의 와이어를 나사산에 대고 와이어의 바깥쪽을 마이크로미터로 측정하여 계산식에 의해 나사의 유효지름을 구하는 측정방법은?

① 나사 마이크로미터에 의한 방법
② 삼침법에 의한 방법
③ 공구현미경에 의한 방법
④ 3차원 측정기에 의한 방법

나사의 유효지름 측정방법
• 삼침법에 의한 방법
• 나사 마이크로미터에 의한 방법
• 광학적인 방법(공구현미경, 투영기 사용)
※ 삼침법 : 지름이 같은 3개의 와이어를 나사산에 대고 와이어의 바깥쪽을 마이크로미터로 측정하여 유효지름을 구하는 방법이다. 정밀도가 가장 높다.

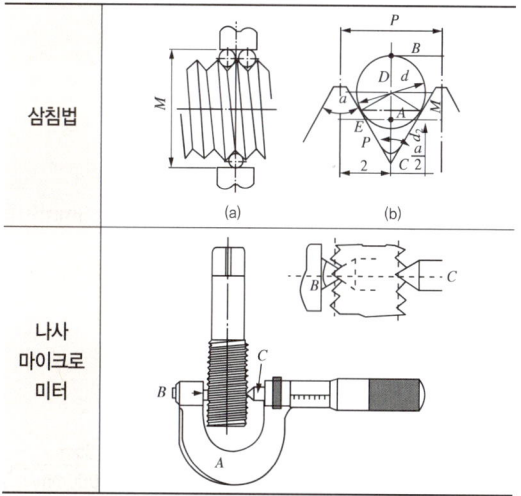

삼침법	(a)　　(b)
나사 마이크로미터	

25 직접측정값을 얻을 수 없는 경우 수학적인 계산을 통하여 측정값을 얻어내는 측정방법은?

① 형상측정 ② 비교측정

③ 간접측정 ④ 절대측정

해설
- 비교측정 : 측정값과 기준 게이지 값과의 차이를 비교하여 치수를 계산하는 측정방법이다. 블록 게이지, 다이얼테스트 인디케이터, 한계 게이지, 측장기 등이 있다.
- 직접측정 : 측정기에 표시된 눈금에 의해 직접 측정물의 치수를 읽는 방법이다. 버니어캘리퍼스, 마이크로미터 등이 있다.
- 간접측정 : 나사, 기어 등과 같이 기하학적 관계를 이용하여 측정하는 방법이다. 사인바에 의한 각도 측정, 테이퍼 측정, 나사의 유효지름 측정 등이 있다.

26 길이 100cm의 봉이 압축력을 받고 3mm만큼 줄어들었다. 압축 변형률은?

① 0.001 ② 0.003

③ 0.004 ④ 0.03

해설

$$\varepsilon(\text{변형률}) = \frac{\lambda(\text{줄어든 길이})}{l(\text{처음 길이})} = \frac{3mm}{100cm} = \frac{3mm}{1,000mm} = 0.003$$

27 2개의 너트를 사용하여 너트가 풀리는 것을 방지하는 너트의 풀림방지법은?

① 와셔에 의한 방법

② 로크너트에 의한 방법

③ 자동 죔너트에 의한 방법

④ 멈춤나사에 의한 방법

해설
볼트·너트의 풀림방지법
- 로크너트에 의한 방법
- 멈춤나사에 의한 방법
- 와셔에 의한 방법
- 자동 죔너트에 의한 방법
- 분할핀에 의한 방법

28 세로 방향으로 갈라져 있어 바깥지름보다 작은 구멍에 끼워 넣고, 스프링의 작용을 할 수 있도록 하여 부품을 결합하는 데 사용하는 핀(Pin)은?

① 테이퍼 핀　　　② 분할 핀
③ 스프링 핀　　　④ 너클 핀

해설
① 테이퍼 핀 : 보통 1/50의 테이퍼를 가지는 것으로 끝이 갈라진 것과 갈라지지 않은 것이 있다.
② 분할 핀 : 한쪽 끝이 두 가닥으로 갈라진 핀이다. 나사 및 너트의 이완을 방지하거나 축에 끼워진 부품이 빠지는 것을 막고, 핀을 넣은 뒤 끝을 굽혀서 늦춰지는 것을 방지한다.
④ 너클 핀 : 한쪽 포크(Fork)에 아이(Eye) 부분을 연결하고, 구멍에 수직으로 평행 핀을 끼워 두 부분이 상대적으로 각운동을 할 수 있도록 연결한 핀이다.

핀의 종류

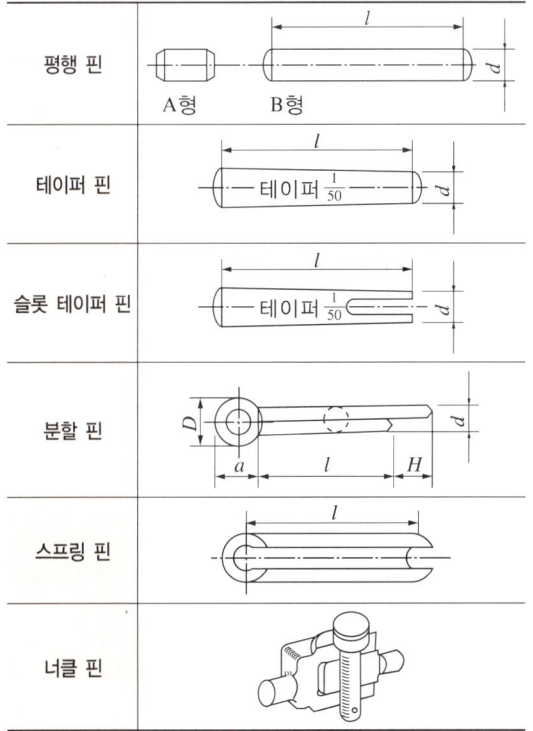

평행 핀	A형　B형
테이퍼 핀	테이퍼 $\frac{1}{50}$
슬롯 테이퍼 핀	테이퍼 $\frac{1}{50}$
분할 핀	
스프링 핀	
너클 핀	

29 모듈이 5이고 잇수가 40, 60인 한 쌍의 표준스퍼기어 두 축의 중심거리는?

① 100mm　　　② 150mm
③ 200mm　　　④ 250mm

해설

$$중심거리(C) = \frac{D_1 + D_2}{2} = \frac{m(Z_1 + Z_2)}{2} = \frac{5(40 + 60)}{2}$$
$$= 250mm$$

여기서, Z_1 : 종동차 잇수
　　　　Z_2 : 원동차 잇수

30 길이에 비하여 지름이 아주 작은 바늘 모양의 롤러(직경 5mm 이하)를 사용한 베어링은?

① 니들 롤러베어링
② 미니어처 베어링
③ 테이퍼 롤러베어링
④ 원통 롤러베어링

해설
니들 롤러베어링
• 지름 5mm 이하의 바늘 모양의 롤러를 사용한 것이다.
• 리테이너는 없다.
• 내외륜이 있는 것과 내륜이 없고 축에 직접 접촉하는 구조가 있다.
• 축지름에 비하여 바깥지름이 작다.
• 부하용량이 크다.
• 좁은 장소나 충격하중이 있는 곳에 사용한다.

31 다음 중 캠(Cam)의 종류로 옳지 않은 것은?

① 판캠 ② 직동캠

③ 원통캠 ④ 구름캠

> **해설**
> **캠의 종류**
> • 평면캠(Plane Cam) : 판캠, 직동캠, 정면캠, 역캠
> • 입체캠(Solod Cam) : 원통캠, 원추캠, 구면캠, 단면캠, 경사판캠

33 핸들이나 암 및 림, 리브, 훅 등의 절단면을 그림과 같이 나타내는 단면도의 명칭은?

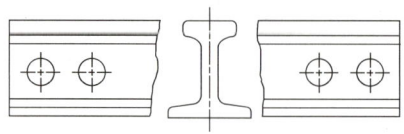

① 계단단면도

② 회전도시단면도

③ 부분단면도

④ 전단면도

> **해설**
> ② 회전도시단면도 : 핸들, 벨트풀리, 기어 등과 같은 바퀴의 암, 림, 리브, 훅, 축, 구조물에 사용하는 형강 등의 절단한 모양을 90°로 회전시켜 투상도의 안이나 밖에 나타낸다.
> ① 계단단면도 : 절단면이 투상면에 평행 또는 수직하게 계단 형태로 절단된 것을 나타낸다.
> ③ 부분단면도 : 필요한 일부분만을 파단선에 의해 그 경계를 표시하고 나타낸다.
> ④ 온단면도(전단면도) : 물체 전체를 둘로 절단해서 그림 전체를 단면으로 나타낸다.

34 관용나사의 종류를 표시하는 기호 중 테이퍼암나사의 기호는?

① R ② Rc

③ Rp ④ G

> **해설**
> **나사의 종류를 표시하는 기호 및 나사의 호칭에 대한 표시방법 (KS B 0200)**
>
> | 구 분 | 나사의 종류 | | 나사종류 기호 | 나사의 호칭방법 |
> |---|---|---|---|---|
> | ISO 규격에 있는 것 | 미터보통나사 | | M | M8 |
> | | 미터가는나사 | | | M8×1 |
> | | 미니추어나사 | | S | S0.5 |
> | | 유니파이보통나사 | | UNC | 3/8-16UNC |
> | | 유니파이가는나사 | | UNF | No.8-36UNF |
> | | 미터사다리꼴나사 | | Tr | Tr10×2 |
> | | 관용테이퍼나사 | 테이퍼수나사 | R | R3/4 |
> | | | 테이퍼암나사 | Rc | Rc3/4 |
> | | | 평행암나사 | Rp | Rp3/4 |

32 단면도의 절단면을 도형의 다른 부분과 구분하기 위하여 표시할 때 사용하는 선의 명칭은?

① 절단선 ② 해칭선

③ 가상선 ④ 파단선

> **해설**
> **선의 종류에 의한 용도**
> • 절단선 : 단면도에서 절단 위치를 대응하는 도면에 표시하는 데 사용하는 선이다.
> • 해칭선 : 도형의 한정된 특정 부분을 다른 부분과 구분하는 데 사용된다. 절단된 단면을 가는 실선으로 규칙적으로 표시한 선이다.
> • 가상선 : 가동 부분을 이동 중의 특정한 위치 또는 이동 한계의 위치를 표시하는 선이다.
> • 파단선 : 물체의 일부분을 생략 또는 단면의 경계를 나타내는 선으로, 불규칙한 파형의 가는 실선으로 나타낸다.

35 다음 그림은 어떤 물체를 제3각법으로 정투상한 정면도와 우측면도이다. 이 물체의 평면도는?

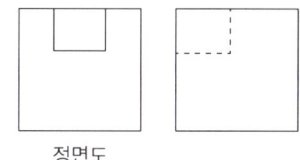

정면도

① ② ③ ④

36 재질이 연강이고, 지름 50mm, 길이 800mm인 환봉을 이송 0.4mm/rev, 절삭속도 50m/min으로 선반에서 1회 가공하는 데 소요되는 시간은?(단, 가공 길이는 환봉의 길이인 800mm로 계산한다)

① 약 1분 18초
② 약 3분 23초
③ 약 6분 17초
④ 약 9분 49초

• 회전수$(n) = \dfrac{1,000v}{\pi d} = \dfrac{1,000 \times 50\text{m/min}}{\pi \times 50\text{mm}} \fallingdotseq 318\text{rpm}$

• 가공시간$(T) = \dfrac{L}{ns} \times i = \dfrac{800\text{mm}}{318\text{rpm} \times 0.4\text{mm/rev}} \times 1\text{회}$

$\qquad \fallingdotseq 6.28\text{min}$

∴ $T = 6.28\text{min} = 6\text{분 }17\text{초}$

여기서, L : 길이
$\qquad\quad s$: 이송
$\qquad\quad i$: 가공 횟수

37 다음 중 선반가공을 할 때 절삭유 사용이 필요하지 않은 재료는?

① 연 강
② 경 강
③ 주 철
④ 동합금

주철은 흑연의 윤활작용과 절삭 칩이 쉽게 파괴되어 절삭성이 매우 우수하기 때문에 절삭유 필요 없다.

38 선반의 종류에 대한 설명으로 옳지 않은 것은?

① 터릿선반 : 보통선반의 심압대 위치에 회전 공구대를 설치하여 부품을 능률적으로 가공할 때 쓰이는 선반이다.
② 크랭크축 선반 : 주로 철도차량용 바퀴를 가공하는 선반으로 면판붙이 주축대 2개를 마주 세운 구조이다.
③ 자동선반 : 캠이나 유압 기구를 이용하여 자동화한 것으로 대량 생산에 적합하다.
④ 모방선반 : 모방장치를 이용하여 모형이나 형판을 따라 바이트를 안내하여 모방절삭하는 선반이다.

크랭크축 선반 : 크랭크축의 저널과 크랭크핀을 가공하는 선반으로 베드 양쪽에 크랭크 핀을 편심시켜 고정하는 주축대가 있다.
※ 기차의 바퀴를 주로 가공하는 선반으로 주축대 2개를 마주 세운 구조는 차륜선반이다.

39 보통선반에서 주축과 리드 스크루(Lead Screw)를 일정 비율 속도비로 유지하게 하고, 에이프런의 하프너트(Half Nut)를 사용하여 가공하는 작업은?

① 나사작업   ② 외경작업

③ 단면작업   ④ 내경작업

해설

보통선반에서 주축과 어미나사(Lead Screw)축을 변환기어에 연결하여 어미나사 1회전에 대해 가공물이 몇 회전하는지(회전비)를 조정해서 원하는 피치의 나사를 절삭한다. 에이프런의 하프너트(Half Nut)를 어미나사에 물리면 왕복대 공구대에 설치된 나사 바이트가 길이 방향으로 이송하여 원하는 나사를 가공할 수 있다.

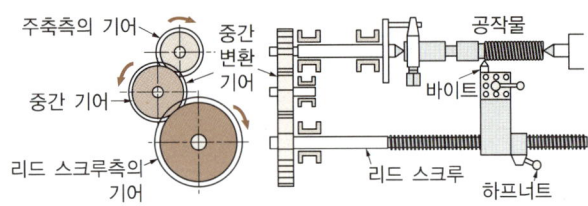

[나사가공의 원리]

40 선반으로 큰 지름의 구멍이 있는 가공물을 지지하고, 절삭할 때 사용하는 센터는?

① 하프센터   ② 평센터

③ 파이프센터   ④ 정지센터

해설

센터의 종류

• 파이프센터 : 큰 지름의 구멍이 있는 가공물을 지지할 경우 보통센터로는 지지가 되지 않으므로, 보통센터나 베어링센터 선단을 크게 하여 구멍이 큰 가공물을 지지할 수 있도록 제작한 센터이다.

• 하프센터 : 정지센터로 가공물을 지지하고 단면을 가공하면 바이트와 가공물의 간섭으로 가공이 불가능하다. 보통센터의 선단 일부를 가공하여 단면가공이 가능하도록 제작한 센터이다.

• 평센터 : 가공물에 센터 구멍을 가공하면 안 되는 경우에 가공물의 단면을 평면으로 지지할 수 있도록 제작한 센터이다.

보통센터	평센터	베어링센터
파이프센터	세공센터	하프센터

41 선반가공에서 긴 공작물을 절삭할 때 사용하는 이동형 방진구를 설치하는 부분은?

① 심압대   ② 왕복대

③ 베 드   ④ 주축대

해설

방진구(Work Rest) : 선반에서 가늘고 긴 가공물의 휨이나 떨림을 방지한다.

• 이동식 방진구 : 왕복대의 새들에 고정한다.

• 고정식 방진구 : 선반 베드 위에 고정한다.

이동식 방진구	고정식 방진구

42 선반가공에서 테이퍼 절삭방법으로 옳지 않은 것은?

① 심압대의 편취에 의한 방법

② 단동척의 편심을 이용한 방법

③ 복식공구대의 경사에 의한 방법

④ 테이퍼 절삭 장치에 의한 방법

해설

선반가공에서 테이퍼 가공방법

• 복식공구대를 경사시킨다.

• 심압대를 편위시킨다.

• 테이퍼 절삭 장치를 이용한다.

• 총형 바이트를 이용한다.

43 범용 선반에서 주축에 주로 사용하는 테이퍼는?

① 자콥스 테이퍼

② 내셔널 테이퍼

③ 모스 테이퍼

④ 브라운샤프 테이퍼

해설

범용 선반의 주축은 중공축이며 내부는 모스 테이퍼로 되어 있어 길이가 긴 봉재를 가공할 수 있다. 주축을 지지하는 베어링에 걸리는 하중을 감소시키며, 센터와 콜릿 척을 고정하는 데 편리하다.

※ 모스 테이퍼 : 선반의 심압대, 드릴의 생크, 탁상 및 레이디얼 드릴의 주축, 테이퍼 베어링 등에 사용하는 테이퍼로, 약 1/20 정도의 테이퍼 값을 가진다.

$$테이퍼\ 값 = \frac{D-d}{L}$$

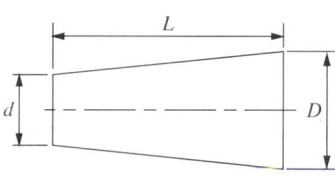

44 선반작업에서 지켜야 할 안전사항으로 옳지 않은 것은?

① 가동 전에 각종 레버, 하프너트, 자동장치를 점검한다.

② 가동 전에 주유 부분에는 반드시 주유한다.

③ 전기배선의 절연 상태는 양호한가 점검한다.

④ 반드시 장갑과 보호안경을 끼고 작업한다.

해설

• 장갑이나 액세서리 등은 착용하지 않는다.

• 반드시 보호안경을 착용한다.

45 다음 선반의 부속장치 중 ㉠의 명칭은?

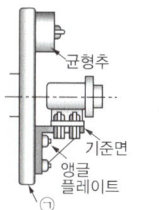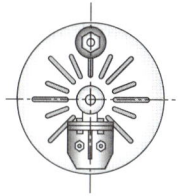

① 면 판　　　　② 센 터

③ 맨드릴　　　　④ 분할대

해설

㉠은 면판이며 척으로 고정할 수 없는 대형 공작물이나 복잡한 형상의 공작물을 T볼트나 클램프 또는 앵글 플레이트 등을 사용하여 고정한다. 공작물이 중심에서 무게의 균형이 맞지 않을 때에는 균형추를 설치하여 사용한다.

선반과 밀링의 부속품

선반의 부속품	밀링의 부속품
방진구, 맨드릴, 센터, 면판, 돌림판과 돌리개, 척 등	분할대, 바이스, 회전 테이블, 슬로팅 장치 등

46 밀링에 관한 설명으로 옳지 않은 것은?

① 만능 밀링머신은 테이블을 임의 각도로 선회시킬 수 있다.

② 니(Knee)형 밀링머신은 호칭번호로 규격을 표시하며, 테이블 좌우 이송량이 100mm 증가할 때마다 호칭번호가 커진다.

③ 플레이너형 밀링머신은 플래노 밀러라고도 하며, 대형 중량물의 강력절삭에 적당하다.

④ 상향절삭이란 밀링커터의 회전 방향과 반대로 일감을 이송하는 절삭이다.

해설

밀링머신의 크기는 여러 가지가 있으나 니(Knee)형 밀링머신의 크기는 일반적으로 Y축을 기준으로 한 호칭번호로 표시한다.

밀링머신의 크기

호칭번호		0호	1호	2호	3호	4호	5호
테이블의 이송거리 (mm)	전 후	150	200	250	300	350	400
	좌 우	450	550	700	850	1,050	1,250
	상 하	300	400	450	450	450	500

47 밀링머신의 부속장치로 일감을 필요한 각도로 등분할 수 있는 장치는?

① 슬로팅장치
② 아 버
③ 분할대
④ 랙밀링장치

해설
- 분할대 : 원주 및 각도 분할 시 사용하며, 주축대와 심압대 한 쌍으로 테이블 위에 설치한다.
- 슬로팅장치 : 니형 밀링머신의 칼럼 앞면에 주축과 연결하여 사용한다. 주축의 회전운동을 공구대 램의 직선 왕복운동으로 변화시켜 바이트로 직선 절삭(키, 스플라인, 세레이션, 기어가공 등)이 가능하다.
- 아버 : 수평 밀링머신에서 밀링커터를 고정하는 곳이다.

48 대형 일감이나 중량물의 강력절삭에 적합하도록 플레이너의 공구대 대신 밀링헤드가 장착된 형식의 기계는?

① 나사 밀링머신
② 특수 밀링머신
③ 플레이너형 밀링머신
④ 만능 밀링머신

해설
밀링머신의 종류
- 플레이너형 밀링머신 : 대형이며 중량의 가공물을 가공하기 위한 밀링머신으로 플레이너와 비슷한 구조이다. 플레이너의 공구대를 밀링헤드로 바꾸어 장착함으로써 플레이너보다 효율적이고 강력한 중절삭이 가능하다.
- 만능 밀링머신 : 수평 밀링머신과 유사하지만, 새들 위에 선회대가 수평면 내에서 일정한 각도로 테이블을 회전시켜 각도를 변환하거나 테이블을 상하로 경사시킨다. 분할대나 헬리컬 절삭장치를 사용하면 헬리컬 기어, 트위스트 드릴의 비틀림 홈, 스플라인을 가공할 수 있어 가공범위가 매우 넓다.
- 나사 밀링머신 : 나사절삭 전용 밀링머신으로, 가공물에 회전을 주고 일정한 비율의 이송을 주어 나사를 절삭한다. 가공능률이 우수하고, 작동이 간편하며, 깨끗한 나사면을 절삭한다.

49 다음 중 수직 밀링머신에서 주로 사용하는 절삭공구로 옳지 않은 것은?

① 엔드밀
② 더브테일커터
③ T홈커터
④ 메탈 슬리팅 소

해설
수직·수평 밀링머신 절삭공구 비교
- 수직 밀링머신 : 엔드밀, 정면 밀링커터, T홈커터, 더브테일커터 등이 있다.
- 수평 밀링머신 : 메탈 소, 측면커터, 양각커터, 편각커터, 총형커터, 슬래브밀 등이 있다.

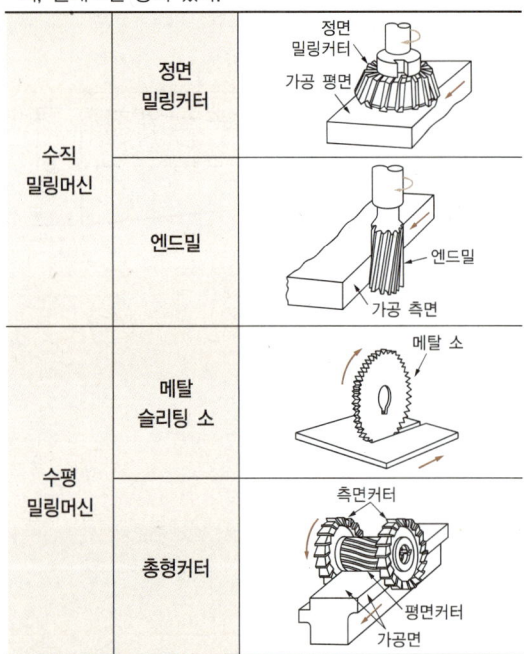

수직 밀링머신	정면 밀링커터	정면 밀링커터 가공 평면
	엔드밀	엔드밀 가공 측면
수평 밀링머신	메탈 슬리팅 소	메탈 소
	총형커터	측면커터 평면커터 가공면

※ 메탈 슬리팅 소(Metal Slitting Saw) : 절단 또는 좁은 홈파기에 적합하다.

50 단조용 알루미늄 합금인 두랄루민에서 강인성을 얻기 위해 사용하는 방법은?

① 시효경화

② 자기풀림

③ 인공 내식처리

④ 양극 산화처리

해설

알루미늄 합금의 강도를 향상시키는 주요 방법에는 개량처리, 석출경화, 시효경화 등이 있다.

※ 두랄루민 : 단조용 알루미늄 합금으로 고강도이고 가벼워서 항공기나 자동차 등에 사용된다.

51 다음 중 도가니로에서 도가니의 규격은?

① 1시간에 용해할 수 있는 구리의 무게

② 1회에 용해할 수 있는 구리의 무게

③ 1일간 용해할 수 있는 구리의 무게

④ 1년간 용해할 수 있는 구리의 무게

해설

도가니로 규격 : 1회에 용해할 수 있는 구리의 중량을 번호로 표시한다.

52 지름이 120mm인 구동 원통 마찰차의 회전수를 1/4로 감소시키는 데 사용할 외접 피동 마찰차의 지름은 얼마인가?(단, 미끄럼은 없다)

① 30mm ② 440mm

③ 480mm ④ 520mm

해설

$$i = \frac{N_2}{N_1} = \frac{D_1}{D_2}$$

$$\frac{1}{4} = \frac{120mm}{D_2}$$

$$\therefore D_2 = 120mm \times 4 = 480mm$$

여기서, N_1 : 구동 원통 마찰차 회전수

N_2 : 피동 원통 마찰차 회전수

D_1 : 구동 원통 마찰차 지름

D_2 : 피동 원통 마찰차 지름

53 베어링의 호칭번호가 6200일 때, 베어링의 안지름은 몇 mm인가?

① 10 ② 12

③ 15 ④ 17

해설

안지름의 크기는 베어링의 호칭번호 뒤의 두 자리를 이용하여 구하며, 04부터는 곱하기 5를 한다.

※ 6200 : 62-베어링 계열번호, 00-안지름 번호(00-10mm)

베어링 안지름 번호

안지름 범위	안지름 치수	안지름 기호	예
10mm 미만	안지름이 정수인 경우	안지름	2mm이면 2
	안지름이 정수가 아닌 경우	/안지름	2.5mm이면 /2.5
10mm 이상 20mm 미만	10mm	00	
	12mm	01	
	15mm	02	
	17mm	03	
20mm 이상 500mm 미만	5의 배수인 경우	안지름을 5로 나눈 수	40mm이면 08
	5의 배수가 아닌 경우	/안지름	28mm이면 /28
500mm 이상		/안지름	560mm이면 /560

54 끼워맞춤의 용어에 대한 설명 중 옳지 않은 것은?

① 최대죔새 : 축의 최대허용치수 – 구멍의 최소허
용치수

② 최소죔새 : 구멍의 최소허용치수 – 축의 최소허
용치수

③ 최대틈새 : 구멍의 최대허용치수 – 축의 최소허
용치수

④ 최소틈새 : 구멍의 최소허용치수 – 축의 최대허
용치수

해설

최소틈새	구멍의 최소허용치수 – 축의 최대허용치수
최대틈새	구멍의 최대허용치수 – 축의 최소허용치수
최소죔새	축의 최소허용치수 – 구멍의 최대허용치수
최대죔새	축의 최대허용치수 – 구멍의 최소허용치수

55 기계운전작업 중 정전이 되었을 때 조치사항으로
옳지 않은 것은?

① 기계 주위의 공구나 측정기 등을 정리한다.

② 기계 스위치를 끄고 전기가 들어올 때까지 기다
린다.

③ 필요한 경우에는 동력을 공급하는 메인 스위치도
끈다.

④ 전기가 다시 들어올 때까지 운전 상태 그대로
놓고 기다린다.

해설
정전 시 운전 상태 그대로 놓는 것은 위험하므로 기계의 동력을
차단하고 전기가 들어올 때까지 기다린다.

56 투상도에서 특정 부분의 도형이 작아서 그 부분을
상세히 도시하거나 치수를 기입할 수 없을 때, 확대
하여 별도로 다른 곳에 상세하게 도시하는 것은?

① 보조투상도

② 국부투상도

③ 부분확대도

④ 부분투상도

해설
투상도의 표시방법
• 부분확대도 : 특정 부분의 형상이 작아 이를 확대하여 자세하게
나타내는 표시법이다.
• 보조투상도 : 경사면을 지니고 있는 물체를 정투상도로 그릴
때 물체의 실제 모형을 나타낼 수 없는 경우, 보이는 부분의
전체 또는 일부분을 나타내는 표시법이다.
• 국부투상도 : 대상물의 구멍, 홈 등과 같이 한 부분만의 모양을
도시하는 것으로 충분한 경우, 필요한 부분을 나타내는 표시법
이다.
• 부분투상도 : 그림의 일부를 도시하는 것으로 충분한 경우, 필요
한 부분만을 투상하여 나타내는 표시법이다.

57 다음 중 기계가공 후 정밀 다듬질이 필요할 때 이용
되는 작업은?

① 톱 작업

② 금 긋기 작업

③ 스크레이퍼 작업

④ 용접 작업

해설
스크레이퍼 작업(Scraping) : 스크레이퍼로 면을 다듬질하는 작
업으로, 열처리된 강철에는 사용하기 어렵다.
※ 스크레이퍼 : 줄 작업 또는 기계가공한 면을 더욱 정밀하게
다듬질해야 할 경우, 소량의 금속을 국부적으로 깎아 내는 공구
이다.

58 수동으로 수나사를 가공할 때 사용하는 공구는?

① 탭　　　　② 다이스
③ 리 머　　　④ 스크레이퍼

해설
나사를 가공하는 공구
• 다이스 : 수나사를 가공할 때 사용하는 공구이다.
• 탭 : 암나사를 가공할 때 사용하는 공구이다.

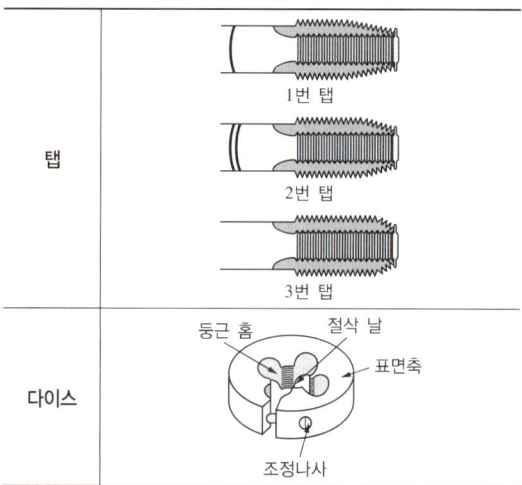

탭	1번 탭
	2번 탭
	3번 탭
다이스	둥근 홈 / 절삭 날 / 표면축 / 조정나사

59 폭이 좁고 길이가 긴 가공물의 줄 작업방법은?

① 직진법　　　② 사진법
③ 병진법　　　④ 횡진법

해설
줄 작업의 방법
• 직진법 : 황삭 및 다듬질 작업에 사용된다.
• 사진법 : 황삭 및 볼록한 면을 수정하는 데 사용된다.
• 병진법 : 폭이 좁고 길이가 긴 가공물의 줄 작업에 이용된다.

직진법	사진법	병진법

60 V벨트는 단면 형상에 따라 구분되는데 단면이 가장 큰 벨트의 형은?

① A형　　　　② C형
③ E형　　　　④ M형

해설
V벨트의 종류는 KS규격에서 단면의 형상에 따라 여섯 종류로 규정하고 있으며, M형을 제외한 다섯 종류가 동력 전달용으로 사용된다. 단면이 가장 큰 벨트는 E형이다.
V벨트의 사이즈 표

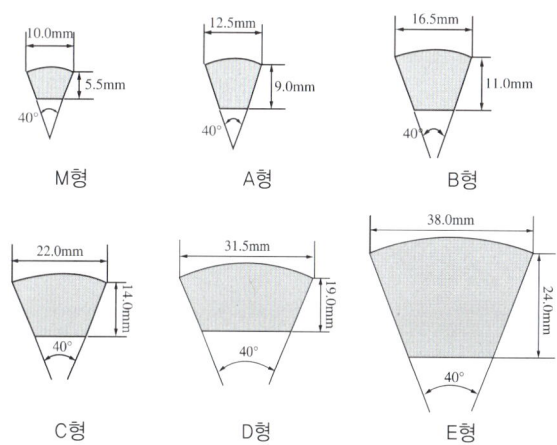

M형 / A형 / B형 / C형 / D형 / E형

참 / 고 / 문 / 헌

◉ 재료일반, 강원도 교육청

◉ 기계공작법, 교육부

◉ 기계제도, 교육부

◉ 기계공작법, 한국산업인력공단

◉ 기계설계 이론과 실제, 홍장표, 교보문고

◉ Win-Q 컴퓨터응용선반밀링기능사, 박병욱, 시대고시기획

Win-Q 기계가공조립기능사 필기

개정10판1쇄 발행	2026년 01월 05일 (인쇄 2025년 09월 10일)
초 판 발 행	2016년 06월 10일 (인쇄 2016년 04월 28일)
발 행 인	박영일
책 임 편 집	이해욱
편 저	박병욱
편 집 진 행	윤진영, 천명근
표 지 디 자 인	권은경, 길전홍선
편 집 디 자 인	정경일
발 행 처	(주)시대고시기획
출 판 등 록	제10-1521호
주 소	서울시 마포구 큰우물로 75 [도화동 538 성지 B/D] 9F
전 화	1600-3600
팩 스	02-701-8823
홈 페 이 지	www.sdedu.co.kr

I S B N	979-11-434-0031-4(13550)
정 가	27,000원